AF315709

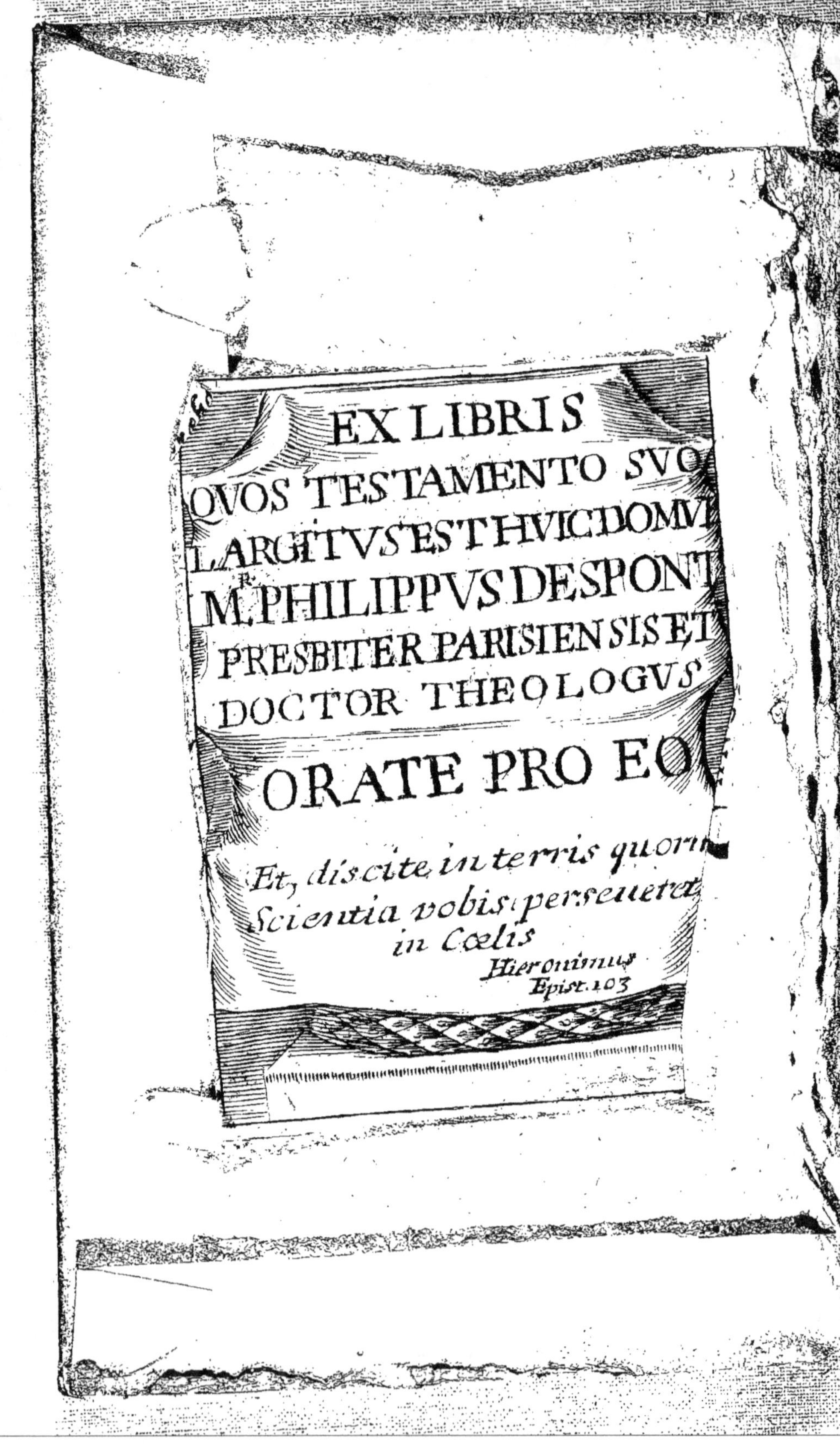
EX LIBRIS
QVOS TESTAMENTO SVO
LARGITVS EST HVIC DOMVI
M. PHILIPPVS DESPONT
PRESBITER PARISIENSIS ET
DOCTOR THEOLOGVS
ORATE PRO EO
Et, discite in terris quorum
Scientia vobis perseueret
in Cœlis
Hieronimus
Epist. 103

LA METAPHYSIQVE

DES BONS ESPRITS,

OV

L'IDEE

D'VNE

METAPHYSIQVE

FAMILIERE ET SOLIDE.

DIVISE'E EN SEPT LIVRES.

Par André Dabillon, Docteur
en Theologie.

A PARIS,

Chez Sebastien Picqvet, ruë sainct
Iacques, à la Victoire, prés
sainct Yues.

M. DC. XXXXII.

AVEC PRIVILEGE DV ROY.

A
MONSEIGNEVR
FRANÇOIS
LE FEVRE DE
CAVMARTIN, EVESQVE
D'AMIENS

MONSEIGNEVR,

MPuis que les Iu-
risconsultes sont d'ac-
cord, que ce qui naist sur nos terres nous appartient en propre, ie
ferois contre le droict, si ie ne
vous offrois pas un Oeuure, a-

quel i'ay donné sa perfection,
pendant que vous agreez mes
emplois, dans vostre Diocese,
pour la Predication de l'Euangile.

Et d'ailleurs, MONSEI-
GNEVR, ie vous suis obligé par
tant de titres, que ie ne puis sans
ingratitude, laisser passer cette
occasion, de vous témoigner publiquement mes reconnoissances.
On ne peut vous aborder, sans
ressentir que vostre seul visage
gaigne les cœurs, comme vostre
charactere les assujettit à vostre
pouuoir.

Dieu vous a donné la conduite d'vn des plus anciens & des
plus beaux Eueschez de son Eglise; apres que nos Rois ont depo-
sé les Seaux de France entre les

mains de Monsieur voſtre Pere,
en un temps auquel elle auoit beſoin d'une Sageſſe, d'une integrité, & d'une fidelité tout a fait extraordinaire.

Vous auez herité de luy ces
belles Qualitez, qui vous ren-
dent ſi illuſtre, & ſi aimable à
tous ceux que Dieu a mis ſous
voſtre conduite. Le zele qui vous
pouſſe à faire inſtruire les Ames
dont vous auez charge, porte
les marques aſſeurées de la fidelité de voſtre adminiſtration ; &
le bon ordre que vous mettez
dans voſtre Dioceſe, eſt un ſigne
euident de voſtre ſageſſe.

En effect, MONSEIGNEVR,
cette Auguſte Dignité, qui, ſelon
ſainct Chryſoſtome, fait plier
ſous ſa peſanteur les eſpaules de

EPISTRE.

ceux qui portent l'Vniuers, merite bien des soins extraordinaires comme les vostres. Ce n'est
pas assez à vostre zele de faire
instruire les peuples qui vous
sont sousmis : Vous mesmes leur
donnez de beaux enseignemens,
& de hautes leçons du Salut, par
vos paroles & par vos exemples.

Ie sçay, MONSEIGNEVR,
que vostre illustre Maison est
en possession depuis long-temps des
plus hautes charges de toute la
France. Ie sçay qu'elle a donné
des Intendans à plusieurs Prouinces, & plusieurs Ambassa-
deurs aux nations estrangeres. Ie
sçay que mesmes à present Monsieur vostre Frere est employé par
sa Maiesté, dans vne Ambassa-

EPISTRE.

de tres-importante pour l'Estat.
Mais vous auez cét auantage
sur les vostres, que vous estes
Intendant sur les affaires du
Royaume de Dieu, & si fidele
Ambassadeur enuers les Ames
qu'il a rachetées de son sang.
Vous suiuez de prez les sainctes
actions de Monsieur vostre On-
cle, qui dans ces derniers temps a
fait voir à toute l'Eglise, ce que
pouuoit le courage d'vn sainct Ar-
cheuesque, ioint à vne sagesse, vne
science & vn zele, digne des premiers Prelats du Christianisme.

   La Picardie voyant refleurir
cette ancienne saincteté, qui la
rendoit si recommandable dans les
premiers siecles de l'Eglise naissante, loüe Dieu des graces qu'elle reçoit, sous vostre conduite. Et

EPISTRE.

vous mesmes, MONSEIGNEVR, auez dequoy benir l'Autheur de tout bien, voyant que le peuple se rend si facilement à la voix de ceux qui nous seruent d'organe.

Tous ceux qui sont plus esclairez dans les voyes de Dieu, & les plus sages mesmes dans la Police, voyants des changemens si merueilleux, iugent que Dieu prepare à vostre Diocese des graces qu'il ne fait pas à plusieurs autres Prouinces. De moy ie ne puis qu'admirer les benedictions du Ciel, & sans m'estendre beaucoup sur l'auenir, il me semble que ce que nous voyons n'est qu'vn commencement de choses plus grandes.

Certainement, MONSEIGNEVR, l'ardente passion dont ie vous vois porté aux choses sain-

EPISTRE.

ttes, me feroit apprehender de
vous offrir un Oeuure, qui d'a-
bord semble auoir beaucoup du
prophane ; si ie n'auois tellement
meslé les interests de la Religion
auec ceux de la Philosophie, que
l'vne sert à l'autre seulement comme de prelude, & d'interprete.
Car outre que les cinq premiers
traitez seruent beaucoup pour
connoistre l'essence, l'vnité, la bonté, les proprietez, relations, & personnes diuines : Tous les deux
derniers Liures sont entierement
dediez à declarer les Attributs diuins, & les proprietez des Anges.

 Ie ne vous offre donc pas tant
vne Metaphysique ordinaire,
qu'vne Theologie naturelle : & ie
ne m'esloigne pas beaucoup de la
Grace, donnant au iour les plus

sainctes Veritez que nous ait des-
couuert la nature. Outre que i'e-
stime que vous ne treuuerez pas
estrange, si pour dire le dernier
adieu aux Sciences humaines, ie
publie les plus hautes veritez
qu'elles possedent. Apres que le
deuot Senateur Boece, l'Ange de
l'Eschole sainct Thomas, les Car-
dinaux Caietan, & Tolet, &
sainct Augustin mesme, ont iugé
un employ digne de leurs soins, de
faire des traittez tous entiers des
principes de la Philosophie.

C'est ce qui me persuade, MON-
SEIGNEVR, que vous daigne-
rez prendre cet Oeuure en vostre
protection; & que les bontez, dont
vous m'auez donné tant de tes-
moignages, feront que mes interests ne vous seront pas dans l'indifference.

difference. La premiere de toutes les sciences merite un Protecteur doüé des qualitez, dont Dieu vous a auantagé. Agreez donc, MONSEIGNEVR, que ie vous l'offre, auec tout l'honneur & tout le respect, dont est capable celuy qui est parfaitement

MONSEIGNEVR,

Vostre tres-humble, & tres-obeïssant seruiteur,
DABILLON.

Oicy la seconde partie du recueil des meilleures pensées, que *les Bons Esprits* de l'Antiquité ont eu sur les veritez de la Philosophie. Ie vous l'offre, *Theandre*, auec desir que Dieu les fasse reüssir à nostre profit, & à sa gloire. Si vous treuuez que i'ay mis la premiere de toutes les sciences au poinct où vous la desiriez, ie m'estime heureux d'auoir contenté vostre desir. Et si vous iugez qu'il luy manque beaucoup pour sa perfection, ie me persuade aussi que vous aurez assez de bonté, pour agréer l'Idée d'vn œuure, auquel ie n'ay peu donner tout son accomplissement. La seule volonté est loüable dans les choses grandes. Ie ne vous diray point icy mon dessein, puis-que dans l'auant-propos de la Logique, ie vous ay desia assez informé de mon in-

ADVIS.

rention , du tiltre de cét œuure , de sa
disposition, & de son style. Ie ne vous rapporteray point les raisons qui me font
ioindre la Metaphysique à la Logique,
pource que ie traite cette question dans
mon premier discours. Ie ne vous diray
point quels Autheurs i'ay suiuy dans ma
façon de philosopher, pource que ie fais
profession de suiure moins l'Authorité
que la raison.

Ie vous diray seulement, que i'ay tasché de vous donner en cét œuure vn recueil des Decisions plus veritables & plus
solides , que les Bons esprits de l'Antiquité ont donné au iour. Et de renuerser
mille grotesques, & mille fables, qui depuis deux siecles auoient obtenu l'Empire dans la Philosophie. I'arrache, & ie
plante. Ie bastis, & ie démolis; i'establis,
& ie renuerse. Si la pureté de la Philosophie se fust tousiours conseruée dans son
entier ; & si les esprits desireux de la nou-
ueauté, se fussent tousiours sousmis aux
veritez originaires , ce seroit vn œuure
assez facile de donner au iour la Metaphysique ; mais les fables ayant preualu
sur la verité, & les Tenebres ayant obscurcy entierement l'esclat qui luy est

** ij

naturel. Ce n'est pas vn petit dessein, que
d'entreprendre de redonner à la Metaphysique toute la splendeur & toute la
solidité qu'elle merite.

C'est ce qui m'a obligé, *Theandre*, à
grossir cét œuure plus que ie n'eusse voulu, ayant esté contraint d'employer plus
de temps à dissiper les tenebres, & à renuerser l'erreur, qu'à nous découurir les
veritez en leur source. I'espere neantmoins, qu'apres auoir leu mes sept liures,
vous iugerez que ie n'ay rien traité d'inutile, & que les phantosmes ayant ob-
scurci la verité, il a esté besoin de traiter de quantité de Questions, qui d'elles-
mesmes n'eussent pas esté beaucoup necessaires.

Outre que i'ay donné à la Metaphysique tous les traitez qui luy appartiennent. Et quoy que la pluspart des Philosophes attribuent à la Logique les traitez des Vniuersaux, des Categories, de
l'vniuocation de l'Estre, & de l'Estre de
raison, i'ay iugé qu'il estoit raisonnable,
de restituer à la Metaphysique ce qui luy
auoit esté iniustement rauy.

Pour la mesme raison, ie luy ay rendu
les traitez des causes, des effets, des prin-

cipes, des modes, du tout, des parties, de
l'vnion, & quelques autres matieres que
le vulgaire auoit adiugé contre le droit à
la Physique.

Ioint qu'ayant dessein de preparer vn
bon esprit, pour les matieres les plus releuées qui soient dans les sciences Diuines, il m'a falu mesler beaucoup de veritez, dont la Theologie releue des lumieres de la nature. Certes les plus belles
Questions de la Metaphysique, comme
celles des modes, de l'vnion, de la subsistence, des relations, & des principes,
sont tellement iointes auec les mysteres
de la Trinité & de l'Incarnation, qu'il est
impossible d'en donner vne parfaite connoissance, sans emprunter beaucoup de
iour de ces belles veritez, que la foy nous
découure. La Grace & la nature ont vn
si parfait commerce, qu'elles ne peuuent
estre bien declarées, si elles ne se communiquent mutuellement leurs lumieres. C'est pourquoy i'ay pris tres volon-
tiers cette occasion, de faire voir aux
Payens que la Foy Chrestienne n'est iamais contraire aux lumieres de la Raison.

Vous verrez au premier Discours l'or-

dre que ie tiens dans tout l'œuure, & que
ie commence par les veritez les plus generales, qui appartiennent aux corps &
aux esprits, d'où ie descens à celles-là
qui sont moins vniuerselles : & finis le
tout par les veritez qui appartiennent
seulement aux esprits.

Or comme ie n'ay pas deu dans les
cinq premiers Liures, renoncer tout à
fait aux lumieres de la Foy : aussi dans le
traité de Dieu & des Anges, ie n'ay deu
emprunter de la Theologie, que les lumieres dont la nature ne pouuoit se passer, sans estre obscurcie de plusieurs nuages.

Ce qui me touche plus sensiblement
dans tout cét œuure, est que n'ayant pû
estre à Paris pour auoir soin de l'impression. Mille fautes s'y sont glissées. Et sans
m'arrester beaucoup à celles de l'orto-
graphe, ou des interponctions, ou des lettres capitales. Ie vous diray, *Theandre*,
qu'il y a des fautes qui changent tout à
fait le sens, il en est d'autres qui font vn
sens contradictoire.

Les articles & les conionctions ayant
esté souuentefois obmises, font que les façons de parler sont tout à fait barbares.

ADVIS.

Quoy qu'vn Philosophe ne se doiue
pas beaucoup piquer du langage, il ne
doit pas neantmoins y renoncer.

Vous trouuerez souuent que l'Imprimeur a mis intelligible, pour inintelligible.

Perfections impies, pour simples.

Possible, pour impossible.

Eternité, pour cuiternité.

Et, pour est.

Ou, pour or.

Nature, pour matiere.

Laué, pour loué.

Vne, pour vn.

Ce, pour le.

Dont, pour donc.

Courage, pour ouurage.

Parties, pour presences.

Distinctes, pour indistinctes.

Animal, pour animé.

Repliquée, pour repliée.

Elles, pour ils.

Intention, pour intension.

Substance, pour subsistence.

Effects, pour estats.

Definition, pour distinction.

Vnité, pour vnion.

Pour soy-mesme, pour par soy-mesme.

p. 468.
451.
547.
562.

ADVIS.

Impossible, pour incompossible.

Et ce que vous admirerez dauantage dans la page 447. vous treuuerez imagination, pour incarnation.

Et dans la page 608. existence, pour excellence, & vn geant, pour vne formis.

Cent fois on a obmis ces monosyllabes, pas, de, ne, il, le, & plusieurs autres, qui estant ostez d'vn discours François, font qu'il ressent le Bergamasque.

C'est ce qui m'eut obligé à supprimer cette impression, si ie n'eusse eu crainte de blesser la Iustice. Outre que trois choses me consolent dans ce mal-heur. La premiere est, que ce mal est assez commun, & que mesmes les liures que l'on imprime sur vn bon original imprimé, ne sont pas exempts de plusieurs fautes. La seconde est, que ou ceux qui liront mes liures seront ignorans, ou intelligens dans ces matieres. Il m'importe fort peu d'estre iugé des premiers: & i'espere que les seconds me feront la faueur, d'imputer les fautes de l'impression à l'escriuain, ou à l'Imprimeur, plustost qu'à moy. Quoy que c'en soit, mon dernier refuge est, que ie mettray à la fin de cét œuure

vne

ADVIS.

vne lifte affez fidelle des fautes furue-
nuës dans l'impreffion, que vous pourrez
confulter, *Theandre*, quand vous ferez
rencontre de quelque lieu barbare, ou
difficile.

    Voila les auis que i'ay creu deuoir ad-
joûter à ceux que ie vous ay donné au
premier tome. Ie vous prie de les agreer,
mon Theandre, & de croire qu'à la faueur
de cét œuure vous pouuez apprendre facilement dans peu de mois, les principes
de toutes les Sciences, dont la décou-
uerte m'a donné beaucoup de trauail l'ef-
pade plufieurs années.

ADIEV.

***

TABLE

DES

MATIERES

PRINCIPALES DE LA

METAPHYSIQVE.

Le nombre marque la page.

TABLE

B

TABLE

*** iij

Distinct, Distinction, Diuision.

Espece v. Genre.   E

TABLE

****

TABLE

TABLE

TABLE.

S

TABLE.

* * *

PRIVILEGE DV ROY.

 OVYS par la grace de Dieu Roy de France & de Nauarre: A nos Amez & Feaux Conseillers, les gens tenans nos Cours de Parlemens, Maistres des Requestes ordinaires de nostre Hostel. Baillifs, Seneschaux, Preuosts, leurs Lieutenans, & à tous nos autres Iusticiers & Officiers qu'il appartiendra, Salut: Nostre bien amé SEBASTIEN PIQVET, Marchand Libraire en nostre bonne Ville de Paris, Nous a fait remonstrer, Qu'il a recouuré vn *Nouueau Cours de Philosophie en François, sous le nom de la Philosophie des Bons Esprits: Composé par* ANDRE' D'ABILLON, *Docteur en Theologie.* Mais craignant qu'aprés auoir fait beaucoup de fraiz employez pour l'Impression, quelques autres Libraires ou Imprimeurs ne le voulussent pareillement faire au grand prejudice de l'Exposant, s'il ne luy estoit pourueu de nos Lettres necessaires, humblement requerant icelles. A CES CAVSES, Desirant bien & fauorablement traicter ledit Exposant, luy auons permis, & octroyé, permettons & octroyons de Graces speciales par ces presentes, d'Imprimer ou faire Imprimer ledit Liure, par tel Imprimeur ou Libraire que bon luy semblera, en tels volumes &

caracteres, & tant de fois que bon luy semblera,
durant le temps & espace de neuf ans, à compter
du iour qu'il sera acheué d'imprimer; & defen-
dons à tous autres Libraires & Imprimeurs, & autres personnes de quelque qualité & condition
qu'elles soient, d'imprimer, ou faire imprimer,
vendre & distribuer d'autres Impressions que celles dudit PIQVET, ou de ceux qui auront droict
de luy, par toutes les Terres & Seigneuries de nostre obeyssance ledit liure, durant ledit temps, sans
le consentement & permission dudit Exposant, ou
de ceux ayant charge de luy, sur peine de confisca-
tion des Exemplaires, trois mil liures d'amende,
le tiers à Nous, vn tiers aux pauures Enfermez, &
l'autre tiers audit Exposant, ou de ceux ayant
charge de luy, & de tous despens, dommages, &
interests enuers luy: A la charge d'en mettre trois
Exemplaires; à sçauoir deux en nostre Bibliothe-
que, à present gardée au Conuent des Cordeliers
de nostre ville de Paris, & le troisiesme en celle de
nostre tres-cher & Feal le sieur SEGVIER, Che-
ualier Chancelier de France, auant que les expo-
ser en vente, à peine de nullité des presentes. Si
vous mandons, que tout le contenu en ces presentes vous fassiez souffrir, vser & iouyr plaine-
ment & paisiblement ledit PIQVET, & ceux qui
auront pouuoir de luy, sans souffrir qu'il leur soit
fait ou donné aucun trouble ou empeschement.
Mandons au premier nostre Huissier ou Sergent
sur ce requis, de faire l'execution desdites presentes, tous actes, saisies & exploits necessaires, sans
demander autre permission, nonobstant oppositions ou oppellations quelconques, Clameur de
Haro, Chartre Normande, & autres Lettres à ce

contraires : Voulons, qu'en mettant au commencement ou à la fin vne Copie des presentes,
ou Extraict d'icelles, elles soient tenuës pour due-
ment signifiées : CAR tel est nostre plaisir. Donné à Paris le 19. Iuin, l'an de Grace mil six cens
quarante-trois : Et de nostre regne le premier.
Signé par le Roy en son Conseil, LE CONTE.
& seellé du grand Seau en cire jaune.

L'IDEE

L'IDEE
D'VNE
METAPHYSIQVE
FAMILIERE ET SOLIDE.

LIVRE PREMIER:

Qui declare la Nature, les Qualitez, &
la Diuision de la Metaphysique.

*Et traitte de l'Estre en commun, & de
ses passions, entant qu'il signifie Existent, Possible, & Intelligible.*

DISCOVRS I.

*De la Nature, des Qualitez, & de la Diuision
de la Metaphysique.*

D Es l'entrée de la premiere de
toutes les Sciences, n'est-il pas
raisonnable, THEANDRE,
d'adorer le premier de tous les
Estres ; & de le supplier tres-humblement,

de fauoriſer nos trauaux, comme il a dai-
gné benir les deſſeins que nous auions pour
la Logique. A moins que d'eſperer vn ſe-
cours particulier du Ciel, ce ſeroit vne temerité d'entreprendre vn Oeuure ſi difficile.
Nos eſprits, dit Ariſtote, ſont au regard de la
verité, ce qu'eſt l'œil d'vn hibou au regard d'v-
ne eſclatante lumiere; Que ſi toutes les veritez
peuuent nous esblouyr, ſans doute la pompe de
lumiere, qui ſort auec Majeſté du ſein de la
Metaphyſique, eſt incomparablement plus capable, de nous faire baiſſer les yeux, & confeſ-
ſer ingenuëment noſtre foibleſſe. Il eſt ainſi,
THEANDRE, la Metaphyſique n'a rien qui
ne ſoit haut, genereux. & ſublime; elle eſt entre
les Sciences, ce qu'eſt le Soleil entre les Aſtres,
l'Aigle parmy les oyſeaux, le Dauphin parmy
les poiſſons, la Roze parmy les fleurs, & les
ſouuerains Monarques parmy les hommes. Son
eſtenduë va à l'infiny, ſa iuriſdiction eſt vniuerſelle, & ſon empire n'a point de bornes. Elle a
vn œil qui voit toutes choſes, il n'eſt verité
qu'elle ne penetre. il n'eſt aucune des plus belles
connoiſſances, qu'elle ne poſſede, & tout ce qui
eſt dans l'Vniuers luy rend hommage; elle eſt ſi
noble, qu'elle ne s'arreſte à rien de bas, elle eſt ſi
pure, qu'elle ne iette ſes regards à rien de materiel, elle eſt ſi ſpirituelle, que la moindre de ſes
connoiſſances eſt releuée par deſſus les corps.
Et comme les Aigles ſe nourriſſent dans les
nuées, de meſme la Metaphyſique ſe releue ſi
hautement par deſſus les choſes materielles,
qu'elle eſt touſiours parmy les eſprits. Que ſi
elle daigne quelquefois ietter ſes regards ſur les

corps & sur la matiere, craignant de degene-
rer de sa generosité naturelle, elle les considere
sous des attributs qui leur sont communs auec
les esprits. Et comme vn beau Soleil, elle passe si
legerement sur la boüe, qu'elle ne salit aucunement ses rayons : C'est pourquoy les Philosophes luy ont donné des tiltres incomparablement plus augustes, qu'au reste de toutes les
Sciences. Aristote, ce genie de la Nature, dit
que la Metaphysique est la Reyne des Sciences,
pource que toutes les autres releuent de son domaine ; d'autresfois il la nomme Sagesse, pource qu'elle va par des principes plus releuez que
l'ordinaire. Maintenant il l'appelle Philosophie, comme si elle seule suffisoit pour former vn
parfait Philosophe. Le Docteur Angelique en
fait tant d'estat, qu'il luy donne le tiltre de
Theologie, pource que elle traitte de Dieu par
tous les argumens que nous peuuent fournir les
connoissances naturelles. Le nom plus ordinaire
de cette Science est celuy de la Metaphysique, pource que Aristote a traitté de cette
Science, apres la Physique. Mon dessein n'est
pas de vous faire icy vn Panegyrique de cette Science, Ie me porte pour Lacedemonien,
& non pas pour Asiatique ; ie fais le mestier
de Philosophe & non pas d'Orateur : & il
me suffit de vous donner en gros, vne idée solide de la majesté & de la grandeur de la Reyne
de toutes les Sciences. Si ne peux-ie neantmoins
auant que retourner à mon style ordinaire, que
ie ne vous die, THEANDRE, que mon dessein
n'est pas de vous traitter cette Science, comme
l'ont traitté la pluspart de ceux qui iusques à

Sen. ep. 33.
quid ergo?nō
ibo per prio-
rum vestigia.

present ont tasché de luy donner du lustre. Ie vous conduiray par vn chemin plus court, & plus asseuré, & tascheray de vous communiquer des veritez plus claires que le iour, au lieu de mille phantômes, dont la pluspart des Autheurs ont terny la beauté de cette incomparable Science. A n'en point mentir, quantité d'Autheurs, pour n'auoir iamais bien conçeu que veut dire abstraction ou raison vniuerselle, ont meslé dans cette Science, des choses plus ridicules, que les idées de Platon, ou que les atomes de Democrite. Et ainsi abusans des bontez de leur Lecteur, ils luy ont proposé des choses intelligibles. Ie suis ennemy mortel des tenebres, & ie m'estimerois heureux si ie pouuois bannir tous les phantômes qui empeschent les bons esprits d'en receuoir parfaite satisfaction; d'abord on me peut opposer que la pluspart des Autheurs, traittent des choses Physiques immediatement apres les disputes de la Logique, pource que la Metaphysique est si difficile, qu'elle ne doit estre declarée qu'apres la connoissance de tous les autres traittez de la Philosophie. Il me semble necessaire de rechercher pour

I. QVESTION.

Si l'on doit traitter la Metaphysique immediatement apres la Logique, ou apres la Science des choses Naturelles.

1. **THESE.** Le vray ordre des Sciences demande que l'on traitté de la Metaphysique immediatement apres la Logique, & auant les traittez des choses corporelles. La premiere raison est que la Logique & la Metaphysique ont vne si estroitte alliance, que l'on ne peut entendre celle-là, sans l'ayde de celle-cy, puis que c'est elle qui enseigne les abstractions, les precisions; quels termes sont les plus vniuersaux, quels sont les genres & les especes. Ce qui est necessaire pour sçauoir en perfection l'artifice des Definitions, des Diuisions, des Argumens, & la façon de conceuoir les objets dans la Logique. Et de plus, les Vniuersaux n'estans, à bien dire, que des termes plus generaux, qui se peuuent dire de leurs inferieurs. Il est euident, que la Metaphysique, à laquelle appartient de traitter des Vniuersaux, doit suiure immediatement la Logique, afin d'en faciliter la connoissance. En 2. lieu, la pluspart des Autheurs, meslent vne grande partie de la Metaphysique dans la Logique, traittans en cette Science des Vniuersaux, des Cathegories, de l'Estre de Raison, & de l'Vniuocation de l'Estre : or tous ces

A iiij

traittez appartiennent de droict à la Metaphysique: donc il vaut mieux traitter immediatement de la Metaphysique, apres la Logique,
que d'introduire dans la Dialectique des traittez qui ne sont pas de son domaine. L'ordre est
le Pere des Sciences. Les traittez des Vniuersaux, des Cathegories & de l'Estre en commun,
appartiennent à la Metaphysique, & non pas à
la Logique, puis qu'ils ne sont pas propres pour
dresser l'entendement, afin qu'il fasse des operations legitimes. Ils n'appartiennent donc pas
proprement à la Logique. I'ay dit proprement,
pource que les connoissances de la Metaphysique estans generales, elles contribuent par accident, à toutes les autres Sciences. Mais cela ne
suffit pas, afin qu'elles appartiennent à chaque
Science. Troisiesmement, toutes les veritez qui
sont communes, aux choses corporelles & spirituelles, appartiennent de droict à la Metaphysique: or la connoissance des Predicamens, des
Vniuersaux, de l'Estre, de la Substance, de l'Accident, Relation, Qualité, Genre, Espece, &
Difference, est commune aux choses spirituelles & corporelles, tout ensemble, donc elle appartient à la Metaphysique, puis que c'est le
propre de cette Science d'expliquer tous les termes qui font abstraction des corps & des esprits.
En quatriesme lieu, la raison veut, comme dit
Aristote. que l'on commence les Sciences par
les termes & connoissances les plus vniuerselles : pource que outre qu'elles ouurent le chemin, & donnent de merueilleuses lumieres, aux
veritez qui sont moins generales, elles dimi-
nuent encore beaucoup le trauail de ceux qui les

apprennent : car vne connoiſſance generale ſert
autant comme ſi l'on auoit appris toutes les particulieres, l'vne apres l'autre. A vray dire, il me
ſemble que pour bien philoſopher auec profit,
apres auoir conneu legerement l'art de diſcourir,
& de raiſonner dans la Logique ; il faut d'abord
commencer par les veritez vniuerſelles, de l'E-
ſtre, de la Subſtance, & de l'Accident : & apres
diuiſer chacun de ces termes, comme la ſubſtance en corporelle & ſpirituelle, & la corporelle
en parfaite comme les compoſez, & imparfaite
comme la matiere ; enfin au pis aller, il n'eſt
point de Philoſophe qui puiſſe nier, que ce ne
ſoit vne choſe tres-vtile, d'auoir traitté dans la
Metaphyſique des Subſtances & des Accidens
en general, auant que d'expliquer dans la Phyſique, la nature de la Subſtance, & des qualitez
corporelles. Commençons donc maintenant
la Metaphyſique, puis que la raiſon le commande.

II. QVESTION.

Quel eſt l'Objet d'Attribution & de Conſideration dans la Metaphyſique.

IE treuue ſur cette Queſtion ſept opinions
principales. Quelques-vns ont dit, que l'objet de la Metaphyſique eſtoit l'Eſtre pris en
la plus haute abſtraction, ſelon laquelle il comprend l'Eſtre reel, & l'Eſtre de raiſon. Quelques
autres veulent que ce ſoit ſeulement l'Eſtre reel :

les autres disent que c'est la seule Diuinité,
quelques-vns veulent que ce soit l'Estre ou la
Substance immaterielle.

Cinquiesmement, il est des Autheurs qui disent que l'Objet de la Metaphysique est l'Estre
diuisé en ces dix predicamens Quelques-vns en
fin, que c'est la Substance prise en general, entant qu'elle fait abstraction des Substances finies & infinies, materielles & immaterielles.
Suarés au commencement de sa Metaphysique
aptes auoir refuté ces opinions, soustient que
l'Objet total de la Metaphysique est l'Estre reel,
entant qu'Estre reel, d'où vous voyez, THEAN-
DRE, que dans la Philosophie, aussi bien que
dans vne Republique, il y a liberté de suffra-
ges. Pour vous dire sur cecy ma pensee, ie vous
prie de presupposer tout ce que i'ay desia dit de
l'Objet de la Nature des Sciences, au dernier
Liure de ma Logique : suiuant les mesmes principes, ie vous diray pour

I. THESE. *Que l'objet d'Attribution de la
Metaphysique, est l'Estre immateriel, & l'Estre
conneu immateriellement.* Ie veux dire que l'Objet
de la Metaphysique est vn ramas de toutes les
veritez objectiues naturelles qui appartiennent
seulement aux choses immateriellesl, & aussi de
toutes les veritez objectiues, qui font abstraction des Estres immateriels, & de ceux qui sont
engagez dans la matiere. Et partant la fin de la
Metaphysique, est de connoistre les Estres immateriels : declarant tous les termes qui supposent seulement pour les choses immaterielles, &
aussi d'expliquer tous les termes qui supposent
confusément pour les choses materielles &

immaterielles tout ensemble.

Cette verité se preuue par le desnombrement de tous les termes, & de toutes les veritez obje-ctiues qui sont au monde; car comme i'ay dit au commencement de la Logique, il n'y en a que de trois sortes. Les vns supposent seulement pour les choses corporelles, comme ces mots: *Corps, Matiere, Cieux, Elemens, Plante*, ausquels respondent ces veritez objectiues, Estre Corps, Estre Matiere, Estre Element, Estre Plante, & la declaration de tous ces termes & de toutes ces veritez, appartiennent à la Physique.

Le second ordre des termes, est de ceux qui dans la proposition peuuent seulement estre supposez, pour des Estres Immateriels & Spiri-tuels, comme ces mots : *Esprit, Dieu, Ange, In-telligence*, ausquels respondent ces veritez obje-ctiues, Estre Dieu, Estre Esprit, Estre Ange, Estre Intelligence, & la declaration de tous ces termes & de ces verités obiectiues, appartient à la Metaphysique.

La troisiesme sorte des termes, est de ceux qui font abstraction des Corps & des Esprits : c'est à dire, qui sont communs aux vns & aux autres, comme ces mots, *Estre, Vn, Vray, Bon, Substance, Qualité, Accident, Relation, Mode, Cause, Effet, Principe*. Et c'est le propre de la Metaphysique de les expliquer; d'où il s'ensuit, que l'Objet d'Attribution de la Metaphysique, sont tous les Estres reellement Immateriels, & toutes les choses soit corporelles, soit spirituelles, con-nuës immateriellement : c'est à dire, sous des termes qui soient communs aux choses mate-rielles & immaterielles : car l'Objet d'Attribution en chaque Science, eſt ce qu'elle apprend pour l'amour de ſoy-meſme, & à quoy ſe rapportent toutes les autres connoiſſances ; or eſt-il que dans la Metaphyſique, l'Eſtre immateriel eſt connu pour l'amour de ſoy-meſme, & que pour le connoiſtre on apprend toutes les connoiſſances de cette Science : donc les veritez objectiues qui appartiennent aux Eſtres immateriels, & celles qui font abſtraction dé l'Eſtre materiel & de l'immateriel, ſont l'Objet d'Attribution de la Metaphyſique.

En ſecond lieu, cette verité ſe peut fortement eſtablir par le deſnombrement de toutes les matieres qui ſe traittent dans la Metaphyſique, & que nous déduirons dans les ſept Liures de cette Science : car ils ſeront tous employez ou à declarer les termes, qui ſuppoſent ſeulement pour les Eſtres ſpirituels, comme ſont ces termes: *Eſprit, Dieu, Ange, Intelligence*, ou à expliquer les termes & les veritez objectiues naturelles, qui font abſtraction des corps & des eſprits. Ainſi les traictez de l'Eſtre, de la Verité, de l'Vnité, de la Subſtance, de la Qualité, & des Modes, appartiennent aux Eſtres materiels & immateriels, ſous des termes vniuerſaux, & ſous des connoiſſances confuſes.

OPPOSITION I. Vous me direz, THEANDRE, que le ramas de toutes ces veritez objectiues, ne peut pas eſtre l'Objet d'Attribution, dans vne Science totale, pource que l'Objet d'Attribution doit eſtre vn, où toutes ces veritez n'ont ny vnité ny vnion. Et de plus, vous m'oppoſerez qu'il y a quelque difference entre l'Objet & le Sujet d'Attribution de la Meta-

phyſique : ce qui ne ſe peut dire, ſi ſon Objet
d'Attribution eſt l'Eſtre immateriel, ou l'Eſtre
conneu immateriellement.

Ie reſponds que cét Objet eſt vn ſuffiſamment, non pas par vnité indiuiſible, ou phyſique, mais par vnité morale : pource qu'il eſt vn
gros de pluſieurs veritez, qui peuuent eſtre
enoncées ſous vn terme vniuerſel, qui comprend
tout ce qui eſt conneu dans la Metaphyſique.
Or ce terme vniuerſel eſt le Sujet d'Attribution
en cette Science : & il ſe nomme *l'Eſtre Immate-*
riel, ou connu immateriellement. Et ainſi ie reſponds en ſecond lieu, que le Sujet d'Attribution
dans la Metaphyſique, à parler reellement, c'eſt
le ramas de tous les Eſtres ſpirituels, & auſſi le
ramas de tous les Eſtres materiels, & immateriels, entant qu'ils peuuent eſtre conneus, ſous
des termes vniuerſels, qui ſignifient confuſément les vns & les autres. Ie mets donc vne difference tres-remarquable entre l'Objet & le
Sujet d'Attribution dans la Metaphyſique : car
le Sujet d'Attribution eſt l'Eſtre Immateriel, ou
conneu immateriellement : & l'Objet d'Attribution qui contient le Sujet, l'Attribut, & leur
liaiſon, eſt le ramas de toutes les veritez objectiues naturelles, qui appartiennent aux Eſtres Immateriels, & auſſi de celles qui appartiennent à
tous les Eſtres conneus immateriellement : c'eſt
à dire, ſous des termes qui font abſtraction des
Corps & des Eſprits. Certainement, c'eſt vne
groteſque aſſez ridicule, de rechercher quelque
autre Vnité, dans l'Objet d'Attribution des
Sciences totales : ainſi l'Objet d'Attribution de
la Phyſique, eſt l'Eſtre corporel, c'eſt à dire tous

les Corps en particulier, les Elemens, les Metaux, les Cieux, les Plantes, & les Animaux, qui sont reellement plusieurs Estres : mais ils conuiennent en ce que ils sont soufmis à vn seul terme, qui les declare tous d'vne façon confuse. Or ce terme n'est autre que l'ESTRE CORPOREL ou MATERIEL. Ce n'est pas vn moindre caprice de croire que l'Objet total des Sciences, soit vn Estre ou vne raison abstracte, distincte de tous les Indiuidus, comme ie preueray aux discours suiuans.

OPPOSITION II. Si la Metaphysique comprend toutes les veritez qui appartiennent aux Estres Spirituels : il s'ensuit (me direz vous) qu'elle contient toute la Theologie qui traitte de Dieu, & des Anges.

Ie respons, que la Metaphysique contient toutes les veritez obiectiues naturelles, qui traittent de Dieu & des Anges ; mais non pas les surnaturelles, qui dépendent de la reuelation: car elles appartiennent à la Theologie, d'où vous déduirez que tous les Argumens, & toutes les raisons naturelles, que les Theologiens apportent pour declarer les Estres Spirituels, sont empruntées de la Metaphysique.

II. THESE. La fin de la Metaphysique est de connoistre les Estres Immateriels, & aussi les attributs qui conuiennent aux Estres Materiels & Immateriels tout ensemble. La raison de cecy est, que la fin d'vne Science, est ce à quoy elle est propre de sa nature : or la Metaphysique est propre pour faire connoistre les Estres Immateriels, & toutes les veritez objectiues, qui conuiennent confusément aux Corps & aux Esprits, puis que toutes les veritez que declare cette Science, se rapportent à ces deux sortes, comme vous verrez par experience. Pour donner plus de iour à cette verité, sçachez, THEANDRE, que quand on dit, Dieu est Immense, ou bien l'Ange est Indiuisible : ces mots DIEV & ANGE, sont le Sujet, Immense, & indiuisible, sont l'Attribut ; mais les veritez objectiues qui respondent à ces deux propositions, sont : *Dieu estre Immense, l'Ange estre Indiuisible* : ce qui a parler reellement, n'est autre chose que Dieu, & l'Ange mesme, entant qu'ils peuuent estre declarez, par des Oraisons complexes, comme ie preuueray au 2. Liure.

III. THESE. L'Objet de Consideration dans la Metaphysique, est le ramas de toutes les veritez qui sont connuës dans cette Science.

Or ce ramas comprend, premierement toutes les Veritez naturelles qui appartiennent seulement aux Estres Spirituels.

Secondement, celles qui sont communes aux Estres spirituels & corporels tout ensemble.

Troisiesmement, quelques autres veritez qui sont necessaires pour connoistre ces deux sortes de veritez precedentes.

Ie preuue cette proposition, pource que l'Objet de Consideration, est le ramas de toutes les veritez que l'on considere en vne Science : or tout ce qui se traitte dans la Metaphysique, se reduit à ces trois sortes de Veritez. Donc le ramas de ces trois sortes de Veritez, est l'Objet de Consideration dans la Metaphysique. En second lieu, l'Objet de Consideration, contient l'Objet d'Attribution : c'est à dire, les Veritez

qui fe connoiffent pour l'amour d'elles-mefmes.
Et de plus , il enueloppe les Veritez attribuées,
que l'on apprend dans vne Science, pour donner
du iour aux autres connoiffances. Or comme
dans la Metaphyfique, il eft des Veritez connuës pour l'amour d'elles-mefmes, qui font
l'Objet d'Attribution : il en eft auffi quelques
autres qui fe traittent pour efclaircir les premieres. Ainfi on trairte de l'Eftre de raifon, pour
faire connoiftre l'Eftre reel, & on eft contraint
d'apporter plufieurs connoiffances, comparaifons, argumens, fimilitudes, & furtout plufieurs
inductions & definitions empruntées de la Phyfique & de la Logique. Or ces veritez fe nomment Attribuées, pource qu'elles font rapportées pour en connoiftre d'autres.

Troifiefmement, il n'eft aucun qui puiffe douter raifonnablement, qu'il ne fe puiffe donner
vne Science qui comprenne ces trois fortes de
Veritez dont i'ay parlé, puis qu'on les peut af-
fembler & en faire vn gros, qui fe nommera vne
Science totale.

D'icy vous pourrez recueillir en premier lieu,
que l'Objet d'Attribution n'eft qu'vne partie
de l'Objet de Confideration, dans les Sciences
totales, & que ces mots OBJET D'ATTRI-
BVTION, font relatifs, & qu'ils connotent que
quelques autres veritez foient rapportées à cét
Objet, comme à leur fin : & partant l'Objet
d'Attribution differe fort peu de la fin de la Metaphyfique ; puifque fon Objet d'Attribution
eft l'Eftre Immateriel , ou connu immateriellement. Et fa fin eft de connoiftre les Eftres Immateriels : & de plus, les Eftres Materiels, &
Immateriels,

Immateriels, font des Veritez qui leur font communes.

IV. THESE. L'Objet total formel de la
Metaphyfique, eft le ramas de toutes les pre-
miffes qu'elle contient: & l'Objet total Materiel, eft le ramas de toutes les conclufions qu'elle declare. *Conclufion Metaphyfique*, eft celle dont
le fujet fuppofe en la propofition pour des Eftres
purement Spirituels, comme celles-cy : *Donc
Dieu eft Immenfe , donc les Anges font Indiuif-
bles*. Ou bien c'eft vne conclufion dont le Sujet
eft vn terme vniuerfel, qui fuppofe pour des
Eftres Materiels & Immateriels tout enfemble,
comme celles-cy : *Donc la fubftance fubfifte par
foy-mefme, donc la qualité ne peut eftre naturellement hors de fon fujet*. D'icy vous pourrez recueillir ce qu'il faut dire des opinions que i'ay
rapportées au commencement de ce difcours.
Dites donc pour

V. THESE. Que Dieu & la Subftance
font bien la plus noble partie de l'Objet de la
Metaphyfique; mais qu'ils ne font pas fon Objet total : car la Metaphyfique traitte des creatures & des accidens, auffi bien que de Dieu &
des Subftances, & ce pour l'amour d'elles-mefmes : donc les creatures & les accidens ont part
dans l'Objet de la Metaphyfique.

VI. THESE. L'Eftre Spirituel n'eft qu'vne
partie de l'Objet de cette Science : la raifon eft,
qu'elle traitte des chofes corporelles, auffi bien
que des fpirituelles, fous des termes confus,
comme font ces mots : *Eftre, Vnité, Bonté, Qualité,
Subftance, Relation, Mode*, qui appartiennent auffi
bien aux corps qu'aux efprits.

VII. Thes e. Les Cathegories ne ſont pas
l'Objet total de la Metaphyſique, pour ce qu'elle connoiſt auſſi des Veritez qui ſont tranſcendentelles, comme celles qui ſont de l'Eſtre, de
l'Vnité, de l'Indiuiduation, de la Verité, & de la
Bonté, dont ie traitteray aux trois premiers Liures, auant que de venir aux Cathegories.

VIII. Thes e. L'Objet total de la Metaphyſique n'eſt pas l'Eſtre pris ſelon la plus haute abſtraction : car quoy qu'en effet tout ce qui
ſe traitte dans la Metaphyſique, ſoit Eſtre,
neantmoins on n'en traitte pas ſeulement, ſous
ce terme, *Eſtre*, mais auſſi ſous des termes de
beaucoup inferieurs, comme ſous celuy de *ſubſtance, de Qualité, de Relation, de Mode*. On traitte
auſſi en la Metaphyſique, de Dieu & des Anges
qui ſont des termes inferieurs à l'Eſtre, donc ſon
Objet total n'eſt pas l'Eſtre pris ſelon la plus
haute abſtraction.

IX. Thes e. Si Suarez par ces mots, *l'Eſtre
reel*, entant que reel, ſignifie ſeulement, que la
Metaphyſique traitte des Eſtres reels, ſon opinion eſt receuable : mais dans tout autre ſens, il
la faut rejetter. Premierement, pource que
l'Objet total eſt celuy hors duquel vne Science

Suar.diſp. 54.
Meta. de ente
rationis.

ne conſidere rien : or la Metaphyſique traitte
non ſeulement de l'Eſtre reel, mais encore de
l'Eſtre de raiſon ; dont Suarez meſme fait vne
diſpute toute entiere, où il confeſſe que le traitté
de l'Eſtre de raiſon appartient à la Metaphyſique, & non pas à la Logique, pource qu'il ne
contribuë rien pour dreſſer l'eſprit. Que ſi Suarez nous reſpond que l'on ne traitte pas de l'E-
ſtre de raiſon, pour l'amour de luy-meſme.

Cette replique preuue seulement que l'Estre de raison n'entre pas dans l'Objet d'Attribution de la Metaphysique, mais elle n'empesche pas qu'il n'appartienne à l'Objet total de Consideration.

De plus, la Metaphysique traitte de plusieurs Veritez inferieures, à ce terme, *Estre reel*, puis qu'elle traitte de Dieu, des Anges, des Substances, & des Accidens. Troisiesmement, la Metaphysique ne considere pas tousiours l'Estre reel, entant que reel, comme la Science de l'homme ne s'attache pas tousiours à l'homme, entant qu'homme : & il est certain que la Metaphysique considere d'autres attributs inferieurs, qui appartiennent à l'Estre reel. En fin, ce n'est pas assez de dire que la Metaphysique traitte de l'Estre reel : car ce mot *Estre reel* embrasse aussi la Physique qui traitte des Estres reels, puis que les corps mesmes, entant que corps, sont des choses reelles, aussi bien que les esprits.

QVESTION III.

Qu'est-ce que la Metaphysique, est ce vne Science speculatiue & subalterne.

I. **T**H**I**s E. La Metaphysique est vne Science totale, qui contient toutes les Veritez naturelles, qui appartiennent aux Estres Spirituels, & aussi toutes les Veritez qui font abstraction des corps & des esprits : car toutes les connoissances de la Metaphysique se rapportent

à ces deux chefs, & elles ne declarent que deux
sortes de termes : sçauoir est, ceux qui supposent seulement pour les esprits ; & ceux-là qui
sont communs aux esprits & aux corps : & partant à bien parler, la Metaphysique connoist
tous les indiuidus des choses, comme Henry,
Alexandre, Bucephale, & cette plante sous des
connoissances vniuerselles, qui appartiennent
confusément & esgalement à tous les indiuidus
des choses.

C'estoit la pensée d'Aristote, lors qu'il nommoit la Metaphysique, du nom de Theologie
& de Sagesse, pource qu'elle traitte de Dieu, par
des Argumens naturels, & qu'elle discourt de
chaque indiuidu en particulier ; mais sous des
termes communs & fort releuez. Ainsi au premier de sa Metaphysique, il parle d'vn Metaphysicien en cette sorte : Le Sage connoist toutes choses en la façon la plus haute qu'il est possible, sans auoir la connoissance des choses en
particulier : de sorte que comme les Aigles se
tiennent tousiours dans les nuées, de mesme le
Metaphysicien n'abaisse iamais son esprit iusques aux connoissances particulieres ; mais il se
contente d'enuelopper toutes les hypotheses
dans leur These, & toutes les veritez particulieres dans des connoissances fort vniuerselles.

D'icy vous déduirez en premier lieu, que la
Metaphysique se diuise proprement en deux
parties. La premiere contient toutes les veritez
communes aux corps & aux esprits, & ie les declareray dans mes cinq premiers Liures. La seconde partie contient les veritez naturelles de
l'Estre spirituel, que ie declareray dans mes deux

derniers Liures. Et ainsi vous voyez que la Metaphysique est vne Science totale : c'est à dire, vn ramas de plusieurs connoissances, certaines, euidentes, & discursiues : elle n'est pas neantmoins tellement Science, qu'elle n'ait beaucoup d'opinions & de connoissances seulement probables : c'est pourquoy il la faut nommer Science humaine, prenant la denomination de la plus noble partie qui la compose.

En second lieu, la Metaphysique est vne vertu intellectuelle, puis qu'elle est vne Science, elle est aussi vne habitude & vne faculté, puis qu'elle facilite l'entendement à connoistre les Estres spirituels, & à auoir des connoissances vniuerselles de tous les Estres.

En troisiesme lieu, la Metaphysique est vne partie de la Philosophie, puis qu'elle contient les plus belles connoissances naturelles : elle n'est pas neantmoins vn art, puis qu'elle n'est point pratique.

Vous déduirez en quatriesme lieu, que la Metaphysique n'est vne que par vnité morale, puis qu'elle est vn ramas de toutes les connoissances formelles des Estres spirituels, & de celles qui font communes aux Estres corporels & spirituels tout ensemble : de sorte que son objet est suffisamment vn, pour constituer vne Science totale, dans laquelle il y a plusieurs connoissances demonstratiues, plusieurs qui sont seulement opinion, plusieurs qui sont des premiers principes communs à tous les Estres.

I I. Thes e. La Metaphysique est vne Science purement speculatiue, qui n'est aucunement pratique, ny aucunement art : car la Me-

taphyſique n'eſt pas capable de dreſſer vn œuure,
& elle s'arreſte en la ſeule connoiſſance de ſon
objet : En effet, à peine eſt-il aucune de toutes
les veritez que ie declareray dans les Liures de
la Metaphyſique, qui ſoit pratique & capable
de dreſſer vn œuure, elle eſt donc totalement
ſpeculatiue.

III. THESE. Toutes les Sciences ſont ſubalternes de la Metaphyſique, ce qui n'empeſche pas que la Metaphyſique ne ſoit en quelque
façon ſubalterne, au regard de quelques autres
Sciences. La raiſon eſt, que toutes les Sciences
ſe fondent dans les premiers principes de la Metaphyſique : elle depend neantmoins de la Phyſique, pource qu'elle preuue ſes premiers principes par l'induction des choſes corporelles : &
de la Logique, pource qu'elle s'en ſert pour
dreſſer ſes connoiſſances ; & il n'eſt point contre
raiſon de dire, que deux Sciences par diuers
rapports, ayent vne dépendance mutuelle.

OPPOSITION. La Metaphyſique donne
la connoiſſance des Vniuerſaux, donc elle apprend la façon de les faire : & conſequemment,
elle eſt partie pratique, & partie ſpeculatiue. Ie
reſponds, que la façon de faire vne abſtraction,
ou vn Vniuerſel, appartient de droict à la Logique : neantmoins, puiſque d'ailleurs la Metaphyſique doit conſiderer tous les termes, & toutes les veritez vniuerſelles, qui font abſtraction
des corps & des eſprits. La raiſon veut, que l'on
traitte en vn meſme lieu tout ce qui appartient
aux Vniuerſaux, afin de n'eſtre pas contraint d'v-
ſer do'redite, traittant imparfaitement des Vniuerſaux dans la Logique, & apres plus parfaite-

ment dans la Metaphyſique.

Outre que ſelon le commun axiome, le Peu doit eſtre reputé pour Rien : & partant, quoy que dans la Metaphyſique il y euſt quelque connoiſſance pratique, on pourroit neantmoins l'appeller vne Science totalement ſpeculatiue, pource que vne ou deux connoiſſances pratiques qu'elle contient, ne ſont pas conſiderables.

IV. Thêse. A cette Science, appartiennent les quatorze Liures de la Metaphyſique d'Ariſtote, ſon Liure des Cathegories, & l'Introduction de Porphyre. La raiſon eſt, que ces œuures expliquent des termes communs aux corps & aux eſprits. Or Ariſtote nomme ces quatorze Liures Metaphyſiques, ou à bien dire, *Metaphyſica*, pource que il les a compoſez apres ſa Phyſique. Et comme vn Arithmeticien met à la fin d'vn compte precedent, auſſi Ariſtote dans ſa Metaphyſique, fait comme vn recueil general de ce qu'il auoit dit en ſes autres Liures. D'icy vous déduirez que la Science que nous traittons à proprement parler, n'a pas le nom de Metaphyſique, comme diſent quelques Autheurs, pource qu'elle traitte des Eſtres ſurnaturels. Mais parce qu'elle eſt miſe apres les Liures de la Phyſique.

μετὰ τὰ φυσικὰ
Poſt res
Phyſicas.

De plus, le traitté des Cathegories appartient de droit à la Metaphyſique. Il vaut donc mieux raſſembler le tout en vn lieu pour en traitter auec plus de ſolidité & de connoiſſance, que d'en dire vne partie dans la Logique, & vne autre dans la Metaphyſique : quoy que i'auouë qu'Ariſtote a traitté des Predicamens dans toutes ces deux Sciences. A la Metaphysique s'attribuë aussi l'Introduction de Porphyre, qui n'est qu'vn petit cayer, où le Philosophe Porphyre parle des cinq voix vniuerselles, du genre, de l'espece, de la difference, du propre, & de l'accident, pour donnér entree à son amy Chrysaorius dans le Liure des Cathegories d'Aristote.

III. THESE. Toutes les Sciences sont ou Physique ou Metaphysique, ou au moins elles se reduisent à ces deux Sciences : car toute Science est ou d'vne chose materielle, & sous vn terme qui r.e peut supposer que pour vne chose corporelle, & elle appartient à la Physique : ou en deuxiesme lieu, elle est d'vne chose immaterielle, & sous vn terme qui ne peut supposer que pour vn Estre spirituel, & elle appartient à la Metaphysique : ou en troisiesme lieu, vne connoissance est commune aux corps & aux esprits : & elle appartient encores à la Metaphysique. Et partant, la Logique & la Morale sont des dépendances de la Metaphysique. La Science de l'homme est partie Physique, selon la connoissance du corps, & partie Metaphysique, selon la Science de l'ame. Les Metaphysiques, & la Medecine se rapportent à la Physique, puis qu'elles traittent des choses corporelles : neantmoins, puisque le nombre est commun aux corps & aux esprits, il faut dire que l'Arithmetique appartient à la Metaphysique. Cette mesme proposition se voit éuidemment dans la Table suiuante, qui contient tous les termes depuis le plus transcendant iusques à chaque indiuidu des especes.

L'ARBRE

ARBRE DES CHOSES A L'IMITATION DE CELVY DE PORPHYRE,

OV LA DISTRIBVTION DE TOVS LES ESTRES, DEPVIS LES TERMES TRANSCENDANS IVSQVES AVX TERMES SINGVLIERS DE CHAQVE ESPECE.

I. ESTRE, ou INTELLIGIBLE, se diuise en deux, sçauoir est en

II. ESTRE REEL, ou POSSIBLE, & en ——————— ESTRE de RAISON ou IMPOSSIBLE, qui a tout autant d'Especes imaginaires, que l'on peut feindre d'Estres contradictoires, comme vn Homme non Homme, vn Soleil non soleil.

se diuise en deux.

III. EXISTENT, & PVREMENT POSSIBLE ; or l'Existent se diuise en deux, en

IV. SVBSTANCE, & en ——————— ACCIDENT, qui se diuise en deux équiuoquement, en

qui se diuise en

V. CORPORELLE, & ——————— SPIRITVELLE,

le corps se diuise en   celle-cy se diuise en

VIVANT, ou ANIME', & INANIME',   VI. INCREE'E, & CREE'E,

se diuise en

SENSITIF ANIMAL, & SENSIBLE, comme les Plantes, les Arbres, les Herbes, les ... les Fruits, ont sous soy ... rses especes, le Cedre, la Palme, la Roze, la Pomme, l'Orange, le Tym, l'Oseille, sous ... uelles sont les Indiuidus ; Ce Cedre, cette Palme, cette Roze, cette Pomme, ce Citron, ce ... n, cette Oseille.

qui se diuise en SIMPLE & MIXTE, comme les Cieux, & quatre Elemens, l'Eau, le Feu, l'Air, la Terre. — comme les Metaux, les Pierres, & ce qui participe du Metal, & de la Pierre, comme la Gomme, l'Ambre, le Soulfre.

Comme Dieu, qui est seul dans son Ordre. — se diuise en parfaite comme l'ANGE, qui a pour Indiuidus Michel & Gabriel. Et en imparfaite, cõme l'AME, dont les Indiuidus sont l'Ame de Lysis & de Therese.

PHYSIQVE, & en ——————— LOGIQVE, qui est ou DISTINT, ou INDISTINT,

qui est le mesme que la Qualité. Les qualitez se diuisent en Premieres qui sont la Chaleur, la Froideur, l'Humidité, & la Seicheresse. Et en secondes, comme la Couleur, dont les Especes sont ; la Blancheur, la Noirceur. Et les Indiuidus sont, cette Blancheur, cette Noirceur, cette Chaleur, &c.

Comme les Habits, les Armes, les Possessions, le Fard, les Ornemens.

Comme les Modes, la Relation, l'Action, la Passion, la Durée, la Situation, la Figure, la Presence.

Tous les Estres dont i'ay fait icy mention, sont des Estres Physiques : car les Estres Moraux sont aussi des Estres Physiques, qui par l'institution de quelque cause libre, ont quelque droict, vertu, ou pouuoir, ou valeur, comme estre Roy, estre Prestre, vn Calice sacré, la valeur de la monnoye.

L'ANIMAL se diuise en

II. RAISONNABLE, ou l'HOMME, qui n'a aucune espece sous soy ; mais des Indiuidus, comme CESAR, CICERON, AGNES, THERESE. Et ainsi les Cathegories se finissent dans les Indiuidus.

& en BRVTE, qui a sous soy diuers gentes & especes, comme
LES OYSEAVX, dont les especes sont, l'AIGLE, la PERDRIS, & les Indiuidus, cette Aigle, cette Perdris.
LES POISSONS, dont les especes sont, le DAVPHIN, le SAVMON, &c. Les Indiuidus, ce Saumon, ce Dauphin, &c.
LES REPTILES, comme les SERPENS & les VERS, dont les especes sont, le BASILIC, l'ASPIC, le VERS à soye.
LES ANIMAVX à quatre pieds, dont les especes sont, le LYON, le CHIEN, le CHEVAL.
Sous le Cheual sont Rhebus, Pegase, Bucephale, &c.
Sous le Chien, sont Melampe, Isla, Brifaut, Diane, &c.
Et ainsi toutes les Cathegories aboutissent aux Indiuidus qui montent iusques aux termes sur-transcendans : disant, Cesar est Animal, viuant, corporel, substance, existent, possible, intelligible, &c. Bucephale est animal, viuant, corporel, &c.

DANS

DANS CETTE TABLE
vous voyez que des termes suppofent
pour des Eftres feulement corporels,
& la Physique les declare ; mais la
Metaphysique prend à tafche de declarer tous ceux que vous voyez qui
suppofent feulement pour les Eftres
fpirituels : & ceux auffi qui font abftraction des chofes fpirituelles &
corporelles.

La Metaphysique a donc vne eftenduë
auffi vafte qu'aucune autre de toutes
les Sciences, chacun luy donne la diuifion qu'il veut : De moy, ie fais
deffein de la diuifer en fept Liures.

Le I. traittera de l'Eftre, de fes paffions, & de fes differences en general.

Le II. de la Verité & Bonté, & de
leurs contraires.

Le III. *de l'Vnité indiuiduelle & vniuerselle, & des diuerses sortes de distinctions.*

Le IV. *des differences de l'Estre, ou des Cathegories en commun : & aussi en particulier de celle de la substance & de la qualité.*

Le V. *traittera de la Cathegorie, des Modes, & des Relations.*

Le VI. *parlera des Estres spirituels en general, & aussi en particulier de Dieu, entant que la raison naturelle le peut connoistre.*

Le VII. *enfin, traittera des Anges, selon toutes les connoissances qu'en peut donner la Nature. Commençons par le plus vniuersel de tous les termes.*

DISCOVRS II.

DE L'ESTRE EN COMMVN,

De ses Passions, & de ses differences.

'A Y tousiours fait grand estat du dire de Callymachus, lors qu'il souftenoit qu'vn grand Liure eftoit vn grand Mal ; c'eft pourquoy afin de dire beaucoup de chofes en peu de mots, apres vous auoir donné la connoiffance des veritez de la Logique, i'ay iugé à propos, THEANDRE, de commencer les difcours de la Metaphyfique par les connoiffances communes aux corps & aux efprits : pource que, outre qu'elles font les plus generales de toutes les Sciences, elles appartiennent auffi à tous les Eftres. Commençons par le terme le plus vniuerfel qui foit dans les Sciences.

QVESTION I.

Qu'est-ce que l'Estré en commun ? est-il vniuoque comparé à l'Estre reel & à l'Estre de raison, à Dieu & aux Creatures, à l'accident, & à la substance.

I. **THESE.** *L'Estre en commun*, est ce mot *Estre*, qui à bien dire est vn terme équiuoque, qui se prend en trois façons principales, pour *Intelligible*, pour *Possible*, & pour *Existent*. Intelligible, est tout ce qui peut estre conneu. Et en ce sens, le mot *Estre* est connotatif, qui signifie tant les choses possibles que les impossibles, & connote qu'elles peuuent estre connuës : il est donc à remarquer que ce terme *Intelligible* aussi bien que *Possible*, est ampliatif : & partant, cette consequence n'est pas bonne. Vn homme non homme est intelligible, donc il existe. L'Antechrist est possible, donc il est dans la nature : c'est en cette tres-generale signification que se prend le mot d'*Estre*, quand on dit, *Quidlibet est, vel non est*, chaque chose est, ou n'est pas dans la Nature.

En second lieu, ce mot *Estre* se prend pour le mesme que *Possible* : & en ce sens, il ne conuient pas aux Estres de raison, pource qu'ils sont impossibles ; mais il se dit vniuoquement de tous les

Eſtres purement poſſibles : comme de l'Antechriſt, & des Eſtres qui poſſédent actuellement
l'exiſtence, comme le Soleil : car le Soleil &
l'Antechriſt ſe nomment Eſtres ou Poſſibles,
pource qu'ils peuuent exiſter ; & partant de cette propoſition, l'Antechriſt eſt poſſible & intelligible, on ne peut pas inferer donc l'Antechriſt
exiſte ; mais ſeulement donc il y a vne puiſſance
qui peut produire l'Antechriſt, & il exiſte vn entendement qui le peut connoiſtre. D'où arriue
que s'il n'eſtoit aucune puiſſance productiue de
l'Antechriſt, ou qui peut connoiſtre l'Eſtre de
raiſon, on ne pourroit pas dire auec verité, que
l'Antechriſt eſt poſſible, & que l'Eſtre de raiſon
eſt Eſtre ou Intelligible.

En troiſieſme lieu, l'Eſtre ſe prend pour
exiſtent, & il eſt participe qui ſuppoſe diſtributiuement, pour chaque Eſtre en particulier, &
connote ou moins obſcurement qu'il exiſte dans
le temps preſent : & ainſi les choſes paſſees, ou à
auenir, ne ſont point des Eſtres, à parler ſimplement. L'Eſtre pris en ce ſens, eſt vniuoque au regard de tous les Eſtres qui exiſtent, ſoit creez,
ſoit increez, ſoit Eſtre de ſoy, ou Eſtre par accident : mais il ne conuient pas aux Eſtres purement poſſibles comme à l'Antechriſt, ny aux
Eſtres impoſſibles, comme à vn homme non
homme : pource que on ne peut pas dire
qu'ils exiſtent, & qu'ils ſont nombrez entre les
Eſtres.

II. THESE. Ie ſouſtiens donc que tout
cela eſt Eſtre en la premiere façon, qui peut eſtre
conneu par vne intelligence, ſoit creée, ſoit increée : & partant qu'il ſe diuiſe en Eſtre reel, ou

poſſible, & en Eſtre de raiſon ou impoſſible : de
ſorte que lors que l'on dit que les choſes purement poſſibles ſont Eſtres, c'eſt parler d'vne façon impropre, puis que cela ſeulement eſt Eſtre,
dont on peut dire qu'il exiſte.

Ie dis de plus, que l'Eſtre pris pour poſſible,
ſe diuiſe vniuoquement, en celuy qui eſt purement poſſible, comme l'Antechriſt, & en celuy
qui exiſte actuellement comme le Soleil.

Ie dis en troiſieſme lieu, que l'Eſtre proprement pris, ſignifie le meſme qu'*Exiſtent*, &
qu'il eſt vn participe qui vient du Verbe ſubſtan-
tif *Eſtre*, & qu'il connote au moins obſcurement,
que ce pourquoy il eſt ſuppoſé, exiſte dans la nature : d'où vient que l'on ne peut pas dire proprement, que les Eſtres de raiſon ſont des Eſtres,
il me ſemble que c'eſt la penſée d'Ariſtote, lors
qu'il dit dans ſon Organe, *que le verbe ſignifie*
auec le temps : & partant l'Eſtre ſignifie touſiours
vne exiſtence actuelle, s'il n'eſt joint auec quelque voix, qui change ſa ſignification ordinaire.

III. THESE. Ie dis encore que l'Eſtre
en commun, ou pour parler auec Ariſtote, l'*E-*
ſtre entant qu'Eſtre, *eſt ce terme vniuerſel Eſtre*,
qui peut ſuppoſer diſtributiuement, pour tout
ce qui exiſte dans la nature : & ie souſtiens qu'il
n'y a aucun Eſtre en commun, qui ſoit vne choſe
diſtincte, de chaque Eſtre en particulier.

Car tout ce qui eſt au monde eſt vn Eſtre en
particulier, c'eſt à dire, cét Eſtre, ou celuy-là,
que l'on peut monſtrer au doigt, & qui eſt diſtinct de tout autre Eſtre ; où il s'enſuit que par
deſſus tous les Eſtres, il y auroit quelque Eſtre,

Lib. 1. de In-
terp. verbū
teſt. vox ſi-
gnificās cum
tempore.

Ens vt ens.

ce qui est impossible : donc comme l'animal, ou
l'homme en commun, sont ces termes Vniuersaux, *Animal & Homme* : pareillement l'Estre en
commun, est ce terme Vniuersel *Estre*, qui ne signifie pas aucun Estre en commun ; mais chaque
Estre en particulier, d'vne façon distributiue &
vniuerselle.

En effet, s'il y a quelque Estre en commun distinct de chaque Estre en particulier, qu'on me
die où il est, & qui l'a produit, est-il creé ou increé. S'il est creé, il n'est pas commun à l'Estre
increé : & s'il est increé, il n'est pas commun à
l'Estre creé, & ainsi ce n'est pas l'Estre en commun.

Que si l'Estre en commun n'est ny creé ny increé, il y a donc quelque Estre, qui n'est ny Dieu
ny les creatures, ny accident, ny substance, ce
qui est ridicule : il faut donc dire, pour bien philosopher, que l'Estre en commun est ce terme
Estre, qui peut estre enoncé distributiuemant de
chaque Estre en particulier, comme ie diray parlant des Natures vniuerselles. Ie dis de plus
pour

IV. THESE. Que ce terme *Estre* ou *Exi-*
stent, est vniuoque comparé à Dieu, & aux Creatures, aux Estres de soy, & aux Estres par accident, à la Substance & aux Accidens ; mais il ne
peut pas estre enoncé des choses impossibles, ny
de celles qui sont purement possibles, pource
qu'elles n'ont pas d'existene. Ie preuue ma proposition, de ce que selon Aristote, ce terme est
vniuoque, qui signifie plusieurs choses, à cause
d'vne parfaite ressemblance qu'elles ont entre
elles, & pour vne mesme raison ou definition

Or ce terme *Eſtre*, ſignifie Dieu, & les Creatu-res, la Subſtance, & les Accidens, les Eſtres de ſoy, & les Eſtres accidentaires : pour vne meſme raiſon ou definition, & à cauſe d'vne parfaite reſſemblance qu'elles ont entr'elles. En effet, ſi on demande pourquoy Dieu & les Creatures ſont des Eſtres, on en rend vne meſme raiſon : car Dieu eſt Eſtré pource qu'il exiſte, & que de luy on peut dire, il exiſte. Le Soleil auſſi, & la blancheur ſont des Eſtres, pource qu'on peut di-re qu'ils exiſtent.

OPPOSITION I. Sainct Thomas enſei-gne, que l'Eſtre eſt analogue à Dieu & aux Crea-tures, : car s'il eſtoit vniuoque, les Creatures ſeroient ſemblables & égales à Dieu. Ie ref-ponds que Okam, Scot, & Hurtade, & mille autres, tiennent que non ſeulement ce mot *Eſtre*, mais encore ces attributs Intelligible, Poſſible, Subſtance, Viuant, Spirituel, Volitif, Intellectif, ſont vniuoques au regard de Dieu & de ſes Creatures. Et ſainct Iean Damaſcene dit expreſ-ſément, que la Subſtance eſt vn Genre compa-rée à Dieu & aux Creatures : pource qu'elle leur conuient, pour vne meſme raiſon, ou definition. Liſez ſur cecy la Queſtion des Vniuoques dans la Logique.

Ie reſponds en ſecond lieu, que Dieu meſme nous exhorte à luy eſtre ſemblables : ce qui s'ac-complira parfaitement dans la gloire. Il ne s'en-ſuit pas neantmoins que les creatures ſoient ef-gales à Dieu, puis qu'il eſt vn Eſtre de ſoy, Infi-ny, Independant, Neceſſaire, Immenſe. Que ſi par Eſtre égal, on n'entend autre choſe, ſi ce n'eſt que comme Dieu eſt Eſtre, les Creatures ont
auſſi

Hurt .diſp.9. Logicæ.

S. Ioan. Da-maſc.lib.Ele-ment. c. 3.

Math. 5. Eſtote perfe-cti ſicut pa-ter veſter cæ-leſtis perfe-ctus eſt.

Ioan 3. Similes ei eri-mus quando

auſſi l'Exiſtence. I'auoüë qu'en cét attribut elles luy ſont ſemblables.

O p p o s i t i o n II. Dieu eſt vn Eſtre infiny, Eternel, Neceſſaire : les Creatures ſont des
Eſtres finis, Temporels, Participés, Contingens : donc l'Eſtre de Dieu & des Creatures a des
differences tres-remarquables. Il n'eſt donc pas
Vniuoque.

Ie reſpons que Dieu eſt vn Eſtre infiny, & neceſſaire ; parce qu'il eſt Eſtre ſimplement. Ie le
nie, à cauſe des differences qui retreſſiſſent ce
mot *Eſtre*, ie l'accorde : car entant qu'il eſt Eſtre,
il a ſeulement cela, qu'il exiſte : outre qu'il s'enſuiuroit, que l'animal n'eſt point Vniüoque, à
l'homme & au Lyon : pource que l'vn eſt animal ſans raiſon, & l'autre eſt raiſonnable. I'ad-
jouſte, que comme Alexandre eſt vniuoquement
homme, auèc Philippe qui luy a donné l'Eſtre
d'homme : de meſme les creatures ne laiſſent
pas de participer vniuoquement ce mot d'*Eſtre*,
auec Dieu, quoy que Dieu leur ait donné l'Eſtre.
Ce qui a donné lieu à la difficulté de l'Vniuocation de l'Eſtre, a eſté que pluſieurs ont creu que
l'Eſtre en commun, eſtoit vne choſe commune à
tous les Eſtres, & qu'elle ſe communiquoit à ſes
inferieurs, comme la roſée à la terre, ou comme
le Pelican verſe ſon ſang ſur ſes pouſſins : &
qu'ainſi l'Eſtre ſe communiquoit premierement
à Dieu, & par apres aux Creatures, & pluſtoſt à
la Subſtance qu'aux Accidens : ce qui, à dire
vray, eſt vne imagination ſi groſſiere, qu'elle
preuueroit que Dieu eſt Eſtre, par vne choſe diſtincte de luy-meſme.

V. T h e s e. La raiſon objectiue de l'Eſtre

en commun, ou ce qui est signifié par ce mot
Estre, n'est pas vn Estre en commun, abstrait de
chaque Estre ; mais c'est chaque Estre en particulier ; c'est à dire, le Soleil, la Lune, Alexandre, Bucephale, cette Roze, signifiez par vn
mesme mot, pour vne mesme raison definitiue:
pource qu'ils conuiennent en ce qu'ils existent.
Et partant l'Estre en commun, ou l'Estre entant
qu'Estre. C'est ce mot *Estre*, pris confusément &
distributiuement, pour chaque Estre en particulier.

Certainement, THEANDRE, il en est de
l'Estre, comme de l'*homme* ou de l'*animal* en
commun : & partant, comme il n'est aucun
homme, qui ne soit celuy-cy, ou celuy-là en
particulier ; aussi n'est-il aucun Estre qui soit
commun à tous les Estres : dites donc que ces
termes Estre, Substance, Animal, Homme, &
autres voix vniuerselles, ne signifient autre chose que des Indiuidus en particulier, pour vne
mesme raison definitiue : car l'entendement
ayant treuué dans plusieurs Indiuidus vne parfaite ressemblance en ce qu'ils sont des Estres,
des Animaux, & des Hommes. Il prend occasion de les connoistre par vn concept vniforme,
& de leur imposer le mesme nom d'Estre, d'Animal, & d'Homme, pour vne mesme raison definitiue.

Secondement, cét Estre en commun, ou seroit distinct des Indiuidus, ou non : s'il n'est pas
distinct des Indiuidus, donc il n'est pas abstrait
ny commun : que s'il est distinct des Indiuidus,
il s'ensuit que quelque chose existe, qui n'est pas
Indiuidu, ce qui est impossible.

Troifiefmement, cét Eftre en commun, feroit fuperflu : car les Indiuidus par eux mefmes,
font des Eftres, & exiftent effectiuement dans la
Nature, quand mefme tout eftre en commun feroit impoffible : il n'eft pas auffi neceffaire, pour
eftre l'Objet des Sciences , puifque l'Objet des
Sciences eft chaque eftre en particulier , fignifié
par vn terme vniuerfel.

Quatriefmement, ce mot *Fftre*, fignifie feulement ce dont on peut dire, cela eft : or eft-il que
de chaque Indiuidu en perticulier , on peut dire
qu'il exifte : & que l'on ne peut dire cela exifte,
fi ce n'eft des Indiuidus. Donc ce mot *Eftre*, fignifie feulement les Indiuidus il ne fignifie donc
pas aucun eftre commun, mais chaque Indiuidu,
pour vne raifon ou definition commune : car ou
cét eftre en commun eft vn eftre, ou non ; s'il
n'eft pas eftre, pourquoy luy donne-t'on le nom
d'Eftre : s'il eft vn Eftre, donc il y a quelque
Eftre par deffus tous les Eftres en particulier, ce
qui eft ridicule.

En cinquiefme lieu, cét Eftre en commun , ne
pourroit eftre abftrait de fes inferieurs , puis
qu'ils font des Eftres, ny retreffy par fes differences, puis qu'elles font des Eftres : enfin, il
s'enfuit vn progrez infiny dans les raifons ab-
ftraites : car cét Eftre en commun conuiendroit
auec chaque Eftre en particulier, en ce qu'il eft
vn Eftre : & ainfi il pourroit y auoir vne raifon
commune à l'Eftre en commun, & aux eftres en
particulier. Or cette autre raifon commune de
l'eftre, feroit eftre, & ainfi on en pourroit conceuoir vne raifon commune & fuperieure.

Opposition I. Si vn Formalifte nous

dit, que l'Eſtre en commun n'eſt pas reellement diſtinct des Indiuidus, mais ſeulement par l'entendement, qui connoiſt cette raiſon commune de l'eſtre, ſans connoiſtre ſes differences.

Repartez froidement, que ou cét acte connoiſt les choſes comme elles ſont, ou non : s'il ne les connoiſt pas comme elles ſont, il ſe trompe, & ainſi cette opinion eſt pleine de fauſſeté: s'il les connoiſt comme elles ſont, donc il ne connoiſt que des Indiuidus, & non pas vne raiſon commune.

OPPOSITION II. Que ſi on replique, que l'eſprit connoiſt les choſes comme elles ſont, non pas reellement, mais formellement, par la negation de l'eſprit meſme Reſpondez, qu'il s'enſuit que auant le premier acte de l'entendement, il y en a eu vn autre, qui a diſtingué, ce que le ſecond connoiſt eſtre diſtinct. Or, ie demande ſi ce premier a conneu la choſe comme elle eſt en ſoy, ou non ; & ainſi il reſte preuué euidemment, que toute cette façon de conceuoir eſt fauſſe : puiſque ſelon Ariſtote, la connoiſſance eſt vraye, ſi elle connoiſt l'Objet comme il eſt en ſoy: & ſi elle ne le connoiſt pas comme il eſt en ſoy, elle eſt fauſſe.

Lib. 9. Met. ex co quod res eſt, vel nó eſt, propoſitio eſt vera vel falſa.

OPPOSITION III. Si on pourſuit, diſant que les termes tranſcendans ne ſont pas des Genres, puis qu'ils ſont ſuperieurs aux Cathegories. Reſpondez, que les termes tranſcendans ſont auſſi bien Vniuoques, que les Cathegoriques, puis qu'ils conuiennent à pluſieurs choſes pour vne meſme raiſon. D'icy vous déduiréz, que ce mot & ce concept d'*Eſtre*, comprend eſgalement toutes les choſes exiſtentes, creées,

in creées, accidens, & substances. Puisque exister consiste en vn Indiuisible, & n'est autre
chose, que ce dont on peut dire cela existe. I'a-
uouë neantmoins que Dieu seul est vn Estre necessaire, pource que tous les autres Estres peuuent n'estre pas ; & c'est en ce sens qu'il se nomme celuy qui est, comme quand il dit à Moyse,
Ie suis celuy qui est, & va dire à Pharaon, que
celuy qui est t'a enuoyé en Egypte. Dieu donc
conuient auec ses Creatures, entant qu'il est
Estre, & il differe d'elles entant qu'il est vn tel
Estre.

    Vous déduirez en second lieu, que l'Estre
Possible & Impossible, conuient vniuoquement
en ce qu'il est Intelligible : & partant, quand on
dit que l'Estre de raisõ est Inintelligible, on veut
dire qu'il est Impossible, ou biẽ qu'il est Inintelligible que l'Estre de raison existe, puis qu'il est
Impossible qu'il soit ; mais il n'est pas simplement Inintelligible, sur tout à la connoissance
diuine, qui penetre l'objet de toutes nos pen-
fées. Or est-il que l'Estre de raison est l'objet de
quelque pensée, donc Dieu le connoist.

    Vous déduirez en troisiesme lieu auec sainct
Augustin, & le Docte Major, que le mot *Estre*,
se prend ou comme *transcendant Physique*, & il signifie tout ce qui existe : c'est à dire, les choses
& les termes : ou comme *transcendant Logique*, &
il signifie tout ce qui existe, & qui n'est pas vn
terme : & ainsi ce terme, à la façon de parler des
Logiciens, n'est pas vn Estre.

    Opposition IV. Aristote dit en di-
uers lieux, que la Substance est equiuoquement
Estre, auec l'Accident, & que l'Estre aussi bien

Exod. 3.
Ego sum qui
sum.

Qui est misit
me.

S. August.
Omnis do-
ctrina estaut
signorum
aut rerum.

C iij

Accidens non est ens, sed entis ens.

que ce mot *sain* est analogue. Que l'Accident n'est pas Estre, mais Estre de l'Estre. Ie responds que la Substance est equiuoque auec l'Accident, entant qu'elle est simplement Estre. Ie le nie, entant qu'elle est vn tel Estre : Ie l'accorde, & dis qu'Aristote n'a rien voulu dauantage.

Ie dis en second lieu, que l'Accident est aussi bien Estre, que les Substances, puis qu'il existe aussi bien qu'elles ; mais Aristote veut dire que la Substance est vn Estre si noble, que l'Accident ne merite pas d'estre appellé Estre, comparé auec elle : & d'ailleurs, la Substance est la fin des Accidens. En fin, ie soustiens que quand le Philosophe a dit, que l'Estre est analogue, ou equiuoque, qu'il ne parle pas de l'Estre comparé à tous les Estres qui existent ; mais comparé aux Estres possibles & impossibles : pource que les Estres Impossibles ne sont pas des Estres ; & comme ce mot *Homme*, est equiuoque ou analogue, comparé à vn vray homme, & à vn homme peint : aussi le mot *Estre* ou *Existent*, est analogue eux Estres reels, & aux Estres de raison : & ainsi estant comparé aux Estres qui existent, & aux Estres purement possibles. Puis que l'Antechrist n'est aucunement Estre, mais comme ce mot Homme, est vniuersel à tous les vrais hommes : aussi ce mot *Estre*, est vniuoque à toutes les choses qui existent : & partant vn mesme terme, sous des diuers rapports, est vniuoque & equiuoque.

QVESTION II.

Si l'Estre a des proprietez & des differences, & combien il en a.

I. **T**HESE. Il y a des differences & des proprietez de l'estre. Or, *la difference de l'Estre*, est vn terme qui resserre, & diuise immediatement l'estre ; & partant, qui n'appartient pas à tous les estres, & qui n'est pas reciproque auec l'estre, comme ces mots, *creez & increez, substantiel & accidentel*. Mais les proprietez de l'estre, sont des termes connotatifs, par dessus l'estre qui se enoncent necessairement & reciproquement de l'estre : comme ces trois mots, *vn, bon, vray*.

Certes, comme les differences de l'Animal, sont les termes raisonnable & desraisonnable : par lesquelles ce mot Animal est diuisé & resserré, & qui sont capables de faire auec luy vne definition essentielle : de mesme, les differences de l'estre, sont les termes dans lesquels il se diuise immediatement, & qui le resserrent à vne signification particuliere, & composent auec luy vne definition, ou description des Estres inferieurs. Or est il qu'il y a des termes de cette sorte : donc il y a des differences de l'estre. Tels sont ces termes, *substanciel & accidentel, corporel & spirituel, creé & increé* : car ces termes diuisent l'estre, & ils ne sont pas reciproques auec l'Estre, non plus que raisonnable auec Animal, pource que comme l'on ne peut pas dire que tout animal eſt raiſonnable, auſſi on ne peut pas dire que tout ᴇſtre eſt creé. Il n'en va pas ainſi des proprietez de l'ᴇſtre, car elles ſont des termes reciproques auec l'ᴇſtre, & qui connotent quelque verité par deſſus ce mot *Eſtre*, & ainſi on dit que tout ᴇſtre eſt vn, & que tout vn eſt ᴇſtre.

II. THESE. L'ᴇſtre fait abſtraction de ſes proprietez & de ſes differences, mais elles ne font pas abſtraction de l'ᴇſtre : car faire *abſtraction* de ſes differences, n'eſt autre choſe que les ſignifier toutes confuſément & eſgalement, n'expriment pas plus l'vne que l'autre. Or l'*Eſtre* ſignifie confuſément & eſgalement l'ᴇſtre creé & increé, le ſubſtanciel & l'accidentel ; pource que quand on dit ſeulement ce mot *Eſtre*, on ne peut inferer, que l'on parle plus de l'ᴇſtre creé que de l'increé, puiſque ce mot *Eſtre* appartient eſgalement à tous les ᴇſtres, d'vne façon confuſe & generale. Comme ce mot Animal, ſignifie confuſément & eſgalement l'Homme, le Lyon, & l'Aigle. Mais les differences & les proprietez de l'ᴇſtre le ſignifient clairement, & diſtinctement : car qui dit que quelque choſe eſt vne, ou qu'elle eſt increée, dit auſſi diſtinctement qu'elle eſt ᴇſtre : & par conſequent vn & increé, ne font pas abſtraction de l'ᴇſtre, quoy que l'*Eſtre* faſſe abſtraction de l'vn & de l'increé. De plus, ce terme fait abſtraction de l'autre, qui eſt commun à pluſieurs, & qui ne ſignifie pas toutes les raiſons objectiues & definitiues, que ſignifie l'autre. Or ce mot *Eſtre*, ne ſignifie pas toutes les raiſons objectiues que ſignifient ſes proprietez,

comme *vn & bon*, ou ses differences, comme *creé
& creé* : & au contraire, ces mots, *creé, increé, vn,
vray, & bon*, signifient clairemēt tout ce que signifie l'Estre. Donc Estre fait abstraction de ses
proprietez, & de ses differences ; mais elles ne
font pas abstraction de l'estre. Ie voy bien,
THEANDRE, que les Formalistes s'esleue-
ront opiniastrément contre cette verité, & qu'ils
diront qu'à moins que d'estre Nominal, on ne
peut philosopher de la sorte. Mais laissez-les dire : car, à n'en point mentir, c'est vne façon de
raisonner fort claire, & qui éuite mille chyme-
res, en cette matiere. Le voulez-vous voir, ces
mesmes Autheurs qui admettent des natures abstractes, & vniuerselles, enseignent qu'il y a vn
homme en commun, vn animal & vn Estre en
commun, qui est distinct de l'Estre increé, & des
creatures. Or, ie leur demande, si cette raison
vniuerselle & abstraite de l'Estre en commun,
peut estre separée de ses proprietez & de ses differences, ou non. S'ils disent que non, dont l'E-
stre n'est point Vniuersel au regard de ses Inferieurs : S'ils disent que ouy, ie les poursuis par
ce dilemme, ou chaque difference, dont on aura
separé l'Estre, demeure Estre ou non. Si elle n'est
pas Estre, donc elle n'est rien : & partant l'Estre
sera retressi par le rien. Que si chaque difference
dont on a separé l'Estre, demeure encore Estre :
donc on n'a pas fait abstraction de tout l'Estre.
qu'elles auoient, voyez combien de phantosmes ; mais il n'y a aucune difficulté en cette matiere, quand on dit que les genres ne sont autre
chose que des termes fort generaux, & que les
differences sont des termes moins generaux, qui

retreſſiſſent la ſignification des genres : car ſi on
demande, ſi l'eſtre fait abſtraction de ſes inferieurs, on reſpond, ſi par faire abſtraction, vous
voulez ſçauoir ſi ce terme eſtre, ſignifie confuſément chaque eſtre en particulier, ſoit creé, ſoit
increé, ſoit ſubſtanciel, ſoit accidentel, ſoit corporel, ſoit ſpirituel : ie dis que ouy. Si par faire
abſtraction vous entendez eſtre vne entité, qui
ne ſoit creée ny increée, ny ſubſtancielle, ny accidentelle. Ie dis que l'eſtre ne fait point abſtraction de ſes inferieurs : & partant, les differences & proprietez de l'eſtre ne font point abſtraction de l'eſtre, puis qu'ils ſignifient clairement
l'eſtre : & de plus, ils ſignifient quelque autre verité objectiue, comme ce mot *vn*, ſignifie l'e-
ſtre : & de plus, il connote que cét eſtre eſt indiſtinct de ſoy, & diſtinct de tout autre. *Creé*, ſignifie vn eſtre, & que cét eſtre dépend d'vn autre. Remarquez donc, que ie ne dis pas que *vn*
& *creé* ſignifient vn eſtre, & quelque choſe qui
n'eſt pas eſtre; puiſque tout ce qui exiſte, eſt vn
eſtre. Mais ie ſouſtiens que ces mots, *vn, vray,
bon, creé, ſubſtanciel, corporel*, connotent quelque
verité objectiue, qui n'eſt point exprimée, au
moins clairement par ce terme eſtre : Car ce ſeul
mot *Eſtre*, ne ſignifie rien, ſi ce n'eſt qu'vne choſe exiſte : mais il ne ſignifie pas qu'elle ſoit creée,
ou qu'elle ſoit ſubſtancielle : pource que quand
on diroit que Dieu eſt vn eſtre, on ſignifieroit
que Dieu eſt Creé : & partant ce mot eſtre fait
abſtraction du Creé & de l'Increé, & peut eſtre
diuiſé par ces deux termes comme par ſes differences.

Que ſi vous me preſſez, demandant ſi cette

verité objectiue est vn Estre : ie responds que
ouy ; Mais que le mot Estre ne signifie point
clairement tout ce qui est signifié par ce mot *vn,*
ou *creé,* pource que ce mot *Estre* se resout seulement par exister. Mais *vn* se résout par exister &
Estre indistinct de soy, & distinct de tout autre.
Or cette doctrine est si certaine, que du contraire il s'ensuit, que tous les mots ne signifieroient
rien dauantage que ce mot *Estre.* De plus, ce mot
Creé, distingue les creatures de Dieu, lesquelles
neantmoins conuiennent auec Dieu, en ce qu'elles sont des Estres : donc ce mot *Creé* signifie
quelque verité objectiue, qui n'est pas signifiée
par ce mot *Estre.* Adjoustez à cecy, que toutes
les objections que l'on nous peut faire, traittent
des choses, au lieu qu'il faut entendre tout cecy
des termes.

III. THESE L'Estre a des passions ou
proprietez, les Philosophes d'ordinaire luy en
attribuent cinq, qui sont ; *Ens, vnum, verum, bonum, aliquid res, Estre, vn vray, bon, chose.* Mais il
faut dire que ces mots, *Estre,* ny *chose,* ny *quelque
chose,* ne sont pas des proprietez de l'Estre : &
qu'ainsi, à parler proprement, l'Estre n'a que
trois proprietez.

La raison est, que proprieté ou passion, n'est
autre chose qu'vn terme connotatif extrinseque,
qui peut estre énoncé d'vn autre necessairement,
& reciproquement, comme *risible* au regard de
l'homme Or il y a des termes qui sont connotatifs au regard de l'Estre, & qui se disent necessairement & reciproquement de l'Estre : donc
l'Estre a tout autant de passions & de proprietez, qu'il y a de termes, qui se peuuent énoncer

de l'Eſtre, neceſſairement, reciproquement, &
qui ſont plus connotatifs que l'Eſtre : & partant,
ces mots *Eſtre*, & *Choſe*, ne ſont point des proprietez de l'Eſtre, pource qu'ils ne connotent
rien par deſſus ce mot *Eſtre*, & ſont parfaitement
ſynonimes auecluy : donc des cinq paſſions que
le vulgaire des Philoſophes donne à l'Eſtre, il y
en a ſeulement trois qui ſoient ſes proprietez,
ſçauoir eſt *vn, vray*, & *bon* : car on dit que tout
Eſtre eſt vn, vray, & bon : & tout vn, & tout
vray, eſt Eſtre. D'où il s'enſuit que l'Eſtre n'a
que trois proprietez, qui ſont *vn, vray*, & *bon* : car
il n'en eſt point d'autre, qui ait les trois conditions rapportées, au regard de l'Eſtre.

OPPOSITION, Ces termes, Intelligi-
ble, Poſſible, Exiſtent, Naturel, Eſſence, Indiuidu, Creé, ou Increé, Subſtanciel, ou Accidentel, Finy, ou Infiny, Corporel, ou Spirituel,
Neceſſaire, ou Contingent, ſe diſent de tout
Eſtre : donc l'Eſtre a plus de trois proprietez.
Car pourquoy ces mots Creé ou Increé, Subſtanciel ou Accidentel, ne ſeront-ils pas des
proprietez de l'Eſtre; puiſque Ariſtote a dit, que
le pair & le non pair, le vray & le faux, ſont des
proprietez du nombre & de la propoſition. Ie
reſpons, que ces oraiſons diſionctiues ne ſont
pas vn ſeul terme : or nous entendons d'ordinaire ſous ce mot Proprieté, vn ſeul terme plus connotatif, neceſſaire, & reciproque.

Pour les autres termes, ou ils ne ſont pas reciproques, ou ils ne connotent rien par deſſus l'E-
ſtre, ou ils ſignifient le meſme que vn, vray, &
bon : ainſi ces mots, Nature, *Eſſence, Exiſtent, Exiſtence*, ne connotent rien par deſſus ce mot *Eſtre*:

& on ne peut pas dire, tout Intelligible ou Poffible eſt eſtre, ny que tout eſtre pris ſelon tous
ſes rapports, ſoit la Nature ou l'eſſence ſimplement, car les relations en Dieu, & dans les
Creatures, ne ſont pas la Nature ſimplement
priſe : enfin, ie dis que *Indiuidu*, *Indiſtinct* , &
Diſtinct, ſignifient le meſme que ce mot *Vn*.

IV. THESE. Les proprietez de l'eſtre ne
ſont pas des choſes, mais des termes connotatifs
reciproques : car tous les Autheurs appellent les
proprietez de l'eſtre, des attributs de l'eſtre : or
les attributs ſont des termes , puiſqu'ils ſont vne
partie de la propoſition. Ainſi Ariſtote diſant,
que courbé ou droit eſt vne proprieté de la ligne,
il n'a pas voulu que courbé ou droit fuſſent des
eſtres diſtincts de la ligne.

En ſecond lieu, ſi les proprietez de l'eſtre ſont
des choſes, elles ſont diſtinctes de l'eſtre, ou
reellement, ou de leur nature, comme dit Scot,
ou par raiſon, comme dit Suarez en ſa Metaphy
ſique, où il auouë qu'elles ne ſont pas des vrayes
proprietez, quoy qu'on les conçoiue comme des
paſſions qui coulent de l'eſſence. Or eſt-il que
l'vnité, la bonté, & le vray, ne ſont pas diſtincts
reellement de l'eſtre : car tout ce qui n'eſt point
eſtre, n'eſt rien en effet : elles ne ſont pas auſſi
diſtinctes de l'eſtre de leur Nature, car elles ne
ſeroient rien de leur Nature : enfin, l'eſprit ne
peut pas auec verité, ſeparer l'vn, le vray, & le
bon, de l'eſtre : car tout eſtre par ſoy meſme eſt
vn, vray, & bon : c'eſt à dire, indiſtinct de ſoy,
& diſtinct de tout autre. Chaque eſtre a toutes
ſes perfections neceſſaires, & eſt conforme à
l'idée qui le repreſente.

En troisiéme lieu, ie veux que les proprietez de l'Estre soient distinctes de l'Estre : & ie
demande, si entant qu'elles en sont distinctes,
elles sont des Estres formellement ou non. Que
si elles ne sont pas des Estres, donc elles ne sont
rien : si elles sont formellement des Estres, donc
il n'y a aucune distinction formelle, entre l'Estre
& ses proprietez. Permettez-moy de remarquer
icy, THEANDRE, que ce mot *formellement*, à
bien dire, signifie le mesme que reellement, quoy
que quelques Philosophes prennent formellement, pour le mesme que par raison, & par l'entendement : ainsi ils disent que le degré d'*homme*,
dans Socrate, est distinct de celuy d'*animal* formellement, mais non pas reellement. Ceux qui
penetrent le fond de l'affaire, disent qu'*Homme* &
Animal sont distincts par raison formelle : c'est
à dire, definition, pource qu'ils ont des definitions diuerses : & partant, c'est à tort que Suarez dit, que l'entendement conçoit les proprietez comme distinctes de l'Estre, quoy que effectiuement elles ne soient pas distinctes : car c'est
faire que toutes nos conceptions soient des mensonges Il eût deu dire, que l'entendement donne
des raisons definitiues diuerses à vne mesme chose, sous diuers termes qui l'accompagnent à des
choses diuerses : car c'est vne illusion manifeste
de conceuoir comme distinct, ce qui en effet n'est
pas distinct ; puis que, selon Aristote, la proposition est vraye ou fausse, de ce que l'on connoist
les choses comme elles sont, ou comme elles ne
sont pas en elles-mesmes. Donc, celuy-là a vne
mauuaise vision, qui connoist comme proprieté,
ce qui ne l'est pas : comme sujet, ce qui n'est pas

fujet, & qu'il y a plufieurs chofes où il n'y en a
qu'vne : enfin, ie le prie de me dire, fi la raifon
formelle de l'vn, eft vn Eftre ou non, & qu'il
confidere qu'il faut que l'vnité, la verité, & la
bonté, prifes dans toutes les abftractions poffibles, foient des Eftres : puis que ce font des chofes qui exiftent dans la Nature. C'eft ainfi que
Moyfe au Genefe, dit que tout ce que Dieu a
creé eft bon : or eft-il que Dieu a creé l'Eftre, &
l'vnité en toute precifion que l'on les puiffe
prendre : donc tout Eftre eft bon par foy-mefme. Donc la bonté n'eft pas diftincte formellement, ny de l'vnité, my de l'Eftre : enfin, il me
femble que Suarez parle Inintelligiblement,
lors qu'il dit au mefme lieu, que les paffions de
l'Eftre, different de luy par vne feule raifon negatiue, ou pofitiue extrinfeque : car il eft impoffible qu'vne chofe pofitiue foit conftituée par
vne negation ; & d'ailleurs, les negations ne
font autre chofe, que des termes ou des concepts, comme ie preuueray aux Difcours fui-
uans.

Certes cela me fait dire auec Hurtade, que
Suarez & plufieurs Thomiftes, fans y penfer
tombent dans la diftinction de Scot, & mettent
entre l'Eftre & fes paffions, vne diftinction pui-
fee dans la nature de la chofe, ou bien ils les diftinguent fans fondement, & fans aucune raifon :
& ie defirerois fçauoir d'eux, s'ils les diftinguent
fans fondement dans la chofe, ou auec fondement. S'ils n'ont point de fondement, donc leur
diftinction eft fauffe : s'ils ont quelque fondement, donc auant leur diftinction de raifon, il y
a dans les chofes vne diftinction dans la nature

Gen. 1.
Vidit omnia
quæ fecerat &
erant valde
bona, vidit-
que Deus
quod effet
bonum.
70. Interp.
καλόν.

de la chofe mefme. Gardez-vous, THEANDRE,
de toutes ces façons de conceuoir imaginaires, &
dites en cette matiere. Premierement, que l'eſtre
a des modes, attributs, proprietez, ou paſſions.
Secondement, dites qu'elles ne ſont autre chofe
que des termes, ſelon la doctrine tres-expreſſe de
S. Thomas, qui enſeigne que le mode ou la proprieté de l'Eſtre eſt vn terme qui ſignifie quelque
chofe: c'eſt à dire, quelque verité qui n'eſt pas
exprimée par ce mot *Eſtre*. Dites en troiſieſme
lieu, que les proprietez de l'eſtre ſont diſtinctes
de l'eſtre; & auſſi entr'elles par raiſon formelle,
ou definitiue: c'eſt à dire, que l'on définit autrement l'eſtre & ſes proprietez, & que chacune
des proprietez de l'eſtre, a vne definition diuerſe: car nous definiſſons l'eſtre ce qui exiſte *Vn*, ce
qui eſt indiſtinct de ſoy & diſtinct de tout autre.
Vray, ce qui eſt conforme à l'idée que Dieu & les
hommes ont d'vn tel eſtre. *Bon*, ce à qui rien ne
manque, pour eſtre parfait.

　　V. THESE. Ces termes vn, vray, bon, &
chofe, ſont des voix tranſcendentelles, au regard
des Cathegories: car elles peuuent eſtre enon-
cees de toutes les Cathegories, & ſont des termes
plus vaſtes que la ſubſtance, la qualité, ou le
mode. Or par deſſus ces termes il y en a encore
d'autres que l'on nomme *ſurtranſcendans*, comme
Intelligible, Imaginable, Poſſible, pource qu'ils
peuuent eſtre énoncez des Eſtres qui exiſtent, &
de ceux qui n'exiſtẽt point: puis que l'Antechriſt
eſt auſſi bien poſſible que le Soleil, & la Chymere auſſi bien Intelligible que la Lune.

DISCOVRS

D. Tho. q. 16
de ver. art. 1.
modus entis,
eſt id quod
addit aliquid
ſupra ens,
quodque ſuo
nomine &
conceptu, di-
cit aliquid
nomine entis
non expreſ-
ſum.

DISCOVRS III.

DES DIVERSES
DIVISIONS DE L'ESTRE,
pris selon ses trois significations, Intelligible, Possible, &
Existent.

De la Possibilité, & de l'Existence des Choses.

LES bons Philosophes, THEAN-DRE, se comportent dans la recherche de la Verité, comme ceux qui veulent sçauoir la source de quelque Fleuue renommé dans l'Histoire : car comme on a de coustume, d'aller chercher le Fleuue en sa source, & de suiure diligemment les diuers canaux par lesquels il se respand sur la terre, afin de descrire les lieux qu'il arrose. De mesme, vn bon Esprit, va chercher chaque verité dans sa naissance, à la faueur du terme plus vniuersel qui soit dans les Sciences : & de là il vient à diuiser ce terme, selon les diuerses diuisions dont il est capable.

Gardons cette methode, THEANDRE, &

D

pour acquerir vne parfaite connoissance de
l'Estre, aprés l'auoir veu dans sa source, suiuans les diuers canaux dans lesquels il se des-
charge : Ie veux dire les termes dans lesquels il
se diuise. Et à cét effet, mettons pour

I. QVESTION.

*Qu'est-ce qu'Estre Possible, ou Reel,
& Estre Impossible. Que sont les
choses pendant qu'elles sont purement Possibles.*

I. **THESE.** Ce mot *Estre*, selon sa plus
haute signification, est équiuoque : car
il se prend en trois façons, pour Intelligible,
Possible, & Existent : & il est éuident qu'ils
sont appellez Estres pour des raisons fort differentes. Cette doctrine est tirée d'Aristote, &
remarquée par M. de la Rochepolay en ses
Distinctions, où il dit tres-subtilement, que
l'Estre pris transcendentellement, est commun
à Dieu & aux Creatures. Mais qu'il est équiuoque pris dans sa signification tres-transcen-
dentelle : c'est à dire, que ce mot *Estre*, entant
qu'il signifie *Existent*, est vniuoque ; mais entant qu'il se dit mesme des choses non existentes, il est équiuoque. La raison est, que l'on appelle du nom d'*Estre* ce qui est Intelligible,
pource qu'il *existe obiectiuement* : c'est à dire,
qu'il peut estre conceu, & estre objet de l'en-

*D. Rupip. In,
Synop. dist.
v. Ens
Ens trans-
cendenter est
commune
Deo & crea-
turis trans-
cendentissimè
est æquiuo-
cum.*

tendement. On nomme les choſes Poſſibles du
nom d'*Eſtre*, pource qu'elles *exiſtent en puiſſance*;
c'eſt à dire, pource qu'elles peuuent exiſter. Et
on appelle, *Eſtre*, ce qui exiſte effectiuement,
pource qu'il *poſſede actuellement l'Exiſtence* :
donc ce mot *Eſtre*, conuient à l'Intelligible, au
Poſſible, & à l'Exiſtent, pour des raiſons diuerſes, & ainſi il eſt équiuoque.

I I. THESE. L'Eſtre pris pour Intelligible, ſe diuiſe vniuoquement en Eſtre Poſſible
ou Reel, & en Eſtre Impoſſible, ou Eſtre de
Raiſon : car tout ce qui eſt capable d'eſtre
conceu, ou eſt poſſible, ou n'eſt pas poſſible ;
& les choſes impoſſibles, auſſi bien que les
poſſibles, ſont dites Intelligibles pour vne
meſme raiſon, qui eſt pource qu'elles peuuent
tomber ſous la conception de l'eſprit : car on
peut conceuoir la ſignification de ces termes,
vn homme non homme : & il n'eſt pas neceſſaire
qu'vne choſe exiſte pour eſtre commune, puis
que Dieu connoiſt les choſes purement poſſibles, les paſſées, & celles qui ſont à auenir : car
connoiſtre n'eſt autre choſe, que ſe porter ſur
vn objet par vn acte, en vertu duquel on puiſſe
rendre compte de cette choſe. En effet, il eſt
certain que Dieu connoiſt l'objet de ces termes, *homme non homme, ſoleil non ſoleil* Or
cét objet eſt vne choſe impoſſible, ou il s'enſuiuroit que ſi on demandoit à Dieu, que c'eſt
qu'vne choſe impoſſible : par exemple, *vn homme non homme*, il ſeroit contraint de dire qu'il
n'en ſçait rien : ce qui eſt ridicule, & iniurieux
à vne connoiſſance infinie,

Dites donc, THEANDRE, que les choſes Impoſſibles ſont Intelligibles, quoy qu'il ne ſoit pas Intelligible, que les choſes Impoſſibles exiſtent. D'où vient que cette conſequence eſt irreguliere, l'Impoſſible eſt Intelligible : donc il eſt Intelligible, que l'Impoſſible exiſte. Car quoy que l'eſprit conçoiue ce que ſeroit vn homme non homme, & que ce ſeroit vne choſe qui ſeroit Homme, & Cheual, & Lyon, & Soleil tout enſemble. Il ne peut pas neantmoins conceuoir raiſonnablement, qu'vn homme non homme exiſte dans la Nature.

La raiſon fondamentale de cecy eſt : qu'il n'y a aucune contradiction, que les Eſtres Impoſſibles ſoient connus par l'eſprit. De plus, c'eſt la doctrine commune de tous les Philoſophes, qui definiſſent d'ordinaire l'Eſtre de raiſon, ce qui peut ſeulement eſtre l'objet de l'entendement.

III. THESE. *Poſſible*, eſt ce qui peut exiſter. *Eſtre Poſſible*, c'eſt pouuoir exiſter : donc il n'eſt pas neceſſaire, que le Poſſible ou l'Intelligible exiſte dans la Nature ; mais qu'il puiſſe exiſter, & eſtre connu. Il eſt neantmoins neceſſaire, que la puiſſance & l'entendement exiſtent, qui peuuent produire & conceuoir quelque choſe : d'où vous voyez que ces mots *Intelligible* & *Poſſible*, ſont connotatifs & ampliatifs, auſſi bien que *mort, paſſé & futur*, comme i'ay dit dans la Logique. De ſorte, qu'ils ſuppoſent pour la puiſſance, & pour la connoiſſance, & connotent qu'elle peut produire, ou connoiſtre quelque objet : & ainſi ils ſignifient ſeulement au cas oblique, la choſe qui

Auerroes.
Ens rationis eſt id quod poteſt tátum eſſe objectiue in intellectu, ſiue obiici intellectui.

Liure 1. de la Logique Diſcours 10.

peut eftre produite ou connuë. C'eft pourquoy
on ne peut pas dire, l'Antechrift eft poffible, ou
eft conneu, donc l'Antechrift exifte : mais
feulement, donc il eft vne puiffance, ou vne
connoiffance qui peut produire, ou connoiftre
l'Antechrift.

La raifon de cecy eft, que le Verbe fignifie
toufiours l'exiftence, ou de la chofe pour laquelle les termes fuppofent, ou au moins de ce
qu'ils connotent : & partant, s'il n'eftoit point
de Dieu dans l'Vniuers, rien ne feroit poffible.
Que fi vous me demandez que font les chofes
pendant qu'elles font purement poffibles ; par
exemple, *qu'eft ce que l'Antechrift a prefent*, ie
vous diray pour

IV. Thesе. Que les chofes poffibles
pendant qu'elles font purement poffibles, ne
font rien tout à fait : & neantmoins la mefme
chofe tout à fait eft poffible, & par apres exiftente.

Car fi la mefme chofe tout à fait n'eftoit
pas poffible, & apres exiftente, quelque chofe
exifteroit à prefent, qui auparauant n'auroit
pas efté poffible : & fi tout ce qui exifte eftoit
auparauant poffible, il s'enfuit que la mefme
chofe eftoit poffible, qui apres exifte. Ainfi
l'Ame de Louys qui exifte à prefent, eftoit poffible auant qu'elle euft l'exiftence ; & neantmoins elle n'eftoit rien tout à fait, pendant
qu'elle eftoit purement poffible : car afin qu'v-
ne chofe foit poffible, il fuffit qu'il y ait vne
puiffance qui la puiffe produire, & que cette
chofe dans fon exiftence n'enferre point deux
contradictoires. C'eft donc vne fable de s'ima-

giner que les choses pendant qu'elles sont purement possibles, ont quelque estat d'existence, veu que cela est contradictoire : & partant, quand on dit que l'ame de Loüys estoit
possible de toute eternité, on ne veut pas dire
qu'elle eust aucune existence auant qu'elle fust
mais que de toute eternité il y a eu vn bras tout
puissant qui la pouuoit produire.

De plus, si les choses purement possibles, ont
quelque estat d'existence, il s'ensuit qu'vne
chose possible seroit composée partie d'vne
chose existente, & partie d'vne chose non existente, ce qui est ridicule. Troisiesmement, cela seulement existé : dont on peut dire, qu'il est
effectiuement dans la Nature. Or vne chose
purement impossible, n'est aucunement dans la
Nature, puis qu'elle seroit purement possible,
& ne seroit pas purement possible. Certes,
comme il ne sensuit pas que tous ceux-là sont
riches, qui le peuuent estre : de mesme, il ne
s'ensuit pas que les choses existent, qui peuuent
exister; puis que c'est vne chose contingente,
que toutes les choses creées existent, & qu'il
n'y a qu'vn seul Estre necessaire, dont toutes
choses releuent.

Opposition. L'essence des choses par
exemple de l'Homme & du Lyon, est eternelle : car la nature & l'essence des choses, est distincte de l'existence, donc les choses purement
possibles ont quelque existence.

Ie responds, que l'essence des choses n'est
pas plus eternelle que leur existence, & que
l'essence de l'homme n'estoit aucunement deuant son existence : car où estoit-elle, & qu'e-

ftoit-elle, eftoit-elle homme, ou non. Si elle
n'eftoit pas homme, donc l'homme eft diftinct
de l'homme : fi elle eftoit homme, donc il y
auoit quelque homme auant le premier homme ; & ce phantofme d'homme eftoit Eternel,
Neceffaire, Independant de Dieu, en telle façon qu'il ne fçauroit l'empefcher d'Eftre : ce
qui choque la Foy, & la Souueraineté de Dieu.
Dites donc, THEANDRE, pour

V. THESE. Que *poßible* & *poßibilité*, im-
poßible & *impoßibilité*, auffi bien qu'Eftre & Entité, c'eft le mefme : car toute poffibilité eft
formellement, & par foy-mefme poffible. Or
Eftre poßible, c'eft pouuoir exifter dans la Nature,
& auoir vne definition qui n'enferre pas deux Con-
tradictoires : & au contraire, *Eftre Impoßible, c'eft*
ne pouuoir pas exifter, ny eftre nombré parmy les
chofes : ou bien, *c'eft enferrer dans fa definition*
deux contraires : en telle façon que fi vne telle
chofe exiftoit, on pourroit d'elle verifier deux
contradictoires.

Ces Notions Generales fe preuuent par le
dénombrement de tout ce que nous appellons
Poffible ou impoffible : & certes le mot mefme
fignifie, que Poffible eft ce qui peut eftre ; &
que l'Impoffible eft ce qui ne peut eftre. Ainfi deux mondes font poffibles, pource que
s'ils exiftoient, il ne s'enfuiuroit point deux
contradictoires : mais s'il y auoit vn Homme
non Homme, & vn Lyon non Lyon, on pourroit verifier d'vne mefme chofe, qu'elle eft
Homme ou Lyon, & qu'elle ne l'eft pas : ce
qui eft contradictoire.

Et partant, felon la docte remarque d'vn de

D. Rupic.
Syn. dist.
v. Implicat
contradictio-
nem.

Math. 19.
Apud homi-
nes hoc im-
possibile est:
apud Deum
autem omnia
sunt possibi-
lia.
Et Marc. 10.

nos Euesques, deux conditions sont necessaires afin qu'vne chose soit possible : car du costé de l'Objet, il est necessaire qu'il n'enserre point de contradiction : & du costé de son principe, il est besoin qu'il ait vne vertu capable de le produire. D'où arriue, que par le defaut de la seconde condition, plusieurs choses sont Intelligibles aux Creatures qui sont possibles à Dieu, & que ce qui est possible à l'homme, est impossible à vne fourmis : mais afin qu'vne chose soit simplement & absolument impossible, il est besoin qu'elle enserre, ou immediatement, ou au moins mediatement, vne contradiction. De sorte que, comme ce seroit vne reuolution irreguliere de dire, le Soleil est possible, pource que Dieu le peut faire : & Dieu le peut produire, pource qu'il est possible. De mesme, ce seroit vn cercle irregulier de dire, vn homme non homme est impossible, pource que Dieu ne le peut produire : & Dieu ne le peut creer, pource qu'il est impossible. Dites plus sagement TH. ANDR., qu'vne chose est impossible, pource que de son existence suiuroient deux propositions contradictoires : & que quand on diuise l'*impossible en Absolu, physique & Moral*, c'est vne diuision ou equiuoque, ou mauuaise : car qui n'est impossible que moralement, ou physiquement aux forces creées, n'est non plus impossible, qu'vn homme peint est homme : pource que la seule contradiction est la regle generale dans toutes les Sciences, pour preuuer la possibilité ou l'impossibilité des choses.

Si donc on nous demande, s'il est possible

qu'il y ait vn baton qui n'ait pas deux bouts, ou
vne montagne fans valée, ou que Dieu mente,
ou que Dieu peche. Refpondez que non,
pource qu'il s'enfuiuroit qu'vne chofe a deux
bouts, & qu'elle n'en a pas deux ; & qu'vne
mefme chofe eft montagne, & n'eft pas montagne : que Dieu eft, & n'eft pas vne fouueraine
Bonté & Verité. On ne fait donc pas tort à la
grandeur de Dieu, de dire qu'il ne fçauroit produire vn objet, d'où naift vne contradiction :
car ce n'eft pas que Dieu foit foible, mais c'eft
que l'objet eft impoffible : & ainfi Dieu ne le
peut vouloir produire, puis qu'il eft infiniment
raifonnable. D'où s'enfuit, qu'il y peut auoir
plufieurs mondes, qu'vn mefme corps peut
eftre en deux lieux, que les Creatures Intellectuelles peuuent voir Dieu, qu'il y peut auoir
des hommes grands comme des arbres, que
des Geans font poffibles, auffi bien que des
hommes qui n'ayent qu'vn œil comme Poli-
pheme, puis que toutes ces chofes n'enferrent
aucune contradiction dans leur exiftence. Or
de fçauoir fi vn Homme peut eftre Lyon, ou fi
vn Ange peut eftre Homme, comme nous
voyons dans l'Incarnation qu'vn Dieu eft
Homme, il faut voir fi c'eft vne chofe contradictoire. Au pis aller, il eft certain qu'vn Homme peut eftre Dieu, & qu'vne nature creée peut
fubfifter dans vne Hypoftafe diuine : puis qu'il
n'eft aucune contradiction, qu'vn Dieu demeurant Dieu, prenne vne Nature creée dans l'v-
nité de la fubfiftence : & ainfi la feule preuue
de la poffibilité, ou de l'impoffibilité des chofes : c'eft de voir fi leur exiftence tire apres foy

quelque contradiction, & c'est la regle generale dans toutes les Sciences.

VI. **These.** Ce mot Possible est vniuoque, au regard des Estres existens, & de ceux
qui sont purement Possibles, comme au regard
du Soleil & de l'Antechrist. Pareillement, ce
mot Impossible, est vniuoque au regard de
tous les Estres Impossibles. La raison est, qu'ils
conuiennent pour vne mesme raison à tous
leurs inferieurs : car toutes les choses possibles
n'enserrent aucune contradiction dans leur
existence; & au contraire, toutes les choses
impossibles enserrent dans leur Estre quelque
contradiction. Passons de la Possibilité des
choses à leur existence,

QVESTION II.

Qu'est-ce qu'Exister, Existent, &
Existence. Comment l'Essence est
distincte de l'Existence, & si les
Essences sont naturelles.

I. **Thes e.** L'Essence & l'Existence sont la
mesme chose reellement, & par raison;
de sorte que l'essence de l'homme, est l'existence de l'homme, & l'vne ne peut estre separée de l'autre, mesme par raison. Et partant, l'essence des choses creées, n'est point
eternelle, non plus que leur existence. Cela

neantmoins n'empefche pas que Dieu feul exifte effentiellement.

Cette propofition eft contre le Cardinal
Cajetan, & quelques autres qui ont creu, que
dans Cefar il y auoit deux formalitez, dont l'v-
ne eft fon Effence, & l'autre eft fon Exiftence,
qui furuient à fon Effence Suarez refute cette *Suar. tom. 2.*
opinion dans fa Metaphyfique, & rapporte *Met. difp.31.*
pour fon party Ariftote, Alexandre de Alez, *fect. 1.*
Gabriel, Durand, Gregoire, d'Arimini, &
tous les Nominaux. Mais il dit auec Scot, que
l'Effence & l'Exiftence font diftinctes formellement, & par raifon : & tombe infenfiblement dans l'opinion qu'il renuerfe. Mettons
par ordre cette matiere.

II. THESE L'effence des chofes creées
n'eft point eternelle.

Car premierement, Dieu produit librement
dans le temps l'effence des chofes, auffi bien
que leur exiftence ; puifque auant que Cefar
fuft au monde, fon effence n'eftoit pas plus que
fon exiftence:

En fecond lieu, la foy enfeigne que Dieu
feul eft vn Eftre neceffaire, que luy feul eft de
toute eternité, que le monde n'eft point eternel, & que Dieu dans le temps, a creé de rien
la Creature fpirituelle & corporelle, vifible &
inuifible, comme difent les Conciles de Latran & de Nice. Donc les Effences foit
vifibles, foit inuifibles, ne font point eternelles.

Troifiefmement, tout ce qui exifte au monde, a vne Effence. Or l'Exiftence exifte, elle a
donc fon Effence : & confequemment l'Effen-

ce de l'Existence auroit esté auant l'Existence,
ce qui est ridicule.

Quatriesmement, Dieu ne produiroit point
les Essences, mais seulement l'Existence, qui
seroit vn mode des Essences : & ainsi les Essences seroient independantes de Dieu, Necessaires, Ingenerables, & Incorruptibles. Certainement, l'essence du Soleil est le Soleil mesme:
& partant, comme le Soleil est vn effet de
Dieu, aussi il a creé & peut aneantir son essence; & puis que tout ce qui est hors de Dieu, a
esté creé de rien, il est éuident que les essences
des creatures sont creées dans le temps, elles
ne sont donc pas eternelles. Enfin, si l'Essence
du Soleil estoit auant le Soleil, dites-moy où
estoit cette Essence : si elle estoit ronde ou qua-
rée, se voyoit-elle, ou se leuoit elle, que faisoit elle : car on ne peut respondre à ces demandes, sans dire des choses tout à fait ridicules.

OPPOSITION, Que si vous m'obje-
ctez, qu'Aristote enseigne qu'il y a des choses
Eternelles, Ingenerables & Incorruptibles : Ie
respondray, qu'Aristote & Platon croyoient
qu'il y auoit des Generations eternelles, & que
le monde estoit eternel, ce qui choque la foy &
la raison. On peut aussi dire qu'Aristote ne parloit pas des choses, mais des propositions d'e-
ternelle verité, dont il est impossible que le sujet suppose, sans que l'attribut suppose : & partant, quand on dit de toute eternité l'homme
estoit animal, on veut dire, il a esté impossible
de toute eternité de mettre vn homme qui ne
fust pas animal : & en ce sens on peut dire que

les Essences sont independantes de Dieu ; c'est
à dire, que Dieu ne sçauroit faire vn homme,
qu'il ne soit animal raisonable. Mais aussi il ne
sçauroit faire vn parois blanc sans blancheur,
quoy que estre blanc ne soit pas vne chose essentielle. D'où s'ensuit, que s'il n'y auoit aucun
homme au monde, cette proposition, *l'homme
est animal*, seroit fausse ; pource que le *verbe*
est, signifie tousiours l'Existence : en telle sorte,
qu'aucun terme ne peut estre joint necessairement au verbe *est*, s'il ne signifie vn Estre necessaire, comme Dieu qui seul existe par vne
necessité bien-heureuse.

OPPOSITION II. Dieu de toute eternité connoissoit le monde, donc il connoissoit
quelque chose de reel, donc alors le monde
estoit quelque chose de reel : & partant, les
Estres ont quelque existence, pendant qu'ils
sont purement Possibles. Ie responds, que
Dieu connoissant le monde de toute eternité,
connoissoit quelque chose de reel ; mais qu'il
ne connoissoit pas lors que le monde fut quelque chose de reel, mais seulement qui deuoit
estre vn iour quelque chose de reel,

III. THESE. L'Existence des choses, par
exemple, du Soleil, n'est pas distincte de l'Essence, ny reellement, ny modalement, ny formellement : de sorte que l'Existence n'est pas
vne formalité qui suruienne à l'essence des
choses, & l'essence des choses ne peut estre exprimée complexement, sans enfermer leur existence : quoy qu'elle puisse estre declarée
incomplexement, sans contenir l'existence
actuelle.

Ie preuue cette verité. Premierement, pource que l'essence du Soleil est tout ce par quoy le
Soleil est ce qu'il est : or l'existence du Soleil,
est ce par quoy le Soleil est ce qu'il est : donc
l'essence du Soleil est son existence. Car si le
Soleil n'existe pas par son essence, donc il existe par quelque chose distincte de son essence :
& ainsi Dieu pourroit faire que le Soleil existast
sans son essence, pource qu'il pourroit mettre
son existence sans son essence.

En second lieu, tout cela existe en soy-mesme, & par soy-mesme, dont on peut dire qu'il
existe. Or on peut dire de l'essence du Soleil,
qu'elle existe en soy-mesme, entant qu'elle est
distincte de tout ce qui n'est pas elle-mesme :
où il s'ensuit que les essences en elles-mesmes
ne sont rien si elles n'existent pas en elles-mesmes ; & ainsi elles n'existeroient que denominatiuement par vne chose empruntée, comme
vn Cygne est blanc par vn accident emprunté :
& comme Dieu peut oster la blancheur d'vn
Cygne, aussi il pourroit oster au Soleil son existence, sans toucher à son essence ; ce qui est
imaginaire.

Troisiesmement, les choses seroient composées d'vne chose non existente, qui est l'essence, & d'vne chose existente, qui est l'existence.

En quatriesme lieu, l'existence a son essence:
or il faut qu'elle existe par soy-mesme, ou il se
donne vn progrez à l'infiny, dans les existences : donc quelque essence existe par soy-
mesme

Cinquiesmement, *Estre, Entité, Essence, Exi-*

ster, & *Existence*, sont des termes synonimes qui signifient la mesme chose: & il est aussi ridicule de dire, que mon essence existast auant que i'eusse l'existence, que de dire qu'vne chose existe auant qu'elle soit. Ioint qu'il est de foy, que Dieu a creé de rien les essences, aussi bien que l'existence des creatures: donc leur essence n'estoit rien auant qu'elles existassent, elle n'est donc pas eternelle, & les essences sont produites par elles-mesmes. De sorte, que si Dieu aneantissoit Alexis, il reduiroit au neant son essence aussi bien que son existence: car ie vous demande où seroit l'essence d'Alexis, apres que Dieu auroit aneanty son existence, & où estoit-elle auant qu'Alexis eut l'existence.

OPPOSITION I. L'Essence conuient necessairement aux choses mesmes creées, par exemple à l'homme; mais l'existence conuient à Dieu seul necessairement, car luy seul existe en soy-mesme & par soy-mesme: & ainsi cette proposition *l'homme est animal*, est d'eternelle verité, pource qu'elle est essentielle; mais celle-cy, *l'homme existe*, est contingente: donc l'essence, qui est necessaire, n'est pas l'existence, qui est vne chose contingente.

Ie respons, que les attributs essentiels conuiennent necessairement aux creatures, presuposé qu'elles existent: Ie l'accorde, mais si elles n'existent pas, ie le nie, & ainsi ie dis que s'il n'y auoit point d'homme au monde, cette proposition seroit fausse, *l'homme est animal*: car elle signifie que l'homme existe, & qu'il est animal. Que si vous me repartez que le sens

de ces propositions d'eternelle verité, est qu'il
est impossible que Dieu crée vn homme, sans
qu'il soit animal.

Ie vous respondray qu'il ne peut aussi créer
vn homme sans qu'il existe : donc l'essence des
creatures est aussi bien contingente que leur
existence. Or quand on dit que Dieu seul existe par soy mesme, on veut dire que Dieu seul
existe sans dépendre d'vne cause, & non pas
que Dieu seul existe par vne chose indistincte
de son essence : & partant, qui diroit maintenant que l'*Antechrist est animal raisonnable*, feroit contre la verité, pource que le verbe *est*, signifie tousiours quelque existence, & auec le
temps selon Aristote. Il est donc autant contingent qu'Alexis soit raisonnable, comme qu'A-
lexis existe, puis que l'vn & l'autre peuuent ne
point estre : car puis que Dieu seul est necessaire, il s'ensuit que les essences des creatures
sont contingentes.

Opposition II. L'essence d'Alexis est
contingente; mais il n'est pas contingent, qu'il
soit animal raisonnable, puis qu'il se peut faire
qu'Alexis ne soit pas : mais il ne se peut pas faire qu'Alexis ne soit pas animal raisonnable, &
Dieu ne peut pas changer les essences des choses, ny faire Alexis sans qu'il soit animal raisonnable.

Ie responds, que l'essence d'Alexis est esgalement contingente ou necessaire auec son existence : car tout ce qui est contingent ou necessaire, est contingent à quelqu'vn. Or il est contingent au regard des autres creatures, qu'Alexis soit homme, puis qu'il se peut faire qu'il ne
soit

foit pas tout à fait : donc il fe peut faire qu'il
ne foit pas homme.

l'auouë donc que Dieu ne peut changer l'effence des chofes : c'eft à dire qu'il ne peut faire
Bucephale qu'il ne foit cheual, ny l'homme
fans qu'il foit animal raifonnable ; mais il peut
bien faire que ny l'effence de Bucephale, ny de
l'homme, ne foient point tout à fait, s'il veut
les aneantir : & partant, au regard d'Alexis, ie
dis qu'il luy eft auffi effentiel d'exifter, comme
d'eftre animal raifonnable, & que l'vn & l'autre eft contingent au refpect de Dieu & des
creatures : & confequemment, il faut dire que
animal raifonnable, fe dit effentiellement de
l'homme, prefupofé qu'il foit, ie l'accorde : s'il
n'exiftoit pas, ie le nie.

Opposition III. On peut conce-
uoir maintenant auec verité l'effence de l'Ante-
chrift, & non pas fon exiftence, puis qu'il n'e-
xifte pas : donc fon effence eft diftincte de fon
exiftence.

Ie refponds. On la peut conceuoir incomplexement, ie l'accorde : complexement, ie le
nie. Auffi on peut dire fans fauffeté, l'Antechrift
exiftant, ou l'exiftence de l'Antechrift : mais
comme on ne peut pas dire, l'Antechrift exifte,
auffi ou ne peut pas dire l'Antechrift eft animal raifonnable : car le fens de cette propofition eft, que l'Antechrift exifte, & qu'il eft
animal raifonnable. Dites donc que les propofitions d'eternelle verité, font celles dont il eft
impoffible de mettre le fujet que l'attribut ne
fuppofe, comme *l'homme eft animal*, ou *l'homme
eft rifible*. Mais fi la fignification du fujet n'e-

E

ſtoit point au monde, ie dis que ces deux propoſitions ſeroient fauſſes ; & partant, ſi le ſens
de cette propoſition , l'*Antechriſt eſt animal
raiſonnable*, eſt qu'il eſt impoſſible que Dieu
produiſe l'Antechriſt ſans le faire animal raiſonnable, auſſi eſt-il impoſſible que Dieu faſſe
l'Antechriſt ſans qu'il exiſte.

OPPOSITION IV. L'Exiſtence peut
eſtre ſeparée de l'Eſſence, & elles ont des proprietez diuerſes : ainſi l'eſſence de l'homme eſt
compoſée de l'ame & du corps, mais ſon exiſtence eſt indiuiſible. L'Eſſence ne ſe produit
pas comme fait l'Exiſtence : l'Humanité de
IESVS, n'a point d'autre EXISTENCE que celle
du Verbe; mais elle a vne ESSENCE diſtincte :
la blancheur dans l'Euchariſtie, a vne EXISTEN-
ce ſurnaturelle , & ſon ESSENCE eſt naturelle :
joint que Dieu ſeul exiſte par ſoy-meſme, &
luy ſeul eſt ſimple : c'eſt à dire, non compoſé
d'ESSENCE & d'EXISTENCE , comme le ſont toutes
les creatures : donc l'EXISTENCE eſt diſtincte de
l'ESSENCE.

Ie reſponds, que l'EXISTENCE ne peut point
eſtre ſeparée de l'ESSENCE : car ſi l'EXISTENCE perit, l'ESSENCE auſſi eſt aneantie. Et ainſi l'ESSEN-
ce eſt auſſi bien generale & corruptible, comme l'EXISTENCE.

Ie dis de plus, que l'exiſtence de l'homme eſt
diuiſible, & que ſon exiſtence totale eſt compoſée de deux exiſtences partielles : & qu'ainſi quand le corps eſt corrompu, l'homme n'a
plus qu'vne partie de ſon exiſtence.

Ie dis en troiſieſme lieu, que l'Humanité de
l'adorable IESVS, exiſte par ſa propre EXI-

ſtence, diſtincte de celle du Verbe ; mais qu'elle n'a pas ſa propre ſubſiſtance, qui ſont deux veritez bien differentes.

Ie dis en quatrieſme lieu, que l'eſſence de la blancheur dans l'Euchariſtie eſt naturelle, auſſi bien que ſon exiſtence ; mais que l'vne & l'autre ſont hors de tout ſujet d'vne façon ſurnaturelle : enfin, ie dis que Dieu eſt appellé ſimple, pource que luy ſeul eſt incapable d'eſtre compoſé, de ſubſtance & d'accident : car toute creature quelque parfaite qu'elle ſoit, peut receuoir quelque perfection. Quand donc les Anciens ont dit que les creatures eſtoient compoſées d'eſſence & d'exiſtence, & non pas Dieu, & que Dieu ſeul exiſtoit par ſoy-meſme. Ils ont voulu dire, que Dieu ſeul exiſtoit neceſſairément, & ſans dépendre d'vne cauſe, de ſorte qu'on ne peut jamais auec verité dire de Dieu, qu'il n'exiſte pas ; mais on peut dire des creatures qu'elles exiſtent, & auſſi qu'elles n'exiſtent pas : ſi Dieu les auoit aneanties, ce qui n'empeſche pas que les creatures n'exiſtent auſſi bien que Dieu, par vne exiſtence indiſtincte.

Vous voyez donc, THEANDRE, comme dit Major, au Prologue de ſa Logique, que c'eſt le meſme exiſter, exiſtent, & exiſtence, comme Dieu exiſter, Dieu exiſtant, & l'exiſtence Diuine : pource que la meſme choſe peut eſtre ſignifiée, incomplexement par vn nom, ou participe, diſant, l'exiſtence de Dieu, ou Dieu exiſtant : & complexement par vn verbe, diſant Dieu exiſte ; mais ces trois ſortes de termes ſignifient la meſme choſe du coſté de l'objet, quoy que d'vne façon diuerse, ce qui me fait dire pour

V. THESE. Que si par distinction formelle, on entend distinction de raison disinitiue, j'auoüe que l'on definit autrement l'ixistence & l'Essence, pource que l'Essence contient plus de veritez en son concept, que l'ixistence. Ainsi on dit que Cesar existe, pource que de luy on peut dire qu'il est, & on dit qu'il est homme, parce qu'il est animal raisonnable: ce qui neantmoins ne preuue pas qu'il y ait aucune distinction entre l'Essence & l'Existence, non plus que entre Animal & Substance, dans Cesar, ou entre l'*Vn* & l'*Estre* : mais seulement que l'on definit autrement ce mot *exister*, & les termes essentiels qui supposent pour Cesar, comme *Animal raisonnable*, & Substance: car on ne definit pas seulement *Animal*, ce qui existe, mais *ce qui existe & est sensitif* : où vous remarquerez que ces mots, *Homme*, *Animal*, *substance*, sont plus connotatifs pour le moins obscurement, que ce mot *exister* : car l'Homme & Animal, signifient vne telle existence, ou vne telle chose existente : mais l'existence de l'homme, & l'homme existant, c'est le mesme. Donc cette verité objectiue, *Estre* ou *exister homme*, est plus composée que celle-cy exister simplement. Et c'est en ce sens seulement, que les Sages ont dit, que l'Essence estoit distincte de l'Existence, comme l'Vn est distinct de l'Estre, pource que son concept definitif est connotatif par dessus celuy de l'Estre.

III. QVESTION.

Vne chose peut-elle exister par vne Existence distincte.

I. **T**HESE. Chaque chose existe par sa propre existence, & il est impossible qu'vne chose existe par vne existence estrangere ; & partant, la matiere premiere existe par sa propre existence, & non pas par l'existence de la forme.

C'est l'aduis du subtil Scot de Oxam, Gregoire d'Arimini, Vasquez, Tolet, Gabriel, & mille autres Philosophes : contre Cajetan & quelques Thomistes, qui disent que la matiere premiere, existe par l'existence de la forme. La raison est, qu'exister n'est autre chose que estre dans la Nature, & estre capable d'estre nombré dans les choses de ce monde : or chaque chose entant que distincte de toute autre, est tellement par soy, mesme, car par soy mesme elle est en ce monde ; par soy-mesme elle est produite, par soy-mesme elle opere, elle est dans le lieu & dans le temps. Certainement, ou chaque chose est par soy-mesme en ce monde, ou non : si elle n'est par soy-mesme, donc par soy-mesme elle n'est rien ; & si elle existe par soy-mesme, donc elle n'existe pas par vn autre.

E iij

En second lieu, si vne chose, par exemple la matiere, existoit par l'existence de la forme, la matiere existeroit successiuement par diuerses existences sous diuerses formes, & l'existence de la matiere seroit produite par l'action qui produiroit la forme. Or cela est contre la verité, car la matiere, son essence, & son existence, ne sont pas produites par vne action eductiue, comme celle de la forme.

Troisiesmement, l'existence de la forme dépend du sujet, l'existence de la matiere ne dépend pas du sujet, donc ce n'est pas la mesme: & outre que la matiere seroit cause de son existence: car elle est cause de l'existence de la forme. En fin l'essence de la matiere n'est pas l'essence de la forme: or l'essence & l'existence de la matiere sont la mesme chose, & Dieu peut conseruer la matiere sans forme, puis qu'il n'y a aucune contradiction; elle a donc sa propre existence. L'opinion contraire naist de ce que quelques Philosophes ont creu, que l'existence estoit vn mode de l'essence, ce qui est impossible: car l'existence est la chose mesme, qui existe par soy-mesme, puis qu'elle est dans la Nature, & est capable de tenir quelque rang entre les choses, dont on peut dire cela est. Autrement, l'existence mesme est vn mode de soy-mesme, d'où naist vn progrez à l'infiny: car elle a vne essence. Or cette essence existe par soy-mesme, ou non: si elle n'existe pas par elle-mesme, il s'ensuit vn progrez à l'infiny: & si elle existe par soy-mesme, donc quelque essence n'est pas distincte de son existence.

D'icy vous voyez que la matiere premiere & tout ce dont on peut dire cela est, existe en effet, & qu'il a vn vray Estre actuel, & non pas seulement possible. De plus, que chaque chose existe par soy-mesme, puis que l'existence est la chose mesme: & comme il est impossible qu'vne chose soit & ne soit pas, de mesme il est impossible que la chose soit, & qu'elle existe par vn autre. Et de vray, si la matiere n'auoit point d'existence actuelle, donc les formes corporelles seroient creées de rien : & partant, rien ne passeroit d'vn tout corrompu, en vn autre tout, fait de nouueau dans les transmutations. Donc les mixtes, & les Elemens seroient composez de rien, & de quelque chose.

OPPOSITION I. Contre cecy les Thomistes nous objectent, qu'Aristote dit que la matiere n'est point vn acte, qu'elle n'est qu'vne pure puissance, qu'elle n'est pas vn Estre actuel, mais en puissance : que l'essence de la Nature, consiste en ce qu'elle peut estre. A ces authoritez ie responds, que ces mots *Acte* & *Estre*, se prennent en diuerses façons chez Aristote : car premierement, *Acte*, se prend pour vn Estre existant, & ainsi il se diuise en *Acte pur*; comme Dieu, qui n'est point composé de matiere & de forme, de substance, ny d'accident : & en acte composé, comme sont toutes les Creatures prises totalement comme elles existent : car toutes les creatures ont quelque accident, quoy que l'ame en elle-mesme, separée des accidens, n'est point composée, ny l'Ange aussi pris selon sa seule substance : & en

ce sens, ie dis que la matiere est acte, car estre
acte & exister c'est le mesme.

Secondement, *Acte* se prend pour vn Estre
parfait, ou qui a toute la perfection requise à
vn Estre parfait & accomply, que les Grecs
appellent Entelechie : & j'auoüe que la matiere n'est pas acte en ce sens, car elle est imparfaite.

Troisiesmement, *Acte* se prend pour ce qui
donne la perfection, & la derniere determination, ou accomplissement à vn tout : & ainsi la
seule forme s'appelle acte, pource qu'elle donne la forme & la beauté au tout, comme estant
la perfection derniere.

Quatriesmement, ce mot *Acte*, se prend
pour le mesme que action : ainsi on dit les actes
vitaux, mais ces façons n'appartiennent pas à
cette matiere. Dites donc, THEANDRE, que
la matiere est vn acte : c'est à dire, vn Estre existant, & non pas vn Estre parfait, ou la perfection d'vn tout : car elle est imparfaite, & elle
a besoin d'estre perfectionnée par la forme, &
determinée à vne telle espece d'Estre parfait &
accomply. Aux autres objections, ie dis que la
matiere est vne pure puissance au regard de l'e-
xistence, ie le nie : au regard de la forme, ie
l'accorde : car la matiere de soy n'a aucune forme, mais elle a en soy son existence particuliere, qui pourroit exister, quoy qu'il n'y eust aucune forme au monde ; puis qu'il n'y a aucune
contradiction, qu'vn Estre totalement & reellement distinct, existe sans tous les Estres creez
dont il est distinct.

Oᴘᴘᴏsɪᴛɪᴏɴ II. Tout Eſtre, eſt de quelque eſpece, la matiere n'eſt d'aucunē eſpece, elle n'eſt donc pas Eſtre. Ie reſponds, ſi par eſpece vous entendez que tout Eſtre a vne nature particuliere, diſtincte notablement de tous les autres. Ie dis que la matiere en ce ſens, eſt d'vne eſpece, & d'vne nature diſtincte de tous les autres Eſtres. Mais ſi par eſpece vous entendez vne ſorte d'Eſtre parfait & accomply, j'auouë qu'elle n'eſt d'aucune eſpece, non plus que la forme, puis qu'elles ſont toutes deux des Eſtres imparfaits : & qu'ainſi le compoſé ſubſtantiel, comme l'homme eſt fait de deux exiſtences partielles, qui en font vne totale : de ſorte que la matiere compoſé vn tout de diuerſes eſpeces, à meſure qu'elle eſt ſous des formes diuerſes. Certes il ſemble que c'eſtoit l'aduis d'Ariſtote, lors qu'il dit au premier Liure de ſa Phyſique, que la matiere eſt au regard des choſes naturelles, comme les Eſtres naturels, ſont au regard de l'artifice. Or il eſt certain, que les Eſtres naturels contribuent leur propre exiſtence, pour l'artifice, Ainſi le bois donne ſa propre exiſtence pour la ſtructure d'vne maiſon, donc la matiere porte ſa propre exiſtence dans le compoſé ſubſtantiel : où il faut dire, que le compoſé ſubſtantiel eſt compoſé d'vne choſe exiſtante, & d'vne autre qui n'exiſte point : & partant, quand le Philoſophe a dit, que la matiere n'auoit point d'eſſence, ny de quantité, ny aucune des perfections que nous voyons dans les autres Eſtres. Il faut dire qu'il entend que la matiere n'eſt pas vn

Ariſt.
Materia nec
eſt quid, nec
quantum nec
aliquid eorū
quibus ens
determina-
tur.

Estre accomply, ny aucune chose qui tombe
sous nôs sens : car il est certain que la matiere
est produite, & qu'elle est substance, & qu'elle est estenduë dans le lieu, que tout le composé substantiel occupe : elle a donc vne quantité De plus, elle est le soustien des accidens,
ainsi elle a des qualitez, & il est impossible que
la matiere existe sans auoir son essence, sa nature & son existence particuliere.

DISCOVRS IV.

DE L'ESTRE

POSITIF, NEGATIF,
& Priuatif: Des Negations & Priuations, formelles, & objectiues de l'Estre de raison.

De l'Estre de soy, & par accident.

LA Geometrie a coustume de mesurer les ombres des corps, pour connoistre leur grandeur : & la fable nous enseigne, que jadis les Pigmées pour sçauoir la grandeur d'Hercule, mesurerent l'ombre de cet Heros inuincible.

La Metaphysique se sert de cette mesme inuention, THEANDRE, car pour connoistre en perfection la nature & les qualitez de l'Estre, elle se sert de son ombre, qui est l'Estre de raison ; afin que par l'vn & l'autre, elle descouure les perfections de l'Estre reel, pour lequel elle employe tous ses soins & ses plus rares connoissances. Certainement, comme on ne peut donner vn plus bel Eloge à l'Estre de

raiſon, que de le nommer l'*ombre des Eſtres*:
auſſi il eſt tres certain, que ceux-là perdent inu-
tilement leurs peines, qui s'arreſtent plus long-
temps à traitter l'Eſtre de raiſon, que dans la
conſideration des choſes les plus nobles de toute la Nature. I'auoüe qu'vn bon Eſprit ne doit
pas tout à fait ignorer ce qui ſe dit des Eſtres
de raiſon; mais ie penſe que l'on ne peut ſans
crime, perdre beaucoup de temps dans la recherche des cauſes de la nature, & des proprietez, de ce qui n'a ny proprieté, ny exiſtence,
ny nature. Vuidons tout l'affaire dans vn diſcours, ſans obmettre ſur ce ſujet aucune connoiſſance qui ſoit neceſſaire.

QVESTION I.

Qu'eſt-ce qu'Eſtre Poſitif, Negatif, Priuatif, Priuation & Negation formelle & obiectiue.

I. **T**HESE. L'Eſtre reel, ou Eſtre poſitif,
ſe prend quelquefois pour *poſſible*, ainſi
on dit qu'Eſtre reel ou poſſible, eſt oppoſé à l'E-
ſtre de raiſon, ou à l'Eſtre impoſſible; mais, à
parler proprement, *Eſtre poſitif*, *Eſtre actuel*, &
Exiſtant, c'eſt le meſme: car Eſtre poſitif, ſelon
ſon etymologie meſme, eſt ce qui eſt poſé &
mis dans la Nature: & partant, ce qui eſt purement poſſible, n'eſt pas vn Eſtre poſitif, à
parler proprement, mais il peut eſtre vn Eſtre

positif: ainsi on ne peut pas dire, que l'Antechrist est vn Estre reel, quoy qu'il soit vn Estre possible, comme vn Estre passé n'est pas reel ny positif, mais il l'a esté. I'auoüe neantmoins que *positif* se prend souuentefois pour possible, & qu'il se diuise en Existant & purement Possible. *L'Estre Existant* se diuise en Substantiel & Accidentel, Absolu & Relatif. Estre de soy & Estre par accident, finy ou creé, & infiny ou increé, essentiel, accidentel, partiel & total simple & composé.

II. Thes e. L'Estre negatif, est vn terme ou vn acte qui se resout par vne oraison negatiue, ou bien c'est vn terme qui signifie quelque chose positiue, negatiuement : c'est à dire, auec cette particule N o n, ou quelque autre d'esgale valeur, & il n'y a point aucune negation objectiue, du costé des objets, ou dans les choses; mais seulement dans les termes, soit complexes, soit incomplexes, & dans les concepts qui leur respondent.

Ie le preuue. Premierement, pource que negation de l'Estre, est ce qui n'est pas Estre: or est-il qu'il est contradictoire, que ce qui n'est pas Estre, & qui ne peut pas estre, existe : car vne chose qui n'existe pas existeroit, donc il est possible que les negations objectiues existent.

Secondement, Aristote dit que la contradiction est ce qui est opposé, comme l'affirmation & negation : donc il estime que la negation est seulement vn acte opposé à l'affirmation.

Troisiesmement, si les negations sont des

choſes, ou elles exiſtent, ou non: ſi elles exiſtent, donc elles ſont vn eſtre poſitif & reel, & par-tant elles ne ſont pas des negations. Pour çe que nul eſtre poſitif & reel, eſt negatif. Si elles n'exiſtent pas donc elle ne ſont rien.

En quatrieſme lieu, ſi les negations ſont des choſes, ou ce ſont des ſubſtances ou des acci-dens. Et elles ſont ou corporelles, ou ſpirituel-les : ſi c'eſt vne ſubſtance, il ſe donne vn pro-grez infini, car de cette ſubſtance, on pourra encore donner vne negation, qui ſoit ſubſtance ou ſi c'eſt vn accident, Ie demande où il eſt, & en quel ſujet. De plus, tout ce qui exiſte, eſt en quelque lieu. Ie demande donc, qu'eſt-ce que la negation de l'Antecriſt, ou la negation d'vn autre monde, où eſt elle, eſt elle ſubſtan-ce ou accident. Eſt elle ſpirituelle ou corporel-le, de quelle couleur eſt elle. Où eſtoit la ne-gation du monde auant que le monde fuſt, eſt elle eternelle ou non.

Cinquieſmement toute choſe, excepté Dieu, a eſté produit : Or la negation n'eſt pas produite, elle n'eſt donc rien. Et ainſi quand on dit de toute eternité la negation du monde eſtoit: c'eſt à dire, le monde n'eſtoit pas de toute eternité, c'eſt ainſi qu'il faut reſoudre toutes les pro-poſitions, où il y a des termes negatifs, comme ce mot *Rien*, ſignifie n'eſtre aucune choſe: tene-bres, eſt vn corps qui n'a point de lumiere, & qui en peut auoir, il y a icy la negation de Lyſis, veut dire Lyſis n'eſt pas icy.

III. T ʜ ᴇ s ᴇ. Les negations formeles ſe di-uiſent en mentales ou vocale ou eſcrites. Et l'objet de ces negations, eſt vn eſtre poſitif, ex-

primé negatiuement : comme quand on dit il
n'y a rien par dessus l'Empire, c'est à dire il n'y
ni Soleil ni Lune. Or entre les negatiós, ou termes negatifs. Il y en a de deux sortes, d'incomplexes comme ces mots *negation*, *priuation*, *rien*,
tenebres ombre, *aueuglement*. Et de complexes comme *n'estre rien*, *estre sans lumiere*, *ne voir
point*. Il faut dire que le terme negatif, est
celuy qui signifie vne chose positiue negatiuement, comme *rien* nie toutes choses, & tenebres
nie la lumiere. De plus entre ces termes les
vns ont vne plus vaste signification, que les autres : car quelques vns signifient simplement
que quelque chose positiue, n'est point. Ainsi
rien, signifie n'estre pas, mais quelques autres
signifient que quelque chose n'est pas dans vn
sujet, où elle peut estre, comme *priuation*, *aueuglement*, tenebres. D'où vous voyez que l'objet, mesme dans les propositions, ou termes
negatifs, est vn vray complexes, qui reellement
n'est autre chose, qu'vn estre positif ou reel, exprimé negatiuement. Ainsi tenebre est vn corps
sans lumiere. Et partant vous voyez qu'il y a
des veritez objectiues affirmatiues, & des negatiues, aussi bien que des formeles.

OPPOSITION. Vous me direz, que
la priuation est vn principe du composé substantiel, donc c'est vne chose, & non pas vn
terme : car vn terme n'est pas principe du tout
substantiel. Ie respons, que la priuation n'est
point principe, mais que c'est la matiere, qui
immediatement auant n'auoit pas la forme
qu'elle reçoit de nouueau, ce qui ne signifie rien
tout à fait, que la matiere qui de soy-mesme n'a

aucune forme, car ce qui n'eſt rien, ne peut produire aucune choſe.

OPPOSITION II. On voit les negations, donc ce ne ſont pas ſeulement des termes : car on voit les tenebres & les ombres, dans les horloges, ſolaires. Ainſi le Poëte meſme dit que ſur le ſoir on voit tomber les ombres des montagnes. Ie reſpons que l'on ne voit point proprement l'ombre, & que l'ombre n'eſt rien : mais il faut reſoudre ceſte propoſition. *Ie vois l'ombre* en cette ſorte, ie vois vne moindre lumiere, par l'interpoſition d'vn corps ; & ainſi l'ombre n'eſt point vne entité, diſtincte, de la lumiere, d'vn corps mis au milieu, & d'vn autre corps, par exemple de la terre, où il y a vne moindre lumiere par cette interpoſition. Certainemēt ſi l'objet d'vne propoſition negatiue, eſtoit vne negation obiectiue quand on diroit, *Ceſar n'eſt pas homme*, on nieroit vne negation, donc ceſte propoſition ſeroit affirmatiue. Et ainſi qui diroit *Tobie eſt aueugle*, diroit *Tobie eſt voyant* : tout cecy ſe renforce, par vn principe que i'ay eſtably en ſon lieu, où i'ay dit que les noms verbaux, qui ont la terminaiſon de ces mots *negation & priuation*, ſe prennēt ou actiuement ou paſſiuemēt : *donc la negation actiue & formele* eſt vn acte d'entendement, qui nie quelque choſe & la *negation paſſiue, c'eſt la choſe qui eſt niee, ou vne choſe poſitiue, entant qu'elle peut eſtre exprimée, par vne negation formelle* : & partant ſelon Sainct Auguſtin en la Cité de Dieu quand on dit tenebres, on nie la lumiere, & quand on dit aueuglement on nie la veuë. Ou pluſtoſt dites que les *Tenebres* ſont vn corps ſans lumiere, qu'il

peut

peut receuoir. *Aueuglement*, est vne puissance
qui ne void pas, & qui peut voir : d'où ie déduis
que pareillement *priuation actiue*, c'est vn acte
qui priue vn sujet de quelque forme qu'il pourroit auoit : mais *priuation passiue*, c'est la chose
priuée : c'est à dire, qui n'a point quelque chose qu'elle pourroit receuoir ; & ainsi les termes
priuatifs sont plus connotatifs que les pures negations, pource qu'ils connotent la capacité
dans le sujet. Ainsi ce mot *Aueugle*, connote
par dessus *non voyant*, la capacité de voir : c'est
pourquoy tout aueugle est non voyant, mais
tout non-voyant n'est pas Aueugle : car les
pierres ne voyët pas & ne sont pas neantmoins
aueugles, & ainsi il n'y auroit aucune priuation, s'il n'y auoit quelque chose positiue au
monde ; mais les negations seroient en effet,
quand il n'y auroit aucune chose positiue au
monde. Ie veux dire, que quoy que la lumiere
fust impossible, cette proposition seroit veritable, Il n'y a point de lumiere : mais celle-cy ne
seroit point veritable, la priuation de lumiere
existe : pource que la priuation signifie vne
chose positiue, comme l'air, & connote qu'il
n'ait point de lumiere, & qu'il puisse la receuoir. D'icy vous voyez pour

   IV. Thesi. Que les negations formelles, ou les termes & concepts negatifs, se diuisent en pures negations, comme non-voyant:
& en priuations, comme aueugle, Or le terme
purement negatif, est celuy qui se resout en
vne negation, sans signifier la capacité de receuoir ce qui est nié, comme non-voyant : mais
la priuation formelle, ou le terme priuatif, si-

gnifie que quelque chose n'est pas dans vn sujet, & qu'elle y peut estre : de sorte que la priuation comme aueugle, est plus connotatif
que la negation comme non-voyant.

V. THESE. Les negations ou priuations
objectiues, sont l'objet des priuations formelles, qui n'est autre chose que des Estres positifs,
entant qu'ils peuuent estre exprimez par des
termes negatifs ou priuatifs : donc vn *Estre negatif*, c'est vn Estre positif, non pas simplement, mais entant qu'il peut estre exprimé, par
vne proposition negatiue. Ie preuueray cecy
éuidemment au Liure suiuant, où ie feray voir
que les propositions affirmatiues & negatiues,
sont vn mesme objet : Et partant l'objet des
negations formelles est vn Estre positif, pource que l'objet des negations formelles est ce
qui est nié : or ce qui est nié est vn Estre positif, donc l'objet des negations formelles, ou la
negation objectiue est vn Estre positif. Car si
l'objet de la negation formelle estoit vne negation objectiue, il s'ensuiuroit que la proposition negatiue nieroit vne negation : & partant,
qu'elle seroit affirmatiue, ce qui est ridicule;
donc les negations objectiues sont vn Estre
positif. Dites le mesme des priuations objectiues, car ce n'est autre chose qu'vn Estre positif,
qui n'a point vne chose qu'il est capable de receuoir : & ainsi, *la priuation de la forme dans la
matiere, c'est la matiere mesme, sans forme, &*
ainsi quand on dit que la priuation est principe
du composé : on veut dire que la matiere mesme est principe, mais qu'il est requis comme
vne condition necessaire, qu'elle n'ait point eu

la nouuelle forme qu'elle reçoit.

D'icy vous voyez, premierement, que le terme negatif, n'est pas celuy qui signifie vne chose qui n'est pas autrement ces mots, Antechrist & plusieurs mondes, seroient negatifs; mais ce terme est negatif, qui se peut resoudre par cette particule negatiue *Non*, & par vne proposition negatiue

Secondement, aueugle & aueuglement ne sont ny abstracts ny concrets : car ils signifient tout à fait le mesme.

Troisiesmemement, il s'ensuit que l'objet des negations formelles, soit complexes, soit incomplexes : c'est vne chose positiue, exprimée negatiuement. Ainsi ces mots, l'Antechrist n'existe pas, ou l'Antechrist n'est rien, signifient que l'Antechrist n'est aucun de tous les Estres qui existent : il n'est ny Soleil, ny Lune, ny Homme, ny Ange ; & partant aux propositions negatiues, ne respond aucune negation du costé de l'objet. Mais l'objet des negations formelles, où les negations objectiues sont seulement des Estres positifs & reels, exprimez negatiuement.

N'est-il pas vray, THEANDRE, que cette façon de philosopher est facile à entendre : & ceux-là qui mettent des negations du costé des objets, & dans les choses mesmes, ne se font iamais entendus, tant ils disent de grotesques.

QVESTION II.

Qu'est-ce que l'Estre de Raison, Formel, & Objectif.

I. **THÈSE.** Ce terme Estre de Raison, se prend fort équiuoquement dans la Philosophie, ce qu'il faut diligemment remarquer; pour soudre les difficultez au rencontre.

Car en premier lieu, l'Estre de Raison se prend pour tout ce qui se fait par la conduite de la Raison : ainsi on dit que les œuures de la Nature sont des œuures de Raison & d'Intelligence.

Secondement, *Estre de Raison* se prend pour les actes de l'entendement, & de la puissance qui raisonne dans l'homme : c'est à dire, qui rend les raisons & définitions des choses. Ainsi tous les actes & operations de l'esprit sont des Estres de Raison. C'est en ce sens que plusieurs Anciens, comme sainct Thomas, ont dit que la Logique a pour sa fin de dresser les Estres de Raison ; c'est à dire, les actes d'esprit.

Troisiesmement, *Estre de Raison* se prend pour le mesme que Verité objectiue, ou complexe objectiue : c'est à dire, pour l'objet immediat des propositions formelles. Ainsi on peut dire, que l'objet de la Logique & des autres Sciences, sont des Estres de raison : c'est à dire, des veritez pratiques, touchant la façon d'éiuger, & de bien discourir des objets.

En quatriesme lieu, l'*Estre de Raison* se prend proprement en ce lieu, comme opposé à l'Estre Possible ou reel : & partant, Estre de Raison & Estre Impossible, c'est le mesme : on le peut definir en cette sorte.

II. THESE. Estre de Raison, c'est vne chose impossible, ou ce qui ne peut exister, ou bien c'est ce qui enserre en son existence deux contradictoires, comme l'Homme non Homme, vn Lyon non Lyon : & partant, l'Estre de Raison objectif, est vn Estre positif exprimé d'vne façon qu'il est impossible qu'il existe. C'est le commun aduis des Philosophes, qui disent aprés Auerroës, que l'Estre de Raison est ce qui peut seulement estre objet de l'entendement, & ne peut aucunement exister dans les choses : or quoy que certains Autheurs ne veulent aucunement admettre ces mots, *Estre obiectiuement*, I'estime qu'il s'en faut seruir auec tous les Anciens, pourueu que l'on sçache que *Estre obiectiuement*, n'est autre chose que Estre objet, ou Estre conneu de l'entendement, à quoy il n'est pas besoin que quelque chose existe. Ainsi Dieu de toute eternité connoissoit toutes choses, & neantmoins elles n'estoient rien : or tout ce qui est possible, pour auoir vn autre Estre, que d'estre l'objet de l'entendement, donc l'Estre de Raison est vn Estre impossible, selon l'aduis de tous les Philosophes.

Secondement, l'Estre de Raison est opposé à l'Estre réel : or l'Estre reel est tout ce qui est possible, donc l'Estre de Raison est tout ce qui est impossible : car si l'Estre de Raison n'est pas

Ens rationis est quod potest tantum esse obiectiuè in intellectu siue obiici intellectui.

impossible, il peut auoir quelque existence; or il n'en peut auoir aucune, car tout ce qu'il a c'est de pouuoir estre conceu par l'entéde-ment. Dóc l'Estre de Raison c'est vn Estre im-possible; c'est à dire, vn Estre reel, entant qu'il peut estre exprimé par deux contradictoires. Or ie ne veux point icy perdre mon temps auec Suarez à rechercher l'essence, les causes, les proprietez, & les diuisions de l'Estre de Raison, qu'il dit resulter de l'acte de l'entende-ment, conceuant vn non Estre, à la façon d'vn Estre, ce qui est parler improprement : car l'Estre de Raison n'est aucunement Estre que par équiuoque auec l'Estre reel. Certes il est éuident, que ce qui est impossible n'a ny sujet qui le soustienne, ny causes, ny effets, puis que comme il ne peut estre produit, aussi il ne peut rien produire. On ne peut neantmoins dire, qu'il a vne essence, c'est à dire, vne definition comme essentielle : outre que l'entendement humain, ny Angelique, ny Diuin, ne sçau-roient produire ce qui est incapable d'estre pro-duit. Il faut donc dire pour

III. THESE. Qu'il n'y a point d'autre Estre de Raison que le formel, c'est à dire, vn acte de Iugement, qui enserre vne contradi-ction, comme qui diroit, l'homme n'est pas homme, ou l'homme est non homme, & cét acte peut estre ou dans l'entendement humain, ou Angelique, mais non pas diuin : pource que Dieu estant vne souueraine Verité, il ne se peut tromper. Que si vous me demandez quel objet respond à cét acte contradictoire : Ie responds, que les deux contradictoires ont vn mesme ob-

jet : & partant, ie dis que les propositions impossibles, ont pour objet vn Estre positif, ou
possible, mais exprimé negatiuement : lequel
objet est affirmé par vne proposition affirmatiue. D'où s'ensuit, que si vne proposition n'enserre pas deux contradictoires, elle ne peut pas
estre appellée vn Estre de Raison.

OPPOSITION I. Vous me direz si
l'Estre de Raison formel, a pour objet vn Estre
positif, donc ce qu'il signifie peut estre dans les
choses : car tout Estre positif est possible. Ie
responds, que l'objet d'vne proposition contradictoire ne peut pas exister en la façon qu'elle le signifie : car il faudroit qu'il y eut vn homme qui ne fust pas homme. Et partant, l'Estre
de Raison formel, c'est vne proposition dont il
est impossible que l'objet existe : d'où vous verrez que la Chymere n'est pas proprement vn
Estre de Raison. Car, à bien parler, la Chymere signifie vne montagne de la Lycie, dont le
sommet iette des flammes, & il s'y treuue plu- Prima Leo,
sieurs Lyons. Au milieu il y a de belles prairies postrema
auec quantité de bestail ; & dans le bas de la Draco, me-
montagne il y a plusieurs Dragons & Serpens : diumque Ca-
d'où les Poëtes ont dit, que la Chymere estoit prinum est.
vn animal qui auoit le deuant du corps de
Lyon, le derriere de Dragon, & le milieu d'v-
ne Chevre Or il n'est pas impossible que Dieu
fasse vn animal composé de ces trois parties, &
vne ame naturelle, composée de ces trois ames :
car ie n'y vois aucune contradiction, ny esloignée, ny prochaine ; comme aussi Dieu peut Possibilis est
faire vn animal partie Cerf, partie Bouc. Hirco-cer-
Neantmoins quand on parle de Chymere, on uus.

F iiij

entend d'ordinaire vn Estre composé de parties, dont l'vnion est impossible : & en ce sens,
c'est vn Estre de Raison.

IV. THESE. Les actes de la simple apprehension ne se peuuent pas appeller proprement vn Estre de Raison. Ie le prouue, pource
que quoy que la simple apprehension puisse
dire vn Lyon non Lyon : neantmoins elle ne
joint pas proprement ses parties, & ce qu'elle
dit est indifferent au vray & au faux : & peut
estre partie d'vne proposition veritable, aussi
bien que d'vne proposition fausse : car on peut
dire *vn Lyon non Lyon est possible*, aussi bien que, *vn
Lyon non Lyon est impossible*. De plus, afin qu'vn
acte soit Estre de Raison, il faut qu'il contienne vne contradiction : or nul acte de la simple
apprehension contient contradiction, donc la
simple apprehension ne peut pas faire l'Estre
de Raison formel.

OPPOSITION II. Vous me direz, que
si l'objet de l'acte de la simple apprehension qui
dit *l'homme non homme*, estoit mis, il y auroit
deux contradictoires. Ie respons, il y auroit
deux contradictoires. Premierement, de ce
que la simple apprehension representoit, Ie le
nie : mais à cause que quand on dit mettez l'objet de cét acte, on fait vn acte du iugement, &
vne proposition contradictoire, De tout cecy
déduirez, que connoistre l'Estre de Raison ce
n'est pas le faire ; mais il faut le connoistre auec
erreur, & par vne proposition contradictoire :
ce qui ne peut conuenir à Dieu, qui est vne Verité souueraine ; mais les hommes & les Anges
sont capables de fausseté & d'erreur, & ainsi ils

peuuent auoir des actes dont les objets soient
impossibles Certainement connoistre vn impossible, n'est pas faire yne chose impossible :
autrement Dieu qui connoist les choses possibles, est impossible, feroit ce qui est impossible, & il produiroit tout ce qu'il connoist estre
possible.

OPPOSITION III. Si l'obiet d'vne
proposition contradictoire est vn Estre possible
expliqué contradictoirement, il n'y a aucun
Estre impossible. Ie respons, il n'y a aucun
Estre impossible, c'est à dire, il n'existe aucun
Estre impossible, Ie l'accorde. Il n'y a aucun
Estre impossible, c'est à dire, on ne peut pas s'i-
maginer ou conceuoir vn Estre possible, d'vne
façon qu'il est impossible qu'il existe, Ie le nie.
Ainsi on peut s'imaginer vn homme qui ne soit
pas homme.

IV. THESE. Les dénominations extrinseques ne sont point vn Estre de Raison : car ce
ne sont que des termes, comme i'ay prouué au
premier Liure de la Logique : par exemple,
ces mots, veu, conneu, aymé, ou estre conneu,
estre aymé, estre veu : or tout cela est possible,
car ce n'est que l'acte & l'obiet, qui sont possibles ; & outre qu'il n'est pas besoin que l'objet
existe par Estre conneu. Pareillement, les negations formelles ne sont point des Estres de
Raison, pource que ce sont des actes negatifs
qui existent. Pour ce qui touche les negations
objectiues, il faut sçauoir que parmy les negations formelles & complexes, il y en a de vrayes
& de fausses : L'obiet des negations veritables
n'est pas impossible, comme quand on dit

Alexis n'eſt pas Lyon : car l'objet de cette propoſition eſt Alexis meſme, exprimé par vne
negation de Lyon, qui luy conuient par ſoy-
meſme, puis que par ſoy-meſme il n'eſt pas
Lyon.

Entre les negations fauſſes, il y en a qui contiennent vne contradiction, & les autres n'en
contiennent pas : comme celle-cy, Il n'y a
point de monde, eſt fauſſe ; mais ſon objet n'eſt
pas impoſſible, puis qu'il ſe peut faire que le
monde ne ſoit pas. Mais qui diroit, le monde
n'a pas eſté, ou il n'y a point de Dieu en ce
monde, ce ſeroit vn acte negatif, dont l'objet
ſeroit vn Eſtre de Raiſon, ou Impoſſible : la
raiſon eſt, que l'impoſſible ſe meſure par la
ſeule contradiction.

OPPOSITION IV. Tout ce qui ne
peut exiſter eſt impoſſible : or aucune negation
ne peut exiſter, donc toute negation eſt impoſſible.

Ie reſpons en niant la mineure, & dis que
la negation n'eſtant qu'vn acte d'entendement,
ou vne voix ou eſcriture, elle peut exiſter, puis
que nous faiſons chaque iour des propoſitions
negatiues. Au pis aller, me direz-vous, vne
negation objectiue ne peut pas exiſter, donc elle eſt impoſſible.

Ie reſpons qu'il n'y a aucune negation obiectiue, mais que l'objet des negations c'eſt vn
Eſtre poſitif, exprimé par des termes ou conceps negatifs : or il y a deux ſortes de propoſitions negatiues ; car ou l'objet peut eſtre, comme cette negation l'exprime, ou non. S'il eſt
impoſſible que l'objet ſoit de la façon que la

proposition dit, c'est vn Estre de Raison; comme quand on dit, Dieu n'est pas iuste. Mais si on dit Lysis n'est pas au monde, & qu'il y soit, c'est bien vne proposition fausse, mais non pas impossible, donc toute proposition fausse n'a pas pour objet vn Estre de Raison; mais il faut que son objet ne puisse estre en la façon qu'elle le signifie, & qu'elle enferre deux contradictoires.

OPPOSITION V. Donc, me direz-vous, les propositions affirmatiues ne sont iamais vn Estre de Raison formel : car elles ne contiennent iamais aucune contradiction, puis qu'elle se treuue seulement entre des propositions affirmatiues & negatiues, lesquelles ont le mesme objet. Ie responds, que les propositions affirmatiues, peuuent quelquefois contenir mediatement vne contradiction, comme qui diroit l'homme est vn Lyon : car de là il s'enfuit qu'il n'est pas homme. Que si il ne s'enfuit aucune contradiction, ces propositions ne sont point vn Estre de Raison, ny impossibles: comme celle-cy, Dieu est homme, que la Foy nous enseigne estre véritable.

Vous pourrez encore recueillir que les Peintre, lors qu'ils peignent les Anges comme des ieunes hommes, Dieu le Pere comme vn vieillard, & le sainct Esprit comme vne colombe, ne font pas vn Estre de Raison, si seulement ils veulent que c'est quelque imparfaite ressemblance ; mais si ils pensoiët qu'vn Ange est vn ieune homme, ce seroit vn Estre de Raison : autrement, le sainct Esprit mesme apparoissant en forme de Colombe, auroit fait luy-mesme vn Estre de Raison, ce qui est imaginaire.

Pareillement, les Paraboles & les Fables ne sont pas tousiours des Estres de Raison : car la fable estant vn discours faux, qui sous quelque Emblesme represente la verité. Il y en a quelques-vnes qui disent des choses impossibles, & celles là sont des Estres de Raison, si elles ne sont entenduës auec similitude. Mais les fables qui contiennent des choses possibles, ne sont point des Estres de Raison.

OPPOSITION VI. L'Estre de raison ne peut estre desiny, car la definition est l'explication de la Nature : Ie responds, qu'il peut estre desiny par vne definition negatiue : car puis que l'Estre de Raison n'a point de nature, on peut dire à bon droit que l'Estre de Raison est ce qui ne peut exister : ce qui seroit faux, s'il auoit vne nature ou vne essence.

QVESTION. III.

Qu'est-ce que l'Estre de soy & l'Estre par accident, & comment se diuise l'Estre de soy.

I. THESE. Ces termes de *soy* & *par accident*, sont fort équiuoques : car quelquefois ce mot de *soy* signifie solitairement, ainsi on dit qu'vn malade se soustient de soy-mesme, & qu'vn enfant lit de soy mesme. Secondement, *de soy* signifie par soy, quand

on separeroit tout autre, ainsi la substance subsiste de soy, & chaque corps est de soy diuisible.

Troisiesmement, *de soy* se prend pour necessairement, & sans dépendre d'vn autre : ainsi
Dieu seul est vn Estre de soy ; mais pour parler
plus clairement, ie dis que ces termes se prennent, ou comme termes de la seconde intention, & ils signifient des termes & des propositions necessaires, ou ils se prennent comme
termes de la premiere intention, & ils signifient
des choses.

II. THESE. Or il y a deux sortes de propositions necessaires, ou *de soy*, sçauoir est les
essentielles, comme l'homme est animal, & les
propres, comme l'homme est risible. Quelques
Autheurs adjoustent deux autres sortes de propositions de soy ; par exemple, quand on dit, *vn
Musicien chante, ou la blancheur dissipe la veuë* ;
mais il vaut mieux dire, que toutes les propositions sont accidentelles, dans lesquelles l'attribut n'est point essentiel, ou vne proprieté du
sujet.

III. THESE. La proposition *connuë de soy*
est celle dont il suffit de connoistre les termes
pour y consentir : tels sont les premiers principes, comme chaque tout est plus grand que sa
partie. Or à cét effet, il suffit vne connoissance
abstractiue, & il n'est pas tousiours requis, que
cette connoissance soit intuitiue. Mais *nulle
proposition contingente est connuë de soy*, pource
qu'il se peut faire que l'attribut & le sujet ne
soient pas vnis ensemble : & ce n'est pas vne
chose connuë de soy, qu'il y ait vne matiere

premiere, ou qu'il y ait des accidens, & vne
verité peut estre connuë de soy, à quelqu'vn
qui sera cachée à l'autre.

IV. THESE. Ces mots *de soy* & *par accident* pris comme termes de la premiere intention, signifie les choses : ainsi nous disons qu'il
y a des Estres de soy, & des Estres accidentaires, des causes de soy & par accident : or *la
cause de soy* se prend en plusieurs façons.

Premierement, la cause de soy est celle qui
a intention de produire vn effet, quelle cause:
comme quand on tuë quelqu'vn le voulant
faire : cause par accident est celle qui produit
vn effet contre son intention, comme si quelqu'vn donnoit vn coup de flesche à son pere,
voulant tuër vn Cerf.

En second lieu, cette cause s'appelle de soy,
qui produit vn effet par sa propre vertu, & non
pas par vn autre; ainsi le feu cause de soy la
chaleur.

<table>
<tr><td>Qui per aliū
facit per se
facerevidetur.</td><td>Mais les Roys qui prennent les villes par
leurs Soldats, sont cause par accident de leurs
conquestes, pource que selon l'ancien Prouer-</td></tr>
</table>

be, celuy qui fait vne chose par vn autre, est
estimé l'auoir fait.

V. THESE. L'*Estre de soy* se prend aussi en
diuerses façons.

Premierement, *Estre de soy* est celuy qui ne
reçoit point son Estre d'vne autre cause, ainsi
Dieu seul est vn Estre de soy & toutes les creatures sont des Estres contingens.

Secondement, *Estre de soy* signifie celuy qui
est independant de la matiere, comme Dieu,
les Anges, & l'ame raisonnable.

DISCOVRS V.

DE L'ESSENCE ET DE ce qui est essentiel. De la Nature, & de l'Existence. Et de la diuision de l'Estre, en naturel & surnaturel.

'Il y a du plaisir à rechercher l'essence & la nature des Estres, ce n'est pas vne chose moins rauissante, de descouurir quelle est la nature & l'essence mesme des essences. Certes quoy que iusques à present, ie vous en aye donné quelque legere descouuerte, mon THEANDRE, ces veritez sont si importantes, & si generales à toutes les sciences, que l'on ne peut les considerer auec trop d'attention. Tant plus les obiets sont releuez, plus ils meritent nos soins. Et pour en auoir vne cognoissance parfaite, il y faut arrester plus fixement la veuë. Si c'est vne chose hardie, d'oser porter l'esprit iusques aux concepts les plus sublimes de toutes les sciences. Sçachez aussi que c'est vne entreprise, dont en peut esperer beaucoup de profit, & de gloire: pource que dans vne

G

Quelques Docteurs penſent qu'il n'y a point
de mal de dire, que Iᴇsᴠs eſt vn tout par accident, & que le Verbe eſt comme vn greffe enté
dans l'humanité, ſelon les paroles de ſainct Iacques. Leur raiſon eſt, que Iᴇsᴠs eſt vn tout, fait
de deux parties, qui naturellement n'ont aucun
ordre pour faire vn tout : mais ſeulement par
vne vnion ſurnaturelle, & par vn miracle. Outre que cela ne déroge aucunement à l'excellence d'vn Dieu-Homme, pource que vn tout
accidentel peut eſtre plus noble qu'vn tout de
ſoy. Ainſi cette ente faite d'vn Cedre & d'vn
Oranger, eſt vn Eſtre par accident, qui eſt plus
noble qu'vn caillou. Et ſi Dieu faiſoit vn tout
d'vn Ange & du Soleil, d'vn Diamant & d'vne
ame raiſonnable : ce tout ſeroit plus excellent
qu'vne fourmis & qu'vne mouche, qui ſont des
Eſtres de ſoy.

Apres auoir traitté des diuerſes diuiſions de
l'Eſtre, reuenons à conſiderer plus attentiuement en quoy conſiſte l'eſſentiel & la nature
des Eſtres.

DISCOVRS

qui a - t'il de plus clair, que de dire que Exister, c'est tenir quelque rang dans le Monde, & estre, ce dont on peut dire, cela est; & qui peut auoir quelque action ou passion dans la nature. Et partant existence, existant & exister, c'est vne mesme chose signifiée par vn nom, vn verbe & vn participe. Ainsi le Soleil existant, l'existance du Soleil, & le Soleil exister, c'est la mesme chose formellement : car mettez l'Existance du Soleil, & separez en tout le reste, le Soleil existe, comme i'ay dit amplement au precedent discours.

II. THESE. *Essence* se prend quelquefois comme terme de la premiere, quelquefois comme terme de la seconde intention : & alors il signifie la deffinition specifique, & essentielle d'vne chose, ainsi nous disons que *Animal raisonnable* est l'essence de l'homme : ou que l'essence de Cæsar, c'est d'estre *Animal raisonnable,* ou d'estre homme. En la mesme façon nous disons que la difference compose l'essence, c'est à dire la deffinition essentielle, & partant ce n'est pas de l'essence de Cæsar, d'estre Cæsar, c'est à dire d'estre cét Indiuidu, pource que l'indiuiduation n'entre point dans la deffinition essentielle, outre qu'Essentielle est ce, sans quoy vne chose ne peut exister, ny estre conçeuë absolument, c'est à dire par vn concept absolu, & qui ne signifie aucun mode. Et ainsi ce qui est Cæsar, est de l'essence de Cæsar, mais ce n'est pas de son essence d'estre Cæsar. Et de fait estre vn tel Indiuidu, n'entre pas dans la deffinition essentielle; car la deffinition essentielle est vne oraison ou vn concept commun à tous les Indiuidus : or Estre Cæsar, n'appartient qu'à vn seul, puis qu'il est distinct de tout autre par ce mot Cæsar.

III. Th e s e. *Essence* pris comme vn terme de la premiere intention, se peut deffinir, *ce sans quoy vne chose ne peut exister, ny estre conceuë absolument.* D'où s'ensuit que chasque Estre soit substantiel, soit accidentel, est son essence : entant qu'il peut estre exprimé par des concepts absolus : c'est à dire qui ne soient pas connotatifs ou relatifs. Ainsi l'Essence de la blancheur, c'est la blancheur mesme, mais ce n'est pas de son essence d'estre accident, ou d'estre dans vn suiet. Ainsi la Nature de Dieu, c'est Dieu mesme, entant qu'il peut estre conceu absolument, & les proprietez de Dieu sont Dieu mesme, entant qu'il peut estre exprimé relatiuement.

Or il faut remarquer, Th e a n d r e, qu'il y a des Estres simples & indiuisibles, & des estres composez ou diuisibles. Les choses indiuisibles ont vne essence indiuisible, comme Dieu & l'Ange. Les Anges neantmoins ont des accidens, qui ne sont pas de leur essence, aussi bien que l'ame raisonnable. Il n'y a que Dieu seul, qui soit en effet vn *acte pur*, c'est à dire vn obiet tout simple, sans accident. D'où arriue que tout ce qui est en Dieu, est Dieu mesme & est de son essence, s'il est conceu absolument. Ie dis absolument, pource que les relations comme estre Pere, estre Fils, estre sainct Esprit, ne sont pas de l'essence, c'est à dire de la deffinition, & des attributs essentiels de Dieu : puis

qu'elles sont propres & particulieres à quelque
personne : Les choses diuisibles comme l'homme, ont vne essence diuisible, & composée de
deux essences partielles du corps & de l'Ame,
vnies entr'elles. C'est pourquoy quelquefois
l'essence de ces choses est expliquée par vne
deffinition essentielle, dont les deux termes,
sont au nominatif : comme *Animal raisonnable*; Et alors chaque partie signifie le tout.
Quelquefois aussi elles sont declarées par vne
deffinition dont vn terme est au nominatif, &
les autres au cas oblique : comme quand on dit
*l'homme est vn composé de corps & d'ame rai-
sonnable*. Vous voyez donc THEANDRE, que
l'essence formelle, c'est la deffinition specifique
composée de termes absolus & essentiels. Mais
l'essence obiectiue, c'est chasque chose, entant
qu'elle peut estre declarée absolument, ie veux
dire par des termes absolus & essentiels.

IV. THESE. *Terme Essentiel* est vn terme, sans lequel ne peut consister la deffinition
essentielle de quelque chose : comme sont ces
mots Animal raisonnable: ou bien vn terme qui
signifie le mesme que la deffinition essentielle
ainsi estre homme, est essentiel à Cæsar. Et partant tout terme essentiel est absolu, & il n'y en
a que de trois sortes, sçauoir est le Gére, l'Espece & la Difference; & ces termes appartiennent
à tout ce qui a ceste essence. D'où s'ensuit que
ces termes Pere, Fils & saint Esprit, ne sont pas
des termes essentiels : puisqu'ils n'entrent pas
dans la deffinition de Dieu, lors que nous l'appellons vn Estre de soy, necessaire & parfait à
l'infiny. Outre que tout ce qui est Dieu, n'est

pas Pere, puifque le Fils eft Dieu & n'eft pas Pere.

OPPOSITION. Vous me direz que ces mots Fils & Cæfar, fignifient l'Effence de Dieu, & auffi de l'homme, puifque le Verbe n'eft point diftinct de l'effence diuine, ny Cæfar de fon effence. Ce font donc des termes effentiels. Ie refpons que ce qui eft indiftinct de l'effence de Dieu & de l'effence de Cæfar, n'eft pas de leur Efsence, fous des concepts & fous des termes relatifs, comme font Eftre Fils & eftre Cæfar: mais fous des concepts abfolus & effentiels; ou bien l'efsence du marbre feroit d'eftre blanc ou quarré, puifque ce qui eft l'efsence du marbre, eft blanc & a vne telle figure.

V. THESE. La *partie effentielle* eft celle-là, fans laquelle le tout ne peut exifter, ny mefme eftre conceu abfolument: comme le corps & l'ame au regard de l'homme.

Partie Integrante eft celle-là qui eftant oftée, ou n'eftant pas conceuë, ce qui reftera, retiendra la mefme dénomination fpecifique. Ainfi quoy que l'homme foit fans bras & fans jambes, il ne laiffe pas d'eftre homme: & à parler abfolument, vn homme peut eftre homme fans cœur & fans tefte, comme nous lifons de fainte Catherine de Sienne & de fainct Denis. Car il n'y a point de contradiction, qu'vn animal raifonnable foit fans cœur & fans tefte. I'auoüe qu'vn homme fans tefte feroit fort imparfait: mais cela ne preuue pas que par vne puifance abfoluë, l'homme ne puifse pas fubfifter eftant priué des plus nobles parties de fon corps prifes dis-jonctiuement, mais non pas de toutes les

parties enfemble. D'où s'enfuit que les termes
qui fignifient les membres du corps, ne font
point effentiels, puis qu'ils n'entrent point dans
la deffinition fpecifique. Il y a donc cefte difference entre les parties effentielles, & celles d'integrité, que fans les parties effentielles la deffinition fpecifique ne peut fubfifter:mais les parties integrantes font feulement neceffaires, afin
que le tout foit entier & parfait. D'icy vous
pouuez inferer, premierement qu'Effence n'eft
pas le mefme que fubftance, car les accidens
comme la chaleur, ont auffi bien leur effence
que les fubftances.

En 2 lieu, nul accident eft effentiel à la fubftance & nulle fubftance à l'accident, & nul
mode eft effentiel, foit à l'accident, foit à la
fubftance, pource qu'on peut conceuoir les
chofes par vn concept abfolu, fans entendre
leurs modes ny aucune chofe diftincte. Donc
vne partie n'eft iamais effentielle à l'autre,
quoy que toutes deux foient effentielles au
tout qu'elles compofent. Ainfi la blancheur
n'eft pas effentielle au corps, ny le corps à el-
me, ny le fuiet aux accidens qu'il reçoit. Vous
deduirez auffi que l'effence fe peut diuifer en
totale & partielle, ainfi le corps eft l'effence
partielle de l'homme, & le corps & l'ame font
fon Effence totale.

D'icy encor vous déduirez pour

VI. THESE. Que l'Effence & la Nature eft le
mefme. Et partant à parler proprement, *la na-*
ture eft ce, fans quoy vne chofe ne peut exifter,
ny eftre conceuë abfolument. Et ainfi la nature
de chafque chofe, c'eft elle mefme, entant

G iiij

qu'elle se porte ou peut estre cognuë absolument, par vn concept absolu, & non relatif.
Ainsi la Nature de Dieu, c'est Dieu mesme, entant qu'il peut estre cognu absolument; Et les
personalitez & relations en Dieu, sont Dieu
mesme, entant qu'il peut estre declaré par des
concepts connotatifs, de Pere, Fils, Misericordieux & Iuste. Mais pour entendre cecy plus
parfaitement, voyons pour.

QVESTION II.

*Qu'est-ce que Nature, Naturel, & com-
ment se doit entendre la deffinition
qu'a donné Aristote, de la Nature.*

I. THESE. CEs termes *Nature & Naturel*
sont Equiuoques; car pour lais-
ser à part, que Nature se prend chez les My-
stiques, pour les mouuemens de la sensualité,
opposez aux sentimens de la grace. Et que *Nature* chez Aristote mesme se prend quelquefois
pour la generation ou naissance, pource que
comme dit sainct Thomas, Nature se deriue de
naistre. Ie dis que les plus ordinaires significations de ce mot sont celles cy. Premierement
Nature signifie quelquefois tout le Monde,
c'est à dire le ramas de tout ce qui a l'estre. Et
ainsi toute chose existente, Dieu, les Anges, les
Substances & Accidens creés sont des estres naturels, pource qu'ils sont dans la nature, & en
ce sens, Naturel est opposé à ce qui n'est pas au
Monde.

En second lieu, *Nature* signifie Dieu seul,
ainsi dit sainct Augustin, que lors que nous disons la Nature a fait toute ceste diuersité des
choses, que c'est bien parlé, pourueu que par
ce nom nous entendions la prouidence Diuine.
Et Aristote appelle Dieu, Nature. Quelques
Philosophes l'appellent nature actiue, ou nature naturante, Synesius la nomme nature des
natures, pource qu'il est Autheur de la Nature, c'est à dire de tout ce qui n'est pas Dieu.

Quatriesmement nature se prend pour les
inclinations de chasque chose, ainsi le Poëte
dit que la Nature est vn Oiseau si domestique,
qu'il retourne tousiours, quoy qu'on le chasse. Ainsi nous disons que c'est la nature du feu
d'estre chaud, de la pierre de tomber en bas : &
que cela nous est naturel, qui est conforme à
nos inclinations, & en ce sens ce terme naturel,
s'oppose à violent ou contraint.

Cinquiesmement *Nature & Naturel*, en ses
operations se prend pour l'assemblage de tous
les estres creés, & pour Dieu mesme, operant
selon la disposition des causes creées; & en ce
sens, nous disons que les eclipses sont vn effect
naturel, & alors ce mot est opposé à surnaturel.

Sixiesmement nature en sa signification plus
vniuerselle, comme remarque sainct Augustin,
& M. de la Rochepofay en ses distinctions, ce
mot, dis-je, *nature*, est le mesme qu'essence : &
en ce sens chasque chose soit Dieu, soit les substances, soit les accidens, ont leur nature. Ie dis
donc pour.

II. THESE. Que la *nature* prise proprement, se peut deffinir *chasque chose, entant qu'el-*

Arist. lib. 11.
Mét.

Naturam ex-
pellas furca-
licet vsque re-
dibit.

D. Rupip. In
synop. v. na-
tura : natura
sumitur pro
essentia &
quidditate
cuiusque rei.
Deus dicitur
natura natu-

le peut estre expliquée absolument, par vn terme essentiel. Or terme essentiel est celuy, qui peut estre supposé pour vn autre terme, & ne connote rien par dessus luy. Ainsi ces termes *homme, raisonnable, animal, corps, substance, estre*, sont des termes qui s'énoncent essentiellement de Cæsar De sorte que tous les termes essentiels, sont ou *generiques*, comme animal : ou *especes* comme homme, ou *differences* comme raisonnable. Et il me semble que c'est l'auis de S. Augustin, lors qu'au 2. Liure des mœurs des Manicheens, il dit que la Nature est ce, qui constituë chasque chose en vn tel genre. D'où i'argumente en ceste façon. Nature est ce, qui constituë chasque chose d'vn tel genre, or chasque chose est constituée d'vn tel genre par son essence, donc l'essence & la nature sont le mesme.

III. THESE. Les termes indiuidus, ne sont point essentiels. Ie le preuue, pource que la nature de Cæsar, ou ce qui est Cæsar, peut exister sans estre Cæsar. Car ce mot Cæsar, & tous les autres noms des Indiuidus creés, supposent pour ceste nature, & connotent obscurement, qu'elle soit vn tout par soy mesme : ou pour mieux dire *Cæsar*, signifie ce tout, que vous voyez : Or est il que ce qui est ce tout, peut estre absolument vn autre tout, presupposé que Dieu se l'vnit hypostatiquement : car en ce cas, ce seroit vn tout diuin, ou plustost ce qui est maintenant vn tout, ne seroit plus vn tout, comme ie diray parlant de la subsistence : & partant cét attribut estre Cæsar, n'est pas essentiel à Cæsar.

En 2. lieu on ne répond pas par les termes indiuidus à la question. *Quest-ce?* mais à la question, *quel est il?* donc ils ne sont pas essentiels, & ils n'entrent point dans la deffinition essentielle. Ioint que tous ceux qui adorent l'Auguste Trinité & le mystere de l'ineffable Incarnation du Verbe, ne peuuent nier que Dieu ne puisse ynir à vne de ses ʜʏpostases la Nature de Cæsar, & faire que ce qui est Cæsar, ne fust plus Cæsar. Donc estre Cæsar, n'est pas essentiel à Cæsar, & consequemment les termes singuliers, ne sont pas de l'Essence. Certainement, outre que la definition que i'ay donné de la Nature, conuient à tout ce qui est nature, & à elle seule, il m'est éuidét, que l'on n'en peut donner vne autre, qui discerné mieux les proprietez & relations, soit creées, soit increées de l'esséce. Car l'Essence en Dieu, c'est Dieu mesme, entant qu'il peut estre exprimé, & conçeu par des concepts absolus; & les proprietez & relations de Dieu, c'est Dieu mesme, entant qu'il peut estre representé par des cognoissances relatiues. Si donc l'essence & la nature de quelque chose, est le mesme. Il faut diuiser la nature, comme nous auons diuisé l'Essence, & dire que la nature des choses est quelquefois simple, comme celle de Dieu & des Anges. D'autrefois elle est composée de matiere & de forme, & chacune de ces parties est la nature non pas totale, mais partielle. Et c'est en ce sens, qu'Aristote prend ce mot de Nature au 2. de sa Physique.

IV. Tʜᴇsᴇ. Ces mots *Estre naturel,* sont équiuoques. Premierement *naturel* signifie tout ce qui exiſte ſans miracle. Ainſi Dieu, l'homme & la blancheur ſont des Eſtres naturels. Et en ce ſens naturel eſt oppoſé au ſurnaturel, & Dieu eſt le plus naturel de tous les Eſtres. Puiſqu'il exiſte neceſſairement & ſans miracle.

En 2. lieu *Eſtre naturel*, ſe prend pour Eſtre mobile ou capable de changement, comme les Anges, l'Homme, le Soleil & la Blancheur. Mais Dieu n'eſt pas vn Eſtre naturel, En ce ſens : veu qu'il ne peut eſtre ſubiet aux changements, ny à aucune viciſſitude. Troiſieſmement chez Ariſtote *Eſtre naturel* ſe prend pour l'ordinaire, pour ce qui a en ſoy la nature, ou qui eſt compoſé des natures, c'eſt à dire de matiere & de forme : & en ce ſens, ny la matiere, ny la forme, ny les accidens, ny Dieu, ny les Anges, ne ſont pas des Eſtres naturels: mais ſeulement ce qui eſt vn tout ſubſtantiel, compoſé eſſentiellement de matiere & de forme. En ce ſens Ariſtote dit que l'obiet de la Phyſique, c'eſt l'Eſtre naturel, c'eſt à dire compoſé de matiere & de forme : & ainſi naturel eſt oppoſé à artificiel, pource que les choſes artificielles, n'ont pas le principe de leur perfection dans elles meſmes, d'où arriue qu'vne nauire & vne ſtatuë demeurent touſiours au meſme eſtat, ſans ſe perfectionner.

Quatrieſmément *Eſtre naturel*, ſe prend pour la nature meſme. Ainſi la matiere & la forme ſont des Eſtres naturels.

Cinquieſmement eſtre naturel eſt oppoſé, à violent. Ainſi la chaleur eſt violente à l'eauë, & la froideur luy eſt naturelle.

Sixiefmement naturel s'oppofe quelquefois
à libre, ainfi le mouuement du cœur eft vn
mouuement naturel. Et le peché eft vne chofe
qui eft libre.

V. THESE. Ariftote au 2. de fa Phyfique,
deffinit la nature en ces termes : *la Nature eft*
le principe & caufe du mouuement, & du re-
pos de ce en quoy elle eft de foy, principalement
& effentiellement, & non pas par accident. De
forte que le Philofophe veut que la nature foit
dans vn tout, & partant il ne veut pas qu'elle
foit le tout : car on ne dit pas proprement,
mais feulement d'vne façon impropre, ou
comme l'on dit dans l'efchole, intranfitiue-
ment, qu'vne chofe eft en foy-mefme.

Arift. lib. 2.
Phyf. c. 1.
natura eft
principium
& caufa mo-
uendi & qui-
efcendi, in
quo primùm
eft, per fe &
non fecun-
dùm acci-
dens.

De plus Ariftote veut que la Nature ne foit
pas dans vn tout, accidentellement, ny comme
vne chofe feconde ou neceffaire, mais effentiellement & comme en premier chef.

Troifiefmement, il veut que la nature foit
principe & caufe, c'eft à dire, qu'il ne fuffit pas
qu'elle foit feulement caufe, mais caufe premiere & fondamentale, du mouuement & du
repos, ou pour mieux dire du mouuement ou
du repos : c'eft à dire, que la nature eft la caufe
du changement & alteration qui fe fait en quelque chofe, ou pluftoft de l'acqueft des perfections conuenables à la chofe, & de la conferu-
ation de fes perfections. Ainfi lors que l'on
demande pourquoy l'eau fe change de froide
en chaude : c'eft qu'elle eft compofée d'vne
matiere, qui eft fucceffiuement fufceptible des
accidens contraires : quoy qu'à proprement
parler, ce changement luy foit violent. Mais

la cause pour laquelle elle acquiert de nouueau
sa froideur, & qu'elle se la conserue, c'est proprement sa nature: où vous voyez qu'il n'est
pas besoin que la nature soit au mesme temps
cause du mouuement & du repos tout ensemble : mais de l'vn apres l'autre, c'est à dire
de l'vn ou de l'autre. De sorte que quand
quelque perfection manque au tout, la nature est cause du mouuement, & de l'acquisition de ceste perfection : & lors que ceste perfection est presente, la nature est cause du repos, & de la conseruation de ceste perfection.
Remarquez donc que ce mot de mouuement,
ne se prend pas seulement pour mouuement
local, mais aussi pour toute sorte de mutation:
sur tout de celle, qui est conuenable à la chose
composée d'vne telle nature.

Cela presupposé. Ie dis en premier lieu, que
ceste description est bonne, selon le dessein d'A-
ristote, qui pretend seulement monstrer, en
quoy les Estres naturels sont distincts des
choses artificielles. Et partant il prend *natu-*
re, pour la nature partielle, c'est à dire pour
vne partie, ou pour ce qui compose vn estre
Naturel, ou vn tout substantiel ; car tel a esté le
dessein du Philosophe, & non pas de deffinir en
commun la nature. Et ainsi ceste deffinition
conuient à la matiere, & à la forme. Et quoy
que la forme, ne soit pas plus nature que la matiere, puisque selon le Philosophe, la substance ne reçoit ny de plus ny de moins : toutefois
elle l'est plus noblement, pource qu'elle est
cause plus principalle, de ce que le tout acquiert ses perfections necessaires, comme l'eau

sa froideur : & se maintient en leur possession,
et en ce sens, il faut entendre Aristote, quand il
dit, que la forme est plus nature que la matiere.
Autrement il contrediroit à sa propre doctrine.

Ie dis en 2. lieu, que ceste definition conuient
au composé de matiere & de forme, pris simplement, mais non pas presupposé, qu'il existe
par voye de tout. Ainsi il est de Foy, que le Verbe a pris la nature Humaine ou l'Humanité.
Or par humanité, on n'entend pàs seulement
la matiere ou la forme, le corps & l'ame separez ; mais vnis. Donc le corps & l'ame vnis,
font vne nature, puisque la deffinition de la nature, donnée par Aristote, conuient à vn tel
composé ; car l'Humanité est cause & principe
de l'acquisition de toutes les perfections conuenables au tout, & du repos en ces mesmes
perfections. De plus l'humanité n'est pas le
tout, mais elle est dans le tout. Car si l'humanité simplement prise estoit le tout, on ne pourroit iamais mettre l'humanité sans mettre le
tout. Or cela prouueroit qu'il y a vn tout creé,
& vn tout increé en IESVS. Ce qui est & impossible & heretique. Disons donc selon ce que
nous establirons au traité de la subsistance, que
l'humanité ne se portant pas par voye de tout,
c'est à dire estant communiquée à vn autre
tout, n'est pas vn tout comme en l'adorable
IESVS, Dieu est homme. Mais l'humanité se
portant par voye de tout, & sans estre communiquée, elle est tout l'homme : comme il se
voit dans tout le reste des hommes.

OPPOSITION I. Que si vous me dittes
que du Verbe & de l'Humanité, il se fait vn

tout different du Verbe, puisque le seul Verbe, n'est pas l'Humanité & le Verbe. Ie respondray qu'il se fait vn nouueau tout, selon le nombre, ie l'accorde: selon la valeur ou dignité, ie le nie: ainsi de Dieu & d'vn Atome, il se fait vn tout diuers en nombre, mais non pas en valeur : ce qui est le principal dans la totalité de la personne. Ie confesse neantmonis qu'Aristote n'a pas voulu, que le composé de l'ame & du corps, fut vne nature, pource qu'il n'a pas cogneu la difference de la nature & du suppost : & que vne nature peut prendre sa totalité & sa personalité, d'vn autre, comme ie diray au discours de la subsistance : & partant en l'opinion d'Aristote, la nature se diuise suffisamment en matiere & forme. Mais non pas selon la verité, que la foy nous a descouuerte. Puisque l'Humanité composée de la matiere & de la forme, est nature. Or lors que le Philosophe dit au commencement du 2. Liure de la Physique, que les animaux & les elemens sont nature, Il veut dire des estres naturels, qui en eux ont la nature, & le principe de leur perfection, ce que n'ont pas les choses artificielles, entant qu'artificielles.

Ie dis en 3. lieu, que ceste definition de la nature n'est pas vniuerselle, pource qu'elle ne conuient pas à toutes les natures. Car la nature diuine n'est pas en Dieu, que d'vne façon impropre, comme nous disons que Dieu est en Dieu. Puisque la nature diuine & Dieu c'est la mesme chose. De plus la nature diuine ne cause pas en Dieu aucun changement, puisque Dieu en est incapable.

Troisies.

Troisiefmement la nature diuine n'eſt pas cauſe de choſe aucune, qui ſoit en Dieu. Pource qu'en Dieu il n'y a rien qui ſoit effet, & qui re-leue d'aucune cauſe, mais ſeulement d'vn prin-cipe.

Quatriefmement, ceſte deffinition n'appar-tient pas à toutes les natures & eſſences creées, car tout accident a ſa Nature. Or ceſte deffini-tion ne luy conuient pas. Car tout accident eſt accidentairement dans le ſuiet, où il eſt reçeu, & l'accident n'eſt pas premiere cauſe des chan-gemens. Et ſi vn accident eſtoit mis hors de tout ſuiet, comme il ſe voit dans l'Euchariſtie, alors la nature de cét accident n'eſt pas dans vn tout, ce qui neantmoins eſt requis dans la definition d'Ariſtote. Outre qu'alors il n'eſt pas cauſe du changement, ny du repos. Donc ceſte defini-tion d'Ariſtote n'eſt pas vniuerſelle.

Si donc on nous demande, que c'eſt que na-ture, reſpondez en ceſte ſorte. Si vous ne pre-nez pas nature vniuerſellement, mais pour ce qui compoſe vn Eſtre Naturel & vn compoſé ſubſtantiel, Ie ſuis la definition d'Ariſtote. Mais ſi par Nature vous entendez eſſence, ie dis auec S. Auguſtin, que la nature eſt ce, qui conſtituë chaſque choſe en vn tel genre ou vne telle eſ-pece : ou bien dittes que la nature eſt ce par-quoy chaſque choſe eſt ce, qu'elle eſt abſolu-ment. Et partant tous les termes ſont eſſentiels qui ſignifient la Nature.

OPPOSITION II. L'homme eſt eſſentiel-lement Creature : or ce terme eſt relatif : puiſ-qu'il ſignifie le Createur au cas oblique. Reſ-pondez, ſi par eſſentiellement vous entendez neceſſairemét, Ie l'auoüe. Si pareſſentiellemét vous entendez que ce terme, Creature, s'énóce eſſentiellement & de l'homme, ie le nie. Pource que ce mot Creature, auſſi bien que Fils, ſeruiteur & ſubiet, ſont des connotatifs extrinſeques, c'eſt à dire qui connotent quelque choſe, par deſſus vne partie eſſentielle. Toute cette doctrine s'eſtablit fortement, pource que ce n'eſt pas eſſentiel au Verbe, d'eſtre Fils, ny à ſon Principe, d'éſtre Pere, comme enſeigne la Foy & la Theologie. Et de plus aucun terme relatif, n'eſt de l'eſſence, comme enſeignent tous les plus ſubtils Philoſophes. Donc la definition qu'Ariſtote donne de la Nature, n'eſt pas vniuerſelle. Voila ce qui touche la Nature : recherchons maintenant pour.

QVESTION III.

Qu'eſt-ce que Naturel eſtant oppoſé au ſurnaturel? & quelles ſont les conditions d'vn eſtre ſurnaturel?

I. THESE. SVrnaturel à parler ſelon la force du mot, eſt tout ce qui eſt par deſſus la nature : & à parler vniuerſellement, ſurnaturel eſt ce dont ſe peut paſſer la nature : c'eſt à dire ce ramas des corps & des eſprits, qui exiſtent à preſent. Or ce terme *ſurnaturel*, ſe prend en diuerſes façons.

Car premierement *ſurnaturel* s'appelle ce, qui a vne cauſe occulte inconneuë. Et qui eſt contre le cours ordinaire de la Nature, ainsi c'est vne chose surnaturelle quand les fleuues montēt vers leur source.

Secondement *surnaturel* se prend pour vn effet que toutes les forces des creatures ensem-ble, c'est à dire tous les hommes & tous les Anges, qui sont & peuuent estre, ne sçauroient operer en aucune circonstance, & à quoy ia-mais elles ne peuuent mettre les dispositions requises, comme la vision de Dieu, l'vnion du Verbe auec la Nature humaine. Car tous les hommes & les Anges, ne sçauroient en titre de causes principales, produire des effets si merueilleux. Et pource, on appelle ces choses surnaturelles, quand à leur *substance ou exi-stance.*

Datur super-naturale quo-ad substan-tiam & quo-ad modum.

En 3. lieu, il y a des effets surnaturels quand à leur façon d'estre produits, & ce sont ceux que nous appellons miracles; car *Miracle est vn effet que toutes les Creatures, non pas absolument parlant, mais dans cét ordre que Dieu a estably, ne sçauroient produire en telle circonstance,* com-me rēdre la veuë à vn aueugle. Car quoy qu'vn pere donne naturellement la veuë à son fils l'engendrant : neantmoins donner la veuë en vne telle circonstance, c'est par dessus la Natu-re : De mesme en est-il de resusciter, ou dōner la vie à vn corps mort. Produire vn lys en la bou-che d'vn homme chaste, faire vne esclipse en pleine Lune, comme il arriua pendant que I É-S V S mourant couurit la nature de deüil. Et partant vous voyez *qu'il y a deux sortes de sur-naturel quant au mode & quant à la substance.* Vous pourrez inferer en 2. lieu qu'vne chose

peut estre naturelle, c'est à dire composée de
deux natures, de matiere & de forme, & neantmoins estre surnaturelle : comme est ce tout
adorable qui s'appelle I e s v s. Pareillement si
Dieu produisoit vn lys par miracle, comme iadis il en fit naistre vn dans la bouche d'vn sainct
Personnage apres son trespas, pour tesmoignage de sa virginité. Ce lys dis je, seroit surnaturel, quant à sa façon d'exister, & ainsi on peut
dire que tout surnaturel est naturel en ce sens,
qu'il a sa Nature & son essence. De sorte qu'il
faut dire que ce mot surnaturel, est supposé
pour vne chose naturelle, & connote vne façon de la produire, qui n'est pas deuë à toute la
nature. Ou que cette chose ne pouuoit estre
produite par les forces & industrie de toute la
nature.

En 4. lieu on dit que quelque chose est *surnaturelle presuppositiuemēt*, c'est à dire que quoy
qu'elle soit naturelle, elle presuppose que quelque miracle, ou quelque œuure surnaturelle ait
esté fait. Telle fut la vision de ceux qui virent
le Lazare resuscité, car cette veuë presuppo-
soit vn miracle. D'icy vous voyez que *tout surnaturel est vn effet, qui ne peut estre produit par
les causes creées en cét ordre des choses*. Et consequemment Dieu n'est pas surnaturel, car il n'est
pas effet. De plus les choses impossibles ne sont
pas surnaturelles, car ce sont les choses possibles exprimées d'vne façon contradictoire.

O p p o s i t i o n. Vous me direz qu'vn
Ange pourroit resusciter vn mot, & causer vne
eclipse en pleine Lune, pource qu'il pourroit
rapporter l'ame, & remettre les dispositions re-

quifes dans vn corps mort depuis peu de
temps. Comme auffi les Anges pourroient oppofer la Lune & le Soleil. Lors qu'elle eft pleine puifque l'on auouë dans la Theologie qu'ils
peuuent des effets plus admirables, qu'ils roulent le Soleil, qu'ils caufent le flus & reflus de
l'Ocean, & gouuernent tout l'Vniuers fous le
bon plaifir de Dieu, dont ils font les Miniftres.

Ie refpons que les Anges peuuent ces effets
abfolument, ie l'auouë; Dans l'ordre eftably
de Dieu, ie le nie. Autrement ce ne feroit pas
vn miracle, puis qu'vn miracle eft vn effet qui
ne peut eftre produit par toute la nature creée,
non pas abfolument, mais dans l'Ordre eftably
de Dieu. Et fi les Anges & les Démons pouuoient produire ces effets à leur gré, ils renuer-
feroient tout le monde.

IV. THESE. Il arriue fouuent qu'vn eftre
furnaturel n'eft pas plus noble qu'vn eftre naturel. Car vne rofe produite par miracle, ne
feroit pas plus noble qu'vne autre, & à proprement parler, elle ne feroit pas furnaturelle, mais
la façon de la prodaire: Pareillement la lumiere
de gloire & la grace, ne font pas fi nobles que
les ames & que les Anges. Ie dis bien dauantage que les eftres naturels de leur genre, font
plus nobles que les furnaturels. *Car on appelle
ces chofes plus nobles de leur genre, ou de leur
eftoc, parmy lefquelles il s'en trouue vne plus noble,
que parmy les autres.* Ainfi les hommes font
plus nobles que les Lyons. Pource qu'il ne fe
trouue aucun Lyon efgal ou Superieur aux
hommes. Or parmy les chofes naturelles il

H iij

s'en trouue vne superieure à toutes les surnaturelles, mesmes possibles, sçauoir est Dieu, qui
est l'estre le plus naturel de tous les estres, Puisque c'est l'estre dont toute la nature a le plus de
besoing. Donc les estres naturels de leur estoc,
sont plus nobles que les surnaturels.

Vous medemäderez, si Dieu ne se peut point
appeller surnaturel, & s'il y peut auoir des substances surnaturelles quant à leur Estre, & à
leur nature, & non seulement quant à leur façon d'exister. Ie responds par ceste.

V. Thεsε. Ny Dieu, ny aucune substance,
ny aucun accident pris absolument, n'est surnaturel, mais proprement ce terme surnaturel est
supposé pour vn accident ou vn mode d'exister, & connote qu'il est par dessus la nature du
suiet qu'il informe, ou qu'il modifie en telle façon que toute la nature creée ne luy sçauroit
donner dans l'ordre où nous sommes, ny mettre les dernieres dispositions, pour cét effet en
telles circonstances.

Ceste verité qui est de grande consequance,
se peut prouuer premierement, par le denombrement de tout ce qui est surnaturel au monde, car aucune substance simplement prise n'est
surnaturelle. Ainsi le Verbe n'est pas surnaturel, ny aussi l'Humanité de Iesus, mais l'vnion
qui est entre le Verbe & l'Humanité. De sorte
que tout ce qui est substance simplement prise,
en Iesus-Christ, n'est point surnaturel, mais
cette façon d'exister, & de subsister est surnaturelle. Ainsi tout ce qui est appellé surnaturel
dans la Theologie, est ou vn accident comme
la lumiere de gloire, la charité, la grace, & les

autres habitudes surnaturelles : ou vn mode
d'exister, comme l'vnion hypostatique, la Resurrection, la guerison des maladies incu-
rables. La raison fondamentale en cecy est,que
surnaturel aussi bien que violent, est vn terme
relatif,donc tout ce qui est surnaturel,doit estre
surnaturel à quelqu'vn : & partant il doit estre
en quelque suiet, ou le modifier par dessus l'e-
xigence de sa nature, de sorte que *surnaturel,*
suppose pour vn Estre, & connote deux choses : la premiere est, qu'il informe quelque suiet, dans lequel il soit receu, comme vn accident : ou qu'il le modifie & determine par
dessus l'exigence de sa nature. La seconde chose est, que toute la nature creée ne puisse dans
l'ordre où nous sommes, donner à cette chose
vn tel accident, ou vn tel mode. Or est-il que
cela conuient seulement aux accidens & aux
modes,d'exister, Donc aucune substance simplement prise, n'est surnaturelle. De plus toute
substance est, ou simple comme vn Ange, & vn
Ame : ou composée comme l'Homme. Or est-
il que ny l'vne ny l'autre, ne sont surnaturelles : pource qu'elles ne sont pas attachées, à
aucun suiet, par dessus la Nature.

OPPOSITION I. Vous me direz, si
Dieu produisoit vne Creature plus noble que
tous les Anges, ou bien vn autre monde: cette
Creature seroit surnaturelle. A cela ie responds,
si vous prenez surnaturel en sa propre signification, Ie le nie : si par surnaturel, vous entendez que ce seroit vn estre plus noble que toute
la nature creée à present, ie l'accorde. Mais
c'est parler improprement : car en ce sens Dieu

est surnaturel, & le plus parfait des Anges est plus noble que tout le reste des Creatures, & ainsi on le pourroit appeller surnaturel, au regard de tout le reste des Creatures. La raison est, que surnaturel n'est pas vn terme absolu, mais relatif, & partant tout ce qui est surnaturel, est surnaturel à quelqu'vn. Or à qui cét Ange seroit-il surnaturel, puis qu'il ne seroit accident ny mode d'aucun autre Estre?

OPPOSITION. II. Vous me repartirez, que si Dieu vnissoit l'ame raisonnable de Lysis, à vn Lyon ; cette Ame seroit surnaturelle au Lyon. Donc vne substance peut estre surnaturelle. Ie respons que ceste ame seroit simplemét surnaturelle, ie le nie : Elle seroit surnaturelle au Lyon, comme vnie, ou plustost cette vnion seroit surnaturelle au Lyon & à l'ame, & cette totalité qui resulteroit de ces deux substances ainsi vnies, ie l'accorde. Ce qui ne prouue pas, qu'aucune substance absolument prise, soit surnaturelle, mais seulement vn tel mode, ou vne telle façon d'exister, qué peut auoir la substance. Vous voyez donc que Dieu ne peut pas estre appellé proprement & simplement surnaturel, quant à son existence : puisque tout surnaturel, doit estre vn mode, ou vn accident. Croycz moy, THEANDRE, il n'est point d'Estre plus naturel, que Dieu. Il est la principale partie de la Nature. Neantmoins on peut dire improprement, que Dieu est surnaturel, quant à ses operations, c'est à dire comparé aux productions miraculeuses qu'il fait par dessus l'exigence, & les dispositions de toute la Nature. Ce qui ne prouue pas, que Dieu simplement pris, soit surnaturel: mais Dieu agiſſant, ou pluſtoſt vne telle action de Dieu, qui n'eſt pas deuë à toute la nature creée. Car dites-moy de grace, ſi Dieu eſtoit ſurnaturel, à qui ſeroit-il ſurnaturel, & quelle creature n'a vn extreme beſoin de ſon exiſtence, & de ſa main fauorable, puis qu'il eſt la cauſe qui crée & conſerue toutes choſes? De-tout cecy vous pourrez recueillir qu'vn accident, ou vn mode, qui eſt naturel à vne choſe, eſt ſurnaturel à l'autre; Ainſi c'eſt naturel à l'homme de parler, ce qui eſt ſurnaturel au poiſſon, ou au ſerpent qui trompa la premiere des femmes, ou à l'aneſſe de Balaam, qui reprit ſi ſeuerement le Prophete qui la battoit ſans raiſon, comme il eſt rapporté au liure des Nombres. Que ſi vn Demon parloit par la bouche d'vn animal, il faudroit dire que c'eſt le Demon qui parle, & non pas l'animal, ſi ce n'eſt que Dieu voulut donner à cét animal vn concours qui n'eſt pas dû à toute la nature. Pareillement il eſt naturel à l'Ange, d'eſtre en pluſieurs lieux, ce qui ſeroit ſurnaturel à l'homme.

Vous déduirez en ſecond lieu, que ſurnaturel n'eſt pas ce qui eſt pardeſſus l'eſſence, ou la nature; car autrement il n'y auroit aucun accident, ny aucun eſtre ſurnaturel, puiſque tout eſtre a ſon eſſence & ſa nature, & n'eſt pas pardeſſus ſa nature & ſon eſſence propre. On n'entend pas auſſi par ſurnaturel, ce qui eſt pardeſſus le ramas des choſes créés, car la lumiere de gloire, & la grace, ſont au nombre des choſes creées, & ont en elles-meſmes le principe du mouuement & du changement, puis qu'elles peuuent changer & estre renduës plus intenses, & passer de l'existance au non estre: ce qui conuient à toute creature, pource que Dieu seul est vn estre necessaire.

VI. THESE. Naturel estant opposé au surnaturel, est tout ce qui n'est point vn accident, ou vn mode pardessus la nature du sujet, qu'il informe ou qu'il modifie, & qui peut estre produit, ou principalement, ou dispositiuemét, par les causes creées dans l'ordre où nous sommes ; de sorte que toutes les substances simplement prises sont naturelles, & aussi tous les modes ou accidens que les causes creées peuuent produire, où à quoy elles peuuent mettre des parfaites dispositions.

Souuenez-vous THEANDRE, que la Philosophie ne traitte point des Estres surnaturels; mais la seule Theologie, qui comme vn Aigle prend l'essor par dessus la nature, & considere les œuures miraculeuses, soit quant à leur substance, soit quant à leur mode, comme les Miracles, les Reuelations, la Vision de Dieu, l'Incarnation, le Don des Langues, les Propheties, la Trinité, dont les hommes ne pouuoient par leur propre industrie auoir la connoissance; Et apprenez à ceux qui vous diront que la Trinité est surnaturelle, qu'elle ne l'est pas quant à son existance, mais quant à sa connoissance ; ou plustost que la connoissance que nous auons de cét adorable Mystere, est surnaturelle, pource qu'elle n'est pas deuë à toute la nature ; car les raisons naturelles nous peuuent bien faire voir qu'il n'y a point de contradiction dans ce Mystere, mais non pas prouuer son existance.

VII. THESE. L'habitude surnaturelle est vne facilité à faire des actes surnaturels. Or l'acte surnaturel, est celuy dont le principe est surnaturel ; de sorte que toutes les creatures ne sçauroient donner les forces necessaires pour faire vn tel acte.

Ceste description se preuue par le denombrement de tous les actes surnaturels ; de sorte que la surnaturalité d'vn acte se prend de son principe, & non pas de son objet, pource qu'vn acte naturel, & vn surnaturel peuuent quelquefois auoir le mesme objet. Ainsi on peut croire quelque verité pource que Dieu l'a dit, & par vn acte naturel, & par vn acte aussi surnaturel : ce qui fait que nous ne pouuons pas discerner quand vn acte est surnaturel : Mais ceste matiere appartient à la Theologie, resserrons-nous THEANDRE, dans nostre dessein, & considerons des matieres plus propres de la Metaphysique.

Fin du premier Liure.

L'IDEE

D'VNE

METAPHYSIQVE

FAMILIERE

ET SOLIDE.

LIVRE SECOND.

DE LA VERITÉ ET DE LA
Bonté qui sont deux proprietez
de l'Estre.

DISCOVRS I.

DE LA VERITE' ET DE
la Faussetè, De la Bontè & de
la Malice formelle & obiectiue.

'E S T icy, THEANDRE, que nous
découurons les sources de la Logique & de la Morale, auec la parfaite dependance qu'elles ont de la
Metaphysique, d'où elles tirent leur naissance. La Logique employe toutes ses forces à la

recherche de la Verité : & la Morale n'a point
d'autre passion que de donner vne parfaite
connoissance de la bonté.

Certainemét la Logique nous a des-ja descou-
uert en partie, la nature & les proprietez de la
Verité : & c'est le propre de la Morale de parler de la Bonté, & de ses appartenances. Or
parce que les contraires reçoiuent beaucoup
de iour par la connoissance des choses qui leur
sont opposées, ie desire par vn mesme moyen
vous donner vne legere idée du Faux, qui est
opposé à la Verité, & du Mal qui est opposé à
la Bonté. Commençons par la Verité, &
voyons pour

QVESTION I.

*Qu'est-ce que Vray ou Verité, Faux
ou Fausseté.*

I. THESE. CE mot Verité se peut definir
vniuersellement, la conformi-
té d'vne chose que l'on appelle Veritable, auec
sa regle. Et à parler proprement, ce mot Verité est équiuoque ; car quelquefois il signifie
la veracité, qui est opposée au mensonge:
pource que c'est vn acte par lequel nous disons
des paroles conformes à nostre pensée. En
second lieu, ce mot Verité signifie la verité
formelle, qui n'est autre chose qu'vn acte
conforme à son objet.

Ces deux Veritez sont differentes, en ce
que la veracité a pour regle les pensées, & la

Verité formelle se regle aux objets ; de sorte
que l'on peut dire la verité en disant vn mensonge : comme si quelqu'vn pensoit que la
Lune est vn corps aussi grand que le Soleil, &
qu'il dit, que le Soleil est plus grand que la
Lune, il diroit vne verité, & tomberoit dans
vn mensonge, pource qu'il diroit contre sa
pensée. Troisiesmement, ce mot Verité se
prend pour *verité transcendételle ou obiectiue*, &
ce n'est autre chose que chaque estre, non pas
simplement, mais entant qu'il n'est pas feint ;
c'est à dire, entant qu'il a tout ce qui est requis
pour respondre à l'Idée que Dieu & les hommes ont de sa nature. Et c'est en ce sens que se
prend Verité, quand nous disons qu'elle est vne
proprieté transcendentelle de l'estre, & qu'elle passe toutes les categories. Vous voyez
donc que ce mot *Verité*, est vne proprieté
Logique de l'estre, pource qu'il se dit necessairement & reciproquement de l'estre, & coñ-
note par dessus l'estre, ceste negation de n'e-
stre pas feint : Ainsi nous disons que l'or est
vray qui n'est pas or seulement en apparence,
& qui a tout ce qui est necessaire pour respondre à l'idée que Dieu & les hommes ont de
l'or. Et au contraire cét or est faux, qui ne
respond pas à vne telle idée. D'où sainct Thomas infere doctement, que la Verité transcendentelle se dit par rapport à l'entendement,
comme la Bonté se dit par rapport à la volón-
té. La raison fondamentale de cecy, est que
chaque chose peut estre conceuë par vn concept, qui luy soit propre & particulier, parce
qu'elle peut estre conceuë par vne connoissan-

V. D. Th. q.
16. De Veri-
tate.

ce qui la represente toute, & seule. Donc vne
chose est appellée vraye, qui correspond parfaitement à ceste idée qui luy est propre & particuliere. D'où vous voyez que Vray & Bonté, sont des termes relatifs & connotatifs, mais
ils ne sont pas ny abstracts ny concrets ; parce
que Bon & Bonté, Vray & Verité, aussi bien
qu'Estre & Entité, sót Synonymes, & signifiét
tout à fait la mesme chose : Or que ces termes Bonté & Verité soient connotatifs, c'est
l'opinion expresse de sainct Thomas en la question de la Verité, où il dit que *le Bon & le Vray*
se disent reciproquement de l'estre ; mais comme le *Bon* adjouste ceste raison d'estre parfait
ou desirable : De mesme le *Vray* est vn estre
comparé à l'entendement & à l'idée propre
& particuliere d'vn tel estre. Donnons à cecy
plus de lumiere.

II. THESE. Il y a deux sortes de Verité,
la verité des choses, & la verité des signes : La
verité *du signe*, c'est vn signe conforme à són
objet, ou qui represente son objet comme il est
en soy. Or il y a deux sortes de signes, il y
en a qui sont des choses sans vie ; ainsi vn tableau est signe de son Prototype : & on dit,
qu'vn tableau est la vraye image du Roy, qui
le represente naïfuement. Ainsi les images re-
presentées dans le crystal d'vne fontaine, dans
vn marbre poly, & dans vn miroir, sont des
vrayes images, & de vrais signes

Il y a aussi des signes viuans, tels sont les
connoissances que nous auons des choses ; & il
y en a de deux sortes, quelques vns sont in-

complexes; c'est à dire sans affirmer ou nier, comme les actes de la veuë, & de la simple apprehension : Et dans ces signes il n'y a qu'vne verité impropre ; mais la propre Verité ou Fausseté est dans les connoissances complexes; c'est à dire dans vn acte de iugement, qui est Vray ou Verité, s'il est conforme à son objet : Et s'il est Faux ou Fausseté, s'il est difforme à son objet. De sorte que quoy qu'il y ait quelque verité dans l'œil, & dans la simple apprehension quand elle represente vn objet comme il est en soy : Ceste verité neantmoins est impropre, pource qu'elle peut se trouuer dans les actes les plus faux ; car toute la verité qui se trouue dans la simple apprehension, consiste en ce qu'elle represente tousiours son objet, aussi bien qu'vn tableau. Presupposons, THEANDRE, qu'vn Peintre voulant peindre l'Empereur, represente le Sophy des Perses; certes ce Peintre s'est trompé, mais le tableau represente tousiours son obiet. De mesme si vn Logicien voulant definir l'homme, disoit; vn animal qui rugit : il se seroit trôpé dans son dessein, mais son acte representeroit tousiours son objet, sçauoir est vn lyon : Et ainsi l'acte de la simple apprehension est tousiours vray, pource qu'il represente tousiours quelque objet. Mais ie dis que ceste verité est impropre, & qu'elle se trouue dans les actes les plus faux, Ainsi quand on dit l'homme est vn lyon, cét acte est faux, & neantmoins il represente son objet, qui est vn homme qui soit lyon.

Il faut dõc, dire que la propre Verité & Fausseté formelle, se trouue seulement dans les actes du iugement, & que les sens, l'imagination, & la simple apprehension, n'ont qu'vne Verité ou Fausseté impropre, puis qu'ils ne sont pas affirmatifs ny negatifs: Et ainsi *la Verité formelle est vn acte qui iuge d'vne chose comme elle est en elle-mesme.* Et quoy que ces mots, *Dieu iuste,* ou *l'homme animal raisonnable,* signifient le mesme reellement que ces propositions, *Dieu est iuste,* ou *l'homme est animal raisonnable,* neantmoins *Dieu iuste* signifie incomplexement ce qui est signifié complexement par ceste proposition, *Dieu est iuste.* D'icy vous déduirez premierement qu'il faut dire, que la Verité formelle est vn acte du iugement, qui est conforme à son objet, plustost que de dire que la verité est la conformité de l'objet, comme connu, comparé à luy mesme, mesme : car quoy que l'objet ne fut iamais comparé à soy-mesme, il y auroit tousiours vne propre verité dans l'acte, qui seroit conforme à son objet, outre que l'objet connu n'est autre chose que l'objet comparé à la connoissance.

Vous déduirez en second lieu, que la Verité en general, est la connoissance d'vne chose qui se nomme vraye auec sa regle. Ainsi la veracité se regle aux pensées, la verité des propositions aux objets, & la verité obiectiue se mesure à l'idée que Dieu & les hommes ont d'vn tel estre.

Vous déduirez en troisiesme lieu, que quand l'œil voit le Soleil, & que l'esprit vient à iuger, que cét Astre n'est pas plus grand qu'vn

boiſſeau, l'œil ne ſe trompe pas propremer
mais c'eſt l'entendement, qui prenant occaſio
de la foibleſſe du ſens, vient à iuger contre l
verité, de la grandeur du Soleil : mais il n'y
point eu de propre fauſſeté dans la veuë, pou
ce qu'elle a veu ſimplement le Soleil, en la fa
çon qu'il ſe repreſente à elle, mais elle n'affirm
pas, qu'il ne ſoit pas plus grand que le ron
d'vn boiſſeau. Donc elle n'a pas vne propr
fauſſeté, qui conſiſte dans vn acte de iuge
ment qui ſoit difforme à ſon objet.

Vous pourrez inferer en quatrieſme lieu
que la propre Verité ou Fauſſeté formelle, e
le meſme qu'vne propoſition vraye ou fauſſe
& que la Verité priſe en ce ſens eſt vne pro
prieté de la propoſition : Mais la verité obie
ctiue, c'eſt l'objet de la Verité formelle, ou le
choſes qui ſont connuës par vn acte veritable
d'où il s'enſuit que ces mots, *Verité, Bonté*
Vnité, ſont quelquesfois des termes de la premie
re intention impoſez aux choſes, comme quand
on dit, tout eſtre eſt vray & bon : mais *quel*
quefois auſſi ce ſont des termes de la ſeconde in-
tention, impoſez aux termes ; comme quand
on dit Verité ou Bonté formelle, ou que la
Verité & Bonté ſont des proprietez de l'eſtre,
car on veut dire ces termes, Bonté ou Bon,
Vray ou Verité. En ce ſens, ie dis pour

III. THESE. Que la Verité eſt vne proprieté de l'eſtre : & il faut dire le meſme de la
Bonté & de l'Vnité.

Car ces termes ont les trois conditions neceſſaires au regard de l'Eſtre. Premierement ils
conuiennent à tout eſtre, & au ſeul eſtre : Et

ainsi ils s'énoncent reciproquement & necessairement de l'estre, comme risible de l'homme : car tout estre est Vn, Vray & Bon, & tout
ce qui est Vn, Vray & Bon, est vn Estre : car le
faux or, est vray Metal, & vn Demon qui
apparoist sous l'espece d'vn corps, est vn corps
feint, mais c'est vn vray esprit.

En second lieu, ces trois termes, *Vn, Vray
& Bon*, sont plus connotatifs que l'Estre : car
selon sainct Thomas, ces trois termes se disent par conuersion de ce mot Estre. Et de
plus, ils connotent quelque raison ; c'est à dire,
quelque Verité qui n'est pas connotée par
ce mot Estre : D'où il est clair, que quand S.
Thomas dit, que *Vray & Bon*, signifient quelque *raison*, par dessus ce mot Estre. *Il prend
raison, pour des termes qui se respondent à la question, pourquoy* ? car ces trois termes connotent
des oraisons negatiues, pardessus ce mot Estre.
Puisqu'*Vn*, connote que l'estre ne soit pas
plusieurs, *Vray*, qu'il ne soit pas feint, *Bon*, que
rien luy manque. D'où vous voyez que ce
mot Vray, est plus connotatif, que ce mot
Vn.

IV. THESE. La Verité objectiue ou transcendentelle en commun, n'est pas vne raison abstracte de la verité en commun, mais
c'est chaque estre en particulier, entant qu'il
n'est pas feint, & qu'il respond à l'idée qui luy
est propre. Donc tout estre est vray : car quoy
que le faux Or ne soit pas vray Or, il est neantmoins vray Metal ; & ainsi il a vne verité transcendentelle : ce n'est pas neantmoins essentiel à l'estre d'estre vray, mais c'est vne pro-

D. Th. 1. p. q.
16. Sicut bo-
num conuer-
titur cum en-
te, ita & verũ,
sed tamen si-
cut bonum
addit rationẽ
appetibilis,
ita & verum
comparatur
ad intellectũ.
Vnum con-
notat, quod
non sit mul-
ta.
Verum, quod
non sit fictũ
Bonũ, quod
nihil desit.
Et sit perfe-
ctum.

prieté : parce que c'est l'estre mesme expliqu[é]
par vn terme connotatif, qui se dit necessairement de l'estre. Ainsi on dit, que tout Estre e[st]
Vray, & que tout Vray est Estre : mais ce mo[t]
Vray connote que cét estre est conforme à l'i[-]
dée que Dieu & les hommes ont de la natur[e]
d'vn tel estre. D'où il s'ensuit, que ces mot[s]
Verité formelle, & Verité obiectiue, sont correlatifs, dont l'vn se met dans la definition d[e]
l'autre. Ainsi nous disons que la Verité formelle est l'acte conforme à l'objet, & la Verit[é]
obiectiue est l'objet conforme à l'acte : Et partant selon la doctrine de sainct Thomas, la Verité se trouue & dans l'entendement, comme l[a]
verité formelle, & dans les choses, comme la
verité obiectiue. Dittes donc pour

V. Thèse. Que verité obiectiue c'es[t]
chaque estre reel, entant qu'il peut estre exprimé par vne oraison complexe ; c'est à dire, par
vne proposition affirmatiue ou negatiue.

*Ainsi Alexis estre raisonnable, Cesar estr[e]
homme*, sont des Veritez obiectiues, qui en
en elles mesmes, ne sont que Cesar, & Alexis, entant qu'il peut estre exprime par ces
propositions. En effet, si ces veritez obiectiues n'estoient pas Cesar & Alexis, ce seroien[t]
des estres distincts de Cesar & d'Alexis, ce
qui est contre la Verité : pource que mettez
purement Cesar & Alexis au monde, tout
l'objet de ces propositions existe. Donc la
Verité obiectiue n'est autre chose que chaque
estre, entant qu'il peut estre exprimé par vne
Verité formelle : Et consequemment puisque
Cesar & Alexis sont exprimez par vne verité

formelle : ils ſont vne verité obiectiue, ou
pour mieux dire, ils ſont l'objet d'vne verité
formellé, comme ie prouueray au diſcours
ſuiuant.

VI. Theſe. *Faux ou Fauſſeté*, ſe prend
ou pour fauſſeté formelle, ou pour fauſſeté obiectiue. *La Fauſſeté formelle* eſt vn acte difforme à ſon objet : Comme ceſte propoſition, il y
a deux Soleils. Dieu eſt iniuſte, *Fauſſeté obiectiue*, eſt vn eſtre, entant qu'il eſt conneu par
vn acte faux de l'entendement, c'eſt à dire
par vn acte, qui ne luy eſt pas propre. Ainſi
quád on dit, Cæſar n'eſt pas homme; la fauſſeté obiectiue qui reſpond à cét acte, c'eſt qu'il
eſt ſignifié par vne propoſition fauſſe. Et cecy
eſt euident, puis que la fauſſeté obiectiue, eſt
l'obiect d'vne fauſſeté formelle, ou d'vne propoſition fauſſe. Il y a donc vne fauſſeté obiectiue, qui n'eſt autre choſe qu'vn eſtre reel,
non pas ſimplement, mais entát qu'il eſt ſignifié par vne propoſition fauſſe. D'où s'enſuit
ſelon S. Thomas qu'il ne ſe treuue de la fauſſeté dans les choſes, que par comparaiſon à
l'entendement. Et on ne nomme iamais vne
choſe fauſſe, comme le faux or, ſi ce n'eſt pour
ce qu'il ne répond pas à l'idée propre de l'or.
Et conſequemment eſtre faux, n'eſt pas vne
proprieté de l'eſtre; puisqu'elle ne luy cóuient
pas par luy-meſme. Ny au regard de l'entendement diuin, qui par vne heureuſe neceſſité,
ne peut conneſtre les choſes, que comme elles
ſont en elles-meſmes.

VII. Theſe. La fauſſeté ſe treuue & dans
l'entendement & auſſi dans les choſes : mais

elle eſt plus proprement dans l'acte du Iugement, que dans ſes obiects.

C'eſt l'opinion de S. Thomas dans la queſtion 17. où il traicte de la fauſſeté. La raiſon
eſt, que la fauſſeté formelle, ou proprement
priſe, c'eſt vne propoſition difforme à ſon obiect, comme l'acte qui diroit l'homme eſt vn
lyon. Mais auſſi les obiects ſont faux, par vne
dénomination extrinſeque, entant qu'ils ſont
exprimez par vn acte faux. De ſorte qu'il n'y
a point de verité ny de fauſſeté dans les choſes,
ſi ce n'eſt par rapport à l'entendement. Ainſi
on dit que le cuiure doré & façonné en piſtole,
eſt faux or. Et vn Tragedien, dit S. Auguſtin,
eſt vn faux Hector, pource que ſelon Ariſtote,
nous appellons ces choſes fauſſes, qui ont l'apparence d'vne choſe qu'elles ne ſont pas en effect. Et ainſi vne meſme choſe ſe nóme vraye
& fauſſe par diuers rapports : Car vne piſtole
de cuiure doré eſt faux or, mais elle eſt du vray
cuiure. Et vn Comedien eſt vn vray Bateleur,
& vn faux Hector. D'icy vous deduirez que
le vray & le faux ſont oppoſez & contraires.
Et que comme il ny a point de propre verité
dans les ſens ny dans la ſimple apprehenſion,
auſſi ces facultez ſont incapables d'vne fauſſeté propre, quoy qu'elles ayent vne fauſſeté
impropre.

QVESTION II.

Qu'est-ce que Bon ou Bonté formelle
& obiectiue.

I. THESE. IL faut Philosopher en la mesme
façon, de la bonté & de la verité, car en premier lieu la bonté est vne proprieté
de l'Estre, aussi bien que la verité. En 2. lieu
il y a vne bonté formelle, & vne bonté obiectiue. Troissesmement la bonté & la malice se
trouuent & dans les actes de la volonté, &
dans les choses mesmes rapportées aux actes
de la volonté: mais pour declarer cecy auec
plus de iour, ie dis pour

 II. THESE. Que ces mots *bon & bonté,*
mal & malice, sont tout à fait Synonymes,
& qu'ils se prennent, ou pour la bonté formelle, ou pour la bonté obiectiue. Or la bonté formelle, est vn acte bon. Ce qui peut estre
ou Physiquement ou Moralement. *Vn acte*
bon Moralement, est celuy qui est conforme à
la raison, comme l'acte qui ayme Dieu. *Vn*
acte bon Physiquement, est celuy qui a tout ce
qui est requis pour sa perfection : ainsi on dit
qu'vn mesdisant ou vn gausseur a fait vne
bonne pointe, lors qu'il a fait quelque rencontre, mesme aux despens de la pudeur, &
de l'innocence. De sorte que cét acte est bon
Physiquement, & mauuais Moralement, puis
qu'il est des-honneste.

v. q. 5 d. Th.
de Bono.

I iiij

III. T H E S E. Bon ou bonté en commun, eſt
ce terme *bon* qui eſt vne proprieté de l'Eſtre,
pource qu'il ſe dit reciproquement de l'Eſtre,
& connote que cét Eſtre eſt parfait & que rien
ne luy manque pour eſtre ou honneſte ou
vtile, ou delectable. Or cela appartient à
tous les Eſtres, puiſqu'il ny a point de choſe,
qui n'ait tout ce qui eſt neceſſaire, pour ſon
eſſence, ou il s'enſuiuroit que quelque Eſtre,
ne ſeroit pas ce qu'il eſt, & qu'il auroit toute
ſon eſſence, ſans auoir toute ſon eſſence.

V. D. Th. q. 5.
De bono &
Aug. in lib. de
natura boni.

Ainſi S. Thomas en ſa queſtion cinquieſme
enſeigne, que tout Eſtre eſt bon. Secondement,
que tout ce qui eſt bon, eſt deſirable. Troiſieſmement, que le bon & l'Eſtre ſont le meſme
reellement, mais qu'ils different par raiſon,
c'eſt à dire par definition, ou raiſon definitiue,
car on definit l'Eſtre, ce qui exiſte. & le Bon, ce
à qui rien ne manque. En quatrieſme lieu il dit,
que la raiſon d'Eſtre precede la raiſon de Bien,
il veut dire que la raiſon definitiue du bon, adioute pardeſſus l'Eſtre, qu'il ſoit parfait ou
deſirable. Certainement Ariſtote definit le

Ar. Eth. 1. bo-
num eſt id
quod omnia
appetunt.

bien diſant : *Bien eſt ce que tous deſirent.* D'où
le Docteur Angelique infere cét argument,
tout ce qui eſt parfait, eſt deſirable, tout ce qui
eſt bon, eſt parfait, donc tout ce qui eſt bon, eſt
deſirable. Or toutes choſes ſont parfaites, donc
elles ſont bonnes, d'où il eſt manifeſte, dit-il,
que bon & l'Eſtre, ſont le meſme reellement:
mais bon dit ou ſignifie la raiſon de deſirable,
que *l'Eſtre* ne dit pas. D'où il eſt éuident que
ce ſainct Docteur parle des termes, & non pas
des choſes : car les choſes ne diſent, & ſignifient

pas des raisons : mais les termes. De plus S.
Thomas, prend ce mot de *raison*, pour raison
formelle, & Logique: & non pas pour vn Estre
commun à tous les Estres, qui ont quelque
bonté. D'icy ie desduis que ce mot *estre* est E-
quiuoque au regard de l'honneste, de l'vtile, &
du delectable ; car il ne leur conuient pas pour
la mesme raison Et comme i'auoüe que tout
estre est bon, aussi ie nie que l'Estre entant
qu'Estre, c'est à dire sous ce terme Estre, soit
bon : parce que ce terme Estre, ne connote pas
que l'estre soit parfait ou desirable, quoy que
en effect, tout estre soit parfait & desirable.
Et partant l'estre a l'auantage de subsistance,
au regard du bon : parce que ce mot bon, signifie quelque verité obiectiue, qui n'est pas
signifiée par ce mot Estre, & qui cognoit simplement la signification de ce mot *estre*, ne
conçoit pas toute la signification de ce mot
bon : parce que sous ce mot *bon*, la chose est
comparée à la volonté, au regard de laquelle,
la chose est desirable. Donc puisque la bonté
de l'estre est reellement l'estre mesme, il
s'ensuit que l'estre estant vne chose absoluë,
il faut que la bonté de l'estre soit absoluë, entant qu'elle est signifiée par ce mot Estre:
mais elle est relatiue, entant qu'elle est signifiée par ce mot relatif de bon : car ce qui est
bon, est bon à quelqu'vn, & chasque chose est
bonne par soy mesme, non pas vne chose distincte: veu que de soy elle est vtile & commode à quelque chose, & ainsi elle est desirable. En effect, ou chasque chose est desirable
par soy mesme, ou par vn autre. Si elle ne l'est

pas par ſoy meſme, donc les choſes en elles
meſmes ne ſont pas bonnes: mais par vne Entité ou relation diſtincte. Or ie demande, ſi
cette relation eſt bonne par ſoy meſme, ou
non: & ainſi il s'enſuiura vn progrez à l'infiny. Et il faut eſtre ſans raiſon, pour ne ſçauoir
pas, que le ſucre de ſoy, eſt agreable au gouſt:
le muſc à l'odorat, & que la vertu par ſoy meſme eſt honneſte. D'icy vous voyez que chaſque eſtre eſtant comparé à ſoy meſme, eſt vn,
c'eſt à dire indiſtinct de ſoy: comparé aux autres, il eſt vn, c'eſt à dire diſtinct d'eux. Comparé à l'entendement, il eſt vray: comparé à
l'appetit ou à la volonté, il eſt bon ou deſirable, donc tout eſtre eſt vn, vray & bon, c'eſt à
dire parfait, pource que comme dit S. Thomas, il ne luy manque rien afin qu'il ſoit ce
qu'il eſt, pour l'accompliſſement de ſa Nature; en quoy conſiſte le vray concept de la
bonté, & chaſque choſe eſt deſirable, pource
qu'elle a quelque perfection d'vn tel eſtre.

III. THESE. La bonté obiective eſt chaſque Eſtre en particulier, entant qu'il eſt bon:
or *Bon ſe peut deffinir, ce à qui rien ne manque,
pour la perfection de ſon Eſtre.* Car ceſte deffinition conuient à tout ce qui s'appelle bon, &
à la ſeule bonté: de plus tous ſont d'accord, que
bon & parfait, ſont le meſme. Or parfait eſt ce
à quoy rien ne manque. Car ſelon les Theologiens, le bien demande toutes les circonſtances
neceſſaires, & vne choſe pour eſtre bonne, ne
doit eſtre aucunement defectueuſe.

En 3. lieu c'eſt l'opinion expreſſe de ſainct
Thomas en ſa ſomme Theologique; d'où vous

déduirez auec le mefme Docteur que Dieu feul
eft fimplement bon, puis qu'il eft entierement
parfait, & qu'aucune perfection ne luy manque, c'eft pourquoy le Verbe Incarné, difoit
iadis, que Dieu feul meritoit le titre de bon.

Nemo bonus nifi folus Deus.

IV. T H E S E. La bonté formelle eft vn acte
honnefte, comme celuy qui ayme la vertu. Et
la malice formelle eft vn acte deshonnefte,
comme celuy qui ayme le vice.

V. T H E S E. Le bien en commun fe diuife quoy qu'Equiuoquement en l'vtile, delectable, & honnefte. Puifque noftre volonté
fe porte & defire quelque obiet, pource qu'il
eft vtile, ainfi vn malade defire vn remede,
quoy qu'il foit defagreable. Et vn Martyr defire auec paffion la mort quoy que pleine de
mille douleurs, pource qu'elle luy eft vtile,
pour arriuer à la gloire.

En 2. lieu on defire auffi quelque chofe, parce qu'elle eft agreable, quand bien mefme elle
ne feroit pas vtile, pour aucune fin ; voire mefme quand elle feroit dommageable. Ainfi vn
voluptueux foufpire apres des plaifirs, qui ne
luy nuifent pas moins qu'ils font deshon-
neftes.

Troifiefmement on defire vne chofe, pource qu'elle eft honnefte & conforme aux reigles
de la raifon : & quoy qu'il arriue fouuent que
le mefme bien foit honnefte, vtile & delectable: neantmoins fous ces trois noms, il eft comparé à des chofes diuerfes ; car ce mot *honnefte*
fuppofe par exemple pour vne action vertueu-
fe, & connote qu'elle eft conforme aux reigles
de la raifon. Ce mot *delectable* fuppofe pour la

mefme action, connotant qu'elle donne ie ne
fçay quelle fatisfaction aux fens, ou à l'efprit.
Et ce mot *vtile*, fuppofe pour la mefme action,
& connote qu'elle fert pour quelque fin: comme pour arriuer à la Gloire : & partant le bien
fe diuife Equiuoquement au regard du bien
vtile, honnefte & delectable ; car ce terme eft
equiuoque, auquel refpondent dans l'entendement des concepts diuers, & dans les termes
des deffinitions diftinctes. Or fi vous demandez pourquoy vn acte de vertu, quoy que difficile & fafcheux, eft bon; & pourquoy le miel
eft bon, on rendra des raifons tout à fait diuerfes. Car la vertu eft bonne, parce qu'elle eft
conforme aux reigles de la raifon, mais le miel
ou le fucre eft bon parce qu'ils flattent les
fens.

Opposition, Vous me direz qu'à
toutes ces deux bontez on peut refpondre, la
vertu eft bonne, parce qu'elle eft defirable, &
le miel eft bon, parce qu'il eft defirable ; car S.
Thomas & Ariftote, difent que la bonté confifte en cefte capacité d'eftre defirable, donc le
bien eft vniuoque au regard du delectable, de
l'vtile, & de l'honnefte.

Ie refpons qu'Eftre defirable, n'eft pas la
derniere raifon de la bonté, parce que le bien
honnefte, & l'vtile font defirables, auec E-
quiuoque, & pour des raifons diuerfes. Outre
que fi vne chofe eft bonne parce qu'elle eft defirable, & defirable parce qu'elle eft bonne.
C'eft vn cercle & vne reuolution vicieufe ; ce
qui me fait dire pour

IV. Thefe. Que'à parler proprement il

faut deffinir la bonté auec diftinction, & dire
qu'eftre bon, *c'eft eftre parfait, & eftre ce à quoy
rien ne manque,* pour eftre vtilé, ou honnefte,
ou delectable. Et qu'ainfi la derniere raifon
ou notion de la bonté : c'eft *d'eftre ce à quoy
rien ne manque pour eftre honnefte, vtile ou delectable.* Et ainfi le dernier concept de la bonté, n'eft pas qu'elle eft defirable, puis qu'elle
eft defirable, pource qu'elle eft parfaite, & que
rien ne luy manque. Toute cefte doctrine eft
merueilleufement declarée en peu de mots
par M. de la Rochepofay dans fes diftinctiós, D.Rupip Sy-
où il r'apporte toute la raifon definitiue du nop. dift. V.
bien ou à l'eftre defirable, ou à l'Eftre parfait. Bonum.
Et fur tout il remarque que ces mots *bien
transcendeantel,* font d'vne fignification auffi
vafte que ce mot *Eftre,* & que les chofes ont
autant d'Entité, que de bonté. Et qu'à ce
bien vniuerfel eft oppofé le bien refpectif, que
quelques-vns appellent predicamental, pource qu'il eft bon feulement à quelqu'vn, & non
pas à tout le monde. Ainfi le venin eft le bien
du ferpent, & la mort de l'homme. Ainfi chafque chofe a des qualitez qui la perfectionnent, & qui ne fe treuuent pas dans les autres chofes. Et en ce fens les fciences font le
bien de l'entendement, comme les vertus font
le bien de la volonté. D'où s'enfuit qu'à raifon
de l'Eftre defirable, & parfait : le bien fe diuife en honnefte, vtile & delectable *Le bien
honnefte* ou moral eft celuy qui eft defirable,
pour foy mefme, & pource qu'il eft conforme
aux reigles de la droite raifon. *Le bien vtilé*
eft celuy qui eft defirable, pour paruenir à

quelque fin. *Le bien delectable* est celuy qui est
desirable, pource qu'il apporte quelque plaisir. Et ainsi vn mesme bien, peut estre vtile,
honneste & delectable, pour des raisons diuerses. Et partant la raison fondamentale qui
fait qu'vn Estre soit desirable, c'est qu'il est
parfait, ou que rien ne luy manque.

Or à ceste perfection trois conditions sont
necessaires, la premiere s'appelle *mesure*, c'est
à dire que la chose ait toutes les perfections
essentielles qui luy sont requises ; la seconde
s'appelle *nombre* qui veut dire, qu'elle doit
auoir toutes les parties & qualitez essentielles & accidentelles, qui luy sont necessaires.
Et la troisiesme s'appelle *poids*, c'est à dire toutes les inclinations qui la portent à ce qui luy
est conuenable, comme les poids portent les
corps vers leur centre. C'est ainsi que saint
Thomas apres saint Augustin dit que la raison du bien demande la mesure, l'espece &
l'ordre. Et Salomon mesme dit, que Dieu a
fait le monde *auec nõbre, poids & mesure*. D'où
vient que Dieu seul s'appelle bien essentiel, &
estre par Essence, c'est à dire necessaire, & les
Creatures se nomment vn bien, ou vn Estre
participé, pource qu'elles n'ont de bonté, que
ce peu qu'elles ont reçeu par la liberalité de
celuy qui est la bonté sans mesure. Ce qui
n'empesche pas qu'vn, vray & bon, ne soient
vniuoques à Dieu & aux Creatures : car Dieu
est vn, & bon, pource qu'il est indistinct de soy
& distinct de tout autre, & qu'il ne luy manque rien pour estre ce qu'il est. Et l'homme est
bon & vn, pource qu'il ne luy manque rien

pour estre Homme, & pource qu'il est indistinct de soy & distinct de tout autre. Declarons dauantage la nature du bon par l'opposition de son contraire.

QVESTION III.

Qu'est-ce que mal & malice.

I. THESE. MAl ou malice se prend pour la malice formelle qui est vn acte mauuais, ou pour la malice obiectiue qui est l'obiect d'vn mauuais acte. Or vn acte est mauuais ou moralement, quand il est contre les reigles du deuoir : ou Physiquement, quand il n'a pas tout ce qui est necessaire pour la perfection d'vn tel acte. D'où arriue que l'on dit qu'vn acte faux est mauuais, & que la veuë qui se trompe souuent & qui est trouble, est mauuaise : Ce qui est bien different de ce mot, mauuaise conscience ; car l'vn est pris moralement, & l'autre physiquement. Le mal obiectif, ou le mal pris pour les choses, est encor équiuoque : car ou il signifie vne chose qui n'est pas honneste, ou qui n'est pas vtile, ou qui est desagreable, ou au moins, qui n'est pas agreable. Et partant ce terme *mal* suppose pour vn Estre, & connote qu'il n'est pas bon, c'est à dire que cét Estre est ou deshonneste ou inutile ou desagreable. Et ainsi ce terme *mal*, connote par dessus ce mot *Estre*, vne negation ou priuation de bonté.

V. D. Th. q. 48. de malo.

II. **T H E S E.** Quoy que pour l'ordinaire, Estre mal, ne soit autre chose que, n'estre pas bon. Ie dis neantmoins que le mal souuétefois est vne chose positiue. Ainsi le venin par soy mesme est mauuais, & l'absinthe par soy mesme est amer : & vn acte mauuais comme la haine de Dieu, est deshonneste par soy mesme : ou il se donne vn progrez à l'Infiny. Car si la malice est tousiours constituée par vne relation distincte des choses. Ie demande si ceste relation est bonne par soy mesme, & ainsi il faut enfin venir à vne chose bonne, ou mauuaise par soy mesme. On dit neantmoins d'ordinaire que le mal est l'absence du bien, pource que ce mot *mal*, par dessus ce terme Estre, signifie tousiours l'absence du bien, & s'explique par vne negation du bien, Quoy qu'il soit souuent vne chose positiue, aussi bien que l'vnité. Et partant, quand S. Thomas en sa question 48. où il traitte du mal, dit que par ce nom de mal, on ne signifie pas quelque chose existante, & que le mal est seulement la priuation du bien : il veut dire que ce terme *mal*, ne signifie pas aucun Estre, par dessus ce mot Estre : mais seulement vne negation, ou vn terme negatif : Car le mal, est vn Estre qui n'est pas vtile ou agreable, ou honneste. Or que ce soit sa pensée, ie le preuue, de ce que dans l'article second il conclud, qu'il se treuue du mal dans les choses, pource que s'il n'y auoit point du mal dans les choses, ce seroit à tort qu'il y auroit des defences & des peines. Et d'ailleurs il est clair que le venin est mauuais & dommageable par soy mesme. Que l'ab-

sinthe

finthe & la Ciguë font defagreables par eux
mefmes. D'où vous voyez que comme eftre
bon, confifte à eftre parfait : ainfi eftre mauuais ou eftre mal, c'eft eftre imparfait. D'où eft
venu l'Axiome, qui dit, qu'vn feul deffaut, eft
fuffifant pour faire vne chofe mauuaife. Donc
eftre imparfait fignifie toufiours vne priuation
de la totale perfection. Et pource qu'vne
chofe fe peut plus ou moins retirer de la totale
perfection que l'autre, il y peut auoir quelque
mal ou quelque chofe plus mauuaife que l'autre. Ainfi vn homme qui n'a ny œil, ny bras, ny
oreille, eft plus imparfait que celuy qui eft feu-
lemét aueugle. Pareillement il y a vn Bien plus
grand l'vn que l'autre. Pource qu'il fe peut
treuuer vne chofe plus honnefte, plus vtile, &
plus delectable; Et confequemment plus defirable que l'autre. De plus ce terme Bon eftant
relatif, il s'enfuit, que ce qui eft mauuais à vn,
peut eftre bon à l'autre, que ce qui eft parfait
felon vne confideration, ne l'eft pas felon l'autre. Le venin eft bon au ferpent & perfectionne fa nature, Mais il eft nuifible à l'homme, &
luy caufe la mort. Il fe peut faire qu'vn gouft
extraordinaire gouftera le fiel, & nous fçauons
que le poifon ne nuifoit point au Roy Mithri-
date. D'icy vous defduirez auec S. Thomas,
que Mal en commun, ne fe peut pas diuifer en
rigueur de Philofophie, en mal *de coulpe*, cõme le peché, & en mal de peine, comme les
fuplices. Car le mal de coulpe eft vn acte faict
contre fon deuoir. Mal de peine c'eft vne
douleur donnée en punition de quelque faute
te. Or eft-il qu'il y a bien d'autres chofes qui

K

ont le nom de mal : car vne bleſſure receuë dans vne genereuſe occaſion, eſt vn mal, & neantmoins elle n'eſt pas vne peine. Pource qu'elle n'eſt pas donnée en punition.

De plus tout mal deſagreable ou nuiſible, comme l'amertume du fiel ou le venim, n'eſt pas mal de coulpe ny de peine: & partant cette diuiſion n'eſt pas totale. Il vaut mieux dire que mal en commun c'eſt ce terme *mal*, qui ſignifie chaque mal en particulier. Et que ce terme mal eſt Equiuoque, qui ſignifie ou eſtre nuiſible, ou deshonneſte, ou deſagreable. Et qu'ainſi il y a trois ſortes de maux oppoſez au bien honneſte, vtile & delectable.

III. THESE. Quoy que le mal ſe treuue proprement dans les actes, il y a neantmoins auſſi du mal dans les choſes. Et le mal ſoit des actes ſoit des choſes, eſt ſouuent vne choſe poſitiue. Car vn acte de haine de Dieu eſt mauuais par ſoy meſme, quand tout le reſte ſeroit impoſſible. Et cét acte n'eſt pas ſeulement mauuais, pource qu'il n'eſt pas bon: car quoy qu'il ſoit vray, qu'il n'eſt pas bon, ny honneſte, neantmoins par ſoy meſme & par ſon Entité, il eſt mauuais, & oppoſé aux reigles du deuoir. Cette verité s'eſtablit ſur ce, qu'il eſt certain, qu'il y a deux ſortes de reigles du deuoir, quelques vnes ſont affirmatiues, comme *tu ne hayras point Dieu, ny ton prochain.* Les autres ſont affirmatiues comme *tu aimeras Dieu. Tu feras l'aumoſne.* Or pour deſobeyr aux reigles affirmatiues, il ſuffit vne negation, comme de n'aimer pas Dieu, & ne pas faire l'aumoſne : mais pour contreuenir

aux reigles negatiues, il faut mettre quelque
chose de positif, puisqu'vne negation n'est pas
opposée à vne autre negation. Dites donc que
le venim n'est pas seulement mauuais, en ce
qu'il n'est pas vtile : mais en ce que positiuement il nuit, comme l'absinthe n'est pas seulement mauuais, en ce qu'il n'est pas doux:
mais en ce qu'il est positiuement amer. Et la
haine de Dieu n'est pas seulement mauuaise,
pource qu'elle n'est pas honneste : mais en ce
qu'elle est effectiuement & positiuement des-
honneste: Autrement, elle ne seroit pas plus
deshonneste, que les plantes, & les choses inanimées, qui n'ont aucune honnesteté.

OPPOSITION. Que si vous me repar-
tez, que l'acte de la haine de Dieu est deshonneste, pource qu'il n'a pas l'honnesteté, qu'il
deuroit auoir. Ie respons qu'il est impossible
que cét acte fait auec cognoissance, soit honneste. Et qu'ainsi il n'a aucune capacité pour
estre honneste.

Si donc on vous demande, qu'est-ce qu'estre
mauuais ? Respõdez que c'est vn estre deshonneste, ou nuisible, ou desagreable. Certes il me
semble que cette façon de respondre est plus
claire que de dire, qu'estre mauuais c'est estre
imparfait, ou ce qui n'est pas desirable. Car
les choses mauuaises, non seulement ne sont
pas desirables : mais aussi elles sont positiuement dignes de haine, pource qu'elles sont ou
deshonnestes, ou nuisibles, ou desagreables.
Comme tout bien est desirable pource qu'il
est ou honneste, ou vtile, ou delectable : mais
c'est assez parlé de la Bonté, dõt le traicté ap-

partient proprement à la Morale, lors qu'elle traitte des actes honnestes : retournons à la verité pour declarer dauantage sa Nature.

DISCOVRS II.

DE LA VERITE' OBIECTIue. Et que signifient dans la verité formelle ces mots, cela est, cela n'est pas. Ouy & non.

'Auf. epig. Est & NON cuncti monofylla-ba nota fre-quentant, &c. Qualis vita hominum, duo quam monofyllaba verfant.

C'EST vne riche pensée du Poëte Ausone, lors qu'il se rit en ses vers de la vanité des choses humaines, pource que toute nostre vie ne despend que de ces deux mots. *Ouy & non, cela est, cela n'est pas.*

Toutes nos affaires publiques & particulieres, dit ce grand esprit, tout ce qui se traicte dans les estats des Prouinces, dans le Barreau, dans le Conseil, & Cabinet des Rois, dans les armées, dans les assemblées les plus Augustes, tous les contracts, toutes les promesses, tous les arrests, toutes les ordonnances, s'establissent sur *Ouy & Non,* Comme les Cieux se roulent sur deux poles. Vous pourrez lire les vers de ce Poëte

à voſtre loiſir, & vous verrez qu'apres auoir
fait vne longue induction du parfait Empire
que ces deux mots ont ſur la vie des hommes,
il conclud à la façon d'vn vray Philoſophe:
Combien foible eſt la vie des hommes, qui
ſe gouuernent au gré de deux Syllabes.

Ceſte verité ſe deſcouure tres clairement
dans toutes les ſciences : puis qu'elles deſpen-
dent ſi parfaitement de ces deux termes, que ſi
on les en priue, elles s'en vont en ruine. Vous
voyez donc THEANDRE, que pour vous expliquer que c'eſt que les veritez obiectiues, il
me faut neceſſairement declarer le ſens des
propoſitions formelles : puiſque la verité obiectiue n'eſt autre choſe que l'obiet de la verité formelle ; à cét effet ie mets pour

---

QVESTION I.

Que ſignifie ce terme EST, dans la pro-
poſition vocale, ſoit du coſté de l'en-
tendement, ſoit de la part
de l'Obiet.

I. THESE. LE Verbe, EST, pris proprement en la propoſition, ſigni-
fie que le ſuiet, & l'attribut obiectif, ſont vne
meſme choſe, ou pluſtoſt que le ſuiet & attribut vocal ſuppoſent pour vne meſme choſe.
Comme quand on dit, l'Homme eſt animal;
mais quand il ſe prend improprement il ne
ſignifie pas, que le ſubiet & l'attribut ſont le
meſme, comme il ſe voit dans les propoſitions
concomitantes & cauſales.   K iij

Les concomitantes sont celles, dans lesquelles la particule *est*, ne signifie pas que l'attribut & le suiet soient la mesme chose : mais qu'ils sont tous deux necessairement conioints: comme quand on dit que la *Generation d'vne chose est la corruption de l'autre* : que l'entrée d'vn fauory est l'esloignement de son Riual. Car il est certain que la Generation qui est la chose engendrée, n'est pas la corruption, qui est la chose corrompuë: puis qu'elles sont tout à fait distinctes : mais ceste proposition signifie, que toute corruption est necessairement jointe à vne Generation.

Les propositions Causales, sont Celles qui disans que le suiet est l'attribut, signifient que l'attribut est cause du suiet, ou bien que le suiet est effet de l'attribut. Comme quand on dit, *le Temps est triste*, c'est à dire l'air obscurcy cause la tristesse. La presence du Soleil est le Iour, c'est à dire le Soleil fait le Iour. Dieu est ma force, ma joye, ma Iustice, mon courage, mon cœur, c'est à dire Dieu est la cause de ma force, de ma justice, de mon courage, & l'objet de mon Cœur.

II. THESE. Le Verbe, *est*, pris proprement dás la proposition vocale, signifie du costé du Iugement, vn acte vnissant l'attribut auec le suiet. Car signifier n'est autre chose que, conduire à la connoissance de quelque objet; Or le Verbe vocal nous cõduit à la connoissance de l'acte du Iugement. Donc il signifie l'acte du Iugement. Ainsi ayant oüy quelqu'vn, qui dit, Dieu est Iuste, nous venons à connoistre qu'il iuge que Dieu est Iuste.

III. Thesе. Ie dis de plus, que ceste propositiõ. *l'Aigle est oiseau*, signifie du costé de l'obiet l'attribut & le sujet objectif. Pource que les voix ne sont pas moins signes des choses, que des pensées, & qu'ayant oüy, *L'aigle est oiseau,* Nous venons à cognoistre. l'oiseau, & l'aigle signifiez par les paroles.

IV. Thesе. Ie dis aussi que le Verbe mis dans la proposition vocale, & ce qui luy respond dans la mentale, expriment & signifient du costé de l'objet, qu'il y a identité entre le sujet & l'attribut, ou pour mieux dire, que l'attribut & le sujet objectif sont le mesme. Comme l'attribut & le sujet formel supposent pour la mesme chose. D'où arriue, que si en effet l'attribut & le sujet obiectif, ne sont pas vne mesme chose, la proposition est fausse; & s'ils sont la mesme chose, la proposition est veritable.

Ie preuue ceste verité par quatre raisons. La premiere est, que ceste proposition, *L'Aigle & l'oiseau sont le mesme*, signifie qu'il y à identité entre l'Aigle & l'oiseau: or est-il, que celle-cy, *l'Aigle est l'oiseau*, a la mesme signification; donc qui dit *l'Aigle est oiseau*, signifie que du costé de l'objet l'Aigle & l'oiseau sont le mesme. Ainsi ceste proposition : *Cesar est Empereur*, signifie le mesme que celle-cy, *Cesar & Empereur sont la mesme chose.*

Secondement si ceste proposition affirmatiue, *l'homme est Soleil*, signifie seulemét du costé de l'objet, l'attribut & le sujet obiectif, sans signifier l'identité ou vraye ou apparente, entre l'homme & le Soleil, ou pour mieux dire, que l'homme & le Soleil sont la mesme chose : il s'enſuit qu'vne propoſition affirmatiue eſt fauſſe, dont tout l'obiet eſt en effet dans la Nature. Or il eſt impoſſible qu'vne propoſition affirmatiue, dont tout l'objet exiſte en effet, ſoit fauſſe: puis qu'elle eſt côforme à ſon obiet: & partant il s'enſuiuroit que ceſte propoſition *l'homme eſt Soleil*, ſeroit veritable: car tout ſon objet ſeroit dans la nature, puiſque ſelon nos aduerſaires ſon objet n'eſt autre choſe que l'homme & le Soleil : Et conſequemment la propoſition heretique d'Arrius, euſt eſté veritable, lors qu'il diſoit: *Dieu eſt Creature*, car effectiuement Dieu & la Creature exiſtent.

Or la propoſition affirmatiue, dont l'objet total exiſte, eſt veritable: puiſque tout ce qu'elle croit, eſt en effet dans la nature : il faut donc dire que ceſte propoſition *Dieu eſt Creature*, affirme quelque choſe par deſſus Dieu & Creature : or ie dis que cela eſt l'Identité entre Dieu & la Creature, qui eſtant fauſſe, fait que la propoſition ſoit fauſſe.

OPPOSITION. On nous peut repartir, THEANDRE, qu'il eſt vray que l'homme & le Soleil, la Creature & Dieu, ſont effectiuement dans la Nature : mais non pas en la façon qu'ils ſont énoncez par ces deux propoſitions, *l'homme eſt Soleil, & Dieu eſt Creature*; car ils ſont énôcez, par vne compoſition de l'entendement, & par vn acte affirmatif, qui vnit ces extreſmes, l'vn auec l'autre. Ie reſpons que ceſte repartie ſe deſtruit ſoy meſme, car que veut dire, l'entendement vnit ces deux extreſmes, par vne acte de compoſition, ſi ce n'eſt que l'entédement dit, que ces deux extreſmes ſont la

mefme chofe : & partant que la propofition
eft fauffe, pource que les deux extrefmes ne
font pas la mefme chofe Ce qui eft tomber
infenfiblement dans l'opiniofi que ie preuue.

Troifiefmement dans vne conclufion , par
exemple dans celle-cy , *donc la chafteté eft ai-*
mable , ont dit que les deux extrémes font la
mefme chofe, pource que dans les propofitions antecedantes, ils ont efté le mefme auec
le moyen. Dóc fi hors de l'argument ont dit, *la*
chafteté eft aimable, on fignifie auffi que la chafteté & aimable sõt la mefme chofe. Il y a cefte
feule difference que lors que l'on dit , *donc la*
chafteté eft aimable, on apporte la raifon pour
laquelle la *chafteté* & *aimable* , font la mefme
chofe : mais en toutes ces deux propofitions,
on dit que la chafteté & aimable font le mefme. Il eft donc euident, que ce terme *Eft* fignifie l'identité entre les deux extrémes : enfin
la raifon fondamentale de cefte verité eft, que
ce verbe *Eft*, fignifie tout ce qu'il nous fait
connoiftre : or par fon entremife nous con-
noiffons, que l'attribut & le fuiet *obiectif* font le
mefme : donc la particule *Eft* fignifie l'identité entre les deux extrémes; & il me femble que
ces argumens ont de l'euidence.

QVESTION II.

Que signifie ce terme, Non, soit de la part de l'entendement, soit du costé de l'objet. Et si les deux contradictoires signifient des choses diuerses. Qu'est-ce qu'objet formel d'vne proposition. Et si toute proposition affirmatiue est virtuellement negatiue.

I. THESE. LE terme NON, mis dans la proposition vocale negatiue, ne signifie rien du costé de l'obiet, par dessus ce que signifie sa contradictoire affirmatiue: mais il declare seulement, l'acte de l'entendement, qui se porte négatiuement sur vn tel obiet, separant vn extréme de l'autre: & partant les propositions contradictoires signifient tout à fait le mesme, du costé de l'obiet, mais la proposition negatiue vocale, signifie du costé de l'entendement vne auersion; & la proposition affirmatiue vocale signifie vne attache de l'esprit.

Ie m'explique Theandre, & dis que cette proposition vocale, *Alexis n'est pas Soleil*, signifie de la part de l'entendement, vn acte qui separe les deux extrémes, mais qu'il ne signifie rien du costé de l'obiet, par dessus celle-cy, *Alexis est Soleil*.

De sorte que cette proposition, *Alexis n'est pas Soleil*, ne signifie du costé de l'obiet, que se suiet, l'attribut, & l'identité entre ces deux extrémes, & ne dit autre chose, si ce n'est que ce mot *Alexis*, & ce mot *Soleil*, ne supposent pas pour la mesme chose. La raison de cecy est, que la proposition negatiue a pour obiet ce qu'elle nie, or elle nie qu'Alexis & Soleil soient la mesme chose, donc elle a pour son obiet, qu'Alexis & Soleil soient la mesme chose. Or est-il que cet obiet est l'obiet de cette proposition, *Alexis est Soleil*, donc ces deux propositions, quoy que contradictoires ont le mesme obiet.

De plus la proposition negatiue n'a pour obiet aucune negation obiectiue, puisqu'elle n'a pour obiet que ce qu'elle nie : or elle ne nie pas aucune negation : autrement elle seroit fausse ; car si cette proposition : *Alexis n'est pas Soleil*, nioit la negation de l'identité entre Alexis & Soleil, ou pour mieux dire, si elle nioit qu'Alexis & Soleil ne sont pas le mesme, elle seroit fausse, & difforme à son obiet. Et ce qui est fort à remarquer, elle seroit affirmatiue, puis qu'elle nieroit vne negation, or deux negations ont la valeur d'vne affirmation, selon le commun axiome de l'eschole. La raison fondamentale de cette verité se peut prendre de la Logique, où i'ay dit auec Okam, que les Syncategoremes ne signifient rien du costé de l'obiet. Donc puis que ce terme *Non* est Syncategorematique, Il est necessaire que du costé de l'obiet il ne signifie chose aucune. Il y a toutefois cette difference entre ces propositions, *Alexis est Soleil*, *Alexis n'est pas Soleil*, que l'affirmatiue a pour obiet l'identité entre Alexis & Soleil, *l'approuuant*: c'est pourquoy elle est fausse. Mais la negatiue a pour obiet la mesme identité entre Alexis & Soleil, *la desapprouuant*, & s'en retirant autant qu'il luy est possible: c'est pourquoy elle est veritable. Cecy ne doit pas sembler nouueau, puis qu'vn acte honneste, & vn acte des-honneste, ont souuent le mesme obiet. Ainsi on peut aimer & hayr vn mesme obiet. Et le Roy Dauid auoit vn acte honneste derestant son adultere, comme il auoit eu vn acte des-honneste aymant cette volupté, qui luy causa vn si dur repentir.

II. **Thesе.** C'est vne premiere verité fondamentale de toutes les sciences, que les deux propositions, soit mentales soit vocales contradictoires, ont tout à fait le mesme obiet: neantmoins dans les contradictoires vocales, ce mot *Non*, signifie & declare l'acte negatif de l'entendement, & ne signifie rien du costé de l'obiet, par dessus l'affirmatiue. De sorte que l'on pourroit dire, que la proposition vocale negatiue, est en quelque façon affirmatiue, puis qu'elle semble declarer affirmatiuement, que l'entendement a vn desaueu des deux extrémes; Et vniuersellement parlant, *tout acte affirmatif est vniuersellement negatif.* Car lors que l'on affirme qu'Alexis est Soleil, on dit virtuellement qu'Alexis & Soleil ne sont pas distincts. Et pareillement tout acte negatif est virtuellement affirmatif, pource que quand on dit, Alexis n'est pas Soleil, on dit en valeur qu'Alexis & Soleil sont distincts.

Ces veritez se mettent dans l'euidence, de ce que ces paroles, *estre le mesme & n'estre pas distinct*, sont vn mesme sens. Or est-il que la proposition affirmatiue signifie qu'vn extréme, est le mesme auec l'autre, donc elle signifie virtuellement qu'ils ne sont pas distincts. De plus cette doctrine est expressément dans Aristote, puis qu'il enseigne que la contradiction est vne affirmation, & negation d'vn mesme obiet, pris selon les mesmes circonstances. Donc l'affirmation & la negation ont vn mesme obiet. Et certes ou elles ont vn mesme obiet, ou des obiets diuers; si elles ont le mesme obiet, c'est ce que ie veux; si elles ont des obiets diuers, elles ne sont pas contradictoires: car l'vne n'affirme pas ce, que l'autre nie; & partant comme ces propositions, *le Soleil est astre*, *& le Soleil n'est pas vne fleur*, ne sont pas contradictoires, pource qu'elles ont des obiets diuers: pareillement si ces deux propositions, *le Soleil est astre*, *le Soleil n'est pas astre*, ont vn obiet diuers, elles ne sont pas contradictoires; Et d'icy ie conclus que la verité de l'acte negatif, se prend de ce que les deux extrémes ne sont pas effectiuement la mesme chose: & la verité de l'acte affirmatif, se prend de ce que les deux extrémes sont la mesme chose: pource que la verité des propositions se prend de la conformité qu'elles ont auec leur obiet.

III. **THESE.** Lors que l'Entendement nie, ou affirme quelque chose raisonnablement, il a ou obscurement, ou clairement, vn obiet

materiel, & c'est ce qu'il nie, ou qu'il affirme : Et de plus vn objet formel : & c'est
ce pourquoy il nie ou affirme, que les
deux extresmes, sont la mesme chose. L'objet materiel est tousiours l'identité entre
les deux extrémes, mais l'objet formel de l'a-
cte negatif, est pource que ces deux extrémes
luy apparoissent distincts, ou bien n'estre pas
la mesme chose. Et l'objet formel de l'acte affirmatif, est, pource que ces deux extrémes luy
apparoissent n'estre pas distincts, ou bien estre
la mesme chose.

Ie le preuue, pource que quand l'Entendement nie ou affirme raisonnablement quelque chose, il doit estre tellement disposé, que
si on luy demande, pourquoy niez vous, ou af-
firmez-vous cela? il en puisse rendre raison; Or
ce qu'il rendra pour raison, c'est ce que l'on
appelle l'objet formel. Et l'experience nous
fait voir, que l'esprit rend pour raison de son
affirmation ou de sa negation, qu'il luy semble que ces deux choses sont la mesme, ou
bien qu'il luy semble, que ces deux termes ne
supposent pas pour la mesme chose: c'est donc
son objet formel.

Opposition I. Il s'ensuit me direz-
vous, que toute negation & affirmation sont
vn discours. Ie respons, Theandre, qu'il est
vray, que toute negation & affirmation faite
raisonnablement, a quelque apparence, ou
comme vn esbauchement du discours. Ie respons en 2. lieu, que toute proposition n'est pas
discours, pource que, quand on fait vne proposition negatiue ou affirmatiue, pour con-

clufion d'vn difcours, difant *donc Alexis n'eft pas Soleil*, l'Entendement rend pour raifon formelle de fa negation, ou affirmation, qu'il joint ou fepare deux extrémes, pource qu'ils font vnis, ou ne font pas bien vnis auec vn tiers : mais fi la propofition eft fimple, l'Entendement refpondra, ie dis qu'Alexis n'eft pas Soleil, ou qu'Alexis eft aymable, pource qu'il me femble que ces deux termes font diftincts, ou bien qu'ils ne font pas diftincts. Et ainfi la propofition a vn objet formel bien diuers de celuy du difcours.

D'icy vous pourrez recueillir que plufieurs propofitions font negatiues en apparence, qui font en effet affirmatiues : comme quand Moyfe dit, que *les tenebres eftoient fur la face de l'Abyfme*, c'eft à dire il n'y auoit point de lumiere dans le Monde. *Tobie eft Aueugle*, fignifie que Tobie ne void point, *le Lazare eft mort*, c'eft à dire, le Lazare ne vit plus ; & de mefme quand on dit Alexis & Soleil font diftincts, c'eft comme fi l'on difoit, Alexis & Soleil ne font pas la mefme chofe, de forte qu'eftre diftinct, & n'eftre pas la mefme chofe, font le mefme fens dans vne propofition bien entenduë, & partant toute propofition negatiue eft virtuellement affirmatiue.

Ie prouue en 2. lieu, que toute propofition faite raifonnablement a vn objet formel : pource que tout homme qui entend ces deux termes, *Alexis*, & *Soleil*, n'eft pas pouffé ny à les conioindre, difant *Alexis eft Soleil*, ny à les feparer, difant *Alexis n'eft pas Soleil*.

Comme l'entendement demeure suspens, lors qu'on luy demande, si les Astres sont en nombre pair, ou impair, pource qu'il n'a aucune raison apparente, ny pour l'affirmer, ny pour le nier. Donc afin que l'entendement soit determiné à ioindre deux extrémes par l'affirmation, ou à les separer par la negation, il luy doit apparoistre quelque raison, ou quelque motif. Et consequemment quand l'esprit nie ou affirme raisonnablement quelque chose, il a vn obiet materiel & formel de son acte. Il y a toutefois ceste difference, que l'acte affirmatif affirme que les deux extresmes sont la mesme chose : & outre cela, il affirme encor son obiet formel. Comme s'il disoit, ie dis que l'homme est animal, pource qu'il m'apparoist qu'ils sont la mesme chose. Mais l'acte negatif nie son obiet materiel, & asseure à son obiet formel, s'y attachant d'vne façon qui en valeur est affirmatiue. Ie vous confesse mon THEANDRE, que cecy est assez difficile : mais aussi il faut auoüer, qu'il n'est rien de plus inconneu à l'homme, que ses productions, Comme il n'y a rien de plus inuisible à l'œil, que l'œil mesme.

OPPOSITION II. Si les deux propositions contradictoires ont le mesme obiet, il s'ensuit qu'elles sont toutes deux veritables : pource que ces propositions sont veritables, dont l'obiet est veritablement dans la Nature : or est-il que l'obiet des deux contradictoires est effectiuement : donc elles sont toutes deux veritables.

Ie responds qu'il est vray, que les deux propositions

pofitions contradictoires mentales, expriment
le mefme obiet. D'où il ne s'enfuit pas que les
deux contradictoires foient veritables: car afin
qu'vne propofitió foit veritable, il ne fuffit pas
que fon obiet foit en effet, mais encore il faut,
que fon obiet foit en la façon que la propofition l'enonce. Et partant fi la propofition eft
affirmatiue, il faut que l'attribut & le fuiet
obiectif, foient le mefme. Et fi elle eft negatiue, il faut que l'attribut & le fuiet ne foient pas
le mefme : & ainfi il eft impoffible, que les
deux contradictoires foient veritables.

De tout cecy vous verrez que toute propofition affirmatiue eft virtuellement negatiue, & partant que toute affirmation d'vn
obiet eft en valeur la negation de fon contraire : comme quand on dit, *le Soleil eft lui-*
fant, on dit en valeur, que *le Soleil n'eft pas fans*
lumiere. Et difant, *Alexis eft homme*, on dit en
valeur, qu'Alexis n'eft pas ce qui eft diftinct
de l'homme. La raifon eft, que dans vne propofition affirmatiue, on dit que deux termes,
font la mefme chofe, donc on nie qu'ils foient
diftints. Or eftre diftinct, & n'eftre pas le mefme, c'eft vne mefme verité, fous deux propo-
fitiós diuerfes. Remarquez donc icy THEAN-
DRE, que mon opinion eft beaucoup differente de celle d'vn certain Nicolas Vltricuria,
dont parlent Major & Petrus de Halliaco; car cét Autheur enfeignoit, que l'obiet prochain des propofitions contradictoires, eftoit
le mefme. C'eft pourquoy il fut blafmé des
Doctes de fon temps : mais ie fouftiens feulement que ces propofitions, le Soleil luit, &

V. Maior in
Prologo Log.

L

le Soleil ne luit pas, *ont le mesme obiet esloigné,* sçauoir est le Soleil luisant, que l'vne affirme, & l'autre nie. Mais l'obiet prochain de ses propositions, c'est *le Soleil luire;* & *le Soleil ne luire pas,* qui sont des veritez bien differentes : c'est ce que deuoit respondre Major, & se souuenir, qu'il disoit sur les Liures des Analytiques d'Aristote, que *la proposition & l'acte Scientifique, ont trois sortes d'obiets; le prochain, l'esloigné, & le tres-esloigné. L'obiet prochain,* dit-il, c'est vne verité obiectiue, ou pour mieux dire, vne Oraison à l'Infinitif; *L'Obiet esloigné,* sont les extresmes de la proposition ; *Et l'Obiet tres-esloigné,* sont les choses mesmes : Ainsi l'obiet prochain de cette proposition, *l'homme est animal,* c'est *l'homme estre animal* ; son objet metoyen, c'est l'homme, & animal : mais son obiet tres-esloigné, c'est les choses mesmes : comme Cesar, & Pompée. La raison est que ce qui est sceu & cogneu, est l'obiet des cognoissances & des sciences : or est-il que les choses sont sçeuës & cogneuës : donc elles sont l'obiet des cognoissances, & des sciences. Et partant les choses, par exemple le Soleil, ou Alexis, sont l'obiet d'vne simple apprehension, entant qu'ils peuuent estre signifiez par vn acte qui n'affirme ny ne nie. Et ils sont l'obiet d'vne propostion, entant qu'ils peuuent estre conçeus par vne cognoissance affirmatiue ou negatiue. Et enfin ils sont l'obiet d'vn discours, entant qu'ils peuuent estre signifiez par vn acte qui infere vne verité de l'autre. Il faut donc dire que ny l'obiet formel, ny l'obiet prochain des deux propositions contradictoires, n'est pas le mesme : quoy qu'en effet les deux contradictoires ont le mesme obiet esloigné : puis qu'elles nient & affirment vne mesme chose. Donnons encore plus de iour à ceste matiere.

DISCOVRS III.

SI LES VERITEZ OBiectiues font quelque Estre distinct des substances, des accidens & de leurs modes.

E seul titre de ce discours assez esloigné du commun vsage des hommes, vous fait assez voir, THEANDRE, que cette matiere n'est pas moins difficile, qu'elle est importante pour descouurir que c'est que la verité obiectiue : pour Vous y donner vne entrée plus facile. Ie presupose auec tous les Philosophes, que l'obiet d'vn acte s'appelle, tout ce qui est representé par vn acte. Ainsi l'obiet de la veuë est tout ce que l'on voit. Et l'obiet d'vne proposition mentale, ou vocale, est tout ce qu'elle cognoist, & quelle signifie.

Veritas obiectiua, & complexum significabile, idem sunt.

Ie presuppose en 2. lieu, que i'entens sou ce mot de verité obiectiue, ce que quelques Anciens ont appellé vn complexe Obiectif, ou composé Logique. Ie presuppose en 3. lieu, que Gregoire d'Arimini homme tres-subtil, enseigne sur le premier des sentences, & ailleurs : que le mot *d'Estre* se prend en trois façons, premierement pour vne Entité soit substance, ou accident, ou mode des accidens & des substances : secondement ce mot *Estre*, se prend pour vn complexe Objectif, soit vray soit faux, ainsi l'obiet de ces propositions, *l'Aigle est oiseau*, *l'Aigle n'est pas oiseau*, sont ces Estres ou ces complexes Obiectifs. *L'Aigle estre oiseau*, *& l'Aigle n'estre pas oiseau*, dont celuy - cy est faux & celuy-là est veritable.

En 3. lieu ce mot *Estre* se prend tres-proprement, dit cet Autheur, pour des veritez obiectiues, qui sont necessairement veritables. Ainsi dit-il, *Cesar estre assis*, ce n'est pas seulement *Cesar & le lieu*, mais c'est vne verité obiectiue, ou pour mieux dire, *Cesar estre dans ce lieu*; ce qu'il appelle vn complexe, ou vne verité obiectiue, distincte de Cesar & du lieu, & tellement vraye, que son opposée ne peut estre aucunement veritable. A l'occasion de ceste doctrine ie mets pour

QVESTION I.

Si les veritez obiectiues sont des Estres distincts des substances, des accidens & de leurs modes.

LA Question est, si l'obiet de ces propositions, Cesar est Animal, Cesar est blanc, Cesar est assis, Cesar est estendu, Cesar agit, est en effet Cesar ou ses accidens ou ses modes. Ou si c'est vn Estre distinct de tout cela, qui s'appelle Cesar estre Animal, Cesar estre blanc, Cesar estre estendu, Cesar estre agissant. Or Gregoire d'Arimini dit que oüy. Parce que c'est vn complexe Obiectif, ou vne verité obiectiue.

Que si vous luy demandez, si ces veritez obiectiues sont des Estres, il respondra que ce sont des Estres, à la 3. façon que se prend ce mot d'Estre : mais que ce ne sont pas ny des substances ny des accidents, mais des estres necessaires, qui n'ont iamais commencé, ingenerables, incorruptibles, & qui ne sont en aucun lieu. Le Docte Maior se rit de ceste opinion dans le Prologue de sa Logique. Sur ce different ie dis pour

I. THESE. Que la mesme chose peut estre signifiée par vne oraison incomplexe, ou par vn acte de simple ap

L iij

sion, & par vn acte complexe, ou par vne proposition : car l'Existence de Dieu se peut signifier par ces mots, *Dieu existant*, & aussi par ceste proposition, *Dieu existe*. Donc le mesme obiet peut estre signifié par vn terme Incomplexe, sans affirmation ny negation, & par vn terme Complexe auec affirmation, ou negation.

II. THESE. La verité obiectiue, est ce qui est signifié Complexement, ce qui n'est autre chose que l'obiet d'vne proposition formelle, & partant tout ce qui peut estre signifié par vne proposition, est vne verité obiectiue, ou l'obiet d'vne proposition formelle.

III. THESE. Or il y a deux sortes de propositions; quelques vnes sont essentielles, & elles signifient les choses absolument, comme quand on dit, *Cesar est homme*, les autres sont accidentelles & connotatiues, & elles signifient les choses relatiuement, entant qu'elles ont vn accident, ou vn mode. Ainsi ces propositions, *Cesar est blanc*, & *Cesar agit*, ont pour obiet vne verité obiectiue, qui n'est autre chose que Cesar mesme, entant qu'il peut estre signifié complexement, par vne proposition absoluë, ou par vne proposition accidentelle.

Ie dis de plus que les oraisons ou termes Incomplexes, ont le mesme obiet que les propositions ou Oraisons Complexes, & qu'ainsi ces mots *Dieu existant*, *Dieu existe*, *Dieu exister*, & *l'existence de Dieu. Cesar*

agit, *Cesar agiſſant*, *Cesar agir*, & *l'action
de Cesar*, ſignifient réellement la meſme
choſe. Sçauoir eſt Cesar qui agit : mais
l'action de Cesar, ſignifie cét obiet par
voye de nom : *Cesar agiſſant*, le ſignifie par
voye de participe : *Cesar agit*, le ſignifie
Complexement comme vn Verbe : *Cesar
agir* le ſignifie Infinitiuement. La raiſon eſt
que ces quatres ſortes de termes, *Dieu exiſtant*, *l'Exiſtence de Dieu*, *Dieu exiſte* &
Dieu exiſter. *Cesar agit*, *Cesar agiſſant*, *Ceſar agir*, & *l'action de Cesar* ont pour obiet ce qui preciſément eſtant mis, ces termes ont leur entiere ſignification. Or poſé
l'exiſtence de Dieu, ou bien l'action de
Cesar, ces quatre ſortes de termes ont leur
entiere ſignification : donc l'exiſtence de
Dieu, & l'action de Cesar, ſont l'obiet de
ces quatre ſortes de termes : & partant cette propoſition Dieu exiſte, a le meſme obiet que cette Oraiſon Dieu exiſtant, ou
l'exiſtance de Dieu. Mais il y a cette difference, que *Dieu exiſte*, ſignifie l'exiſtence
de Dieu verbalement : *Dieu exiſter*, la ſignifie infinitiuement : *Dieu exiſtant*, l'exprime par voye de participe. Et ces mots
l'exiſtence de Dieu, la ſignifient par voye de
nom, en la meſme façon que i'ay dit que
les propoſitions contradictoires ont le meſme obiet, mais l'vne le ſignifie affirmatiuement, & l'autre negatiuement.

En 2. lieu ce que ſignifient ces mots,
Dieu exiſte, & *Cesar agit*, eſt effectiuement
dans la Nature. C'eſt donc ou vne ſubſtan-

L iiij

ce , ou vn accident , ou vn mode des fubftances & des accidents. Car tout ce qui
eft, & tout ce qui eft poffible , eft ou fubftance, ou accident, ou vn de leurs modes.
Or l'objet de ces propofitions alleguées, eft
vne chofe poffible, donc c'eft vne fubftance
ou vn accident, ou vn de leurs modes. Que
fi ce n'eft, ny fubftance, ny accident, ny vn
de leurs modes: donc c'eft vn Eftre Impoffible. Et confequemment ces propofitions,
Dieu eft , & Cefar agit , ont pour obiet vn
eftre impoffible. D'où il s'enfuiuroit, que
ces propofitions ne pourroient iamais eftre
veritables , puifque leur obiet n'exifte pas
dans la Nature.

Troifiefmement ceux qui admettent ces
eftres Imaginaires , diftincts de toutes les
fubftances & accidents , multiplient les
Eftres fans raifon : car nous trouuons le total & parfait obiect des propofitions, dans
les chofes mefmes. Et ainfi il faut dire que
l'obiet de toutes les propofitions , c'eft vn
Eftre Incomplexe, c'eft à dire vne fubftance, ou vn accident , foit fimplement & abfolument fignifié par des termes abfoluts
& effentiels : foit fignifié relatiuement par
des termes accidentels , & connotatifs.
Donc l'obiet de ces propofitions , Dieu exifte, Cefar agit, c'eft Dieu , & c'eft Cefar,
entant qu'ils peuuent eftre fignifiez par vne
Oraifon Complexe : ou à bien dire, c'eft
Dieu exifter & Cefar agir. Que fi on
vous demande , qu'eft-ce que cela , Dieu
exifter , & Cefar agir, ou Cefar eftre blanc.

Refpondez que fi on entend materiellement,
c'eft vne oraifon à l'infinitif, qui fe peut appeller l'obiet immediat des propofitions : mais
que l'obiet de ces oraifons à l'infinitif, font
des accidents, ou des fubftances, foit abfolument, foit comparatiuement confiderées.
D'où i'infere cette

IV. Thèse. Qui eft vne regle d'or dans
toutes les fciences. Pour fçauoir ce que fignifient les oraifons qui font à l'infinitif, changez
l'infinitif actif, en fon participe actif, & l'accufatif qui l'accompagne en fon nominatif:
changez auffi l'infinitif paffif en fon participe
paffif, & l'accufatif qui luy eft ioint en fon
nominatif, & ainfi dittes qu'agir, agiffant,
action, & il agit, exiftant, exifter, exiftance, &
il exifte, fignifient tout à fait la mefme chofe,
quoy que l'vn le fignifie par voye de nom,
l'autre par voye de verbe, l'autre par voye
d'infinitif, & l'autre par voye de participe, &
ainfi la mefme chofe peut eftre fignifiée complexement & incomplexement, verballement
par voye de nom, & de participe. La raifon
de cecy eft, qu'autrement il faut mettre des
entitez diuerfes, à mefure que l'on change la
façon de fignifier vne chofe ; ce qui eft ridicule : car comme le mefme obiet, peut eftre
veu ou clairement, ou auec obfcurité, pource qu'Eftre veu, c'eft vne denomination extrinfeque : ainfi le mefme obiet, peut eftre fignifié en des façons diuerfes, ou comparé à
des connoiffances diuerfes. Or que ce foit le
mefme obiet, ie le preuue : pource que pofé
precifément l'action de Cefar, ces quatre

fortes de termes, Cefar agit, Cefar agiſſant,
l'action de Cefar, & Cefar agir, ont tout ce
qu'ils ſignifient. Outre cecy ie preuue euidemment, qu'vne meſme choſe peut eſtre ſignifiée par vne oraiſon complexe & incomplexe : car tout ce qui eſt au monde, ſoit
ſubſtance, ſoit accident, peut eſtre ſignifié
complexement par vne propoſition affirmatiue ou negatiue : Puis qu'on peut dire, cela
eſt vn accident, cela eſt vne ſubſtance ; Et au
contraire, tout complexe, ou bien tout obiet
d'vne propoſition affirmatiue ou negatiue,
peut eſtre ſignifié par ces termes incomplexes,
Eſtre, *Choſe*, *Vn*, *Vray*, *Bon*, puis que ces
termes ſont tranſcendants & ſe peuuent
énoncer de tout ce qui eſt au monde. Enfin
comme le meſme obiet peut eſtre ſignifié ou
affirmatiuement ou negatiuement, ainſi le
meſme obiet peut eſtre ſignifié complexement, & incomplexement. Ie ne nie donc pas
qu'il y ait des veritez obiectiues : mais ie nie
qu'elles ſoient diſtinctes de toutes les ſubſtances, & accidents, ou de leurs modes, & ie
ſouſtiens pour.

V. THESE. Que l'obiet de ces propoſitions, Cefar eſt animal, Cefar eſt homme,
Cefar eſt vn eſtre, Cefar agit, Cefar combat,
Cefar eſt aſſis, Cefar eſt blanc, eſt bien vne
verité obiectiue, mais elle n'eſt pas diſtincte
de Cefar, ou des accidents & modes de Cefar.
Et partant, *les veritez obiectiues, ſont vn Eſtre
reel incomplexe*, entant qu'il peut eſtre ſigni fié
complexement, c'eſt à dire par vne propoſition formelle.

C'est l'aduis de S. Thomas, qui enseigne que l'obiet des propositions de la foy, est vne chose en soy incomplexe; laquelle neantmoins Dieu (pour s'accommoder à nostre façon de conceuoir, qui se fait par composition ou separation des obiets, & des termes) nous propose d'vne façon complexe, & composée; ainsi l'obiet de ces propositions, *Dieu est trin en personnes, Dieu existe, le Verbe est incarné*, n'est aucun Estre complexe, distinct de Dieu, & des personnes Diuines, & de leurs modes. Aristote, en ses Categories dit aussi que l'obiet total des propositiós affirmatiues, & negatiues contradictoires, sont des choses; & au neufuiesme de sa Metaphysique, il dit *que les propositions sont vrayes ou fausses, de ce que les choses sont, ou ne sont pas, & vous n'estes pas blanc à cause que nous disons que vous l'estes, mais à cause que vous estes blanc, ceux-là disent vray qui vous appellent blanc*: Donc selon Aristote, l'obiet des propositions sont des choses.

La raison est, que cela est l'obiet total de la proposition affirmatiue, qui seul estant mis effectiuement, fait que la proposition affirmatiue soit veritable, & n'estant pas mis, fait qu'elle soit fausse: or posant des choses incomplexes, c'est à dire des substances, accidents, & modes, & ostant du monde tout le reste, les propositions affirmatiues sont veritables; & si on oste ces choses, les propositions sont fausses: donc des choses incomplexes sont l'obiet total de la proposition. Ainsi mettant Cesar au monde, posant l'existance de Dieu, mettant la blancheur dans vn Cygne, l'action

D. Tho. 2. 2.
q. 1.

Ar. cap de oppos. quod sub affirmationem & negationem cadit, nulla est oratio, sed res.

L. 9. Met. ex eo quod res est vel nó est, propositio est vera vel falsa, non quia te album putamus, tu albus es, sed quia tu albus es, nos qui id dicimus, verum dicimus.

de Cefar, ou Cefar agiffant, Cefar affis, le
marbre quarré, ces propofitions font vrayes,
Dieu exifte, Cefar eft homme, Cefar eft affis,
Cefar agit, le marbre eft quarré, le Cygne
eft blanc; donc l'obiet de ces propofitions,
eft Dieu exiftant, Cefar agiffant, le marbre
quarré, Cefar affis, le Cygne blanc, qui font
des fubftances, des accidents ou des modes: Et
confequemment ces veritez obiectiues, qui ne
font pas des chofes, font imaginaires, & elles
ne font pas neceffaires, puis que fans elles
nous auons l'obiet total des propofitions.

OPPOSITION I. L'obiet de cette propofition, Socrate eft affis, ou blanc, ce n'eft
pas Socrate ny le lieu, ny la blancheur; mais
Socrate eftre affis, & Socrate eftre blanc;
donc fon obiet n'eft pas vne fubftance, ny accident, ny mode. Ie refpons que l'obiet de ces
propofitions, Socrate eft affis, & Socrate eft
blanc, ce n'eft pas Socrate fimplement, ie l'a-
uoüé, ce n'eft pas Socrate tellement modifié,
ie le nie: Et pareillement ie dis que Socrate
eftre blanc, ce n'eft pas fimplement Socrate &
la blancheur, mais Socrate ayant en foy la
blancheur: I'adioufte que Socrate eftre blanc,
Socrate eftre affis, Socrate courir, Dieu exifter, Lyfis aymer ne font autre chofe que des
oraifons à l'infinitif, qui fignifient les chofes &
leurs modes, & ont le mefme obiet que des
oraifons qui fe font par le nom, ou par le participe, ainfi Socrate courir, fignifie complexement le mefme, que fi l'on difoit la courfe
de Socrate, ou Socrate courant: ce qui n'eft
autre chofe reellement, que Socrate entant

qu'il peut estre enoncé complexement par
vne proposition modale. Et s'il est permis de
mesler icy nos plus releuez mysteres, il est certain, que Iesus patissant, Iesus souffrir, la Passion de Iesus, & Iesus souffre, signifient la mesme chose du costé de l'obiet, mais en des façons diuerses.

En 2. lieu, si les veritez obiectiues sont
des Estres distincts de toute substance, accident, & mode creé & increé, il y aura vne
infinité d'Entités, soit que vous preniez entité
selon la premiere, seconde, ou troisiesme signification, lesquelles sont distinctes & independantes de Dieu, & que Dieu n'aura point
fait, car tout ce qu'il a fait, est ou substance,
ou accident, ou leurs modes : Or ie vous demande, si ces entitez, & ces choses sont visibles, ou inuisibles ; soit qu'elles soient l'vn ou
l'autre : elles doiuent dépendre de Dieu, pource que le Concile de Nicée, dit que Dieu est
Createur de toutes choses visibles & inuisibles,
& S. Iean au commencement de ses Oracles, dit que Dieu est Autheur de toutes choses. Donc ces veritez imaginaires sont hors
de toutes choses : c'est à dire qu'elles ne sont
rien. Que si on repart, que ces vrays complexes ne sont pas des choses en la premiere
signification ; mais en la troisiesme : Respondez, que cette opinion met vne façon d'estre
inconnuë à sainct Iean, & au Concile de
trois cens dix-huict Euesques. Dittes de plus
que Guillaume Euesque de Paris, auec tous
les Docteurs de la Sorbone, c'est à dire de la
premiere Vniuersité de tout le monde, con-

giſtri ; in edi-
tione anni
1673. Pariſiis.
Quartus er-
ror eſt, quòd
multæ verita-
tes fuerunt ab
æterno, quæ
non ſunt ipſe
Deus.

damna ſoûs peine d'anathéme, l'erreur de ceux qui diſent que de toute eternité il y a eu des veritez diſtinctes de Dieu. De plus quoy qu'il fuſt vray que ces veritez obiectiues fuſ-ſent des Eſtres, il y en auroit fort peu, qui ne dependiſſent de Dieu, ſçauoir eſt celles-là principalement qui regardent Dieu, qui ſeul eſt vn eſtre neceſſaire : ou celles qui ſe font de la poſſibilité ou impoſſibilité des Eſtres.

Car celles-cy, Socrate eſt animal, Socrate eſt aſſis, Vlyſſe combat, Achille eſt blanc, ont des obiets qui dependent de Dieu : pource qu'il peut faire, que Socrate, Achille & Vlyſſe ne ſoient point tout à fait au monde. Et nos aduerſaires diſent auec nous que, Socrate eſt animal, veut dire, Socrate exiſte animal : & partant cette propoſition euſt eſté fauſſe, ſi quelqu'vn l'euſt prononcée auant que Socra-te euſt eſté au monde.

Oᴘᴘᴏsɪᴛɪᴏɴ II. Vous me direz que Socrate ſoit animal, qu'Achille ſoit homme, c'eſt vne choſe independante de Dieu, ſuppo-ſé qu'ils ſoient : Ie reſpons que pareillement toutes choſes incomplexes ſont independan-tes de Dieu, ſuppoſé qu'elles ſoient dans la nature, & que Dieu ne les vueille point deſtruire, & ainſi cette inſtance eſt nulle.

En 4. lieu, en l'opinion que ie refuté, ces veritez obiectiues ſont diſtinctes de toutes les ſubſtances, accidents, & de leurs modes. Donc nous ne croyons point la Trinité en Dieu, l'Incarnation, la Reſurrection & l'ad-mirable Aſcenſion du Sauueur : Car ces my-ſteres ſont des ſubſtances, ou modes des ſub-

ftances, & l'Incarnation eft deux natures ou
fubftances & vn mode.

En 5. lieu, fi l'on admettoit ces veritez
complexes, il y auroit des eftres, & des chofes infinies, qui n'exifteroient en aucun lieu,
qui feroient independantes de Dieu, quant à
leur exiftance, qui commenceroient fans
principe, periroient fans auoir de caufe de
leur aneantiffement: & ainfi il feroit faux,
que ces veritez obiectiues fuffent des eftres
neceffaires : car à mefme que les obiets fe
changent, ou commencent, ou periffent,
ces veritez reellement diftinctes des obiets
commenceroient ou periroient ; Par exemple, fi Dieu aneantiffoit le monde, cette verité ne feroit plus, *que le monde exifte*. Quand
le Soleil fe couche, cette verité n'eft plus,
le Soleil eftre fur l'horifon. Quand cet aftre fe
leue, cette verité perit : *Le Soleil eftre fous
l'horifon*, & fa contradictoire commence d'e-
ftre veritable. Quand tous les hommes s'ef-
ueillent, dorment, parlent, fe remuent, autant
periffent & commencent des veritéz obiectiues, fans principe de leur aneantiffement ; ce
qui eft affez ridicule : elles ne feroient donc
pas des eftres neceffaires, puis qu'elles commencent & finiffent.

De plus il feroit faux que ces veritéz n'exiftent pas en aucun lieu : car celle-cy *que Dieu
exifte*, eft par tout : & celle-cy, *Que le Soleil
luit*, fe trouue par tout où le Soleil porte fa lumiere : & ainfi à mefure que quelque fubftance, accident, ou mode des chofes commence
ou perit, ces veritez commencent ou periffent.

Arist.l.4.met.
c.4. & c. de
oppoſitis.

Adiouſtez pour 6. raiſon, Que ſi ces veritez obiectiues eſtoient diſtinctes de toutes les ſubſtances & accidens : les Idées de Platon ſeroient veritables. Car les Idées de Platon eſtoient des eſtres vniuerſels, & neceſſaires, diſtincts de chaſque indiuidu, ſur leſquels Dieu ſe mouſloit comme ſur ſon Idée, & ſon exemplaire. Or en l'opinion de nos aduerſaires, il ſe treuue de tels eſtres ; Donc ils admettent les Idées de Platon. Laiſſez donc cette façon de Philoſopher Theandre, & dites auec Ariſtote, qu'il y a des veritez obiectiues. Dittes qu'elles ſont l'obiet des propoſitions formelles ; mais niez qu'elles ſoient des eſtres diſtincts de toute ſubſtance, accident, ou mode. Dittes de plus que quelques verités obiectiues tombent ſous nos ſens, puis que Ceſar agir & Ceſar marcher, Ceſar chanter, ne ſont autre choſe que Ceſar agiſſant, chantant, & ſe promenant ; & ainſi on voit, & on oyt, ce qui eſt vne verité obiectiue : mais les ſens ne le connoiſſent pas d'vne façon complexe, puis qu'ils ſont incapables d'affirmer & de nier : & ainſi ces verités obiectiues, Ceſar chanter, Ceſar marcher, Ceſar eſtre homme, ſont dans le temps & dans le lieu que Ceſar exiſte, qu'il chante ou qu'il marche. Et cette verité obiectiue, le Lyon eſtre animal, eſt temporelle & corporelle. Mais celle - cy, Dieu exiſte, eſt ſpirituelle & eternelle.

OPPOSITION III. Cette verité obiectiue l'Ante-chriſt eſtre auenir, eſt en ſa façon : & neantmoins l'Ante-chriſt n'exiſte pas, donc cette verité eſt diſtincte de l'Ante-chriſt.

chrift. De mefme préfuppofé que Dieu euft
annihilé le Soleil : Cefte verité *le Soleil eftre
annihilé*, feroit apres l'aneantiffement de cét
Aftre, & neantmoins le Soleil ne feroit pas.
Donc cefte verité eft diftincte du Soleil : &
confequemment les veritez obiectiues ne font
pas des chofes.

Ie réfpons que l'Ante-chrift eftre futur, n'eft
pas l'Ante-chrift fimplement. Mais l'Ante-
chrift à venir : & que le Soleil eftre annihilé,
n'eft pas, ou pluftoft ne fignifie pas, fimplement le Soleil : mais le Soleil annihilé. Or ie
dis que l'Antechrift eftre futur, ce n'eft rien
que ces parolles à l'Infinitif, qui fignifient
l'Ante-chrift futur, mais d'vne façon complexe ; De mefme quand on dit cefte Verité
feroit pendant toute l'Eternité, *le Soleil auoir
efté annihilé*, fi vous entendez que quelque
chofe feroit qui foit cefte verité, ie le nie : fi
vous entendez, que pendant toute l'Eternité,
il feroit vray de dire, que le Soleil a efté annihilé, ou qu'il n'eft plus, ie l'accorde. Et ainfi
le Soleil auoir efté annihilé, n'eft rien qu'vn
concept, ou des paroles, qui fignifient que le
Soleil a efté, & n'eft plus. Et fouuenez-vous
que comme Cefar agir, s'explique par le participe actif, qui eft Cefar agiffant ; de mefme
le Soleil eftre aneanti, ou l'Ante-chrift eftre
futur, s'explique par le participe paffif, fçauoir eft l'Ante-chrift futur, & le Soleil aneanti. Or afin que ce que fignifient ces deux propofitions, foit, il n'eft pas befoin qu'aucune
entité exifte, mais feulement que le Soleil ait
efté & ne foit plus ; & que l'Ante-chrift ne foit

pas: mais doiue vn iour paroiftre dans la Nature.

OPPOSITION IV. Cela n'eft ny fubftance, ny accident, qui peut ceſſer d'Eſtre,
ſans qu'aucune ſubſtance ou accident periſſe. Or vne verité obiectiue, peut commencer ou ceſſer, ſans qu'aucune ſubſtance ou
accident commence, ou periſſe. Donc ces
veritez obiectiues ſont diſtinctes des Accidents & des ſubſtances. Ainſi Socrate eſtre
debout, & Socrate eſtre aſſis commence ou
perit, quand il change de poſture. Ie reſpons
que ceſte obiection fauoriſe fort Süares, touchant la diſtinction des modes, contre l'intention de ceux qui la propoſent. Ie dis de
plus, que ceſte verité obiectiue, *Socrate eſtre
aſsis*, peut ceſſer d'eſtre, ſans que Socrate
ceſſe d'eſtre ſimplement parlant, Ie l'accorde:
ſans que Socrate ceſſe d'eſtre tellement modifié, ie le nie: car afin que ceſte verité ceſſe
d'eſtre, il faut que Socrate ceſſe d'auoir vn
tel lieu, vne telle poſture, extenſion, & figure,
& partant ces veritez obiectiues ne ſont rien
que les ſubſtances, & accidens, ſoit abſolument conſiderées, ſoit auec leurs modes.

OPPOSITION V. Quelques veritez
obiectiues ont vn Eſtre neceſſaire, comme
celles cy. Que toute choſe Intelligible ſoit
ou ne ſoit pas; que le tout ſoit plus grand que
ſa partie; que l'Homme ſoit raiſonnable. Or
eſt-il qu'il n'y a hors de Dieu, ny ſubſtance, ny
accident, ny mode, qui ayent vn Eſtre neceſſaire. Donc ces veritez ne ſont, ny accident,
ny ſubſtance, ny mode,

Ie respons que pour verifier la premiere
de ces propositions, il suffit que tout ce qui
est Intelligible, soit dans la Nature, ou qu'il
n'y soit pas. Que s'il n'y est pas, cette proposition ne laisse pas d'estre veritable, comme
il est vray que la Chimere n'est pas, sans que
l'on inuente aucun mode ny aucun estre. Que
si ceste chose existe, comme le Soleil : il suffit qu'il soit, afin de verifier ceste proposition,
le Soleil existe. Pareillement afin de verifier,
que le tout est plus grand que sa partie, & que
l'homme est raisonnable, Il suffit qu'il y ait
vn homme & vn tout ; car chasque tout par
soy mesme est plus grand que sa partie, &
chasque homme est raisonnable par soy mesme ; & partant s'il ny auoit aucun tout, ny
aucun homme ; ces deux propositions seroient fausses, pource que ceste particule, Est,
signifie l'Existance.

Opposition VI. Aristote nomme
les obiets des sciences Eternels, Ingenerables,
& necessaires, donc l'obiet des propositions
ne sont pas des choses. Ie respons qu'Aristote
parle de la pluspart des obiets des sciences
totales, & non pas de chasque cognoissance
en particulier. Car celle cy, Alexis court, Alexis est blanc, n'ont pas des obiets necessaires,
ny Eternels. Puis qu'à parler simplement,
Alexis peut exister, sans estre assis, & sans
estre blanc. Mais les sciences totales, ont pour
l'ordinaire des obiets eternels ; non pas absolument, mais conditionellement, c'est à dire
qu'on les explique par des propositions d'e-
ternelle verité, dont l'attribut est necessaire-

ment ioint auec le ſujet, en telle façon que l'on ne ſçauroit mettre l'vn ſans l'autre.

Ie reſpons en 2. lieu, qu'Ariſtote croyant que le monde eſtoit Eternel, a ſuiuy ce meſme erreur en ceſte propoſition diſant, que les obiets des ſçiéces ſont Eternelles. On peut encor reſpondre, qu'Ariſtote n'a pas voulu, que les choſes qui ſe ſçauent, fuſſent de toute Eternité : mais qu'elles ſe peuſſent ſçauoir de toute Eternité ; car il eſt vray que Dieu a tout ſçeu de toute Eternité : & ainſi quand le Philoſophe dit, *Scibilia ſunt ab æterno*, c'eſt comme s'il diſoit *ſcibilia ſunt ab æterno ſcibilia.*

VI. Thèse. On peut dire a bon droict, que les veritez obiectiues, ou l'obiet des propoſitions, ſont vn complexe Logique, ou vne verité obiectiue compoſée d'attribut & de ſuiet, & de l'identité : car quoy que ces trois choſes, ſoient le meſme abſolument conſideré, neantmoins vne meſme choſe ſous diuers termes, eſt comparée à des choſes diuerſes.

Ie m'explique, Theandre, & dis que lors que l'on fait ces propoſitions, *Alexis eſt animal, & Alexis eſt raiſonnable*, tout cela reellement eſt la meſme choſe Incomplexe, ſçauoir eſt Alexis, qui a des diuers rapports, ſous diuers termes, comme ie diray au liure ſuiuant. Ce qu'eſtant preſuppoſé : ie dis que le ſuiet & l'attribut des propoſitions formelles, ſont diſtincts formellement, c'eſt à dire par raiſon definitiue, pource qu'ils ont des definitions, ou comparabilitez diuerſes : & ainſi ils ne ſont pas tout à fait le meſme : autrement toutes les propoſitions ſeroient Identiques,

puis qu'on appelle propofition identique, celle dont le fuiet ne differe aucunement de l'attribut : comme fi on difoit Alexis eft Alexis,
où, tout eftre eft chofe. Il faut donc qu'il y ait
quelque difference entre le fuiet & l'attribut:
or il n'y en a pas reellement, ny abfolument:
donc il ny en a que comparatiuement & par
raifon definitiue; certainement eftre plufieurs
chofes comparatiuement, c'eft qu'vn mefme
eftre, foit comparé à des chofes diuerfes, or
Alexis fous le mot *raifonnable & animal*, eft
comparé à des chofes diuerfes, pource que
fous ce mot animal, quoy qu'obfcurement
il eft comparé aux Lyons, & aux Aigles: &
fous ce mot raifonnable il eft comparable à
Dieu & aux Anges, & ainfi on peut dire
que les veritez obiectiues ou l'obiet des propofitions, eft vn complexe Logique, pour
entendre cefte matiere en perfection. Il nous
refte d'examiner pour

QVESTION II.

Qu'eft-ce que propofition d'eternelle ve-
rité, & fi le Verbe, Eft, fignifie
toufiours l'Exiftence.

I. Thesе. LE Verbe Est, pris proprement, fignifie toufiours quel-
que exiftence, ou de l'attribut ou du fuiet, ou

de tous deux, mesmes dans les propofitions
d'Eternelle Verité.

Cette THESE eft contre Süarez & quelques autres, qui difent que cefte particule *Eft*, fignifie l'abftract de ce mot *Ens*, ou Eftre. Or ce mot *Eftre* fe prend quelquefois difent-ils, pour vn nom, comme dans les propofitions effentielles ou neceffaires, quand on dit *l'homme eft animal: l'homme eft rifible*: & alors il a pour abftrat ce mot *Entité*. Il fe prend auffi quelquefois pour ce participe *exiftant*, comme dans les propofitions accidentelles, quand on dit *le Soleil eft luifant*, & alors il a pour abftrat *Exiftence*. Et partant, dans les propofitions effentielles, ou neceffaires le Verbe Eft, ne fignifie pas l'exiftence. C'eft pourquoy les Anciens les ont nommez *propofitions d'Eternelle Verité*, pource que de toute Eternité elles font veritables, & ne defpendent aucunement du temps. Contre cefte opinion ie dis premierement, que l'Entité & *l'exiftance*, ne font pas des termes abftrats, fi ce n'eft à la façon de la Grammaire: pource qu'ils fuppofent tout à fait pour le mefme qu'*Eftre*, & *exiftant*: ou il fe donne vne infinité d'abftractions: car toute entité exifte, & toute entité eft vn Eftre. Ie dis de plus que dans la propofition cefte particule *eft*, proprement prife, fignifie toufiours quelque exiftance, & connote toufiours le temps, foit dans les propofitions effentielles foit accidentelles. Car cefte particule *eft*, eft toufiours Verbe: or eft-il que tout Verbe, felon Ariftote, fignifie toufiours quelque propre difference du temps; c'eft à dire

vne chose existante, ou au present, ou au passé,
ou au futur : de sorte que comme il est impossible, de mettre vn homme en aucune circonstance, qu'il ne soit animal : de mesme il est
impossible de mettre le Verbe, qu'il ne signifie
vne propre difference du temps. Car tout de
mesme comme animal entre dans la definition de l'homme, de mesme signifier le temps,
entre dans la deffinition du Verbe, donnée
par Aristote qui dit que *le Verbe, est vne voix
qui signifie auec le temps*. Donc nos Aduersaires ne se souuiennent pas de leurs principes, &
choquent la doctrine d'Aristote. De plus le
Verbe Est, comme i'ay prouué d'autrefois
auec Aristote, signifie qu'il y a connexion entre le suiet & l'attribut, pour le temps, auquel
est le Verbe. Il signifie donc quelque existance, ou passée, ou presente, ou future.
En troisiesme lieu quand on dit *Alexis est*,
on signifie l'existance d'Alexis, donc si on dit
Alexis est homme, on signifie aussi qu'Alexis
est, & qu'il est homme. Donc que l'on signifie
son existance.

OPPOSITION I. Vous me direz qu'il
y a de la difference, pour ce qu'Alexis peut
estre, & n'estre pas : donc ceste proposition
Alexis est, sera vne proposition accidentelle :
mais celle cy Est essentielle, Alexis est homme.
Ie respons qu'*Alexis est homme*, est vne proposition essentielle, c'est à dire qu'il est impossible de mettre le suiet que l'attribut ne soit, ie
l'accorde : mais si vous voulez dire, que cette
proposition ne puisse pas estre fausse, ie le nie.
Car ie dis que si Alexis n'estoit pas dans la na-

ture : il ne feroit pas homme, & partant cette
propofition feroit fauffe, Alexis eft homme. Ie
dis donc qu'adiouftant vn attribut à ces mots
Alexis eft, comme quand on dit Alexis eft
homme, ou Alexis eft beau. On n'empefche
pas que le Verbe Eft, ne fignifie l'exiftance, fi
ce n'eft que le mot, que l'on y adioufte apporte quelque ampliation, ou diuertiffement du
temps : car fi on difoit Alexis eft mort, Alexis
eft bruflé, Alexis eft imaginable, Alexis eft
poffible, ce font des attributs qui changent la
difpofition & le temps. Ie dis neantmoins que
mefme en fes propofitions, le Verbe Eft, fignifie quelque exiftence : car alors que l'on dit,
les chofes poffibles, font poffibles on veut dire, qu'il exifte vne puiffance, qui peut produire ce qui peut eftre fait : Alexis eft mort, fignifie qu'Alexis n'exifte plus; & ainfi ce terme Eft,
fignifie toufiours l'exiftance, la niant ou l'affirmant. De forte que cette propofition, Alexis eft mort, eft en apparence affirmatiue :
mais en effect elle eft negatiue, fi on a plus
d'efgard à la fignification qu'aux parolles.

Opposition II. Vous me direz donc
ces propofitions l'homme eft animal, & les
autres d'Eternelle verité, euffent efté fauffes,
fi vn Ange les euft prononcées deuant la
Creation du premier homme. Ie refpons que
ces propofitions à fimplement parler, euffent
efté fauffes : mais non pas fi on les prend au
fens legitime des Anciens, car lors qu'ils ont
dit, qu'il y auoit des propofitions d'Eternelle
verité, ils ont voulu dire, qu'il y a des propofitions, dont l'attribut s'énonce effentiel-

lement du ſuiet; ou bien qu'il y a des propoſitions, dont l'attribut ne peut eſtre, ſans le
ſuiet, par vne connexion mutuelle & reciproque : en telle façon que *Dieu de toute Eternité n'a peu mettre l'vn ſans l'autre.* Et à parler
proprement ces propoſitions ſont conditio-
nelles , ou ſe reſoluent en des modales : &
quand on dit *l'homme eſt animal* , le ſens eſt, *il
eſt impoſſible qu'il y ait vn homme qui ne ſoit
animal* , ou bien *ſi quelque choſe eſt homme,
elle eſt Animal.* D'icy vous déduirez pour

II. THESE. Que la pluſpart des propoſitions d'Eternelle Verité , parlant à la rigueur peuuent eſtre fauſſes : mais non pas les
prenant en leur ſens legitime. I'ay dit la pluſpart, car celle-cy , *tout ce qui eſt conceuable
exiſte ou n'exiſte pas* , ne peut iamais eſtre fauſſe, ny celle-cy, tout ce qui eſt poſſible n'enferme en ſoy aucune contradiction , ou celles-cy
Dieu exiſte, Dieu eſt bon , Dieu eſt ſage.

III. THESE. Le terme *Eſt*, ne ſignifie pas
touſiours l'exiſtance du ſuiet, & de l'attribut,
mais quelquefois l'exiſtance de l'vn, quelquefois l'exiſtance de l'autre : car dans les propoſitions eſſentielles, il ſignifie proprement l'e-
xiſtance du ſuiet & de l'attribut, & de plus
leur identité. Ainſi quand on dit, l'homme eſt
raiſonnable, le ſens eſt que l'homme & raiſonnable exiſtent & qu'ils ſont vne meſme
choſe. Mais auſſi ce Verbe Eſt, ne ſignifie pas
quelquefois dans la propoſition, l'exiſtance du
ſuiet, ny meſme de la choſe pour laquelle ſuppoſe l'attribut : mais ſeulement de ce qui eſt
connoté, ainſi *l'Ante-chriſt eſt cognou , deux*

mondes sont possibles, la Chimere est imagina-ble, signifient seulement que la puissance de produire deux mondes, & la cognoissance & l'imagination de l'Ante-christ, ou de la Chi-mére existent; Que si l'attribut ne peut con-uenir au suiet, si le suiet n'existe. Alors ceste particule Est, signifie tousiours l'existance de l'attribut & du suiet, & qu'ils sont la mesme chose, comme quand on dit, Alexis court, Alexis est beau, le feu est chaud.

C'est pourquoy i'ay dit que ces consequan-ces estoient mauuaises. L'Ante-christ est co-gneu, donc l'Ante-christ existe, deux mondes sont possibles, donc il y a deux mondes. La Chimere est imaginable, donc la Chimere existe. Hercule est mort; donc Hercule est, Car ces mots cogneu possible, conceuable, intelli-gible, mort, aneanti, font des termes amplia-tifs, & ainsi le Verbe Est, se prend en deux façons diuerses, & auec équiuoque. D'icy vous desduirez encore, que ces propositions sont veritables : la Chimere est impossible, tout impossible est impossible: car elles signi-fient, qu'il n'est point de puissance, qui puisse produire vn Estre impossible.

Opposition II. Vn Sophiste, nous peut icy opposer, que si ce mot Est, signifie l'e-xistance, ceste proposition *le Soleil est beau* se resoudra ainsi *le Soleil est existant beau*, & ceste seconde proposition retenant encore en soy le Verbe Est, se resoudra ainsi, le Soleil est existant, existant beau : Et ainsi il y aura des resolutions infinies; ie respouds à ce Sophis-me, que la particule est, se peut ainsi resou-

dire, vtilement, ie le nie: ridiculement par vn
homme qui n'aura rien à faire, ie l'accorde;
Or quand on fait la premiere resolution, en
ceste sorte, le Soleil est beau, c'est à dire, le
Soleil existe & est beau. Il y a raison, pource
que cela est necessaire, pour sçauoir la force
du Verbe substantif. Mais de proceder plus
outre, c'est perdre le temps; aussi bien que de
vouloir resoudre à l'Infiny, les termes trans-
cendans: car apres auoir dit, que l'Estre est ce
qui peut exister, si on vouloit resoudre chasque partie de ceste resolution, on y mettroit
encor le mot d'Estre; mais en ces anatomies
des propositions, il ne s'en faut seruir que
comme des remedes; c'est à dire autant que la
necessité le demande.

OPPOSITION III. Quand on dit, rien
est rien, Hercule est mort, la Chimere est impossible, la ville de Troye est destruite, on fait
des propositions; or elles ne signifient aucune existance, Donc quelquefois de terme *Est*,
ne signifie aucune existance. Pour response ie
mets ceste

VI. THESE. Le terme *Est*, signifie quelque existance, dans les propositions affirmatiues l'asseurant, & dans les negatiues, la des-
auoüant; or il y a deux sortes de propositions
negatiues, quelques-vnes le sont en effet, &
en apparence, comme celle-cy, le Soleil n'est
pas homme. Les autres sont en effet negatiues, quoy qu'en apparence elles soient affirmatiues, comme celles-cy, Alexis est mort,
Troye est bruslée, rien est rien. La raison de
cela est, que la particule non mise deuant le

Verbe, nie tout ce que le Verbe affirmeroit de soy mesme : & ainsi comme le Verbe signifieroit l'existance, l'affirmant : aussi quand on met la particule negatiue, deuant le Verbe, il signifie cette mesme existance, la niant. Dites donc que ces propositions sont negatiues ; car vn bon Philosophe doit auoir plus d'esgard au sens, qu'aux paroles. Or si on fait la resolution de ces propositions, rien est rien : le sens est, que ce qui n'existe pas, n'existe pas. Troye est ruinée, veut dire la ville de Troye a esté & n'est plus : de tout cecy Major en son Prologue desduit obscurement ces veritez suiuantes.

La premiere est, qu'il y a des propositions qui ont vn obiet total, c'est à dire que tout ce qu'elles signifient, est effectiuement dans la nature : comme quand on dit, Alexis est beau, Vranie est sainte : mais aussi il y a des propositions, dit cét Autheur, qui n'ont pas & ne peuuent pas auoir vn obiet total, comme celle-cy, tout homme est animal ; pource qu'au delà de tout homme que vous pourrez assigner, quelqu'autre homme est possible : & Dieu ne sçauroit faire vn si grand nombre d'hómes, qu'il n'en puisse faire encor vn plus grand, y en adioustant au moins vn de surcroist. Cette remarque sert merueilleusement pour les traictez de l'infiny & du continu.

La seconde verité est, que la proposition negatiue, contradictoire, signifie le mesme que son affirmatiue : mais d'vne façon diuerse, pource qu'elles sont composées de mesmes termes Synonymes, soit catégorematiques, soit Syncatégorematiques excepté la particu-

le Non, qui fait que la propofition negatiue,
nie tout ce que l'affirmatiue approuue, Comme la haine detefte le mefme obiet, qui eft aimé par l'amour.

La 3. fuite eft, que deuant la Creation du
Monde, il n'eftoit pas vray que le Monde deuoit eftre : pource qu'il n'y auoit aucune propofition ny mentale, ny vocale, qui dift, le
Monde fera. Neantmoins quelques Autheurs
aiment mieux dire, que à cela fuffit la cognoiffance de Dieu: pource que Dieu cognoif-
foit, que le Monde deuoit exifter. De moy
i'eftime que pour bien entendre ces propofitions, il les faut refoudre en cefte forte, fi quelqu'vn euft dit deuant la Creation, le Monde
fera-t'il, euft dit la verité.

Quatriefmement, le Docte Major defduit
affez agreablement que, Socrate ieufner, c'eft
Socrate ieufnant. Et partant fi Socrate qui
ieufne, eft mauuais homme ; Socrate ieufner
eft vne chofe mauuaife. Pareillement Socrate
ieufner, Socrate difner, Socrate fouper, c'eft
la mefme chofe : puifque reellement parlant,
c'eft Socrate. Et ainfi puis qu'eftre tué eft celuy qui eft tué, fi celuy qui eft tué, eft bon,
comme l'Innocent Abel, ce fera vne chofe
bonne d'eftre tué & priué de la vie. Ie laiffe à part plufieurs autres confequences femblables, pource qu'elles font de peu de
confequence. Si ie me fuis feruy de quelques mots barbares, dans ces difcours, fou-
uenez vous THEANDRE, que la neceffité
n'a point de Loy. Et que comme dit vn de
nos Poëtes François, lors que noftre Langue eft fterile,

Il n'est point de danger,
De naturaliser quelque mot estranger.

Passons de la Verité à l'Vnité qui est la troisiesme proprieté de l'Estre.

Fin du second Liure de la Metaphysique.

L'IDEE
D'VNE
METAPHYSIQVE
FAMILIERE
ET SOLIDE.
LIVRE TROISIESME.

DE LA PREMIERE PRO-prieté de l'Estre, qui est l'Vnité & la Distinction; & des diuerses sortes de Distinction & d'Vnité, soit Indiuiduelle, soit Vniuerselle.

DISCOVRS I.
DE L'VN ET DE L'VNITE'.
Combien y a-t'il de sortes d'Vnité. Qu'est-ce qu'Vnité Indiui-duelle, Indiuidu, & Indiuiduatiõ.

'VNITE' est le soustien de tous les Estres; Comme la Nature n'a qu'vn principe, aussi elle n'a qu'vne fin. La diuision est celle qui perd les plus florissantes monarchies, qui demeurent en leur entier, pendant qu'elles viuent dans l'vnion des cœurs, & des volontez. Tant plus les choses se retirent de l'Vnité, plus elles s'éloignent de leur perfection. Et plus elles s'en approchent, plus elles sont accomplies. Les choses les plus nobles sont Vnes, il n'est qu'vn Soleil dans le Ciel, qu'vne Ame dans le corps humain, & qu'vn Dieu dans le Monde. Parlons donc THEANDRE, d'vne qualité qui est le plus bel ornement de l'Vniuers. Certes, quoy que les Philosophes donnent trois proprietez à l'Estre, *l'Vnité, la Verité & la Bonté.* La Metaphysique s'attache si fortement à l'Vnité, qu'il semble qu'elle n'ait aucune passion pour les deux premieres. Suiuons ses desseins THEANDRE, Et à l'honneur de la souueraine Vnité, parlons d'vn Attribut qui est le soupir de toute la Nature.

QVESTION I.

Qu'est-ce qu'Vnité. Combien y a-t'il de sortes d'Vnité. Les choses sont-elles vnes, & indiuiduées par elles mesmes.

I. THESE. CEs termes *vn ou vnité,* sont vne passion ou proprieté de l'Estre. Car ils supposent reciproquement auec l'Estre, puisque tout Estre est vn, &
tout

tout vn eſt Eſtre. Et de plus ils conñotent que
cét eſtre ne ſoit point pluſieurs eſtres. C'eſt en
ce ſens que ſainct Thomas en ſa premiere partie, dit que l'vnité n'ajouſte rien par deſſus
l'eſtre: mais qu'elle ſignifie par deſſus ce mot
Eſtre vne negation de diuiſion. Et ainſi comme dit Ariſtóte, l'Eſtre & l'vn ſont vne meſme
choſe, & vne meſme nature: mais ils n'ont pas
vne meſme definition.

II. Theſe. L'vnité en commun,
qui eſt proprieté de l'eſtre, c'eſt ce terme *vn
ou vnité*, & non pas quelque vnité, ou raiſon commune d'vnité diſtincte de chaſque
vnité en particulier. De ſorte que ce mot *vn*
ſignifie chaſque Eſtre, entant qu'il eſt vn, c'eſt
à dire indiſtinct de ſoy, & diſtinct de tout autre. La raiſon eſt, que ceſte vnité en commun,
ne ſeroit pas vne : mais elle ſeroit pluſieurs
vnitez, & pluſieurs Eſtres. Car ſi elle eſtoit
ſeulement vn Eſtre, elle ſeroit indiuiduelle,
& auroit ſeulement vne vnité en nombre, elle
ne ſeroit donc pas vniuerſelle, & commune
à toutes les vnitez particulieres.

En 2. lieu, l'vnité n'eſt pas diſtincte de l'E-
ſtre, ny reellement, ny meſme par raiſon. Car
ou l'vn entant que diſtinct de l'eſtre, eſt reellement & formellement vn Eſtre, ou il n'eſt
rien : ſi formellement il eſt Eſtre, donc il n'eſt
pas diſtinct formellement de l'eſtre, & s'il
n'eſt rien, il s'enſuit que rien eſt vne proprieté
de l'eſtre, ce qui eſt ridicule. De plus ſi l'vnité
eſtoit vne choſe diſtincte de l'Eſtre, elle ſeroit
ſuperfluë; car chaſque choſe par ſoy meſme
eſt vne, & non pas par aucune autre choſe, ou

raison diftincte, pource que par foy mefme,
elle eft ce qu'elle eft, c'eft à dire diftincte de
tout ce qui n'eft pas elle.

En 4. lieu ou cefte vnité eft Eftre, & vne par
foy mefme, ou non : fi elle eft Eftre par foy
mefme, donc quelque Eftre eft vn par foy
mefme. Que fi elle n'eft pas vne par foy mefme, donc il fe donne vn progrez à l'Infiny.
Ou enfin, on vient à vn Eftre, qui foit vn par
foy mefme, & non pas par aucune chofe diftincte. Il faut donc dire que l'vnité en commun, c'eft ce terme *vn* qui eft paffion ou attribut de ce terme *Eftre*, pource qu'il eft vn
terme plus connotatif & reciproque auec luy.
Et partant fi quelquefois on trouue dans Ariftote, & dans fainct Thomas que *l'Eftre &
l'vn, l'Eftre & bon*, font diftincts de raifon. Il
faut entendre de raifon Logique, ou défini-
ue. C'eft à dire que ces termes font declaroz
par diuerfes façons, ou diuerfes raifons definitiues : quoy qu'ils fignifient la mefme chofe; & partant les concepts ou les façons de fignifier font diuerfes : mais non pas la chofe fignifiée, pource que la mefme chofe peut eftre
fignifiée abfolument, & connotatiuement, incomplexement, & complexement, negatiuement & affirmatiuement.

III. Thèse. Ce terme *vn* fignifie diftributiuement chafque Eftre en particulier, &
connote qu'il eft indiftinct de foy & diftinct
de tout autre : de forte que comme dit Oxam,
chafque Eftre n'eft pas fait vn par aucune negation : mais par foy mefme; & à caufe que
par foy mefme il eft vn, on nie de luy qu'il foit

pluſieurs: à quoy il n'eſt pas neceſſaire, qu'aucune negation luy ſoit intrinſéque. Car comme on dit que l'homme n'eſt pas vn Lyon, &
toutesfois l'homme n'eſt pas Lyon par ſoy
meſme, & non pas par aucune choſe diſtincte: ainſi chaſque eſtre, eſt vn, ou indiſtinct
de ſoy, par ſoy meſme. C'eſt donc vne choſe
bien differente, de dire, que ce terme *vn* connote *non diſtinct*, par deſſus ce mot Eſtre, &
de dire, que l'Eſtre reellement pris, n'eſt pas
diſtinct par ſoy meſme. Ainſi l'homme par
ſoy meſme, n'eſt pas Lyon, ny Soleil, ny Aigle. Et neantmoins ce mot homme, ne connote pas la negation du Soleil, du Lyon, ny de
l'aigle; car c'eſt le meſme homme, comparé
à diuerſes choſes, ſous des termes diuers. De
ſorte que quand on dit, que l'homme n'eſt pas
Lyon, c'eſt l'homme comparé au Lyon, &
lors que l'on dit que l'homme eſt, *non Aigle:*
c'eſt le meſme homme comparé à l'Aigle.

IV. Thèse. Ces mots *vn, indiuidu, ſin-*
gulier, indiſtinct, le meſme, vn en nombre, ſignifient toút à fait la meſme choſe, de ſorte que
eſtre vn, eſtre le meſme, eſtre indiſtinct, & eſtre
identifié ont la meſme ſignification : car ils
ſuppoſent pour l'Eſtre, & connotent qu'il ſoit
indiſtinct de ſoy, & diſtinct de tout autre. Ou
bien ces mots ſignifient, que cét Eſtre n'eſt pas
pluſieurs eſtres, qui ſoient ce meſme eſtre. Car
quoy qu'il y ait des eſtres, qui ſont compoſez
de pluſieurs, comme l'homme qui a pluſieurs
parties, ou pluſieurs eſtres en ſoy meſme,
neantmoins chacun de ces eſtres, par exemple le corps, & l'ame, les bras ou les iambes,

ne font pas tout l'homme, & vne goutte d'eau
eſt bien pluſieurs goûttes d'eau : mais chaque
goutte n'eſt pas auſſi grande que celle qu'elle
compoſe. Vous voyez donc que ces mots ſin-
gularité, indiuidu, & vn, ſont oppoſés à multiplicité, nombre & pluralité, non pas ſimplement: mais à vne pluralité, qui ait des parties,
chaſcune deſquelles ſoit tout cét indiuidu, qui
contient ces meſmes parties. Ainſi ſainct
Thomas dans ſa queſtion onzieſme, dit qu'-
vn & pluſieurs, ſont oppoſez, pource qu'vn
conſiſte dans l'indiuiſibilité, & la multitude
contient la diuiſion.

    V. T H E S E. Eſtre *vn ou vnité*, à par-
ler reellement, c'eſt chaſque Eſtre en particulier, entant qu'il eſt indiſtinct de ſoy, &
diſtinct de tout autre; & partant puiſque tout
eſtre eſt indiſtinct de ſoy, & diſtinct de tout
autre, il s'enſuit que tout eſtre eſt vn, & que
tout vn eſt eſtre.

QVESTION II.

*Qu'eſt-ce qu'Indiuidu & indiuiduation
en commun, & ſi les choſes ſont faites
indiuidues, ou ſingulieres par vne
formalité diſtincte.*

I. T H E S E. EStre *Indiuidu*, c'eſt eſtre
indiſtinct de ſoy, & diſtinct
de tout autre, d'où il s'enſuit que les choſes

sont indiuidues par elles mesmes, & non pas
par vne autre chose, ou par aucune raison, ou
formalité distincte d'elles mesmes, & que tout
estre est indiuidu, de sorte qu'il est impossible
qu'il se donne vn estre qui ne soit indiuidu. Et
il n'est aucun indiuidu abstrat & commun à
tous les indiuidus. La raison de cecy est, que
chasque chose est ce qu'elle est par soy mesme, donc par soy mesme, elle est indistincte de
soy, autrement elle seroit ce qu'elle n'est pas.
Et si elle estoit distincte de soy, elle ne seroit
pas ce qu'elle est. Pareillement chasque chose
par soy mesme, est distincte de tout ce qui n'est
pas elle mesme. Ainsi le Soleil par soy mesme
est indistinct de soy, & distinct de Dieu, & de
tout ce qui n'est pas Soleil : car si le Soleil est
distinct de toutes les autres choses, par quelque raison distincte de luy mesme, il s'ensuit
premierement que le Soleil par soy mesme,
est la mesme chose, auec ce qui n'est pas Soleil ; & partant par soy mesme il seroit Soleil,
& ne seroit pas Soleil. Secondement il s'ensuiuroit vn progrez dans l'infiny, car ou cette
raison seroit indiuiduë par soy mesme, ou
non : si elle est indiuiduë par soy mesme, pourquoy le Soleil ne sera-t'il pas indiuidu par
luy mesme : si cette raison est indiuiduée par
vn autre, voila vn progrez à l'infiny dans l'indiuiduation, ce qui est vn imaginaire. Adioustez aussi, que toute chose est estre par soy
mesme, & tout estre est vn, puis qu'vn est
vne proprieté inseparable de l'estre. Donc
puisqu'estre vn & indiuidu est la mesme chose, il est necessaire que tout estre soit indiui-

duë par soy mesme. Comme il est estre par soy
mesme.

II. THESE. Ces termes *indiuidu*, *fingulier*, *vn en nombre*. Et, (*hoc Aliquid*, comme parle Aristote,) se prennent ou Physiquement, comme termes de la premiere intention, ou Logiquement comme termes de la
seconde intention. Quand ils se prennent
comme termes de la premiere intention, ils
supposent pour chasque Estre distributiuement, c'est à dire pour le Soleil, pour Bucephale, pour Cesar: entant qu'il est indistinct
de soy, & distinct de tout autre, par soy mesme. Et ainsi indiuidu est chasque estre, entant
qu'il est indistinct de soy, & distinct de tout
autre.

Porphyre en son introduction, definit l'indiuidu pris comme terme de la seconde intention, *ce qui peut estre énoncé d'vn seul*, par
exemple ces mots Alexis & Bucephale, sont
indiuidus : car ils ne peuuent estre énoncez
que d'vn seul. Donc indiuidu pris comme
terme de la seconde intention, est le mesme,
que le terme singulier. Et alors il suppose pour
vn terme, par exemple pour *Cesar*, connotant
qu'il ne peut estre énoncé que d'vn seul, &
ainsi il est opposé au terme vniuersel, ou commun qui peut estre énoncé de plusieurs.

D'icy vous desduirez que lors que Porphyre a dit, que *indiuidu est ce dont les proprietez
prises ensemble ne peuuent conuenir à aucun autre*, cette deffinition se peut attribuer, ou aux
termes ou aux choses, car vn terme, ou vne
chose indiuiduë, est celle-là dont quelque at-

tribut peut estre dit, qui ne peut estre affirmé
d'aucun autre. Ainsi on dit de Lysis, qu'il est
Lysis, ce qui ne se peut dire d'aucun autre.

OPPOSITION. Aristote a dit qu'il ne se
donnoit point de deffinition des choses singulieres & indiuiduës : donc on ne peut deffinir
l'indiuidu. Ie respons, que l'on ne donne pas
vne deffinition des choses singulieres en particulier, mais en commun. Ainsi on ne deffinit pas Cesar en particulier : mais on deffinit
que c'est qu'Estre indiuidu, qui est vn concept
commun à Cesar, à Lentulus, & à Bucephale.
Donc me direz vous, il se donne vne raison
d'indiuiduation, d'vnité, & de singularité,
commune à tous les indiuidus & singuliers;
sur ceste question ie dis pour

III. THESE. Qu'indiuidu en commun,
c'est ce terme indiuidu, qui signifie confusément & également chasque indiuidu en particulier, & il n'y a aucun indiuidu, ou raison
commune d'indiuiduation dans les choses.

Ie le prouue, premierement, pource qu'indiuiduation, est ce par quoy vne chose est indistincte de soy, & distincte de toute autre, or
vn Estre ne peut estre distinct des autres, par
vne raison commune à plusieurs. Donc il n'y
a aucune indiuiduation commune à tous les
indiuidus. Car s'il y auoit vne raison commune d'indiuidu, plusieurs choses seroient vnes
en ceste raison commune : donc elles ne seroient pas distinctes par cette mesme raison,
ou il s'ensuiuroit que par la mesme raison, elles seroient distinctes, & ne seroient pas distinctes.

N iiij

En 2. lieu, selon Porphyre, Indiuidu est ce qui ne peut estre affirmé que d'vn seul. Or vne raison commune seroit énoncée de plusieurs. Donc elle ne seroit pas indiuidu. Outre que pardessus tout indiuidu, il y auroit vn indiuidu.

Troisiesmement l'indiuidu ne seroit pas sous l'espece, & ne la diuiseroit pas, pource que la raison d'indiuidu s'estendroit autant que la raison specifique : & appartiendroit aux indiuidus de toutes les especes : puis qu'elle seroit vn genre commun à plusieurs especes : & partant cette raison de singularité seroit, & ne seroit pas singuliere : mais commune. Elle ne seroit pas la derniere determination de l'Estre, & elle pourroit estre encor déterminée par vne autre raisõ singuliere, puis qu'elle seroit commune. Or ie demande, parquoy elle sera déterminée ; car ou ce sera par vne raison commune. Et celle-cy sera encor déterminée, par vn autre : & voila vn progrez infini dans les déterminations de l'indiuidu. Que si elle est déterminée par vne raison particuliere, ie demande quelle elle est, & où elle existe ? Il vaut donc mieux dire que la raison d'indiuidu en commun, c'est cét indiuidu, & celuy là, comme Helor, Bucephale, Cesar, Pompée, entant qu'ils peuuent estre signifiez par ce terme commun *d'indiuidu*, lequel terme est vn Vniuersel & vne proprieté qui peut estre énoncée de tous les Estres. Et partant quand on deffinit indiuidu, on ne deffinit pas aucune chose, ou raison commune : mais on deffinit ce terme indiuidu, pris en suppo sition simple, par vne deffinition qui peut supposer pour tout ce, pourquoy *indiuidu* peut estre supposé en l'Oraison.

D'icy vous voyez, que Porphyre n'a pas deffiny aucune indiuiduation en commun : mais chasque terme indiuidu en particulier, comme Cesar & Bucephale ; car ce mot indiuidu en commun, est transcendant aussi bien qu'vn. Et il est vniuersel pource qu'il se dit de plusieurs, connotatiuement & reciproquement : mais non pas Cesar ou Bucephale.

Or il faut remarquer que le terme indiuidu se peut exprimer en 3. façons, par vn terme propre, & on l'appelle *Indiuidu propre*, comme Platon & Bucephale. Ou par vn nom commun & vniuersel ioint au pronom demonstratif, comme quand on dit, cét homme, ce cheual, & on l'appelle *vn indiuidu demonstratif*. Ou par vn terme appellatif, comme quand on dit, le Fils de Sophroniscus, c'est à dire Socrate. Quelques-vns le nomment *indiuidu suppositif*.

IV. **These.** *L'Indiuidu vague*, n'est pas vne chose : mais c'est vn terme commun ioint à vn signe particulier, comme *quelque homme, quelque cheual*. Cette sorte de termes, se nomme indiuidu pource qu'il suffit pour les verifier, qu'ils se puissent dire d'vn seul, comme quelque homme est Roy de France. Mais ils le signifient d'vne façon vague & indeterminée,

QVESTION III.

*Combien y a-t'il de sortes d'Vnité. Et si
l'Vnité adiouste quelque chose à ce
qui est vn, & le nombre aux
choses nombrées.*

I. THESE. IL y a trois sortes d'Vnité. Vnité par simplicité, Vnité par composition Physique, & Vnité morale, à laquelle se rapporte l'Vnité d'agregation artificielle. Les deux premieres sont tres proprement Vnitez, & la derniere l'est d'vne façon impropre. Cette proposition se prouue, pource qu'il y a tout autant d'Vnitez, qu'il y a de sortes par lesquelles vne chose n'est pas distincte, ou n'est pas plusieurs choses. Or cela ce fait par trois façons, ausquelles se rapporte tout ce que les hommes appellent vn ; car quelques Estres ont *l'Vnité de simplicité*, par laquelle vne chose est tellement vne, qu'elle est tout à fait indiuisible, comme Dieu, l'ame & les Anges. *L'Vnité Physique* ou par composition, est vn composé de plusieurs parties vnies entr'elles, par quelque vnion Physique. Ainsi l'homme est vn, ce n'est pas qu'il soit vn estre simple, puis qu'il peut estre diuisé en corps & en ame : mais il ne peut pas estre diuisé en plusieurs hommes. Ainsi vne goute

Vnum ex
vnitis.

d'eau est vne ; car quoy qu'elle puisse estre
diuisée en plusieurs gouttes d'eau, elles ne
seront pas neantmoins ce tout dont elles
sont sorties. Et partant vn & plusieurs ne sont
pas des choses opposées simplement ; car
l'homme est composé de plusieurs estres: mais
chascun de ces Estres n'est pas le mesme tout.
Et partant ce terme *composé* suppose pour les
parties, par exemple pour le corps & l'ame,
& connote qu'elles soient vnies, & ce tout se
nomme vn composé, c'est à dire vn tout fait
de parties vnies. Or il y en a de deux sortes,
quelques-vns sont *homogenées*, qui sont composez de parties semblables, comme l'eau, les
autres ont des parties dissemblables, comme
les animaux & les plantes, & on les appelle
heterogenées. Il y a aussi des choses, que les
hommes appellent vn, comme vne armée, vne
maison, vne ville, vne famille, vn Parlement,
vne Prouince, vn monceau, vn Royaume, vn
Monde. Et cette vnité est morale, qui despend
de la commune opinion des hommes, qui appellent vn, ce qui tend à vne mesme fin, ce
qui appartient à vn mesme Indiuidu, ce qui a
vn mesme Autheur, & vniuersellement tout
cela est vn qui existe, & n'est pas plusieurs, en
la façon en laquelle il n'est pas plusieurs choses. Donc ce monde est vn, puis qu'il n'est pas
distinct en plusieurs mondes.

OPPOSITION. Vne armée peut estre
distincte en plusieurs armées, & vn monceau
en plusieurs monceaux ; donc cette vnité morale n'est pas vne. Ie respons, qu'vne armée
ou vn monceau ne peuuent pas estre diuisez

en plusieurs armées, ou monceaux, qui soient
tout ce monceau & toute ceste armée , &
partant vne armée n'est vne , que par aggregation & ramas. Et on la doit plutost appeller des estres qu'vn Estre , neantmoins puis
que l'on dit d'ordinaire vne armée , ce n'est
pas à nous à changer les termes. Il vaut mieux
en conceuoir le sens. Et il est certain que l'Escriture mesme dit, que tous les Chrestiens de
la primitiue Eglise n'auoient qu'vn cœur &
qu'vne ame, c'est à dire qu'ils s'aimoient tres-
parfaitement.

<table>
<tr><td>Act. Multitu-
dinis creden-
tium erat
cor vnum, &
anima vna.</td><td>

II. Thèse. L'Vnité n'aiouste rien par
dessus la chose qui est vne , soit qu'elle soit vne
par simplicité , soit par vnion Physique , ou
morale. Mais la chose est vne reellement , &
formellement par soy mesme, & partant chas-
que chose est indiuiduée par soy mesme,& n'a
point d'autre principe Constitutif de son indi-
uiduation que soy mesme. Et pareillement, le
nombre est seulement plusieurs vnitez. La
raison de cecy est , qu'estre vn, c'est estre in-
distinct de soy , & distinct de tout autre. Or
comme il est impossible qu'vne chose soit ce
qu'elle est, & qu'elle ne soit pas ce qu'elle est.
Dé mesme chasque chose est par soy mesme
indistincte de soy , & distincte de tout autre,
quand on en separeroit toute autre entité, ou
formalité. Donc par soy mesme elle est vne.
I'aüoüe neantmoins que ce terme vn, est con-
notatif par dessus ce terme estre : mais cela ne
fait pas, que l'vnité reellement soit quelque
Entité, ou formalité par dessus la chose qui est
vne. Ainsi Dieu par soy est vn, l'Ange, l'ame,
</td></tr>
</table>

& l'homme , font vn eftre par eux mefmes.

C'eft ainfi qu'Ariftote dans fa Metaphyfique dit, que l'Eftre & l'vn, reellement font la
mefme chofe : mais exprimée par diuers termes, fous lefquels la chofe a des deffinitions
diuerfes, dont l'vne eft abfoluë ou moins connotatiue que l'autre.

En fecond lieu, fi vn Ange n'eft pas vn par
foy mefme : mais par vne entité diftincte, donc
par foy mefme, il eft plufieurs, ou il n'eft rien;
car tout ce qui peut eftre conceu, eft ou vn, ou
plufieurs, ou rien. Si donc l'Ange n'eft pas vn
par foy mefme, il eft plufieurs chofes, ou rien.
Or vn Ange n'eft pas plufieurs Eftres; car vne
chofe fimple n'eft pas diuifible. Donc vn Ange par foy mefme n'eft rien.

Or ie demande de cette raifon formelle,
qui dans l'opinion contraire fait que les chofes foient vnes, fi elle eft ou fubftance, ou accident, fi elle eft vne ou plufieurs, eft-elle vne
par foy, ou par quelque autre : fi elle eft vne
par foy ; donc quelque chofe eft vne formellement, par foy mefme ; fi elle n'eft pas vne
par foy mefme , voila vn progrez à l'infiny
qui eft ridicule. D'icy vous pouuez recueillir,
que chafque chofe eft le principe de fon indiuiduation , principe dis-je conftitutif : mais
non pas effectif, ny demonftratif, ou arguitif;
car la caufe qui produit vn effet eft le principe
effectif de fon indiuiduation. Ainfi Dieu eft le
principe productif de l'indiuiduation des
Anges , & de toutes les creatures : mais ie
dis que chafque chofe, reçoit de foy conftitutiuement fon indiuiduation ; car chafque

chofe eft par foy mefme, ce qu'elle eft, & n'eft pas tout ce qui n'eft pas elle mefme. Pource qu'elle feroit diftincte de foy, ce qui eft impoffible; & pour parler à la façon de l'efchole, ie dis qu'eftre Indiuidu, c'eft eftre diftinct de tout autre, & indiftinct de foy. Or chafque chofe par foy mefme eft telle. Car elle feroit indiftincte de foy, quoy qu'il ny eut aucun autre eftre dans la Nature. Donc par foy mefme elle eft indiuiduée. Cecy neantmoins n'empefche pas que les chofes compofées de matiere & de forme, ne foient indiuiduées par l'vne & par l'autre partie vnies, puifque la matiere & la forme vnies font vn mefme tout.

De tout cecy vous voyez qu'il eft faux, que les chofes foient faites vnes ou plufieurs par l'entendement, puis qu'elles ont leur nature auant que l'entendement les conçoiue, & que la cognoiffance fe doit accommoder aux obiets.

III. THESE. Le nombre n'eft point diftinct des chofes nombrées. Car le nombre n'eft autre chofe, comme dit Ariftote, que plufieurs ynitez. Or eft-il qu'auant tout acte d'entendement, il y a plufieurs vnitez. Donc il y a vn nombre. Or il eft icy à remarquer, que les Philofophes prennent le nombre, ou paffiuement, & c'eft le nombre nombré, c'eft à dire les chofes qui font nombrées: ou actiuement, & c'eft le nombre nombrant, c'eft à dire l'acte de celuy qui nombre : & ainfi le nombre nombrant, eft vn acte de l'entendement, ou de la parole : mais le nombre nom-

bré, est plusieurs vnitez. Or ce seroit vne chose ridicule, de dire qu'il n'y a pas plusieurs
Elemens ny plusieurs hommes, ny trois personnes dans l'Auguste Trinité, ny cinq doigts
en la main, & deux yeux dans la teste de
l'homme, auant qu'on les nombre. D'où i'argumente en cette sorte. Les cinq doigts sont
plusieurs doigts, par eux-mesmes ; or estre
plusieurs, c'est estre vn nombre, donc les cinq
doigts par eux mesmes sont vn nombre, donc
le nombre n'adioute rien aux choses nombrées. De plus l'acte de celuy qui nombre, ne
fait pas son obiet : mais il doit estre conforme
à son obiet : autrement il seroit faux : & la raison pour laquelle i'ay cinq doigts, ou qu'il y
a quatre Elemens. Ce n'est pas à cause qu'on
les a nombré : mais au contraire, on les peut
nombrer, pource que de fait ils sont plusieurs.
Car la cognoissance comme i'ay dit mille fois,
ne fait pas son obiet : mais elle le presuppose.
Enfin on ne peut dire, que dans la Sainte Trinité il y ait chose aucune que les trois personnes, qui par elles mesmes sont ce nombre
adorable. Autrement il y aura dans la Trinité quelque chose par dessus la Trinité. Donc
le nombre n'adioute rien pardessus les modes
ou les choses nombrées, soit prises absolument soit relatiuement.

De tout cecy vous desduirez, que les termes
vniuersaux, comme *Estre, vn, Indiuidu, homme, corps, animal,* n'ót point pour signification
prochaine, vne raison commune d'vnité,
d'Entité, d'indiuiduation, d'humanité, d'Animalité & de corporeïté, & pour signification

esloignée cét Indiuidu & celuy-là : mais qu'ils
signifient immediatement cét indiuidu, cét
estre, cét Animal, ce corps & cét homme en
particulier, d'vne façon distributiue & confuse.

OPPOSITION I. Il s'enssuiura me direz
vous, que le concept qui respond dans l'esprit
à ces termes Estre, ou vn, n'a pas vn seul obiet,
puis qu'il cognoist des choses distinctes & diuerses. Ie respons qu'il est vray qu'il n'a pas vn
seul obiet : car il a autant d'obiets qu'il a d'inferieurs, & qu'il cognoist de choses distinctes,
mais confusément. Il cognoist donc plusieurs
choses : mais non pas qu'elles sont plusieurs
choses. Car il cognoist plusieurs choses confusément, c'est à dire sans les separer l'vne de
l'autre. Il les cognoist toutes égalements, sans
cognoistre qu'elles different, pource que la
raison pour laquelle il les cognoist, c'est pource qu'elles conuiennent, & que l'entendement trouue dans les choses de la ressemblance, par exemple il trouue dans le Taureau, dans l'Aigle, dans l'Homme, & dans le
Lyon qu'ils sont semblables & conuiennent
en ce qu'ils s'esmouuent, ils sentent, ils voyent,
& à cause de cette similitude, qui reellement,
est les choses mesmes, entant qu'elles sont
semblables, il leur donne vn nom, & les cognoist par vn concept vniforme, qui peut supposer pour chascun d'eux, comme ie diray
parlant de l'Vniuersel.

OPPOSITION II. Vous m'oppose-
rez en 2. lieu, qu'il s'ensuit que, *vn, vray &*
bon, ne sont point des proprietez de l'Estre :
car

car ils ne connotent rien par deſſus l'eſtre,
pource que ou cela ſeroit eſtre, ou non, ſi ce
n'eſt pas eſtre, ce n'eſt rien, ſi c'eſt vn Eſtre,
donc ils connotent vn Eſtre, par deſſus tout
eſtre, qui ne ſera point ſignifié par ce mot
eſtre. Ie reſpons, que cette obiection paſſe des
termes aux choſes : car quoy que les termes
en effet, ſoient des choſes à parler Phyſiquement, neantmoins nous les ſeparons des choſes, & appellons auec S. Auguſtin du nom de
choſe, tout ce qui n'eſt point terme. Or ie dis
que ces mots, vn, vray, & bon, par deſſus ce
mot Eſtre ſignifient ces termes negatifs, non
diſtinct, non feint, non imparfait, c'eſt à dire
qu'ils ſignifient autant, que tous ces termes.
Or ce mot *Eſtre* ne ſignifie pas tout cela, c'eſt
pourquoy ie n'ay pas dit, que ce mot *vn* ſignifie quelque choſe, qui n'eſt pas eſtre : mais
qu'il ſignifie quelque verité, qui n'eſt pas ſignifiée clairement par ce mot Eſtre.

OPPOSITION III. Quelqu'vn me re-
partira auec meſpris, que de cette doctrine, il
s'enſuit que toutes choſes ſont des termes.
Car l'Eſtre en noſtre opinion, eſt vn terme,
l'vnité eſt vn terme, l'indiuidu eſt vn terme,
& ainſi des autres. Ie reſpons que i'ay dit ſeulement que l'Eſtre en commun, l'vn en commun, le vray en commun, ſont des termes :
mais non pas l'Eſtre, ou l'vn, ou le vray, en
particulier. Pareillement ie souſtiens, que
l'homme en commun, eſt vn terme, mais non
pas cét homme, & celuy-là en particulier, car
il y a bien des hommes en particulier : mais il
n'eſt aucun homme en commun, ſi ce n'eſt ce

O.

terme homme, & le concept qui luy respond
dans l'esprit : car ces termes homme, & animal, signifient distributiuement & confusément chasque homme, & chasque animal en
particulier. Louys, Cesar, Pompée, le Lyon,
le Cheual, & l'Aigle.

Opposition IV. l'Estre ou l'vn, en
commun, ne peut pas estre, ces termes Estre,
& vn, car chascun de ces termes est indiuidu,
& particulier, puis qu'il est distinct de tout
autre, & indistinct de soy. Ie respons que
chasque terme est vn & indiuidu quant à son
Entité, ie l'accorde : quant à sa signification, ie
le nie : car il signifie plusieurs choses, d'vne
façon confuse. Que si vous me persecutez disant, qu'il faut que chasque terme soit vn,
mesme quant à sa signification. Ie distingue-
ray, c'est à dire, qu'il faut que ce qui signifie
soit vn. Ie l'accorde : mais ie soustiens que ce
qui est signifié sont plusieurs choses, ou plusieurs inferieurs, qui sont signifiez confusément d'vne façon égale pour vne mesme raison. Que si vous poursuiuez à dire que si vn,
en commun, est vn terme. Donc vn en commun est quelque chose ; car tout terme est
quelque chose. Ie respondray, que ie prens
icy le mot de chose Logiquement, pour tout
ce qui n'est point vn terme, ou vn acte de l'entendement & de la volonté : & non pas Phy-
siquemént, pour tout ce qui existe dans la Nature.

En ce second sens les termes sont des choses, & non pas au premier. Or ceste distinction, est prise de S. Augustin, & elle a esté

trouuée par les Philosophes, afin de discerner,
ce qui est dans les choses, auec despendance
de l'entendement, c'est pourquoy ils ont distingué les choses, des concepts, & des termes,
quoy qu'à parler Physiquement, les termes
soient des choses.

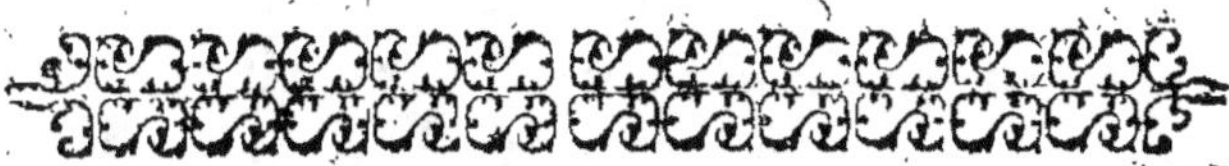

DISCOVRS II.

DE LA DISTINCTION,
& de ses diuerses especes.
Qu'est - ce que distinction
reelle, virtuelle, formelle, ou
de raison.

IE ne suis pas de l'aduis du Philosophe Parmenides, qui disoit que toutes choses estoient vn, & qu'il n'y
auoit point de distinction dans les
choses. Quelques Autheurs ont creu que ce
Philosophe pensoit que tout le monde estoit
vn, par vnité indiuisible: mais ce seroit vne
imagination trop grossiere, de croire que le
Soleil, les Hommes, les Animaux, les metaux & les plantes, n'eussent aucune distinction dans leurs natures. Quelques autres ont

eſtimé que Parmenides, parloit de l'vnité de compoſition Phyſique, comme s'il euſt dit, que toutes les choſes qui tombent ſous nos ſens, ſont des parties Phyſiquement vnies de ce grand Tout, que nous appellons monde. Et ceſte opinion ne ſeroit pas moins des-raiſonnable, pource qu'il n'y a aucune vnion Phyſique entre les hommes & les Aſtres, & on auroit bien de la peine de me perſuader, que nous ſoyons vnie auec les Antipodes. Il vaut mieux dire mon THEANDRE, que ce Philoſophe parloit ſeulement de l'vnité morale, qui ſe fait par voye de recueil & d'vn ramas de pluſieurs Eſtres : puiſque tout le monde n'eſt autre choſe, qu'vn ramas du Createur, & de diuerſes ſortes de Creatures, qui neantmoins entr'elles ſont reellement diſtinctes, par le meſme principe qui leur a donné l'vnité. Car comme le Soleil eſt vn par ſoy meſme : auſſi par ſoy meſme il eſt diſtinct, de tout ce qui n'eſt pas ce bel Aſtre. Parlons donc maintenant de la diſtinction pour cognoiſtre mieux l'vnité. Et ſçachez THEANDRE, que ceſte matiere eſt autant vtile & admirable qu'elle eſt vniuerſelle dans la Philoſophie, & dans la Theologie. Ie commence par la deffinition des termes.

QVESTION I.

Qu'est-ce qu'Estre distinct & distinction,
si c'est vne proprieté de l'Estre. Et si
les choses sont distinctes par vne
formalité adioustée, ou par
elles mesmes.

I. These. CE mot *distinction*, est vn
terme connotatif, & équi-
uoque, car quelquefois il se prend actiuement
pour l'acte qui distingue, & quelquefois passiuement, pour les choses qui sont distinctes.
La *distinction actiue*, est vne Oraison qui rapporte les diuerses significations d'vn terme.
La *distinction passiue* sont les choses mesmes,
ou les termes qui sont distincts. Et ainsi distinction passiue, est le mesme que Distinct. Or
Distinct, est ce qui n'est pas le mesme auec vn
autre, ainsi vn cheual est distinct d'vn Lyon,
& la Lune du Soleil, pource que la Lune n'est
pas le mesme que le Soleil ; Et partant ces
mots, le mesme & distinct, sont contraires, &
sont capables de fonder des propositions contradictoires : car ce qui est le mesme, n'est pas
distinct, & ce qui est distinct, n'est pas le mesme. Et ainsi distinct & distinction, sont des
termes synonimés.

II. These. Distinction prise proprement ou estre distinct, c'est plusieurs choses n'estre pas le mesme. Et partant toute distinction est entre deux extremes, & elle signifie l'vn directement, & l'autre au cas oblique: Car tout ce qui est distinct, est distinct d'vn autre ; Donc estre distinct, signifie exister, & n'estre pas le mesme auec vn autre. Et ainsi deux conditions sont requises pour qu'vne chose soit distincte, premierement il faut qu'elle existe : & secondement qu'elle ne soit pas la mesme auec vn autre : Car il n'en est pas de mesme de ces mots, *estre distinct ou distingué, & estre cogneu* : car ce mot distinct, n'est pas ampliatif, & partant quoy qu'on puisse dire que l'Ante-christ est cognu, on ne peut pas dire qu'il est distinct du Soleil : Car estre distinct signifie exister ; Et ce terme *Est*, ioint à *Distinct*, se prend en sa propre signification. Et partant toute distinction est entre deux termes positifs, & elle est positiue: D'où s'ensuit que ceste distinction est vaine, que quelques vns auec Suarez ont appellé negatiue, c'est à dire, la distinction, qui est entre ce qui existe, & n'existe pas, ou entre deux choses non existantes.

OPPOSITION. Si l'Ante-christ n'est pas distinct du Soleil : Il est donc la mesme chose que le Soleil, car tout ce qui n'est pas distinct, est le mesme. Ie respons, que tout ce qui n'est pas distinct du Soleil, & qui existe, est la mesme chose auec le Soleil, ie l'accorde. S'il n'existe pas, ie le nie. Or l'Ante-christ n'existe pas, & partant il n'est pas le mesme auec le Roy des Astres. La raison de cecy est, que

les choses sont distinctes par elles mesmes,
mais elles ne sont cognuës que par vne cognoissance, qui pour l'ordinaire est distincte
d'elle-mesme. Et ainsi c'est vne denomination extrinseque au Soleil, qu'il soit cogneu,
mais il est distinct par soy-mesme. Si toutefois quelqu'vn soustient opiniastrement, qu'il
y a vne distinction negatiue, ne vous en mettez pas beaucoup en peine THEANDRE, pourueu que vous l'ayez auerty, que cela est fort
impropre.

III. THESE. Ce mot distinct ou distinction, est vne proprieté qui appartient à tout
estre, & chaque chose est distincte d'vn autre
par soy mesme. Et partant la distinction est
la chose mesme distincte, puisque les choses
sont distinctes par la distinction: D'où il s'ensuit que les choses sont distinctes auant tout
acte d'etenndement , & independemment
de nos cognoissances.

Ie le preuue euidément, pource que chaque
chose en particulier est par soy mesme ce qu'elle est, donc elle n'est pas, ce qu'est vn autre. Or
estre distinct, c'est seulement exister, & n'estre
pas vn autre. Donc chasque chose est distincte par soy-mesme, & non pas par aucun mode ou relation distincte. Car il est clair que
Cesar par soy-mesme n'est pas Enée: Car si
Cesar cessoit d'estre , & qu'Enée luy surues-
quit, la mesme chose seroit, & ne seroit pas
viuante, ce qui est impossible. Et ainsi vous
voyez que toute ma doctrine des distinctions
est fondée sur cet Axiome.

Il est impossible que la mesme chose soit, & ne

foit pas. I'ay dit que ce terme, *diſtinct & diſtinction*, paſſiuement priſe, eſt vne proprieté de l'eſtre: car *diſtinct*, ſuppoſe pour tout eſtre, & connote qu'il n'eſt pas le meſme auec vn autre: Et il eſt autant neceſſaire qu'vn Eſtre ſoit diſtinct de tout autre, comme il eſt neceſſaire qu'il ſoit indiſtinct de ſoy. Donc *diſtinct*, eſt auſſi bien vne paſſion de l'Eſtre, qu'vn, ou indiuidu, pource qu'il eſt reciproque auec l'Eſtre, & connote extrinſequement. Et partant, afin que les choſes ſoient diſtinctes, il n'eſt pas neceſſaire d'vn acte reflexe, qui cognoiſſe qu'elles ſont diſtinctes, car elles le ſont auant tout acte. Donc la diſtinction eſt independante de l'entendement. Et quand il n'y auroit aucun acte d'entendement, les choſes ſeroient diſtinctes, puiſque l'entendement ne ſe fait pas ſon objet: mais il le preſuppoſe.

De plus, il eſt impoſſible qu'il y ait vne diſtinction actiue, ſoit d'vne voix, ſoit d'vne choſe: où il n'y a point de diſtinction paſſiue. Car toute oraiſon eſt fauſſe, qui dit qu'il y a pluralité, où il n'y a point de pluralité: Et nos propoſitions dit Ariſtote, ſe doiuent accommoder aux choſes, pour eſtre veritables. C'eſt donc vne groteſque, de dire que l'entendement peut diſtinguer ce qui eſt indiſtinct: car, ou ſa cognoiſſance eſt conforme à ſon objet, ou non: ſi elle n'eſt pas conforme à ſon objet, elle eſt fauſſe, ſi elle eſt conforme à ſon objet, donc elle ne peut pas dire que des choſes ſoient diſtinctes, qui en effect ſont indiſtinctes. Neantmoins, ie deſire que vous

ſçachiez, que comme ie veux icy bannir les diſtinctions de raiſon, de ceux qui diſent, que
quoy que les choſes ne ſoient aucunement diſtinctes en elles-meſmes, toutesfois elles ſont
diſtinctes à leur façon de conceuoir : Auſſi ie
ne pretens pas de bannir les diſtinctions de
raiſon, qui ſe font auec fondement. Mais ſeulement vous faire voir, qu'il eſt neceſſaire que
deuant tout acte de l'entendement, qui diſtingue vne choſe de l'autre, il faut qu'vne
choſe ſoit diſtincte de l'autre, ou bien l'acte
ſera faux, puiſque l'entendement ne fait pas
que la choſe en ſoy ſoit diſtincte : Et comme
on ne peut pas prendre deux eſcus où il n'y en
a qu'vn : de meſme on ne peut pas cognoiſtre
deux choſes où il n'y en a qu'vne ; ny dire
qu'vne choſe eſt antecedante, qui ne l'eſt pas
en effect : & d'ailleurs ce qui eſt diſtinct le ſeroit effectiuement, quoy qu'aucun entendement n'en eut la cognoiſſance.

Vous déduirez en troiſieſme lieu, que ces
trois mots, *Diſtinction, Diuiſion, & Difference,*
n'ont pas vne meſme ſignification, car pluſieurs choſes ſont diſtinctes, qui ne ſont pas
differentes, ou diſſemblables, comme deux
œufs, ou deux gouttes d'eau.

La raiſon de cecy eſt, qu'*eſtre different,* ſignifie *n'eſtre pas ſemblable. Eſtre diſtinct* ſignifie *exiſter & n'eſtre pas le meſme. Eſtre diuiſé*
ſignifie *exiſter & eſtre ſeparé.* De ſorte que la
diuiſion priſe actiuement, eſt vne action qui
ſepare deux choſes l'vne de l'autre : *Et diuiſion
paſſiuement* priſe ſuppoſe pour vne, ou pluſieurs choſes connotant qu'elle eſt ſeparée de

l'autre : Mais la distinction ne signifie pas la separation, puisque deux choses, quoy qu'v-nies, & pendant qu'elles sont vnies, sont neantmoins distinctes. Ainsi le corps & l'ame sont des choses distinctes, mais non pas diuisées dans vn homme viuant : Et ainsi toute diuision est distinctió, mais toute distinction n'est pas diuision : Ce qu'il faut bien remarquer pour donner iour à la doctrine suiuante.

QVESTION II.

Combien y a-il de sortes de distinction, dont les Autheurs font mention.

I. THESE. IL y a tout autant de distin-ction, qu'il y a de sortes, par lesquelles vne chose peut estre, & n'estre pas vn autre: Car puis qu'estre distinct, n'est autre chose qu'exister, & n'estre pas vn autre, il est clair qu'il y a des choses distinctes, en tout autant de façons, que quelque chose existe, & n'est pas vn autre : où il s'ensuiuroit que la mesme chose seroit, & ne seroit pas, ce qui est impossible. Il n'est point de Philosophe à mon auis, qui n'accorde ceste proposition: mais si on vient au dénombrement des distin-ctions, vous les verrez tous en conteste. Chaque Eschole en cecy a sa façon particuliere de parler ; autrement parlent les Nomi-naux, autrement les Scotistes, & les Tho-mistes. Ie vous rapporteray en deux mots, ce qu'ils auront dit de principal ; Et selon mon ordinaire, ie viendray à mettre en auant mon opinion sur ceste affaire.

Ie trouue donc parmy les Autheurs six ou sept sortes de distinctions. Car en 1. lieu, ils diuisent la distinction en negatiue, & positiue.

La *distinction negatiue*, disent-ils, est, ou entre deux choses, qui n'existent point, comme entre l'Ante-christ, & vn autre monde possible, ou entre vne chose qui n'existe point, & vne chose qui existe, comme entre l'Ante-christ & le Soleil, qui necessairement sont distincts, puisque l'vn n'est pas l'autre. I'ay desia renuersé ceste distinction negatiue, prouuant qu'estre distinct, signifie exister, & n'estre pas le mesme auec vn autre, puisque le verbe Est, se prend en sa propre signification, quand l'on dit, *estre distinct*, & non pas dans vne signification ampliatiue : comme quãd on dit Estre cogneu. Outre ceste distinction négatiue, les Autheurs mettent six ou sept sortes de distinctions positiues.

La premiere est la *distinction reelle*, qui se trouue entre deux choses, dont l'vne n'est pas l'autre, comme entre le Soleil & la Lune: Tous les Philosophes admettent ceste distinction reelle, & quelques-vns la diuisent en mutuelle ou totale, & non mutuelle. La *mutuelle* est entre deux termes, dont l'vn n'a rien de commun auec l'autre. Ainsi le Soleil & la Terre sont distincts reellement, d'vne distinction reelle, mutuelle & totale. La *distinction non mutuelle*, que quelques-vns appellent *includentine, & inclusiue*, est entre deux

Distinctio rei ad rem. V. Soar. Disp. 7. Met.

choſes, dont vne eſt contenuë dans l'autre.
Ainſi vn doigt eſt diſtinct de la main, & l'homme de ſon ame, pource que l'homme n'eſt pas
la ſeule ame, & l'ame n'eſt pas tout l'homme.

La ſeconde ſorte de diſtinction, eſt vne diſtinction modale, que **Suarez**, **Fonſeque**, &
leurs ſectaires, mettent pour l'ordinaire entre
vne ſubſtance ou vn accident, & leurs modes,
comme entre l'action ou la figure, ou la choſe
figurée & agiſſante : ils nomment ceſte diſtinction *reella mineure*, pource qu'elle n'eſt pas
diſtinction entre deux choſes : car vn mode
n'eſt pas vne choſe ſimplement, mais il eſt vn
mode d'vne choſe, ou comme ils diſent, vne
petite entité, ſi foible, qu'elle eſt neceſſairement attachée à ſon ſujet, & ne peut dépendre d'vn autre agent, que de celuy qui la produit. Ainſi **Suarez** dit, que l'action de Socrate eſt diſtincte de luy modalement, mais au
regard de Platon, elle eſt vne choſe reellement diſtincte de Platon.

La troiſieſme ſorte de diſtinction poſitiue,
s'appelle diſtinction *de la nature de la choſe*, ou
diſtinction formelle. Scot met ceſte diſtinction
entre les attributs de Dieu, entre le degré de
ſubſtance, de viuant, & d'animal, dans vn
meſme indiuidu, par exemple en Ceſar, pource qu'auant toute operation de l'entendement, le degré de ſubſtance, n'eſt pas celuy
de viuant ; & celuy de viuant n'eſt pas celuy
d'homme : & l'animalité en Ceſar, n'eſt pas
rationalité. Or ceſte diſtinction n'eſt pas
reelle, mais elle eſt priſe de la nature de la choſe. Ainſi la miſericorde en Dieu, eſt diſtin-

cte de la Iustice, & l'Entendement de la Volonté, & la nature des personnes; non pas
comme vne chose de l'autre, mais cöme vne
formalité, d'vne autre distincte de leurnature.

La quatriesmesorte de distinction positiue,
s'appelle virtuelle, par laquelle vne mesme
chose indiuisible, équiuaut à plusieurs : &
partant elle est plusieurs choses en vertu & en
valeur. Ainsi les meilleurs Autheurs disent,
que les attributs en Dieu sont distincts virtuellement; que lo degré d'Animal est distinct de
celuy d'Homme, qu'vne chose qui a diuers effets, est virtuellement multipliée, & que la
nature diuine est distincte virtuellement des
personnes.

La cinquiesme sorte de distinction positiue, est vne distinction, que des Autheurs fort
subtils mettent entre des modes incompossibles, & opposez d'vne mesme chose : lesquels
quoy qu'ils soient essentiellement, & en effet
vne mesme chose tres-simple ; toutefois aucun d'eux n'est formellement ceste chose simplement prise , mais seulement ceste chose
modifiée. Donc ceste distinction est reelle: Et
quoy qu'elle ne soit pas entre plusieurs choses,
elle est neantmoins entre plusieurs modes,
d'vne mesme chose ; chacun desquels n'est
pas l'autre pris formellement : Ainsi (disent-
ils) les personnes Diuines sont distinctes entr'elles, pource que chacune des personnes est
l'essence Diuine, non pas simplement prise,
mais tellement modifiée. Ils mettent ceste
mesme distinction entre la figure ronde, & la
figure quarrée, qu'auroit vn mesme crystal,

qui seroit mis en diuers lieux par miracle: car il seroit impossible qu'au regard du mesme lieu, le mesme crystal fut rond & quarré. Donc ces deux figures dans vn mesme corps, seroient distinctes, pource qu'elles sont incompossibles : Et chacune d'elles ne seroit pas le crystal pris simplement.

La sixiesme sorte de distinction positiue, est celle que met Gregoire d'Arimini, entre les veritez obiectiues: Car ces obiects complexes sont distincts, dit-il, de tout accident, substance, & de leurs modes. Quelques-vns appellent ceste distinction *reipsa*. Il vaut mieux l'appeller *la distinction des complexes*, elle se trouue, disent-ils, entre deux extremes, dont aucun n'est chose, mais vne verité complexe : Ainsi ces deux extremes sont distincts, qu'Alexis courre, & qu'Alexis aime, car ce n'est pas la mesme chose : Ils adioustent que ceste mesme distinction se trouue entre les veritez obiectiues, & vne entité reelle. Ainsi le Soleil est distinct de ce complexe, *que le Soleil luise*, ou qu'*Alexis courre* ; pource que le Soleil & qu'Alexis courre, n'est pas la mesme chose.

Outre tout cecy, il y a encor vne septiesme sorte de distinction, que Suarez en sa Metaphysique, appelle distinction de raison : Et c'est, dit-il, celle qui n'est pas formellement & actuellement dans les choses, que l'on dit estre distinctes comme elles sont en elles-mesmes ; mais seulement entát qu'elles sont soubmises à nos concepts, & qu'elles reçoiuent d'eux quelque dénomination : Ainsi en Dieu les attributs sont distincts l'vn de l'autré, & ceste distinction s'appelle distinction de Raison, pource qu'elle naist de l'Entendement, & nó pas de la nature des choses. Or ceste distinction se diuise en deux especes, car il y a vne distinction de *raison raisonnante*, qui n'a point de fondement dans la chose; & l'autre est de *raison raisonnée*, ou pour mieux dire, de *raison fondée*, pource qu'elle a fondement dans la chose mesme: Et il me semble que ceste distincrion de raison fondée, s'approche fort de la distinction formelle, qu'Okam, Major, Gabriel, & plusieurs Nominaux accordent. Et d'icy vous voyez, dit Suarez au lieu prealegué, que la distinction de Scot est cóme metoyéne, entre la distinction reelle, & celle de raison, quoy que Durand, Okam, Herué, Soncinnas, Caïctan, Soto, & plusieurs autres, enseignent qu'il n'y a aucune distinction metoyenne entre la distinction reelle, & la distinction de raison; Auez-vous iamais veu tant d'especes de distinction, & leur seul nombre n'est-il pas capable de réplir vn entendement de tenebres ? Croyez-moy THEANDRE, la pluspart des Autheurs ne s'entendent pas l'vn l'autre; & quoy qu'ils se fassent vne cruelle guerre, ils ne differét souué-tefois qu'en apparence. Certes Suarez mesme cófesse que Scot n'a iamais dit clairement son opinion, parlát de la distinction des degrez, & des attributs de l'vn & de l'autre, & partant que l'on peut douter, si par la distinction prise de la nature de la chose, il n'a point entédu vne distinction virtuelle, ou de raison auec fondement en la chose : Outre qu'Hurtad montre que l'opinion des Nominaux, est la mesme que celle de sainct Thomas, & du Cardinal Tarantaise, qui depuis estant Pontife Romain, fut nommé Innocent cinquiesme. Suarez aussi remarque que les Nominaux ne different des autres, que dans les termes. Quoy que s'en soit, ie desire Philosopher auec liberté, & dire franchement mon auis dans vn affaire, qui est si important, & si vniuersel dans toutes les sciences.

QVESTION III.

Combien y a-t'il de sortes de distinctions à bien Philosopher. Qu'est-ce que distinction reelle, totale, & non totale. Et quelles sont les marques de la distinction reelle.

I. THESE. A Parler sainement, il n'y a que trois sortes de distinction, *la Reelle*, *la Virtuelle*, *& celle de Raison*. Or la distinction de Raison n'est pas vne distinction passiue qui se tienne dans les choses, mais actiue; c'est à dire, vn acte qui distingue vne chose de l'autre : Et partant, afin que cet acte soit vray, il doit estre conforme à son obiet, & trouuer dans les choses qu'il distingue, vn fondement qui est vne distinction,

soit

ſoit reelle, ſoit virtuelle.

La raiſon de cecy eſt, que tout acte d'Entendement qui diſtingue, dit que l'vn n'eſt pas l'autre. Or ie demande, ſi cét acte eſt vray, ou non? s'il eſt vray, il trouue donc dans ſon obiet quelque diſtinction, autrement il eſt faux, pource qu'il dit qu'il y a vn & autre, où il n'y a qu'vne meſme choſe: Et l'entendement ne peut pas faire, que deux choſes ſoient diſtinctes, qui auparauant ne l'eſtoient pas, puiſque comme dit Ariſtote, *l'acte eſt vray ou faux, de ce que la choſe eſt, ou n'eſt pas: Et vn marbre n'eſt pas blanc, pource que l'entendement dit qu'il eſt blanc* Donc pareillement les choſes ne ſont pas diſtinctes, pource que l'Entendement dit qu'elles ſont diſtinctes: Et conſequemment on doit reietter la diſtinction de raiſon raiſonnante, ou qui n'eſt pas fondée, comme indigne d'vn Philoſophe. De plus, chaque choſe eſt diſtincte de toute autre par ſoy-meſme, elle ne dépend donc pas en aucune façon de l'acte de l'Entendement, pour eſtre diſtincte: Car l'Entendement aura beau dire qu'il y a deux choſes, s'il n'y en a qu'vne, il n'y en aura iamais deux, puis que cela eſt impoſſible: outre que l'eſprit n'opere point hors de ſoy dans les choſes qu'il cognoiſt, & ne ſe fait point ſes obiets, mais il les preſuppoſe.

OPPOSITION I. Que ſi on m'objecte l'acte de l'Entendement fait que les choſes qu'il cognoiſt, ſoient cognuës, donc ſi l'acte de l'Entendement les diſtingue, elles ſeront appellées diſtinctes. Ie reſpons qu'il eſt vray que ſi l'Entendement diſtingue vne cho-

P

Ariſt. Ex eo quod res eſt, vel non eſt, propoſitio eſt vera vel falſa. Non quia te albū putamus, tu albus es, ſed quia tu albus es, nos qui id dicimus, verum dicimus.

se indiuisible, elle sera appellée distincte, &
que ce mot sera vne dénomination extrinseque, supposant pour la chose, & connotant
l'acte de distinction: Mais aussi ie dis, que si
cet acte est faux, la chose sera appellée distinguée auec faulseté, & partant que ceste distinction sera nulle. Or il n'en est pas de mesme
de ceste dénomination de cogneu, puis qu'il
est vray en effet que la chose est cognuë, soit
qu'vn acte vray, ou vn acte faux la cognoisse.

Si donc toute distinction actiue, soit mentale, soit vocale, doit presupposer vn fondement
dans les choses, il s'ensuit que toutes les choses que l'Entendement distingue, doiuent
estre distinctes en elles-mesmes.

II. THESE. Les choses en elles-mesmes
ne peuuent auoir que deux sortes de distinction, sçauoir est, ou Reelle, ou Virtuelle, &
à ces deux se rapportent toutes les especes de
distinction possibles. La raison de cecy est,
que tout ce qui est distinct, l'est ou reellement,
ou non. Donc toute distinction est ou reelle,
ou elle n'est pas reelle: La distinction reelle
se trouue entre des extremes reels, dont l'vn
n'est pas l'autre, comme entre le Soleil & la
Lune. Outre la distinction reelle, il s'en trouue encore vne autre du costé de l'obiet, sans
dépendance de l'Entendement, parce que si
on n'admet ceste distinction, deux contradictoires se pourrot verifier d'vne mesme chose.
Ainsi il est certain qu'il n'y a aucune distinction reelle entre la nature Diuine & les personnes, entre l'Entendement & la Volonté de

Dieu & des hommes: Et neantmoins on dit, *le Pere engendre, la Nature n'engendre pas. Le Fils est produit par l'Entendement, & non pas par la Volonté; l'Entendement cognoist, la Volonté ne cognoist pas.* Donc ce n'est pas le mesme auant tout acte d'Entendement: Et consequemment il se trouue dans les obiets, vne distinction qui n'est pas reelle; or ie la nomme virtuelle, ou formelle, ou prise de la nature de la chose. Certainement outre ces deux sortes de distinctions du costé de l'obiet, toutes les autres sont superfluës : il n'y a donc point de distinction modale, comme ie prouueray au liure cinquiesme. Il n'est point aussi de distinction des complexes, puisque selon les principes establis au liure precedent, les veritez obiectiues ne sont autre chose que les accidents, & les substances prises absolument, ou relatiuement, & signifiées par vne proposition affirmatiue, ou negatiue. Ainsi Vlysse n'est pas vne chose distincte d'Vlysse combat, ny Hector, d'Hector estre vaillāt, puis qu'Hector vaillant, & Hector estre genereux est la mesme chose, ainsi modifiée : Pareillement Hector combattre, est distinct reellement du Soleil, & d'Vlysse, puis qu'Hector combattre, c'est Hector combattant, qui reellement est distinct du Soleil & d'Vlysse.

Ie dis le mesme de la distinction negatiue: car à proprement parler, afin que quelque chose soit distincte, il faut qu'elle existe, & qu'on puisse dire *cela est, & n'est pas l'autre.*

Opposition II. Vous me dites que l'Antechrist non existant, n'est pas vn lyon

non existant; donc il est distinct des lyons, qui
ne sont pas dans la nature : Car ou il est le
mesme, ou il n'est pas le mesme. Il ne se peut
pas dire qu'il soit le mesme, puis qu'vn lyon
possible, n'est pas vn homme possible, donc il
n'est pas le mesme : or est-il que tout ce qui
n'est pas le mesme est distinct, donc il est distinct.

I'ay desia respondu, THEANDRE, que
l'Antechrist, qui n'existe pas, n'est pas vn lyon,
& que neantmoins il n'en est pas distinct ; Car
le verbe Est, signifie tousiours l'existance, &
partant pour estre distinct, il faut estre, aussi
bien que pour estre vny. Pour ce qui touche
la distinction de Scot, qu'il appelle de la nature de la chose, i'estime que si elle est bien entenduë, elle est la mesme auec celle que i'appelle virtuelle.

Touchant la distinction que quelques Nominaux mettent entre les modes d'vne mes-
mesme chose, ie dis qu'elle est ou virtuelle, ou
reelle. Donc il est éuident par le dénombrement des parties, que toute distinction du costé de l'obiet, est ou reelle, ou virtuelle : &
qu'ainsi du costé de l'obiet, il n'y a que deux
sortes de distinctions, ausquelles i'adiouste du
costé de l'Entendement vne distinction de raison fódée, pource que la raison ne peut pas distinguer les choses, sans fondement dans l'obiet. Et il n'est pas necessaire qu'elle fasse reflexion sur son acte, par lequel elle dit qu'vne
chose n'est pas l'autre. Pour esclaircir cette
matiere si difficile, & pour donner du iour au
Mystere ineffable de la Trinité des personnes
Diuines, ie dis pour

III. Thes e. Qu'il y a deux sortes de diſtinction reelle. La premiere eſt vne diſtinction reelle totale, & reciproque. Ceſte diſtinction ſe trouue entre deux choſes, dont l'vne eſt totalement diſtincte de l'autre, & n'a rien de ce qu'a l'autre. Ainſi le Soleil eſt diſtinct de la Terre, & Vlyſſe de Platon : Ainſi ſont diſtinctes toutes les choſes, qui peuuent exiſter l'vne ſans l'autre, comme Titius & Menius ; autrement la meſme choſe exiſteroit, & n'exiſteroit pas. La ſeconde eſt vne diſtinction reelle non totale, ou partielle, qui eſt entre deux extremes, dont l'vn a quelque choſe de commmun auec l'autre. Ainſi Platon eſt diſtinct de ſon ame, le doigt de la main; & chaque tout eſt diſtinct reellement d'vne de ſes parties, & chaque partie de ſon tout, comme vne choſe renfermée de celle qui l'enſerre. A ceſte diſtinction ſe doit rapporter celle qui eſt entre les modes incompoſſibles, & oppoſez d'vne meſme choſe, comme entre la figure ronde, & la figure quarrée d'vn meſme cryſtal, ou d'vne meſme cire : Car ceſte diſtinction n'eſt pas totale, puiſque ces deux figures ont quelque choſe de commun : car la figure quarrée, & la figure ronde du cryſtal, c'eſt le cryſtal meſme ainſi figuré : Il faut auſſi mettre ceſte meſme diſtinction reelle, entre les perſonnes Diuines : car elles ne ſont pas diſtinctes reellement, totalement, puiſque le Pere, le Fils, & le S. Eſprit, ont quelque choſe de commun, ſçauoir eſt, la Nature Diuine : Car le Pere eſt la Nature modifiée d'vne façon particuliere; & le Fils eſt la Nature modifiée

Diſtinctio includentis & incluſi.

d'vne autre façon ; & le S. Esprit est aussi la
Nature Diuine, subsistante d'vne autre sorte
qu'elle n'est dans les autres deux personnes.
De sorte que les trois personalitez, ou les
trois subsistances Diuines, sont trois modes
substantiels, increez & necessaires de la nature, & de la substance adorable de nostre
Dieu. Donc le Pere n'est pas distinct reellement totalement du Fils, puisque l'vn & l'autre ont la mesme Nature. Et ce qui est plus
admirable, comme chante l'Eglise en ces sacrez Vers ; C'est que le Fils est tout dans le
Pere, & le Pere est tout dans le Fils, ce que les
Theologiens nomment circuminsession, ou
vne inexistance mutuelle : Donc les Diuines
personnes n'ont pas vne distinction reelle totale. Or ne vous estonnez pas THEANDRE, si
ie dis que les personalitez Diuines sont des
modes substantiels, indistincts de la Nature
Diuine, car toute subsistance, & toute relation est vn mode ? Or les personalitez en Dieu
sont des relations, & des subsistances, elles
sont donc des modes ; Ie veux dire, que ce
n'est pas la Nature Diuine simplement : mais
comme dit S. Gregoire de Nysse, c'est la nature *aliqualiter se habens*, c'est à dire, modifiée. C'est l'opinion de l'Euesque Durand,
d'Okam, de Gabriel, & de plusieurs autres,
sur le premier des sentences, comme tesmoi-
gne le Pere Ruiz, dans la douziesme Dispute
de la Trinité, où il oze dire seulement auec
S. Bonauenture, Alexandre d'Alez, Albert le
Grand, Ricard, & Marsilius, que les personalitez Diuines sont des modes par raison, selon

noſtre façon de conçeuoir, pource que cet Autheur croit que les modes ſoient des Entitez diſtinctes par vne diſtinction reelle mineure, de la choſe qu'ils modifient.

Certes, comme i'eſtime que les modes ſont indiſtincts des choſes qu'ils modifient, & que ce n'eſt que la choſe meſme ainſi modifiée, auſſi ie dis hardiment, que les perſonalitez Diuines ſont des modes reels de la nature, ou bien que ce ſont la nature meſme, tellement modifiée. Or pour eſtablir ceſte verité, qui à dire vray, eſt capable de ſoudre tous les argumens que pourroient propoſer les Payens contre le myſtere de la Trinité. Ce meſme Autheur apporte l'authorité de Theodoret, de S. Gregoire de Nazianze, de S. Ieau Damaſcene, & de pluſieurs autres, pour monſtrer que les ſubſiſtances en Dieu ſont des modes : De pluſieurs authoritez qu'il rapporte, ie me contenteray d'en citer quatre ou cinq des plus expreſſes.

S. Iuſtin dans la queſtion 129. aux Orthodoxes, dit que les *modes des ſubſiſtances*, mettent de la difference dans la Trinité. En vn autre lieu, il dit, que ces noms, Pere, Fils, & S. Eſprit, n'appartiennent pas à l'eſſence, mais aux modes de la ſubſiſtance. Et que le Pere ne differe du Fils, que par *le mode* de ſubſiſter.

Sainct Baſile dit que dans la Trinité, eſtre engendré, & eſtre ſans principe, ſont des *modes* de la ſubſtance.

Sainct Gregoire de Nyſſe dit que ces noms principe & produit, ou comme il dit, cauſe &

Non naturā per hæc nomina significamus, sed eam quæ est secundū ali qualiter, esse differentiam indicamus. S. Cyril. Alex. Dial. de Trin. l. 1. 2.
Pater est modo ingenito filius modo genito Anast. Synaita. l. 1. de dogm. ver. fid.
Deus vnus est Trinitas, etiamsi diuersis nominibus vocetur, quæ quidem, non id quod est, manifestant, sed quomodo est tantum subt indicant.

effet, dans la Trinité, ne signifient pas la nature, mais vne certaine *différence de mode*, ou comme il parle, *differentiam secundum aliqualiter esse* : ce qui contient expressément la doctrine que j'establiray parlant des modes.

S. Cyrille Alexandrin nomme souuent les subsistances Diuines, des modes : ainsi aux Dialogues de la Trinité, il dit que le Pere existe *d'vne façon* non produite, & le Fils *d'vn mode* produit, & que ces noms Pere & Fils, signifient *vn mode* d'exister.

Enfin Anastasius Synaïta, dit expressément que ces noms Pere & Fils, ne signifient pas l'essence, mais les modes de ceste essence.

J'ay rapporté toutes ces authoritez contre mon ordinaire, pour vous faire voir THEANDRE, que quand il s'agit des Mysteres de la Foy, il faut suiure les sentimens des Docteurs Catholiques, à moins que d'estre temeraire: joint que ces mesmes lumieres prouuent efficacement qu'il y a vne distinction reelle non totale, & qu'elle se trouue entre les modes d'vne mesme nature, sur tout lors qu'ils sont opposez, comme la Paternité, & la Filiation; car quoy que ces deux modes substantiels, soient vne mesme chose auec l'essence, neantmoins aucun d'eux n'est la Nature Diuine prise simplement; & essentiellement puis qu'ils sont l'Essence modifiée d'vne façon particuliere ou *aliqualiter se habens*, comme dit expressément Sainct Gregoire de Nysse: C'est pourquoy les subsistances sont signifiées par des termes relatifs qui les opposent l'vne à l'autre, pour monstrer la distinction reelle, non totale qui se trouue dans les modes opposez d'vne mesme chose tres-simple. La raison est, qu'il y a quelque distinction reelle, par tout où il y a pluralité : Donc où il se trouue quelque pluralité de modes reels, il y a vne distinction reelle, non pas totale & absoluë, comme entre le Soleil & la Terre, mais non totale & relatiue.

Dieu pourroit donner quelque ombre de ceste verité, si par miracle il mettoit vn mesme crystal à Rome auec vne figure ronde, à Paris auec vne figure quarrée, & à Madrid auec vne figure triangulaire, car ces trois figures seroient vn mesme crystal, quant à la substance, il auroit neantmoins trois modes reellement distincts; car la figure quarrée n'est pas la figure rondé, & elle a des proprietez, & des effets particuliers, puisque le crystal rond est propre pour estre roulé, & le quarré ne l'est pas ; le triangulaire est propre pour des fonctions ausquelles le rond & le quarré ne sont pas propres : c'est pourquoy aucune de ces trois figures ne seroit ce crystal simplement pris, mais ainsi modifié, ou tellement figuré : Et ces trois figures seroient distinctes, puis qu'vne ne seroit pas l'autre, & chacune auroit ses proprietez particulieres. Ainsi Theandre, mais d'vne façon mille fois plus releuée, ie dis que l'Essence Diuine prise simplement, n'est pas les trois personnes, & que les trois personnes sont reellement la mesme nature diuersement modifiée : Et partant qu'vne de ces personnes n'est pas l'autre reel-

lement puis qu'vne eft engendrée & l'autre ne
l'eft pas; l'vne eft principe, & l'autre eft produite. Et ce qui eft plus admirable, c'eft que
l'effence ainfi modifiée, n'eft qu'vne chofe
tres-fimple, & que la modification n'eft pas
vne nouuelle entité iointe de nouueau, comme vne partie auec l'autre: mais c'eft la mefme fubftance tres-indiuifible, & tres fimple:
Ainfi ie diray parlant des modes, que l'extenfion eft la chofe mefme eftenduë par foy-
mefme. De forte qu'entre la chofe eftenduë
& l'extenfion, entre vne chofe & fes modes, il
n'y a aucune diftinction reelle, mais feulement virtuelle, pource que la nature modifiée
équiuaut à la nature qui feroit fans mode, &
au mode de cefte mefme nature. Or quoy que
quelques Autheurs ne veulent pas auoüer
aucune diftinction entre la nature Diuine &
les perfonnes : neantmoins la plufpart des
Theologiens reconnoiffent qu'il y a vne diftinction de raifon. OKam & Gabriel, l'appellent formelle, Scot l'appelle de la nature
de la chofe : ie la nomme virtuelle, pour les
raifons que i'expliqueray cy-apres. Et à mon
aduis, fi nous nous entendions, nous difons
quafi tous le mefme, fous des diuers termes.
De tout cecy vous voyez qu'il fe trouue vne
diftinction reelle, non feulement entre deux
chofes abfolument confiderées, comme entre
le Soleil & la Lune, entre le Soleil & la blancheur; mais encor entre le Soleil & la prefence, ou l'action de Cefar, car cefte action
& cefte prefence eft Cefar mefme. De plus,
il y a quelque diftinction reelle entre les mo-

des d'vne mefme Entité , fur tout s'ils font
oppofez, comme entre la figure ronde, & la
figure quarrée d'vn mefme cryftal , fi par miracle il eftoit multiplié au mefme temps en
plufieurs lieux. Neantmoins cefte diftinction n'eft pas reelle totale : Il y a auffi diftinction reelle, entre vn mode d'vne chofe, & vn
mode de l'autre , autant qu'entre ces deux
chofes mefmes. Ainfi il y a autant de diftinction entre l'action de Cefar, & celle de Pompée, qu'entre Cefar & Pompée. Que fi vous
me demandez, comment on peut connoiftre la
diftinction reelle, ie vous diray pour

IV. Thefe. Qu'il eft fort difficile de
donner des marques affeurées de la diftinction reelle : Voicy les principales que i'ay
trouué dans les liures.

La premiere regle fe prend d'Ariftote
dans fes Topiques, où il dit que ce qui peut
exifter fimplement, fans que l'autre exifte,
eft diftinct reellement de luy, autrement la
mefme chofe exifteroit & n'exifteroit pas,
Cecy neantmoins eft difficile, pource que la
nature & fa fubfiftance , n'ont point vne
diftinction reelle , & neantmoins vne nature peut exifter fans fa fufibftance : Ainfi la
nature humaine dans Iefus Redempteur
des hommes, n'a point fa propre fubfiftance.

La feconde regle dit, que tout ce qui peut
eftre feparé de l'autre , eft diftinct reellement.
Neantmoins on peut oppofer, que tout ce qui
eft diftinct reellemét, n'eft pas feparable. Ainfi
le Verbe n'eft pas feparable du Pere, quoy qu'il
foit diftinct reellemét de luy. Et l'ame n'eft pas

feparable de l'homme, s'il demeure homme, quoy que reellement elle en foit diftincte. Pareillement vn mefme homme peut eftre mis par miracle en plufieurs lieux : & ainfi il pourroit mourir à Paris, & viure à Rome. Outre que les Modiftes , comme Suarez, difent qu'vn mode eft diftinct reellement, & neantmoins qu'il ne peut pas eftre reellement feparé de la chofe qu'il modifie.

La troifiefme regle dit, que tout ce qui eft caufe d'vne chofe fimplement prife, & qui luy donne l'eftre , eft diftinct reellement d'elle, pource qu'il s'enfuiuroit que la mefme chofe fe produiroit foy-mefme: Et ainfi il n'y auroit aucun argument pour prouuer que les trois perfonnes en Dieu font diftinctes, ou que ce Monde n'a point receu fon eftre de foy-mefme fans autre principe.

I'ay dit que ce qui eft caufe d'vne chofe fimplement, eft diftinct reellement d'elle, car la mefme chofe fe peut modifier elle-mefme: Ainfi l'ame d'elle-mefme eftend plus loin fon domaine, & fe place en vn autre lieu, par le moyen de l'augmentation , & de l'accroiffement : Et vn mefme homme fe peut donner diuerfes poftures.

Contre cefte marque, quelques Autheurs enfeignent qu'vne mefme chofe fe peut reproduire, non pas comme caufe totale, mais partielle, pource qu'il n'y a point de contradiction.

Quelques Autheurs rapportent vne qua-

triefme marque de la diftinction reelle, lors
qu'on peut dire, cela n'eft pas cefte autre
chofe: mais la difficulté demeure, par quel
figne peut-on cognoiftre que l'on puiffe dire qu'vne chofe n'eft pas l'autre?

Cinquiefmement quelques Docteurs difent que tout cela eft diftinct reellement,
dont on peut faire des propofitions contradictoires; mais ce principe eft faux,
puifque pour cet effet il fuffit vne diftinction virtuelle: Ainfi on dit que l'Effence Diuine n'eft pas produitte; & que le
Fils eft produit. Le Pere engendre le Verbe
par fon Entendement, il n'engendre pas par
la Volonté, & neantmoins ce feroit vn erreur de mettre vne diftinction reelle entre
la nature & les perfonnes, entre l'Entendement & la Volonté Diuine. Donc pour
fonder des propofitions contradictoires, il
fuffit vne diftinction virtuelle, que i'explique par la verité fuiuante.

QVESTION IV.

*Qu'eft-ce que diftinction virtuelle & de
raifon, & fi ce font les mefmes que la
diftinction formelle, & la nature de la chofe. Qu'eft-ce
que raifon definitiue.*

I. THESE. AVant toute operation de
l'efprit, il y a dans les

choſes quelque diſtinction qui n'eſt pas reelle.
On la peut nommer virtuelle ; Appellez-là
ſi vous voulez, formelle, de la naturé de la
choſe, ou de raiſon obiectiué, pourueu que
vous ſçachiez qu'elle conſiſte en ce que la
meſme choſe ſimple, & indiuiſible en ſoy,
équiuaut à pluſieurs, ou peut eſtre comparée
à pluſieurs choſes, auſquelles elle a vne vertu
ou valeur égale. Ou bien c'eſt la meſme choſe comparée à des effets, ou à des termes
& productions diuerſes : Et il me ſemble
qu'aucun ne la peut nier, non pas meſme ceux
qui refutent les formalitez, comme Hurtade
dans ſa Metaphyſique : Pource qu'il eſt impoſſible de s'en paſſer, & d'expliquer les
veritez de la Philoſophie, & de la Theologie.

Hurt. Diſp.
6. Met. Sect.
4.

La raiſon de mon dire eſt, qu'auant tout
acte d'entendement, la Nature diuine n'eſt
pas engendrée, & le Fils eſt engendré : La
Volonté diuine n'engendre pas, & l'Entendement diuin engendre. Pareillement la
Volonté creée ne cognoiſt pas, & l'Entendement cognoiſt ; la Volonté veut, & l'Entendement ne veut pas. L'Humanité de l'a-
dorable Ieſus eſt vnie immediatement à la
perſonne Diuine, & n'eſt pas vnie immediatement à la Nature. Donc auant tout acte de
l'Entendement, il y a quelque difference entre
l'Entendement de Dieu, ou de Ceſar, &
leur Volonté ; entre la Nature & les perſonnes Diuines.

Or ceſte diſtinction n'eſt pas reelle, donc
deuant toute operation de l'Entendement,
il y a vne diſtinction non reelle. C'eſt pour-

quoy Okam , Gabriel , & plusieurs autres bons Theologiens , disent qu'entre la
Nature diuine & les personnes , il y a vne
distinction formelle , les autres l'appellent
distinction de raison ; Scot la nomme distinction de la nature de la chose : Pour
moy ie l'appelle virtuelle , & dis , qu'il
n'y a point deux entitez & formalitez, l'vne
ne de la nature , & l'autre de la personalité , qui composent la personne : mais que
c'est vne chose tres-simple , qui a la valeur
de deux choses distinctes.

En second lieu , ie prouue éuidemment ceste distinction , pource qu'auant
tout acte de l'entendement , vne mesme
chose a la valeur de plusieurs , elle peut
auoir diuers effets , & estre comparée , & égaler diuerses choses : Or c'est
ce que i'appelle distinction virtuelle. Donc
auant tout acte de l'entendement , il y a
vne distinction virtuelle , quoy que ceste
chose qui est distincte virtuellement , est en
effet & reellement tres-simple. Ainsi le
Verbe est vne chose aussi simple que l'Essence diuine , sans aucune composition
reelle : Car comme disent les Conciles,
vne mesme chose tres-simple est les trois
personnes , & les trois personnes sont vne
mesme chose tres-simple.

OPPOSITION. Que si on vous obiecte
que le Concile de Reims tenu sous Euge-
ne troisiesme , defend que la raison distingue la Nature diuine des personnes. Donc il
n'y a pas mesme distinction de raison entre la

*Conc. Later.
& Nicæn.
Symb.
Athanasij.*

*Conc. Rem-
inter naturá
& personas
ratione di-
stinguat.*

nature & les perſonnes Diuines. Reſpondez, THEANDRE, que ce Concile defend ſeule-ment, que la raiſon diſe que la nature ſoit diſtincte ſimplement des perſonnes, ou pour mieux dire, que ce ſoient trois choſes reelle-ment diſtinctes de la nature, autrement ce Concile condamneroit tous les Theologiens, qui mettent vne diſtinction de raiſon entre la nature & les perſonnes : Et beaucoup plus ceux qui diſent que l'Eſſence eſt vne formalité diſtincte des perſonnes.

Ceſte doctrine ſe peut encor eſtablir par les propoſitions du Cardinal Tarantaſius, qui depuis fut le Pape Innocent cinquieſme. La premiere dit que la Bonté & la Sageſſe en Dieu ont quelque difference. La ſeconde enſeigne que la diſtinction des attributs Diuins, eſt fondée partie dans l'Entendement, & partie dans la choſe. La troiſieſme propoſition dit, que Dieu eſt le fondement de quelque diſtinction. Sainct Thomas dans ſes Opuſcules, prouue la verité de ces propoſitions, que quelques-vns de ſon temps trouuoient vn peu rudes, pour n'auoir iamais bien compris le ſens de ces Veritez Cardinales : Car ce grand homme ne vouloit rien dire, ſi ce n'eſt que ſoit en Dieu, ſoit dans les Creatures, auant tout acte de l'Entendement, il y a vne diſtinction virtuelle, qui eſt la choſe meſme, qui par ſoy-meſme a la valeur de pluſieurs Eſtres, & peut eſtre comparée à des choſes diuerſes.

Enfin i'argumente en ceſte ſorte : Il y a quelque diſtinction où l'Entendement peut
faire

faire des attributions diuerfes & contradictoires. Or l'entendement peut faire des propofitions contradictoires d'vne mefme chofe,
foit creée, foit increée, comparée diuerfement: Car il peut dire, l'Effence n'engendre
pas, le Pere engendre; le S. Efprit eft produit
par la Volonté, il n'eft pas produit par l'Entendement, & partant la Volonté & l'Entendement en Dieu, & dans les Hommes, font
diftinctes virtuellement, pource que c'eft la
mefme chofe, comparée à diuerfes operations.
Car il y a diftinction, où il y a pluralité, & en
la mefme façon qu'il y a pluralité. Or l'Entendement & la Volonté font plufieurs chofes
virtuellement, donc ils ont vne diftinction
virtuelle : D'où vous pourrez inferer que le
fubtil Scot, n'a entendu autre chofe par la diftinction, qu'il nomme de la nature de la chofe, qu'vne diftinction virtuelle. Certes, comme a tres-bien remarqué Monfeigneur de la
Rochepozay, au Recueil de fes diftinctions,
celebres chez les Scotiftes, diftinction prife
de la nature de la chofe, & celle-là, par laquelle deux propofitions contradictoires peuuent eftre verifiées indépendamment de l'o-
peration de l'efprit. Ainfi l'Effence diuine &
& les perfonnes, la Volonté & l'Entendement en Dieu, & dans les creatures, font diftinctes de leur nature, pource qu'on peut dire, l'Effence eft communiquée, la perfonne
n'eft pas communiquée; la Volonté veut, l'Entendement ne veut pas ; le Verbe eft engendré par l'Entendement, il n'eft pas engendré
par la Volonté. Or à cet effet, fuffit la di-

D. Rupip. in
Synopfi.
V. Diftin-
ctio.

Q

ſtinction virtuelle, donc par la diſtinction de
la nature de la choſe, Scot entend la diſtinction virtuelle. Voyla donc THEANDRE, deux
diſtinctions, *la Reelle*, *& la Virtuelle*, ou formelle obiectiue, qui ſe tiennent du coſté de
l'obiet. Mais outre tout cela, ie dis pour

II. THESE. Que du coſté de l'Entendement il ſe donne vne diſtinction de raiſon, qui
ſe nomme auſſi diſtinction formelle, & c'eſt
vn acte de l'entendement, diſant qu'vne choſe n'eſt pas l'autre. Or cet acte eſt veritable,
lors que dans les choſes il y a fondement de
faire ceſte diſtinction, lequel fondement n'eſt
autre que la diſtinction reelle ou virtuelle, qui
ſe trouue dans les choſes, & dans l'obiet, qui
auant tout acte de l'entendement a la valeur
de pluſieurs choſes, ou peut eſtre comparé à
pluſieurs choſes, ou à diuers effets & termes
qu'il produit : Et partant l'entendement ne
peut pas dire qu'vne choſe eſt diſtincte de l'autre reellement, ſi elle n'eſt pas diſtincte reellement, mais il peut bien comparer vne meſme enrité à des effets diuers, & à des choſes diuerſes, ſans faire contre la verité : & partant
il ſe donne dans vn meſme obiet pluſieurs raiſons obiectiues, ou des raiſons deffinitiues,
qui ne ſont autre choſe que l'obiet, qui par
ſoy-meſme peut eſtre comparé à des choſes diuerſes, & ainſi eſtré definy par des definitions
& concepts differents : voire meſme en apparence contradictoires. La raiſon de cecy
eſt, qu'vn acte eſt vray, qui eſt conforme à ſon
obiet : Et celuy-là eſt faux, qui eſt difforme à
ſon obiet. Donc lors que l'entendement

trouue deux choses distinctes reellement, ou virtuellement en elles-mesmes, il peut dire qu'elles sont distinctes : Et l'acte est vray ou faux, dit Aristote, de ce que la chose est, ou n'est pas, comme elle est signifiée. Or ie soustiens que cet acte n'est pas imaginaire, puisque tous les iours dans la Theologie, on dit que la personne du Verbe est vnie immediatement à la nature humaine, & que la Nature diuine n'est pas vnie immediatement. Et dans la Philosophie on dit que l'homme ne raisonne pas, pource qu'il est animal, & qu'il raisonne, pource qu'il est raisonnable : que l'entendement ne veut pas, & que la volonté veut. Il y a donc quelque distinction entre Animal & raisonnable, entre la volonté & l'entendement, entre la personne & la nature, Ou l'on peut dire auec verité deux propositions contradictoires d'vne mesme chose. Donc l'entendement trouue dans les choses mesmes le fondement de ceste distinction, à cause qu'vn mesme Estre a des diuerses valeurs, & des diuers effets, & sous diuers termes, estant comparé à des choses diuerses, il est capable de diuerses raisons formelles, & de definitions diuerses.

III. THESE. Il ne se donne point aucune distinction de raison, que Suarez appelle d'vne raison raisonnante, laquelle ne trouue point de fondement en la chose, & se passe tout à fait par la pratique & negotiation de l'entendement : Et partant toute distinction de raison doit estre de raison fondée : Car tout acte est faux, qui dit que des choses indistin-

ctes sont distinctes, & qui conçoit comme distinct dans l'obiet, ce qui n'est pas distinct.
Or la distinction non fondée, ou de raison raisonnante est telle, donc elle est fausse. De
plus, toute distinction doit estre entre deux extremes : donc ou il n'y aura point deux extremes, ou reellement, ou virtuellement, l'entendement ne peut pas dire qu'il y ait aucune
distinction : & ainsi toute distinction de raison
doit estre fondée.

En second lieu, dans toutes les distinctions
de raison, que l'on apporte dans l'Echole, &
dont Suarez mesme fait mention. I'y trou-
ueray du fondement, ou elles seront fausses,
comme entre la Misericorde & la Iustice, &
les autres attributs : Entre les degrez d'Estre,
de Substance, & d'Esprit dans vns Ange, il y
a fondement de distinction : Car c'est la mesme chose, entant qu'elle est comparable, &
a la valeur des choses diuerses, puis que l'Ange sous ce mot de Substance, conuient & est
comparé aux plantes, & aux metaux, & non
pas sous ce mot raisonnable.

En troisiesme lieu, cette distinction de raison raisonnante, ou non fondée, conçoit comme distinct, ce qui ne l'est pas : donc elle est
fausse. Et par mesme raison vn visionaire
pourroit soustenir que l'acte par lequel il dit
que l'Antechrist est sur la pointe d'vn Clo-
cher, est veritable, pource qu'il s'est imaginé
qu'il y estoit. Comme ces Autheurs disent,
que les choses sont distinctes, pource qu'ils
ce sont imaginez qu'elles l'estoient.

Or ie leur demande si cet acte d'entende-

ment diſtingue les obiets auec verité, ou non;
s'il ne les diſtingue pas auec verité, ceſte diſtinction eſt fauſſe: s'il les diſtingue auec verité, donc il a quelque fondemét pour faire ceſte diſtinction: Car ce mode de Philoſopher
eſt deſraiſonnable, qui conçoit comme diſtinct ce qui ne l'eſt pas.

En quatrieſme lieu, ceſte diſtinction de raiſon non fondée, preſuppoſe vn acte d'entendement, deuant tout acte d'entendement.
Donc il faudra qu'vn acte ait precedé tout
acte de la cognoiſſance: car vn acte ne ſe forge pas ſon obiet luy-meſme: donc il le trouue
tout fait. Et partant tout acte qui conçoit
deux choſes diſtinctes, les doit deſia trouuer
diſtinctes en elles-meſmes: De ſorte que ſi elles ne ſont pas diſtinctes en elles-meſmes du
coſté de l'obiet: Il faut que l'acte meſme les
ait diſtingué, & ainſi auant tout acte, il y a vn
autre acte qui a precedé.

D'icy vous voyez, THEANDRE, qu'il
y a diſtinction virtuelle entre les attributs Diuins, & auſſi vne diſtinction de raiſon: pource
qu'il y a vn fondement de ceſte diſtinction en
Dieu, qui dans ſon indiuiſibilité reelle, a la valeur de pluſieurs choſes diuerſes: Et ainſi toute diſtinction de raiſon preſuppoſe quelque
fondement de diſtinction dans la choſe meſme.
Il eſt vray que les termes *eſtre diſtinct par raiſon*, ſe prennent équiuoquement: Ce queï explique par ceſte

IV. THESE. Quand nous diſons que
deux choſes ſont diſtinctes par raiſon: cela ſe
peut prendre en deux façons. La premiere

est que l'entendement ou la raison dit, qu'vn Estre n'est pas l'autre, comme quand on dit, la Iustice en Dieu n'est pas la Misericorde, l'Entendement n'est pas la Volonté, la nature n'est pas les personnes : Et cecy encor se peut faire en deux façons. Premierement on peut dire, la Misericorde n'est pas reellement la Iustice, & c'est vn erreur : Et aussi on peut dire, la Misericorde n'est pas la Iustice virtuellement,& c'est vne proposition veritable, pource qu'elle signifie seulement que la mesme Entité diuine peut estre comparée à des effets de douceur, & elle se nomme Misericorde : & comparée à des effets de rigueur, elle se nomme Iustice. Et selon ses diuerses comparaisons, elle peut auoir des definitions, ou raisons definitiues diuerses.

La seconde façon d'expliquer la distinction de raison , c'est de dire auec Sainct Thomas , Okam , & Major , qu'estre distinct par raison, c'est estre distinct par raison definitiue ou responsiue : en telle façon que sous diuers termes on donne d'vne mesme chose des definitions diuerses : C'est l'opinion expresse de Sainct Thomas, dans sa premiere Partie, question treziesme, & dans le neufiesme Opuscule expliquant les propositions du Cardinal Tarantaise : Car il dit expressément que l'esprit donne diuerses raisons d'vne mesme chose indiuisible : Et que Raison en ce lieu n'est autre chose qu'vn concept respondant à vn terme : d'où s'ensuit, que ce qui peut auoir plusieurs noms, non Sinonymes, peut auoir

Maior. Distingui ratione, & distingui dictu idem est.

Lege D. Th. I.p.q. 13. art. 4. toto.

des raisons diuerses. Ainsi la Iustice & la Misericorde sont distinctes par raison formelle
& definitiue : Car si on demande pourquoy
Dieu est misericordieux ; on respond, pource
qu'il pardonne? Pourquoy est-il Iuste, pource
qu'il punit. Ainsi la Nature diuine est distincte des personnes, Car si on demãde pourquoy
Dieu a vne Nature diuine ? on respond pource qu'il est vn Estre de soy, necessaire, & in-
dépendant & infiniment parfait. Mais si l'on
demãde pourquoy Dieu est Pere? on respõdra,
pource qu'il engendre vn Fils. Ainsi les puissances de l'Ame sont distinctes par raison, ou
definition. Car la mesme Entité est Volonté,
pource qu'elle se porte sur le bien & sur le
mal, l'aimant ou l'haïssant : Et elle est entendement, pource qu'elle se porte sur le vray, &
sur le faux, les cognoissant. Ainsi les degrez
de l'Estre, de la Substance, de Spirituel, & de
Raisonnable, sont distincts dans vn Ange,
pource que sous ces mots il a des definitions
& raisons diuerses. C'est ainsi que Monsieur
de la Rochepozay definit proprement *la distinction formelle ; selon les Scotistes, celle dont
les raisons definitiues sont diuerses*, comme la
Sagesse & la Iustice dans les Attributs diuins.

Sans mentir, il me semble, apres vne serieu-
se Meditation, que c'est la pensée du subtil
Scot, & que c'est la meilleure façon de declarer la distinction de raison. C'est pourquoy ie
dis pour

V. These. Que *Raison* n'est autre cho-
se en ce lieu, *qu'vne definition, ou des termes par
lesquels on respond à la question, pourquoy? Et*

D. Rupip. V.
Distinctio.
Distinctio
formalis est
ea, quæ cadit
inter illa quo-
rum quiddi-
tates, siue
formalitates,
siue rationes
definitiuæ,
sũt diuersæ, vt
Sapientia, &
Iustitia in At-
tributis diui-
nis.

partant qu'il y a diſtinction de raiſon, par tout
où il y a fondement de donner des definitions
diuerſes: D'où s'enſuit, qu'vne meſme choſe
ſous pluſieurs termes non Synonymes, eſtant
comparée à des choſes diuerſes, peut eſtre diſtincte par raiſon de ſoy-meſme, pource que
ſous diuers termes, elle peut auoir des definitions diuerſes.

I'ay eſtably ceſte verité dans la Logique, au
Diſcours des Vniuoques, par les paroles d'A-
riſtote. De plus, c'eſt le ſens commun de tout
le monde, puiſque nous diſons chaque iour
que quelqu'vn a vne bonne raiſon, lors
qu'il apporte vne reſponſe pertinente. Outre
que l'Eſprit ſe nomme la Raiſon, pource qu'il
donne les raiſons & definitions des choſes:
Donc le mot de raiſon ſe prend pour vn acte
de l'eſprit, ou pour des termes qui luy reſpon-

D. Th. 1.p.q.
13.A. 4.

dent: comme dit expreſſément Sainct Thomas en ſa premiere Partie, queſtion trezieſme.
D'icy vous pouuez recüeillir, que tout ce qui
eſt diſtinct reellement, eſt auſſi diſtinct par
raiſon: Mais pluſieurs choſes ſont diſtinctes
par raiſon definitiue, qui ne le ſont pas reellement, & ces diuerſes raiſons ſont des concepts diuers de l'eſprit, ou des diuerſes veritez
formelles, qui reſpondent à des termes qui ne
ſont pas Synonymes, comme dit Sainct Tho-

D. Rupip. in
Syn. V. Ani-
ma, Dicitur
anima dum
vegetat. Spi-
ritus dū con-
templatur.

mas au lieu allegué. De ſorte que du coſté
de l'obiet, c'eſt reellement la meſme choſe
qui à raiſon de ſa multiplicité & valeur diuerſe, peut eſtre comparée diuerſement, ſous
pluſieurs termes qui ne ſont pas Sinonymes,
comme dit le Docteur Angelique. C'eſt dans

la mesme pensée que Monsieur de la Rochepozay dans ses distinctions celebres dit, que
tous ces mots, *Ame, Esprit, Sens, Raison, Memoire & Volonté,* signifient tout à fait la mesme chose, selon des fonctions diuerses. Elle
se nomme *Ame,* entant qu'elle est vegetatiue;
Esprit, pource qu'elle contemple les veritez;
Memoire, entant qu'elle se souuient; *Sens,* entant qu'elle sent dans ses organes; *Volonté,*
pource qu'elle veut. Ce qui est dire en peu de
mots, toutes les pensées que i'ay touchant la
distinction de raison, & la distinction virtuelle.

Sensus dum sentit. Animus dum sapit. Mês dum intelligit. Ratio, dum decernit. Memoria dum recordatur. Volûtas dum vult.

DISCOVRS III.

DES DISTINCTIONS
de Raison ; Des Formalités,
Précisions, & Abstractions
formelles & obiectiues.

Oicy l'escueil où la pluspart des
Philosophes font vn triste naufrage,
tout leur malheur à mon aduis, vient
de ce qu'ils ne franchissent pas assez
hardiment, ny assez vistement ce passage : côme il y en a qui ne s'y veulent iamais engager,
de peur de se perdre ; il s'en trouue aussi d'au-

tres qui ne s'en peuuét dégager, quand vne fois
ils y font paruenus. Pour efuiter le blafme de
l'vn & de l'autre party, i'ay deffein THEAN-
DRE, de vous traitter dans ce Difcours, auec
toûte la clarté poffible, les Queftions qui appartiennent à cefte matiere, fans obmettre
rien qui foit d'importance : & de vous donner
vne Doctrine, capable de fatisfaire à tousles
Efprits qui fe contentent de la raifon. Certes,
apres auoir long-temps penfé aux diuerfes
opinions des Philofophes fur ce fuiet : Il me
femble qu'ils ne fe font quafi iamais bien entendus l'vn l'autre; & que quoy qu'ils foient
fort differents en apparence, ils difent effectiuement la mefme chofe. Ie ne fuis pas feul de
cét aduis : Car Suarez remarque en plufieurs
lieux de fa Metaphyfique, que la diftinction
de Scot eft fa mefme que la diftinction de raifon, ou virtuelle, & qu'il eft en effet de l'aduis des Nominaux. Hurtade proue éuidemment que Sainct Thomas a efté fur ce point
de mefme opinion que les Nominaux. Et fi
on veut bien confiderer l'affaire, on verra,
qu'apres auoir long-temps combattu, nous
auons tous le mefme fentiment, fous des termes qui ne different qu'en apparence. Pre-
nez-y garde THEANDRE, ie commence
tout ce fuiet par la declaration des termes,
dont on fe fert dans cefte matiere.

Hurt. Difp.6.
Met. Sect. 4.

QVESTION I.

Qu'est-ce qu'Abstraction ou Précision actiue, ou formelle, & passiue, ou obiectiue ? Comment vne mesme chose peut estre virtuellement distincte : Et s'il se donne des concepts partiels d'vne mesme chose indiuisible.

I. Thes e. A Bstraction & Précision, selon leur étymologie, se prennent en general ou actiuement pour vn acte, qui separe vne chose de l'autre, ou passiuement pour la separation de deux choses; c'est à dire, pour deux choses separées. Car *abstrahere*, & *præscindere*, chez les Latins signifient, oster, ou couper vne chose d'vne autre. Or ces mots sont transportez par metaphore aux actes de l'esprit. Et on dit que l'entendement fait Abstraction & Precision, lors qu'il separe vne chose de l'autre, considerant l'vne sans penser à l'autre. Il y a donc deux sortes d'Abstractions & de Precisions : l'vne est Physique, comme quand on coupe les bras à vn homme. Et l'autre Logique ou Metaphysique, qui se fait par l'esprit. Nous ne parlons pas icy de la premiere, mais de la seconde.

II. THESE. Dans la Logique, & dans la Metaphysique, faire Abstraction, se prend encor en deux façons: Car faire abstraction signifie quelquefois, cognoistre plusieurs choses par vn concept vniforme, qui les represente toutes distributivement, confusément, & esgalement: c'est à dire, sans les discerner l'vne de l'autre, & sans en signifier l'vne plus que l'autre. Ainsi quand ie dis ces mots, *Homme, ou Animal*, ie fais abstraction de tous les Animaux, & de chaque homme en particulier, pource que ie les cognois confusément, & tous par vne cognoissance esgale.

En 2. lieu, faire Abstraction, signifie cognoistre vne chose, ou vn mode, ou vne verité obiective, sans cognoistre l'autre : ou bien cognoistre vne chose, sãs la cõparer à tout ce à quoy elle peut estre comparée. Ainsi quand ie cognois que le laict est doux, ie fais abstractiõ de sa blancheur : & quand ie cognois qu'vne rose est odoriferante, ie fais abstraction de sa couleur, & de sa figure. Or cela est bien facile, quand dans vne chose, il y a des parties reellement distinctes : Ainsi on peut cõsiderer reellement le corps de l'homme, sans penser à son ame, pource que ce sont deux parties qui ont vne distinction reelle. Mais quand c'est vne mesme chose reellemẽt indiuisible, par exẽple: *Animal & Raisonnable* en l'Homme, *Substance & Spirituel* en l'Ange : *la Nature diuine & la personne du Verbe* en Dieu: C'est vne chose difficile, de sçauoir comment on peut separer par la pensée l'vne de l'autre.

La raison de la difficulté est, qu'où il n'y a

point vne chofe & vne autre, il n'y a effectiuement qu'vne mefme chofe, donc l'Entendemét ne peut point feparer l'vn de l'autre. Il y
a fur cecy trois opiniós principales. Scot & fes
fectateurs difent, que dans vne mefme chofe
reellement indiuifible, il y a diuerfes raifons ou
formalitez qui font diftinctes, non pas reellement, *mais de la nature de la chofe*: c'eft à dire,
d'elles-mefmes, & de leur nature , deuant
tout acte d'entendement , non pas comme
vne chofe d'vne autre chofe, mais comme vne
realité ou formalité de l'autre. Et partant faire abftraction, c'eft confiderer vne formalité
fans l'autre. Ainfi il dit, que la Nature diuine,
& la perfonalité du Verbe , font deux formalitez diftinctes de leur nature, & que de ces
deux formalitez eft cóftituée la perfonne adorable du Verbe. Pareillemát il dit que les Attributs de Dieu, la Bonté, la Sageffe, la Iuftice,
la Mifericorde, font diftincts de leur nature, &
que dans Alexis, *Raifonnable*, *Animal*, *Vi-*
uant, *Corps*, *Subftance*, *& Eftre*, font fix degrez diftincts entr'eux, non pas reellement,
mais de la nature de la chofe, auant tout l'a-
cte de l'entendement, puifqu'eftre Animal, ce
n'eft pas eftre raifonnable : & eftre Corps, ce
n'eft pas eftre Viuant : & eftre Subftance, ce
n'eft pas le Corps : & l'Eftre n'eft pas la Subftance.

La feconde opinion eft de Suaréz, & de Fon-
feque, qui difent que faire abftraction, c'eft cognoiftre vne chofe fans cognoiftre l'autre : Et
partant ils difent que ces degrez, *Animal, Rai-*
fonnable, *Viuant*, *Corps*, *Subftance*, *Eftre*, &

pareillement la Nature diuine, & la perſo-
nalité du Verbe ſont diſtinctes ſeulement de
raiſon, pource que l'entendement a la force
de ſeparer les choſes les plus indiuiſibles. Donc
il peut ſeparer l'Animal du Raiſonnable, quoy
que ce ſoit la meſme choſe indiuiſible : & la
Nature, de la perſonne du Verbe : le degré de
Subſtance, du degré de Corps : Et le degré de
Corps, de celuy du Viuant : celuy de Viuant
du Raiſonnable : & ainſi des autres. Ils diſent
le meſme des Attributs diuins, côme de la Miſericorde & de la Iuſtice entre leſquels ils mettent vne diſtinction de raiſon, ou formelle. Or
ces formalitez, diſent-ils, ne ſont pas des choſes diſtinctes, mais c'eſt la meſme choſe diſtincte par l'entendement : Ils mettent donc
dans l'homme des formalitez de Rationalité,
d'Animalité, de Corporeïté, de Subſtance,
d'Entité : Or les plus Sages parmy les Formaliſtes, n'auoüent pas vne preciſion mutuelle entre les formalitez : car il y a, diſent-ils, des degrez plus hauts que les autres, & les plus hauts
ſont abſtraction des plus bas : Ainſi la formalité ou le degré d'Eſtre fait abſtraction de celuy de Subſtance : le degré de Subſtance de celuy de corps : & le degré de Viuant, de la raiſon d'animal : Mais le degré d'Animal, ne fait
pas abſtraction ou preciſion mutuelle du Viuant, ny de celuy de Viuant, de celuy de
Corps : ny le Corps de la Subſtance, ny la Sub-
ſtáce de l'Eſtre. Leur raiſon eſt que les degrez
plus hauts ont l'auantage de ſubſiſtance, ou de
conſequence de ſubſiſter, au regard des inferieurs : Car on ne peut pas faire ceſte conſe-

quence, Cela est Estre, donc il est Substance:
mais on peut bien dire, cela est substance,
donc il est Estre : Cela est corps, donc il est
substance. On ne dit pas, il est animal, donc
il est homme, mais on dit, il est homme, donc
il est Animal.

La troisiesme opinion est de ceux qui nient
tout à fait ceste distinction de raison, & qui
n'admettent aucune distinction que la reelle,
pource que l'entendement ne peut pas dire
qu'il y a vne chose & vne autre, où il n'y a
qu'vne mesme chose indiuisible : car quoy
que cette mesme chose, puisse estre exprimée
par diuers concepts formels, il n'y a toutefois
en elle qu'vn concept obiectif. Et les choses
n'ont aucune distinction, si elle n'est reelle.
Ievous ay desia dit Theandre, qu'il me semble que la pluspart des Autheurs, apres auoir
employé des disputes entieres, à se refuter, disent la mesme chose. Hurtade est de mon aduis, lors qu'il dit, que Suarez & les autres
qui mettent la distinction de raison dans les
choses mesmes, sont de l'opinion de Scot, sans
y penser; Pareillement il est difficile de connoistre ce que veulent dire Gabriel, & Okam,
lors qu'ils mettent vne distinction formelle
entre la nature & les personnes diuines, auant
toute operation de l'esprit. Et Suarez dit souuent qu'il croit que les Nominaux ne different en rien de luy, qu'en la façon de parler,
& qu'il n'est pas croyable qu'il soit venu en
pensée aux Nominaux, de nier toute distinction de raison. Gabriel sur le premier des
Sentences, dit qu'il ne differe des autres, que

V. Suar. D.
6. Met. Sect.
9.
Et in 1. p. s. 1.
De Essentia
Dei c. 13.
Gab. In. 1.
Dist. 2.

en la façon de parler, touchant la diſtinction qu'il y a entre la nature & les relations ; c'eſt pourquoy ſans auoir eſgard à perſonne, Ie vous diray mon auis ſur toute cecy, par diuerſes propoſitions, qui à parler ſans paſſion, me ſemblent fort raiſonnables.

III. Thesе. Il ſe donne dans l'entendement des preciſions & abſtractions formelles, qui eſt le meſme que la diſtinction de raiſon. Mais cet acte de preciſion formelle, doit touſiours auoir pour fondement du coſté de l'obiet, la diſtinction reelle, ou virtuelle. La raiſon de cecy eſt, que l'entendement ne peut pas dire, qu'il y a vn & autre, & que l'vn n'eſt pas l'autre, où il n'y a aucune diſtinction, & où il n'y a pas ny vn ny autre : car cét acte eſt faux qui dit, qu'il y a vn & deux, où il n'y a qu'vne ſeule choſe ; comme cét acte ſeroit faux, qui diroit qu'vne choſe blanche eſt noire : car l'entendement ne fait pas la diſtinction dans les choſes, mais il l'y rencontre, & la preſuppoſe. La 2. raiſon eſt, que l'entendement n'a pas pour obiet ſon acte, & l'acte qui diſtingue n'eſt pas reflechi : mais c'eſt vn acte qui ſe porte directement ſur l'obiet, donc l'objet doit eſtre tel qu'il eſt enoncé par l'entendement.

En 3. lieu, il eſt impoſſible qu'vne meſme choſe, ſoit & ne ſoit pas, & de dire auec verité, deux propoſitions contradictoires d'vne meſme choſe : Donc il y a dans les choſes vne diſtinction virtuelle, qui eſt le fondement de la diſtinction de raiſon : Car cette choſe dont on peut dire deux contradictoires,

contient

contient en foy vn & autre : Elle eft donc
diftincte en foy , auant tout acte d'entendement. Or eft-il , que d'vne mefme chofe reellement indiuifible , & indiftincte, on
on peut verifier deux propofitions contradictoires. Donc elle a en foy, auant tout acte
d'entendement, quelque diftinction : Or cefte
diftinction, ne peut pas eftre reelle , puifque
la chofe eft reellement indiuifible. Donc
auant tout acte d'entendement , il y a vne diftinction dans les chofes, qui n'eft pas reelle :
mais virtuelle : ainfi il eft certain que les perfonnes font reellement la mefme chofe auec
la Nature Diuine. L'Entendement Diuin
auec la volonté. Et que les puiffances de l'ame
font la mefme chofe. Et dans Socrate, la mefme chofe eft homme, Animal viuant, corps,
fubftance, & Eftre. Et neantmoins on peut
faire deux propofitions contradictoires de ces
obiets. Donc d'vne mefme chofe on peut dire
deux contradictoires. Ainfi on dit que les
Payens ont conneu naturellement la Nature
Diuine, & qu'ils n'ont pas conneu la Trinité,
donc la mefme chofe a efté connuë & non
connuë. On dit du Pere qu'il engendre le
Verbe, & la Nature Diuine n'engendre point
le Verbe : donc il y a diftinction entre la perfonne du Pere , & la Nature. Ou bien l'on dit
d'vne mefme chofe deux contradictoires. Pareillement on dit que le Verbe eft engendré,
la Nature n'eft pas engendrée, le S. Efprit eft
produit par la volonté; le S. Efprit n'eft pas
produit par l'Entendement. La Volonté refpire le S. Efprit, l'Entendement ne refpire pas

R

le S. Esprit. Le Pere communique au Fils sa Nature, & il ne communique pas la Paterni-té. L'entendement de Cesar cognoist, la volonté de Cesar ne cognoist pas. Cesar est semblable au lyon, pource qu'il est Animal : il n'est pas semblable au lyon, pource qu'il est raisonnable : Cesar est semblable à l'Ange, pource qu'il est Raisonnable, & non pas pource qu'il est Animal. Dieu cognoist le peché, Dieu ne veut pas le peché : Ce n'est donc pas le mesme, Vouloir, & Cognoistre. Certainement les Peres de l'Eglise aüouent la distin-ction de Raison, entre les Relations, & la Nature diuine, & entre les Attributs diuins : Par exemple, entre la Misericorde & la Iustice, comme preuue le Pere Ruiz, en la douziesme Dispute de la Trinité, par l'authorité de Sainct Basile, de Sainct Epiphane, Sainct Iustin, Theodoret, Sainct Gregoire de Nysse, Sainct Gregoire de Nazianze, Sainct Cyrille, Sainct Chrysostome, Sainct Iean Damascene, Sainct Ambroise, Sainct Hilaire, & Sainct Augustin.

Le Docteur Angelique est du mesme aduis, & il met vne distinction de raison quasi dans toutes ses Oeuures, sur tout dans la question treziesme de la premiere Partie, il enseigne que les attributs signifient vne chose simple sous diuers termes, non Synonymes, ausquels respondent des concepts, ou des raisons diuerses. De sorte que Dieu est vne chose reellement, & plusieurs par raison. Il dit aussi dans la question 28. que l'Essence est distincte par raison des Relations. De plus, Iean Ora-

D. Th. lege 1. p. q. 13 art. 4. & q. 28.

teur pour l'Eglise Latine, au Concile de Florence, dit souuent que les Relations diuines
sont distinctes par raison de l'Essence : à quoy
aucun, ny des Grecs, ny des Latins, ne con-
tredit dans le Concile : Ce qui marque que
c'estoit vne doctrine commune à l'Eglise
Grecque & Latine.

De plus les Conciles enseignent que le Verbe a pris l'Humanité, en ce qui est propre au
Fils, & non pas en ce qui est commun à la
Trinité. Donc ce qui est commun à la Trinité, c'est à dire, l'Essence a quelque distincion
de ce qui est propre au Fils, autrement deux
contradictoires se verifient d'vne mesme chose, ce qui est impossible. Que s'il est question
du sentiment d'Aristote, il est certain qu'il re-
cognoist dans les choses vne distinction de
raison : Ainsi il dit dans sa Physique, que l'A-
ction & la passion sont le mesme reellement,
mais qu'elles different par raison. Aux Categories il dit que les Vniuoques ont vne
mesme raison. Et dans sa Metaphysique, il
dit que l'Estre, & l'Vn, sont vne mesme nature, quoy qu'ils ayent diuerses raisons : Et on
ne peut nier que presque tous les Philosophes,
apres Sainct Thomas & Aristote, disent que
dans l'Ame, il y a trois Puissances. Il faut
donc trouuer quelque moyen de verifier ceste
proposition, & plusieurs autres semblables;
ce qui ne se peut faire, sans qu'il y ait quelque
distinction du costé de l'obiet : Or est-il qu'elle n'est pas reelle ; donc elle est virtuelle. Outre toutes ces authoritez, i'establis cecy par
quatre Argumens.

R ij

Conc. Flor.
sess. 18.
Conc. Tolet.
6. & 11. Solus
Filius assum-
psit humani-
tatem in eo
quod pro-
priū est Filij,
non quod est
commune
Trinitati.

At. 3. Phys. &

l. 4. Met.

Le premier soit tel. Il y peut bien auoir vne distinction de raison, où il y a de la diuersité quant aux fonctions diuerses : Or il y a diuersité de fonctions entre la Nature diuine, & les personnes, entre l'Entendement & la Volonté : car la Volonté respire le Sainct Esprit, l'Entendement ne le respire pas : la nature est communiquée, la personne ne l'est pas. Ie sçay bien que ce qui est la personalité du Pere est communiqué, mais la paternité n'est pas communiquée, entant, ou pource qu'elle est paternité.

En second lieu, si ces mots, *Pere, & Nature diuine*, signifient tout à fait le mesme : donc ils sont Synonymes, & tout ce qu'on pourra dire de l'vn, se pourra dire de l'autre. On pourra donc dire, le Pere est communiqué au Fils, aussi bien que la Nature.

Troisiesmement, là où il n'y a aucune distinction, l'vn ne peut pas produire, & l'autre ne produire pas : l'vn estre produit, & l'autre n'estre pas produit. Or est-il, que le Verbe est produit, la Nature ne l'est pas : le Pere engendre, & la Nature n'engendre pas : Il y a donc quelque distinction dans l'obiet, ou les deux contradictoires sont veritables.

Quatriesmement, s'il n'y a aucune distinction entre les personnes diuines, & la nature, il n'y aura point de distinction entre les personnes, qui est l'Heresie de Sabellius. Car en Dieu il n'y auroit autre chose que l'Essence diuine, & partant il n'y auroit aucun principe de distinction reelle : Car les trois personnes ne different pas par l'Essence, puis qu'elle leur est commune. Et d'ailleurs, l'Essence seroit produite, puisque la personne du Verbe est produite : Il y a donc en Dieu quelque chose distincte, ou reellement, ou virtuellement de l'Essence. Or il n'est rien en Dieu, qui soit distinct reellement de l'Essence, comme declara le Concile de Reims, contre Gilbert Porretan. Il y a donc en Dieu, auant tout acte d'Entendement, quelque distinction virtuelle : Et ainsi il y a du costé de l'obiet vne distinction reelle, & virtuelle ; & vne distinction de raison, du costé de l'Entendement.

Pardon, THEANDRE, si ie mesle icy tant de Theologie : mais à moins que de s'engager dans les Mysteres de la Trinité & de l'Incarnation, on ne peut declarer les Traittez de la Distinction, de l'Vnion, ny des Modes. Pour donner tout le iour possible à ceste matiere, ie la desire commencer dés ses premiers principes, selon les lumieres de Sainct Thomas, en sa premiere partie, question treziesme.

III. THESE. Il y a des termes Synonymes, & il y a des termes qui ne le sont pas : *Terme Synonyme*, côme i'ay dit dans la Logique, est celuy qui signifie tout à fait la mesme chose, & en la mesme façon : c'est à dire, que les mesmes veritez obiectiues leur respôdent: Car ils supposent pour la mesme chose, ils ne connotent rien l'vn sur l'autre, & signifient aussi confusément l'vn que l'autre : comme *Estre & chose*, *Pere & engendrant*, *Fils & engendré*. Mais ces termes, *Homme & Animal raisonnable*, ne sont pas Synonymes, pource qu'*Homme* ſignifie plus confuſément. Or parmy les termes qui ne ſont pas Synonymes, il y en a qui ne ſuppoſent pas pour la meſme choſe. Comme Ceſar, & le Soleil. Et il y en a qui ſuppoſent pour la meſme choſe, comme Soleil & Aſtre, Hóme & Animal. Il n'y a point de difficulté, que les termes non Synonymes, qui ne ſuppoſét point pour la meſme choſe, ſignifient des choſes diuerſes; cóme ces termes Ceſar & Soleil, Corps & Ame. Mais la difficulté eſt touchant les termes qui ſuppoſent pour vne meſme choſe, cóme Soleil & Aſtre. Ie dis donc, que parmy les termes qui ſuppoſent pour la meſme choſe, il y en a qui ne connotent rien par deſſus l'autre, mais ſeulement qui ſignifient plus clairement, ce que l'autre terme ſignifie confuſément, comme *Animal raiſonnable*, ne connote rien au dehors par deſſus ceſte voix, *Homme*, mais il ſignifie clairement ce qu'*Homme* ſignifie confuſément. Il y en a auſſi qui connotent quelque choſe par deſſus l'autre terme : Ainſi quand on dit, ceſte roze eſt belle, agreable, rouge, viſible, intelligible, capable d'eſtre touchée, c'eſt vne ſubſtance, c'eſt vne creature, tous ces mots ſont mis en l'Oraiſon, & ſuppoſez pour la meſme roſe, mais ils connotent des choſes diuerſes.

Troiſieſmement, ie dis qu'entre les termes qui ſuppoſent pour la meſme choſe, & qui connotent quelque choſe, ou ils ont vne façon de connoter claire ou obſcure. Ainſi ce mot viſible ſuppoſe pour la roſe, & connote clairement la veuë dont ceſte roſe peut eſtre obiet. Mais ces mots, *Substance, Corps viuant*, emportent auec eux vne connotation couuerte & cachée. De sorte que comme i'ay dit dans la Logique, il n'est point de terme qui ne soit connotatif obscurement. Cela presupposé, ie dis pour

IV. T h e s e. Qu'vne mesme chose indiuisible reellement peut estre signifiée par diuers termes non Synonymes, qui connoteront des choses, des veritez, & des raisons diuerses: Pource que ceste chose en soy est virtuellement plusieurs choses : c'est à dire, qu'elle a la valeur de plusieurs, & que sous vn terme, elle est comparée à l'vne, & discernée de l'autre.

La raison de cecy est, qu'il n'est point de chose au monde qui ne soit semblable, & dissemblable à vn autre. Prenez-moy deux gouttes d'eau, ou deux œufs d'vne mesme grosseur, de mesme couleur, & auec les mesmes proportions. Ils sont neantmoins dissemblables, en ce que l'vn n'est pas l'autre : Er ceste dissemblance est signifiée quand on dit, *cét œuf, ceste goutte, ceste rose*. Car cela signifie obscurement ceste roze, qui n'est pas distincte d'elle, & qui est distincte de tout autre. Passons outre, Ie dis que tous ces mots, *Cesar, cet Homme, Animal, Homme raisonable, Viuant, Corps mixte, Creé, Substance, Estre, Visible, Aimable, Cognoissable, Empereur, Maistre, Personne, Volitif, Intellectif, Agissant, Patissant*, & mille autres supposent pour le mesme Homme : mais ils connotent des choses diuerses, ou des veritez obiectiues differentes : Ainsi

Visible connote que cet Homme peut estre
veu, *Aimable*, qu'il peut estre aimé, *cognoissable*, qu'il peut estre cogneu, *Empereur*, qu'il a
commandement sur des Royaumes, *Maistre*,
qu'il a des seruiteurs, *Pere*, qu'il a des enfans,
Capitaine, qu'il sçait conduire des Armées : &
tous ces termes ont vne connotation claire,
mais les autres ont vne connotation obscure.
Car Cesar sous ce nom d'*Homme*, est signifié
estre semblable à tous les Hommes, & dissemblable à tout ce qui n'est point Homme.
Sous ce terme de *Cesar*, il est distingué de tous
les hommes qui ne sont point Cesar. Sous ce
nom d'*Animal*, est connoté que cet estre est
semblable à tous les Animaux, & il est distingué de tout ce qui n'est pas Animal. Sous ce
nom de *Viuant*, il est signifié conuenir auec
toutes les choses viuantes, & distinct de tout
ce qui n'a point de vie. Par ce nom de *Raisonnable*, il est signifié semblable à Dieu & aux
Anges, & dissemblable aux brutes. Par ce
nom de *Corps*, il est comparé à tous les Corps,
& separé des Anges, & des Substances intellectuelles. Par ce nom de *Substance*, il est signifié conuenir auec toutes les substances, & estre
distinct des accidens. Sous ce nom *Estre*, il est
signifié conuenir auec tout ce qui existe, & discerné de tous les Estres de raison, & impossibles. Sous ce terme de *Personne*, Cesar est signifié semblable à tous les Estres raisonnables
qui subsistent, & distingué du reste.

Sous ce mot, *Volitif*, il est comparé au bien,
ou au mal, qu'il peut vouloir ou hair. Sous
ce mot d'*Intellectif*, il est signifié qu'il peut

cognoiſtre les veritez qui ſont dans la Nature. De ſorte qu'à tous ces mots, reſpondent
diuerſes definitions, ou raiſons, ou veritez
obiectiues. Et pour parler encor plus clairement, ce mot *Subſtance*, ſuppoſe pour Ceſar, &
connote qu'il peut ſubſiſter par ſoy-meſme, en
quoy ils conuiennét auec toutes les Subſtances.

Ce mot *Eſtre*, ſuppoſe pour Ceſar, & connote qu'il exiſte dans la nature, en quoy il
conuient auec tous les Eſtres. Ce mot *Viuant* connote qu'il a la vie. *Animal*, connote
qu'il ſent: *Raiſonnable*, qu'il raiſonne. Ce mot
Ceſar, qu'il eſt vn tel indiuidu, diſtinct de
tout autre. Or qu'eſt-ce que cela, eſtre dans
la Nature, pouuoir ſubſiſter par ſoy-meſme,
pouuoir raiſonner, eſtre diſtinct de tout autre.
Ie reſpons que ce ſont des Oraiſons à l'infinitif, qui du coſté de l'obiet, ſignifient Ceſar meſme, qui de ſoy, & par ſoy-meſme a diuerſes operations, & peut tout ce
que ſignifient ces termes. Certes s'il y auoit
aucun terme qui ne fut point connotatif, ce ſeroit Socrate, ou Platon, ou Ceſar:
Mais comme dit doctement Major, parlant
du Syllogiſme expoſitoire en ſa Logique: Ces
termes, Socrate & Platon, ſont obſcurement
connotatifs. Car ils ſignifient vn tout, diſtinct
de tout autre. Que ſi vous me demandez par
quelle choſe eſt-ce que Ceſar eſt tout cela, &
peut eſtre comparé, eſtre ſemblable & diſſemblable à toutes ces choſes: Ie reſpons
que c'eſt par ſoy-meſme; car par ſoy-
meſme il eſt tout ce que ſignifient ces mots:
Et c'eſt où ſe fonde la diſtinction virtuelle,

fur cefte multiplicité de comparabilitez, & de valeurs, qui eft dans vne mefme chofe, pource qu'elle peut eftre comparée à tout autant de chofes, qu'il s'en trouue, aufquelles elle a vne efgale valeur. Pareillement, fur cefte multiplicité de vertu, qui eft auant tout acte d'entédement, fe fonde la diftinction de raifon, & la précifion ou abftractió formelle & obiectiue. Si doncques quelqu'vn vous demande, s'il y a des précifions ou abftractions formelles & obiectiues, & fi la mefme chofe peut eftre diftincte par raifon. Refpondez par cefte,

V. THESE, ces mots, *Précifion ou Abftraction*, fe prennent, ou actiuement, ou paffiuement. Précifion ou abftraction actiuement prife, eft vn acte qui conçoit vne chofe toute, fans la comparer à tout ce à quoy elle peut eftre comparée. *Précifion obiectiue*, eft vne chofe qui toute eft cognuë par l'entendement, mais qui par cefte cognoiffance n'eft pas comparée à tout ce à quoy elle pout eftre comparée : ou bien Précifion & Abftraction font vn acte qui cognoift plufieurs chofes égal-lement par vne cognoiffance confufe. De forte qu'Abftraction ou Précifion fe prend en deux façons. Premierement, pour cognoiftre ou fignifier plufieurs chofes efgalement diftributiuement, & confufément pour vne mefme raifon. Et en fecond lieu, *faire Précifion*, fignifie cognoiftre quelque chofe toute, fans la comparer à tout ce à quoy elle peut eftre comparée.

Vous remarquerez donc icy THEANDRE, auec Monfieur de la Rochepozay, dans fon

Recueil des Distinctions celebres, que faire
Abstraction & Précision , à parler proprement, est le mesme que separer vne chose de
l'autre : & pource que cela se peut faire, ou
reellement, ou par raison. De-là vient qu'il
y a deux sortes d'Abstractions, l'vne est reelle,
par laquelle on separe reellement vne chose
de l'autre, comme quand vn artizan couppe
du marbre en deux : & c'est le mesme que la
diuision, dont i'ay parlé dans la Logique.
L'autre Abstraction se nomme de raison ou
intentionelle , & c'est vn acte de l'entendement, qui dit qu'vne chose n'est pas l'autre;ou
bien qui signifie vne chose separément d'auec
l'autre : Or pour faire que cet acte soit veritable, il est necessaire que dans son obiet il y
ait vne distinction, ou reelle , ou au moins virtuelle, pource que cét acte seroit faux, qui separeroit deux choses , qui effectiuement ne
sont pas distinctes : Selon ceste doctrine, *Abstract* est le mesme que separé, ainsi tout accident peut estre abstract, au regard de son
suiet, pource qu'il en peut estre separé. Et ce
n'est pas encor en ce sens, que ie prens icy Abstraction, ou précision : Mais comme i'ay dit,
précision & abstraction formelle, se prennent,
ou pour vne cognoissance , qui cognoist côfu-
sément & également plusieurs choses, sans co-
noistre qu'elles different, côme fait la cognoissance vniuerselle, qui respond à ces termes,
Animal, & Hôme: car elle represente confusément chaque Animal en particulier. Ou bien
précision & abstraction formelle, sont vne cognoissance, qui cognoist toute vne chose sans

la cognoiſtre ſous toutes les raiſons, ou par tous les Concepts, qu'elle peut eſtre cognuë. Tel eſt l'acte qui cognoiſt que Ceſar eſt Subſtance, ou Animal; car il ne compare pas Ceſar, à tout ce à quoy il peut eſtre comparé.

Certainement, faire préciſion ou abſtraction, n'eſt pas cognoiſtre ſeulement vne partie de la choſe: car il n'y a point de partie en vne choſe indiuiſible : Par exemple, en vn Ange. Donc lors que ie dis qu'vn Ange eſt Subſtance, ie ne cognois pas vne partie de l'Ange, mais ie cognois tout l'Ange, & ie le cognois totalement : Si par totalement vous entendez que ie n'obmets choſe aucune qui ſoit en luy : Car qui cognoiſt vne choſe indiuiſible, il la connoiſt toute, mais il ne la cognoiſt pas totalement ; c'eſt à dire, il ne la compare pas à tout ce à quoy elle eſt comparable. Il eſt vray que ie cognois ce qui eſt cóparable à des choſes diuerſes, mais ie ne le compare pas : & lors que ie cognois que Gabriel eſt Subſtance, ie cognois tout ce qui eſt en Gabriel ; mais ie ne le compare pas à tout ce à quoy il eſt comparable : Et ie ne le cognois pas ſous tous les Concepts dont il peut eſtre cogneu, car ie ne conſidere pas qu'il eſt Raiſonnable, qu'il eſt Spirituel, qu'il eſt Bien-heureux.

Certainement ceſte Doctrine ſemble eſtre approuuée par le commun ſens des Hommes, & des Philoſophes : car de là eſt né le Prouerbe que l'on attribuë à Ariſtote : Celuy-la qui fait abſtraction, ne fait pas contre la verité;

c’eſt à dire, Celuy qui dit vne choſe ſans nier l’autre, & qui compare vne choſe à vne autre, ſans la comparer à tout ce à quoy elle peut eſtre comparée. Ainſi apres auoir dit que Ceſar eſt vn grand Capitaine, ſi vous venez à dire : mais c’eſt vn homme ambitieux ; on reſpond, nous faiſons abſtraction de cela : c’eſt à dire, Nous n’en parlons pas pour le preſent. C’eſt pourquoy il eſt vray que Ceſar eſt Animal : mais il eſt faux qu’il eſt ſeulement Animal : Pource que le premier acte eſt abſtractif, le ſecond eſt negatif, & nie que Ceſar ſoit comparable à des autres choſes : & partant il aſſure qu’il n’a rien que d’eſtre Animal. Ainſi celuy qui dit que nos Roys ſont Roys de Nauarre, dit vray, par vn acte abſtractif : c’eſt à dire, il ne compare pas la Majeſté auguſte de nos Roys, à tous leurs Royaumes, mais auſſi il n’exclud pas le Royaume de France.

D’où vous voyez en premier lieu, que l’acte abſtractif ou preciſif, ne ſe fait pas par vne negation, mais ſeulement obmettant pluſieurs attributs qui pourroient eſtre donnez à vne choſe, & ne la comparant pas à tout ce à quoy elle peut eſtre comparée.

Secondement, vous voyez que les degrez ou termes ſuperieurs, font abſtraction des inferieurs, mais non pas les inferieurs des ſuperieurs. Car Alexis ſignifie diſtinctement Homme, & Homme ne ſignifie pas diſtinctement Alexis. Animal fait abſtraction de l’Homme, & non pas Homme d’Animal. Et l’Eſtre fait abſtraction de la Subſtance, mais non la substance de l'Estre. Il faut donc bien remarquer, que ce mot, *faire Abstraction ou precision, est equiuoque*, comme i'ay desia dit: Car quelquefois il signifie cognoistre plusieurs choses confusément, distributiuement, & esgalement. Et d'autrefois il signifie, cognoistre vne chose, sans cognoistre l'autre, ou vne verité obiectiue touchant vn Estre, sans cognoistre l'autre; ce qui n'est autre chose que cognoistre vne chose sans la comparer, à tout ce à quoy elle peut estre comparée. Si donc on vous demande pour

---

QVESTION II.

S'il se peut donner des Précisions & Abstractions formelles & obiectiues, & des Concepts partiels d'vne mesme chose indiuisible.

REspondez auec distinction en ceste sorte, vne chose peut estre ou reellement indiuisible, comme Dieu, les Anges, l'Ame raisonnable : Ou diuisible, comme l'Homme, qui a des parties reellement distinctes.

Dittes de plus, que ce mot *Concept partiel*, se prend, ou pour l'acte, ou pour l'obiet. L'acte s'appelle concept formel, ou raison formelle, & l'obiet s'appelle concept obiectif, ou raison obiectiue.

Dittes en troisiesme lieu, que ce mot de *Con-*

cept partiel, se peut prendre pour celuy qui ne conçoit qu'vne partie d'vne chose, ou pour celuy qui cognoist toute la chose, sans en rien obmettre, mais qui ne la compare pas à tout ce à quoy elle est comparable. Apres auoir distingué ces termes de Concept, & de Concept partiel, dittes pour

I. THESE. Qu'il se peut donner vn Concept formel, ou vne cognoissance partielle : c'est à dire, qui ne cognoistra qu'vne partie d'vne chose qui a des parties reellement distinctes. Telle est la cognoissance que i'ay, quand ie cognois le corps de Cesar, sans cognoistre son ame. Telle est la veuë, par laquelle ie vois la teste d'Absalon, sans voir le reste du corps.

La raison est, qu'il est facile de cognoistre vne partie, & non pas les autres, où il y a vne partie & vne autre.

II. THESE. Si vne chose est indiuisible, elle ne peut pas estre cognuë par vn Concept partiel : c'est à dire, qui ne cognoisse qu'vne partie de l'obiet : Mais elle peut bien estre cognuë par vn Concept partiel : c'est à dire, qui la cognoisse toute, sans la comparer à tout ce à quoy elle est comparable.

La raison est, qu'on ne peut pas cognoistre seulement vne partie, où il n'y a point de partie, & où tout est vn reellement : Mais vne chose qui équiuaut, & est comparable à plusieurs, ou bien qui a des operations diuerses, peut bien estre seulement comparée à vne chose, & non pas à toutes : Et elle peut bien estre comparée à vn terme de ses operations,

& non pas à l'autre : Et ainſi elle peut eſtre cognuë partiellement du coſté de l'acte, mais non pas du coſté d'elle-meſme. Ainſi qui cognoiſt quelque verité de l'Ange, cognoiſt tout l'Ange abſolument, mais non pas comparatiuement : c'eſt à dire, il ne le compare pas, à tout ce à quoy il peut eſtre comparé, & ne cognoiſt pas toutes les veritez obiectiues que peut fonder cét Ange, pource qu'il ne le compare pas à tout ce à quoy il peut eſtre comparé. Ainſi quand ie cognois ſeulement que Gabriel eſt vne Subſtance, ie cognois bien vne Subſtance accomplie, creée, ſpirituelle, bien-heureuſe, diſtincte des hommes, mais ie ne cognois pas que Gabriel eſt bien-heureux, qu'il eſt ſpirituel, diſtinct des hommes, Volitif, Intellectif, Operatif, Perſonne, Semblable, Viuant, & toutes les autres raiſons ou veritez obiectiues, que Gabriel peut fonder, comparé à des operations, & à des choſes diuerſes.

Et c'eſt ce qui arriue, quand on dit, la Nature Diuine n'engendre pas, & le Pere Eternel engendre : pource que quand on dit, la Nature diuine, on la conſidere ſimplement, ſans la comparer à toutes ſes modifications, ou operations qu'elle a, eſtant ainſi modifiée. D'autant que ceſte propoſition eſt veritable. La Nature diuine n'engendre pas, mais celle-cy eſt fauſſe ; ce qui eſt la Nature diuine n'engendre pas : Car le Pere c'eſt la nature meſme, comme ſubſiſtante, ou tellement modifiée. Ie dis le meſme de ces deux propoſitions : Le Pere engendre le Verbe par l'Entendement

tendement, & il ne l'engendre pas par la volonté. C'est à dire, que Dieu peut auoir deux fortes d'operations au dedans de foy-mefme. Il peut vouloir, & il peut entendre. Donc, comparé au terme de fon intellection, ou au vray, il eft appellé Entendement : & comparé au terme de fon vouloir, il eft appellé Volonté : Mais en Dieu, la Volonté & l'Entendement font vn mefme Eftre, qui équiuant à des chofes & operations reellemét diftinctes. D'où arriue que cefte propofition feroit fauffe : Le Pere engendre le Verbe, parce qu'il peut vouloir ; quoy que reellement tout ce qui eft en Dieu, eft Volonté & Entendement, puis qu'hors des trois perfonnes Diuines, qui entr'elles font diftinctes relatiuement, tout le refte eft indiftinct reellement, mais non pas virtuellement : Car d'autant plus qu'vn Eftre eft noble, d'autant plus il a en foy de diftinctions virtuelles, & tant moins il a de diftinctions reelles. Puifque c'eft vne gloire incomparable de pouuoir efgaler en vertu toutes les chofes, par vn Eftre tres-fimple. De tout cecy, ie concluds qu'il fe donne vne précifion formelle : c'eft à dire, vn acte de l'Entendement, qui confidere vne chofe mefme indiuifible : mais il ne fe peut pas donner vn acte qui cognoiffe vne chofe indiuifible, fans la cognoiftre toute, ou qui dans vn Eftre indiuifible, cognoiffe vne chofe & vne autre : car il eft neceffaire, que s'il la conçoit, il la cognoiffe toute, puis qu'elle n'a point de parties : Ie dis auffi pour

II. Thèse. Que du cofté de l'obiet, foit

creé soit increé, il se donne vne précision
obiectiue: ce qui en effet est l'obiet mesme,
qui peut estre comparé à l'autre, consideré selon vne de ses operations , & non pas selon
l'autre, à raison d'vne esgale valeur qu'il a en
soy. Autrement ces propositions que i'ay alleguées sont fausses, la Nature diuine n'est
pas vnie immediatement , & le Verbe est vny
immediatement à la Nature humaine. La
Volonté veut, l'Entendement ne veut pas: &
ainsi le sens de ces propositions se resout enfin
par des raisons definitiues diuerses : Comme
si on disoit, le Pere engendre, pource qu'il est
Pere intellectif: mais il n'engendre pas, pource qu'il a vne Nature, ny vne Volonté. Le
Verbe est vny à la Nature humaine, non pas
pource qu'il est la Nature, mais pource qu'il
est le Verbe. L'Homme sent pource qu'il est
Animal, & entend pource qu'il est Raisonnable : Car si le sens estoit, ce qui est Animal,
n'est pas le mesme auec ce qui raisonne ; Ce
qui engendre, n'est pas le mesme auec la nature; Ce qui est Entendement, ne Veut pas, ces
propositions seroient fausses : car ce qui est
Pere, est la Nature, non pas simplement, mais
tellement modifiée. Et il est de Foy, qu'en
Dieu il n'y a qu'vne Substance, vne Puissance,
vne Bonté, & vne seule Nature.

   III. Thèse. On peut cognoistre vne
chose toute, sans la cognoistre totalement:
Pource qu'on la peut conçeuoir sans la comparer à tous les Estres, & à toutes les operations ausquelles elle peut estre comparée : Et
on la peut cognoistre sous vne raison, ou sous

vn concept, sans la cognoistre sous les autres
concepts & raisons sous lesquelles elle peut
estre cognuë. Ainsi on peut cognoistre Dieu,
sous le concept d'Immense, sans cognoistre
qu'il est Pere, qu'il est Createur & Seigneur
de toutes choses. On peut cognoistre que
l'Ame entend, sans cognoistre qu'elle veut.

Qu'est-ce donc que raison formelle : I'ay
dit cent fois, que c'est vn concept de l'esprit,
comme dit sainct Thomas dans la question
treziesme. Ainsi cet acte, par lequel ie cognois que Cesar est Animal, c'est vne raison
formelle de Cesar : Mais quelle chose, me direz-vous, respond du costé de l'obiet à ceste
raison, ou concept formel. Ie respons par
ceste

IV. Thes e. Aux raisons formelles ou
concepts formels de l'esprit, qui cognoisse vn
Estre, sans le comparer à toutes les operations, dont il est capable, ou à tous les Estres
ausquels il peut estre comparé, Respond du
costé de l'obiet vne raison obiectiue, qui n'est
autre chose que tout l'obiet, entant qu'il a vne
telle valeur. Ainsi à ce concept formel, qui
cognoist que Cesar est Animal, respond du
costé de l'obiet, Cesar estre Animal: c'est à dire
Cesar, entant qu'il est Animal: Et quoy que ce
qui est Animal en Cesar, soit aussi raisonnable, neantmoins Cesar estre Animal, ce n'est
pas Cesar, entant ou pource qu'il est raisonnable. Car Cesar, entant qu'il est Animal, c'est
Cesar comparé ou semblable à tous les Animaux. Donc Cesar estre Animal, ce n'est pas
Cesar estre raisonnable, puis qu'vne chose

D. Th. I. p.
q. 13.

S ij

peut estre Animal, comme le lyon, sans estre
raisonnable. Dittes donc THEANDRE, que
s'il y a des Concepts formels partiels, ou des
raisons formelles partielles: c'est à dire des
Concepts qui cognoissent vne chose sans la
cognoistre par tous les Concepts, qu'elle est
capable de fonder : ou sans la comparer à tout
ce à quoy elle peut estre comparée, Il est aussi necessaire qu'il y ait des Concepts obiectifs
partiels. Or *Concept obiectif partiel* est vne
chose, entant qu'elle peut estre l'obiet d'vn
Concept formel partiel. Par exemple , c'est
Cesar, entant qu'il est Animal, ou entant qu'il
est raisonnable ; Et ainsi comparé selon des
comparabilitez diuerses. Mais chaque Concept formel partiel cognoist tout l'obiet, &
totalement: c'est à dire, sans rien obmettre:
mais il ne le cognoist pas totalement: c'est à
dire, il ne le compare pas à tout ce à quoy il
peut estre comparé, ny sous tous les concepts,
ou raisons formelles , sous lesquelles il peut
estre cogneu.

D'où vous pouuez recueillir que c'est vne
chose imparfaite , que d'auoir des concepts
partiels: Et partant, que Dieu n'a point de
telles cognoissances partielles , comme les
hommes & les Anges: Car Dieu par vn acte
seul & tres-simple, cognoissant vn Estre, il le
compare à toutes les choses ausquelles il a du
rapport, ou de la proportion, & à toutes les
operations dont il est capable. Et quoy qu'il
cognoisse que Cesar est Animal, neantmoins
il ne cognoist pas seulement qu'il est Animal,
mais il cognoist toutes les veritez obiectiues,

que peut fonder Cesar, soit absolument, soit relatiuement consideré, selon toutes les cognoissances possibles. Donnons encor à cecy plus de iour.

QVESTION III.

S'il y a des formalitez & des raisons abstractes & communes dans les choses, & qu'est-ce qu'ont entendu les Anciens, par la distinction de Raison, & par Degré.

I. THESE. IL n'y a point dans vn obiet reellement indiuisible, comme en Dieu, en vn Ange, en vne Ame, des formalitez que l'on attribuë au subtil Scot: c'est à dire, vne réalité, & vne autre réalité. Il n'y a point aussi de raisons formelles vniuerselles, comme veut Suarez: Mais il est vray, que d'vne mesme chose se peuuent énoncer diuerses raisons definitiues. Or ces raisons definitiues ont du costé de l'obiet la mesme chose, qui par soy-mesme équiuaut à des choses diuerses, & leur peut estre comparée. Et ainsi selon ces diuers termes, ausquels on la compare, elle peut auoir diuers noms, & borner des concepts diuers, sous lesquels elle est capable de diuerses definitions, & d'estre signifiée par des propositions complexes differen-

S iij

tes : Et partant chaque nom signifie vne mefme chofe, mais fous chaque nom elle n'est pas
comparée à tout ce à quoy on la peut comparer : & elle n'est pas capable de toutes les definitions qui luy conuiennent fous vn autre
nom. D'où il s'enfuit, que les raifons formelles qui fe difent des chofes, ne font pas dans les
chofes ; car ces raifons ne font rien que nos
paroles, & nos concepts, qui ne font pas dans
les chofes que nous cognoiffons.

Ainfi la mefme Ame est Estre, Substance,
Forme, Partie, Créée, Spirituelle, Senfitiue,
Raifonnable, Volitiue, Vegetatiue, Intellectiue, Rememoratiue. Or tous ces noms
fignifiét la mefme chofe; car il n'y a point dans
l'Ame, vn & autre, puis qu'elle est reellement
indiuifible Neantmoins cefte mefme chofe est
capable d'estre fignifiée par des noms, & des
definitions diuerfes : & fous chacun de ces
noms elle est comparable à des chofes diuerfes.

Car fi on demande pourquoy l'Ame est
Estre ? ie diray, pource qu'elle existe : Pourquoy est elle fubstance ? pource qu'elle peut
fubfister par foy-mefme : pourquoy est-elle
forme & partie ? pource qu'elle peut estre
dans le Corps, & faire vn tout auec luy. Elle
est Volitiue, pource qu'elle peut aimer ce qui
luy est conuenable, & hair ce qui luy est dif-
conuenant. Elle est *Intellectiue*, pource qu'elle peut cognoistre le vray & le faux. *Vegetatiue*, pource qu'elle fait croistre le corps. *Senfitiue*, pource qu'elle le fait fentir. Donc la
mefme chofe a plufieurs raifons obiectiues, &

definitiues: c'est à dire, elle peut estre expliquée par des raisons ou concepts, & définitions diuerses: Et en elle se trouue le fondement de ces diuerses definitions, & raisons formelles. Or ce fondement n'est autre chose
qu'elle mesme, qui a plusieurs valeurs, & qui
peut estre comparée à plusieurs Estres.

Opposition. Donc me direz-vous,
auant tout acte d'entendement, la Volonté
n'est pas l'Entendement, & l'Animal n'est
pas le mesme que Raisonnable. Ie respons
que c'est le mesme reellement, & non pas virtuellement, ou obiectiuement. Or l'obiet
des diuerses definitions, propositions, ou raisons formelles, ce n'est pas la chose simplement, mais c'est la chose, entant, ou pource
qu'elle peut estre comparée diuersement, &
qu'estant comparée à des choses, ou à des operations diuerses, elle peut auoir diuers noms,
qui ne sont pas Synonymes, sous lesquels elle
est comparable à des choses diuerses: Car
chaque chose a de soy cela de propre auant
tout acte de l'esprit, qu'elle peut estre signifiée par diuerses propositions, & declarée par
des definitions diuerses: Donc auant tout acte
d'Entendement, la chose a en soy des raisons
obiectiues. Car l'Ame a en soy auant tout
acte d'Entendement estre Ame, estre Substance, estre Spirituelle, estre indiuisible,
estre Forme, estre Volitiue, estre Intellectiue, Vegetatiue, Sensitiue, Memoratiue. Or
qu'est-ce que tout cela, si ce n'est la mesme
chose qui peut estre signifiée par des diuerses
Oraisons complexes: c'est à dire, par des diuerses propositions.   S iiij

Mais quel eſt l'obiet de ces propoſitions diuerſes, me direz-vous? Ie reſpons, que c'eſt
la meſme choſe, ſelon toutes ſes comparabilitez, & que chaque propoſition a pour obiet
la choſe meſme, ſelon vne de ſes comparabilitez ou valeurs : Donc l'obiet de toutes ces
raiſons formelles definitiues, c'eſt la choſe
meſme ou ſimplement priſe, ou modifiée extrinſequement, ou intrinſequement, ou comparée à ſoy, ou à des choſes diuerſes, ou à des
termes & effets diuers & differents, à raiſon
dequoy elle eſt capable d'eſtre obiet des propoſitions & definitions differentes. D'où arriue, qu'vne verité obiectiue n'eſt pas l'autre.
Car eſtre Volitif, ce n'eſt pas eſtre Intellectif:
& eſtre Subſtance, ce n'eſt pas eſtre Spirituel:
pource que ces termes, Intellectif, & Volitif,
Subſtance, & Spirituel, ſignifient des veritez
obiectiues diuerſes : Neantmoins ils ſuppoſent pour la meſme choſe, entant qu'elle peut
eſtre comparée à des choſes diuerſes, ſous diuers termes. Or il eſt clair que ces concepts
ou raiſons formelles, ſignifient des choſes diuerſes, non pas directement, mais indirectement : pource qu'ils connotent, ou clairement ou obſcurement, des choſes ou des veritez diuerſes. D'où arriue que voyant de fort
loing Alexis, vous dittes, ie vois quelque
choſe: Donc alors vous cognoiſſez ſeulement
d'Alexis ce vray complexe, qu'il exiſte. De
plus pres, vous cognoiſſez qu'il eſt Animal:
En apres, qu'il eſt homme; Et enfin que c'eſt
voſtre Amy. Et partant, quoy que de loin
vous cogneuſſiez vn Homme, vn Animal, &

Alexis, neantmoins vous, ne le cognoissiez pas complexement, sous toutes les comparabilitez qu'il a.

OPPOSITION II. Si donc on vient à vous dire, La Volonté veut, & l'Entendemét ne veut pas: donc la Volonté n'est pas l'Entendement. Dieu entend le mal, & ne veut pas le mal : Donc la cognoissance de Dieu n'est pas de son vouloir. Distinguez en ceste sorte : Ce n'est pas le mesme reellement, ie le nie : virtuellement, ie l'accorde. Ou bien dittes, si le sens est, que ce qui est Entendément, n'est pas reellement la Volonté, ie le nie : si le sens est, que ce qui est Volonté, n'est pas Entendement , ou n'entend pas , pource qu'il veut, ie l'accorde : Car la mesme chose sous ce nom d'Entendement, est comparée au vray : Et sous ce mot de Volonté, elle est comparée au bien. Il faut dire le mesme des Attributs de Dieu, pource qu'il a vne valeur esgale à toutes les perfections des creatures possibles. Ainsi ce mot Immense suppose pour Dieu, & connote qu'il n'y ait aucun lieu, auquel il ne soit present.

La raison fondamentale de toute ceste Doctrine est, qu'il est éuident que la mesme chose peut estre conceuë par diuers concepts formels, & diuerses definitions & propositions formelles, dont les vnes sont claires les autres sont obscures, chacune desquelles ne compare pas ceste chose à tout ce à quoy elle est comparable, ou ne la signifie pas par tous les concepts formels, qui la peuuent signifier. Ainsi i'ay prouué dans la Logique que le mesme acte Indiuisible peut estre tout opinion, tout foy, & tout science : Mais il a ces termes comparé à des choses diuerses, & à des motifs differents, aufquels estant comparé, il a trois definitions diuerses.

OPPOSITION III. Donc me direz-vous, il est comme le fabuleux Gerion ; car il a trois Essences, ou trois Natures. Ie distingue, si par Essence vous entendez qu'il est capable de trois definitions, ie l'accorde : Si vous entendez qu'il a trois Entitez distinctes, ie le nie : c'est à dire, que quoy qu'il soit vn absolument, neantmoins il est en valeur trois actes, qui auroient vne distinction reelle.

D'icy vous déduirez premierement, que qui cognoist la Substance de l'Ame, ou l'Entendement ou la Volonté, cognoist toute l'Ame, puis qu'elle est indiuisible : mais il ne la compare pas à tout ce à quoy il la pourroit comparer, & ne la cognoist pas par tous les concepts ou raisons formelles, sous lesquelles il la peut cognoistre. Or qu'il la cognoisse toute, il est clair : car autrement il la connoistroit, & ne la cognoistroit pas toute, puis qu'elle est indiuisible.

Vous pourrez inferer en second lieu, que les raisons obiectiues, auant tout acte d'entendement, sont reellement distinctes, comme auoir vn corps, est vn complexe reellement distinct d'estre vn Esprit : mais pour l'ordinaire ces complexes sont seulement distincts virtuellement, comme en l'Ame raisonnable : Car estre Substance, ce n'est pas estre Spirituel. Et ie puis de loin cognoistre

que Cefar eft Animal, & ne cognoiftre pas
qu'il foit homme : Autrement, fi vne de ces
veritez eftoit l'autre, on cognoiftroit la mefme verité, & on ne la cognoiftroit pas : Et
ainfi ces mots. Volonté, & Entendement, fuppofent pour la mefme chofe, mais ils connotent des veritez diuerfes.

L'autre raifon fondamentale de cecy eft,
que le concept, ou raifon obiectiue, eft l'obiet
de la raifon formelle, ou de l'acte de l'entendement : Et partant il y a tout autant de concepts obiectifs, que la chofe eft capable de
borner auec fondement des concepts formels,
non Synonymes, à raifon de fon eftenduë virtuelle : D'où s'enfuit que la diftinction des
complexes, eft ou reelle, ou virtuelle, ou fein-
te. Ainfi cefte verité obiectiue, la chimere
exifter, n'eft non plus poffible que la chimere
mefme, qu'elle fignifie à l'infinitif. Ayant ex-
pofé cefte Doctrine, qui fans me flatter n'eft
pas commune. Ie dis pour

II. Thefe. Que par diftinction de raifon, les Anciens les mieux verfez en Philofophie & Theologie, n'ont entendu autre chofe que diftinction de raifon definitiue. Ainfi
Ariftote dans les Categories, dit que les chofes Vniuoques font celles qui ont vn nom cô-
mun, & vne mefme raifon ou definition de
leur nature, comme dit Pacius fon Interprete, en telle façon que fi on vient à demander
pourquoy Lyfis s'appelle du nom d'Homme,
on refpond, pource qu'il eft Animal raifonnable. La mefme raifon fe rend de Cefar, &
de Pompée : Et au contraire les Equiuoques

ont vne raison diuerse : c'est à dire, on rend
vne raison diuerse, pourquoy nostre Daufin
s'appelle Daufin, & vn poisson. De plus, il
dit au quatriesme de sa Metaphysique, que
l'Estre & l'Vn sont la mesme chose, mais qu'ils
sont expliquez, par des definitions diuerses.
Certainement Sainct Thomas, dans la question treziesme de sa premiere partie, dit expressement, que la raison n'est autre chose
qu'vn concept formel. Sainct Augustin au
Liure de l'Esprit & de l'Ame dit, que l'Esprit
& l'Ame signifient la mesme chose, qui comparée à soy se nomme Esprit, & comparée au
corps elle se nomme Ame. Peut-on rien dire
de plus approchant de mon opinion. Le Maistre des Sentences au Liure premier, Distinct.
36. dit, que quoy qu'en Dieu il n'y ait aucune
diuersité, neantmoins il a diuers noms à mesure qu'on le compare à des effets diuers.

Et Sainct Basile contre Eunomius dit, que
le Sainct Esprit n'est pas le Pere, ny le Fils,
pource qu'il n'a pas ce qui est dans le Pere, &
dans le Fils, entant qu'ils sont Fils & Pere. Et
Sainct Athanase dit, que la raison de Dieu est
son Essence : c'est à dire, sa definition essentielle. Le Concile de Florence dit que le Pere
donne au Verbe tout ce qu'il a, si ce n'est d'e-
stre Pere, ce qui n'est autre chose que la Paternité d'vne façon complexe.

De plus, tous les iours les Theologiens disent, Dieu entant que iuste, comme misericordieux. Dieu comme Sage, comme Bon. Or
ces reduplications ne sont autre chose qu'vn
concept de l'esprit, ou vne raison definitiue.

Aug. lib. de
Spiritu &
anima.
Anima &
Spiritus idē
sunt in ho-
mine, quam-
uis aliud no-
tet Spiritus,
& aliud ani-
ma. Spiritus
namque ad se
dicitur. Ani-
ma autem ad
viuificatio-
nem , &c.
Basil. l. 5.
Contra Eu-
nom.
Athan. Or.
contra Idola.
Eius ratio ip-
sum esse est.
Conc. Flor.
sess. vltima
in litt. vnio-
nis.

Car si on demande pourquoy Dieu est iuste ?
on respond , pource qu'il punit les crimes :
Pourquoy est-il misericordieux ? pource qu'il
pardonne. Où vous remarquerez , que les
propositions reduplicatiues, si elles sont propres, sont tousiours causales. Ainsi on dit,
l'Homme est Animal , pource qu'il sent :
mais il n'est pas Animal, pource qu'il raisonne : Car la raison definitiue d'Animal, ce n'est
pas d'estre raisonnable. Ainsi il seroit faux de
dire , l'Homme comme Substance, est Corps :
car la raison definitiue de Corps , n'est pas
estre Substance, puisque la Substance est ce
qui est propre pour subsister en soy , & Corps
est ce qui est diuisible. De mesme ceste proposition est fausse : l'Homme entant que Volitif,
est intellectif : Il faut donc que ce qui est
redoublé dans les propositions reduplicatiues,
soit cause , ou raison definitiue : Et partant
celle-cy est fausse, Aristote entant qu'Homme , est Philosophe, car autrement tous les
Hommes sçauroient la Philosophie.

Enfin la commune façon de parler me sert
de caution en cecy ; car tous les iours par le
mot de raison, nous n'entendons autre chose
qu'vne proposition, qui peut estre apportée
pour preuue de quelque verité. Et certes,
puis qu'il est clair qu'en chaque chose il se
trouue des raisons obiectiues, à la façon que
ie les ay expliqué , c'est en vain que l'on inuente, ou des raisons abstractes auec Suarez,
ou des formalitez auec Scot, ou que l'on met
des natures vniuerselles auec Platon : Et il
m'est éuident que le subtil Scot n'a entendu

par ces formalitez, autre chose que des raisons definitiues, qui sont la chose mesme de soy capable d'estre exprimée par des definitions ou concepts differents.

III. Thise. Il n'y a donc point dans vne chose indiuisible, soit creée, soit increée, des diuerses raisons abstractes & communes, distinctes par l'entendement, ny des formalitez ou realitez diuerses, distinctes de leur nature, comme disent les Scotistes. Ie mets ceste proposition Theandre, presupposé que ces Autheurs ayent dit quelque chose en effet contre nostre opinion, car en cecy la pluspart ne different que dans les termes. Hurtade dit que Suarez est de l'aduis de Scot : & Suarez mesme aduoue qu'il n'est different du commun, que dans les termes. En effet, il dit sur le premier des Sentences, que ceste distinction de la nature de la chose, entre les personnes & la nature, n'est point ny reelle actuelle, ny en puissance, mais qu'on la peut appeller distinction de raison ; non que la raison soit vne difference formée par l'entendement, mais entant que raison se prend pour la quiddité, entant que la quiddité est l'obiet de l'entendement.

Certes il me semble que ces mots contiennent expressément mon opinion, & que le subtil Scot veut dire seulement, que dans l'obiet il y a diuersité de concepts obiectifs, qui respondent aux concepts formels, qui toutefois reellement sont la chose mesme, virtuellement distincte. I'obmets cent argumens, que l'on apporte contre les formalitez ; & ie m

Suar. lib. 4.
de Trin. c. 4.
Scot in 1. dist.
2. q 7.
Hurt. d. 6.
Met. Sect. 4.
Scot. potest
vocari differentia rationis, non
quod ratio
sumitur pro
differentia
formata ab
intellectu, sed
vt ratio sumitur pro
quidditate,
secundùm
quod quidditas est obiectum intellectus.

contente de propofer les principaux , pour
bannir les formalitez de Dieu , & des creatures.

Ie dis donc d'abord, qu'ou vn Formalifte
veut qu'il y ait dans vne chofe fimple comme
Dieu, deux realitez diftinctes reellement ou
virtuellement, s'il veut que ces deux realitez
foient feulement diftinctes virtuellement,
pource, qu'vne mefme chofe à raifon de fon
amplitude, peut eftre conceuë fous des concepts formels differents : Ie fuis d'accord auec
luy. Mais fi vn Formalifte veut que ces deux
realitez , par exemple, l'Entendement & la
Volonté , ou la Nature & la Perfonne en
Dieu , foient des formalitez ou raifons ab-
ftractes , diftinctes reellement. I'argumente
contre luy en cefte forte.

Si ces formalitez font diftinctes , & non
pas la mefme chofe tout à fait comparée à des
chofes diuerfes , Dieu n'eft point vn Eftre
fimple , mais vn Eftre compofé : Et partant
il y a en Dieu quelque diftinction reelle , pardeffus celle qui eft entre les fubfiftances & relations : Car où il y a vne realité , il y a quelque compofition reelle. Or en Dieu il y auroit vne realité, & vne realité, vne formalité,
& vne autre formalité reelle : vne raifon abftracte, & vne autre. Donc il y auroit deux
Eftres : car ces realitez exiftent, & tout ce qui
exifte eft Eftre , ou Entité. Donc il y auroit
deux Entitez, & partant chacune feroit Dieu :
car tout ce qui eft en Dieu , eft Dieu mefme :
D'où s'enfuit que l'on pourroit voir Dieu , &
ne le voir pas : Car on pourroit voir vne de fes

formalitez , & non pas l'autre. Et partant
Dieu feroit diuers de foy-mefme , & confequemment il ne feroit pas Dieu : Et dans
Dieu il y auroit vn nombre infiny de realitez,
ou de formalitez diftinctes , dont l'vne ne feroit pas l'autre ; & tout autant d'Attributs
que Dieu auroit, ce feroient autant de realitez,
& autant de petites chofes diftinctes. Et ainfi
Dieu auroit vn monde de realitez , & il pourroit commencer & ceffer d'eftre : car chaque
volition feroit vne formalité en Dieu, qui effectiuement feroit Dieu mefme. Donc cefte
formalité commençant à mefure que Dieu
veut ce qu'auparauant il ne vouloit pas , Dieu
cefferoit & commenceroit d'eftre : Et quelque
formalité qui eft Dieu a pû ne point eftre : Car
les actes libres de Dieu , ont peu n'eftre point
ou ils ne font pas libres : & confequemment Dieu auroit pû ne point exifter.

OPPOSITION. Que fi les Formaliftes
repartent que ces formalitez, ou realitez, font
diftinctes formellement , & non pas reellement. Demandez-leur THEANDRE, fi par
formellement ils entendent virtuellement, Ie
fuis auec eux : Car il eft vray que Dieu n'eft
pas vn Eftre fimple virtuellement , & qu'il eft
virtuellement vne infinité de chofes, pource
qu'il équiuaut à tous les Eftres poffibles : Mais
chaque concept obiectif eft tout Dieu , comparé tantoft à vne chofe, & à vne operation,
tantoft à l'autre.

De plus, la mefme chofe pourroit eftre neceffaire & contingente formellement : Car
l'Effence de Dieu eft formellement neceffaire,

& fon

& ſon action eſt formellement contingente, car elle commence formellement: & partant quand ſon action ceſſera, quelque choſe ceſſera formellement, qui eſtoit Dieu : & quand elle commencera, quelque choſe commencera, qui formellement eſt Dieu.

Et ainſi Dieu aura vn commencement, & vn principe, il ſera indifferent à l'exiſtance, & ne ſera pas vn Eſtre neceſſaire. Et cet argument a vne eſgale valeur, ſoit contre les formalitez de Scot mal entenduës, ſoit contre les raiſons abſtractes & communes de Suarez. Car comme remarque Hurtade, ils tombent tous deux en effet dans la meſme opinion.

Le ſecond argument, pour monſtrer que dans les creatures il n'y a point de ces formalitez, eſt que s'il y auoit vne realité, & vne autre dans vne choſe indiuiſible, comme l'Ange. Donc Dieu pourroit produire l'vne & non pas l'autre, L'vne pourroit eſtre deſtruite ſans l'autre : Car l'vne n'eſt pas l'autre : l'vne ſeroit proprieté en effet, & cauſe de l'autre : Et ainſi la meſme choſe formellement ſeroit, & ne ſeroit pas : Elle commenceroit formellement, & ne commenceroit pas : la meſme ſe produiroit ſoy-meſme formellement & reellement. La meſme choſe pourroit eſtre cognuë, & n'eſtre pas cognuë, eſtre veuë, & n'eſtre pas veuë, eſtre aimée & haïe.

Secondemét, vne meſme choſe ne peut point eſtre diuerſe de ſoy-meſme : car elle ſeroit la meſme, & ne ſeroit pas la meſme. Et ces deux realitez formellement diſtinctes, ſont

T

vne mesme entité, puis qu'il n'y a point de distinction dans la chose. Que si les formalitez sont des Entitez diuerses, voila en l'ame plusieurs Entitez reellement distinctes. Et Dieu pourroit produire l'Ame vegetatiue d'Alexis, sans la sensitiue, & le degré de Substance, sans celuy d'Animal, & les mettre en diuers lieux l'vn apres l'autre.

Troisiesmement, qu'est-ce que realité, & realité, si ce n'est vne chose & vne autre. Donc dans vne chose indiuisible, il y a plusieurs choses: Elle est donc diuisible, & indiuisible. Or il faut que ces realitez soient des choses, pource que c'est vne chose ou rien. Ils ne diront pas qu'elles ne sont rien: donc elles sont des choses: & partant il y aura autant de choses que de formalitez, dans vne chose indiuisible.

Quatriesmement, afin que l'Entendement puisse distinguer auec verité deux choses en l'Ame, il faut qu'en l'Ame il y ait deux choses independemment de la pensée, ou bien il y auroit vn acte deuant tout acte, & l'Entendement n'a point pour obiet sa pensée mesme. Donc quand l'Entendement dit la raison d'Estre est distincte formellement de celle de Substance, & celle de Substance de celle de Corps: Il faut qu'auant la cognoissance, ces formalitez soient distinctes. Or est-il que cela n'est pas vray, car la Substance formellement: c'est à dire, reellement est Estre: Donc la formalité de Substance n'est pas distincte de celle de l'Estre; Et certes la Substance est formellement Estre, ou formellement elle n'est pas Estre: Si formellement elle n'est pas estre ; Donc formellement elle n'est rien. Or si la Substance est formellement Estre, ou elle adiouste quelque chose sur la formalité d'Estre, ou non : Si elle n'adiouste rien, donc elle n'est rien que la pure formalité de l'Estre : Si elle adiouste quelque chose, ou cela est Estre, ou non : Si cela n'est pas Estre, ce n'est rien : Si c'est vn Estre, donc il y a autant d'Estres distincts dans vne chose indiuisible, qu'elle a de formalitez. Que si Suarez dit que la formalité de la Substance enferme celle d'Estre, & qu'elle n'adiouste rien: mais que c'est la mesme plus expresse, plus distincte, & plus claire, cela est intelligible: Car tout ce qui enferme, a quelque chose sur ce qui est enfermé. Outre que ie luy demande si ceste plus grande expression, est vn Estre, ou non, & ie le prie de considerer qu'il attribuë à l'obiet ceste plus grande expression, qui est neantmoins dans l'acte, & que c'est à tort, à raison de diuers concepts formels, ou raisons definitiues, qu'il met diuerses Entitez & raisons en l'obiet.

Le mesme argument se peut faire du Corps: car formellement par soy il est substance : & la blancheur par soy formellement est qualité : & l'Homme par soy-mesme formellement est Animal & raisonnable. Quand tout le reste seroit destruit, & Cesar est Homme formellement: quand on destruiroit toutes les raisons abstractes, & Alexis seroit indiuidu : quand il n'y auroit aucune raison commune d'indiuiduation.

Enfin si ces raisonsabstractes se donnoient,

Cefar par vne formalité feroit Eftre, par l'autre Subftance , par l'autre Corps, par l'autre
Viuant, par l'autre Animal, par l'autre Raifonnable, par l'autre Homme, par l'autre Cefar. Et pareillement cefte chaleur feroit eftre
par vne formalité, & par des autres elle feroit
accident, qualité, chaleur. Or cela eft ridicule:
car par foy-mefme Cefar formellement eft
Homme, Eftre, fubftance ; car oupar foy formellement il eft fubftance, ou non. Il ne fe
peut pas dire qu'il n'eft pas fubftance par foy-
mefme, puifque toute fubftance par foy-mefme eft fubftance. Or Cefar eft fubftance par
foy-mefme , ou il s'enfuit que par vn autre
il eft ce qu'il eft, ce qui eft imaginaire.

Opposition I. Ie preuois bien que
vous m'oppoferez, que ces Argumens choquent mon opinion : car vne mefme chofe ne
peut point eftre diuerfe de foy-mefme, ny
auoir diuerfes raifons obiectiues & definitiues.

Ie refpons, vne mefme chofe ne peut point
eftre diuerfe de foy-mefme prife abfolument:
Ie l'accorde, c'eft à dire, qu'elle ne peut point
eftre, & n'eftre pas ce qu'elle eft, elle ne peut
point eftre diuerfe de foy-mefme, comparatiuement,ie le nie : car cela ne veut rien dire,
fi ce n'eft qu'elle peut eftre comparée à des
chofes, & à des operations diuerfes, fous des
termes & des concepts formels diuers. Ainfi
Sainct Louys n'a pas efté canonizé pour eftre
Roy, mais pour eftre Sainct : Donc Louys
Sainct, & Louys Roy, ne fignifient pas le
mefme: Et Sainct Louys fous ces deux ter-

mes est comparé à des choses diuerses: Car selon l'Axiome, vne chose demeurant la mesme, ne peut rien faire que la mesme chose, car elle seroit, & ne seroit pas la mesme.

Ie suis donc different des Autheurs que i'ay
refuté; en ce que ie dis, qu'*Estre*, *Substance*,
Animal, *Homme*, *Cesar*, signifient formellement, c'est à dire, reellement la mesme
chose : mais ils connotent, ou clairement, ou
obscurement des choses diuerses.

Or l'inuention des Formalistes est venuë
de ce qu'ils n'ont iamais bien compris la force
de ces mots, relatifs, ou connotatifs, clairement & obscurement, & que diuers termes
supposent pour la mesme chose formellement,
mais qu'ils connotent des choses diuerses. Ce-
là ne fait pas neantmoins que les termes absolus, & les connotatifs ne supposent formellement pour la mesme chose.

En second lieu, l'opinion des Formalistes
est née, de ce qu'ils ont creu que pource qu'v-
ne mesme chose, par exemple, l'Ame pouuoit
estre conceuë par des concepts diuers, ou par
des cognoissances diuerses. Il falloit aussi
que dans la mesme chose il y eust des raisons,
ou des menuës realitez diuerses, quoy que ce
ne soit que la mesme chose, qui peut estre côparée à des choses diuerses ; Ainsi ils ont creu
que pource que l'entendement pouuoit cognoistre plusieurs choses, par exemple, tous
les Hommes par vn seul concept formel vniuersel: qu'il falloit aussi que dans les choses il
y eust vne raison commune abstracte & vni-

T iij

uerſelle : Ils deuoient auoir conſideré que le
terme, ou le concept vniuerſel, n'a aucun obiet que les indiuidus : leſquels pource qu'ils
ſont ſemblables, peuuent eſtre cognus par vn
concept vniforme, capable de ſuppoſer pour
chacun d'eux diſtributiuement , & non pas
collectiuement , pource qu'il n'eſt pas collectif.

IV. THESE. Les raiſons formelles qui
ſe diſent d'vne choſe, ne ſont point en la choſe, mais elles ſe diſent de la choſe : La raiſon
eſt, pource que comme dit Sainct Thomas,
ces raiſons formelles ne ſont autre choſe que
des termes, ou des concepts, & cognoiſſances
diuerſes, que l'on a d'vne meſme choſe. Or
ces cognoiſſances & ces termes, ne ſont pas
dans la choſe : Donc les raiſons qui ſe diſent
d'vne choſe ne ſont pas en elle. Ainſi ie dis diuerſes raiſons de l'Ame d'Alexis , qu'elle eſt
Volitiue, Senſitiue, Vegetatiue, Raiſonnable,
Eſtre, Subſtance, Nature: Et ces raiſõs formelles ne ſont autre choſe que ces termes, ou ces
cognoiſſances. Or eſt-il qu'elles ne ſont pas
en l'Ame d'Alexis, mais en ma penſée. Donc
les raiſons qui ſe diſent des choſes , ne ſont
point en elles : & il eſt clair que ce qui ſe dit
& ſe prononce, ſont des termes: or les termes ne ſont pas dans la choſe dont on parle:
Donc ce qui ſe dit d'vne choſe , n'eſt pas en
elle.

OPPOSITION II. Les propoſitions
par leſquelles on dit, l'Ame d'Alexis eſt Intellectiue, Vegetatiue , & Senſitiue , ſeront
fauſſes, ſi ces raiſons ne ſont pas en l'Ame

d’Alexis : Car ceſte propoſition eſt fauſſe, qui
dit qu’vne choſe eſt en Alexis, qui n’y eſt pas
en effet. Or on dit que ces raiſons d’eſtre
Senſitif, Vegetatif, & Intellectif, ſont dans
Alexis : Si donc elles n’y ſont pas, la propoſition eſt fauſſe.

Ie reſpons que quand ie dis l’Ame d’Alexis
eſt Vegetatiue, Senſitiue, & Intellectiue : Ie ne
dis pas que ces raiſons ſont en Alexis, mais ie
dis ces raiſons d’Alexis : Or il y a bien de la
difference, entre dire vne propoſition d’Alexis, & dire qne ceſte propoſition ſoit dans Alexis : Autrement, lors que ie dis de Ceſar ces
mots, Genereux, Sage, Empereur, il faudroit
que ces mots que ie profere, fuſſent dans Ceſar : Et pareillement lors que ie dis que la
chimere eſt impoſſible, & intelligible. Il
faudroit que ces mots & ces propoſitions, fuſſent dans la chimere, comme dans leur ſuiet,
ce qui eſt impoſſible. On dit donc diuerſes raiſons d’vne meſme choſe, mais ces raiſons ne
ſont point en ceſte choſe : Car il ſuffit que
dans ceſte choſe ſoit le fondement de faire ces
diuerſes raiſons formelles, à cauſe de ſa multiplicité virtuelle, par laquelle elle peut eſtre
comparée à des choſes diuerſes.

V. THESE. Par ce mot de *Dégré*, on n’entend icy autre choſe, que des termes ou des
concepts, dont les vns ſont plus vaſtes que les
autres : Ceux qui ſont plus vaſtes, ſe nomment
Degrez ſuperieurs, pource qu’ils ſont pardeſſus les moins vaſtes, qui pour ce ſuiet ſe nomment Degrez inferieurs. C’eſt ainſi que l’on
commence pardeſſus les termes indiuidus,

T iiij

comme *Cesar*, pardessus lequel est ce terme *Homme*, & pardessus l'Homme est *Animal*. Et allant plus haut, comme par des Degrez, on dit, *Viuant, Corps, Substance, Estre, Intelligible*, & ainsi par cinq ou six degrez on vient iusques au souuerain terme de la Categorie de la Substance. Lisez sur cecy l'Arbre des choses ou des termes que i'ay mis au premier Discours de ma Metaphysique : car il vous donnera vne entrée fort facile à la cognoissance des Abstractions, & des Vniuersaux que ie vais vous déduire.

DISCOVRS IV.

DE L'VNITE' VNIVER-
selle, & des Vniuersaux
en commun.

A pluspart des Philosophes (mon THEANDRE,) ont vne si haute idée du Traitté des Vniuersaux, qu'ils pensent que c'est le principal essay pour voir si vn Esprit est propre pour la Philosophie : Et à bien dire, les Grecs ne prirent iamais tant de peine pour la conqueste de la Toisó d'Or, que nos Autheurs pour découurir la Nature de l'Vniuersel. Ce que i'admire dauantage est, que chaque Secte fait gloire de

suiure en cecy vne façon de raisonner toute particuliere : & qu'apres vne longue recherche, & des disputes aussi longues qu'elles sont obscures, à peine en est-il aucun
qui se contente. De moy, ie m'estimeray
heureux, si ie vous peux donner en cecy
quelque lumiere. Et au pis aller, ie suis asseuré que ie mettray toute l'affaire hors des
nuages & des énigmes ordinaires, & que
dans deux discours ie vous traceray tout ce
qui est de quelque importance en ceste matiere. Souuenez-vous donc THEANDRE,
que nous auons desia ietté les fondemens
de cette matiere, dans les precedens Discours. Car l'Vniuersel dépend absolument
de la cognoissance des Abstractions, Précisions, & Distinctions de raison. Tous ces
principes estans presupposez, ie commenée
par la definition de l'Vniuersel.

QVESTION I.

Qu'est-ce qu'Vnité vniuerselle, Vniuer-
sel Formel & Obiectif. Les
Vniuersaux sont-ce des ter-
mes, ou des choses.

1. THESE. Vniuersel, à parler generalement, est vn terme équi-
uoque : car comme marque son Etymologie,
Vniuersel, est tout ce qui appartient à plu-

Vniuersale
est vnū ver-
sans circa
multa.

fieurs : & partant il y a autant de forte d'Vniuerfel, qu'il y a de fortes de chofes qui appartiennent à plufieurs : Car Vniuerfel & Singulier, font des termes oppofez, pource que
Singulier, eft ce qui appartient à vn feul, &
Vniuerfel, ce qui appartient à plufieurs.

Vniuerfale in
caufando.

Il y a donc en 1. lieu, des caufes Vniuerfelles:
Et c'eft vne caufe qui produit plufieurs effets
de diuerfes efpeces, comme Dieu & le Soleil.
La caufe Singuliere eft celle-la qui ne produit
que des effets d'vne efpece particuliere, ainfi
le feu engendre vn feu, & la chaleur.

En 2. lieu, il y a vn fingulier en exiftance, comme Alexis, & Bucephale, qui font
des indiuidus. Et Platon enfeigne qu'il y a en
chaque efpece vne idée ou nature vniuerfelle,
diftincte reellement de tous les indiuidus dont
elle eft l'idée, & que cefte nature eft ce
que fignifie immediatement le terme Vniuerfel.

Quelques autres Philofophes ont dit qu'il
y auoit des natures vniuerfelles, qui n'eftoiét
pas diftinctes reellement, mais feulement par
raifon des indiuidus : pource que difent-ils,
l'efprit voyant les indiuidus femblables, fait
abftraction de ce en quoy ils font femblables:
& cela eft vne raifon ou nature commune &
abftracte de tous les indiuidus, & qui eft diftincte par raifon de toutes les natures fingu-
lieres : Et ils veulent que cefte raifon abftracte foit ce qui eft fignifié immediatement par
la voix vniuerfelle, & que cefte mefme voix
ne fignifie que mediatement les indiuidus.

En troifiefme lieu, Vniuerfel fe prend pour l'affemblage de plufieurs chofes, qui ont quelque ordre & rapport à vne mefme fin, & lors c'eft vn terme collectif, comme Monde, & Royaume: Ainfi nous difons vne regle vniuerfelle, vne Couftume vniuerfelle, & l'Eglife vniuerfelle, celle-la qui eft eftenduë en tout l'Vniuers: Et elle eft diftincte des Eglifes particulieres, comme de l'Eglife Gallicane. Mais ce n'eft pas en ce fens, que nous parlons icy de l'Vniuerfel formel & obiectif.

II. THESE. *Vniuerfel eft vn terme vniuoque, qui fe dit determinément, & diftributiuement de plufieurs pour la mefme raifon*, comme Animal, on le nomme vniuerfel, en fignification & attribution, pource qu'il fignifie plufieurs indiuidus, dont il peut eftre énoncé. C'eft pourquoy les fignes capables d'eftre mis auec ces termes vniuerfaux, quand ils font pris felon toute leur fignification, s'appellent fignes vniuerfels, comme *Tout & Nul*. Or ces deux fignes, comme dit Ariftote au premier de fon Interpretation, ne font pas des vniuerfaux, mais ils fignifient vniuerfellement. *Terme fingulier* eft celuy-la qui eft capable d'eftre énoncé d'vn feul, comme *Alexis*; & *figne fingulier*, eft celuy-la qui eft capable de l'imiter, & reftraindre vne voix vniuerfelle à vn feul indiuidu, comme cét Homme, ce Cheual.

En cinquiefme lieu, il y a vn *vniuerfel par reprefentation*, & c'eft vne cognoiffance, qui refpond dans l'efprit au terme vniuerfel dans les paroles, & qui reprefente diftributiuem ent & efgalment plufieurs indiuidus pour la mefme raifon. Quelques Autheurs difent que cefte reprefentation peut eftre, ou morte, ou viuante : Morte comme fi on faifoit vn tableau de plufieurs colombes, ou de plufieurs gouttes d'eau femblables : car cefte reprefentation n'eft pas viuante, comme la Conception, qui reprefente tous les Hommes pour vne mefme raifon, fans cognoiftre leur difference. A cefte forte d'Vniuerfel, eft oppofé *le Concept fingulier*, ou celuy qui reprefente feulement vn indiuidu, comme celuy qui refpond à cefte voix Alexis.

III. THESE. Or ces deux fortes d'Vniuerfel, *par fignification*, & *par reprefentation*, fe diuifent en complexe, & incomplexe. *L'vniuerfel incomplexe* eft vn terme vniuerfel, comme Animal : *vniuerfel complexe* eft vne propofition vniuerfelle, foit mentale, foit vocale, comme ces propofitions, *Tout Homme eft Animal, nul homme eft Soleil*. Et l'acte qui leur refpond dans l'efprit, eft auffi vn vniuerfel complexe mental.

Or nous ne parlons point icy de l'Vniuerfel en production : car il eft certain qu'il y en a dans la Nature. Mais cét Vniuerfel eft effectiuement vn indiuidu, & vne chofe finguliere, qui produit plufieurs effets de diuerfe nature, comme Dieu & le Soleil. I'auouë auffi qu'il y a des chofes vniuerfelles par aggregation, comme le Monde, & l'Eglife vniuerfelle.

Troifiefmement, tous font d'aduis, qu'il fe donne vn vniuerfel par fignification, & par representation, comme ceste voix Homme, & le concept qui luy respond dans l'esprit.

Quatriesmement tous admettent des propositions, & des cognoissances vniuerselles, soit complexes, soit incomplexes. Mais la questió est THEANDRE, *s'il y a vn vniuersel par existance ou obiectif: c'est à dire, s'il y a quelque chose en ce monde qui soit vniuerselle, ou quelque nature commune & vniuerselle*: Par exemple, vn Homme distinct de tous les indiuidus, qui soit signifié par ceste voix Homme. Sur ceste controuerse, ie dis pour

IV. THESE. Qu'il est certain qu'il y a des concepts formels vniuersels, c'est à dire, qui representent vniformement & confusément pour la mesme raison plusieurs indiuidus seblables, sans cognoistre qu'ils different. Et ie dis que ce concept du costé de l'obiet, ne represente rien qui soit commun aux indiuidus, mais seulement chaque indiuidu pour la mesme raison.

Ie le preuue, car la cognoissance qui respond à ces termes *Homme* ou *Animal*, cognoist tous les Hommes, & tous les Animaux en particulier, confusément & esgalement: c'est à dire, qu'elle ne represente pas plus l'vn que l'autre, sans cognoistre qu'ils different: car elle cognoist seulement les indiuidus, pource qu'ils sont semblables: Elle ne cognoist donc pas leur difference: Car ceste voix *Animal*, ne represente tous les Animaux, que pource qu'ils sont semblables : & que pour la raison pour laquelle ils luy sont representez. Or ils sont representez, pource qu'ils sont semblables : Donc ceste voix les represente, pource qu'ils sont semblables; Elle ne signifie donc pas qu'ils sont differents : Il est vray qu'elle cognoist bien des choses differentes, car l'Aigle, le Lyon, & l'Homme sont des choses fort differentes. Mais le concept vniuersel ne cognoist pas qu'elles sont differentes, ou dissemblables : C'est pourquoy il est vniforme, pource qu'il ne cognoist pas les differences.

En second lieu, ceste cognoissance est vniforme, & ne represente pas les differences, en vertu de laquelle on ne peut marquer aucune difference des choses que l'on cognoist : Or en vertu de la cognoissance qui respond à ceste voix *Animal*, on ne peut marquer aucune difference entre les Animaux : Donc ceste cognoissance est vniforme & confuse, pource qu'elle ne distingue pas l'vn de l'autre, entre les choses qu'elle represente. Dittes donc que la cognoissance vniuerselle cognoist des choses differentes, mais non pas qu'elles different.

OPPOSITION I. Vous me direz, qui cognoist l'Animal, cognoist le Taureau, le Lyon, l'Homme : Donc il cognoist des choses distinctes & dissemblables. A ceste obiection i'aduoüe que le concept vniuersel cognoist des choses differentes, mais non pas qu'elles soient differentes. Qu'est-ce que cela, me direz-vous ? Ie respons que c'est vne verité obiectiue, ou la difference mesme cognuë d'vne façon complexe.

Opposition II. Ceste difference, me direz-vous, n'est autre chose que l'Homme mesme, & le Lyon. Ie respons que ce n'est pas l'Homme, entant qu'il est Animal : mais pource qu'il est vn tel Animal, ie l'accorde, differant notablement de ceux de toutes les autres especes. Ie pourrois establir cecy par Sainct Thomas, dans ses Opuscules, où il dit que les choses sont, ou singulieres, ou vniuerselles dans l'entendement, pource qu'il les represente par vne raison vniforme à tous les indiuidus, & que ceste cognoissance represente esgalement tous les indiuidus, quoy que d'vne façon confuse.

V. These. Le terme vniuersel est celuy-la qui peut estre dit distributiuement de plusieurs inferieurs, pour la mesme raison, cóme Animal. Il n'est donc pas necessaire qu'en effet il soit appliqué à plusieurs, cóme ces mots Soleil & Phœnix : Car il y peut auoir plusieurs Soleils, & plusieurs Phœnix. Pareillement, quoy que tous les Hommes excepté Cesar, vinssent à mourir, ce terme *Homme* seroit vniuersel. Doncques les termes équiuoques, & analogues, ne sont pas vniuersels : car ils respondent à diuers concepts formels, & à des definitions diuerses. C'est donc vne chose éuidente, que dans les concepts & dans les termes, il y a des Vniuersaux complexes, & incomplexes. Mais il y a ceste difference, que ce mot *Homme*, & le concept qui luy respond dans l'esprit, represente tous les Hommes d'vne façon incomplexe & simple : Et ceste proposition, *Tout Homme est Animal*, les repreſente d'vne façon complexe & affirmatiue. Certes Ariſtote appelle ſouuent les propoſitions vniuerſelles du mot Vniuerſel, comme quand il dit que les Vniuerſaux, c'eſt à dire, les propoſitions vniuerſelles ſont les fondemens des Sciences : Et quand il met en ſes predicamens des Vniuerſaux complexes, comme *Agir*, *Patir*, *& Auoir*. Toutes nos diſputes ſont donc de l'Vniuerſel obiectif, ou par exiſtance : Car les Nominaux diſent qu'il n'y a point d'autre Vniuerſel que les termes, & les concepts, ou les propoſitions, & qu'il n'y a aucune choſe vniuerſelle. Leur raiſon eſt,

Ar. lib. 1 poſt.

Premierement, que l'Entendement ſe trompe, s'il conçoit les choſes autrement qu'elles ne ſont. De plus, où ſeroit ceſte nature vniuerſelle, outre que pardeſſus tous les Hommes, il y auroit vn Homme, ce qui eſt ridicule.

Secondement, tout ce qui eſt au monde, eſt indiuidu : donc il n'y a rien qui ſoit vniuerſel par exiſtance.

Troiſieſmement, s'il ſe dône vne choſe vniuerſelle, la meſme choſe ſeroit pluſieurs choſes, & vne, ce qui eſt impoſſible, car elle ſeroit vne, & non vne; elle ſeroit pluſieurs, & ne ſeroit pas pluſieurs : Ce qui eſt vne chimere. Et partant l'Vniuerſel eſt vn concept, ou vn terme qui ſignifie les indiuidus vniuerſellement : c'eſt à dire, d'vne façon diſtributiue, & vniuoque. Quelques Formaliſtes au contraire diſent qu'outre l'Vniuerſel par énonciation, il y a auſſi vn Vniuerſel par exiſtance. Car Ariſtote ayant dit dans la Logique,

que

que l'Vniuerſel eſt vn terme capable d'eſtre
énoncé de pluſieurs: Il dit dans ſa Metaphyſique, que l'Vniuerſel eſt vne choſe capable
d'exiſter en pluſieurs. Or ceſte definition ne
peut pas conuenir aux concepts formels, ny
aux termes: Donc il y a quelque Vniuerſel
dans les choſes, outre les termes. De plus,
Ariſtote dit ſouuent, qu'il y a des natures &
des choſes vniuerſelles, & des ſingulieres. Et
dans ſes Analytiques, il dit que les choſes vniuerſelles, ſont fort eſloignées des ſens: Ce qui
ne ſe peut pas entendre des termes, ny des concepts, qui tombent tous eſgalement ſous les
ſens : Donc cela s'entend des choſes.

Ceſte Controuerſe eſt ancienne, comme
teſmoigne Porphyre, & il l'eſtime ſi haute &
ſi difficile, qu'il profeſſe qu'il n'a pas deſſein
de la decider. En effet, il eſt certain que la pluſpart des anciens Peres ont admis ces natures
communes vniuerſelles, entr'autres Sainct
Iuſtin, & Sainct Irenée, Diſciples de Platon.
Et Sainct Anſelme meſme au liure de l'Incarnation du Verbe, dit que c'eſt vne eſpece d'he-
reſie dans la Dialectique, de penſer que les
Vniuerſaux ne ſont que le ſouffle des voix , &
il taſche de prouuer que les trois perſonnes en
Dieu, ſont vne meſme Nature, pource que
pluſieurs Hommes ſont vn, en l'Homme
vniuerſel. Et Sainct Thomas auſſi auoüe
ſouuent des natures abſtraites & vniuerſelles.

VI. Theſe. I'auoüe qu'il ſe donne, quoy
qu'improprement, vn Vniuerſel par exiſtance, ou Vniuerſel obiectif: mais ie dis que cet

V

Vniuerſel n'eſt point vne nature vniuerſelle,
diſtincte reellement des indiuidus, comme diſoit Platon : ny vne raiſon abſtracte & commune à tous les indiuidus, diſtincte par raiſon,
& formellement des indiuidus , comme diſent les Formaliſtes : Car l'Vniuerſel obiectif,
ou l'obiet qui borne vn concept vniuerſel,
ſont les inferieurs, & les indiuidus meſmes,
qui par dénomination extrinſeque, ſont nommez, quoy qu'improprement, vniuerſels, &
vn concept obiectif, pource qu'ils ſont cognus par vn concept formel, qui les repreſente tous confuſément, & diſtributiuement pour
vne meſme raiſon, & eſgalement, ſans repre-
ſenter leurs differences : c'eſt à dire, ſans cognoiſtre qu'ils different. La raiſon eſt, que
l'obiet d'vn concept formel vniuerſel, n'eſt
pas vn reellement : car ce qui ſignifie ceſte
voix Homme, eſt ce qui repreſente le concept,
qui dans l'eſprit reſpond à ceſte voix. Cet objet, dis-je, ſont Platon, Alexis, Pompée, &
tous les autres indiuidus. Or ces indiuidus
ſont pluſieurs : Donc ils ne ſont pas vn. On
ne les peut donc pas appeller vn , que par dénomination extrinſeque : c'eſt à dire, qu'ils
ſont l'obiet d'vne ſeule cognoiſſance formelle
vniforme. Car comme on dit qu'ils ſont cogneuz , pource que la cognoiſſance ſe porte
ſur eux. De meſme on peut dire qu'ils ſont
vn obiet, pource qu'ils ſont cogneuz par vn
ſeul acte, qui cognoiſt bien des choſes diſtinctes , mais indiſtinctement & confuſément.
Cecy ſe prouue par la façon commune de parler parmy les Hommes : car ſouuent meſme

dans l'Escriture, le nom des Actes est transporté aux obiets. Ainsi ce que les Prophetes ont veu, ils l'appellent leur vision, comme il est aisé à voir au Chapitre premier d'Abdïas, & d'Isaïe : Certes ce que nous voulons, nous l'appellons nostre volonté : & l'obiet où se porte nostre amour, nostre cœur, & nostre ioye, nous l'appellons nostre amour, nostre cœur, nostre ioye, & nostre esperance. Donc l'obiet qui est exprimé par vn concept formel vniforme, se peut bien appeller vn concept obiectif : c'est à dire, plusieurs choses connuës par vn seul concept formel. Et dans l'Escriture Saincte, l'vnité est attribuée à des choix beaucoup plus improprement, comme quand elle dit que tous les Chrestiens de l'Eglise Naissante n'auoient qu'vn cœur, & qu'vne ame.

OPPOSITION I. Vous m'obiecterez qu'Aristote dit que les vniuersaux sont fort esloignez des sens : donc ce ne sont pas les indiuidus, puisque nous les voyõs tous les iours. De plus, les Vniuersaux, dit Aristote, sont Eternels & immuables : donc ils ne se font pas par l'entendement, car ce qui se fait par l'entendement, commence dans le temps, est capable de changement, & n'est pas necessaire, puis qu'il pourroit n'estre pas, si celuy-la qui a ce concept, ne vouloit pas l'auoir.

Ie respons qu'Aristote parle de l'Vniuersel mental, qui se fait par l'entendement, puis qu'il est fort esloigné des sens. I'auoüe aussi que les indiuidus ne sont pas vniuersels d'eux-mesmes, auant tout acte d'entendement, mais ils le font par l'acte de l'entendement. Pareillement ie dis que les fens voyent ce qui eft vniuerfel, mais ils ne voyent pas ce complexe eftre vniuerfel, & c'eft ce qu'Ariftote appelle efloigné des fens.

Ie refpons en dernier lieu, qu'Ariftote parle fouuent en l'opinion de Platon, qui mettoit des natures vniuerfelles: Et que quand il dit, que les Vniüerfaux font Eternels & immuables; Il parle des Vniuerfaux effentiels, ou des propofitions effentielles, & d'Eternelle Verité: Donc Dieu ne peut pas mettre ce que fignifie le fuiet, fans mettre ce que fignifie l'attribut.

OPPOSITION II. Vous me direz en fecond lieu, que toutes les dénominations des actes, ne fe peuuent pas appliquer à leurs obiets, autrement comme l'acte eft Spirituel, Interieur, & Immateriel, on pourroit appeller les obiets Spirituels, Interieurs, & Immateriels: On ne peut dõc pas appeller vniuerfel, ce qui eft l'obiet d'vne cognoiffance vniuerfelle.

Ie refpons, auoüant que toutes les dénominations des actes, ne fe peuuent pas appliquer aux obiets, mais feulement celles-la que la raifon ou le commun vfage, ont mis en vogue. Or tout le monde appelle l'obiet d'vne vifion, vne veuë: Et quand on ouïroit mille voix, on les appelle vne feule harmonie: Et quand on voit la campagne, les prez, les montagnes, les vallées, les riuieres, on nomme tout cela vne belle veuë. On peut donc par mefme raifon nommer vn concept obiectif, tous les indiuidus d'vne mefme efpece, ou d'vn mefme genre,

conçeus par vn concept confus & vniforme.
La raison est, que ces mots *Concept obiectif,*
sont vne dénomination extrinseque, qui suppose pour les choses qui sont cognuës, & connote à l'exterieur que l'entendement les a cogneuës par vne cognoissance vniforme &
confuse. Or tout cela est veritable, car lors
que i'appellé les inferieurs d'vn genre vn concept obiectif: Ie n'entens rien autre chose, si
ce n'est qu'ils sont plusieurs choses distinctes
reellement, mais cognuës par vn seul concept
formel: Or est-il que cela est vray ; Donc il
est vray que les indiuidus sont vn concept obiectif, ie ne dis pas qu'ils soient vn intrinsequement, & en eux mesmes : mais seulemét
par dénomination extrinseque : Car comme
estre cogneu est vne dénomination extrinseque, & neantmoins on dit veritablement que
l'obiet est cogneu. De mesme plusieurs indiuidus sont veritablement vn concept obiectif,
pource qu'ils sont en effet l'obiet d'vn seul
concept, ou d'vne seule cognoissance formelle. Comment donc faut-il definir cet Vniuersel.

VII. Th**e**se. L'Vniuersel obiectif, ou
par existance, sont plusieurs indiuidus semblables, conceuz par vn concept formel vniforme : c'est à dire, qui represente des choses
semblables, sans cognoistre qu'elles different.
Que si vous me demandez en quoy c'est que
les indiuidus conuiennent, & sont semblables?

Ie respons que c'est en eux mesmes : Il n'y a
donc point vne chose, ou vne nature commu-

ne, en laquelle ils conuiennent : Mais ils cõuiennent en plufieurs chofes; c'est à dire, en
eux-mefmes, carꝭs conuiennent en ce parquoy ils font femblables. Or ils font femblables en eux-mefmes, & par eux mefmes, puifque la reffemblance eft les chofes femblables.
Ainfi Cefar eft Homme par foy-mefme, &
Socrate eft Homme par foy-mefme: Donc ils
font femblables par eux.mefmes, en ce qu'ils
font des Hommes, & non pas en ce qu'ils font
vn Homme : Ils conuiennent donc par eux-
mefmes formellement, puis qu'ils font des
Hommes par eux-mefmes formellement, &
non pas par aucune raifon, ou reellement, ou
formellement diftincte.

Ｏᴘᴘᴏsɪᴛɪᴏɴ III. Que fi vous me re-
partez qu'il s'enfuiuroit qu'ils font differents,
& femblables par eux-mefmes: Ie vous ref-
pondray qu'ils font differents & femblables
par eux-mefmes, comparez à la mefme chofe,
ie le nie ; comparez à des chofes diuerfes, ou
bien fous diuers termes, ie l'accorde. Car
Cefar par foy-mefme eft Homme, & par foy-
mefme il eft vn tel Homme: Donc par foy-
mefme il eft femblable à Socrate, & par foy-
mefme il eft different & diftinct de Socrate.
Mais fous ce terme d'Homme, ou entant
qu'Homme, il eft femblable à Socrate: Et fous
ce mot de Cefar, il eft diftinct de Socrate. Ie
dis bien dauantage, que fous ce mefme terme
d'indiuidu, Cefar eft diftinct & femblable à
Socrate: Car Socrate eft auffi vn indiuidu: &
il eft diftinct de Cefar, en ce qu'il eft vn tel
indiuidu : Sur quoy il faut bien remarquer

Theandri, qu'estre semblable, ce n'est pas
n'estre point distinct : Car au contraire, toute
ressemblance signifie deux choses distinctes :
Et la mesme chose est identifiée auec soy, mais
elle n'est pas semblable à soy-mesme ; & partant ceste obiection est nulle.

VIII. Thesi. Il y a des raisons communes vniuerselles & abstractes, des raisons, dis-
je, responsiues ou definitiues, qui ne sont pas
des choses, mais des termes qui s'énoncent
vniuoquement de plusieurs inferieurs. Ainsi
Socrate & Cesar conuiennent vniuoquement
dans la raison d'Homme : Car on rend vne
mesme raison de Cesar, & de Socrate, si on
demande pourquoy ils sont des Hommes. Or
ceste raison du costé de l'obiet, signifie des
choses distinctes, car Socrate estre Homme,
c'est Socrate qui reellement est vn Homme
semblable à Cesar ; mais il n'est pas le mesme
Homme.

Certainement les Anciens, & sur tout sainct
Thomas, dans sa 1. part. par ces raisons communes, n'ont rien entendu que les raisons definitiues vniuerselles, qui sont dans les concepts, & dans les termes, mais non pas dans
les choses.

Opposition I. Que si vous m'oppo-
sez qu'Aristote dans sa Metaphysique dit, que
l'Vniuersel est vne chose propre pour estre en
plusieurs, disant *Vniuersale est vnum aptum
esse in multis.* Vous trouuerez des Autheurs
qui respondent qu'Aristote veut seulement,
que l'Vniuersel soit *vn extrinsequement*, & capable d'estre en plusieurs *Logiquement*, c'est à

V iiij

D. Th. 1. p. q
13. Ar. 4.
Ratio quam
significat no-
men, est có-
ceptio intel-
lectus de re si-
gnificatu per
nomen.
L. 7. Met. vel vt
alij. 6. c. 13.

τοῦτο γὰρ λέγε-
ται καθ' ὅλου ὃ
πλείοσιν ὑπάρ-
χειν πέφυκε.

Vniuersale est vnum aptum esse in multis logicè concedo, hoc est, aptum prædicari de multis. *Car au l. 1. Interp. ayant dit*, Rerum aliæ sũt vniuersales, aliæ singulares. *Il adiouste auſſi toſt*, Vniuersale dico quod de pluribus aptũ est prædicari, quale est homo. Singulare autem est Callias.

dire, estre énoncé de plusieurs. Quelques autres respondent que ces paroles ne sont point proprement dans Aristote, selon le texte Grec. Et au pis aller, il est certain que les termes mesmes, marquent qu'Aristote ne veut point apporter vne definition exacte de l'Vniuersel, mais pluſtoſt quelque legere description, ou pluſtoſt quelque proposition accidentaire: Et d'ailleurs, il est clair qu'on ne lit point ce terme *Vn*, dans les paroles Grecques. Et pour expliquer Aristote par Aristote mesme, ce Philosophe ayant dit au 1. l. de l'Interp. qu'il y auoit des choses vniuerselles, & des choses singulieres. Il monstre tout auſſi toſt, que par les choses vniuerselles, il entend des termes qui sont capables d'estre énoncez de plusieurs, comme ce terme Homme. On peut auſſi respondre qu'Aristote veut que l'Vniuersel obiectif soit plusieurs choses, capables d'estre conceuës par vn concept vniuersel, & qu'ainsi elles ont seulement vne vnité extrinseque, comme tout ce qu'on voit tout à la fois, se nomme vne seule veuë.

D'icy vous pourrez recueillir en premier lieu, que l'Homme en commun, la Substance en commun, l'Animal en commun, c'est ce terme, Substance, Homme, & Animal, & ainsi des autres: pource qu'il n'y a point aucune chose en commun, qui soit vniuerselle, & que les mots vniuersels signifient les indiuidus chacun en particulier, mais confusément, & non pas vne raison commune, ou vne chose abstracte, puis qu'il n'en est aucune, comme ie vais monstrer contre Platon, & les Formalistes.

OPPOSITION II. Vous me direz qu'il
se peut donner vn vniuerfel, fans dépendance
de l'entendement, fi Dieu mettoit vne mefme
ame en plufieurs corps, ou vne mefme blancheur en plufieurs murailles. Ie refpons qu'elles feroient bien vne chofe en plufieurs, mais
qu'elles ne feroient pas plufieurs chofes multipliées : Car cela eft impoffible, pource que
cefte chofe vniuerfelle feroit vne, & ne feroit
pas vne : Elle feroit plufieurs, & ne feroit pas
plufieurs.

Vous déduirez en fecond lieu, que les dénominations propres aux actes, font attribuées fouuent aux chofes : & partant que les
chofes qui font conceuës par vn concept vniuerfel, fe difent vniuerfelles. Il arriue auffi
fouuent que les dénominations des chofes
font appliquées aux termes : comme quand
on dit, que les chofes que l'entendement cognoift, font dans l'entendement, & que celuy qui penfe & parle fouuent de Rome, a
Rome en fa tefte : c'eft à dire, qu'il penfe à la
Capitale du Monde.

Vous déduirez en troifiefme lieu, qu'vnité
vniuerfelle, c'eft le mefme qu'vniuerfel, comme vnité finguliere, & indiuidu, font la mefme chofe. Certainement la mefme chofe peut
eftre plufieurs chofes intrinfequement, & eftre
vne extrinfequement, puifque ce n'eft autre
chofe qu'eftre conceuë par vn concept vniforme.

Enfin vous déduirez qu'eftre fait vniuerfel
improprement, c'eft plufieurs chofes, à caufe
de leur reffemblance, ou pource qu'elles font

semblables, estre conçeuës par vn concept
vniforme: Et on ne peut nier que ceste façon
d'expliquer l'Vniuersel, ne soit fort facile, &
fort raisonnable.

QVESTION II.

Est-il des Natures vniuerselles distinctes reellement, ou au moins par raison des indiuidus.

I. THESE. IL n'y a point de Natures, ny
de raisons vniuerselles, qui
soient dans chaque indiuidu : Vniuerselles
dis-je, auant tout acte d'entendement, comme a voulu Platon. Mais les Natures vniuerselles, ou raisons obiectiues du costé de l'obiet,
sont reellement cet indiuidu & celuy-la, conceuz par vne cognoissance vniforme & confuse. Ie le prouue; car si la mesme raison d'hôme estoit en Enée, & en Cesar : si la mesme
raison de Cheual estoit en Pegase, & en Bucephale, la mesme chose seroit distincte desoy-
mesme, & ne seroit pas soy-mesme : La mesme chose corporelle, seroit naturellement en
plusieurs lieux : Pardessus tous les Hommes
en particulier, il y auroit vn Homme : Et pardessus toutes les grenoüilles, il y auroit vne
grenoüille, qui seroit l'idée des autres. La
mesme chose periroit, & demeureroit en na-

ture, si vn Animal mourroit, & l'autre persi-
stoit au monde.

En second lieu, ceste raison ou, nature vniuerselle, seroit inutile , car sans elle chacun
des indiuidus seroit Animal , puisque chaque
Animal est Animal par soy-mesme. De plus,
ceste raison seroit singuliere, car elle seroit distincte de tout ce qui n'est pas elle, & indistincte de soy-mesme. Il se donneroit vne singularité en commun. L'Homme seroit seulement vne partie de Cesar : Car outre la raison vniuerselle de l'Homme, il y auroit la Nature vniuerselle de Substance, d'Animal, de
Corps, & d'Estre. De plus, ceste commune
raison d'Animal, ne seroit ny raisonnable, ny
déraisonnable : Ceste substance en commun
ne seroit ny spirituelle, ny corporelle. Enfin,
ceste proposition seroit fausse, Cesar est Homme, aussi bien que celle-cy , Cesar est l'Ame,
puisque l'Homme en ceste opinion seroit seulement vne partie de Cesar. Vous voyez donc
Theandre, que Platon disoit qu'il y auoit
des Natures vniuerselles, reellement distinctes des indiuidus, auant tout acte de l'entendement, & que ces natures : Par exemple cet
Homme , & cet Animal en commun , sont
dans chaque indiuidu , & sont reellement distinctes des indiuidus, ausquels elles sont com-
muniquées. Mais ces grotesques tombent
d'elles-mesmes.

Les Formalistes ne vont pas si auant, ils se
contentent de dire , qu'il y a dans les choses
des raisons obiectiues vniuerselles par l'entendement : & que ces raisons ne sont pas di-

ſtinctes reellement entr'elles, ny auſſi des raiſons particulieres, auec leſquelles elles ſont identifiées dans les indiuidus, mais qu'elles en ſont ſeulement diſtinctes par diſtinction formelle ou de raiſon : Et partant, diſent-ils, il y a en chaque indiuidu pluſieurs raiſons abſtractes & vniuerſelles : comme la raiſon d'Eſtre, de Subſtance, de Corps, d'Animal, & d'Homme, qui ſont faites vniuerſelles par l'entendement, & reſſerrées par la raiſon induiduelle. Or apres auoir long-temps penſé à cet affaire, il m'a ſemblé que la pluſpart des Autheurs qui ſe refutent l'vn l'autre, diſent quaſi le meſme, & que les Formaliſtes ne diſent rien de bon, ou qu'ils tombent dans l'opinion de Scot : Et l'vne & l'autre opinion, ſi elles ſont raiſonnables, veulent ſeulement qu'il y ait des raiſons definitiues vniuerſelles, leſquelles comme dit expreſſément Sainct Thomas, ne ſont pas dans les choſes, mais ſe diſent des choſes. Apprenez donc aux Formaliſtes, que dans vne meſme choſe il y a pluſieurs raiſons abſtractes, mais que ces raiſons ſe diſent des choſes, & ne ſont pas dans les choſes, que fondamentalement.

D. Thom. 1. p. q. 13. Ar. 4.

II. THÉSE. Il ne ſe donne donc aucune nature ny raiſon abſtracte & vniuerſelle, qui ſoit la meſme dans pluſieurs indiuidus : mais les raiſons communes & vniuerſelles, ſont des concepts ou des termes qui ſe diſent des indiuidus.

La premiere preuue de ceſte verité eſt, que tout ce qui exiſte, eſt indiuidu, car il eſt ce qu'il eſt, & eſt diſtinct de tout ce qui n'eſt point

luy : Donc il est impossible qu'il se donne vne
raison, qui soit plusieurs choses, ou multipliée
toute en plusieurs. Certes, puisque l'entendement est dans l'erreur, s'il conçoit les choses
autrement qu'elles ne sont, il est necessaire
que ceux-là se trompent, qui font abstraction
d'vne raison, ou de diuerses raisons obiectiues,
où il n'y a qu'vne seule chose, & vne Entité
tres-simple, comme est l'ame, & qui disent
qu'il y a des raisons diuerses où il n'y en a pas.

Troisiesmement, l'entendement ne peut
rien produire hors de soy : donc ceste raison
abstracte, estant vne production de l'esprit,
hors de soy, n'est rien tout à fait qu'vne chimere.

Quatriesmement, ces raisons communes,
comme l'Homme en commun, ou sont
dans les indiuidus ou non. Il ne se peut dire
qu'elles soient hors des indiuidus ; car où se-
roient-elles, si ce n'est dans les espaces imaginaires: Si elles sont dans les indiuidus (par
exemple) si Animal est en Alexandre & en
Bucephale, cet Animal sera indiuidu : Car
tout ce qui est dans Alexandre, est indiuidu:
outre que le mesme Animal, & la mesme chose reellement seroit en Alexandre, & en son
Cheual : & le mesme Homme seroit en sainct
Pierre, & en Iudas. Ce qui est assez ridicule :
Que si l'Homme qui est en Sainct Pierre, &
en Iudas, sont distincts, donc ils ne sont pas
Hommes, par vne mesme raison abstracte. Et
si chaque Homme est Homme par vne chose
diuerse de l'autre, il ne se donne point vne
chose qui soit vne raison commune d'Homme,

car elle feroit inutile, puifque fans elle Cefar eft Homme, Pompée eft Homme : & ainfi des autres.

Cinquiefmement, s'il y a vne raifon commune d'homme; donc il eft auffi vne raifon commune d'Entité, qui fera la mefme en Dieu, & dans les creatures : Il y aura auffi vne raifon commune de fingularité, & d'vnité. Donc afin que cefte raifon de fingularité foit faite particuliere, il faut qu'elle foit determinée par vne autre raifon de fingularité. Et ainfi la raifon d'indiuidu, & de fingularité feroit commune, & non pas finguliere. De plus, cet homme en commun, ne feroit ny grand, ny petit, ny noir ny blanc : il ne parleroit ny François ny Efpagnol, ny Bergamafque : il n'habiteroit dans aucun Climat, **ny** dans aucune Prouince.

Sixiefmement, Ie demande fi dans chaque indiuidu fe trouue la mefme formalité & raifon abftracte, ou non ? Si c'eft la mefme, donc Cefar & Pompée font le mefme homme; Que fi ils ne font pas conftituez hommes par la mefme formalité : donc Cefar & Lentulus, n'ont pas la mefme raifon formelle : Et ainfi de la raifon d'homme, qui eft en Cefar, & en Lentulus, on n'en peut pas faire vne raifon commune, non plus que de la Cefareïté, & de la Lentulite, qui font les differences indiuiduelles.

Septiefmement, ou cefte raifon abftracte de l'homme eft diftributiue, ou collectiue : fi elle eft collectiue, elle ne peut pas eftre énoncée en particulier, car chacun n'eft pas ce ramas:

ſi elle eſt diſtributiue, donc elle eſt tous les indiuidus des hommes en particulier. Or eſt-il,
que ce qui eſt les indiuidus en particulier, n'eſt
aucunement vne nature vniuerſelle.

Huictieſmement, s'il ſe donne des raiſons
abſtractes communes, il y aura vn progrez à
l'infiny dans les abſtractions : car on pourra
faire vne abſtraction de chaque raiſon commune.

Enfin, ceſte raiſon commune d'homme, ou
cet *Homme en commun*, ſeroit diſtinct des indiuidus; autrement il ſeroit les indiuidus, & ne
ſeroit pas les indiuidus; il ſeroit commun, &
ne ſeroit pas commun; il ſeroit vn & pluſieurs,
c'eſt à dire vn, & non vn. Cet argument a
plus de iour en la raiſon commune de l'eſtre,
& de l'indiuidu, car elle eſt inutile : & chaque
indiuidu eſt eſtre & indiuidu par ſoy-meſme:
autrement, hors de tout Eſtre, il y a vn Eſtre
commun à tous les Eſtres. Hors de tout Animal, il y a vn Animal en commun, qui ne mã-
ge, ny ne boit, ny ne dort, ny ne ſe remuë: c'eſt
à dire, vn Animal, qui n'eſt point Animal; &
ceſte groteſque s'approche quaſi des idées de
Platon : ſi ce n'eſt comme dit Major, que les
Formaliſtes veulent que cet homme en commun, ſoit ſeulement diſtinct par raiſon des
particuliers. Et Platon vouloit que cet homme en commun, ſur lequel ſe prenoient les
idées de chaque particulier, fuſt indépendamment de l'eſprit, & reellement diſtinct des indiuidus, qui ſont dans la nature.

Opposition. Vous me direz qu'eſtre
vniuerſel eſt vne choſe antecedente à eſtre

énoncé : donc estre énoncé, est seulement vne proprieté de l'Vniuersel, & son Essence est d'estre en plusieurs.

Ie respons que l'Essence de l'Vniuersel n'est pas d'estre en plusieurs, ny de pouuoir estre dit de plusieurs : Car tous ces termes n'ont point vne definition essentielle, puis qu'ils sont connotatifs, comme i'ay dit dans la Logique : Outre que quand Aristote a dit que l'Vniuersel pouuoit estre en plusieurs, il entend estre Logiquement, qui n'est autre chose qu'estre énoncé de plusieurs.

III. THESE. Le terme Vniuersel, par exéple, *Homme*, ne signifie rien de commun du costé de l'obiet, ny aucune raison ou chose commune aux indiuidus, mais il signifie immediatement chaque indiuidu en particulier, pour vne raison commune. De sorte que l'Vniuersel obiectif sont les indiuidus en particulier, qui n'ont rien de commun entr'eux : c'est à dire, qu'il n'y a aucune entité dans l'vn, qui se trouue dans l'autre : mais ils ont seulement cela, qu'ils conuiennent entr'eux, non pas en ce qu'ils sont homme, ou vn homme, mais en ce qu'ils sont des hommes. Or à raison de ceste ressemblance, l'entendement conçoit tous les indiuidus, Lisandre, Pompée, & Cesar, par vn concept vniforme, qui les represente tous esgalement, mais confusément pource qu'ils conuiennent. Et il leur donne vn terme qui les signifie tous esgalement & distributiuement.

La raison est que si le terme commun, par exéple, l'*Animal ou l'Homme*, signifioit du co

sté de

fté de l'obiet quelque chofe, ou quelque raifon commune à chaque homme en particulier, cefte raifon feroit quelque chofe hors de
chaque homme en particulier. Or il n'y a
rien qui foit homme, hors de chaque homme
en particulier : car où feroit cet homme, qui
n'eft pas vn Eftre indiuidu. Certes il faudroit
que cet homme en commun, fut dans le lieu
en commun, & qu'il refpirat l'air en commun,
qu'il euft vn corps en commun, vne ame en
commun, & qu'il mangeaft des viandes en
commun, ce qui eft ridicule.

En fecond lieu, les indiuidus n'ont rien de
commun entr'eux, puis qu'ils font diftincts
reellement, & reciproquement l'vn de l'autre.
Cefar n'eft pas Pompée, & Pompée eft totalement diftinct de Cefar : Donc il n'y a rien
dans l'vn, qui foit dans l'autre, ou bien la
mefme chofe eft en plufieurs lieux naturellement, puis qu'il y a vn homme qui eft dans
tous les hommes. Laiffez-là les grotefques
THEANDRE, & dittes que la voix commune
ne fignifie pas aucune chofe commune, mais
qu'elle fignifie plufieurs chofes en particulier,
pour vne mefme raifon : pource qu'on rend la
mefme raifon pourquoy l'Aigle, le Lyon, &
l'Homme font des Animaux : & pourquoy
Cefar & Pompée font des hommes.

OPPOSITION I. Vous me direz que
ce mot homme fignifie immediatement la nature humaine, & mediatement chaque indiuidu. Or la nature humaine eft commune à
tous les hommes : donc il fignifie quelque chofe de commun à tous les hommes.

X

Ie respons que ce mot *Homme*, signifie la Nature humaine: c'est à dire, tous les hommes en particulier, ou la nature de chaque homme, & le ramas de tous les hommes : Mais si vous entendez vne nature commune à chaque indiuidu, ie le nie : Et quand on dit la nature humaine, on entend le gros de tous les hommes, c'est à dire, chaque homme en particulier.

OPPOSITION II. Tous les indiuidus d'vne mesme espece, ont vne mesme nature, donc il y a vne nature commune.

Ie repars que les inferieurs ont vne mesme nature : c'est à dire, vne nature semblable, ce qui ne veut rien dire, si ce n'est que leurs natures sont semblables : Mais si par vne mesme nature vous entendez, que la nature de l'vn est la nature de l'autre ; ie le nie : Car il est clair que la nature de Cesar est Cesar mesme, & celle de Platon c'est Platon, & que ces deux hommes sont totalement distincts: Donc quand on dit que le Taureau & le Cheual sont d'vn mesme genre : que Cesar & Pompée sont d'vne mesme espece : cela signifie seulement qu'ils conuiennent ou sont semblables, & qu'à raison de ceste ressemblance on leur a imposé vn mesme terme specifique, ou generique.

OPPOSITION III. La voix vniuerselle signifie les indiuidus pour vne mesme raison, donc il y a vne raison commune aux indiuidus en particulier.

A cela ie respons que tous les inferieurs ont vne mesme raison definitiue, qui ne veut rien dire autre chose, si ce n'est que tous les infe-

rieurs d'vne mesme espece, sont definis par la
mesme definition : & partant la definiton
estant vn concept, & vne oraison qui explique la nature de la chose. Les indiuidus par
ceste raison commune, n'ont rien de commun
qu'vn concept ou vne oraison, qui les signifie
tous esgalement & vniformément, sans declarer leurs differences. Ainsi si vous demandez pourquoy Alexis est homme, Ie respondray, pource qu'il est Animal raisonnable : &
ie rendray la mesme raison, si vous demandez
pourquoy Pompée est homme. Il y a donc
des raisons communes, non pas qui soient des
choses, ou dans les choses, mais qui soient des
termes ou des concepts communs, qui sont
dans l'entendement, & qui se disent des choses. Et ainsi par ce mot de Raison, i'entends
auec S. Thomas, des concepts & des defini-   D. Th. 1. p.
tions qui sont communes à tous les indiuidus, q. 13. Ar. 4.
qui se definissent par la mesme definition: Elle
n'est donc point dans les indiuidus, mais ell e
se dit des indiuidus, & elle se tient du costé de
l'entendement, qui represente ou signifie vniformement plusieurs choses.

OPPOSITION IV. Vous me presserez
encor, disant que chaque inferieur ressemble à
l'autre : Donc ils ont vne ressemblance commune. A cela ie respons que la ressemblance
n'est pas vne chose, mais plusieurs choses, &
que ce terme est collectif, qui signifie plusieurs
choses qui se ressemblent : & partant que
quand on dit, les inferieurs ont quelque res-
semblance, on veut dire, qu'ils sont semblables, & partant qu'ils sont plusieurs : car tou-

te reſſemblance eſt entre pluſieurs. La reſſemblance ne dit donc pas Vnité, mais Pluralité des choſes qui conuiennent.

D'icy vous pouuez inferer que les Sciences
ne ſe donnent pas d'vne choſe vniuerſelle, mais
des indiuidus en particulier, ſous vn terme
commun & vniuerſel, ce qui ſuffit, afin que
les Sciences ſoient vtiles: Car vn indiuidu venant à perir, l'autre reſte en ſon entier.

QVESTION III.

Comment ſe fait l'Vniuerſel, ſoit comple-
xe, ſoit incomplexe : Si la reſſemblan-
ce eſt le propre Vniuerſel: Et ſi l'V-
niuerſel ſe fait par vne
operation directe
ou reflexe.

I. THESE. L'Vniuerſel ſe fait en ceſte façon. L'Entendement voit
que parmy les choſes qui ſont dans l'Vniuers,
il y en a de ſemblables, & de diſſemblables.
De plus, il voit qu'il y a des diuers degrez de
ceſte reſſemblance, ou diſſemblance, pource
qu'il eſt des choſes plus ou moins ſemblables,
& diſſemblables : Et partant il prend occaſion & fondement de ceſte reſſemblance, pour
conceuoir toutes les choſes ſemblables, par vn
meſme concept vniforme, qui les repreſente
toutes, pource qu'elles ſont ſemblables. D'où

arriue que quoy qu'il cognoisse des choses
differentes, il ne cognoist pas neantmoins
qu'elles soient differentes. Par apres il donne
à toutes ces choses vn nom, qui correspond à
ce concept vniforme : Et voyla tout le Mystere qu'il y a dans l'Vniuersel. I'explique mon
dire, dans ce mot Animal, les Hommes ont
veu, que dans le monde chaque chose estoit
semblable, & dissemblable à l'autre. Or pour
auoir des mots, qui les peussent discerner
l'vne de l'autre, ils ont veu qu'vn Lyon crois-
soit : ils ont aussi veu qu'vn Laurier, vn Lys,
croissoient : & partãt ils ont imposé ce mot Viuant, pour signifier tout ce qui croist, en vertu
d'vn principe interieur : Et ce mot *Viuant*, est
commun & vniuersel au regard des Animaux, & des plantes. De plus, ils ont veu
qu'il y auoit de grandes differences, entre vn
Laurier, & vn Lyon, car le Lyon sent, voit,
marche : & ayant découuert que les Loups, les
Taureaux, les Vers, les Poissons, & les Hommes, sentoient, voyoient, & se mouuoient,
ils ont imposé ce mot Animal, pour signifier
tout ce qui sent, qui voit, qui marche. De plus,
ils ont veu que parmy les choses qui sentent, il
y en a de plus semblables que les autres, &
que les vns raisonnent, & les autres sont sans
raison : ils ont appellé les vns du nom de Brute, & les autres Raisonnables : & ainsi ils sont
venus à imposer le nom à chaque espece des
Animaux, à cause de la ressemblance : & par
ce moyen se sont faits plusieurs Vniuersaux,
les vns plus vastes que les autres.

D'icy vous déduirez que pour l'ordinaire la

cognoiſſance des particuliers eſt auant les cognoiſſances vniuerſelles, puis qu'il faut auoir
cogneu les particuliers, & les auoir comparé
entr'eux, auant que les conçeuoir par vn concept vniforme. Ie dis pour l'ordinaire; car s'il
n'y a rien qu'vn indiuidu, comme le Soleil, &
le Phœnix, on leur donne vn nom qui pourroit conuenir à vn autre ſemblable, s'il s'en
donnoit, pource que le nom eſt donné au Soleil à cauſe qu'il a vne telle nature : donc ſi vn
autre Aſtre auoit vne nature ſemblable, il auroit le meſme nom : Et partant, vn terme peut
eſtre vniuerſel, pourueu qu'il puiſſe conuenir
à pluſieurs pour vne meſme raiſon. Et pareillemét, *le genre ſe peut conſeruer en vne ſeule eſpece, & l'eſpece en vn ſeul indiuidu*, pourueu que de
ſoy il puiſſe eſtre dit de pluſieurs Que s'il eſtoit
impoſſible qu'il y eut vn autre indiuidu ſemblable, ce nom ne ſeroit pas vniuerſel, comme
nous voyons au Nom adorable de Dieu, &
aux noms ſinguliers & indiuidus.

II. THESE. La reſſemblance n'eſt pas
l'vniuerſel propre, pource qu'elle n'eſt pas
vne, mais pluſieurs choſes : elle eſt neantmoins l'Vniuerſel fondamental : c'eſt à dire, le
fondement de faire vn Vniuerſel ; Et ainſi c'eſt
à tort que quelques Autheurs ont creu qu'il ſe
donnoit vn parfait Vniuerſel, auant toute operation de l'entendement, pource qu'ils
croyoient que ceſte reſſemblance eſt vne, &
qu'elle eſt en pluſieurs : & qu'ainſi pluſieurs
indiuidus ſont vn en ceſte reſſemblance : Car
ſi l'Eſcriture a dit auec raiſon, que la multitude des croyans eſtoit vn cœur & vne ame, à

cauſe de l'vnion des volontez. Donc à plus
forte raiſon on peut appeller les indiuidus vn,
en ceſte reſſemblance. De moy i'auouë que
ceſte reſſemblance eſt le fondement de l'vniuerſel propre, mais non pas l'Vniuerſel : Car
quoy que ceſte reſſemblance ſoit en pluſieurs,
neantmoins elle n'eſt pas vniuerſelle, car elle
n'eſt pas la meſme en pluſieurs, mais elle eſt
multipliée, puiſque la reſſemblance, ſont les
choſes meſmes ſemblables. Or eſt-il que ces
choſes ſont proprement pluſieurs : Donc elles
n'ont pas d'vnité, ou il s'enſuiuroit qu'elles
ſeroient vne meſme choſe, à cauſe qu'elles ſõt
pluſieurs, & qu'elles ſont diſtinctes : ce qui eſt
autant contradictoire, comme qui diroit que
le Cygne eſt noir, pource qu'il eſt blanc.

Et d'icy vous coniecturerez que nous diffe-
rons des Formaliſtes, en ce qu'ils diſent que
l'entendement apres auoir veu ceſte reſſemblance qui eſt entre Alexis, Ceſar, & Pompée,
il fait abſtraction ; diſent-ils, de ce en quoy ils
cõuiennent, ou de ceſte raiſon d'hõme, en quoy
ils ſont ſemblables, & que ceſte raiſon cõmune
eſt vne choſe, qui eſt l'Vniuerſel propre, qui
n'eſt que par l'operation de l'entendement :
car ceſte raiſon eſt vne, & propre d'eſtre toute
en pluſieurs, dans leſquels elle ſoit multipliée.
Or l'on impoſe vn terme vniuerſel, pour ſignifier immediatement, la raiſon abſtracte commune eſgalement à tous les indiuidus, & mediatemét à Alexis, Ceſar, & Pompée : Et partant la voix commune a deux ſignifications,
ou deux obiets qu'elle ſignifie. L'immediate
eſt la raiſon commune, ou bien, ce en quoy

X iiij

Alexis, Cefar, & Pompée conuiennent: & la mediate eft Alexis, Cefar, & Pompée, & tous les autres indiuidus en particulier.

De moy, ie Philofophe d'vne façon bien differente, & fouftiens que la voix vniuerfelle fignifie feulement les indiuidus, mais pource qu'ils font femblables, & qu'il n'y a chofe aucune, qui foit ce en quoy les indiuidus conuiennent, pource qu'ils ne conuiennent pas en aucune raifon, mais en eux-mefmes, & par eux-mefmes, puis qu'eux mefmes font cefte reffembl ance, & qu'ils conuiennent en ce qu'ils font hommes, & plufieurs hommes.

Vous pourrez inferer en fecond lieu, qu'auant que faire l'vniuerfel, & impofer vn terme commun, l'entendement doit auoir comparé les indiuidus, qui font femblables, prenant garde qu'ils ont de la reffemblance: mais l'acte par lequel il les exprime tous confufément, difant homme: Cet acte, dis-je, n'eft pas comparatif, fi ce n'eft d'vne façon fort obfcure.

En troifiefme lieu, l'abftraction fe fait de tous les indiuidus poffibles: car le terme vniuerfel les fignifie tous efgalement, autant l'vn que l'autre, & diftributiuement, non pas collectiuement, puis qu'il n'eft pas vn terme collectif, mais commun.

III. Thefe. L'Vniuerfel fe fait par l'operation de l'entendement, & cefte operation eft directe, & non pas reflexe: Et partant anát l'operation de l'entendement les chofes ne font pas vniuerfelles; ou pour mieux dire, les chofes vniuerfelles font auant l'acte de l'en-

tendement, mais elles ne font pas vniuerſelles auant l'operation de l'eſprit. La raiſon eſt
qu'à parler proprement, l'Vniuerſel n'eſt autre choſe, que le concept formel, qui cognoiſt
tous les indiuidus confuſément & eſgalement,
ou le terme qui reſpód à ce concept. Or ce có-
cept, & ce terme, ne ſont pas deuant l'acte de
l'entendement, puiſque ce concept eſt l'acte
de l'entendement, qui repreſente confuſément
& eſgalement les inferieurs pour vne meſme
raiſon, & pource qu'ils ſont ſemblables : &
auſſi le terme vniuerſel eſt impoſé par l'entendement : Donc l'Vniuerſel n'eſt pas auant l'a-
cte de l'entendement. Pource qui appartient
à l'vniuerſel obiectif, ou par exiſtance, Ie dis
que les choſes vniuerſelles ſont auant l'acte de
l'entendement, car les choſes vniuerſelles ſont
Socrate, Platon, Alexis : mais elles ne ſont
pas vniuerſelles, qu'apres qu'elles ſont conceuës par vn concept vniuerſel , & ſignifiées par vn terme vniuerſel. C'eſt pourquoy
i'ay dit, qu'eſtre vniuerſel eſt vne dénomination extrinſeque , ou vn terme qui ſuppoſe
pour Ceſar, Pompée, Alexis, & qui connote
qu'ils ſont cognus par vn concept vniforme,
& ſignifiez par vn terme vniuerſel. Donc ce
qui eſt ſignifié directement par ces voix, Vniuerſel, Genre, & Eſpece, eſtoit auant l'acte
de l'Entendement : mais ce qui eſt connoté, n'eſtoit pas auant l'acte de l'Entendement. Et ainſi auant l'acte de l'eſprit les
Genres & les Eſpeces eſtoient , mais ils
n'eſtoient pas Genres, ny Eſpeces : C'eſt
comme qui diroit, ce que i'aime eſtoit deuant

que ie l'aimaſſe : mais il n'eſtoit pas aimé.
Et ce qui eſt veu auiourd'huy , eſtoit hier :
mais hier il n'eſtoit pas veu : Car de luy on ne
pouuoit pas faire ceſte propoſition , il eſt veu,
pource qu'elle ſignifie vne verité obiectiue,
qui renferme , & la choſe , & la veuë : Et
partant l'vne ou l'autre venant à manquer,
ceſte verité *Eſtre veu* , n'eſt plus. En vn
mot, l'acte de l'Entendement ne fait pas que
l'Vniuerſel ſoit pluſieurs choſes , ou qu'il
puiſſe eſtre en pluſieurs choſes , mais il fait
qu'il ſoit *Vn , capable d'eſtre en pluſieurs
choſes.*

Cecy ſe peut eſtablir , ſur ce que tout ce
qui exiſte dans ces choſes , eſt indiuidu , & a
ſes differences , & ne peut pas eſtre pluſieurs,
qui ſoient ceſte meſme choſe. Or l'Vniuerſel
doit eſtre ſans ſes differences , & il n'eſt pas vn
indiuidu : Donc il n'exiſte pas dans les choſes.
Or cet acte de l'Entendement , qui fait l'Vniuerſel , eſt vn acte de raiſon , qui cognoiſt pluſieurs choſes ſemblables : Et il n'eſt pas beſoin
qu'il faſſe reflexion que cet acte , ou ce terme
qu'il impoſe, eſt commun à pluſieurs , ny que
celuy qui a vn concept vniforme , commun à
pluſieurs , faſſe reflexion qu'il eſt commun à
pluſieurs : pource que l'Vniuerſel eſt deſia fait
auant cet acte de reflexion : Et ainſi l'Vniuerſel ſe fait par vn acte direct , & non pas par vn
acte reflexe.

QVESTION IV.

Par quelle operation se fait l'Vniuersel formel: Si Dieu & les Anges peuuent faire vn Vniuersel: Si les Vniuersaux sont corporels ou spirituels. Qu'est-ce qu'estre d'vn mesme Genre, & d'vne mesme Espece.

I. THESE. L'Vniuersel incomplexe se fait par la simple apprehension, comme quand on dit, *Animal, Homme, Corps animé, & Animal raisonnable.* L'Vniuersel complexe se fait par le iugement, comme quand on dit, *tout Animal est sensitif.* Il se trouue aussi plusieurs discours Vniuersels, comme ceux qui sont en *Barbara,* qui est composé de trois Vniuersaux complexes.

II. THESE. Parmy les Vniuersaux, soit complexes, soit incomplexes, les vns sont plus vastes que les autres : car Animal s'estend plus que l'Homme : & Viuant plus qu'Animal, Corps plus que Viuant, Substance plus que Corps, & l'Estre plus que la Substance, comme vous pourrez voir au premier Discours de la Metaphysique dans l'arbre des choses : C'est pourquoy ces six termes se nomment *Degrez,* pource qu'ils montent & descendent par degrez, depuis les termes indiuidus, iusques au souuerain Genre.

III. THESE. Dieu ne peut pas auoir des actes abstractifs, ny faire proprement vn vniuersel, à la façon que le font les hommes, mais il le peut faire d'vne façon plus noble, qui est exempte de toute imperfection. La raison est, que l'acte precisif est vn acte qui cognoist vne chose sans la comparer à tout ce à quoy elle peut estre comparée. Or en Dieu, il n'y a qu'vn acte qui cognoist tout distinctement. De plus, faire vn Vniuersel, c'est cognoistre plusieurs choses semblables, par vn concept confus & vniforme, qui les represente confusément & esgalement, sans les distinguer. Or Dieu n'a aucun concept confus, par exemple des Animaux & des Hommes : mais il les cognoist tous en particulier. Vous voyez donc THEANDRE, que faire, ou pouuoir faire l'Vniuersel, est vne imperfection, & qu'il appartient seulement à vne cognoissance bornée, & limitée, qui peut cognoistre confusément, & moins parfaitement les obiets. Or toute imperfection doit estre esloignée de Dieu, qui est vn Estre souuerainement parfait.

OPPOSITION. Vous me direz que Dieu peut faire l'Vniuersel, pource qu'il a des propositions, & des cognoissances vniuerselles. Ainsi il cognoist que tout Homme est Animal, & que tout Animal est sensitif : Il cognoist aussi ce que signifient ces mots, Homme, Animal, Substance : Donc il a des cognoissances vniuerselles.

Ie respons, Dieu cognoist ce que signifie Animal confusément, ie le nie, distinctement cognoissant chaque inferieur des proposi-

tions, & des termes vniuerfels, ie l'accorde :
Car il cognoiſt que tout Animal eſt ſenſitif :
c'eſt à dire en particulier, qu'il n'y a aucun
Animal, ny cettuy-cy, ny cettuy-là : On peut
dire neantmoins que Dieu a des cognoiſſances vniuerſelles, qui ne ſont pas ſeulement
vniuerſelles, mais encore diſtinctes de chaque
inferieur en particulier. Et partant ceſte cognoiſſance reſpond en valeur à nos cognoiſſances confuſes, & à nos cognoiſſances diſtinctes : & ſelon ceſte comparaiſon, par laquelle la cognoiſſance Diuine eſt comparée
aux cognoiſſances confuſes, elle eſt éminem-
ment & virtuellement, mais non pas en effet
vniuerſelle. Pour les Anges qui ſont des En-
tendemens creez, il n'y a point de doute qu'ils
n'ayent des cognoiſſances vniuerſelles, &
confuſes.

OPPOSITION II. Dieu a des cognoiſſances confuſes, comme que quelque œil eſt
neceſſaire pour voir : Donc il a des cognoiſſances proprèment vniuerſelles. Ie reſpons
que ſi la choſe en ſoy eſt confuſe, Dieu la cognoiſt confuſe, mais non pas confuſément.
Or tous les Animaux ne ſont pas confus : il
n'en va donc pas de meſme en ces deux matieres. Liſez ce que i'ay dit de ceſte ſorte de propoſitions dans la Logique, au Liure premier,
Diſcours huictieſme.

IV. THESE. Pluſieurs choſes *Eſtre d'vn
meſme Genre*, n'eſt autre choſe que pluſieurs
Eſtres, à cauſe de la reſſemblance qu'ils ont,
peuuent eſtre conceuz par vn concept, & ſignifiez par vn terme vniuerſel, qui contient

d'autres vniuerſels ſous ſoy. Ainſi l'Homme,
l'Aigle, & le Lyon, ſont d'vn meſme genre,
pource qu'à raiſon de la reſſemblance qu'ils
ont, ils peuuent eſtre ſignifiez par ce terme
vniuerſel, *Animal*, ſous lequel il y en a
d'autres vniuerſels, comme *Aigle*, *Lyon*, &
Homme.

V. Thesᴇ. Pluſieurs choſes eſtre de meſme eſpece, c'eſt que pluſieurs choſes, à raiſon
de leur reſſemblance, peuuent eſtre repreſen-
tées par vn concept vniuerſel, & ſignifiées
par vn terme vniuerſel, qui n'ait aucun terme
vniuerſel ſous ſoy. Ainſi Ceſar & Pompée
ſont de meſme eſpece, pource qu'ils peuuent
eſtre conçeuz par ce concept d'Homme, ſous
lequel il n'y a que des concepts ſinguliers, &
aucun qui ſoit vniuerſel.

VI. Thesᴇ. Tous les Vniuerſels formels
ſont ſpirituels, pource que ce ſont nos cognoiſſances. Tous les Vniuerſels par énonciation, ſont corporels, puiſque ce ſont les termes, & les paroles vniuerſelles. Mais parmy
les Vniuerſaux obiectifs, il y en a de corporels, & auſſi de ſpirituels: Car l'vniuerſel obiectif n'eſt autre choſe que pluſieurs inferieurs
ſemblables, conçeuz par vn concept confus
& vniforme. Or eſt-il, que pluſieurs indiuidus ſpirituels peuuent eſtre conçeuz par vn tel
concept: Donc ils ſont vn vniuerſel obiectif
ſpirituel. Ainſi S. Michel, S. Gabriel, & S. Raphaël, ſont vn vniuerſel ſpirituel, entant qu'ils
ſont ſignifiez par ce mot, Eſprit ou Ange.
Pareillement pluſieurs indiuidus corporels
peuuent eſtre conçeuz par vn concept vni-

forme & confus : Donc ils font vn vniuerfel corporel, comme Bucephale, & Pegafe,
fous ce mot Cheual : le Feu, l'Eau, l'Air, &
la Terre, fous ce concept d'Element.

En troifiefme lieu, il y a des Vniuerfels
obiectifs, partie fpirituels & corporels: comme l'Homme. I'adioufte encore que mefme les chofes impoffibles paffées, & futures, peuuent eftre conçeuës par vne cognoiffance confufe & vniforme : Et qu'ainfi
elles peuuent eftre vniuerfelles.

La raifon de tout cecy eft, que c'eft vne dénomination extrinfeque aux chofes d'eftre
vniuerfelles, car ce n'eft autre chofe qu'eftre
conçeuës par vn concept vniuerfel. Or les
chofes corporelles, fpirituelles, poffibles &
impoffibles, paffées & futures, peuuent eftre
conceuës par vn tel concept : Donc elles
peuuent eftre vniuerfelles, & partant, comme cefte conféquence eft irreguliere, l'Antechrift eft cognu, donc il eft. Pareillement
celle-cy eft mauuaife, les chofes impoffibles
font vniuerfelles, donc elles exiftent. Car
la premiere propofition fignifie feulement,
que les chofes impoffibles font cognuës par
vne cognoiffance vniuerfelle.

QVESTION V.

Si l'Vniuerſel retient ſon vniuerſalité dans l'énonciation actuelle.

I. THESE. LE terme Vniuerſel retient ſon vniuerſalité, lors qu'il eſt fait attribut d'vne propoſition : mais il n'eſt pas vniuerſel, pource qu'il eſt dit de ſes inferieurs ; Ie veux dire, que quand on dit *le Cheual eſt Animal*, ou *Alexis eſt Homme*, ces deux mots, *Animal & Homme*, ſont des termes vniuerſels. Ie le prouue, car ce terme eſt vniuerſel, qui peut eſtre dit affirmatiuement de pluſieurs. Or eſt-il que ces mots, *Homme & Animal*, lors qu'ils ſont appliquez à Alexis, & au Cheual, peuuent eſtre dits de pluſieurs : donc ils ſont Vniuerſaux. I'aduoüe qu'ils ne ſont pas vniuerſels, pource qu'ils ſont affirmez d'vn inferieur, ny meſme de tous leurs inferieurs, mais parce qu'ils ſont propres pour eſtre affirmez de pluſieurs : Et partant ces termes ſeroient vniuerſels, quoy qu'ils ne fuſſent iamais mis en aucune propoſition, pourueu qu'ils ayent eſté impoſez pour ſignifier pluſieurs inferieurs : & qu'ils puiſſent eſtre énoncez de pluſieurs, pour vne meſme raiſon.

En ſecond lieu, la definition d'Ariſtote ſeroit fauſſe, ſi le terme vniuerſel n'eſtoit pas vniuer-

vniuerſel dans l'énonciation actuelle : Car ce
ſeroit vne contradiction de dire, le terme vniuerſel eſt celuy qui peut eſtre dit de pluſieurs,
& neantmoins iamais il ne pourroit eſtre dit
de pluſieurs : Car lors qu'on le diroit de pluſieurs, il ne ſeroit plus vniuerſel, mais particulier. Donc quoy que ceſte voix *Homme*, ne
ſuppoſe, & ne ſoit dicte que d'Alexis, quand
on dit Alexis eſt Homme : neantmoins lors
meſme qu'il eſt dit du ſeul Alexis, il peut eſtre
dit de tous les autres Hommes, & ſuppoſé
pour chaque Homme en particulier, il demeure donc vniuerſel.

OPPOSITION I. Vous m'obiecterez
que quand on dit Alexis eſt Homme, on ne
veut pas dire qu'Alexis eſt tout Homme, ou
qu'il eſt vn Homme vniuerſel, commun à tous
les Hommes, mais qu'Alexis eſt quelque
Homme, ou quelqu'vn de ceux pour qui ſuppoſe ceſte voix Homme : Donc ce mot Homme eſt reſſerré à vn ſeul Homme : ſçauoir eſt
à Alexis : Il n'eſt donc pas plus vaſte qu'Alexis, & partant il n'eſt pas vniuerſel, puis qu'il
n'appartient qu'à vn indiuidu.

Ie reſpons que le ſens de ceſte propoſition,
Alexis eſt Homme, eſt qu'Alexis eſt quelque
Homme, & que ce mot eſt determiné à vn ſeul,
& dit d'vn ſeul, mais qu'il ne s'enſuit pas qu'il
ne ſoit vniuerſel, puis qu'il peut eſtre dit de
pluſieurs. Or c'eſt ceſte aptitude, qui fait
qu'vn terme ſoit vniuerſel, ſelon Ariſtote, qui
dit que l'Vniuerſel eſt vn terme capable d'e-
ſtre dit de pluſieurs.

OPPOSITION II. Si ce mot Animal,

quand on dit *l'Homme est Animal raisonnable;*
est vniuersel, donc quand on viendra à diuiser
l'hóme en ces deux attributs essentiels, sçauoir
est *Animal*, & *Raisonnable*. Vne partie de ceste diuision, qui est *Animal*, sera plus vaste,
que le tout diuisé, qui est Homme : Ce qui est
contre les regles de la bonne diuision.

Ie respons qu'*Animal*, en ceste diuision, suppose seulement pour quelque Animal, & que
cela n'empesche pas que ce mot *Animal*, ne signifie rien que les Hommes, & qu'il ne puisse
pas estre dit du Taureau & du Lyon. Donc,
ceste obiection ne prouue rien, si ce n'est que
le genre n'est pas genre, pource qu'il se dit
d'vne seule espece, mais non pas que ce qui se
dit quelquefois d'vne seule espece, n'est pas
genre, pourueu qu'il puisse estre dit de plusieurs especes.

Opposition III. Si le terme retient
son vniuersalité, le sens de ceste proposition,
Alexis est Homme, seroit Alexis est l'homme
en commun. De plus, l'homme en commun
est indifferent à chaque indiuidu, & à estre dit
de chaque indiuidu. Or est-il qu'Homme
estant appliqué à Alexis, n'est pas indifferent
à estre dit de chaque indiuidu : Donc il n'est
pas vniuersel.

Ie respons, que le sens de ceste proposition
n'est pas Alexis est homme en commun, mais
qu'il est quelque homme; & ie soustiens que
ceste voix Homme, qui est attribuée à Alexis,
ne laisse pas de pouuoir estre attribuée à d'autres Hommes : donc elle est vniuerselle, puis
que selon Aristote, ceste voix est vniuerselle,

qui peut estre énoncée de plusieurs.

D'icy vous pouuez recueillir, que ces mots *Attribuable & Vniuersel*, sont connotatifs, & des termes de la seconde intention, qui supposent pour terme, & connotent qu'il puisse estre dit de plusieurs, ou pour vn concept, connotant qu'il represente plusieurs inferieurs pour vne mesme raison : Et partant ils sont tous deux esgalement connotatifs, & accidentels. Or le terme vniuersel est propre pour estre dit de plusieurs, pource qu'on l'a imposé à plusieurs, pource qu'ils auoient vne parfaite ressemblance.

Vous déduirez pour seconde verité, que quand on dit l'*Homme est Espece, Animal est Genre*, ces mots-là, *Homme & Animal*, se prennent en vne supposition simple, comme qui diroit ce terme Homme, ce terme Animal, & partant on ne peut pas inferer, donc Alexis est vne Espece : Car ceste consequence auroit quatre termes : Et ce mot Homme, seroit pris en vne supposition simple, & dans vne supposition formelle.

Vniuersale
prædicabile

DISCOVRS V.

DES VNIVERSAVX EN particulier; Du Genre, de l'Espece, de la Difference, de la Proprieté, & de l'Accident.

ET Vniuerſel dont ie vous ay des-ja découuert les proprietez merueilleuſes, eſt à bien dire, THEANDRE, comme vne ſource féconde, d'où ſortent cinq ruiſſeaux, qui arrouſent tout ce qui eſt de beau & d'agreable, dans toutes les Sciences. Ie ferois conſcience de vous tenir plus long-temps dans l'attente des veritez, dont vous voyez aſſez le merite.

QVESTION I.

Comment ſe diuiſe l'Vniuerſel : Qu'eſt-ce que l'on diuiſe dans la diuiſion de l'Vniuerſel ? l'Vniuerſel eſt-il Genre comparé à ſes Inferieurs.

I. THESE. POrphyre diuiſe l'Vniuerſel en cinq ſortes, *Genre, Eſpece, Difference, Accident, & Proprieté* : Ceſte di-

uifion eſt bonne, neantmoins on le peut bien
diuifer autrement, & luy donner plus ou
moins d'eſpeces: Car l'Vniuerſel n'eſtant autre choſe, à parler proprement, qu'vn concept vniforme, qui repreſente confuſément
pluſieurs inferieurs ſemblables, ou vn terme
vniuoque, qui ſe peut énoncer de pluſieurs
inferieurs. Il s'enſuit que l'Vniuerſel ſe peut
diuiſer en *Eſſentiel & Accidentel*, car tout terme ſuperieur peut eſtre dit de ſes inferieurs, ou
eſſentiellement, ou accidentellement, pource
que la reſſemblance eſtant le fondement de
l'vniuerſel, il y a des choſes ſemblables ſelon
leur eſſence, & les autres ſelon leurs accidens.
Ainſi deux hommes ſont ſemblables en leur
eſſence, & ont la meſme definition eſſentielle: Mais vn Cygne blanc, & la neige, ne ſont
ſemblables que dans vn accident, & ne participent pas la meſme definition. Or tout
Vniuerſel, ou comme dit le Latin *Pradicabile*,
eſt ou eſſentiel & abſolu: & il ſe peut reſpondre à la queſtiõ, qu'eſt-ce que cela? ou il ſe peut
reſpondre à la queſtion, quel eſt-il? Et il eſt accidentel. Donc l'Vniuerſel ſe diuiſe immediatement, en eſſentiel & accidentel. De plus, ou
l'attribut eſſentiel & abſolu, ſe peut dire de
pluſieurs inferieurs diſtincts d'eſpece, & c'eſt
vn genre, comme *Animal & Subſtance*, ou il
ſe peut dire ſeulement de pluſieurs indiuidus,
& c'eſt vne eſpece, comme *Lyon*, *Cheual*,
Homme. Derechef, ou l'attribut connotatif
connote intrinſequement; c'eſt à dire, qu'il
connote ſeulement vne partie eſſentielle, comme ces termes *Raiſonnable*, *Senſitif*, *Animé*. Et

ce sont des differences, ou bien il connote extrinsequement, & il est accidentel.

En troisiesme lieu, parmy les termes accidentels, les vns conuiennent necessairement, & reciproquement à leur suiet, & ils sont des proprietez, comme risible, au regard de l'homme: chaud extremément au regard du feu, où ils luy conuiennent contingemment: & ils sont des accidents, comme chaud, au regard de l'eau, blanc au regard de l'homme: C'est donc à iuste raison que Porphyre a diuisé l'vniuersel en cinq especes, puisque ceste diuision renferme toute sorte d'vniuersel, & ne conuient à rien qui ne soit vniuersel. Ce qui iustifie plus ceste diuision, est que les Vniuersaux, à proprement parler, sont des termes: c'est pourquoy la pluspart des Anciens, appellent l'introduction de Porphyre, le Liure des cinq Voix, ou des cinq Attributs. Car ceux qui mettent l'Vniuersel dans les raisons communes, ou choses vniuerselles, ont bien icy de la peine à declarer ce qui est diuisé dans ceste diuision de l'Vniuersel.

D'icy vous pourrez recüeillir, que le mesme terme peut estre Propre au regard de l'vn, & Accident au regard de l'autre: comme ce mot chaud, est Propre au regard du feu, & Accident au regard de l'eau qui est eschauffée: l'ose bien dire, que quelque terme peut estre essentiel à l'vn, & accidentel à l'autre. Ainsi Major & Okam remarquent que le Verbe est accidentellement l'Homme, car il peut l'estre, & ne l'estre pas: & l'Homme est essentiel au regard de nous autres: & qu'ainsi ce mot

Homme eſt abſolu au regard de nous, à qui il
eſt eſſentiel : & au regard de Dieu il eſt connotatif.

Vous pourrez inferer en ſecond lieu, que
quoy que ceſte diuiſion ſoit bonne, neantmoins on peut diuiſer l'Vniuerſel en moins de
membres, car on le peut diuiſer en eſſentiel,
ou abſolu, & accidentel ou connotatif : ou
bien en trois, c'eſt à dire, en ceux qui ſe reſpondent à la queſtion, qu'eſt-ce que cela ? Et
en ceux qui ſe reſpondent à la queſtion, quel
eſt-il ? Et en celuy qui ſe reſpond à la queſtion, quel eſt-il, & qu'eſt-ce que cela ? Pareillement on le peut diuiſer en plus de cinq
membres : car on pourroit diuiſer la difference en generique, comme corporel, & ſenſitif; & en ſpecifique, comme raiſonnable : auſſi bien que l'on a diuiſé l'Vniuerſel eſſentiel,
en Genre, Eſpece & Difference, on pourroit
auſſi diuiſer le Genre en ſouuerain, metoyen,
& dernier; & l'Eſpece en derniere & ſubalterne. Vous voyez donc que la diuiſion des
Vniuerſaux ſe prend de ces trois queſtions ſi
celebres. Or l'on reſpond à la queſtion, *qu'eſt-
ce que cela ?* par des termes eſſentiels, qui ne
connotent rien clairement, ny au dedans, ny
au dehors. A la queſtion, *quel eſt-il ?* on reſpond par vn terme accidentel, lequel peut
eſtre reciproque, & inſeparable, & on l'appelle Propre, où il n'eſt pas reciproque, & il s'appelle Accident. Que ſi la queſtion, *quel eſt-il ?*
eſt iointe à vn terme generique, par exemple,
demandant quel eſt cet Animal, il faut dire, il
eſt raiſonnable : quelle eſt ceſte Subſtance, elle

Y iiij

Quid eſt
hoc. Quale
eſt hoc, qua-
le quid eſt
hoc.

eſt corporellle, & ces termes connotent intrinſequement, & ſont des differences eſſentielles, comme i'ay dit au premier Liure de la
Logique. Outre ces queſtions, il y a la queſtion *quis eſt*. Qui eſt-il ? Et on luy ſatisfait
en deſignant la perſonne, c'eſt le Roy, c'eſt vn
Docteur, vn Iuge, c'eſt Alexis : & ces termes
ne ſont pas eſſentiels, puis qu'ils ſignifient la
ſubſiſtance, qui eſt vn mode. Ainſi quand
on demande qui s'eſt Incarné ? on reſpond,
c'eſt le Fils, ou le Verbe, & c'eſt vn nom de
perſonne, & non pas de la nature ſimplement
priſe.

DOVZE OPPOSITIONS.

OPPOSITIONS. Contre ces diuiſions,
on peut oppoſer qu'il y a plus de cinq vniuerſaux : car ce mot *Indiuidu*, eſt propre pour
eſtre dit de pluſieurs inferieurs, & neantmoins *l'Indiuidu* n'eſt ny Genre, ny Eſpece,
ny Difference.

En ſecond lieu, ces termes, *quelqu'Homme*,
quelque Lyon, ſe peuuent dire de pluſieurs,
comme quand on dit, quelqu'homme eſt docte, quelque Lyon eſt venu en France, ce qui
s'appelle *Indiuidu vague*, & neantmoins il
n'eſt aucun des Vniuerſaux dont parle Porphyre. Pareillement ces mots *Socrate ou Platon*, ſe peuuent dire de pluſieurs, & neantmoins ils ne ſont aucun des cinq Vniuerſaux
de Porphyre.

Troiſieſmement, ces mots, *non Ceſar, non
Soleil*, ſeroient vniuerſels, car ils ſe peuuent

dire de tout ce qui n'eſt point Ceſar ny Soleil.

En quatrieſme lieu, ce mot *Dieu*, ſe dit de pluſieurs, & n'eſt pas vn des cinq Vniuerſaux de Porphyre.

Cinquieſmement, ce mot *Blanc*, pris ſubſtantiuement, ſe dit de pluſieurs inferieurs differents d'eſpece, ſans eſtre ny Propre, ny Accident. Et ſi on mettoit vne meſme blancheur en cinq parois diſtincts, ce mot *Blanc*, ſe diroit de pluſieurs, ſans eſtre vn des cinq Vniuerſaux alleguez.

Sixieſmement, ces mots, *tout eſt nul, cet Homme, & ce Cheual*, à quel Vniuerſel appartiennent-ils.

En ſeptieſme lieu, ce mot *Homme*, ſe dit d'vn vray Homme, & d'vn Homme peint: ces mots *Chien, ou Dauphin*, ſe diſent de pluſieurs, & neantmoins ils ne ſont ny Genre, ny Eſpece.

Huictieſmement, ce mot *Homme*, appliqué à Ieſus, & à Ceſar, ſe dit de pluſieurs de nature differente: Car Ieſus a vne Nature diuine; donc il ſeroit Genre : Et il eſt clair que ſous ce mot Homme, on peut bien mettre des eſpeces differentes : Donc il n'y a aucune eſpece derniere, qui ne puiſſe eſtre vn Genre.

Neufieſmement, ce mot homme ſeroit Genre, car il ſe dit de pluſieurs differents d'eſpece, puis qu'il ſe dit de Ceſar, & de Pompée. Or eſt-il qu'ils different d'eſpece, car ils different plus que ces mots, Ceſar & Ceſar.

Dixieſmement, il y a dix predicamens, ſelon Ariſtote, donc il y a dix ſortes d'Vniuerſaux.

Onzieſmement, ce mot Vniuerſel ſe dit de

pluſieurs : or il n'eſt ny Genre, ny Eſpece ; car s'il eſt Genre, donc ce qui ſe diuiſe en ceſte diuiſion de Porphyre, c'eſt vn des membres de la diuiſion : Et partant le meſme ſeroit le tout diuiſé, & vne partie de ce tout. De plus, s'il eſt Genre, il appartient à la premiere eſpece de l'Vniuerſel, & partant tout Vniuerſel ſera Genre.

Enfin la diuiſion de Porphyre, ne contient pas ces mots Genre, Eſpece, Propre, Difference, & Accident : Car ils appartiennent à des eſpeces differentes : Donc l'Eſpece, le Propre, l'Accident, & la Differéce, ſeront des Genres, & tout l'Vniuerſel ſera Genre. Ne voyla pas bien des diſputes, qui font voir qu'il n'eſt point de queſtion, ſur laquelle vn Sophiſte ne puiſſe dreſſer des obiections, comme vn Chicaneur forge des procez ſur toute matiere.

Ie reſpons à la premiere inſtance, que ce mot *indiuidu*, pris en ſuppoſition ſimple, eſt vne proprieté : car il ſe dit de pluſieurs inferieurs de differéte eſpece, & de tous les Eſtres, mais il connote qu'ils ſont indiſtincts : De ſorque quand on dit que l'indiuidu eſt ſous l'eſpece, & qu'il n'eſt ny genre, ny eſpece : cela s'entend de l'indiuidu pris perſonnellement, c'eſt à dire, de celuy-cy, & de celuy-là en particulier, comme de Ceſar, de Bucephale, de ceſte Roze.

A la ſeconde oppoſition ie repars que ces mots que l'on appelle *indiuidu vague*, comme *quelque Homme* : & ces termes, Socrate ou Platon, ne ſont pas vniuerſels : car on ne les peut

pas dire determinément, mais seulement dis-
jonctiuement de plusieurs. Or il ne suffit pas
que l'Vniuersel puisse estre dit de plusieurs,
mais qu'il soit dit distributinement, & determinément, & tout par vne proposition determinée, selon toute sa signification.

Pour resoudre la troisiesme obiection, ie
dis qu'il faut qu'vn terme vniuersel se puisse
dire de plusieurs affirmatiuement. Or non
Cesar, & non Soleil, se peuuent bien dire de
plusieurs, mais c'est negatiuement, auec ceste
particule *Non*, car l'enonciation proprement
prise, est vne affirmation, & les propositions
negatiues ne disent pas vn terme de l'autre,
mais elles le nient.

Prædicare est
dicere affir-
matiuè ali-
quid de ali-
quo.

La quatriesme attaque, ie dis que l'Vniuersel se doit dire de plusieurs *distributiuement*,
c'est à dire, de chaque inferieur au singulier, &
de plusieurs au plurier. Or on ne peut pas dire, le Pere, le Fils, & le S. Esprit sont des
Dieux : & ainsi ce mot Dieu n'est pas vniuersel.

A la cinquiesme obiection, ie dis que ce
mot *Blanc*, soit pris substantiuement, soit ad-
iectiuement, est tousiours accidentel : Et que
Coloré, au regard du Noir, & du Blanc, & du
Verd, n'est pas vn Genre, mais vn Accident:
Car ces mots supposent pour le suiet, qui est
tousiours coloré par accident, & non pas par
son essence : & ainsi ce mot Blanc, au regard
de plusieurs suiets, qui auroient la blancheur,
seroit vn vray vniuersel accidentel, & ceste
blancheur mise dans plusieurs suiets ne seroit
pas vniuerselle, car elle ne seroit pas multipliée.

A la sixiesme opposition, ie dis que ces termes, *Tout*, & *Nul*, ne signifient chose aucune, & comme dit Aristote, ils ne sont pas Vniuersaux, mais ils signifient vniuersellement, pource qu'ils marquent la voix vniuerselle. Pareillement *cet Homme*, *ce Cheual*, ne sont pas vniuersels, car ils ne se peuuent pas dire les mesmes de plusieurs : Car de Cesar se dit vn autre, cet homme, & vn autre de Socrate.

Septiesmement, ie dis que l'vniuersel doit estre vn terme vniuoque, complexe, comme *tout Homme est Animal*, ou incomplexe comme *Animal, ou Corps animé* : Et partant Chien, Dauphin, & Hercule, au regard d'vn vray Hercule, & d'vne statuë, ne sont pas vniuersaux, puis qu'ils sont équiuoques.

La huictiesme instance peut auoir de la difficulté, c'est pourquoy Major tient que ce terme *Homme*, appliqué à Dieu & à nous, est en quelque façon équiuoque. On peut neantmoins dire qu'il est vniuoque, & qu'il est espece : Car quoy que le Verbe ait aussi la Nature diuine, qui est incomparablement plus releuée que la nostre, il est neantmoins appellé Homme, pource que dans le temps, il a pris en l'vnité de sa subsistance, la nature humaine. A la recharge, ie respons que peut-estre il n'y a point de contradiction, que Dieu puisse faire diuerses especes sous l'homme : mais qu'en effet cela n'est pas : Donc il se donne effectiuement des especes dernieres.

A la neufiesme opposition, ie dis que Pompée & Cesar, different seulement de nom-

bre , & que Cesar & Cesar , ne different
pas mesme de nombre , pource qu'ils sont
Synonymes : Et partant homme n'est point
Genre.

A la dixiesme obiection , ie nie la consequence , & dis que les dix predicamens se reduisent aux cinq Vniuersaux de Porphyre.

Pour satisfaire à l'onziesme & douziesme opposition , souuenez-vous THEAN-
DRE , qu'vn terme peut estre pris en trois
suppositions *materielles* , comme quand on
dit l'Vniuersel a trois syllabes , & neuf lettres. *Simple* , comme quand on dit, l'Vniuersel se dit de ses inferieurs vniuoquement,
déterminément , & distributiuement. *Formelle* , comme quand on dit , Animal est
vniuersel. Souuenez-vous de plus, qu'il y a
des noms de la seconde intention , imposez aux temes; & des noms de la premiere
intention , imposez aux choses : cela presupposé , ie dis pour

II. THESE. Que ces mots, *Vniuersel*,
Genre , *Espece* , *Propre* , *Difference* , *Accident* ,
sont des termes accidentels, & de la secon-
de imposition , ou intention : & qu'ainsi ils
ne sont ny Genre , ny Espece , ny Difference, ny Propre : Et partant, ce mot *Vniuersel*, n'est pas Genre au regard du Genre , de l'Espece , & des autres trois. Le
Genre n'est pas Genre, l'Espece n'est pas Espece, au regard de toutes les Especes: comme
i'ay dit autrefois, que ce mot *Oraison*, n'estoit
pas Oraison, que *Proposition* n'estoit pas Proposition, que ce mot *Syllogisme* , n'estoit pas

Syllogiſme, & que ce terme *Equiuoque*, eſtoit
vniuoque. La raiſon de cela eſt, que les termes Vniuerſaux , les Genres comme Animal,
les Eſpeces comme Homme, les Differences
comme Raiſonnable, ont eſté impoſez pour
ſignifier perſonnellement des choſes, comme
Subſtance, Viuant, Animal , Homme. Mais
les noms de la ſeconde intention , ſont touſjours accidentels , & ils ont eſté impoſez pour
ſignifier les termes : Et partant ils ne ſont ny
Genres, ny Eſpeces, & ne ſe diſent pas eſſentiellement de leurs inferieurs. Car c'eſt vne
choſe accidentelle que ce mot *Vniuerſel* ait
eſté impoſé pour ſignifier le Genre, l'Eſpece,
la Difference, le Propre , & l'Accident. Et
quand on dit, l'Vniuerſel ſe diuiſe en cinq , ce
mot Vniuerſel ſe prend en ſuppoſition ſimple,
autrement il s'enſuiuroit que chaque Vniuerſel ſe diuiſeroit en cinq Vniuerſaux.

Opposition I. Ces mots Vniuerſel,
Genre, Eſpece, & Difference, ſe diſent eſſentiellement de pluſieurs, donc ils ſont des Eſpeces ou des Genres : comme quand on dit,
qu'eſt- ce que Genre? c'eſt vn vniuerſel; qu'eſt-
ce qu'Animal? c'eſt vn Genre; qu'eſt-ce que
Coloré? c'eſt vn Accident.

Ie repars, que ces queſtions ſont de la ſeconde impoſition, & qu'elles ſont impropres,
comme ſi on diſoit, quel terme eſt ceſte voix
Animal? car ſi on demande propremét, qu'eſt-
ce qu'Animal , il faut reſpondre , c'eſt vne
Subſtance ſenſitiue, & non pas, c'eſt vn Genre:
Donc quand on demande, qu'eſt-ce qu'Animal, c'eſt comme qui diroit , quel terme eſt

Animal, & on refpond, c'eft vn Genre? quel terme eft Homme, c'eft vne Efpece : Et alors *Animal & Homme*, fe mettent dans vne fuppofition fimple : Et partant, fi on vous demãde quel eft le diuifé en cefte diuifion de l'Vniuerfel, il faut dire que c'eft l'vniuerfel en commun. Or vniuerfel en commun, c'eft cefte voix vniuerfelle, qui a efté impofée pour fignifier tous les vniuerfaux, c'eft à dire, ces cinq termes, Genre, Efpece, Difference, Propre, Accident, & tous les termes communs de la premiere intention : & qui de plus fe fignifie foy-mefme, comme ces mots, Nom, Voix, Son, & quelques autres termes femblables, qui font virtuellement doubles, & fe fignifient eux-mefmes.

D'icy vous verrez que toutes les fois que le fuiet eft pris en vne fuppofition diuerfe de l'attribut comme en celle-cy, *Animal eft Genre*, *Homme eft Efpece*, ce font des attributions accidentelles : Car l'attribut connote par deffus le fuiet, pource que le fens eft, que cefte voix *Animal*, fignifie plufieurs chofes de diuerfes efpeces : Donc quand on dit le Genre eft effentiel & vniuerfel, on entend le Genre pris en fuppofition perfonnelle, c'eft à dire, ces voix, Corps, Animal, Viuant, Arbre, & les autres femblables, puifque ce mot Genre, n'eft pas effentiel aux termes qui font des Genres : Et il n'eft point de chofes qui foient vniuerfelles. Ie dis donc pour.

III. THESE. Que ce qui eft definy, quand on definit l'vniuerfel, & ce qui eft diuifé en cefte diuifion de Porphyre, eft l'vniuerfel en commun. Or puisque tout ce qui existe est indiuidu, il faut que l'vniuersel en commun, soit ce terme vniuersel, lequel à parler proprement, n'est pas vn Genre, puisque c'est vn térme de la seconde intention, qui s'énonce des voix, & non pas des choses, & ce accidentairement. Car on pouuoit leur dônner vn autre nom. Quand donc on demande, qu'est-ce que le Genre? qu'est-ce qu'Espece? Et que l'on respond, c'est vn Vniuersel; le Sens est, quel terme est l'Espece, quel terme est le Genre? Et il faut remarquer que par le nom d'Espece, & de Genre, on peut prendre, où les choses qui sont Espece, c'est à dire, les Hommes, & les Animaux. Et ie dis que ce mot Vniuersel, n'est pas Genre à leur regard: Car c'est vne chose accidentaire à tous les Hommes, & à tous les Animaux, qu'ils soient conceuz par vn concept vniforme, & signifiez par vn terme vniuersel. Et pareillement ce mot Vniuersel n'est pas Genre au regard de ces noms de la seconde intention, Genre, Espece, Difference, Propre, & Accident: ny aussi au regard de ces noms de la premiere intention, Animal, Homme, Taureau: car c'est par accident qu'il leur a esté imposé.

De plus, si l'Vniuersel en commun est vn Genre, donc l'Vniuersel en commun sera vn membre de sa diuision: Et partant il sera le tout diuisé, & vne partie qui le diuise. Et ainsi le Genre sera Espece, au regard de l'vniuersel: c'est à dire, au regard de soy-mesme.

Troisiefmement, si l'vniuersel est Genre:
c'est

tous ses inferieurs seront Genres, comme
les inferieurs d'Animal, sont Animaux; donc
l'espece, la difference, le propre & l'accident seront des Genres. Et ainsi ce mot Hômes, sera Genre, puis qu'il est vniuersel.

En 4. lieu, si ce mot vniuersel, est vn Genre, donc il y aura encore vn vniuersel, qui
luy sera commun, & aussi au Genre : & ainsi
il se donnera vn progrez infini dans les vniuersaux. Sçachez donc *Theandre*, que ce qui
se diuise en cette diuision de Porphyre, c'est
ce terme *vniuersel*, qui est vn terme de la seconde intention ; & ainsi le tout diuisé, n'est
pas vne partie de la diuision, car le tout diuisé, est ce mot vniuersel, & les termes qui
le diuisent, sont ces mots *Genre, espece, diffe-*
rence, Or quelle difficulté y a-til, que ce mot
Genre, qui est de la seconde intention , soit
sous vn autre terme de la seconde intention
vaste ; certes non plus, qu'vn homme, soit
sujet à vn autre homme.

Si donc ce mot *vniuersel*, n'est pas Genre,
aussi ce mot Genre n'est pas Genre, & ce
mot espece, n'est pas espéce : mais les termes
de la premiere intention qu'ils signifieut,
comme corps, Animal, Lyon, Aigle. Il n'y a
donc pas aucun terme, de la seconde intention pardessus le terme vniuersel, car il seroit inutile , si ce n'est que l'ordre, que ce
terme vniuersel, est inferieur de ce mot terme : & en fin on vient à vn terme, par dessus
lequel il n'y en ait point d'autre, pour ce
que les hommes n'ont point donné des termes à l'infini, ny aux choses ny aux hommes.

Z

De tout cecy ie deduis, que ceux qui mettent les vniuersaux dans les choses, ou dans
les raisons Communes, ont beaucoup de
peine de se degager de ce pas. Et à expliquer
que c'est que cette raison cómune d'vniuersalité, & d'empeschement, qu'il ne s'en donne encore vne plus commune : mais le téps
ne me permet pas, de m'arrester à des choses
de si peu d'importance. Venons maintenant
à declarer chasque branche de cette diuision.

QVESTION II.

Qu'est ce que le Genre, quelles sont ses qualitez, & ses diuisions principales.

I. THESE.

CE mot Genre est vn terme equiuoque,
comme remarque Porphyre : car il se
prend comme terme de la premiere intention, pour les choses, & il signifie chez les
Latins, le chef d'vne race, ou la race mesme, ou le lieu d'où l'on descend ; ou toute
sa famille, ainsi ils disent, que *Romani ex genere Romuli oriuntur, sunt Romuli genus.*
Pyndarus, erat genere Thebanus.

En 2. lieu, Genre se prend pour le ramas
de plusieurs choses, qui ont entr'elles quelque rapport, ou qui sont de mesme sorte,

ainſi nous diſons , *le Genre humain* , c'eſt à dire, tous les hommes , & qu'il y a pluſieurs
Genres, ou ſortes de choſes : ainſi les noms
qui ſont ſemblables s'appellent d'vn meſme
Genre dans la Grammaire.

De plus ce mot *Genre*, ſe prend comme terme de la ſeconde Intention, & il ſignifie proprement vne ſorte d'vniuerſel, que Porphyre d'eſcrit en ces termes. Genre eſt ce qui
peut eſtre reſpondu de pluſieurs differens
d'eſpece , à la queſtion *qu'eſt-ce que cela* , ou
bien Genre, eſt-ce qui eſt ſuperieur à l'eſpece, comme animal : car il eſt ſuperieur à l'eſpece de l'homme, & du Lyon : & quand on
demande qu'eſt-ce que l'homme, ou le Lyõ,
on reſpond c'eſt vn Animal.

Porphyre preuue la definition , pour ce
qu'elle diſcerne clairement le Genre de tous
les autres vniuerſaux , & pour ce qu'elle n'a
rien de ſuperflu ny aucun terme qui luy máque. Où vous remarquerez que ces deux
argumens ſont generaux pour prouüer toute ſorte de definition, comme i'ay dit dans la
Logique.

D'où vous voyez que ces termes Genre
& eſpece ſont des ſecondes intétions, & correlatifs : car l'vn eſt enfermé dans la deffinition de l'autre, neantmoins les termes de la
premiere intention, que ces mots *Genre &*
eſpece ſignifient, ne ſont point correlatifs,
comme *Homme & Animal.*

II. **Thesi.** *Le Genre* eſt vn terme vniuoque eſſentiel capable d'eſtre dit affirmatiuement de pluſieurs inferieurs differés d'eſ-

pece. Concept Generique eſt vne connoiſſance, qui repreſente vniformement & confuſement pluſieurs indiuidus, de diuerſe eſpece. Cette deſcription ſe preuue, pour ce
qu'elle conuient à tout Genre, & ſeulement
à ce qui eſt Genre : car par chaſque terme, le
Genre eſt diſtingué des termes, qui ne ſont
pas Genre. Et partant les termes equiuoques, comme *Chien*, ne ſont pas Genres : car
ils ne ſignifient pas pluſieurs choſes pour la
meſme raiſon. Il y a donc des Genres parmy
les accidens, comme qualitez, couleur, blãcheur, chaleur, & il faut que les inferieurs
du Genre, ſoient de diuerſes eſpeces, & partant ſi chaſque Ange, eſtoit d'vne nature differente de l'autre, comme a voulu S. Thomas. Ce mot Ange ne ſeroit pas Gére, mais
ſeulement eſpece, s'il eſtoit impoſſible qu'il
s'en donnaſt vn autre de ſemblable nature,
mais c'eſt trop limiter la puiſſance de Dieu,
de dire qu'il ne puiſſe pas donner vn autre
Ange, de nature ſemblable à Gabriel, à Raphaël, & aux autres. Que ſi vous me demandez ſi ces oraiſons, & propoſitiõs, *corps animé,*
& la ſubſtance créée, tout Animal eſt ſenſitif, tout
corps eſt materiel, ſont des Genres. Ie reſpons
qu'on les peut appeller des Oraiſons generiques, & des Genres complexes, c'eſt à dire
des propoſitions, & Oraiſons Generiques,
mais non pas ſimplement vn Genre : car vn
Gére eſt vn ſeul terme vniuoque, & non pas
vne Oraiſon, ou propoſition entiere. Si vous
me demandez en 2. lieu, ſi ce mot *coloré,* au
reſpect de *blanc,* & de *verd,* eſt vn Genre, auſſi

bien que couleur, au regard de la blancheur
& si cette proposition le blanc, est generique, & quidditatiue, ou essentielle.

Ie vous diray, que Maior pense que c'est
vne attribution generique, & que *coloré* est
genre au regard de blanc, verd & rouge; sa
raison est que *coloré* ne connote rien par dessus blanc. Or cette proposition est essentielle, en laquelle vn terme ne connote rien
sur l'autre. Donc cette proposition *le blanc est
coloré*, est essentielle. I'estime neantmoins,
qu'il vaut mieux respondre, que ce mot *coloré* n'est pas genre, au regard de blanc de
noir, & de rouge. Ie dis *coloré*, soit que vous le
preniez au neutre, ou au masculin: car en
toutes ces deux façons, il signifie la mesme
chose, & pour changer le terme de masculin
en neutre, on ne fait pas que la chose soit
essentiellement *colorée*. Donc c'est vne attribution accidentelle, aussi bien que, *le parois est
coloré*: car c'est vn accident, que le parois soit
blanc, ou *coloré*, puis que ce n'est pas de l'essence de la chose blanche d'estre blanche.

Et partant cette proposition est impropre,
le blanc est coloré, & à parler proprement, il faudroit dire cette chose est *colorée*. Et dans les
propositions semblables, les termes accidentels comme *coloré*, blanc, & chaud se doiue resoudre par la chose qui a la blancheur, ou la
couleur. Et alors la couleur s'attribue essentiellemét à la blancheur, & partát cette attribution *le blanc est coloré*, est seulement generique implicitement, à raison de la chose con-

notée, mais en soy elle est explicitement
contingente, & accidentelle.

OPPOSITION. Cette proposition est
essentielle en laquelle l'attribut ne connote
rien par dessus le suiet : or celle-cy ne connote rien donc elle est essentielle : Ie respons
que la proposition essentielle est celle là en
laquelle l'attribut conuient essentiellement
au suiet, & se met dans sa deffinition essentielle : mais coloré ne se met iamais dans la
deffinition d'vn parois, ou d'vn Cygne qui
est accidentairement blanc, & ainsi ie dis
que cette attribution est accidentelle. Car
quoy qu'elle ne connote rien par dessus
blanc, entant que connotatif, neantmoins
ces deux mots blanc & coloré connotent
par dessus le suiet, partant faut dire que ce
sont des façons de parler fort impropres.

De cecy vous voyez que ce qui est icy des-
sini, c'est le *Genre en commun*, c'est a dire ce
terme Genre en supposition simple, dites le
mesme de l'espece, difference, propre & accident, lors qu'ils sont definis.

III. THESE. Le Genre se peut enoncer immediatement des indiuidus, aussi bien
que des especes, neantmoins il n'est pas
genre, à cause qu'il est enoncé de plusieurs
indiuidus : mais pour ce qu'il à sous soy des
termes specifiques, & dans la suitte des Categories, les indiuidus ne sont pas mis immediatement sous le Genre. Cela se preuue
de ce qu'on peut dire immediatement,
Cesar est animal, *Cesar est substance* ; cét
Animal est Animal : car il l'est immediate-

ment par foy mefme, & ce terme eft dit entre lequel il n'y a rien de meroyen, outre
que comme i'ay dit, les termes vniuerfaux
fignifient immediatement les indiuidus, &
il n'y a aucune raifon commune generique
& fpecifique du cofté de l'objet, que les indiuidus mefmes connus par vn concept confus & vniforme. Neantmoins le Genre n'eft
pas Genre, pource qu'il a fous foy des termes indiuidus : car on ne peut pas conclure,
ce terme Animal a fous foy diuers indiuidus, donc il eft Genre : Car il s'enfuiuroit que
l'efpece feroit Genre : mais il faut dire Animal eft vn Genre, pource qu'il a fous foy
des efpeces differentes ; comme dit Porphyre.

IV. Thesis. Le Genre eft appellé *tout
en puiſſance*, pource qu'il peut eftre retreſſi
par plufieurs differences, & auec elles faire
vn tout ou vne deffinition effentielle : &
pource qu'il enferre confufement les differences qui le diuifent, & auec elles il peut
faire la deffinition fpecifique, la raifon eft
que cela eft tout en puiffance, qui peut eftre
vn tout : or eft-il que le genre retreffi par fa
difference peut eftre vn tout : c'eft à dire
faire vne deffinition effentielle, auec vn autre terme, donc il eft tout en puiffance, & en
cela il ny a pas grand myftere, ainfi Animal
ioint à raifonnable, fait toute la definition
de l'homme.

Opposition. Vous me direz donc la
difference eft auffi vn tout en puiffance, ie
ie vous l'accorde *Theandre*, & ie n'y vois pas

aucun inconuenient, neantmoins elle n'est pas si proprement vn tout que le Genre, pource que le Genre est vn terme plus ample que l'espece, mais non pas la difference.

On peut aussi dire que le genre est appellé tout en puissance, pource qu'il contient sous soy toutes les especes, mais confusément. Donc quand on vient à luy joindre les differences, il ne contient rien dauantage, mais seulement il les contient & les signifie d'vne façon plus claire qu'il ne faisoit auparauant. Ainsi *Animal* signifie tous les hommes, aussi bien qu'animal raisonnable, mais c'est d'vne façon plus confuse.

Opposition I. Vous me direz donc le mesme sera tout & partie. Car le genre est vne partie de l'espece, & se dit d'elle partielement. Ie respons, que le Genre est tout & partie sous diuerses considerations. Il est vn tout en puissance, pource qu'il peut faire & composer vne definition specifique, dont il est seulement vne partie. C'est pourquoy on dit qu'il s'attribuë seulement à ses inferieurs partielement, non qu'il y ait rien dans l'homme, ou dans Cesar, qui ne soit animal; mais pource qu'animal n'est qu'vne partie de l'essence, c'est à dire de la definition essentielle, qui est animal raisonnable.

L'estime encore, que le genre & l'espece sont appellez par Porphyre vn tout, au regard de leurs inferieurs, pource qu'ils les contiennent, & signifient tous confusément.

Car *Animal* contient obſcurement tout
l'hôme & le Lyon: & pareillemēt *homme* con-
tiēt Ceſar & Pōpée. Et ainſi le gēre eſt *vn tout*,
non ſeulement en puiſſance, mais auſſi actuel.
Quoyqu'on l'appelle tout en puiſſance, pour
ce que cette façon de contenir ou ſignifier
tous les inferieurs eſt confuſe, venons à diuiſer
ce tout, & diſons pour.

I. THESE. Qu'il y a trois ſortes de genres,
il y a *vn genre ſouuerain*, & c'eſt celuy-là, qui
pardeſſus ſoy, n'a aucun genre. Comme ce
terme *eſtre*. Et partant les genres ſupremes des
cathegories, ne ſont pas ſouuerains abſolument, mais ſeulement au regard de leur categories, comme ſubſtance, qualité & relation. Il y a vn Genre metoyē, & c'eſt celuy là,
qui a ſur ſoy, & deſſous ſoy des termes generiques, comme ſubſtance, corps, viuant.

En 3. lieu il ſe donne vn *dernier genre*, qui a
ſur ſoy des termes generiques, non pas ſous
ſoy, comme *Animal*. Les genres metoyens,
& derniers s'appellent ſubalternes. Ou genre
ſubalterne, eſt celuy qui eſt ſous vn autre
genre, & cecy eſt euident par le denombrement de tous les termes, que nous appellons
genres, dont vous pourrez voir le denombrement dans le premier diſcours de ma Metaphyſique.

VI. THESE. Dans l'introduction de Porphyre *Eſtre le meſme* ſe prend en trois façons
auſſi bien *qu'eſtre different* ſçauoir eſt eſtre le
meſme d'indiuidu, d'eſpece, ou de genre.

Ces choſes ſont de meſme genre, qui ſont
contenuës ſous le meſme terme generique,

comme le Lyon, & l'homme, fous animal: ou
plufieurs chofes eftre d'vn mefme genre, c'eft
qu'elles foient reprefentées par vn mefme
concept, confus & vniforme, à caufe de quelque femblance qu'elles ont: mais il faut que
fons ce concept il y puiffe auoir plufieurs autres concepts inferieurs qui foient communs.
Ainfi fous le concept d'Animal, eft celuy de
lyon, d'elephant, & d'homme. Et partant ces
chofes, font de mefme efpece, qui font fous vn
mefme terme fpecifique comme Pompée, &
Cefar. Ou qui peuuent eftre reprefentées par
vn mefme concept confus & vniforme, fous
lequel il n'y en ait aucun vniuerfel plus bas.
Ainfi Cefar & Pompée font fous le terme
homme, fous lequel il n'y a aucun terme qui
foit vniuerfel.

Ces chofes font le mefme d'indiuidu, qui
font le mefme, à fimplement parler, c'eft à
dire qui font diftinctes, l'vne de l'autre, & qui
font la mefme nature. Ou bien ces chofes
font le mefme indiuidu en nombre qui ne font
aucun nombre.

La raifon de cecy eft qu'eftre le mefme, ou
eftre different d'efpece, fe fonde fur la refemblance, ou la difpofition: car à mefure que des
chofes ont vne difference plus notable, on
peut auoir d'elles vn concept plus vafte,
fous lequel il y en puiffe auoir vn autre plus
bas, qui foit commun comme fous la fubftance fe treuue corps, fous le corps fe treuue viuant, fous viuant eft Animal, & fous Animal
fe treuue homme: mais fous homme, il n'y
a aucun concept ou deffinition effentielle,

commune a plusieurs. Quoy que peut estre
il y en pourroit bien auoir : mais estre le mefme d'indiuidu, se fonde sur l'indentité, & non
pas sur la ressemblance. Et different d'indiuidu , se fonde sur la distinction,& ce sont des
choses, qui simplement ne sont pas le mesme
estre. Donc estre de mesme genre, c'est pouuoir estre representé par vn concept ,& definition essentielle, qui ait sous soy vn autre côcept commun. Comme le Lyon,& le laurier,
qui peuuent estre representez , par ce mot viuant,& Animal. *Estre different d'espece* c'est ne
pouuoir estre sous le mesme terme concept
commun ; ce qui se fait à cause d'vne entiere
disproportion , & dissemblance fort notable
qui est entre ces choses, comme entre l'homme , & le cheual : mais il est bien difficile de
pouuoir treuuer cette difference,& disproportion notable essentielle : car parmy les hommes comme entre vn Pigmée Maure , & vn
Geant bien fait, quelle disproportion ny a-il
pas en apparence ? Neantmoins tous deux
sont de mesme espece pour ce qu'ils ont la
mesme deffinition essentielle , sous laquelle il
n'y a aucune deffinition ou concept essentiel
commun.

Tout ce que ie vous peus dire sur cecy, *Theadre*, est que ces choses sont de diuerse espece
qui ont vne difference si grande , que les hommes ont iugé qu'il les falloit appeller de diuers
noms, comme le Lyon,& l'homme.

D'icy vous voyez que ces choses sont la
mesme en nom qui ont le mesme nom, comme les choses , soit equiuoques , soit vniuo-

ques. Et ces choses sont les mesmes en deffinition, qui ont la mesme definition. Ces
choses en fin sont les mesmes accidentellement, ou par proprieté, qui ont vn accident semblable comme la neige & le Cygne.

QVESTION III.

Qu'est ce que l'espece: Quelles sont ses qualitez & ses diuisions principales.

I. THESE.

CE mot *Espece*, & tous les vniuersaux,
sont des termes equiuoques, quelquefois ils se prennent comme termes de la premiere intention, & quelquefois comme des
termes de la seconde intention. Ce mot
espece, pris comme terme de la premiere intention, signifie quelquefois les especes im-
presses & expresses. D'autre fois parmy les
Latins, il signifie la beauté aussi bien que ce
mot *forme*: D'autrefois il signifie le mesme
que ce mot sorte. Ainsi on dit qu'il y a plusieurs especes d'Animaux, & de Mon-
noyes.

Quand il est vn terme de la seconde intention, il se prend pour les termes qui peuuent estre enoncez essentiellement de plu-

fieurs inferieurs, & qui ont pardeffus foy
vn genre : Et ainfi il fe diuife en efpece fubalterne, comme Animal, & efpece derniere,
comme *l'homme*. Mais l'efpece proprement
fe prend pour l'efpece derniere ou fpecialif-
fime qui fe peut definir vn terme abfolu ou
effentiel, qui fe dit de plufieurs differens
feulement en nombre, comme Lyon &
Homme. Car ces mots n'ont fous eux que
des indiuidus, & iamais ils ne font des Genres: Mais *l'Efpece fubalterne* eft celle qui
peut eftre genre, comme Animal. La raifon
de cecy eft, que l'efpece eftant vn terme
qui eft immediatement fous le genre, dans
la fuite d'vne Categorie, il s'enfuit qu'*A-
nimal*, en tous les termes qui font depuis
eftre iufques à homme, font des efpeces,
mais fubalternes; c'eft à dire qui font efpeces au regard du terme Superieur, & Genres
au regard de leurs inferieurs. Donc le mefme terme peut eftre genre & efpece comparé à des termes diuers. L'on appelle d'ordinaire l'efpece *fubalterne*, *l'efpece foumife* : Et ce
mot connote vn Superieur, mais l'efpece
derniere ou indiuifible, fe nomme attribuable. Et ce terme connote les inferieurs, dont
l'efpece peut eftre enoncée. Porphyre deffinit l'efpece fubalterne lors qu'il dit l'efpece
eft vn terme qui eft mis fous le genre;& l'efpece attribuable, lors qu'il dit l'efpece eft
vn terme qui dit effentiellement de plufieurs differens en nombre. Dites donc
pour

II. Thefe. Que l'efpece derniere eft

vn terme vniuoque, qui se peut dire essentiellement de plusieurs differens seulement
en nombre, comme ces voix Homme, & Ai-
gle. *Le concept specifique*, est vn cōcept vniuersel essentiel, sous lequel il n'y a aucun concept essentiel commun à plusieurs choses,
comme la connoissance qui respond dans
l'esprit à ces voix *homme, & Lyon*, qui effectiuement n'ont sous soy aucun concept commun.

L'espece subalterne se definit vn terme
commun, dont quelque genre se peut dire
essentiellement, & qui a sous soy d'autres
termes communs, comme Animal est pardessus *homme*, & sous *viuant & substance*.
Ces deux definitions sont quasi les mesmes
que celles de Porphyre : mais i'y ay adiousté
quelque mot, pour les rendre plus claires.
Il y a donc cette difference entre la vraye espece,& le genre. Premierement, que le genre se dit partiellement, & n'est qu'vne partie
de la deffinition essentielle, des indiuidus,
comme Animal; Mais l'espece contient confusément toute l'essence : c'est à dire toute
la definition essentielle. Ainsi *homme* signifie confusément, *Animal raisonnable.* C'est
pourquoy cét vniuersel se nómme espece,
pource qu'il contient vne entiere beauté de
la chose.

En 2.lieu.le genre a sous soy diuerses especes:
l'espece n'a sous soy que les indiuidus differens
en nombre. Le genre, & l'espece ont cela de
commun, qu'ils sont essentiels à leurs inferieurs. Et partant *blanc & coloré*, ne sont pas

proprement ny genres, ny especes : car ce n'est
iamais essentiel, à vne chose qui est blanche,
d'estre *colorée*, ny d'estre blanche. Et quand on
demande quest ce qu'vne chose blanche, il ne
faut pas respondre, c'est vne chose colorée,
mais il faut dire c'est la neige, c'est vn Cygne,
qui a accidentairement la blancheur. Et comme c'est vne chose accidentaire à la chose qui
est blache d'estre blanche. Aussi est ce vn accident d'estre colorée. Donc cette proposition
la chose blanche est coloree, est accidentelle. Comme si l'on disoit le Cygne ou la neige est colorée. Et partant quand on dit, le blanc ou le verd
est vne espece de coloré, c'est mal parlé, pour
ce que l'on prend le connotatif, pour absolu-
lu connoté. Il faudroit dire la blancheur, la
noirceur ou la verdure sont des especes de la
couleur.

Remarquez donc que cette attribution *le*
blanc est coloré, connote extrinsequement, au
regard du suiet, quoyque la connotation du
terme qui est attribut ne soit pas plus grande
que celle du suiet. Or ie dis contre Maior que
ces attributions, ne sont point essentielles, si ce
n'est improprement, à raison des deux absoluz
connotez qui sont la blancheur, & la couleur,
dans les quels on resout ces mots blanc, & coloré.

D'icy vous voyez en 2. lieu, que le terme
specifique, peut estre dit de plusieurs termes
non synonymes, & qui supposent pour plusieurs indiuidus. Comme homme, de Cesar, &
de Pompée: car quelque terme qui signifie vn
seul indiuidu se peut bien dire de plusieurs ter-

mes mais synonymes. Ou qui supposent pour
vn mesme indiuidu ainsi on peu dire cet homme, est Alexandre. Cet homme est Roy cet
homme est fils de Phylippe.

Vous pourrez inferer en 3. lieu, que ce mot
personne, est espece en quelque façon au regard
pere du fils, & du S. esprit : car, il se dit vniuoquement, & distributiuement de trois personnes distinctes en nombre. Qui neantmoins
ont la mesme Nature indiuiduéle.

En 4. lieu vous deduirez que quand on dit
homme est espece, on entend cette voix *homme* en supposition simple, ou bien tous les
hommes collectiuement pris.

III. Thèse. L'espece subalterne ou
soumise, est vniuerselle. Mais elle n'est
pas vniuerselle, pour ce qu'elle est soumise
au genre : car ce terme est vniuersel, qui
est propre, & pour ce qu'il est propre
pour estre dit distributiuement, & vniuoquement de plusieurs inferieurs, l'espece subalterne, est telle, donc elle est vniuerselle :
car ce mot *Animal*, dans cette proposition
tout Animal est viuant, est ve espece subalterne, soumise à ce mot viuant, & neantmoins
il est vniuersel, puis qu'il peut estre dit plusieurs inferieurs.

Pour entendre cecy, il faut sçauoir, que
l'espece subalterne peut estre comparee, ou
au terme, au regard duquel elle est subalterne, comme Animal à viuant, ou aux termes
qui luy sont soumis comme animal, à l'homme, & au lyon,

Et partant, ie dis que l'espece subalterne,
com-

comparée à son superieur, n'est pas vniuerselle, pource qu'on ne peut pas rendre pour
raison de son vniuersalité, qu'elle est soubs
vn autre terme: mais pource qu'elle peut
estre dite de plusieurs. Ainsi vn Prince n'a
pas des sujets, pource qu'il est sujet au Roy,
mais pource qu'il est Seigneur de quelque
bien: car on ne peut pas rendre pour raison
de sa Seigneurie, sa subjection & son seruice, & ces deux propositions, estre sujet, &
estre superieur, sont bien differentes, quoy
que le mesme soit sujet & superieur par diuers rapports, & comparaisons à des choses
diuerses.

OPPOSITION I. Vous me direz qu'v-
ne espece subalterne ne peut estre sujette au
Genre, qu'elle n'ait plusieurs especes soubs
soy, donc estre sujet au Genre, c'est estre
vniuersel. Ie respons qu'il est vray que ce terme est vniuersel, qui est immediatemet sous
le Genre dans l'ordre des Cathegories, mais
qu'il n'est pas superieur, pour ce qu'il est sujet: puis que l'on ne peut pas rendre pour
raison de son Empire, sa subjection a vne
voix superieure: car vn terme est vniuersel,
pour ce qu'il a des inferieurs dont il peut
estre enoncé.

D'icy vous verrez, que dans ce Discours,
ie definis le Genre, l'espece, la difference,
le propre, & l'accident en commun, qui ne
sont autre chose que des termes, puis qu'il
n'est aucune chose, qui soit Genre, espece,
ou accident en commun.

OPPOSITION II. Que si quelqu'vn

vous oppofe, que le Genre ne fe peut deffinir, car il fe deffiniroit par vn autre Genre,
puis que toute deffinition à vn Genre, & vne
difference. Refpondez que ce qui eft deffi-
ni, c'eft ce mot de Genre, en fuppofition
perfonnelle entant qu'il fe prend pour fes inferieurs, qui font Genres, & qu'il fe deffinit
par ce mot attribut effentiel, comme par fon
Genre, & qu'enfin on vient à vn dernier terme, qui eft *eftre ou intelligible*, puis que les hômes n'ont pas impofé des termes infinis, les
vns fur les autres, comme vous auez veu
clairement dans la table, qne i'ay mis au premier Difcours de ma Metaphyfique.

QVESTION IV.

Qu'eft ce que la difference, Quelles
font fes qualitez & fes diuifions
principales.

I. THESE.

CE mot *difference*, peut eftre pris ou côme terme de la premiere, ou de la feconde intention: quand il eft vn terme de la
premiere intention, il fignifie ce qui eft different, c'eft à dire, ce qui eft diffemblable, ou
qui eft diftinct, comme quand on dit Cefar
& Pompée, different de nombre, c'eft à dire,
font diftincts en nombre: & alors ce mot difference, fuppofe pour chafque Eftre, & eft

le mesme que distinct, ou dissemblable. De
sorte que difference, ou la chose differente,
est le mesme. D'où Maior en sa Logique infere des propositions agreables à son ordinaire. 1. Que la difference que Socrate a de
Bucephale, est Socrate mesme. 2. Que la
difference qu'vn Chameau a d'vn Chien est
plus grande, que celle qu'vn Chien a d'vn
Chameau, car le Chameau est plus grand
qu'vn Chien. 3. Que la difference de l'Antechrist auec Socrate, n'est rié; puis que l'Antechrist n'est rien. Desorte que si on demande si l'Antechrist differe de Socrate, il faut
respondre, que si le sens est, que l'Antechrist
n'est pas Socrate, il differe, & non pas autrement. 4. Que la difference, que Socrate à
auec Platon est réellement la Conuenance,
que Socrate a auec Platon : car la mesme
chose sous diuers rapports, differe & est
semblable, donc le mesme est difference, &
conuenance.

Enfin cét Autheur inferé que la mesme
chose est difference specifique, generique,
& de nombre : car Bucephale par soy-mesme, differe en Genre, de la blancheur, d'espece d'vn lyon, & en nombre de Platon.

En 2. lieu, ce mot difference, pris encor
comme terme de la premiere intention, signifie ce à cause dequoy deux choses different, & cela est quelquefois vne partie essentielle : ainsi, si vne mesme Ame, estoit par
miracle en deux corps, ces deux composé
differeroiént par vne partie essentielle. Quelquefois c'est vn accident separable, quel-

quefois c'eſt vn mode, c'eſt en ce ſens que parle Raimond Lulle en ſa Logique, lors qu'il dit, que difference eſt vn Eſtre, par lequel quelque choſe differe des autres. Mais nous parlons icy de la difference, comme d'vn terme de la 2. intention; Et en ce ſens ie dis, que quoy que ces termes blanc, noir, chaud, aſſis, couché, ſe puiſſent appeller improprement des differences accidentelles, pour ce qu'eſtans ioints à vn terme ils le font differer : car Ceſar aſſis, differe de Ceſar couché, neantmoins ces mots ne ſont pas proprement des differences, c'eſt pourquoy ie dis pour

II. Thes e, Que difference, à proprement parler, eſt vn terme vniuerſel, & qui peut eſtre dit de pluſieurs inferieurs eſſentiellement, comme vne qualité eſſentielle, ou bien dittes auec Okam, Major & tous les autres Nominaux, que la difference eſt vn terme vniuerſel eſſentiel, connotatif intrinſeque, c'eſt à dire, qui connote clairement vne partie eſſentielle du tout pour qui il eſt ſuppoſé : ainſi ce mot raiſonnable, eſt ſuppoſé pour tout l'homme, & ne connote rien diſtinctement, ſi ce n'eſt vne partie eſſentielle, qui eſt l'ame principe de la raiſon & *ſenſitif*, connote le principe du ſentimét. La preuue de ces deffinitions, eſt qu'elles conuiennent à toutes les differences, & à elles ſeules, & qu'elles diſtinguent ſuffiſamment, la difference, de tous les autres vniuerſaux : car ainſi la difference eſt diſtincte du propre, & de l'accident, qui ſont des termes accidentels, qui connotent extrinséquement, c'est à dire quelque chose par dessus vne partie essentielle.

De plus, la difference est distinguée du Genre, & de l'espece, quand on dit qu'elle connote intrinséquement, & qu'elle peut estre ditte de plusieurs inferieurs en la question *quale quid est*, car le Genre & l'espece se disent qu'idditatiuement, sans qualité, & n'ont clairement aucune connotation intrinséque. Ainsi nous disons qu'est-ce là? C'est vn Animal: mais quel Animal? raisonnable. Qu'est-ce là, c'est vne chose viuante, qu'elle chose viuante, on respond sensitiue. On peut encore deffinir la difference en cette sorte. *Difference est vn terme que l'espece a par dessus le Genre, ou qui joint au Genre fait vne deffinition essentielle.* Le sens est, que la difference est vn terme essentiel, qui est joint au Genre dans la deffinition specifique, ainsi raisonnable, est vne difference: car pour deffinir l'homme, on l'adiouste à Animal, disāt l'hōme est animal raisonnable, de sorte que le Genre est comme la matiere, & la difference est comme la forme, qui le determine: ainsi raisonnable & brute, determinent l'Animal à des especes diuerses.

III. Thèse. La difference se diuise en difference specifique & generique. *La difference generique*, est vn terme qui se dit de plusieurs especes, comme vne qualité essentielle.

In quale quid.

I'appelle ainsi le terme qui se repond à la question *Quale quid est?* ou bien dites,

c'eſt vn terme connotatif intrinſequement,
qui ſe dit de pluſieurs differens d'eſpece:
comme ſenſitifs ſe dit de l'Homme, du
Lyon, & du Taureau. La difference ſpecifique eſt vn terme connotatif intrinſequement, qui ſe dit de pluſieurs differens ſeulement en nombre, comme raiſonnable.

Que ſi vous me demandez, s'il y a vne
difference indiuiduelle, ie répons qu'oüy,
mais qu'elle n'eſt pas vniuerſelle: Car ce
n'eſt autre choſe que le terme indiuidu,
comme Ceſar & Bucephale, qui ſont diſtincts & indiuiduz, par eux-meſmes,
Comme i'ay prouué au troiſieſme Liure.

IV. THESE. La fonction de la difference, au regard du genre, eſt de le retreſſir,
& le diuiſer ; & au regard de l'eſpece, c'eſt
de la compoſer, & la faire differer. C'eſt à
dire, que le terme qui eſt difference, compoſe l'eſpece, ou la definition ſpecifique
auec le genre. Ainſi animal, auec raiſonnable, fait la definition de l'homme: car il ne
faut pas s'imaginer, qu'animal & raiſonnable ſoient des choſes diſtinctes dans l'homme, dont l'vne reſtreſſit l'autre ; Puis que
comme chaſque choſe eſt conſtituée par
ſoy-meſme ; auſſi par ſoy-meſme elle differe
de toute autre. Ainſi tout Ceſar eſt Animal,
& tout raiſonnable.

Et quand on dit que la difference diuiſe
le genre, le ſens eſt, que le genre mis auec
diuerſes differences, fait diuerſes definitions
eſſentielles. Et que chaſcune d'elles ſignifie
moins que le ſeul terme generique. Ainſi

Animal raisonnable, ne signifie pas tout ce
que signifie Animal. Mais toutes les differences qui diuisent Animal estant r'assemblées, font vne signification aussi ample que
le genre, comme toutes les parties equiua-
lent au tout.

D'où il s'ensuit, que les differences qui
diuisent le Genre, sont opposées; c'est à
dire, qu'elles ne peuuent supposer pour le
mesme, comme raisonnable, & desraisonnable. Ainsi substantiel & accidentel diuisent
l'Estre: le creé & l'increé diuisent la substance: le sensitif & l'insensible diuisent le
viuant. D'où vous voyez que la difference
retressit le genre; c'est à dire, que ces termes raisonnable, joint à Animal, & sensitif
ioinct à viuant, font qu'ils signifient moins
de choses, & que leur domaine soit plus retressi. Pareillement par la difference les especes ou les definitions specifiques different, comme Animal sensitif, & Animal insensible.

Vous pourrez recueillir d'icy en second
lieu, que puis que la difference est vn terme
essentiel, elle ne reçoit point de plus ny de
moins: Car vn Animal est aussi sensitif que
l'autre: & vn homme est autant raisonnable que l'autre, quant au principe. Quoy
que dans l'exercice, il ne raisonne pas souuentefois si bien, à cause des diuerses dispositions & empeschemens dans les organes.

Troisiesmement, vous pourrez inferer,
que toute difference propre est inseparable,
comme raisonnable est inseparable de

l'homme, dont il est la difference. Remarquez neantmoins, que ce terme raisonnable est separable de ce mot Animal : pource
que ce terme animal peut supposer, sans
qu'vne de ses differences opposées suppose, comme raisonnable ou desraisonnable.
Iusques icy nous auons traicté des trois vniuersaux essentiels, passons aux accidentels
& connotatifs extrinseques.

QVESTION V.

Qu'est ce que propre, & proprieté Physique & Logique : Quelle est sa nature & ses qualitez principales ; & si les proprietez coulent de l'Essence.

I. THESE.

PRopre & proprieté est le mesme, aussi
bien qu'Enticé & Estre. Or ce mot propre est equiuoque : car quelquefois il se
prend comme vn terme de la premiere intention, & alors il s'appelle vne proprieté
Physique ; ainsi on dit que la chaleur ardente est proprieté du feu. Mais à bien dire,
proprieté Physique est ce qui appartient à
quelqu'vn priuatiuement à tout autre, ou
ce qui appartient à quelqu'vn comme sa
possession. Ainsi on dit que cela nous est

propre, qui nous appartient, & ne nous est
pas commun auec aucun. Ainsi la Maison
de Socrate luy appartient en propre, & la
chaleur est propre au feu ; pource qu'elle
ne se treuue pas en vn degré eminent dans
les autres corps. Quoy qu'elle se treuue des
corps extrememebnt chauds, comme le fer
rougi dans vne fournaise.

Quelques Philosophes ont dit, que la
proprieté Physique estoit vn accident inseparable du sujet, mais ils se trompent : Car
il n'y a aucun accident reel & physique qui
ne puisse estre separé de son sujet ; puis
qu'il a vne entité reellement & totalement
distincte. Et il est euident, que Dieu peut
separer toutes les choses, qui hors de luy
sont distinctes reellement l'vne de d'autre ;
puis qu'il n'y a aucune contradiction qui
suiue de cette separation.

II. T ʜ ᴇ sᴇ. Propre & proprieté Logique, ou estant prise comme vn terme de
la seconde intention, est vn terme connotatif extrinseque, qui se dit de plusieurs reciproquement, & necessairement, comme risible au regard de l'homme.

La proprieté doit donc auoir trois conditions. Premierement, elle doit estre vn terme connotatif extrinseque, c'est à dire qui
ne soit pas essentiel, & qui connote quelque
chose pardessus vne partie essentielle. Ainsi
risible connote vn maintien du corps & du
visage qui n'est point essentiel.

Secondement, il se doit dire vniuoquement & distributiuement de plusieurs ; ainsi

rifible se dit de tous les hommes.

En troisiesme lieu, il se dit reciproquement du terme, au regard duquel il est propre ; ainsi on dit que tout homme est risible , & que tout risible est homme. Ie sçay
bien que quelques Autheurs disent, qu'il
suffit qu'vne proprieté se die necessairement du terme, au regard duquel elle est
proprieté ; & qu'ainsi chaud, est vne proprieté du feu. Mais ie crois qu'il vaut mieux
dire , que toute proprieté doit estre vn terme reciproque: Et ainsi que chaud au regard du feu , n'est pas proprieté , si ce n'est
que l'on die souuerainement chaud , si toutefois il n'appartient à aucun autre, & si la
chaleur est vn accident distinct du feu. Il
est clair que Dieu la pourroit oster du feu,
puis qu'il n'y a aucune contradiction. Pour
entendre mieux cecy , il est à remarquer
pour

III. Thes e. Que propre pris Logiquement se prend en quatre façons chez Porphyre. Car propre de la premiere façon
s'appelle ce qui conuient à la seule espece;
mais non pas à tous ses indiuidus, comme
estre Grammairien au regard de l'homme.
Propre à la seconde façon est, ce qui conuient à tous les indiuidus d'vne espece, mais
non pas à cette seule espece, comme auoir
deux pieds au regard de l'homme.

La troisiesme façon de proprieté s'appelle, ce qui conuient à toute vne espece , & à
elle seule, mais non pas tousiours, comme
deuenir blanc dans la vieillesse.

Propre de la quatriefme façon eft, *ce qui conuient à toute vne efpece, & à elle feule, & toufiours.* Comme eftre rifible au regard de l'homme. C'eft ainfi que tous nos Philofophes parlent apres Porphyre: Où il eft à remarquer premierement, que Porphyre met pour proprietez des complexes, comme *eftre rifible*, *eftre Grammairien*, *deuenir blanc*. Et partant il faut mettre des propres & des vniuerfaux complexes, & incomplexes, comme rifible & eftre rifible. Mais il faut diré, qu'*eftre rifible*, & *rifible*, c'eft la mefme chofe reellement, qui eft fignifiée complement, & incomplexement. Dites le mefme de tous les autres vniuerfaux, car eftre animal & animal, eftre homme, & l'homme eftre raifonnable, & raifonnable, fignifient reellement la mefme chofe. Mais à proprement parler, le propre eft vn terme connotatif incomplexe reciproque, & non pas vne propofition.

En fecond lieu, ie remarque que les trois premieres façons de propre rapportées par Porphyre, appartiennent au cinquiefme vniuerfel : Comme eftre Grammairien, auoir deux pieds, blanchir en vieilleffe; pource qu'afin qu'vn terme foit proprieté, il faut qu'il fe nomme neceffairement & reciproquement de l'autre.

Et partant au 4. vniuerfel appartiennent feulement les termes qui font propres en la quatriefme forte, & qui fe difent reciproquement du fujet auquel ils font propres. Ainfi on dit tout homme eft rifible, & tout

rifible eft homme : Toute oraifon vraye ou
fauffe, eft vne propofition, & toute propofition eft vne oraifon vraye ou fauffe. Donc
ce terme chaud n'eft pas vne proprieté du
feu, ny blanc du Cygne ou de la neige.
Car tout ce qui eft chaud n'eft pas feu, &
tout ce qui eft blanc n'eft pas Cygne, ou
neige. Cette doctrine femble auoir pour
foy le commun vfage des hommes : Car
nous appellons propre ce qui appartient à
quelqu'vn priuatiuement à tout autre. Et
on dit qu'vn terme eft propre, lors qu'il fignifie vne chofe par vne impofition qui ne
luy eft pas commune auec les autres.

OPPOSITION I. Vous me direz
peut eftre qu'il n'eft pas neceffaire que le
propre foit connotatif : car c'eft vne chofe
propre de l'homme d'eftre animal raifonnable : & ces termes ne font pas connotatifs.

Ie répons que cela eft propre de l'homme, c'eft à dire que c'eft vn complexe qui
fe dit de tout homme, & de luy feul, ie l'accorde : Mais ie dis que ce n'eft pas vne
proprieté, au fens que nous la prenons icy,
pource qu'Animal raifonnable ne connote
rien pardeffus cette voix homme.

Que fi vous me demandez, *Theandre*, fi
les proprietez font dans les chofes, dont
elles font proprietez. Et fi elles coulent
de l'effence, comme de leur fource : Par
exemple, fi la rifibilité coule, ou reellement
ou formellement de l'homme. Ie vous répondray, que Maior dit en la Logique, que
c'eft vne chofe impertinente de faire cette

question. Voicy ces mots propres qui con-
fi ment tout ce que i'ay dit des raisons deffinitiues. La risibilité, dit-il, est reellement
l'homme, & en toute façon : si ce n'est que
l'on veille dire, que la risibilité est distincte
formellement de l'homme ; pource que
l'on donne vne autre raison pourquoy quelqu'vn est homme, & pourquoy il est risible.
Ce qui n'est dire autre chose , si ce n'est
que l'homme & risible ont diuerses definitions. Voila ces propres termes. Neantmoins pour m'accommoder dauantage aux
deux opinions contraires, j'auoüe pour

VI. Thsse. Que l'on peut dire, qu'il y
a des proprietez formelles, ou Logiques, &
des proprietez, Physiques & obiectiues.

Les proprietez Logiques , ou formelles
sont des concepts, ou des termes conuota-
tifs extrinsequement, qui se disent reciproquement d'vn sujet,& ces termes coulent de
l'essence, par vne consequence necessaire,
comme risible au regard de l'homme. La
proprieté Physique, ou obiectiue, sont les
choses mesmes, entant qu'elles peuuér estre
exprimées, par vne proprieté Logique ; &
partant la mesme chose tout à fait, est l'essence, & la proprieté obiectiue. Mais elle est
essence, entant qu'elle peut estre exprimée
par des termes absolus, & essentiels : & elle
est proprieté, entát qu'elle peut estre enoncée par vn terme relatif, & connotatif ex-
trinsêque reciproque. Ainsi la nature de
Dieu , & les proprietez de Dieu , sont Dieu
mesme : car puis que Dieu est vn Estre indi-

Maior. l. de
prædic.
Risi litas
est realiter
homo &
omni mo-
do. nisi in-
telligatur
ad hüc sen-
sum, risibi-
litas distin-
guitur for-
maliter ab
homine : id
est alia est
ratio quare
est homo, &
quare est ri-
sibile. quod
est dicere
quod risibi-
le, & homo
non eodem
modo defi-
niuntur.

uisible, il est necessaire, que sa Nature soit reellement ses proprietez, pareillement le risible en Alexis, est le mesme que l'homme. Il est donc clair, que la mesme chose exprimée par des termes essentiels, s'appelle nature & signifiée par des termes connotatifs reciproques, elle est proprieté. Certainement, Estre proprieté obiectiue, ou Physique: c'est estre ce qui est signifié par des proprietez formelles. Or les choses mesmes sont signifiées par des proprietez formelles, donc les choses mesmes, sont des proprietez: non pas simplement, mais entant qu'elles peuuent estre exprimées par des termes connotatifs extrinseques, qui se disent necessairement & reciproquement des termes essentiels: ainsi on dit, Alexis est homme, dont il est risible, Cesar est risible, donc il est homme.

Ie vous aduertis encore d'vne chose fort importante, que ce mot *propre*, se prend souuentefois pour ce qui conuient à vn seul, au regard d'vn autre. Ainsi on dit que estre Pere, Fils & Sainct Esprit, sont des proprietez en Dieu.

Toute cette Doctrine des proprietez se peut establir par l'authorité, & par la raison. Ainsi Aristote dit dans ses Analytiques, que la proprieté de la ligne, est d'estre courbée ou droite; que pair ou non pair est vne proprieté du nombre. Or est-il que pair, & non sont le nombre mesme, & que courbé ou droict, c'est la ligne mesme, qui par soy est courbée ou droite.

De plus vne mesme chose, ne peut point couler de soy-mesme, c'est à dire, estre cau-se & effet. Or le risible & l'homme, la ligne, & la ligne courbée, le nombre, & le nombre pair sont la mesme chose, donc il n'y a point d'escoulement Physique. La raison est, que la mesme chose ne peut pas couler de soy-mesme. Or la risibilité, c'est réellement l'hó-me, donc elle ne peut pas couler de l'hom-me, autrement la mesme chose seroit cause & effet de soy-mesme. Ainsi risible ne coule pas de l'homme, ny diuisible du corps, ny pouuoir estre creée ou annihilée, ne coule pas de la creature : mais c'est la creature mesme, qui selon tout ce qu'elle a, est capable d'estre creée, & annihilée ; pair & impair sont le nombre mesme, qui ne coule pas de soy-mesme.

OPPOSITION. II. Si vn formaliste nous respond, que ces proprietez ne cou-lent pas à la verité de l'essence, mais qu'on les conçoit, comme si elles couloient de l'essence. Respondez prudemment *Theandre*, que cette façon de conceuoir est fausse, puis qu'elle conçoit les choses autrement qu'el-les ne sont en elles-mesmes. Dites luy en-cor qu'il doit prendre garde qu'il n'y a rien en cette matiere, si ce n'est vne suite de consequence necessaire.

OPPOSITION III. Aristote dit souuent, qu'estre Musicien est vn accident de l'homme : Qu'estre blanc est vn acci-dent de la parois : Qu'estre courbé est vn ac-cident de la ligne. Car de droite elle est

faite courbée, & elle peut n'estre point
courbée. Et vne muraille peut n'estre pas
blanche. Ie répons, que ce complexe, auenir, & estre dans vn autre, se prend en
deux façons. Premierement, comme vn terme de la premiere intention, & il signifie
estre attaché reellement, ou estre reellement dans vn suiet. Ainsi la blancheur est
attachée à la neige, ou aux plumes d'vn Cygne. Et ce qui est vn accident en cette façon
est distinct reellement de l'estre, dont il est
accident.

En second lieu, accident ou *accidere*, se
prend comme terme de la seconde intention, & il signifie estre enoncé, ou ce qu'est
affirmé accidentellement d'vn autre. Ainsi
on dit, qu'vniuersel, peut *estre Logiquement*
dans ses inferieurs, c'est à dire estre enoncé
de plusieurs inferieurs. Ainsi estre Musicien
est vn accident de Musicien. Car estre Musicien est vn complexe accidentel, qui se
peut dire de celuy qui sçait la Musique. De
mesme ce mot *courbe* est supposé pour la ligne, & connote vne telle situation. Risible
suppose pour l'homme, & connote vn tel
maintien. D'où vous voyez que les termes
accidentels connotent quelquefois des formes reellement distinctes, comme ces noms,
blanc, visible, chaud. Et d'autre fois ils connotent vn mode, comme droit, courbé, risible: de sorte que l'homme est risible par soy-
mesme. La ligne est par soy mesme courbée, & non pas par vne chose distincte.
Neantmoins homme & risible, ne sont pas
des

des termes synonymes ; pource que risible
connote pardessus l'homme quelque maintien du corps qui n'est pas de l'essence de
l'homme.

QVESTION VI.

Qu'est-ce qu'accident Physique & Logique : Proposition acciden-telle & denominatiue.

I. THESE.

ACcident aussi bien que tous les autres quatre termes que i'ay desia expliqué, se prend ou comme vn terme de la
premiere, ou de la seconde intention. Quand
il est de la premiere intention, c'est le mesme que la qualité. Vous le pourrez definir
en cette sorte. L'accident est vne chose qui
ne peut pas subsister en soy, & par soy-mesme, ny estre partie d'vne chose subsistante,
comme la couleur & la chaleur. Et ainsi accident est opposé à la substance.

Qu'Aristote definit vn estre qui peut
subsister en soy, & par soy-mesme, ou qui
peut estre partie d'vne chose qui subsiste en
soy, & par soy-mesme ; comme l'homme &
l'ame raisonnable. I'ay dit dans cette definition, que l'accident est vne chose, c'est à dire
vn estre existent.

En second lieu, cet estre ne peut ny sub-

B b

fister par foy-mefme, ny eſt e partie d'vne
choſe ſubſiſtante. Et naturellement parlant,
il ne peut pas exiſter en ſoy, & par ſoy ; c'eſt
à dire, ſans qu'il ſoit en vn autre. Quoy que
par vne puiſſance abſoluë, Dieu peut mettre vn accident hors de tout ſujet, puis qu'il
n'eſt aucune contradiction, que Dieu ſepare les choſes diſtinctes. Ainſi dans l'Euchariſtie la blancheur eſt hors de tout ſuiet. Et
elle n'eſt point dans vn autre qu'en ſoy-meſme intranſitiuement, comme on parle dans
l'Echole.

Donc l'accident ne peut pas eſtre partie
eſſentielle d'vn tout, qui exiſte en ſoy, & par
ſoy : c'eſt pourquoy les accidens different
des formes ſubſtantielles. Ainſi quoy que
l'ame d'vn Lyon ne puiſſe pas naturellement exiſter qu'elle ne ſoit dans vn Lyon,
elle peut neantmoins eſtre dans vn tout,
comme vne partie eſſentielle. Cette definition de l'accident ſe preuue, pource qu'elle
appartient au ſeul accident, & à tout ce qui
n'eſt point ſubſtance.

II. THESE. *Accident Logique*, ou
pris comme vn terme de la ſeconde intention eſt vn terme qui peut eſtre atritbué
à vn autre accidentellement ; c'eſt à dire,
c'eſt vn terme connotatif extrinſequement,
qui s'enonce de l'autre, par vne enonciation non reciproque : Comme veu, aimé,
blanc, creant, produiſant, cauſe, effect,
Roy, Empereur : Eſtre veu, eſtre chaud,
eſtre blanc. Et partant les accidens qui com-
poſent le cinquieſme vniuerſel, ſont des ter-

mes qui doiuent auoir trois conditions.

La premiere est, qu'ils puissent estre enoncez vniuoquement de plusieurs.

La seconde est, qu'ils soient connotatifs extrinsequement; c'est à dire, qu'ils connotent quelque chose, ou quelque verité, par-dessus vne partie essentielle.

Et troisiesmement, il faut que ce terme ne soit pas reciproque, comme blanc, chaud, quarré.

Donc le terme connotatif extrinseque, ou accidentel, se diuise en propre & en accident. Le propre est vn connotatif reciproque, comme risible. Et l'accident n'est pas reciproque, comme blanc au regard de la neige, & luisant au regard du Soleil.

Cela presupposé, Vous me demanderez si Porphyre dans son Introduction, a desiny l'accident, comme terme de la premiere ou de la seconde intention. Ie répons pour

III. Thèse. Que Porphyre a donné trois definitions de l'accident en cette sorte. Accident est ce qui peut estre absent & present, sans que le suiet soit corrompu. Et il se diuise en deux, dit Porphyre : en celuy qui est separable, comme le dormir; & en celuy qui est inseparable, comme estre noir au regard d'vn Corbeau, & d'vn Ethiopien. Car on peut conceuoir vn Corbeau & vn Maure, sans conceuoir la couleur. Accident est ce qui peut estre & n'estre pas dans quelque chose. Accident est ce qui n'est ny genre ny espece, ny difference ny propre, mais qui est tousiours attaché au suiet.

Voila ce que dit Porphyre, ſurquoy il faut remarquer premierement , que ces mots eſtre preſent & eſtre abſent, ſe prennent ou Phyſiquement ou Logiquement, comme termes de la premiere ou de la ſeconde intention : c'eſt à dire pour des termes, ou pour des choſes. En la premiere façon ils ſignifient eſtre preſent , ou eſtre abſent reellement.

En la ſeconde façon ils ſignifient eſtre affirmé veritablement, ou eſtre nié auec verité d'vn ſuiet : Et cette diſtinction eſt fondee ſur Porphyre , qui dit que l'accident comme la noirceur, peut eſtre abſente ou preſente, pource qu'on peut conceuoir vn Corbeau, & vn Maure, ſans noirceur, ſans que toutefois ils ſoient corrompus.

En ſecond lieu, remarquez que ces termes *ſans corruption* , ſe peuuent appliquer ou aux choſes , ou aux termes , s'ils ſe prennent pour des choſes , ils ſignifient ſans que le ſuiet deſiſte d'eſtre. S'ils le prennent pour des termes , ils veulent dire, ſans que le ſuiet ceſſe pour cela de ſuppoſer.

Troiſieſmement ce mot *ſeparable*, ſe prend ou pour vne choſe qui reéllement peut eſtre hors d'vn ſujet, comme *la blancheur*, ou pour vn terme, qui peut deſiſter de ſuppoſer pour vn autre, comme ce mot *Chaud*, ne ſuppoſe plus pour l'eau , quand elle ceſſe d'eſtre chaude.

Quatrieſmement remarquez que Porphyre, met parmy les accidens, des veritez ob-

iectiues, ou des vrais Complexes, comme
dormir, qu'il appelle vn accidént separable.
Et Ariſtote au Liure 4. de ſa Metaphyſique
dit, qu'accident ſe peut entendre en trois façons pour vne choſe qui eſt dans vne autre,
comme la blancheur, Secondement pour vn
vray objectif, qui ſe peut verifier, d'vne choſe contingentement, & non pas neceſſairement, comme dormir de l'homme. Troiſieſ-
mament pour tout terme incomplexe, qui
ſe peut diré contingemmēt, & non eſſentiellement du ſujet, D'où ie deduis qué ces propoſitions le *blanc eſt coloré, le doux eſt blanc, com-*
me le laiĉt, doux eſt blanc, ſont des propoſitions
accidentelles : car leur ſujet eſt la choſe blã-
che, cela preſuppoſé, ie dis pour

   I V. THESE. Que ces trois deffinitions
de Porphyre à parler proprement, & à la rigueur, ſont de l'accident comme terme de la
ſeconde intention pris pour les termes, & nõ
pas pour des chôſes, qui ſont accident, par
exemple de ces mots blanc, chaud, quarré,
& non pas de cette Entité, qui eſt chaleur, ou
blancheur. Cètte doctrine eſt euidente touchant la troiſieſme deffinition, où il dit : que
l'accident, eſt ce qui n'eſt ny Genre, ny eſpece, ny difference, ny propre, ce qui eſt vne
façon de deffinir negatiue, fort imparfaite.
Autrement on peut auſſi deffinir, le Genre,
ce qui n'eſt ny eſpece, ny difference, ny aucun des autres vniuerſaux. Il eſt encor euident, que les deux premieres deffinitions,
ſont de l'accident, pris pour des termes, &
qu'il parle du ſujet de denomination, & non

pas du sujet d'inhesion.

Premierement pour ce que Porphyre deffinit l'acccident, comme il deffinit tous les autres termes vniuersaux, or il les deffinit comme termes de la seconde intention.

Secondement les exemples qu'il apporte, ne sont iamais d'vne chose qui soit accident, reel : mais d'vn terme accidentel, ou d'vn complexe accidentel, comme estre noir, dormir, estre blanc, & peut estre que Porphyre ne vouloit point aduoüer, qu'il y eust des Entitez, qui fussent des accidens separables, reellement du sujet.

Troisiesmement, il est clair, qu'il prend ces mots *A desse & Abesse*, comme termes de la seconde intention, c'est à dire, qu'vn terme accidentel peut estre nié, ou affirmé, d'vn suiet sans que le suiet de la denomination cesse de supposer, & non pas le suiet d'inhesion. Car quoy que l'vn nie ou affirme ce mot noir d'vn Corbeau ou d'vn Ethiopien, neatmoins ces deux mots, Corbeau & Ethiopien, supposent, & ont leur signification directe toute entiere, sans la noirceur. Puis que comme dit Porphyre, on peut côceuoir, vn Corbeau qui soit blanc, & en effet, on dit que les poussins des Corbeaux, sont blancs, & que pour cette raison ils sont delaissez de leur pere & mere. Mais non pas de la prouidence de Dieu, qui fait naistre des mouscherons, & des vermisseaux tout autour de leur nid, dont ils se nourrissent. Que si vous me demandez si ces deffinitions ne se peuuent point appliquer aux choses mesmes, qui sont des accidens.

Ie respons *Theandre*, que quelques Autheurs veulent, que les definitions de Porphyre se puissent entendre de l'accident reél, pour ce que tout accident, naturellement, ou au moins surnaturellement, peut estre hors de son sujet, sans que le suiet se corrompe; ainsi la blancheur est hors de son suiet dans l'Eucharistie, car vn vray accident doit estre vne chose reélle, & distincte reellement de la substance: mais doit estre d'vn naturel si foible, qu'il ait besoin d'appuy, & d'estre en vn autre naturellement parlant, en quoy il differe de la substance; mais beaucoup plus en ce qu'il ne peut pas estre, mesme partie d'vn tout qui puisse estre en soy & par soy. Or ie dis qu'vne telle Entité peut estre absente, ou presente de la substance, sans que la substance se destruise, au moins surnaturellement & absolument, & partant la deffinition de Porphyre peut estre accommodée aux choses mesmes.

OPPOSITION. I. On peut toutesfois opposer à Porphyre, Premierement que le ramas de tous les accidens qui sont en Cesar, sont accidens: or ils ne peuuent pas estre absens de Cesar, sans que Cesar perisse, donc les accidens ne peuuent pas estre absens du suiet, sans qu'il perisse.

A ce repart, ie dis qu'absolument parlant Dieu peut faire, que Cesar soit sans aucun des accidens, qu'il possede, mais non pas naturellement: car il peut luy donner d'autres accidens & d'autres modes.

B b iiij

OPPOSITION II. On nous peut dire
en second lieu, que plusieurs accidens, cor-
rompent le suiet, comme la mort, l'annihi-
lation, la corruption, pareillement le venin
corrompt le suiet où il vient, les dernieres
dispositions à vne nouuelle forme, destruisent le suiet, comme vne chaleur excessiue
mise dans la poudre la destruit en engendrant
le feu.

Ie respons, que le venin n'est pas vn accident, mais vne substance, qui a des qualitez
corrompantes, & ie dis que ces qualitez,
aussi bien que les dernieres dispositions, &
la chaleur excessiue dans la poudre, ne la destruisent pas tandis qu'elles sont le suiet: car
le suiet n'est pas destruit, tandis qu'il existe.
Que pendāt que la chaleur est dās la poudre,
la poudre existe. I'aduoüe que de cette chaleur, s'ensuit sa destruction: & au pis aller, ie
dis qu'absolument parlant, Dieu peut faire,
que ces accidens soient dans le suiet, sans le
corrompre : & qu'ainsi la description de Porphyre, s'entend que accident est vne Entité,
qui à parler absolument, peur estre presente
ou absente d'vn suiet sans qu'il perisse.

Ie respons en 2. lieu, que la mort, ou mourir, estre annihilé, estre destruit, ne sont pas
des accidens, car accident est vn Estre positif, & reel : mais mourir & estre annihilé,
c'est vn vray complexe, qui est obiect d'vne
proposition negatiue, qui se peut verifier
accidentairement de quelque chose: Ainsi
Phaéton est bruslé, signifie il a esté, mais
il n'est plus, pource que le feu la destruit Il

eſt annihilé, veut dire , il ne reſte rien de luy.
Or il eſt clair que la mort n'eſt pas vn accident Phyſique : car ou elle eſt dans Ceſar
qui meurt, ou non, ſi elle n'eſt point en luy,
elle n'eſt point vn accident : ſi elle eſt en luy,
ou elle eſt vn en luy pendant qu'il eſt viuât,
ou pendant qu'il eſt mort : or elle n'eſt pas
en luy viuant, car il ſeroit mort & viuant
tout enſemble, elle n'eſt pas auſſi en luy,
quãd il eſt mort : car eſtre mort, eſt vne propoſition ampliatiue , & alors ce mot Ceſar
ſe prend pour celuy qui a eſté, ainſi la maiſon qui eſt bruſlée, n'eſt plus , & cette pro-
poſitiõ : la maiſon bruſle, ſignifie que la maiſon qui eſtoit, n'eſt plus par le feu qui la deſtruit. Car le ſuiet & l'attribut ſont incompoſſibles , puis que l'vn dit eſtre , & l'autre
n'eſtre , ſignifie n'eſtre pas.

D'icy vous voyez que ce mot accident eſt
commun à l'accidēt, qui eſt propre & à l'accident qui n'eſt pas propre : mais le propre
ſe dit reciproquement du ſuiet , & l'accidēt
ſimple ne ſe dit pas reciproquement ; & partant on deffinit l'accident en commun, c'eſt
à dire, ce terme accident, en ſuppoſition diſtributiue, & il n'y a aucun accident qui ſoit
vniuerſel : mais ſeulement vne raiſon deffinitiue d'accident, qui n'eſt pas vne choſe, mais
vne Oraiſon deffinitiue : & ainſi il ſe donne
des termes commũs, & vniuerſels, mais non
pas des choſes vniuerſelles.

V. Thesе. Attribution accidentelle,
eſt celle-là, dans laquelle l'attribut connote extrinſequement pardeſſus le ſuiet , &

qui contient quelque terme qui n'est pas de la definition du suiet. Et ainsi attribution denominatiue, & accidentelle, terme accidentel, & connotatif, c'est le mesme; Comme Grammairien, blanc, fort, animé, figuré : ausquels répondent des substantifs differens en terminaison. Ainsi le corps est dit animé accidentellement, le bras figuré, le parois blanc. Lisez sur tout cecy ce que i'ay dit des denominatifs & connotatifs dans la Logique. Si quelque Nominal auec Maior vous demande, si à ces voix blanc ou coloré, respond dans l'entendement, vn concept composé ou simple. Repartez luy, qu'il luy peut respondre vn concept simple, qui represente vne substance qui est suiet, & vn accident qui est en ce suiet. Car vne mesme connoissance peut representer directement vne substance, & indirectement vn accident. Car quoy que, selon quelques-vns, il n'y a pas dans l'esprit ny nominatif, ny cas obliques, neantmoins il y a quelque chose, qui a la valeur de diuers cas. Et i'ay vn autre concept, quand on dit *Cesar*, que quand on dit *de Cesar*.

Si quelqu'autre vous demande, s'il se treuue des Genres & des especes parmy les accidens. Respondez, *Theandre*, si par accident vous entendez les termes accidentels, ils n'ont ny genre ny espece, comme coloré au regard de blanc & noir, n'est ny genre ny espece.

Mais si vous entendez des termes abstracts, qui signifient des choses accidentel-

les : ie dis qu'ils ont des Genres & des efpeces. Ainfi ce terme couleur eft genre au
refpect de la noirceur, & de la blancheur.
Et auffi la noirceur eft efpece au regard de
cette noirceur,& d'vne autre,

Voila, *Theandre*, tout ce qui fe doit dire,à
mon auis, touchant lés cinq vniuerfaux en
particulier. Et à vray dire, touchant les termes qui font tranfcendans au regard dés
categories. Il nous faut deformais venir à
des connoiffauces, qui ne laiffent pas d'eftre
autant vtiles, quoy qu'elles foient moins
generales.

Fin du troifiéme Liure.

IDEE OV ABREGE'

D'VNE

METAPHYSIQVE

FAMILIERE ET

SOLIDE.

LIVRE QVATRIESME.

Des differences ou categories de l'Estre, qui se reduisent proprement à trois, qui sont, La Substance, la Qualité, ou Accident, & le Mode.

DISCOVRS I.

Des Categories en commun, & que les dix predicamens d'Aristote se rappor- tent à ceux de la Qualité, de la Substance, & des Modes.

Aiant à traicter des Categories, ie desi- rerois, *Theandre*, que vous eussi z les

lumieres de l'incomparable sainct Auguſtin, dont l'eſprit fut ſi perçant, qu'il com-
prit de ſoy-meſme les Categories, ſans auoit
beſoin d'vn interprete qui luy endeſcouurit
les myſteres. Il n'eſt pas permis à tout le
monde d'eſtre ſi heureux. Comme la nature eſt abſoluë maiſtreſſe de ſes biens, auſſi
elle depart inegalement ſes faueurs: Toutes les fleurs ne ſont pas des roſes: Tous
les Aſtres ne ſont pas des Soleils: Tous les
Oiſeaux ne ſont pas des Aigles. Le Ciel ne
fauoriſe pas également tous les climats de
ſes influences.

C'eſt à nous, *Theandre*, de profiter des lumieres que nous auons receu de celuy, qui
eſt le ſouuerain Arbitre de la nature. Certainement apres auoir veu iuſques à preſent
les qualitez, paſſions & proprietez de l'E-
ſtre, il ne ſera pas beaucoup difficile de penetrer dans les Categories. Ariſtote nous
feruira de guide, quoy qu'à dire vray, ie
n'aye pas tât deſſein de me laiſſer conduire à
ce Philoſophe, qu'à la raiſon. Et quoy qu'A-
riſtote ſoit noſtre amy, nous auons neantmoins de plus fortes inclinations pour la
verité. Commençons cette matiere à noſtre
ordinaire, par la declaration des termes

QVESTION I.

*Qu'est ce que Categorie, ou Predi-
cament, combien y a-il de Predicamens : Et qu'est-ce qui se
met dans les Categories, sont-ce
les voix ou les choses ; & si
Dieu entre dans les Categories.*

I. THESE.

PRedicament, ou comme disent les Grecs,
Categorie, est vne suite de plusieurs attributs mis en ordre depuis vn indiuidu iusques
à vn souuerain Genre. Cette definition est
suiuant la pensée des Doctes, dont les vns
disent, que predicament est vn ordonnance
de plusieurs attributs, de puis quelqu'indiuidu, iusques à vn souuerain Genre. Raimond Lulle dit que la cathegorie est vne ordonnance de plusieurs attributz, & termes
dessus, & dessoubz. D'autres disent que la
categorie est vne suite de plusieurs termes,
commençant au plus vniuersel, & passant
par toutes les especes de ce terme, iusques
aux indiuidus. Selon la mesme pensée M. de
la Rochepofay dit, que les categories sont
des ordres, ou de certaines classes, dans lesquelles on met les Categorésmes ou Attri-

buts par ordre. Et en vn autre lieu il dit,
que *predicament* eſt vne ſuite bien ordonnée
des Genres & des eſpeces contenuës ſous
vn commun Genre , & que le Senateur
Boece ſemble eſtre le premier , qui parmy
les Latins ſe ſoit ſeruy du mot de predicament. Ainſi le predicament de la ſubſtance
n'eſt autre choſe que la ſuite de tous les termes & attributs abſolus , qui ſe peuuent
dire d'vne ſubſtance indiuiduele. Par exemple de Ceſar, iuſques à ce ſouuerain Genre,
ſubſtance. Car ſi on demande qu'eſt-ce que
Ceſar ; c'eſt, *vn Homme, Animal, Viuant,*
Corps, Subſtance. Donc la ſuite de ces ſix mots
ſe nomme vn predicament. I'ay dit iuſques
au ſouuerain Genre de cette categorie. Car
ces mots *ſubſtance, & qualité* , ne ſont pas
ſouuerains Genres ſimplement, mais ſeu-
ment d'vne categorie. La raiſon eſt , que
ſur eux il y a l'*Eſtre* , & ſes paſſions , comme
vn vray & bon. Et celuy-là n'eſt pas ſouuerain , qui a pardeſſus ſoy quelque autre
dont il releue. Mais la ſubſtance ſe peut appeller vn Genre ſouuerain dans ſa Categorie ; pource que chacun eſt maiſtre dans ſa
maiſon. C'eſt pourquoy la qualité & la ſubſtance ſe deffiniſſent par l'Eſtre , comme par
leur Genre ſuperieur.

D'icy il arriue, que le ſouuerain Genre
d'vne categorie, s'appelle auſſi categorie.
Ainſi nous diſons, que la ſubſtance & la qualité ſont deux predicamens, & que la ſubſtance eſt le premier predicament ; mais non
pas dans le premier predicament. Ainſi on

definit *predicament* vn terme vniuersel, qui est immediatement soufmis aux termes tranfcendans, & qui a fous foy plufieurs Genres & efpeces. On met donc dans les Genres, comme Animal, les Efpeces comme Homme, & les Indiuidus comme Cefar.

II. THESE. On met immediatement & inftrumentalement dans les concepts, & les termes, & mediatement ou principalement, les chofes qu'ils fignifient. Quelques Nominaux fouftiennent opiniaftrement, que dans les predicamens fe mettent feulement les termes : Les Formaliftes y mettent feulement les chofes, comme vn efcu eft dans vne bourfe, & vn cheual dans vne Efcurie. Mais les plus nobles Nominaux, comme Maior & Okam, difent, que quelque chofe peut eftre mife dans les predicamens, ou comme la chofe fignifiée, ou comme terme. Ie preuue cette propofition, pource qu'on met dans les predicamens ce qui eft enoncé. Or on enonce immediatement les termes, & mediatement les chofes. Cecy s'eftablit par l'etymologie du mot. Car predicament vient de *prædicare*, qui fignifie dire vne chofe, ou plutoft vn attribut de quelque chofe. Or on dit les termes, puis qu'on dit ce qui fe met dans la propofition. Or les chofes ne fe mettent pas dans la propofition, mais les feuls termes. Et c'eft vne denomination extrinfeque aux chofes d'eftre enoncées; puis que la propofition eft vne oraifon, & l'oraifon eft

vn

Termini ponuntur in categoriis immediaté, & vt quo. res autem mediaté, & vt quod.

Κατηγορία vient de κατηγορέω prædico, eft feries prædicatorum.

vn composé de plusieurs termes : donc tout
ce qui est dans l'Oraison est vn terme, & partant les choses mesmes n'entrent pas dans
la proposition. Or l'attribut est dans la proposition , donc les attribus sont des termes.
De plus Aristote a mis dans les predicaméts
des verbes complexes, comme agir , patir ,
hauoir. Et des aduerbes, comme *Ou* & *quand*.
Donc il a pretendu mettre directement les
termes, dans les Categories , & à la faueur
des termes, y mettre seulement mediatemét
les choses. Il y a donc cette difference , que
les choses, se mettent dans les predicaments
d'vne façon esloignée , pour ce que les termes signifient les choses. Ainsi nous disons,
qu'en Dieu, il y a diuers attributs, la sagesse,
la Puissance, la Iustice, la Misericorde. Et ce
n'est autre chose que Dieu , comparé à des
choses diuerses , & signifié sous ces termes
qui proprement s'appellent attributs : cela
n'empesche pas neantmoins, que les choses
ne se disent mediatement. Et il me semble
que c'est la commune opinion des hommes.
Ainsi dit Martial que l'Empereur Domitian
est dit estre Pere de la Patrie. Que si vous
me demandez, quelles choses se mettent dás
les predicaments. Ie respons toutes les choses, signifiées par vn terme qui se puisse mettre dans vn predicament : ainsi Cesar , & la
chaleur se mettent dans les predicaments.

Et s'il en faut venir à l'authorité, on ne
peut douter qu'Aristote, met les termes dás
les Categories : car il met pour dixiesme
predicament, *l'hauoir*. Or il n'y a chose au-

Verus pa-
tria, dice-
tis esse pa-
ter.

G e

cune, qui se nomme *hauoir*, mais il faut dire,
que cest vn terme infinitif, qui veut dire le
mesme que *hayant, ou possedant*, & *hayant*, signifie le mesme, que habitude ou possessió. Certainemét le Senateur Boëce Interprete d'A-
ristote, dit que la fin du Liure des Categories, est de parler des voix, qui signifient les
choses, & de mettre les choses en diuers ordres à la faueur des termes, outre que les
diuerses diuisions que le Philosophe met
dans vne Categorie, monstrent assez qu'il
parle des termes. Car ce sont les termes qui
se diuisent immediatement, & non pas les
choses. D'icy s'ensuit pour

III. T H E S E. Qu'vne mesme chose se
peut mettre en diuers predicamens sous diuers termes: *Cesar* sous ces mots *Cesar* & *homme* est mis au predicament de la substance,
sous ces mots, *long, estendu, petit & grand*, il
se met au predicament de la quantité, sous
ce mot de *blanc*, il est en celuy de la quantité, sous ce mot de *pere*, il est en celuy de la
Relation, sous ce mot de *combattant & de
blessé*, il est dans la Categorie de l'action &
de la passion, sous ces mots de *vestu, couronné
& armé*, il est dans le predicament de l'hauoir. Et ce qui est le plus à remarquer, sous
ce mot de *grand ou de petit*, il est mis dans la
Categorie de la quantité, & de la Relation
tout ensemble: d'où arriue qu'vn mesme terme peut estre mis dans plusieurs Categories, pareillement Cesar sous ce mot de assis
en son Throsne, est mis dans le predicament
de la situatió, sous ces mots de *aagé, estre pla-

cé dans le lieu , il se met au predicament du temps & du lieu, dóc la mesme chose se peut mettre dans tous ses predicaments sous des diuers termes.

Opposition. I. Le predicament de la qualité, n'appartient qu'aux accidens. Or Cesar n'est pas accident: donc il ne peut pas estre mis dans le predicament de la qualité.

Ie respons, que Cesar ne peut pas estre mis proprement dans la Categorie de la qualité, ny sous vn terme abstract: mais qu'il y peut estre mis improprement sous vn terme concret, comme chaud & blanc: car on ne met pas seulement dans le predicament de la qualité, la suitte de tous les termes abstracts, comme qualité, couleur, blancheur, qui supposent pour de vrais accidens: mais aussi on met indirectement ces mots, *blanc, coloré, qualifié.* Et Aristote mesme, & ses Philosophes l'appellér Categorie *quel est-il,* comme ie diray en son lieu.

D'icy vous voyez que les termes se mettent dans les predicamens, pout ce qu'ils signifient les choses, & comme signes des choses, en la mesme façon qu'vn Marchand compte ses gettons, pour sçauoir le nombre des escus: & ainsi, la premiere intention des Philosophes, a esté de sçauoir les choses, par les termes. C'est pourquoy ils mettent les termes dans les predicaments, comme les Marchands mettent les gettons, & non pas les escus dans vn compte.

La raison fódamétale de tout cecy est, que les Philosophes ont veu, qu'il y auoit en ce

monde diuerſes ſortes de choſes: ils les ont
voulu mettre en diuerſes Claſſes, ſoit abſolument, ſoit relatiuement conſiderées, & dó-
ner à chacune ſon rang, afin de ſe ſeruir de
cette diſtinction, pour les Sciences; & pource qu'ils ſçauoient qu'vne meſme choſe e-
ſtoit capable de pluſieurs attributs, pour cét
effet, ils ont diuiſé le tout en dix Catego-
gories, dans leſquelles ils ont mis les termes,
& à leur faueur, ils ont mis les choſes meſmes.

IV. Thsse. Ot les termes ſe mettent
en deux termes dans vn predicament, de ſoy
& par accident, ce terme ſe met de ſoy dans
vne Categorie, qui participe la ſignification
de predicament, ou par lequel on peut reſpondre à la queſtion de ce predicament, cóme à la queſtion : qu'eſt-ce là ? on reſpond,
c'eſt vn animal, c'eſt vn homme, donc *homme*
& *animal* ſe mettent directement dans le
predicament de la ſubſtance.

En 2. lieu vn terme ſe met indirectement,
reductiuement, & par accident dans vne Categorie. Ainſi les termes priuatifs, ſe mettent dans le predicament, auquel on met la
choſe dont ils ſont priuation, comme ce mot
Tenebres ſe met au predicament de la qualité,
& ce mot *rien*, ſe met en tous predicaments,
dittes le meſme des termes, qui ne participent pas clairement la façon de ſignifier qui
eſt en quelque Categorie.

D'où vous voyez, que les ſeuls termes de
la premiere intention, ſe mettent directement dans les Categories, pour ce que l'in-

tention des hommes a esté d'ordonner les choses en diuerses Classes, à la faueur des termes : Ils n'ont donc voulu mettre dans les Categories, que les termes imposez aux choses.

Or les termes s'enoncent, ou complexement ou incomplexement, comme sçauoir & science, pere & estre pere, action & agir, passion & patir : car il est certain qu'Aristote appelle quatre de ses predicaments ; agir patir, estre situé, & hauoir, qui sont des termes complexes, & dans le predicament du lieu. Il met, *Estre dans le palais*, *& dans l'Academie* : Il faut encor sçauoir que les mots abstracts & concrets, selon le dessein d'Aristote sont dans la mesme Categorie : ainsi blanc & chaud se mettent dans la mesme Categorie que *blancheur & chaleur*.

De plus ie vous aduertis, que les termes Equiuoques, entant que Equiuoques ne se mettent point dans les predicaments, pource que le terme, qui se met dans vne Categorie, doit estre vniuoque, ou Genre, ou espece, ou indiuidu, ou difference, ou proprieté, ou accident.

V. THESE. Les termes qui signifient les estres de soy, & accidentels : les estres accomplis, & imparfaits, les estres finis & infinis, se mettent dans les Categories.

Ie le preuue : car Aristote a mis des predicaments entiers, pour les estres de soy, comme celuy-là de la substance : mais aussi pour les estres accidentels, il a mis la Categorie de l'hauoir, de la situation, & de la qualité.

Ainsi il a mis estre chaussé, & estre *armé*, dans la Categorie de hauoir. Ie dis de plus que ce mot Dieu, & cét Estre adorable qu'il signifie se metrent dans la Categorie de la substance, pour ce qu'il est vne vraye substã-ce : pareillement les trois personnes diuines, le Pere, le Fils, & le S. Esprit, se mettent au predicament de la relation, & la volition & intellection diuine, se mettent dans la Cate-gorie de l'action. Et l'Estre engendré ou res-piré, se mettent dans la Categorie de la passion.

OPPOSITION. II. Que si quelqu'vn nous propose, qu'Aristote n'a pas eu inten-tion de mettre Dieu dans les Categories, & que si cét Estre infini se mettoit dans vn pre-dicament, il y seroit comme Genre, ou espe-ce, ou indiuidu, ce qui est impossible) pour ce qu'il y auroit vn Genre superieur au re-gard de Dieu, ce qui est contre la raison de l'independance. Respondez, *Theandre*, que si Aristote a voulu faire vne Categorie de la substance creée seulement, il est vray que Dieu n'y entre pas ; & de fait il semble que ce soit son intention : car il appelle souuent la substance, *id quod substat*, c'est à dire, ce qui est capable de receuoir des accidents, & par-tant qui est capable de changement, ce qui ne conuient pas à Dieu : mais, ie dis qu'il se pourroit bien faire vne Categorie de la sub-stance, prise vniuersellement, & qu'on la peut diuiser en creée, & increée : & ainsi Dieu seroit dans le predicament de la sub-stance ; mais ce n'est question que du nom,

Et s'il faut agir, par Authorité, il est certain
que S. Iean Damascene dit, que la substance
est vn Genre au regard de Dieu, & des creatures.

Respondez en 2. lieu, que ce mot Dieu,
se met dans les Categories, comme vn indiuidu, & qu'il n'y a aucun inconuenient, que
quelque terme soit superieur à ce terme
Dieu, & qu'il conuienne vniuoquement à
Dieu & aux creatures, comme i'ay dit de
l'estre & de la substance, puis qu'il se donne
vne definition d'estre, & de substance vniuoque à Dieu, & aux creatures.

Opposition. III. Que si vous me
repartez, que Dieu seroit vne espece, car il
se dit, de plusieurs indiuidus. Ie distingue
cette proposition, il s'enonce de plusieurs
supposés qui soient le mesme Dieu, ie l'accorde, de plusieurs dieux, ie le nie : car afin
qu'vn terme soit espece, il faut que ce qu'il
signifie, soit multiplié en plusieurs, & qu'il se
puisse dire de ses inferieurs distributiuemét,
c'est à dire de chascun au singulier, & de plusieurs au plurier.

Or on ne peut pas dire, le Pere, le Fils, le
S. Esprit, sont des Dieux : mais on peut bien
dire qu'ils sont des personnes, & des relations. Et partant *Relation diuine*, *& Personne*
s'enoncent des Relations & Personnes Diuines en quelque façon comme vne espece,
de ses inferieurs, vniuoquement & distributiuement.

Opposition. IV. S. Augustin a nié
que Dieu fust substance, & qu'il fust dans le

predicament de la substance. Outre que la blancheur n'est pas dans le predicament de la substance.

Or Dieu est plus different de l'homme, que la blancheur mesme, donc Dieu ne se met point dans le predicament de la substâstance, où se met l'homme. Ie respons que Sainct Augustin a nié que Dieu fust vne substance, c'est à dire, qu'il fust sous des accidens, pour ce qu'il est immuable : mais il n'a pas nié, que Dieu, & Cesar conuiennent vniuoquement, en ce qu'ils sont des substances.

Ie distingue donc cette reprise, Dieu & l'homme different dauantage, que la blancheur & l'homme, si vous entendez que Dieu est plus noble pardessus l'homme, que l'homme n'est pardessus la blâcheur, ie l'accorde. Si vous entendez que Dieu ne conuient pas vniuoquement auec l'homme, en vn attribut, qui n'appartient pas à la blancheur, ie le nie : car il est clair, que Dieu & l'homme sont des substances, ce qui n'appartient pas à la chaleur, ou à la blancheur. Certes tout cela se met dans vn predicamét, qui peut estre respondu à vne des questions predicamétales. Or ce mot, Dieu, peut estre respondu à la question essentielle, *qu'est-ce que cela*, donc il se met dans les predicamens, & vniuersellement parlant, il n'y a aucun estre soit accidentel, soit substantiel, soit fini, soit infini, qui sous diuers termes ne se mette en diuerses Categories.

QVESTION II.

Combien y a-il de predicamens selon Aristote, & s'il se donne vne division plus commode que la Science.

I. THESE.

ARistote à mis dix Categories, *la substance, Quantité, Qualité, Relation, A-
ction, Passion, le lieu, le temps, la situation, & l'hauoir*. Meantmoins on pourroit diuiser les Categories aussi à propos, en moins ou en plus
de membres. La raison de cecy est, qu'il en
est de celuy qui fait la diuision des Categories, comme de celuy qui coupe vn corps en
diuerses parties. Il le diuise à sa volonté s'il
veut, il le coupe en deux, en trois, en six, en
cent parties. Ainsi celuy-là qui diuise l'Estre,
c'est à dire, tous les Estres, & tous les termes
qui se peuuent dire de quelque Estre, en des
Categories, il peut faire comme il voudra,
pourueu que la diuision qu'il fait, soit commode. Donc Aristote laissant à part tous les
termes transcendants, comme l'Estre & ses
passions, a diuisé l'Estre en dix ordres, ou Categories. Nos Anciens disent, que la raison
de ce Philosophe a esté, qu'il a voulu mettre
vne Categorie pour chasque question qui se

1. Essentia
ou Subitan-
tia.
2. Quantū.
3. Qualitas.
4. ad aliquid
5. agere.
6. pati.
7. vbi.
8. Quando.
9. Sitū esse.
10. habere.

pouuoit faire d'vne chofe; & de fait il appelle la Categorie de la Relation, *ad aliquid* cõme s'il difoit que c'eft vne Categorie. des
chofes comparees à vn autre. Pareillement
il appelle vne Categorie *où* & l'autre *Quand*,
donc il femble qu'il a voulu que les diuers
predicaments foient diftinguez par des queftions diuerfes, aufquelles ils refpondent: car
on demande de Cefar ou de Bucephale,

Premierement, qu'eft-ce que cela? C'eft
vn Homme, vn Animal, vn corps; & ces termes compofent la Categorie de la Subftance. D'où s'enfuit que puis que l'on demande
de la Blancheur. *Qu'eft-ce que cela?* & que l'on
refpond, c'eft vne qualité : il femble que Ariftote a voulu mettre dans le predicament de
la fubftance, tous les termes quidditatifs qui
fignifient l'effence & la nature des chofes.

En 2. lieu on demáde de quelque chofe, *quã-*
ta eft, ou quelle eft fa quantité? & les termes
par lefquels on refpond à cette queftion, cõ-
pofent la Categorie de la quantité, comme
long, eftendu, court, large, ils font cent, il
la fait cent fois, il a dix aunes.

Troifiefmement, on demande de quelque
chofe, *quel rapport elle a à vne autre*, & c'eft
la Categorie de la relation : car on refpond,
Il eft égal, moindre, femblable, impair, il eft
fon Pere, il eft fa caufe, il eft fon Fils, il eft
fon Createur, fa creature, & les termes par
lefquels on refpond à cette queftion font relatifs, & font la Categorie des relations.

En 4. lieu on peut demander, quel eft cét
obiect, & l'on refpond par des termes qui

constituent le predicament de la qualité, il
est blanc, beau, coloré, docte, vertueux, &
à cela, il est requis que ces termes soient ou
abstracts, ou concrets d'vne façon propre, &
non pas seulement à la façon de la Grammaire. Autrement tous les termes se mettroient dans cette Categorie, puis qu'à peine
y en a-til aucun, par lequel on ne puisse respondre à la question quel est-il.

En 5. & 6. lieu on demande que fait cette
chose, & ce qu'elle reçoit: & les termes par
lesquels on respond à ces deux demandes,
composent les Categories de l'action, & de
la passion, donc ces deux predicaments contiennent proprement des verbes actifs, ou
passifs, ou des moins verbaux, ou des participes, qui leur respondent. Ainsi Aristote
appelle ces Categories *patir & agir*, qui sont
des verbes: ce qui preuue euidemment que
les termes se mettent proprement dans les
Categories, puis que les verbes ne sont pas
des choses, mais des termes.

La 7. & 8. Question, qui se peuuent faire
d'vne chose, est, Où est elle, & Quãd est elle,
Et on respond par des termes qui signifient
estre dans le lieu, & dans le temps, comme
par les aduerbes ou prepositions jointes, au
nom de lieu & de temps: ainsi Aristote dit,
que dans le predicament du lieu, se met Estre
dans le Senat, & à l'Academie, & il nomme
ces deux predicaments les Categories de
Où & *Quand*.

La 9. Question peut estre comment est-il
placé, & on respond il est assis, il est debout,

& ainsi les termes par lesquels on répond à cette question composent la categorie de la situation, ou de la posture qu'Aristote nomme Estre situé.

 On peut pour dixiesme interrogation demander de quelqu'vn *qu'est-ce qu'il a*. Et on répond, il a des armes, des habits, vne femme. Et ainsi les termes qui signifient vne chose, & connottent qu'elle en a vne autre, comme iointe à soy, font la categorie de l'hauoir.

Que dirons nous de cette intention, *Theandre*, à vray dire, il me semble qu'elle est assez ingenieuse pour expliquer l'intention d'Aristote, & qu'elle monstre qu'il pouuoit bien mettre plus ou moins de predicamens qu'il ne fait. Car il y a bien plus de questions que l'on peut faire, & il eust peu diuiser la substance en plusieurs categories, aussi bien que l'accident. Car la substance se pouuoit aussi bien diuiser en parfaite, & imparfaite, corporelle & spiri-tuelle. Et certes ces choses pouuoient plus justement faire vne categorie, que ces mots *hauoir & estre situé*. Outre que ses categories eussent esté plus belles & plus augustes.

Pareillement cette diuision fait voir, que le Philosophe a voulu mettre directement les voix dans ses categories ; il eust peu aussi ne mettre que deux categories : l'vne des accidens, & l'autre des substances. Ou bien mettre en l'vne les termes absolus, & en l'au-tre les connotatifs. Il faut donc dire, que cette diuision est à la verité commode, &

que neantmoins on en pouuoit bien donner de plus propres. C'eſt l'auis des meilleurs Philoſophes, parmy leſquels quelques-
vns paſſent iuſques là , qu'ils diſent que
cette diuiſion eſt fort imparfaite. Certainement le P. Arriaga , au cinquieſme liure de
ſa Logique , apporte pluſieurs raiſons de
cette verité , & monſtre que c'eſt en vain
que certains Autheurs ſuent à trouuer quels
mots appartiennent à l'vne , & non pas à
l'autre des categories. Aiouſtez à cecy, que
cette diuiſion n'eſt pas immediaté. Car Ariſtote euſt deu diuiſer l'eſtre en ſubſtance , &
en accident , & diuiſer la ſubſtance en creée
& increée. Car ou Ariſtote veut que Dieu
ne ſoit pas dans les categories, comme diſent pluſieurs de ſes Interpretes , ou il l'y
veut admettre. S'il ne vouloit pas que ſes
categories compriſſent cét Eſtre infini , il
deuoit diuiſer la ſubſtance en creée & increée , & donner vne categorie particuliere,
à Dieu , auſſi bien qu'à la ſituation. Veu
qu'il appartient aux Metaphyſiciens de parler de Dieu connu naturellement.

En 3. lieu , cette diuiſion à trop de mém-
bres , & eſt capable de confondre vn eſprit
par ſa multitude.

Quatrieſmement , les membres de cette
diuiſion ne ſont pas diſtincts. Car la ſituation n'eſt autre choſe qu'Eſtre dans le lieu,
& le predicament de l'hauoir, ſe reduit tout
aux autres. Car hauoir des habits & des armes , ſe raporte au lieu qu'ont les habits &
les armes ſur le corps. Hauoir de la douleur

& de la joye, se rapporte à la passion. De plus, l'action & la passion, en l'opinion de plusieurs, est vne mesme chose. Et au pis aller, il est certain que l'action & la passion sont formellement des relations ; & partant il n'y a pas de distinction mesme formelle entre plusieurs predicaments d'Aristote. C'est ce qui me fait dire pour

II. THESE. Qu'à proprement parler il n'y a que trois categories ; celle *de la substance*, prise absolüment ; celle *de la Qualité*, ou de l'accident, prise absolüment ; & celle *des modes*, c'est à dire des qualitez ou des substances modifiées & considerées dans vn estat qui ne leur est pas essentiel, que nous appellons mode. Et à ces trois ordres se reduisent très-proprement les dix categories d'Aristote, & tout ce qui est dans la nature.

Cette diuision de l'estre se preuue fortement, pource qu'elle est fort claire, fort commode, & elle diuise l'estre par des membres opposez contradictoirement. Car tout estre est ou capable de subsister de soy, & il est substance : ou il en est incapable, & il est accident. Donc l'estre se diuise en deux categories ; sçauoir est en celle de la *substance*, & en celle de l'*accident*. Mais pource que les substances & les accidens peuuent estre considerez, ou absolüment & essentiellement : ou comparatiuement, selon vn estat qui ne leur est pas essentiel. Il s'ensuit que l'on doit adiouster le predicament des modes : ce qui se fait encor par vne diuision, contenant des membres contradictoires, en

cette forte. Car tout ce qui eft au monde,
ou fe porte effentiellement, ou d'vne façon
qui ne luy eft pas effentielle, s'il eft confideré dans vn eftat qui ne luy eft pas effentiel,
c'eft vn mode; c'eft à dire vne chofe modifiée. S'il eft confideré abfolüment, & qu'il
puiffe fubfifter par foy-mefme, ou totalement, ou partiellement, c'eft vne fubftance. S'il ne peut fubfifter par foy-mefme, c'eft
vne qualité ou vn accident. Doncques *il n'y
a que trois categories, ou trois ordres de termes.*
Les premiers fignifient les fubftances prifes
abfolument, & effentiellement, & ils compofent le predicament de la fubftance, comme Dieu, Ange, Viuant, Animal, Homme,
Taureau, Aigle, Cefar, Bucephale. Les fe-
conds fignifient les qualitez & accidens pris
abfolument, & ils font la feconde categorie,
comme la couleur, la chaleur, la froideur, la
blancheur, & tous les autres termes, qui fignifient des accidens reellement diftincts,
& feparables de la fubftance. Et partant qui
font exprimez par des termes abftracts d'vn-
ne façon propre.

La troifiefme forte des termes fignifie les
fubftances, ou les accidens, entant qu'ils
ont vn eftat qui ne leur eft pas effentiel, & ils
compofent la troifiefme categorie des modes, comme eftendu, quarré, figuré, agiffant, patiffant, pere, fils, Roy, caufe, effect,
tout & partie. I'eftablis cecy plus fortement;
pource qu'à ces trois ordres & categories
d'attributs fe rapportent tres commodement les dix categories d'Ariftote : car

quoy qu'il foit fort probable, que dans la
Categorie de la fubftance, il ait voulu mettre tous les termes effentiels, foit des fubftances, foit des accidens, qui fe refpondent
à la queftion : *qu'eft-ce que cela ?*

Il eft neantmoins autant probable que
dans le predicament de la fubftance, il a feulement voulu mettre, les termes qui en effet ne fignifient que des vrayes fubftances.
Et au pis aller, il eft euident qu'Ariftote euft
peu fort à propos faire vn predicament des
termes qui fignifient les feules fubftances.
Et ainfi vous voyés, que le premier de nos
predicaments, eft le mefme que celuy d'A-
riftote, c'eft à dire de la fubftance, & que
dans cette Categorie fe mettent immediatement *tous les termes, qui fignifient des fubftances
prifes abfolument.* Il contient auffi mediatemét
les chofes, fçauoir eft, la fubftance increée,
& toutes les fubftances creées : foit accomplies, fort imparfaites, & mefmes les fubftances qui font vn Eftre accidentel, c'eft à
dire, qui font compofées de deux parties,
qui ne font pas ordonnées de leur nature,
pour faire vn tout : neantmoins la Metaphyfique apres auoir diuifé la fubftance en corporelle, & fpirituelle, fe contente de traitter
des fpirituelles, laiffant à la Phyfique, tout
ce qui appartient aux chofes corporelles, qui
font engagées dans la matiere. A la feconde
de nos Categories fe peut reduire, la troifiefme d'Ariftote, qu'il appelle qualité : mais
tous les termes, qui fe mettront proprement
dans cette Categorie font des termes pro-

pre-

prement abstracts, qui signifient des accidés
reellement separables de la substance, comme blancheur, chaleur froideur : & partant
blanc ou estre blanc , chaud ou estre chaud,
se mettent dans le predicament des modes,
puis qu’ils signifient des choses, sous vn estat
qui ne leur est pas essentiel : car ce n’est pas
vne chose essentielle à l’accident d’estre dans
vn sujet, puis qu’il en peut estre separé, côme nous voyons dans l’Eucharistie. Il est
encore à remarquer, que dans ces deux premiers predicaments, se mettront aussi tous
les termes complexes, qui signifient les substances, ou qualitez *absolument* : ainsi estre
Homme, estre Animal, estre Lion , se mettent en la Categorie de la substance, puis
qu’ils signifient le mesme qu’Animal, Lion,
& Homme. Pareillement, estre blancheur,
estre couleur, & estre qualité, se mettront
dans la seconde Categorie, puis qu’ils signifient le mesme que blancheur, couleur, &
qualité: mais d’vne façon complexe.

La troisiesme Categorie du mode, com-
prendra Huit predicaments d’Aristote, sça-
uoir est la *quantité, la relation, l’action, la passion,*
estre dans le lieu, estre dans le temps, la situation, &
l’hauoir. Pour ce que ces Huict Categories,
& tous les termes qu’elles contiennent , ne
signifient autre chose que des modes. C’est
à dire, des accidens ou des substances modifiees. Ainsi vne chaleur , ou vn marbre d’vn
pied, sont vne quantité, ou vne chose estenduë : l’inhesion de la couleur est la couleur
mesme, attachée à son sujet , qui n’est autre

chose qu'vne relation ; c'est à dire , la blancheur comparatiuement consideree: l'action
aussi & la passion sont des modes, & des accidens, ou des substances modifiées. Ainsi
l'action de la chaleur est la chaleur mesme
qui eschauffe , & estre eschauffé , c'est vne
passion ou le sujet mesme qui reçoit la chaleur. Enfin il est clair , que les predicaments
qu'Aristote appelle , estre dans le temps , &
dans le lieu , sont des modes , puis que c'est
vn accident, ou vne substance comparée au
mouuemént regulier du Soleil , c'est à dire,
au temps pendant lequel elle dure , ou à la
superficie du lieu qui l'entoure.

Et pattant vous voyez, *Theandre,* qu'à par-
ler proprement, il n'y a que trois Categories. D'icy
vous pourriez recueillir, que la Metaphysique a vn si vaste Domaine, qu'elle peut s'e-
stédre à la pluspart de toutes les autres Sciê-
ces. Il n'est chose aucune dans ce monde, qui
ne luy rende hommage , puis qu'elle traitte
des substances , des accidens, & de leur modes, c'est à dire, de tout ce qui est en la nature. C'est pourquoy le Docte Suarez, dans les
deux Tomes de sa Metaphysique, a compris
quasi toutes les difficultez , qui d'ordinaire
se traittent dans la Logique, & dans la Physique. Ie desire me donner vn peu moins de
liberté, & donner à chasque partie de la Philosophie, ce qui est de son Domaine. C'est
pourquoy ie ne parleray point dás la Metaphysique , de ce qui appartient aux corps :
mais ie traitteray seulement des matieres suiuantes.

Premiérement de la substance en commun & de la subsistance. Secondement des accidens, & des qualitez en commun: car la plus grand part du traitté des qualitez, appartient à la Physique, quand elle traite des qualitez corporelles, où elle parle de l'intésion, diminution, action & reactiõ, des qualitez corporelles. Troisiesmement, ie traiteray des modes en commun, & en particulier des modes qui appartiennent aux corps & aux esprits, comme de l'vnion, de l'action, passion, causalité, & dependance.

En 4. lieu, ie traitteray des relations, ou des choses comparatiuement considerées.

En 5. lieu, ie parleray des efforts spirituels de Dieu, & des Anges, entant qu'ils peuuēt estre connus par la raison naturelle, & ainsi *Theandre*, nous finirõs nostre Metaphysique. Pour ce qui touche au temps, & au lieu, puis que ce sont des choses corporelles, ils appartiennent à la Physique, aussi bien que de la quantité: car quoy que la quantité discrette ou le nombre, appartienne aussi aux choses spirituelles, neantmoins il suffit, à la Metaphysique, de dire, que c'est que le nombre, & qu'il n'adiouste rien auec choses nombrées. Restent donc deux Categories seulement, sçauoir est la situation, & l'hauoir, qui à vray dire sont de si peu d'importance, que ie m'estonne comment Aristote les a mis pour souuerains Genres des choses.

Certainement il n'en dit quasi rien, & il eut mieux fait de les laisser tout à fait, pour

ce que ce sont des choses de peu d'importance. Ie sçais bien qu'il y a plusieurs autres attributs communs aux choses spirituelles, & corporelles ; comme *estre viuant,
se mouuoir, auoir des habitudes, & quelques
autres semblables.* Mais il vaut mieux ren-
uoyer ces traictez dans la Physique. Puis
que le mouuement ne se peut declarer qu'a-
pres auoir traicté du lieu, & les discours
de la vie, & des habitudes, appartiennent
proprement au traicté de l'ame. Pour ce
qui touche à l'Eternité & à l'infiny, à peine
les peut-on entendre qu'apres auoir traicté
du continu. Mais auparauant que de venir à declarer la categorie de la substance,
agreez que pour honorer les inuentions
d'Aristote, ie recherche pour

QVESTION III.

Qu'est-ce qu'entend Aristote, par les Categories du lieu, du temps, de la situation, de l'hauoir, & comment huict de ses Categories se rapportent à celle du mode.

I. These.

LEs Categories qu'Aristote appelle de *où, de quand estre situé, & de l'hauoir,* appartiennent à la Categorie des modes, aussi bien que celles de l'action, de la passion, de la relation, & de la quantité. La raison est, que tout ce que signifient ces termes, sont des choses comparatiuement considerées, & mises dans vn estat qui ne leur est pas essentiel ; donc ce sont des modes. De plus, tous les termes qui se mettent dans ces huict Categories d'Aristote, sont connotatifs, comme il se preuue par le denombrement : or les termes connotatifs signifient des modes. Ie parleray à part de l'action, de la passion, & de la relation. Agreez a present que ie touche en passant ce qu'il faut qu'vn Metaphysicien sçache, touchant les cinq autres Categories connotatiues ou relatiues, qui appartiennent aux modes. A cét effect ie dis pour

D d iij

II. Thèse. Que le predicament du lieu, est vne suite de tous les termes, par lesquels on répond aux questions du lieu; comme, où est-il, où va-t'il, d'où vient-il, par où passe-t'il? Aristote met pour exemple, estre dans l'Academie, estre dans le Palais. Dites le mesme d'estre à Rome, en France, icy, là, en haut, en bas. Donc ce mot de lieu qu'Aristote appelle *ou*, se prend, ou comme terme de la seconde intention, ou de la premiere. Quand il est terme de la seconde intention, il se prend en supposition simple, & suppose pour tous les termes, qui signifient quelque difference du lieu, & par lesquels on satisfaict aux questions raportées. D'où vous voyez que le souuerain genre de ce predicament est ce mot *lieu*, ou *estre dans le lieu*, & que les aduerbes se mettent dans les Categories; & partant, que les termes syncathegorémes y ont place.

Le lieu pris comme terme de la premiere intention, signifie le lieu intrinseque ou extrinseque.

Le lieu extrinseque est la superficie d'vn corps, qui entoure quelque chose immobilement.

Le lieu intrinseque, c'est la presence au lieu, ou c'est la chose mesme presente au lieu, & comparée aux six poincts fixes de l'Orient, de l'Occident, du Midy, & du Septentrion, du Zenith, & du Nadir; comme ie diray dans la Physique.

Or la presence d'vne chose dans le lieu, se diuise en circumscriptiue, & definitiue.

La circumscriptiue est vne presence, par laquelle vne chose est en diuerses parties du lieu, par diuerses parties qu'elle a, Ainsi le Soleil & l'Homme sont dans le lieu.

La presence definitiue est celle-là, par laquelle vne chose est toute en tout vn espace, & toute en chaque partie. Ainsi les choses spirituelles ont vne presence definitiue, & mesme quelques corps, comme est celle du Corps adorable de Iesvs en l'Eucharistie. Car il est tout en chaque partie de l'espace, comme enseigne la Foy & la Theologie. Nous expliquerons plus amplement ce predicament en son lieu : Maintenant il suffira de vous auoir donné vne grossiere conneslance de cette categorie, & sçachez qu'Aristote n'en a pas trois lignes.

Or le souuerain genre de ce predicament n'est pas vne raison commune du lieu ; mais c'est ce mot, *où*, *& estre dans le lieu*, qui appartient à tous les termes de ce predicamét. Car s'il se donnoit vne presence, ou raison commune d'estre dans le lieu, il s'ensuiuroit qu'il se donneroit vn lieu pardessus tout lieu, puis que chaque lieu est vn lieu en particulier. Et il se donneroit vn progrez infini dans les presences, comme i'ay dit de la raison commune de l'homme. Passons du lieu au temps, & disons pour

III. Thèse. Que le predicament du temps, ou comme dit Aristote, *du quand*, est vne suite des termes qui satisfont à cette question, *quand*, *ou en quel temps est-il*: comme hier, auiourd'huy, il y a vn an. Ce mois, τὸ ποτε.

cette année, jadis, demain, & tels autres termes, qui sont signifiez par ce mot *Quand*, pris comme terme de la seconde intention; Et partant le souuerain genre, ou comme genre de ce predicament, n'est pas vne raison formelle & abstraête du temps ; ou comme quelques-vns disent, de *Quandoca-tion*. Mais c'est vn ramas de tous les mots, qui répondent à cette question *quand est-il?* & qui signifient, ou le temps present, ou passé, ou futur. I'ay dit ou comme genre, car les Syncathegorémes ne sont pas des genres, puis qu'ils ne peuuent pas estre mis dans la proposition, si ce n'est en la compagnie d'vn cathegoréme ; comme quand on dit, jadis Cesar regnoit ; il viendra demain.

Dites le mesme des autres Categories: Car *quantus ou qualis* ne sont pas des genres proprement, au regard des termes de leur categorie ; pource que tout genre est vn terme absolu, qui s'enonce quidditatiuement de plusieurs inferieurs de diuerse espece. On les appelle neantmoins genre improprement. De plus, nul genre s'enonce denominatiuement & accidentairement de ses inferieurs. Or *Quantus* & *Qualis* se disent accidentairement, & supposent pour vne chose, & en connotent vne autre extrinsequement. Le Cardinal Tolet s'efforce de soudre cét argument ; mais il n'en peut venir à bout, car cette proposition, la ligne a vne quantité, est accidentaire, & non pas generique.

Ce mot *Quand*, pris comme terme de la

Tolet. q. 1.
in cap. 6.
prædic.

premiere intention, signifie le temps extrinseque, qui est le mouuement fixe &
regulier du Soleil, le temps extrinseque est
la duree de quelque chose. Or la duree d'v-
ne chose est la chose qui dure par elle mesme. Desorte que ce mot *durer* suppose pour
Cesar qui dure, & connore les reuolutions
fixes & esgales du Soleil, pendant lesquelles
Cesar existe dans la nature: car tout ce qui
existe, existe en quelque lieu, & en quelque
temps. On diuise la durée en virtuelle, &
formelle. *La duree permanente*, est vne *chose permanente & successiue*, qui répód à diuerses parties du mouuement du Soleil, par tout ce
qu'elle a : & elle est semblable à la presence
definitiue, telle est la durée d'vn homme, &
d'vn Ange.

La *duree successiue*, est vn estre qui respond à
diuerses parties du mouuement du Soleil,
par diuerses parties de soy mesme, comme
l'Oraison, & elle est semblable, à la presence circonscriptiue des corps, qui respondent par diuerses parties, aux diuerses parties de l'espace.

Il y a des Autheurs, qui assignent des proprietez à ces predicaments du temps, & du
lieu : mais c'est vne chose superfluë. Puis
qu'Aristote les passe sous-siléce. D'icy vous
voyez en premier lieu, que les mesmes termes se mettent en plusieurs predicamens,
comme ces mots Auant, ou apres le iour:car
ils satisfont à la question. *Quand a esté cela*, &
de plus, ils sont relatifs. Ainsi ce mot, *triangulaire*, se met au predicament de la quanti-

té : car il signifie trois Angles, qui sont vne
quantité discrete, & il se met aussi au predicament de la situation, puis qu'il signifie l'a-
iustement d'vn corps au regard du lieu.

Vous deduirez en 2. lieu, que ces mots,
Ou, Quand, Substance, Hauoir, & tous les autres,
quand ils se prennent comme termes de la
seconde intention, pour vne Categorie, sont
des noms Collectifs, pource qu'ils signifient
vn ramas de plusieurs termes, qui satisfont à
quelque Question. Vous voyez de plus
Theandre, que c'est le propre de la Physique
de declarer ces deux predicaments : car quoy
que les choses spirituelles durent & soient
dans le lieu, aussi bien que les corporelles ;
neantmoins le temps & le lieu, estant des
choses corporelles, & la duree ne se pouuant
expliquer, si ce n'est par comparaison au
temps, & au mouuement fixe, & regulier de
quelque corps. Il s'ensuit que le traité de la durée aussi bien que celuy de l'eternité, appartient à la Science qui traite des choses corporelles, passons aux autres Categories.

IV. T H E S E. La situation prise comme
terme de la 2. intention, ou le predicament
de la situation, qu'Aristote appelle *estre situé,*
est vne suitte ou ramas de tous les termes,
par lesquels on peut respondre à ceste Question : *comment est-il situé, ou mis dans le lieu,* come estre debout, estre assis, droict couché.
D'où vous voyez, qu'en effect c'est le mesme d'estre dans vn lieu, & d'estre situé. Il y a
cette seule difference, que les termes de ce
predicament, ne signifient pas simplement

eftre dans vn lieu : mais ils connotent la façon d'eftre dans le lieu , qui peut eftre diuerfe. La fituation prife, comme terme de la premiere intention , fignifie vne certaine difpofition, au regard du lieu , & de l'efpace , &
confequemment elle appartient feulement
aux chofes corporelles, puis qu'elles feules
ont des parties. D'où vous pouuez encore
inferer , qu'Ariftote euft bien peu fe garder
de faire vn predicament particulier de la fituation, ayant mis celuy du lieu , puis que la
fituation eft de fort peu d'importance. Ce
predicament fe diuife en tout autant de bra-
ches, qu'il y peut auoir de fituations, ou poftures des corps , qui occupent vn efpace.
Ainfi il y a vne fituation droite , courbee,
quarree, triangulaire, ronde, & ainfi des autres. Remarquez qu'Ariftote appelle ce predicament , eftre fitué , & confequemment
qu'il met dans fes predicaments des Oraifons complexes & infinitiues. Le fouuerain
Genre, ou comme Genre de ce predicamēt,
eft *auoir quelque fituation*, ou quelque pofture
dans vn lieu, puis que la fituation n'eft autre
chofe que l'aiuftement d'vne chofe corporelle en vn lieu. Et eftre fitué, c'eft eftre mis
en vn lieu. La fituation n'eft donc pas vn terme abftract , fi ce n'eft à la façon des Gram-
mairiens, pour ce qu'il fignifie le mefme que
eftre fitué : ce qui fe garde quafi en tous les
autres predicaments , excepté en celuy de la
qualité : car la blancheur n'eft pas le fujet
blanc : mais la reffemblance eft reellement
la chofe femblable, & l'extenfion eft la chofe

estenduë, l'action est le principe agissant, & la passion est la chose qui souffre.

V. THESE. *L'hauoir* pris comme terme de la seconde intention, ou comme dit Aristote *le predicament de l'hauoir*, est vn ramas, ou vne suitte de tous les termes qui signifiēt hauoir, ou par lesquels on respond à la question, *qu'a cette chose.* Et ainsi ce terme *hauoir,* intendant de ce predicament, & suppose pour quelque Estre, connotant qu'il possede quelque chose. Ainsi Aristote dit, qu'on met dans ce predicament, estre marié, estre vestu, estre chaussé, estre armé, ou auoir vne femme, des robes, des armes, soit offensiues, soit deffensiues, comme remarque Arriaga, qui se rit agreablement de Suarez, pour ce qu'il tient, que dans ce predicament ne se mettent pas les Armes offensiues: mais seulement les deffensiues, comme s'il auoit crainte d'estre irregulier, vous voyez donc que ce mot *hauoir* pris comme terme de la premiere intention, signifie vne chose, & connote qu'elle a vne femme, des terres, des armes, vne metairie, ou quelque autre chose semblable : car comme i'ay dit cent fois, hauoir, hayant, posseder, possedant, & possession actiue, signifient le mesme aussi bien qu'estre possedé, la chose possedee & possession passiue, c'est la mesme chose.

OPPOSITION. Vous me direz qu'il s'ensuit que la quantité, la qualité, & mesmes la substance, se met en ce predicament. Ie respons en niant cette suitte : car comme

τὸ ἔχειν

dit Ariſtote, il y a pluſieurs façons d'hauoir.

Premierement on dit auoir vne qualité,
comme la Science & la vertu.

Secondement on dit auoir quelque quantité, comme auoir deux aunes, ou trois
lieux.

Troiſieſmement, on dit qu'vn corps a des
membres, vne teſte, des bras, des pieds, c'eſt
à dire, qu'il en eſt compoſé.

Quatrieſmement ce qui contient, eſt dit
auoir le contenu, ainſi vne boiſte à des par-
fums & vne phiole à de l'eau d'Ange.

Cinquieſmement *hauoir*, ſignifie poſſeder;
comme auoir vne mettairie, auoir vne femme, & cette façon eſt tres-impropre, comme
dit Ariſtote pour ce que la meſme choſe poſſede, & eſt poſſedée: car la femme a ſon mary, auſſi bien que le mary a ſa femme.

En 6. lieu & proprement *hauoir ſelon Ariſtote, ſignifie les choſes qui veſtent le corps*. Ainſi on
dit que quelqu'vn a vne robe, ou vne bague,
c'eſt pourquoy quelques Philoſophes, diſent que *l'hauoir ſont les choſes qui entourent le
corps*, comme les veſtemens & les armes, ou
plutoſt hauoir des veſtemens & des Armes
ſelon la penſée d'Ariſtote, qui nous aduer-
tiſt qu'il y a bien d'autres façós d'hauoir, cóme on dit, qu'vn Oiſeau ha le lacet au col,&
que la matiere ha la forme. D'où vous voyez
que ce mot hauoir, auſſi bien que la pluſpart
des termes, eſt beaucoup equiuoque, & que
haberi ſignifie les choſes qui ſont poſſedées,
& *habere*, celuy qui les poſſede, ſelon vne re-

Ariſt. in
poſt præd.

τὸ ἔχειν μᾶλ-
λον ſημαίνει τὸ
ὑποδεδέχθαι,
ἢ τὰ ὅπλα.

gle Generale, où i'ay dit que infinitif actif,
fe doit expliquer par le participe actif, &
l'infinitif paffif, par fon participe. A n'en
point mentir, *Theandre*, ces quatre predicamens font de fi peu d'importance , qu'à
moins que d'auoir du temps à perdre, on
ne s'y doit pas arrefter. Et Ariftote auffi
bien que nous les a paffé fort à la legere.
Arreftons nous vn peu dauantage à la categorie de la quantité , en attendant que
nous la declarions bien au long au traicté
du continu dans la Phyfique.

QVESTION IV.

*Qu'eft-ce que la Categorie de la
quantité , quelles font fes diuifions , proprietez , & fignifica-
tions principales, entant que la
quantité fait abftraction des
corps & des efprits.*

I. THESE.

CE mot *quantité* fe peut prendre, ou
comme vn terme de la feconde ou de
la premiere intention. *Quantité* comme terme de la feconde intention, fignifie la fuite
ou ramas de tous les termes qui peuuent
eftre mis dans ce predicament : Et ainfi ce

mot *quantum,* ou *quantitas* n'eſt ny abſtract,
ny concret ; mais il eſt collectif, qui ſignifie le ramas de tous les termes, par leſquels
on peut reſpondre aux queſtions qui ſignifient la quantité. Ainſi tous les nombres,
éſtre eſtendu, long, large, quarré, rond,
eſgal, eſgalité, inegal, profond, profondeur,
corps, ligne, ſuperficie, ſe mettent dans ce
prédicament. Neantmoins ce mot quantité
n'eſt pas vn genre ; car il s'enonce de ſes inferieurs accidentairement, & connotatiuement.

II. Thèse. *Quantité* priſe comme terme de la premiere intention, eſt ce qui a des
parties, ou qui eſt diuiſible. Et ainſi *quanti-*
té, ou auoir quelque quantité, c'eſt auoir des parties,
ou eſtre diuiſible. C'eſt en ce ſens qu'Ariſtote
dit, que parmy les choſes qui ont quelque
quantité, il y en a de diſcretes & de continuës. Le Docte Titelman dit, que Quantité
eſt ce pourquoy la choſe eſt *quanta :* c'eſt à
dire diuiſible. Certes on ne peut donner vn
concept ou definition plus diſtincte, qui
conuienne à toutes ces ſortes de quantité, &
à elles ſeules, comme à la quantité reelle &
virtuelle.

Que ſi vous me demandez quelle eſt cette choſe, par laquelle vne ſubſtance ou vn
accident eſt appellé *quanta.* Ie vous diray
qu'il y a deux opinions. La premiere eſt du
ſubtil Okam, Maior, Gabriel, & des autres
Nominaux, qui diſent que la quantité n'eſt
pas reellement diſtincte de la ſubſtance, ou
accident, qui a la quantité ; mais que c'eſt

ces chofes mefmes , non pas fimplement;
mais entant qu'elles ont diuerfes parties,
foit continuës , foit feparées , ou difcrettes.
Ainfi qu'vn marbre ait la quantité, c'eft hauoir des parties hors des parties localement
eftenduës ; c'eft à dire, qui ne foient point
penetratiuement dans le mefme lieu. Et il
femble que cela eft vray de la quantité continuë , puis qu'il eft vray de la difcrette. Car
la quantité difcrette n'eft autre chofe, que plufieurs vnitez en vn nombre. Or eft-il que
plufieurs vnitez, par elles mefmes , font vn
nombre. Donc vn marbre par fes parties
mefme, eft eftendu fans aucun mode , ou
entité diftincte.

Snar.difp.
40.Met.52.
La feconde opinion eft de Suarez , qui
cite fainct Thomas, Scot, Durand, Albert le
Grand , & dit qu'elle eft commune: il cite
auffi Maior pour fon party. Mais cét Autheur , comme on peut voir dans le chap.3.
des Predicamens, ayant rapporté trois opinions ; dont l'vne dit que la quantité eft diftincte, l'autre qu'elle ne l'eft pas , & la troifiefme eft comme metoyenne entre ces
deux ; Il dit qu'il approuue la feconde opinion comme feulement veritable, & euitant
la fuperfluité des Eftres.

Il eft donc des Autheurs qui difent, que
la quantité eft vn accident diftinct des fubftances & des qualitez Phyfiques , & qu'il a
pour effect formel , de faire vne chofe diuifible , & diftincte en plufieurs parties. Ou
bien c'eft vn accident qui fe nomme *Racine*
d'impenetrabilité , qui fait que le fuiet deman-

de,

de , d'hauoir des parties hors des parties,
d'où s'enfuiue l'impenetration de ces mefmes parties. Ie decideray cette queftion
vne autre fois, & preuueray que l'extenfion
eft la chofe mefme eftenduë. Ie dis maintenant, que la quantité, foit qu'elle foit di-
ftinéte, foit indiftinéte, eft ce par quoy
la chofe eft *quanta*: noftre langue n'a point
de mot propre en cette matiere. Ou bié c'eft
ce par quoy vne chofe a des parties, & eft
diuifible. De forte que hauoir quelque quantité, c'eft hauoir des parties, & eftre diuifible. Dites encor fi vous voulez que la
quantité, eft ce à raifon dequoy on dit,
qu'vne chofe eft mefurable, ou hors de mefure, égale, inégale, grande ou petite, finie
ou infinie. Ou que la quantité eft ce qui fe
refpond à la queftion *quantum eft*. Et partant
que la categorie de la quantité, eft vn ramas
de tous les termes, par lefquels on fatisfait à
cette queftion.

Or ce mot *quantité*, pris en cette fignification fi vniuerfelle, appartient tant à Dieu,
& aux Anges, qu'aux chofes corporelles: car
on dit que Dieu eft infini, qu'il eft plus
grand en perfection que tout ce qui eft au
monde. Neantmoins en Dieu il n'y a point
de propre quantité reelle, mais virtuelle,

III. T H E S E. Il y a deux fortes de quantité, prife felon vne fignification fi vniuerfelle. L'vne s'appelle quantité virtuelle, &
l'autre formelle. *La virtuelle* eft celle là qui
n'a point de vrayes parties diftinétes, mais
qui equiuaut à des parties diftinétes. Ainfi

Dieu, vn Ange, & l'ame raisonnable, occupêt vn lieu diuisible, par vne quantité virtuelle. *La quantité formelle ou reëlle*, est vne chose qui reéllement a des parties distinctes. Ainsi le marbe a vne quantité formelle, quelques autheurs appellent cellecy quantité de masse, & l'autre quantité de vertu.

Quantitas molis & quantitas virtutis.

Or la quantité virtuelle se peut diuiser en trois branches. La premiere est *la qualité de perfection*, par la quelle d'vne chose est dite grande ou petite en perfection. Ainsi Dieu est infini en perfection. Les Anges sont plus grands en perfection, que les hommes, & les hommes que les Brutes, les viuantes que les inanimées.

Quantitas virtualis est triplex perfectionis, actiuitatis, præsentiæ.

Secondement, la quantité virtuelle se prend pour vne plus grande ou plus petite energie pour agir. Ainsi on dit qu'vn estre qui peut produire plusieurs choses, & plus parfaites, a vne plus grande vertu, & qu'il a vne plus grande sphere ou estendue de son actiuité. Ainsi le soleil a plus d'estenduë ou plus d'actiuité que les autres estres. Car il agit plus loing, & plus fortement.

En 3. lieu, la Quantité virtuelle est celle-là par laquelle vne chose indiuisible, respond à vn lieu, ou à vn corps diuisible, par la replication de soy mesme. Ainsi toutes choses sont pleines de Dieu; ainsi les Anges, & les ames raisonnables, remplissent vn espace. Cette quantité neantmoins est si impropre, que i'ose dire pour

IV. THESE. Que la quantité virtuelle, n'appartient point proprement à ce predica-

ment, mais seulement la quantité formelle,
ou bien ce par quoy vne chose est reéllemēt
diuisible. C'est à dire qu'elle a en effet, des
parties distinctes reéllement l'vne de l'autre ; à raison de quoy cette chose est ou
grande ou petite, mesurable, diuisible, esgale, inesgale. Et ie dis que quantité prise en
cette façon, est le souuerain genre , comme
genre de ce predicament. C'est à dire vn terme qui suppose pour vne ou plusieurs choses, & cónote qu'elles ont plusieurs parties.
C'est l'opinion du Cardinal Tolet, d'Albert
le Grand, de Titelman, & de S. Thomas,
qui definissent *la quantité*, ce à raison de quoy
vne chose est dite *quanta*, c'est à dire longue,
large, profonde, grande, petite, de beaucoup
ou de peu de durée.

Ie ne suis pas neantmoins d'accord auec
Tolet en ce qu'il dit que la quantité, comme souuerain genre de predicament, appartient seulement aux choses corporelles:
car quoy que cette opinion soit véritable
touchant la quantité continuë, elle est fausse
touchant la discrete, pour ce que trois Anges, & les trois personnes de l'auguste Trinité sont aussi proprement vne quantité discrette, & vn nombre, que trois astres: &
auoir des parties reellemēt distinctes, est le souuerain
terme de ce predicament : car selon Aristote,
le genre de cette categorie est celuy qui se
diuise en quantité continuë, & discrette. Or
il n'y a point d'autre terme qui se puisse diuiser, en ces deux membres *qu'auoir des parties,*
& tous les exemples de la quantité rappor-

tez par Ariſtote, conſiſtent à auoir des parties. Deſorte que *s'il y auoit quelque point, il ne
ſeroit pas quantité*, ſi ſeroit bien vne ligne, ou
vne ſuperficie: car elle auroit des parties,
dans leſquelles elle pourroit eſtre diuiſée.
Et pareillement l'vnité n'eſt pas vne quantité diſcrete, pour ce qu'elle n'eſt pas vn nombre.

V. Tʜᴇsᴇ. Pour faire donc L'œcono-
mie de ce predicament. Ie dis que le ſouuerain Genre eſt *quantité, ou diuiſibilité*, & que
la quantité ainſi priſe, ſe diuiſe en continuë,
& diſcrete: *quantité continuée*, ou continuë,
eſt ce qui a pluſieurs parties, les vnes hors
des autres, conjointes Phyſiquement. Deſorte que ces mots quantité continuë, ſuppoſent pour pluſieurs parties, & connote,
qu'elles ſont vnies, par quelque vnion Phyſique, & qu'elles ſont localement eſtenduës,
& qu'elles ne ſót pas euvn meſme lieu, & partant ſi vn corps eſtoit mis en vn point, à parler proprement il n'auroit point de quantité
continuë, par ce que, quoy qu'il euſt pluſieurs parties: neantmoins elle ne ſeroient
point eſtenduës localement.

La quantité diſcrette, eſt vne pluralité des
choſes, ou vn nombre, & connote que l'ame
peut diſcerner entre ces choſes. Les parties
de la quantité diſcrette ſont quelquefois v-
nies, & quelquefois elles ne le ſont pas. Ainſi
les cinq doigts de la main, & cinq toiſes d'vn
meſme marbre ſont vne quantité diſcrette,
auſſi bien que cinq hommes.

La quantité diſcrette, ou le nombre ſe peut

diuiſer en nombre des choſes, & en nombre
de paroles qui ſe nomme Oraiſon, qui n'eſt
autre choſe qu'vn ramas de pluſieurs paroles. Et p'artant le nombre ſuppoſe pour pluſieurs vnitez, & connote l'acte nombrant
du coſté de l'eſprit; car comme dit Ariſtote,
s'il n'y auoit point d'Ame, il n'y auroit point
de nombre en la perfection.

Ariſt. 5. de
Anima.

VI. These. La quantité tant diſcrette,
que continuë, ſe diuiſe en permanente, &
ſucceſſiue. *La quantité permanente*, eſt-ce qui
a pluſieurs parties qui exiſtent au meſme
temps, ainſi le Ciel, la Terre, vn marbre, &
le lieu ſont des quantitez permanétes, pource que, comme diſent les Latins, leurs parties, *eodem tempore permanent*, c'eſt à dire, demeurent au meſme temps. Pareillement le
nombre des Eſtoilles & des Elemens, eſt
vne quantité diſcrete, permanente, c'eſt à
dire, qui a pluſieurs parties, qui exiſtent au
meſme temps.

La quantité ſucceſſiue, eſt vne choſe qui a pluſieurs parties, qui n'exiſtent pas au meſme
temps, mais dont l'vne ſuccede à l'autre, &
dont l'vne eſt apres l'autre, comme le temps,
le mouuemét & l'oraiſon vocale. Doncques
le temps eſt vne quantité continuë ſucceſſiue : car il a pluſieurs parties vnies Phyſiquement, dont l'vne eſt apres l'autre. Le mouuement auſſi eſt vne quantité permanéte, d'où
vous voyez qu'Ariſtote a confondu ſou-
uentesfois ſes Categories, puis qu'il met la
Categorie du temps, & du lieu dans le predicament de la quantité,

E e iij

VII. Thes e, Il y a donc 7. especes de la quantité selon Aristote : car *la quantité successiue se diuise dans le temps, le mouuement & l'Oraison* : Et de plus, Aristote diuise le continu permanent en *Ligne*, qui, selon Euclide est vne longueur sans largeur, *superficie* qui est vne longueur & largeur sans profondeur, *& corps*, qui est vne chose longue, large & profonde. Pour ce qui touche le poinct indiuisible, ie prouueray en son lieu qu'il est impossible, & s'il s'en donnoit, il est clair qu'il n'auroit aucune quantité, puis qu'il n'auroit point de parties. Or il est à remarquer, qu'Aristote ne veut pas dire qu'il y ait des lignes, ny des superficies : mais qu'il veut seulement donner des exemples, & vsurper ces mots à la façon des Mathematiciens, se reseruant d'examiner le tout en la Physique. Aristote adiouste *le lieu*, pour Quatriesme espece du continu permanent, pour ce qu'il a des parties, qui existent au mesme temps. Remarquez neantmoins que le lieu extrinseque, est vn corps renfermant vne chose en soy. De sorte que ce mot *lieu* connote pardessus, *Corps*, qu'il renferme quelque chose, qui soit contenuë en son enceinte.

D'icy vous deduirez en premier lieu, que quant & quantité, c'est le mesme selon Aristote, qui intitule ce predicament *de quanto*, & dit selon la version de Pacius, que parmy les choses qui ont quelque quantité, il y en a de continuës, & de discretes ou separees, & partant tous les termes de quantité, supposent pour des choses, soit substances,

Arist. Quatorum aliud est discretũ, id est, deiunctum aliud continuatum.

soit accidents, & connotent, qu'elles ont des parties. I'ay dit, soit substances, soit accidents : car les accidents ont aussi bien leur nombre, quantité & extension, que les substances, pour ce que l'extension sont les parties mesmes mises localement les vnes hors des autres. Or est-il que les accidents ont des parties l'vne hors de l'autre : & ainsi ils ont quelque quantité. Et partant en ce predicament, il n'y a aucun propre Genre : car *Quantum* n'est pas Genre, puis qu'il s'enonce denominatiuement de ses inferieurs, & non pas quidditatiuement. Ce qu'Aristote voulant signifier, il intitule quasi tous ses predicaments, excepté celuy de la substance ou essence, par des noms connotatifs.

D'icy ie deduis en second lieu, que toute quantité est discrette, car par tout où il y a des parties, il y a plusieurs vnitez, que l'Ame peut discerner ; donc estre quantité discrette, sont des termes reciproques : & partant la quantité continuë est discrette, ainsi vn bois de trois pieds est vne quantité discrete, puis que tout ce qui a des parties capables d'estre nombrees, est quantité discrette. Or tout continu a des parties capables d'estre nombrees. Neantmoins la quantité, comme continuë, ou sous ce terme continu, ne connote pas que l'esprit puisse discerner, entre ses parties ; quoy qu'en effect il le puisse.

Vous pourrez inferer en 3. lieu, que le mesme terme, & la mesme chose, se met en plusieurs predicaments : car le lieu se met

dans les predicaments de la relation, de l'*Où*
& de la quantité continuë, pareillement le
temps, se met dans le predicament du *Quand*,
& dans celuy de la quantité successiue. Et
Aristote mesme sur la fin du Chapitre de la
Qualité, dit qu'vne mesme chose se peut
mettre dans la Categorie de la qualité, & de
la relation. Ainsi dit-il, la Science se met au
predicament de la qualité, & en celuy de la
relation : car la Science, est Science de quelque chose, donc elle est vne qualité & relation à son objet.

Vous pourrez recueillir en 4. lieu, que le
nombre de cent, n'est point distinct d'espece, du nombre de trois, comme cent hommes & trois hommes : mais si sont bien trois
hommes, & trois astres. Neantmoins estre
trois, ce n'est pas estre quatre, & ces deux
concepts connotatifs, sont distincts notablement, par vne raison diffinitiue diuerse.

Cinquiesmemét on peut inferer que Dieu
est quantité : car Dieu est Trinité, Trinité est
nombre, nombre est quantité, donc Dieu
est quantité. Vous voyez dóc que l'on pourroit ordonner ce predicament en cette sorte,
appellez vne ligne courbe *Diane*, & dittes
Diane est vne ligne courbe, la ligne courbe,
est ligne, la ligne est quantité continue, la
quantité continue est quantité, & la quantité est vn mode, & ainsi la quantité se raporte aux modes.

VIII. Thesᴇ. Le nombe est suffisamment vn estre de soy, pour estre mis dans les
predicaments. J'auance cette proposition,

pour ce que quelques Anciens ont creu, que le nombre ne se peut pas mettre dans les predicaments, pour n'estre pas vn tout Essentiel: mais vn tout par accident, dont les parties ne sont pas vnies: car chasque partie du nombre, est vn estre accompli, & de deux estre accomplis. Il ne se peut pas faire, disent-ils, vn tout Essentiel, que les Latins appellent *Ens per se*. A cela ie respons, que le nombre est quelquefois vn estre de soy: ainsi le Corps & l'Ame de Cesar, sont vn nombre, puis que ce sont deux parties, qui font vn tout Essentiel. Quelquefois aussi le nombre, est vn tout accidentel, comme trois pierres, ou plusieurs grains de bled mis ensemble.

Or ie soustiens, que le nōbre, tāt celuy qui est vn estre de soy, que celuy qui est vn estre par accidēt se peut mettre dās les Categories. Car selon Aristote mesme, on met dans les Categories plusieurs estres par accident, comme estre armé, estre vestu, estre dans le Palais, estre dans l'Academie, hauoir des armes, & mille autres semblables. Certes il a dependu absolument de la phantaisie d'Aristote, de mettre quelles sortes de termes, & d'Estres il a voulu dans ses Categories. De plus, quoy que les parties du nombre, ne soient pas tousjours vnies, il se trouue aussi plusieurs sortes de tout Essentiel, dont les parties ne sont pas vnies ou continues: mais contigües. Ainsi l'escorce des Arbres, & le sang dans les veines, ou la moesle dans les os, ont quelque contiguïté, mais non pas continuité, & il n'est pas necessaire que dans toute sorte de tout, il y ait la mesme sorte d'vnion en toutes ses parties. Car l'vnion est bien plus estroite entre la forme & la matie-re, qu'entre les parties integrantes d'vn cō-tinu, comme les parties d'vn tout homoge-née, sont plus estroictement vnies, que cel-les d'vn tout eterogenee. Ie dis donc que l'on peut respondre à cette question, pre-mierement que le nombre n'est point vn tout de soy, & que nonobstant cela, il se met dans les predicaments : car à cét effect il est suffisamment estre de soy. Quant à la maxi-me qui dit, que l'on ne peut faire vn estre de soy, de deux estres accomplis, ny d'vn estre parfait, Il faut dire que cét axiome pris vni-uersellement est faux : car vne goutte d'eau se fait de deux gouttes. Et vn marbre long de deux pieds, se faict de deux pieces de marbres longues d'vn pied, il faut donc en-tendre cét axiome, ou bien que de deux estres accomplies, pendant qu'ils demeure-ront accomplies, ou s'ils ne sont pas perfe-ctionnez par l'vnion d'vne autre partie, il ne se peut pas faire vn estre de soy : ainsi vne goutte d'eau n'est plus vn tout, lors quelle est iointe à vne autre goutte d'eau : car alors elle est partie d'vn tout. Que si Dieu pareil-lement vnissoit vn Lyon, & vn Cerf, ce ne seroit pas vn tout de soy mesme pour ce que ces deux parties, ne sont pas ordonnees, pour faire vn tout, & neantmoins ces deux ani-maux estans vnis, pourroient estre vn princi-pe commun de quelques operations, comme du mouuement local, des sentimens, & des actions animales.

Vous voyez donc, *Theandre*, que tant les estres de soy, que les estres accidentels, se mettent dans les Categories, & que le nombre est suffisamment vn, pour y treuuer place. Souuenez vous en ce lieu, que i'ay dit autrefois deux veritez de cette matiere.

La premiere est, que le nombre se peut prédre ou passiuement, ou actiuement. Le nóbre actif, c'est vn acte, qui comte plusieurs vnitez, disant vn, deux & trois. Le nombre nombré sont plusieurs vnitez qui sont capables d'estre nombrées.

La 2. verité est, que le nombre n'adiouste rien aux choses nombrées, pour ce que plusieurs vnitez sont distinctes par elles mesmes. Ie viens des especes de la quantité, à ses proprietez, & dis pour

IX. THESE. Qu'Aristote & ses Interpretes donnent trois proprietez à la quantité, qui neantmoins ne conuiennent pas ny à toute sorte de quantité, ny à elle seule, & pourroient bien estre debattuës.

La premiere est, que *la quantité n'a point de contraires* : ainsi rien n'est contraire à la ligne, ny au corps, cette proprieté conuient aussi à la substance.

D'icy ie deduis, que dans l'opinion d'Aristote, la quantité n'est point vn accident, autremeat estre grand & petit, seroient deux contraires capables d'estre en vn mesme sujet successiuement.

De plus selon Aristote, cette proposition

quantū est quantitas est veritable, donc la quá-
eité n'est pas vn accident: car on ne peut pas
dire, le suiet blanc est la blancheur, ny l'accidēt est substance, ou l'accident est vne ligne.

La 2. proprieté est que *La quantité ne reçoit
ny de plus ny de moins*. Ainsi cent n'est pas plus
nombre que vingt. Et vne ligne longue comme le diamétre du Ciel, n'est pas plus ligne
qu'vne ligne d'vne aulne. Neantmoins
contre cette proposition l'on pourroit opposer qu'on dit souuent qu'vne chose est
plus grande, plus estendüe, plus profonde,
plus, & moins large que l'autre.

La 3. proprieté qui est tres propre de la
quantité, *c'est d'estre ce à raison de quoy on dit,
qu'vne chose est égale ou inegale.* Où vous voyez
que ce Philosophe donne vne proprieté par
disiōctiō, sçauoir est d'estre égal, ou inégal, &
cecy est vne proprieté, pour ce que c'est vn
terme qui cōnote extrinsequemēt pardessus
ce mot quātité & qui conuient à toute quātité, & à elle seule. Que si l'on obiecte à
Aristote que deux blancheurs peuuent estre
égales. Donc estre égal conuient aussi aux
qualitez. Il peut repartir qu'estre esgal, conuient aux qualitez, & aux substances, mais
à raison de leur quantité, soit continue, soit
discrette. Ainsi on dit que deux blancheurs
sont esgales, qui ont autant de degrez d'intention l'vne que l'autre. Et à dire vray ces
proprietez de la quantité sont fort douteu-
ses. Que si vous me demandez s'il se donne
vne quantité dans les choses corporelles,
outre l'extention, laquelle quelques Philo-

ſophes appellent *racine d'impenetrabilité*.

Ie vous répondray dans ma Phyſique, qu'ou il n'y a point de racine d'impenetrabilité, ou que c'eſt vne vraye qualité, & vn accident diſtinct reéllement de la ſubſtance. Mais ce traicté eſt propre de la phyſique, qui conſidere l'extention des corps, & tout ce qui eſt de leur domaine. Et la Metaphyſique ne doit conſideter la quantité, qu'entant qu'elle fait abſtraction des corps, & des eſprits.

DISCOVRS II.

DE LA PREMIERE
Categorie, de la substance, où il est aussi traité de la Subsistence, Suppost, Personne, & Hypostase.

A Substance n'est pas moins le suiet des disputes dans la Philosophie, que des accidens qu'elle soustient dans la nature. Quelques Autheurs ont creu, que tout ce qui estoit dans la nature estoit substance. Quelqu'autres ont banny tout à fait la substanstance, des choses sublunaires, estimans que tout ce qui tombe sous nos sens, estoit des accidens. Tous les Payens, quelques doctes qu'ils aient esté, n'ont iamais connu que c'estoit qu'hypostase, & que subsistence. Les Platoniciens ont enseigné qu'il y auoit des substances vniuerselles. Plusieurs formalistes se sont imaginez que la categorie de la substance, estoit vne armée d'estres substantiels, dont le general estoit vne substance distincte de toutes substances parti-

culieres. Vous en treuuerez qui ont creu,
que les substances premieres estoient des
choses. Les autres soustiennent, que ce ne
sont que des termes. Les anciens Theolo-
giës n'ont point recönu de distinction entre
la substance & la subsistence. La pluspart de
nos voisins du costé des Pyrenées soustiennent opiniastrement, que la subsistence
est vne chose distincte. Pour donner du iour
à tout ces autres cötrouerses, ie desire, *Theä-
dre*, employer tout ce discours dans la declaration de la substäce, & de la subsistence;
& pour ce que la nature est vn peu trop foible en cet endroit, i'éprunteray les lumieres
de la Theologie, qui aduoüe ingenuement,
que les deux mysteres les plus releuez,
qu'elle declare, qui sont la Trinité, & l'imagination, dependent absolument du traitté
de la subsistence : Voyons donc pour.

I. QVESTION

Qu'est-ce que substance qu'elles
sont ses proprietez, di-
uisions & especes.

I. THESE.

CE mot *substance* se prend comme terme de la premiere ou de la seconde intention. Quand il est terme de la seconde in-

tentiõ, il fe met pour des termes, ou pour le ramas des termes, qui fignifiët les fubftáces, cõme *Animal, corps, viuant, Dieu, Socrate, Homme.* Chez Ariftote ce mot fubftance, eft le mefme qu'effence. Et ainfi il fignifie le ramas de tous les termes, qui fignifient l'effence, & fe refpond à la queftion *Qu'eft ce la?* foit qu'ils fignifient vne fubftance, comme Animal, foit vn accident comme *blancheut.* Ainfi il dit que les noms vniuoques fignifient la mefme raifon de fubftance. Ce qui conuient auffi bien aux accidens qu'aux fubftance.

D'autres fois ce mot *fubftance* fe préd pour foy-mefme, en fuppofition fimple, comme quand on dit le fouuerain genre du premier predicament, c'eft la fubftance. Ce mot donc pris comme terme de la feconde intentemiton, c'eft à dire pour des termes, qui compofent la premiere categorie, fe diuife en fubftance premiere & feconde.

La premiere fubftance eft vn terme indiuidu, qui fignifie vne fubftance, comme *Dieu, Socrate, Bucephale.* Ariftote la deffinit en cette forte. *La fubftance premiere c'eft celle-là* qui n'eft pas dans vn fujet, & ne fe dit pas du fuiet, comme *quelque homme.* C'eft à dire la premiere fubftance eft celle-là qui n'a fous foy aucun inferieur. Et ne peut eftre dite d'aucun inferieur, & partant c'eft vn terme qui fignifie vne fubftance indiuiduelle; comme ces mots Socrate, & Bucephale.

La fecõde fubftãce eft vn terme vniuerfel, foit Genre, foit efpece, qui fignifie les fubftan-

ces, & ſe dit des ſubſtances premieres, com-
mē Animal, & homme. Ariſtote dit que les
ſecondes ſubſtances ſont les eſpeces, dans
leſquelles ſont contenues les ſubſtances
qui ſe diſent d'elles. Ainſi *homme* ſe dit de
Platon, & de Socrate. Et ces deux mots
ſont compris confuſement ſous ce mot,
homme.

De plus, Ariſtote veut que les ſubſtances
indiuiduelles ſoient plus ſubſtances que
les eſpeces, & que les eſpeces ſoient plus
ſubſtances, que les genres; pource qu'elles
s'approchent plus des indiuidus.

Or en cette façon de parler, il a ſeulement
eſgard à l'Etymologie de ce mot ſubſtáce,
qui vient de *stare ſub, ou eſtre deſſous*. Et pour
ce que tant plus vn terme s'approche de
l'indiuidu, plus il eſt ſuiet des autres termes, de là vient qu'il dit, qu'il eſt plus ſubſtance, ou pour mieux dire, qu'il eſt plus
ſuiet, & plus ſoûmis, comme entre les pierres du fondement d'vn edifice celle-là eſt
plus ſuiette, qui s'approche plus de la derniere. Ie dis donc pour.

II. THESE. Que la diuiſion qu'A-
riſtote fait de la ſubſtance, en premiere, &
ſecōde, eſt des termes, & non pas des choſes.
Et ainſi on peut dire pour paradoxe veri-ta-
ble que *ny les premieres, ny les ſecondes ſubſtances,*
ne ſont pas ſubſtances. Ie le preuue pour ce
qu'Ariſtote dit, que les ſecondes ſubſtances,
ſont des eſpeces, & des genres. Or les eſpeces & les genres ſont des termes. Donc les
ſecondes ſubſtances ſont des termes. En 2.

lieu les secondes substances sont celles-là qui sont dites du suiet, & qui sont dans le suiet. Or est il que ce sont les termes qui sont dits, & non pas les choses, qui ne peuuent estre mises dans la proposition.

Troisiesmement, toutes les choses qui sont substances sont des premieres substances, & indiuiduelles. Donc la chose qui s'appelle substance, ne peut pas estre diuisée en vniuerselle, & particuliere: & ainsi cette diuision est seuleulement d'vn terme. Et d'icy se voit, qu'Aristote n'a voulu metre en ses predicamens que des termes directement, & indirectement, ou mediatemét des choses. Et partant il n'est pas besoin que la substance prise comme terme de la seconde intention soit vn *suiet d'inhesion, mais seulement d'attribution.* C'est à dire que les termes vniuersaux, qui signifient les substances, contiennent confusément les substáces indiuiduelles; toutefois on peut dire pour cótéter les formalistes, que les premieres substáces sont les substances indiuiduelles; par exemple Cesar, Bucephale, & cette rose entant qu'elles peuuent estre signifiées par des termes singuliers, & que les mesmes substances indiuiduelles, sont des secondes substances, entant qu'elles sont signifiées par des termes vniuersels.

III. THESE. Ce *mot substance* pris comme terme de la premiere intention, signifie diuerses choses: car premierement dans les Escritures sainctes, il signifie le mesme que

les richesses. Ainsi S. Iean condamne ceux
qui aiants des substances de ce monde, sont
impitoyables enuers les pauures.

Secondement, il se met pour la base, & le
soustien que ce qui est sous quelque chose.
Ainsi on dit que substance est ce qui sou-
tient les accidens. En ce sens les peres ont
nié que Dieu fust substance, & qu'il se mit
dans le predicament de la substance : ainsi
dit le Psalmiste.

I'ay esté plongé dans la boüe, & ie n'ay
point treuué de substance, c'est à dire de
fonds dans cette profondeur.

En 3. lieu substance se prend, pour le mesme que nature & essence, soit d'vn accident soit d'vne substance. Ainsi s'en serto A-
ristote dans la deffinition des vniuoques,
& des equiuoques. Pour ce que la nature
est comme le suiet de tous les attributs, qui
se disent d'vne chose, & vniuersellement
parlant, Aristote donne ce mot, substance,
à tout ce qui est sous quelque chose, & qui
n'a rien sous soy.

Quatriesmement, Ce mot substance signifie quelquefois la subsistance. Ainsi plusieurs peres Grecs, ont dit, qu'il y auoit en
Dieu trois substances. Et S. Hieresme tra-
duit que le verbe est *figure de la substance du
pere*, où le texte Grec porte *charactere de la
substance ou hypostase du pere*.

En 5. lieu, & proprement *substance* se prend
pour vn estre, qui est distinct reellement de
l'accident. Or il est assez difficile de treuuer
vn concept commun, qui conuienne à la

F f ij

Notes marginales :

1. Ioan. 3. qui habuerit substantiam huius mundi.
Act. 2. possessiones & substantias vendebant.

Ps 68. infixus sum in limo profundi & non est substantia.

Le tiltre de la categorie porte ὠσίας τῆς δίας qui signifie de essentia, aussi bien que de substantia.

1. Hebr. χαρακτῆρα ὑποςτάσεως αὐτ, figura substantiæ eius.

subſtance increée & creée: parfaite & imparfaite. Car en cecy il eſt difficile de
fuir vne reuolution diſant la ſubſtance eſt
vn eſtre qui n'eſt pas vn accident. Et l'accident eſt vn eſtre qui n'eſt pas ſubſtance.
Pour ce que ces deux mots ſõt correlatifs.
Certes Ariſtote n'en a point donné: car à
péne à t'il connu clairemẽt la deffinition
reélle entre les ſubſtances, & les accidens.
C'eſt pourquoy le plus ſouuent, il parle de
la ſubſtance cõme de ce qui eſt ſous vn
autre. Et pour cette raiſon il dit que les
ſubſtances indiuiduelles, ſont tres proprement ſubſtances.

Donc ſelon la penſée d'Ariſtote, il faudroit dire que *La ſubſtance eſt ſous les accidens:*
mais cette deffinition eſt irreguliere pour
ce que la ſubſtance diuine n'a point d'accidents. Et en ce ſens S. Auguſtin nie à bon
droit, que Dieu ſoit ſubſtance.

En 2. lieu, on peut deſpouiller vne ſubſtance creée de ſes accidens, ou pour le
moins la conſiderer, ſans ſes accidens: or en
cet eſtat elle n'eſt pas ſoutien des accidens;
& neantmoins elle eſt ſubſtance.

Troiſieſmement, vn accident en peut receuoir & ſoutenir d'autres, quoy qu'il ne
ſoit pas naturellement leur dernier ſoutien.
Il faut donc releuer nos eſprits par deſſus
la Philoſophie d'Ariſtote, & emprunter la
lumiere de la foy, pour chercher vn concept commun aux ſubſtances creées, & à
l'increée. Raimon-Lulle deffinit *La ſubſtan-*
ce vn eſtre auquel appartient proprement

d'estre, & d'exister par soy-mesme : les autres disent que *substance* est vn estre qui n'est
pas inherent, & que l'on ne peut definir la
substance sans l'accident, ny l'accident sans
la substance, pour ce que ce sont des termes correlatifs. Pour moy apres auoir
confessé ingenuement la difficulté, i'ayme
mieux dire pour

    I V. T H E S E. Que la *substance est vn*
estre capable de subsister de soy, ou d'estre partie
d'vn tout subsistant. Ou bien *substance est vn*
estre, qui peut fonder la subsistence, soit partielle-
ment soit totalement. Ces descriptions se preuuent premierement, pour ce qu'elles conuiennent à toutes les substances, & à elles
seules ; car toute substance est ou creée ou
increée. La creée est ou spirituelle comme
l'ame, ou corporelle comme le Lyon. La
spirituelle & corporelle, se diuisent en parfaite comme Socrate, & imparfaite, comme la matiere & la forme.

    Or cette description leur conuient tres-
proprement: car la substance Diuine est propre, pour subsister naturellement en elle
mesme, & par elle mesme, c'est à dire sans
subsister dans vn autre. Et quoy que la nature de Dieu subsiste dans les trois personnes Diuines, neantmoins la personne n'est
pas vne chose distincte de la nature, mais
c'est la nature tellement modifiée : pareillement l'homme peut subsister en soy, & par
soy-mesme, & l'humanité de l'Adorable I e-
s v s, quoy qu'elle subsiste maintenant dans
la personne du Verbe, neantmoins elle peut

subsister en soy-mesme, & par soy-mesme : c'est pourquoy ie n'ay pas dit, que la Substance est ce qui subsiste parsoy-mesme, mais ce qui peut subsister par soy-mesme.

Et quoy que les substances imparfaites, comme la matiere & la forme, ne puissent pas subsister en elles mesmes naturellemét, mais dans vn tout : car l'Ame d'vn Cygne ne peut non plus estre hors du tout, qu'vn accident, comme sa blancheur : neantmoins elles peuuent estre parties d'vn tout Essentiel & subsistant : ainsi l'ame du Lyon & sa matiere, sont propres pour estre parties du Lyon, qui est vn tout essentiel & subsistant en soy mesme.

En 2. lieu, nul accident n'est substáce, puis que le concept de la substance ne conuient à aucun accident : car quoy qu'vn accident puisse exister surnaturellement, de soy & en soy, c'est à dire, n'exister pas dans vn autre, comme il se faict par miracle dans l'Eucharistie. Cela neantmóins ne luy conuient pas naturellement ; car si vn accident estoit osté de tout sujet, à parler naturellement, il periroit, & ne seroit plus dans la nature.

OPPOSITION. Vous me direz que si la forme d'vn Lyon, estoit hors de son corps elle periroit aussi. Ie vous l'aduoüe, *Theandre*, mais en cela vne forme substantielle est differente de l'accident, qu'elle peut estre partie d'vn tout essentiel, & non pas vn accidét, donc toutes les parties de la substance sont substance, puis que ce concept leur est vniuoque. D'icy vous voyez que ces trois definitions de la substance sont irregulieres.

La premiere dit la substance est ce qui est de l'essence de quelque chose ; car la blancheur a son essence.

En second lieu, cette definition aussi n'est pas bonne. La substance est, ce qui ne peut pas estre absent ou present sans la corruptió du sujet : car ou vous entendez par ce mot de sujet, le tout composé, & cela est faux, puis qu'ostát la chaleur, ce tout, estre chaud, perit aussi bien que ostant la forme substantielle, l'homme cesse d'estre. Où par sujet vous entendez ce qui reçoit vne forme, & ie dis que la forme peut estre ostee de la matiere, sans que la matiere perisse, ou par sujet vous entendez, que ce qui demeure soit capable de la mesme denomination specifique ; Et ie dis que les parties integrantes, sont substance, qu'elles estant ostees, le tout retient la mesme denomination. De plus, ostez tous les accidens, le tout naturellemét sera corrompu. Et neantmoins le ramas de tous les accidens n'est pas substance.

En 3. lieu, cette definition est fausse, qui dit que la substance est, ce qui est independant du sujet, car les formes corporelles substantielles, comme l'ame du Lyon en depédent. Arriaga dans sa Metaphysique, voulant trouuer vn nouueau concept, apres auoir refuté tous les autres, dit : que substance est tout, ce qui constitue intrinsequemét, la premiere chose ; mais sans y prendre garde, il tombe dans tous les deffauts des definitions qu'il a refuté : car s'il entend par ce

Arriaga disp. 4. Met. Substantia est quidquid intrinsece constituit primam rem.

nom de conſtitutif de la premiere choſe, ce
qui exiſte en ſoy, & par ſoy, c'eſt à dire, ce
qui eſt capable d'eſtre vn tout ſubſiſtent, il
eſt auec nous. Que ſi il entend ce qui eſt
pretendu principalement par la nature,
il reuient à la ſixieſme definition qu'il a-
uoit renuerſee, qui diſoit, que la ſubſtãce eſt
ce qui eſt du premier conſtitutif de la choſe.
Car ce mot *choſe* ſimplement, ſe prend pour
les ſubſtances, pour ce que la nature pretend les ſubſtances principalement, & pour
elles elle fait les accidens: ce qui a fait dire à
Ariſtote que l'accident n'eſtoit pas vn eſtre,
mais vne appartenance de l'eſtre.

Si en 3. lieu, il entend par premiere choſe,
ce qui eſt racine des accidens, ou qui eſt racine de tout, & n'eſt point produit par vn
autre, ſa definition eſt fauſſe: car la ſeule matiere ſeroit ſubſtance, puis qué elle ſeule eſt
la premiere ſource, meſme de la forme.

Secondement Dieu ne ſeroit pas ſubſtance: car en luy il n'y a point de premiere ſource, ny accidens qui ſoient produits par l'eſſence. De plus en Dieu qui eſt ſubſtance, il
n'y a ny de premiere, ny de ſeconde choſe.

Cinquieſmement le tout ſubſtantiel, comme l'homme, n'eſt intrinſeque à aucune
choſe.

Il vaut donc mieux *Theandre*, nous tenir à
noſtre definition, & dire que ſubſtance eſt
ce qui peut ſubſiſter de ſoy, & en ſoy-meſme, ou qui peut eſtre vne partie d'vne choſe en ſoy ſubſiſtente, & deffendre ce poſte

le plus courageusement qu'il nous sera posfible.

Vous voyez donc que le tout consiste à sçauoir que c'est que substance, & que c'est vne difficulté aussi grande qu'il y en ait en toute la Philosophie, & Theologie, pour y preparer vostre esprit, *Theandre*, Ie desire, traitter auparauant cette

---

QVESTION II.

Quelles sont les diuisions & proprietés de la Substance.

I. THESE.

LA *Substance* prise cōme terme de la premiere intention, se diuise vniuoquemēt en creée & increée. *La creée* se diuise en spirituelle & corporelle, il se donne aussi des substances composees qui sont partie corps, & partie esprit, comme l'homme.

De plus la substance corporelle & spirituelle, se diuisent en parfaitte, cōme S. Gabriel, & Cesar, & en imparfaite & partielle, comme l'ame ou le corps.

Ces diuisions se preuuent par le denombrement de toutes les substances : car il s'en treuue vne increée, comme Dieu, de creées comme le Soleil, de spirituelles, cōme l'Ange ; de corporelles, comme le Lyon, d'accomplies, comme l'homme, & d'imparfaites, comme l'Ame. Nousparlerons de la sub-

stance spirituelle, Au 6. & 7. Liure; Et c'est
le propre de la Physique de traicter des
substances corporelles. Nostre but pour
maintenant, est de parler de la substance en
commun. Pour cét effect, ie dis que la *substance accomplie*, est celle qui est vn tout substantiel à qui rien ne manque, & qui n'est
pas ordonnée natruellement pour faire vn
tout, comme Dieu, l'Ange, l'Homme, le
Lyon. *L'imparfaite* est celle-là qui n'a pas
tout ce qui est requis pour faire vn tout, &
qui n'est qu'vne partie ordonnée naturellement pour faire vn tout auec vn autre: comme le corps, l'ame, & la matiere premiere.
Or toutes ces substances participent le nom
de substance, par la mesme raison ou definition, donc elles sont vniuoques,

I'ay dit, que la substance prise, comme
terme de la premiere intention, se diuisoit
en creée & increée, c'est à dire, lors quelle se
prend pour les choses: car lors qu' Aristote
diuise la substance en premiere & seconde, il
la diuise entant qu'elle est vn terme de la seconde intention; pour ce qu'il n'y a aucune
chose, qui soit substance vniuerselle, & qui
ne soit pas singuliere. Mais il est icy à remarquer diligemment, que ce mot substance increée, ou nature increée, aussi bien que Dieu,
n'est pas espece, mais indiuidu : car il ne se
dit que d'vn seul inferieur. Et il ne se dit pas
de trois substances, mais de trois personnes,
qui n'ont qu'vne mesme substance.

De sorte que ce mot *substance increée*, n'est

pas diftributif ny vniuerfel : car on ne peut
pas dire au pluriel, le pere, le fils, & le S.
efprit, font des fubftances, ou des natures,
Comme l'on peut dire qu'ils font des hypoftafes, des fuppofts, & des perfonnes,

Si donc vous me demandez fi la diuifion
de la fubftance en creée & increée eft vne
diuifion d'vn genre ou d'vne efpece en ces
indiuidus, Ie vous diray pour

II. THESE. C'eft vne regle generale dans
toute la Philofophie, & Theologie,

Que tout terme abfolu diuifé, fous lequel
immediatement fe treuue Dieu, eft efpece
ou genre, au regard de Dieu, & des creatures tout enfemble. Mais qu'il n'eft ny genre ny efpece, au regard de Dieu feul : car
fubftance increée eft auffi bien vn terme indiuidu, que Dieu, & que Socrate, & partant
ce mot *fubftance increée*, n'eft ny genre, ny efpece : car il n'y a qu'vn feul indiuidu qui foit
fubftance increée : mais au regard de Dieu, de
l'ame, & des Anges, ce mot Subftance fpirituelle, eft Genre. Dittes en le mefme de
l'Eftre increée, Neantmoins ces mots *Perfon-*
nes ou relation font vniuerfels, eftans comparez au trois perfonnes Diuines.

OPPOSITION. Donc me direz-vous,
Dieu n'eft point different d'efpece de Socrate, mais feulement d'indiuidu.

Ie refpons, il n'eft point different d'efpece, c'eft à dire, il n'eft pas fous vne efpece
differente, Ie l'accorde : mais fi vous entendez qu'il foit de la mefme efpece que Socrate. Ie le nie pour ce que Dieu n'eft d'au-

cune espece, & n'est sous aucune espece, à
parler proprement, neantmoins *intelligible,*
estre, substance, substance spirituelle, sont des termes superieurs & vniuoques au regard de
Dieu, & des creatures; mais ils ne sont pas
des especes au regard de Dieu seul. Et consequemment Dieu se met dans le predicament de la substance, comme vn indiuidu,
mais d'vne nature tout à fait particuliere,
pour ce qu'il ne peut auoir vn autre semblable.

Si vous demandez encore, si l'humanité,
ou le composé de corps & d'Ame, comme
il est dans IESVS, sans sa propre subsi-
stauce, est vne substance accomplie. Ie repartiray qu'il est impossible que l'humanité existe, qu'elle ne soit accomplie: car où
elle n'est en aucune autre, & alors elle subsiste en soy-mesme, où elle est dans vn autre,
& ainsi il luy donne son accomplissement:
mais de soy elle n'est pas accomplie, par ce
qu'il luy manque cette façon noble d'exister, qui la constituë vn tout.

Si vous me demandez de plus, si vn homme auquel manque vne partie integrante,
comme vn pied, ou vne main, est vne substance accomplie, ie respondray que si par
accomply, vous entendez ce à qui rien ne
manque, il n'est pas accomply: Mais si vous
entendez celuy auquel rien ne máque pour
estre d'vne telle espece. Ie dis qu'il est vn
estre accompli: car la partie integrante est
celle-là, qui estant ostée, ce qui reste est capable de la mesme denominatiõ specifique.

III. THESE. *Le predicament de la substan-*
ce est vne suite, ou vn ramas de tous les attributs absolus, qui se peuuent dire de quelque substance indiuiduelle, depuis le terme
singulier, iusques à ce terme substance. Cōme Socrate est homme, animal, viuant,
corps, substance.

Donc le mot estre, ne se met en aucun predicament d'Aristote, ce qui fait veoir que
ses Categories sont imparfaites, & qu'il pouuoit les diuiser en plus de nombres. Or dans
ce predicament de la substance, se mettent
les genres comme animal, les especes comme *l'homme*, les indiuidus, comme Socrate:
car toutes ces trois sortes de termes, signifient des Estres capables de subsister en eux-
mesmes, ou d'estre partie, d'vn Estre subsistant.

IV. THESE. Que les differences de la
substance, se mettent dans le predicament :
car tout terme se met dans le predicament
de la substance, qui signifie *absolument* quelque substance. Or ces trois mots, *Corporel*,
sensitif, raisonnable, qui sont trois *differences*,
sont des termes absolus qui signifient quelque substauce, donc ils se mettent dans la
Categorie de la substance.

En 2. lieu, on peut respondre par cette
question qu'est-ce que Socrate:c'est vn estre
sensitif,c'est vn animal raisonnable:Donc au
pis auoir les differences entrent par compagnies dans le predicament de la substance.

V. THESE. Aristote en ses Categories,
dit qu'il y a six proprietez de la substance,

que ie rapporteray briefuement, sans m'arrester à les examiner beaucoup ; puis que
c'est vne chose de peu d'importance.

Or il est à remarquer qu'Aristote, sous le
mot de *proprieté*, entend icy des attributs, qui
conuiennent à vne chose, dans les quatre façons des proprietez rapportées par Porphyre. De plus par ces mots, *attribut propre*, quelquefois Aristote n'entend pas vn seul terme,
mais vn *vray complexe*, comme *n'estre pas dans
le sujet*, receuoir plus & moins.

Troisiesmement parmy les proprietez
qu'Aristote attribuë aux predicamens, quelques vnes leur appartiennent, pris comme
de termes de la premiere intention, & quelques autres entant qu'ils sont de la 2. intention, & quelques vnes appartiennent à tous
les deux. Cela presupposé : Sçachez que la
premiere proprieté de la substance, dit Aristote, *est de n'estre point dans vn sujet d'inhesion.*
Or cette proprieté appartient à toute substance, & à la seule substance : car si vn accident n'est pas dans le sujet, comme nous
voyons dans l'Eucharistie, c'est par accident, & par vn priuilege qui est par dessus
la Nature.

Opposition Si quelqu'vn vous objecte, que les formes substantielles sont dás
les corps, & que la partie, comme la main,
ou le pied, est dans son tout. Respondez,
Theandre, que la forme n'est pas dans la matiere, comme dans vn sujet d'inhesion, puis
qu'elle est partie d'vn tout subsistát par soy
Ce qui n'appartient pas aux accidens. Cet-

te proprieté donc appartient aux termes de la premiere intention, & on la peut aussi expliquer des termes de la seconde intention, en ce sens, que les termes qui signifiét la substance, ne sont point attribuez accidentellement, mais essentiellement : comme quand on dit : *Socrate est animal, Platon est raisonnable*, ces attributs ne connotent rien extrinsequement, & conuiennent necessairement & essentiellement à Platon & à Socrate.

La proprieté dit Aristote, est que toutes les substances soit genres, especes, ou differences, s'enoncent vniuoquement des substances, premieres & indiuiduelles, cette proprieté appartient seulement aux termes, & conuient à toutes les secondes substances : mais non pas à elles seulement, puis que les termes qui signifient des accidens, s'enoncent aussi vniuoquement, comme blâcheur, blanc, couleur, coloré, car tout terme vniuersel, doit estre vniuoque.

Or parmy les termes vniuoques, quelques vns se disent denominatiuement, comme ce mot *blanc*. Et cela n'empesche pas l'vniuocation, il me semble que cette proprieté preuue qu'Aristote par le nom de substance entend l'essence, & qu'il a mis au predicament de la substance, l'essence des accidens, aussi bien que des substances.

La 3. proprieté est, que la premiere substance signifie determinément vn tout indiuidu, & singulier. Et les secondes substances signifient d'vne façon commune & confuse,

c'eſt à dire, vniuerſellement, les ſubſtances
indiuiduelles, pour ce que les ſecondes ſubſtances, ſont des termes, qui ſont communs
à pluſieurs indiuidus.

Or cette proprieté appartient aux termes,
puis que les ſeuls termes ſignifient. Et il me
ſemble qu'elle peut auſſi appartenir aux accidens: car ce terme, couleur, ſignifie chaſque couleur en particulier d'vne façon confuſe. De ſorte que comme les termes vniuerſels, qui ſignifient des ſubſtances, ſont
nommez des premieres ſubſtances, auſſi on
pourroit appeller les termes vniuerſels abſtracts, qui ſignifient les accidens, comme
couleur, & blancheur, des premiers accidens,
& cette *couleur, ou cette blancheur* des ſeconds
accidens, auſſi bien que ces mots *homme &
animal* ſont des ſecondes ſubſtances. Et *Socrate, ou Bucephale* ſont des ſubſtances premieres.

La 4. proprieté eſt, que la *ſubſtance n'a rien
de contraire*. Cette proprieté appartient aux
choſes qui ſont des ſubſtances : mais auſſi la
quantité n'a rien de contraire. La raiſon de
cecy eſt, que *les contraires* ſont des choſes, qui
eſtans miſes ſous vn meſme genre, ont vne
antipathie extreſme, & ſe chaſſent du ſujet, ſi
l'vn d'eux n'eſt en ce ſujet neceſſairement.
Et partant tout ce qui eſt contraire, eſt accident, & capable d'eſtre dans vn ſujet. Or eſt
il que nulle ſubſtance n'eſt pas vn ſujet d'in-
heſion, pour ce qu'au pis aller, elle eſt dans
vn ſujet d'information, auec lequel elle fait
vn

vn tout essentiel, ce qui n'appartient pas aux choses accidentelles.

La V. proprieté est, que la *substance ne reçoit ny de plus ny de moins*, c'est à dire, que nul terme du predicament de la substance, peut estre enoncé proprement auec ces aduerbes, *plus ou moins*: car cela appartient aux termes connotatifs, qui signifient quelque chose, qui peut estre augmétée, ou diminuée, mais l'essence des choses ne peut estre, ny augmentee ny diminuee: ainsi on ne peut pas dire, qu'vn Roy est plus homme que son valet, ou qu'vn lyon est plus animal qu'vne fourmis. Que si l'eau est côtraire au feu, c'est à cause de leurs accidens. Et si l'on dit quelquefois, cét homme est plus raisonnable, que l'autre, cela s'entend quant à l'exercice, & non pas quant au principe.

Or cette proprieté appartient à toute substance, mais non pas à elle seule. Car vn accident, n'est pas plus accident que l'autre, & les abstracts des adiectifs ne reçoiuét pas ny de plus ny de moins. Cette proprieté preuue euidemment qu'Aristote prend icy le nom de substance, pour l'essence, soit des substances, soit des accidens: ainsi son mot porte, οὐσία, qui signifie de l'essence aussi bien que de la substance.

La 6. proprieté dit Aristote, conuient tres-proprement à la substance, & c'est *de pouuoir successiuement receuoir les contraires*. Or cette proprieté appartient à la seule substance creée: Mais non pas à Dieu, qui est incapable de receuoir des accidens en soy-mesme. Surquoy il est à remarquer, que ce mot *receuoir* se prend icy proprement, c'est à dire, pour estre sujet d'inhesion, qui reçoit reellement des formes accidentelles. Ie sçay bien que plusieurs Thomistes disent que les accidens sont receus dans la quantité, comme dans leur sujet prochain: & partant pour la proprieté de la substance, ils doiuent dire, que c'est d'estre le dernier sujet, & comme la base des accidens. On peut encore nous opposer, que la blancheur reçoit vne plus grande & moindre ressemblance. Qu'elle est maintenant froide, maintenāt chaude, mesme estant hors du sujet, comme dans l'Eucharistie. A cela Aristote respondroit, qu'il n'a pas connu qu'vn accident fust, ou peust estre hors du sujet: & que receuoir vne ressemblance, ce n'est pas estre sujet d'inhesion: car la ressemblance n'est pas vn accidēt, mais la chose mesme qui est semblable. Et pareillement si on luy oppose que l'Oraison ou la proposition est susceptible de verité & de fausseté, il respondra que receuoir la verité, ou la faussetè, ce n'est pas receuoir quelque chose, comme sujet d'inhesion: mais c'est estre conforme ou difforme à l'objet, ce qui n'est pas vn accident, non plus que la ressemblance.

METHODE. L'Oeconomie du predicament de la substance, se peut faire en cette sorte. La substance se diuise par deux differences, de *corporelle* & *spirituelle*. Et ainsi voila deux Genres, *Corps* & *Esprit*, l'Esprit se diuise en *increé* comme Dieu, & *creé* comme l'Ange. Or le creé se diuise en imparfait, comme les Ames raisonnables, & en *parfait*. comme les Anges , parmy lesquels quelques Theologiens mettent diuerses especes, pour moy, il m'est fort probable, que tous les Anges sont d'vne mesme espece, & qu'ils n'ont aucune difference essentielle, non plus que les hommes.

La substance *corporelle* se diuise, en *simple & mixte*, le corps simple a sous soy les Cieux & les Elemens, l'eau, la terre, le feu & l'air : Le corps *mixte*, se diuise en *viuant & inanimé*. L'inanimé se diuise en diuerses especes, comme les especes des pierres, & des Metaux. Le *viuant* se diuise en vegetatif, comme les plantes, sensitif comme le Lyon *& raisonnable* comme l'Homme : sous *le Brute*, sont les Oyseaux, les Poissons, & les Animaux terrestres, parmy lesquels il y a plusieurs especes & indiuidus, *Hector, Pegase, Bucephale*, Sous Animal raisonnable ou sous *l'Homme*, il y a autant d'indiuidus qu'il y en a qui participent ce nom.

Maintenant, apres auoir passé sur ces difficultez qui ne sont pas trop insurmontables. Venons à vne des maistresses difficultez, qui soient agitees dans les Escholes. Et sans l'intelligence de laquelle , on n'entendra iamais que veut dire accident ny substance.

III. QVESTION

*Qu'est-ce que subsister, subsistance,
hypostase, & suppost. La substance est elle distincte de
la nature qui subsiste.*

IE confesse ingenuement *Theandre*, que
dans cette matiere, il y a des opinions differentes, si il y en a en aucune autre, on les
peut neantmoins rapporter à trois principales. La premiere est de S. Thomas, en diuers lieux, de Scot, de Durand, Okam, Major, Gabriel, Almain, Rubione, Richard de
S. Victor, & vne infinité d'autres, lesquels
quoy qu'ils different en quelque chose.
Neantmoins ils disent tous, que la Subsistance n'est pas distincte reellement de la
nature subsistante, & que la subsistáce n'adjouste aucune entité positiue, par dessus la
nature, qui subsiste. De sorte que *homme &
humanité*, supposent pour le mesme, comme
estre & entité, quoy que le suppost soit signifié par vn terme concret, à la façon des Grá-
mairiens, & la nature par vn terme abstract:
donc ces termes, *nature, & suppost*, signifient
reellement la mesme chose. Mais ce mot
suppost connote quelque verité, qui n'est
pas connotee par la nature : car suppost signifie directement la nature, & connote

que cette Nature, ne soit point communi-
quee, ou qu'elle ne soit point dans vn autre,
ny commę partie, ny comme forme, ny côme inherent. Le subtil Okam, Gabriel, &
Almain disent qu'afin qu'vne Nature intellectuelle, soit subsistante, il est requis qu'elle soit vne substance accomplie, & quelle ne
soit pas vnie à vne autre, & partant que ce
terme *personne*, connote la negation de quatre sortes de communications. Premieremét
qu'elle ne soit pas partie d'vn tout. En second lieu, qu'elle ne soit point comme vne
chose simplement, au regard de soy, comme
modifiée.

Troisiesmement, qu'elle ne soit point côme la forme en vn sujet. En 4. lieu, qu'elle
ne soit point sustentée dás vn autre. Et il n'y
a point de doute que cette opinion ne soit
d'Aristote, & de tous les Philosophes Payés,
comme confesse Suarez dans sa Metaphysique. Certainement Aristote dit, dans sa Metaphysique & ailleurs, que les actions appartiennent aux singuliers, c'est à dire aux
supposts, d'où est venu le commun axiome.
Actiones sunt suppositorum. Donc selon Aristote & les anciens, ces mots, *hypostase*, *&*
personne se prennent pour le tout, & non pas
pour vne forme, ou pour vn mode, comme
confesse Vasquez Et S. Thomas mesme, dás
sa troisiesme partie, question 2. dit expressement que la subsistance est la chose subsistente. Donc selon les Anciens, il n'y a aucune distinction reelle entre la nature & le
supposst, soit creée, soit increée; ce qui n'em-

G g iij

Suppositũ
connotat
negationé
partis, su-
stétationis,
inhæsionis,
& commu-
nicationis.

suar. disp.
34. Met.

Vasq. in 3.
p disp.16.
D. Th 3. p.
q. 2. Subsi-
stentia est
idem ac res
subsistens.

pesche pas neantmoins la distinction de raison definitiue ou distinction virtuelle, selon
la doctrine que i'ay desja estably.

A cette opinion s'oppose opiniastrement
Suarez, en la dispute 34. de sa Metaphysique, disant qu'a la verité c'est vne chose to-
lerable, qu'Aristote, & tous les Philosophes
Payens ayent creu, que la nature & la personne estoient la mesme chose reellement;
mais qu'il s'estonne que Durand & d'autres
Autheurs Catholiques, ayent creu qu'il n'y
auoit aucune distinction reelle entre la nature & la subsistance creée : C'est pourquoy
il enseigne, qu'entre la nature & la subsistence creée il y a vne distinction reelle, mais
modale; & que la subsistence creée, est vn
mode distinct, adiousté à la nature, sans lequel la nature peut reellement exister. Cet
Autheur est suiui de Vasquez, Hurtade, De-
lugo, Arriaga, & quasi de tous les Theologiens Espagnols, sur la troisiesme partie de
S. Thomas. Ils veulent donc que les subsistances en Dieu, ne soient pas distinctes
reellement de la nature; Mais dans les creatures, ils veulent que la nature soit distincte
de la subsistance, ou personalité, & que ce
soit vn mode distinct reellement modalement : De sorte que de ces deux se fait vn
vn tout qui s'appelle suppost, & dans les
Creatures raisonnables il s'appelle personne. Car la nature est la premiere racine des
operations, disent-ils. Ainsi en l'homme,
l'humanité, c'est à dire le corps & l'ame vnis,
font la nature. Et ce composé se treuue en

Iesus Christ. Mais pour faire l'homme, il
faut de plus vn mode distinct, qui s'appelle
subsistance : qui est le dernier accomplissement, & comme le dernier seau & cachet de
la nature, & comme sa derniere perfection.
Or entre ceux qui disent que la subsistance
est distincte reellement de la nature, la pluspart tiennent auec Suarez, que ce n'est
qu'vn mode, & qu'il n'est distinct que modalement de la nature. Car il ne faut point
multiplier les estres sans necessité. Mais
Hurtade & Arriaga dans leur Metaphysique, disent que la subsistance est distincte
reellement, comme vne chose d'vne autre,
en la mesme façon que les actes vitaux sont
distincts de la puissance qui les produit.

    La raison d'Arriaga est, que toutes &
quantes fois que l'on doute si vne chose distincte est vn mode, ou vne chose. Il faut
voir s'il s'ensuit vn progrez à l'infini ; & s'il
s'ensuit, il faut dire que c'est vn mode. Ainsi
l'vnion est vn mode. Car si l'vnion estoit vne
chose, elle seroit vnie par vne autre, & celle-cy par vn autre troisiesme. De mesme
l'action & la passion est vn mode : car si l'a-
ction estoit faite par vne autre action, cette
seconde se feroit aussi par vn autre, & ainsi
il se donneroit vn progrez à l'infiny. Donc
la subsistance n'est pas vn mode, & elle n'est
pas vne determination de la nature, mais
vne chose absoluë, qui est vnie à la Nature,
par vne vnion distincte modalement, & de
la nature & de la subsistance. Voila des façons de philosopher, qui ont esté introdui-

G g iiij

Hurt. disp.
11. Met.
Arriaga
disp. 4. Met.
5. 13.

tes depuis vn siecle dans les Echoles. Contre lesquelles ie desire que vous sçachiez, *Theandre*, que la nature & la subsistance est la mesme chose, & qu'il n'y a point d'vnion distincte. Nous voilà donc apointez, & contraires. Ma consolation en cecy est, que mon opinion a esté enseignee par mille grands Autheurs, & entr'autres par S. Thomas, comme monstre le Typhaine, en vn docte Traicté qu'il a fait de l'Hypostase, ou des Modes : où il conspire auec moy au dessein de bannir tous les modes du monde, comme des bouches inutiles. Ie commence la difficulté & l'estat de la question dés sa source.

V. Typha-
nium tr. de
Hypostasi.
V D. Th. 1.
p. q. 29 de
Persona. &
3. p. q. 2.

I. THESE. Subsister, Subsistent, & Subsistence, c'est le mesme, parlant philosophiquement : quoy que dans la Grammaire ils ayent quelque difference. Or *subsister*, à bien dire, est vn terme equiuoque : car il signifie quelquefois le mesme qu'*exister*, & alors il se prend improprement. Ainsi nous disons que cette maison subsiste encor, & que l'ame subsiste hors du corps. Mais proprement subsister signifie & connote quelque chose par dessus ce mot exister ; car les accidens existent, & neantmoins ils ne subsistent pas. De plus, l'Humanité de l'aimable IESVS existe par soy-mesme, comme i'ay preuué de toutes les choses en general, puis qu'elle-mesme est dans le monde, & non pas par vn Lieutenant : & neantmoins il est de foy, qu'elle ne subsiste pas par soy-mesme. De plus, ce mot *subsister*, signifie vne façon noble d'exifter, par voie d'vn tout fubftantiel incommunicable. Donc il ne fignifie pas fimplement exifter, à la mefme façon que *Homme* ne fignifie pas fimplement ce que fignifie *Animal*.

Secondement, fubfifter & fubfiftance fignifie quelquefois le mefme qu'*eftre fubftance*. En ce fens quelques Peres anciens ne vouloient pas que l'on dift, qu'en Dieu il y auoit trois hypoftafes; c'eft à dire trois fubftances; car ils fçauoient bien qu'en Dieu il y auoit trois Perfonnes.

Troifiefnement & proprement, *fubfifter c'eft eftre vn tout fubftantiel*; c'eft à dire vne fubftance accomplie & parfaite qui s'arrefte en foy mefme, & qui eftant fuffifante à foy-mefme, n'eft pas communiquée : & mefmes n'eft pas communicable à vn autre, ny comme partie dans vn tout, ny comme vn accident dans fon fuiet. Donc la fubfiftance, ou la chofe qui fubfifte, eft vn tout. Or quand ie dis *tout*, ie ne veux pas dire *vn compofé*. Autrement Dieu ne feroit pas fubfiftant. Mais *Tout* en ce lieu, fignifie vn Eftre parfaict & accomply,

Il faut donc dire en cette matiere, premierement, que toute fubftance ou tout fubfiftant eft fubftance, mais toute fubftance n'eft pas fubfiftente. Ie le preuue, car la nature humaine de I e s v s eft fubftance, & non pas fubfiftence; puis qu'elle n'eft pas vn Tout incommunicable. Ie dis le mefme du corps & de l'ame de Socrate; car comme ils font communicables à vn tout par voye

de partie, il faut donc dire que la subsistance n'est pas la substance simplement, mais
c'est la substance se portant par voye d'vn
tout, ou tellement modifiée, & que la subsistance est vn mode de la nature, soit diuine, soit creée. Lequel mode est indistinct
reellement de la nature, pource que la nature mise en vn tel estat, est incommunicable.

Or qu'est-ce que ce mode, est-ce la nature, ou quelque chose ou mode, joinct à la
nature. Ie réponds que ce n'est rien reellement pardessus la nature, mais que ce n'est
pas la nature simplement, mais la nature
mise en vn tel estat ; & que ce mode se peut
appeler *Perseité*, c'est à dire vne façon d'e-
xister, en soy, & par soy-mesme, ce qui se
voit euidemment dans les Personnes diuines. Car qu'est-ce qu'adiouste la paternité
à la nature, adiouste-elle quelque chose de
reel ou non ? si elle n'adiouste rien de reel,
donc la nature diuine subsiste, & est pere
sans autre entité distincte d'elle-mesme: non
pas prise simplement, mais tellement modifiée. Or cette modification est substantielle, & intrinseque ; car c'est estre Pere,
ou Fils, ou sainct Esprit. Ie diray de mesme au liure suiuant, que les corps sont figu-
rez par eux-mesmes, non pas simplement,
mais tellement modifiez.

Ie dis en 2. lieu que subsister se prend encore equiuoquement, quand on dit subsister en soy, & subsister en vn autre : car subsister en vn autre, ce n'est pas proprement

subsister:mais c’est que celuy-là en qui vous estes, subsiste; de sorte que cette consequence n’est pas bonne : la nature de Iesus Christ subsiste dans le verbe,donc elle subsiste:car elle s’infere d’vn composé au diuisé;comme on dit dans l’eschole.Et ces mots, *dans vn lautre* changent le sens de ces paroles. La raison est,qu’estre subsistent, ou subsister, & subsistence sont le mesme,donc de tout ce dont on peut dire simplement qu’il subsiste,on peut aussi dire qu’il est subsistence. Or est il qu’on ne peut pas dire de l’humanité de Iesus Christ qu’elle est sa subsistence, & partant ce n’est pas le mesme subsistence, & existence : car cette consequence est bonne la nature existe dans le tout, donc elle existe, pour ce que ces mots *dans le tout* ne changent point la signification *d’exister*, puis qu’il faut exister, pour exister dans le tout.Et ainsi vous voyez que l’humanité de Iesus Christ qui subsiste dans le verbe, a sa propre existence, & non pas sa propre subsistence, pour ce qu’elle est communiquée au verbe. Dites donc pour

I I. Thes e. Que le suppost est vn tout substantiel parfait de soy , & incommunicable, c’est à dire vn tout substantiel accomply , & parfait : donc aucun accident n’est suppost, puis que tout accident est communicable à vn tout, ordonné de soy pour estre dans le tout. Et partant ces termes hypostase, subsistence, suppost, & personne supposent pour la nature , non pas simplement prise,mais tellement modifiée, & se portant

à la façon d'vn tout, & ils connotent qu'il ne
soit pas communiqué, & que mesmes il ne
puisse pas estre communiqué, & partant les
conditions d'vn suppost sont, en premier
lieu que ce soit vn estre substantiel; secondement il faut que cet estre substantiel soit
vn tout, c'est à dire accomply, & parfait. Or
tout dit Aristote, c'est ce hors de quoy il n'y
a rien, & à quoy rien ne manque. De sorte
que ce mot de *tout*, connote que rien ne
manque à ce qui est tout.

La troisiesme condition, est que cet estre
substantiel, soit vn estre de soy comme i'ay
dit au premier liure : la 4. est qu'il ne soit
point communiqué, ny mesme communicable en façon de partie, ou de forme, ou d'accident, ou de chose capable d'estre perfe-
ctiōnée, ou par vne autre ou partie par le tout
dans lequel elle soit: d'ou s'ensuit, que l'humanité de Iesus Christ n'est point vne subsistence, pour ce qu'elle est vnie au verbe,
qui la perfectionne, & la met dans vn estat
plus noble que si elle auoit sa propre subsistence. Pareillement pendant qu'vne goute
d'eau n'est pas confondue auec vne autre,
elle est vn tout subsistent en soy, mais dés
qu'elle est mise auec vne autre, elle n'est
pas suppost, mais le tout qui se fait de ces
deux gouttes.

Cinquiesmement il ne faut pas que cet
estre substantiel soit ordonné naturellement
pour faire vn tout, auec vn autre partie,
Ainsi l'ame hors du corps n'est pas vn suppost, mais quelque chose d'vn suppost, ny

dans le corps aussi. De mesme la nature de
Socrate, ses bras, ses jambes, ou sa teste, ne
sont pas vn suppost, mais quelque chose
du suppost, pource qu'elles ne sont pas le
tout, mais quelque chose de ce tout.

Cette doctrine se peut establir, de ce
que les conditions & la deffinition que i'ay
rapporté, conuiennent à toute subsistance,
& à elle seule. De plus, ie preuue que la
subsistance n'est pas vn mode, ou vne chose
distincte, par l'authorité de sainct Thomas,
& de tous ceux qui enseignent que le suppost n'adiouste rien de reel à la nature. Car
ils se soucient tous fort peu, si le suppost,
est la nature modifiée, ou non, pourueu
que cette modification n'adiouste aucune
entité nouuelle pardessus la Nature. Lisez
les passages des Autheurs dans le Pere Typhaine, qui preuue par mille authoritez,
que la subsistance, à reellement parler, est
la Nature mesme : Ie me contenteray de
rapporter les expresses paroles de sainct
Thomas, pource que son authorité est quasi
decisiue en cette matiere. Ce S. Docteur
dans le second de ses Opuscules, dit que
ces noms *Personne*, *Hypostase*, *&* *suppost*,
signifient quelque chose d'entier ; & ce qui
estant pris à part est vn tout, & entier. D'ou
arriue, que ce qui est personne estant quelquefois joinct à vn autre, cesse d'estre vn
tout, & commence d'estre comme vne partie ; il cesse aussi d'estre vn suppost. Et partant dans tous les autres hommes, excepté
IESVS, l'vnion de l'ame & du corps, con-

stitue le suppost, qui n'est rien autre chose
que le corps & l'ame. Mais en Iesvs il y
a vne troisiesme substance ; sçauoir est la
Diuinité : Laquelle ne pouuant estre en façon de partie ; mais estant tousiours vn
tout, il s'ensuit que toute la personne en
Iesus Christ se tient du costé de la nature
Diuine. Voila ses paroles expresses. Pareillement sur le 3. du Maistre des Sentences,
il dit, qu'vn composé de corps & d'ame, est
precisément suppost de ce qu'il n'est pas
communiqué à vn autre ; & que l'Humanité de Iesvs seroit vn suppost, si elle ce-
soit d'estre communiquée au Verbe. Donc
selon S. Thomas, la subsistance consiste
dans vne totalité, & c'est vn estre substantiel qui ne soit pas communiqué à vn autre.
De sorte que comme il dit dans sa premiere
partie qu. 29. subsister n'est autre chose
qu'vn tout substantiel existent en soy. Et la
subsistance est le mesme auec la chose subsistente, dit ce mesme Autheur dans sa troisiesme partie, question 2. Adioustez à cecy,
que le subtil Scot est du mesme auis. Et lors
que S. Thomas & Scot sont d'accord sur vn
poinct, c'est vn signe qu'il peut passer pour
indubitable.

En second lieu, ie preuue mon opinion
par l'etymologie du nom. Car que signifie
subsister, si ce n'est s'arrester, & ne passer pas
plus outre, mais demeurer en soy-mesme.
Donc subsister, ou estre subsistent, c'est
estre vn tout parfaict, & accomply, arresté
en soy-mesme, qui ne puisse pas estre com-

muniqué à vn autre. Car dés qu'il est communiqué, il n'est plus subsistent, & ne s'arreste plus en soy-mesme, & il tendroit &
souspireroit apres vn autre, s'il n'auoit son
accomplissement, son terme, ou sa perfection necessaire, comme n'estant pas content de soy-mesme. Certes sainct Thomas
(dont ie suis fort les lumieres en vne matiere qui est fort importante pour la Foy) dit
que la subsistance est la nature auec sa deuë
perfection & accomplissement. Et que
subsistance & subsistent est le mesme. Or
est-il que subsistent n'est pas vn mode distinct, donc ny la subsistance.

Ie mets pour 3. preuue de cette verité,
que la subsitance, hypostase, & personne ou
personalité en Dieu n'est pas vne chose distincte de la nature. Donc elle n'est pas aussi
distincte dans les creatures; puis qu'il y a
les mesmes raisons, & les mesmes opposi-
cions, dans les subsistences creées, & increées.

OPPOSITION I. Ie sçay bien que
Suarez m'opposera qu'il ne faut égaler les
creatures à Dieu, & que S. Augustin, S. Leon
S. Anselme, ont enseigné que Dieu seul est
essentiellement subsistent, & partant que
Dieu, & deité ne sont point distincts, que
par nostre seule façon de conceuoir ou par
raison: Mais homme, & humanité sont distincts reellement. De plus S. Vigile Pape
contre Eutiches. S. Iean Damascene, & S.
Epiphane, disent que l'erreur des heretiques, est de ce qu'ils ont creu que la nature,

& l'hypoſtaſe, eſtoit le meſme, quoy que les
vrays enfans de l'Egliſe profeſſent auoir de
la difference.

Ie répôs qu'il eſt auſſi fort expedient de faciliter tât que l'ô peut le myſtere de la Trinité, parce que nous voyôs dans les creatures,
Ie dis de plus, que ce n'eſt point egaler Dieu
ſi ce n'eſt en la meſme façon, que i'ay dit que
ces termes *eſtre*, & ſubſtance ſont vniuoques
à Dieu, & aux creatures: pour ce qui touche l'authorité des peres ie dis qu'il faut expliquer leurs paroles Certes ils n'ont pas
voulu dire, que Dieu ſubſiſte par ſon eſſence
meſme, pour ce que les trois perſonalitez
ſeroient de l'eſſence de Dieu, & chaſque perſonne ſeroit de la nature de l'autre ce qui eſt
heretique: Mais ils ont voulu dire, que Dieu
ſeul ſubſiſtoit eſſentiellement, c'eſt à dire
neceſſairement, par ſoy-meſme, pour ce que
les creatures peuuent ſubſiſter en Dieu,
quoy que naturellement elles ſubſiſtent en
elles meſmes, mais Dieu ne peut ſubſiſter en
vn autre, pour ce qu'il ne peut eſtre vny à
choſe aucune, comme imparfait, & defectueux. Ou bien ils ont, que la definition, &
le concept de la ſubſiſtence, & de la nature
en Dieu eſtoient diuers ce que, i'auoue librement.

D'icy vous reſpondez à ceux qui deman-
dent, pourquoy le verbe, ne perd point la
perſonne, puis qu'il n'eſt pas le tout, que
nous appelons Ieſus Chriſt.

La raiſon eſt que le Verbe eſt le tout, non
pas en nombre: mais en vertu, & en perfe-
ſection,

&ction, puis que le tout qui se fait du Verbe,
& de l'humanité, n'est pas plus parfait, que
le seul. Mais il est bien plus parfaict que la
seule humanité. Il faut donc que ce qui est
vni à vn autre, pour perdre sa totalité, soit à
son regard capable d'estre perfectionné, &
comme dit S Thomas qu'il fasse auec luy vn
tout plus accomply. Pour ce qui touche à
l'authorité de S. Epiphan ; ie dis que les Heretiques dont il parle, erroient en ce qu'ils
mettoient deux personnes dans IesusChrist,
& pensoient que le concept de la personne,
estoit le mesme, que celuy de la Nature, &
que la personne estoit laNature simplement
prise:ce qui est vn erreur. Aussi ie ne dis pas,
que la personne soit la Nature simplement
prise, mais la Nature tellement modifiée, &
que leurs concepts & definitions sont diuerses.

D.Th. 3 p.
q. 2. Veniat
in vnionem
magis com-
pleti.

De cecy vous voyez que quoy, que en
Dieu il y ait trois subsistances, il ny a qu'v-
ne Nature ou essence, pour ce que l'essence
& la Nature, est ce parquoy vne chose est ce
qu'elle est, & sans quoy elle ne peut exister,
ny estre conceuë absolument. De sorte que
la Nature retient tousjours la mesme denomination absoluë, quoy que les accidens ou
les modes, soient diuers. Ainsi la mesme Nature est dans le Pere, & dans le Fils, quoy
qu'ils ayent des modes, & des subsistances
opposées, l'vne à l'autre.

D'icy vous pourrez aussi recueillir, que
les formes substantielles, ne sont pas accidents, pour ce qu'elles constituent vn tout

H h

subsistant : ce qui ne conuient pas aux accidents, qui ont dans le composé leur principe subiectif & affectif. Mais quoy que les formes soient eduites de la Matiere, elle n'est pas leur principe effectif, comme la chaleur à son principe effectif, & subjectif dans le feu. Toute cette Doctrine se peut encore establir par l'authorité des Peres & des Conciles. Sur tout du Concile de Latran qui enseigne que les trois Personnes Diuines ne font qu'vne mesme chose tres-simple. Certes s'il y auoit en Dieu trois choses, il y auroit trois choses eternelles, & trois choses immenses, contre le Symbole de S. Athanase, & il est contradictoire qu'en Dieu il n'y ait qu'vne chose tres-simple, qui sont trois choses : car elle seroit vne, & ne seroit pas vne. Et consequemment, si quelques Peres ont dit, que en Dieu, il y auoit trois choses, ils ont pris le nom de chose improprement, pour mode où subsistance, ou bien ils ont voulu dire, qu'il y a trois choses relatiuement : car en Dieu, il y a bien *Alius & alius*, Mais non pas *aliud & aliud*, comme dit le Docteur Angelique. C'est pourquoy le Fils participe la Nature, & non pas la personne du Pere, pour ce que la Nature tellement modifiée, ne luy est pas communiquée, puis qu'elle est incommunicable à moins que le Fils, fut le Pere.

Opposition II. Vous me direz que la Nature Diuine, peut subsister par vne vne chose indistincte, à cause qu'elle est infinie, ce qui ne se treuue pas dans les crea-

tures. Ie responds que l'infinité n'y fait rien,
pourueu que la Nature creée par exemple,
la Nature humaine, puisse par soy-mesme
estre vn tout substantiel accomply. Or est-
il, que cela se peut, donc elle peut subsister
par soy-mesme. Car si la Nature humaine de
IESVS estoit hors du Verbe, selon la doctrine de S. Thomas, elle seroit vn tout parfait,
sans rien acquerir, dõc elle subsisteroit pour
soy-mesme, faites que le Verbe la reprenne,
elle ne subsiste plus par soy-mesme, & elle
est en vn autre estat & modification. I'adiouste pour Quatriesme Argument, vniuersel en la Matiere de tous les modes, qu'il ne
faut pas multiplier les Estres sans necessité.
Or il n'y a aucune necessité, de dire que la
subsistance creée soit distincte de la Nature.
Cinquiesmement la definition cõmu nede la
subsistance, seroit contradictoire: car elle
dit, que *la sustance, est ce qui peut subsister par soy-
mesme.*

Or est-il que si la subsistance estoit distincte, iamais la subsistence ne pourroit subsister par soy-mesme : car quoy que les substances creées puissent subsister miraculeu-
sement par vne subsistance Diuine, distincte
reellement d'elles-mesmes : neantmoins elles peuuent aussi subsister en elles-mesmes,
selon le cours ordinaire de la Nature.

Sixiesmement il est contradictoire, que la
subsistance soit vn mode distinct, car il constitueroit & ne constitueroit pas le suppost.
Il le constitueroit, pour ce qu'il est sa raison
formelle, il ne le constitueroit pas, pour ce

qu'il presuppose que ce à quoy il aduient,
soit desja vn tout subsistant : car il presuppose que la substance soit accomplie.

Or la substance accomplie est vn suppost.
Et il est clair que sans ce mode, la substance
existeroit, & neantmoins elle ne seroit pas
dans vn autre, donc elle seroit en soy, & par
soy, & consequemment elle subsisteroit independemment de ce mode.

D'icy vous deduirez premieremét, que les
substances secondes & vniuerselles, ne sont pas
des choses:mais des termes,car il n'y a aucune substance vniuerselle qui puisse subsister,
ny exister, & tout ce qui existe , & subsiste
est indiuidu. Or il est contradictoire que cela puisse exister & subsister par soy-mesme,
qui ne peut subsister que par vn autre; comme si la nature ne pouuoit exister que par
vn autre, on ne pourroit dire qu'elle peust
exister par soy-mesme.

Vous deduirez en 2. lieu, que l'Ame hors
du corps , existe ; mais elle ne subsiste pas
proprement , puis qu'elle n'est pas vn tout
accomply & parfait.

Troisiesmement recueillez , que nul accident subsiste: car il n'est pas vn tout substantiel, & il est ordonné naturellement , pour
estre communiqué à quelque sujet.

Quatriesmement vous infererez qu'v-
ne chose peut subsister , par vne subsistance distincte. Et mesme par plusieurs
subsistances Diuines. Ainsi l'humanité de
I E S V S , subsiste par la subsistáce du Verbe,
& elle peut subsister par celle du Pere:neát-

moins elle est propre pour subsister en soy-
mesme, & par soy-mesme, & naturellement
parlant, chasque substance accomplie peut
subsister par sa propre subsistance.

Cinquiesmement, la subsistance n'appartient point à la matiere, ny à la forme, separément prises, mais vnies & prises ensemble,
aussi bien que la totalité, ou estre vn tout.

Sixiesmement, le suppost ou hypostase,
qui veut dire le soustien ou la base de quelque chose, n'est pas vne forme, non plus
que la personne, ou personalité: mais c'est
le tout subsistent, entier & parfait. Certainement suppost selon son Etymologie est ce
qui est mis dessous, & Hypostase se dit de
Ypo istimi, qui signifie estre dessous, & parmy les Latins, la lie & le gras du vin, ou de
quelque autre liqueur se nomme hypostase.

    ὑπὸ ἵστημι
    Sto sub,
    Vini & vi-
    næ sedimē-
    tum hypo-
    stasis est.

En 7. lieu, ceux-là definissent mal la subsistance, qui disent, que c'est ce qui n'a point
besoin d'estre en vn autre: car l'humanité de
IESVS-CHRIST, auroit maintenant vne
subsistance propre, puis qu'elle n'a pas besoin d'estre dans vn autre par voye de forme, de partie, ou d'accident, puis que c'est
vn tout substantiel.

Vous deduirez Huictiesmement, que le
concept de subsister ou de suppost, est commun & vniuoque à Dieu, & aux creatures:
car c'est la Nature tellement modifiée, ou
bien existente en façon d'vn tout incommunicable, & cette façon d'exister, se nomme
par quelques Theologiens Perseité, pour ce

    Per se exi-
    stit.

que ce qui ſubſiſte, exiſte par ſoy-meſme.

Neufieſmement vous infererez, que la ſubſiſtance n'a aucun effect formel, puis qu'elle n'eſt pas vne forme: mais c'eſt vn tout, qui fait que la choſe ſubſiſte, & ſoit vn tout ſubſtantiel, entier, parfaict, & incommunicable à vn autre. Et partant ce qui ſubſiſte ne peut point inherer, n'y eſtre ſuſtenté d'vn autre, pour ce que c'eſt vn tout qui s'arreſte en ſoy, & ſe paſſe de tout le reſte. Ioinct que inherer, eſt propre des accidens, & non pas des ſubſtances parfaites & entieres.

Remarquez en fin *Theandre*, apres vn de nos plus Doctes Eueſques que *prendre en vnité de ſubſiſtance*, s'entend en deux façons dans l'Eſchole, ſçauoir eſt *effectiuement & terminatiuement*. Le premier ſignifie produire l'vnion d'vne Nature auec vne ſubſiſtance, qui luy eſt eſtrangere. Et en ce ſens les trois Perſonnes Diuines. Pour parler ainſi, ont perſonné effectiuement, la Nature Humaine dans l'Incarnation: mais le ſeul Verbe, la perſonne terminatiuement, pour ce que luy ſeul, fait auec elle vn tout ſubſiſtent & l'aproprie à ſoymeſme, comme ſienne, declarons encore cecy par cette

QVESTION III.

*Qu'est-ce que hypotase, & personne,
& si vn suppost creé peut prendre vne Nature estrangere
en vnité de personne.*

I. THESE.

CEs trois mots *suppost, Hypostase, & subsistance,* signifient le mesme, sçauoir est,
vne Substance parfaicte & accomplie, incõ-
municable, & ces mots appartiennēt à Dieu,
aux Anges, aux Hommes, aux Animaux,
aux Metaux, & aux Pierres. Ainsi Bucephale, ou le Soleil sont des Supposts, des Hypostases, & des Subsistances.

Mais *Personne,* est vn Suppost raisonnable,
comme dit S. Thomas, auec le Senateur
Boëce, qui la definit en cette sorte, *Personne
est vne Substance indiuiduelle d'vne Nature raisonnable,* c'est à dire, Personne est vne substance raisonnable accomplie, qui existe en
soy, & par soy-mesme, & qui ne peut pas
mesmes surnaturellement, estre dans vn autre. Ainsi le Pere, & le Fils, & le S. Esprit en
Dieu, sont trois Personnes, qui ne peuuent
estre communiquez l'vne à l'autre. Ainsi S.
Michel, & Cesar, sont des personnes : donc
toute personne est suppost ; mais tout suppost, ou hypostase, n'est pas personne. D'où

S. Th. 3. p.
q. 2. Et 1. p.
q. 29. de
persona.

H h iiij

vous voyez que *Suarez* & *Cajetan* se trompent, quand ils mettent en Dieu, vne *subsistance absoluë*, distincte des trois relatiues, puis qu'elle ne rendroit pas la Nature Diuine incommunicablement subsistante, & elle seroit inutile. C'est pourquoy aucū des Peres ny des Docteurs n'ont admis en Dieu, que trois subsistances relatiues. Or remarquez *Theandre*, que mon opinion de la subsistance s'establit fortement par le Philosohe Boëce au Liure des deux Natures, & apres luy, par S. Thomas, & les autres Theologiens, lors qu'ils definissent *la personne vne substance indiuiduelle de la Nature raisonnable*. Car cette definition preuue que la subsistance n'est pas vne partie, mais vne substance entiere, & accomplie, & que ce n'est pas la Nature simplement, puis que la foy nous enseigne dans les Conciles de Nice, d'Ephese, de Calcedoine, & de Constantinople: Premieremét, qu'vne mesme Nature peut estre en plusieurs personnes, comme il se voit en Dieu, Secondement que deux Natures, peuuent estre en vne mesme personne, comme en IESVS, sont deux Natures la Diuine, & l'Humaine, qui ne font qu'vne Personne, pour ce qu'elles ne sont qu'vn tout.

D'icy le Docteur Angelique infere qu'en Dieu, il y a bien *Alius & Alius*, c'est à dire, vn autre, & vn autre suppost ; pour ce que ces mots signifient la Personne. Mais il n'y a pas *Aliud & aliud*, car ces mots signifient la nature, ce qui fait voir que la personne n'est pas vne nature raisonnable simplemét

prise, mais tellement modifiée. Que si vous
me demandez que veut dire cela tellement
modifiée. Ie vous respondray, que c'est se
porter par voye de tout accomply, & incó-
múnicable. Ou pour parler, auec S. Thomas, ie dis que c'est la nature mise dans son
dernier accomplissement.

Pour entendre dauantage tout cecy. Ie
vous deduiray trois conditions de la personne, recueillies de S. Thomas en sa premiere,
& 3. partie : car premierement, ce mot *personne* signifie vn tout substantiel, c'est à dire
vne chose substantielle entiere, & suffisante
à soy-mesme, & subsistante, par soy-mesme:
ce qui se preuue par S. Thomas au lieu allegué, où il dit expressement, que la subsistance est la chose mesme qui subsiste. Or la chose subsistante est vn tout. Donc la subsistance est vn tout. Pour cette mesme raison, le
Concile General celebré à Constantinople,
dit, qu'en I E S V S, il n'y a qu'vne personne,
& hypostase. Pour ce que le Verbe n'a point
pris la personne humaine. Et S. Thomas expliquant ce passage du Concile, adiouste
pour raison, que la subsistance est le mesme, que la chose subsistante, & que ce mot
*hypostase, signifie vne substance, en particulier, en-
tant quelle est dans son dernier accomplissement, &
quelle n'est point hypostase, lorsqu'elle viét
à composer, & à estre vnie à vn Estre plus
accomply, comme le pied & la main, ne
sont point des hypostases, ny la nature humaine en I E S V S C H R I S T, pour ce que
elle est vnie auec vn estre plus accomply. Et

Esse perso-
nam est esse
substantiã
rationalem
completá,
taliter se
habentem,
qualiter se
habere est
esse totum
substantiale
completũ,
& integrũ,
& incom-
mutabile *ou*
comme dit
S. Thomas
est natura
rationalis
prout & in
suo com-
plemento.

V. D. Th.
1. p. q. 29. &
3. p. q. 2.
Subsistétia
& res subsi-
stens est
idem.
V. A 3.

eſt partie d'vn tout, nõmé IESVS-CHRIST,
Dieu homme,

Donc par l'authorité de ce S. Docteur, la
Perſonne eſt vn tout. Et vne choſe accõplie,
& parfaicte : & partant la perſonne, ne peut
pas eſtre vne partie, cõme vne partie n'eſt
pas perſonne, mais quelque choſe de la per-
ſóne: Ainſi l'Ame de S. Pierre ou ſon Corps,
ne ſont pas vne perſonne, mais partie de la
perſonne: car vne partie n'eſt pas à ſoy, mais
à ſon tout, elle eſt ordonnée pour ſon tout,
elle eſt imparfaite; & comparee à ſon tout,
elle eſt ſans forme & ſans beauté, & perfection. Certes le meſme S. Thomas dit, qu'a-
ſin que la Nature ſoit perſonne, il faut qu'elle ſoit accomplie, c'eſt à dire, parfaicte. Or
parfaict eſt-ce à quoy rien ne manque de ce
qu'elle doit auoir, & l'accompliſſement, ou
le terme dit Ariſtote, c'eſt ce hors dequoy
il n'y a rien.

Donc la Nature ſimplement, n'eſt pas parfaicte, ſoit pour ce qu'elle a beſoin de la ſubſiſtence, ſoit pour ce que la perſonne eſt vn
tout, qui contient tout ce qui eſt dans la Nature. Ce n'eſt donc pas vn mode diſtihct qui
s'appelle perſé... ité, mais c'eſt la choſe
meſme qui ſubſiſte.

La ſeconde condition de la perſonne eſt,
que ce mot perſonne ſignifie quelque excellence & dignité. Et comme dit S. Thomas,
que l'on attribuë à la perſonne toutes les
operations, & proprietez de la Nature Ainſi
on dit que le Verbe eſt faict chair, le Verbe
eſt homme, le Verbe eſt mort, on ne dit pas

le Verbe eſt humanité : mais il eſt homme.
Car ce mot *homme*, connote ſur *humanité*,
cette modification de ſubſiſter par ſoy-meſme, pour cette meſme raiſon, on attribuë à
la perſonne, les droicts, les dignitez, les tiltres, les effects, & les qualitez perſoneles, cõme eſtre Fils, eſtre Redempteur, eſtre Seigneur, eſtre Roy, eſtre Iuge. D'où vous
voyez, que ce mode d'exiſter que i'ay appellé barbarement Perſeïté, ou ſubſiſtance, eſt
vn mode intrinſeque, & connaturel aux ſubſtances, afin qu'elles puiſſent operer. De ſorte que comme l'ame d'vn Lyon demande
neceſſairement vn corps, auec tel & tel organe, ſans lequel elle ne pourroit pas naturellement faire ſes fonctions, de meſme la
Nature humaine, demande d'eſtre en vne
telle façon, qu'elle puiſſe operer : donc il
luy eſt connaturel d'eſtre vn tout ; de ſorte
qu'il eſt contre ſa Naturelle inclination, d'é-
ſtre dans vn autre, & ſi cét autre comme le
Verbe, venoit à l'abandonner, tout auſſi toſt
elle ſeroit vn tout, ſans receuoir aucune
nouuelle entiré : mais preciſement de ce que
le Verbe auroit quitté cette humanité, ce
qui n'exiſtoit pas en ſoy : cõmenceroit d'exiſter en ſoy-meſme. Donc eſtre ſubſiſtant eſt
vne condition, afin de pouuoir operer. Car
quoy que la Nature ſoit le principe total
des operations ; neantmoins elle ne les peut
pas produire, qu'elle ne ſoit ſubſiſtante : car
ou elle eſt vnie à vn autre, ou non : ſi elle eſt
vnie, elle fait vn tout, dans lequel elle ſubſiſte : & ainſi elle ſubſiſte, que ſi elle n'eſt pas

vuie, ou c'est vne substance, & alors elle est
vn tout subsistant, ou elle est vne substance
imparfaicte, comme l'ame , & en cét estat,
quoy quelle puisse agir; neantmoins elle n'a
pas toutes les operations, dont elle seroit
capable, si elle estoit iointe auec vne autre
partie, auec laquelle naturellement elle seroit vn tout. D'où s'ensuit qu'vn estre non
subsistant, cõme l'ame, peut bien auoir quelques operations, mais non pas toutes celles
dont il est capable. Et Dieu peut bien créer
vne substance, non subsistante, comme l'a-
me hors du corps : & ainsi *Exister & subsister*,
sont des veritez obiectiues bien differentes;
car ce mot *subsister*, connote par dessus *exister*,
que la chose soit substantielle , & vn tout
non communiqué à vn autre.

    D'icy ie deduis, premierement, que per-
sonne & personalité, sont le mesme, aussi
bien que subsistant & subsistance, & partant
que la persóne, n'est pas composée de deux
Entitez; dont l'vne est la Nature, & l'autre
la personalité, comme il est clair en Dieu,
dont la mesme verité se preuue facilement
des creatures: car toutes les objectiõs qui se
font contre les subsistances creées, ont vne
force esgale, pour preuuer que les subsistã-
ces Diuines, sont distinctes reellement de la
Nature Diuine. Secondement quand on dit
que l'humanité de Iesvs est éleuée, ou prise
en vnité de personne. Il faut sçauoir que
ce mot *estre faict personne*, se prend en deux
façons, comme remarquét Gabriel, Almain,
& plusieurs autres Philosophes.

Quid sit
personari.

Le premier sens peut estre que la nature
precisement soit faite personne, & cela est
impossible : car il est impossible que ce qui
n'est pas tout, demeurant tel, soit vn tout.

Le second sens est, qu'vne nature soit
sustentée par vne personne, en vnité de personne. Et c'est en cette façon qu'on dit que
le Verbe a pris la nature humaine, en vnité
de suppost. Or qu'est-ce que cela, *Sustenter,
appuyer, & prendre en vnité de suppost?* Almain
dit, que cela est inconceuable, si on ne cap-
tiue son entendement. Il vaut mieux dire,
que *prendre vne nature en vnité de suppost, c'est
qu'vn suppost indefectueux, & incapable de
receuoir aucune perfection, vnisse à soy quelque
chose, soit vne substance accomplie, comme l'humanité de* I E S V S, soit vne substance partielle, comme l'ame, soit vn accident, comme la blancheur. Car presupposé cette
vnion, cette substance appartient au mesme
suppost, & passe en vnité de personne.
Mais pourquoy me direz-vous cette chose
vnie ne sustente-elle pas le suppost.

Ie respons que c'est pour ce que *substanter*
appartient au plus fort, & à vn estre qui n'est
pas capable d'estre perfectionné. C'est la pésée de S. Thomas, comme i'ay fait voir parlāt
des conditions de la personne, & de la subsistence. Vous voyez donc, *Theandre,* que
quoy que les mysteres de la Trinité, & de
l'incarnation, soient par dessus la raison,
neantmoins ils n'ont rien contre la raison,
ny qui soit côtradictoire. Et c'est à ce poinct
que doiuent viser ceux qui enseignent la

Philosophie. C'est pourquoy ie me suis si long-temps arresté en cette matiere. Et si ie ne me flatte, i'ay pris vne opinion qui fauorise extremement la foy : car il est bien facile à entendre que l'humanité de Iesus, n'est pas maintenant vn tout, & comme dit S. Thomas qu'elle seroit vn tout precisément si elle estoit laissée du Verbe.

II. THESE. Dans vn tout de soy, il n'y a qu'vne subsistéce, puis qu'il n'y a qu'vn subsistent, & qu'vn tout, & partant les parties comme la matiere, & la forme, ou le corps & l'ame, ne subsistent pas en eux, mais dans le tout : car ils ne sont pas des substances accomplies, & parfaites ; il n'y a donc point deux subsistences partielles, dans les parties, ny iointes ny separées, comme l'ame de S. Pierre à present ne subsiste point , quoy qu'elle existe : Mais lors que dans la resur-rection generalle, cette ame glorieuse sera derechef vnie à son corps, ils feront tous deux vne subsistence entiere, & parfaite.

III. THESE. Vn suppost creé, & fini, pour parfait qu'il soit, ne sçauroit prendre en vnité de personne vn autre nature. Ie veux dire qu'vne subsistence creée ne sçauroit terminer vn autre nature estrangere.

Ie parle en cecy selon mes principes. Ceux qui disent que la subsistence est vne chose distincte , doiuent dire auec Arriaga dans sa Metaphysique , que comme la mesme blancheur, qui est en Cesar peut surnaturellement estre en Pompee; ainsi la subsistence de Cesar peut terminer la nature de Pompee.

Arriag.dis p.4. Met. s.1s.

Mais Suarez doit dire, que la subsistance est
vn mode essentiellement attaché à son suiet,
& qu'ainsi il ne peut estre separé de sa propre
nature. Quoy qu'il soit probable, que demeurant dans la mesme nature il peut bien
aussi terminer vn autre nature estrangere,
mais moy qui dis auec S. Thomas, que la
subsistance est le mesme que le tout subsistent. Ie dis aussi *qu'vn Ange ne sçauroit
auoir pris en vnité de suppost, la nature d'vn homme, d'vne Colombe, ou d'vn Lyon*, pour ce
qu'il la prendroit en vnité de personne, & ne
la prendroit pas. Il la prendroit comme la
presupposition l'accorde, il ne la prendroit
pas pour ce que prendre vne nature en vnité
de suppost, c'est se porter par voye d'vn tout
parfait, & incapable d'estre accomply, ou
perfectionne dauantage.

Or est il qu'vn Ange, qui seroit vni à vne
Colombe, ne seroit pas vn tout, à son regard. Et il ne contiendroit pas eminemment,
tout ce qui seroit dans cette Colombe : mais
il seroit perfectionné par cette adionction,
& pourroit faire des operations, qu'il ne
pourroit pas faire luy seul, mais Dieu peut
faire par soy, tout ce qui ne marque aucune
imperfection dans les creatures. C'est le
commun sentiment des Theologiens, & des
Peres, que pouuoir prendre vne nature en
vnité de suppost, est vn effet d'vne puissance,
& perfection infinie donc le seul estre infini
le peut faire.

OPPOSITION I. Vous me direz que
Dieu seul ne peut faire des actions d'hom-

me, ny de Colombe.

Ie refpons, qu'il peut faire des actions, que feroit vne Colombe ou vn homme, plus noblement, mais elles ne feroient pas d'vne Colombe. Vous me repattirez. Pareillement vn Ange fait des actions plus releuées que la Colombe. Ie refpons il eft vray, mais non pas dans le mefme genre, & ordre d'operations. Ie dis bien dauantage, fi vn Ange eftoit vni à vn ferpent. Il pourroit auec ce ferpent faire des operations fenfitiues, qu'il ne pourroit pas feul. Dieu donc, me direz vous, pourroit s'vnir auec vn Animal fi infame. Ie refpons, que fi cela ne porte point auec foy aucune imperfection, il eft veritable. Et vous prie de vous fouuenir, que toutes les Creatures, font parfaites, & vne grenouïlle ou vn ferpent, font des eftres parfaits en eux mefmes; puis que c'eft le feul peché, qui nous en donne de l'horreur.

OPPOSITION. II. Faire qu'vne nature fubfifte, c'eft feulement luy donner vn mode fubftantiel, ou vne fubfiftence au lieu du terme fubftantiel qu'elle auoit. Or la fubfiftáce de l'Ange, peut feruir pour cela: donc elle peut s'vnir vne autre nature à fon hypoftafe. Ie refpons que c'eft luy donner vne fubfiftence en quelconque façon, ie le nie: luy donner en façon de tout entier, parfait, & principal, qui contienne toutes les perfections de ce qui luy fera adioinct, ie l'accorde. Et pour cet effet, il eft requis, que ce qui efleue vne nature en vnité de fon hypoftafe, ne puiffe pas eftre perfectionné, ny

par le tout , dans lequel il sera, ny par vne
autre partie,& consequemment qu'il ait vne
perfection infinie. C'est pourquoy Dieu seul
peut vnir à soy hypostatiquemét, vne nature
estrangére pour ce que comme dit S. Tho- **D. Tho. in**
mas toutes les creatures au regard de Dieu, **3.dist.3.q.2.**
sont comme vn poinct, au regard d'vne ligne **A. 1.**
puis qu'il n'y a aucune proportion de l'vn à
l'autre ; & partant comme vn point ioint à
vne ligne, ne la seroit pas plus grande , ainsi **Exod.33.**
aucun bien créé vni personnellement au bien **Ostendam**
incréé, ne le perfectionne pas : car nostre **tibi omne**
Dieu estant vn Estre qui a en soy la raison **bonum.**
de toute Bonté, il s'ensuit qu'aucune bonté
ne luy peut estre adioustée.

OPPOSITION III. Il n'y a point de
contradiction , que Dieu vnisse vn Ange
auec vn Lyon, & vn Lyon auec vn Homme, ou vn Serpent auec vne Colombe. Ie
répons que Dieu peut bien faire vn tout de
ces parties diuerses, pource que ie n'y vois
point de contradiction. Mais ce sera *vn
tout par accident*, qui aura deux subsistences,
chasque partie gardant la sienne. Pource
qu'autrement ce seroit vn tout essentiel,
comme vous le presupposez ;& il ne seroit
pas essentiel, pource qu'il n'est pas de deux
parties ordonnées naturellement , pour
faire vn tout. Mais Dieu, comme i'ay dit
autre fois , possede toutes les capacitez des
creatures eminemment : C'est pourquoy il
peut auec quelque chose que ce soit, faire vn
tout de soy, ou essentiel.

OPPOSITION IV. En fin vous me

direz, qu'vne mesme nature, & vn mesme
corps, peut auoir deux formes, & deux presences ; & consequemment que la mesme
nature creée peut auoir deux subsistences,
comme vn mesme effect peut estre produit
par deux actions totales.

Ie répons niant la consequence ; car la
subsistence n'est pas vne chose distincte de
la nature accomplie, qui subsiste, si ce n'est
lors qu'vne subsistence diuine prend vne nature creée : & il n'en va pas de là nature qui
subsiste, au regard de la subsistence, comme de la matiere au regard des formes, ny
du corps au regard de la presence. Ie dis
neantmoins, qu'vne mesme nature peut
subsister en diuers lieux, par la mesme subsistence, comme elle peut auoir diuerses
presences, puis que ie n'y vois aucune contradiction. De cette doctrine il sera facile de
decider cette

QVESTION IV.

Si ces termes Homme & Huma-
nité sont synonimes ou non.

SAns doute Aristote & Auerroës, comme remarque Okam, eussent dit qu'oüy,
pource qu'ils ne connoissoient pas la difference qu'il y a entre la nature & la subsistence : ou que la nature peut estre sans sub-

siſter, ſi elle n'exiſte pas par maniere d'vn
tout, non communiqué à vn autre : mais ſelon les lumieres de la foy & de la Theologie.
Il faut dire pour

I. **THESE.** Que ces mots homme & humanité, *ne ſont pas ſynonimes.* C'eſt ainſi que
l'enſeignent Okam, Major, & pluſieurs autres. La raiſon eſt que les termes ſynonimes
ſont ceux , qui ſignifient la meſme choſe
d'vne meſme façon. Or quoy que ces mots
homme & humanité, ſignifient la meſme choſe. Neantmoins ils ne la ſignifient pas de la
meſme façon ; car quoy que ce mot *homme*,
ne ſignifie aucune entité , qui ne ſoit ſigni-
fiee par ce mot humanité : neantmoins il cōnote *obſcurement* , que cette Nature ſe porte
par voye d'vn tout, non communiqué à vn
autre.

En 2. lieu , les termes ſynonimes peuuent
eſtre affirmez & niez d'vne meſme choſe; or
l'on ne peut pas dire ce mot humanité , de
tout ce, dont on dit l'homme, puis qu'on dit
le Verbe eſt homme , & on ne peut pas dire
le Verbe eſt l'humanité : ils ne ſont donc pas
ſynonimes: ainſi on dit que le Verbe a pris
l'humanité,& on ne peut pas dire, ſi ce n'eſt
improprement, qu'il a pris l'homme, pour
ce qu'ils s'enſuiuroit qu'il y auroit en IESVS,
deux totalitez, & deux ſubſiſtances. Et partant lors que les Peres diſent, que le Verbe
a pris l'homme, il faut expliquer leurs paroles materiellement , c'eſt à dire le Verbe a
pris, ce qui eſt homme, ou bien rien ne máque à ce qui a eſté pris par le Verbe , pour

eſtre homme : car preſuppoſé qu'il n'euſt
point eſté pris par le Verbe, il euſt eſté homme par ſoy preciſement, ſans y adiouſter
aucune realité nouuelle. C'eſt pourquoy
Okam & Major dans leur Logique diſent,
que ce mot *homme*, ſe prend equiuoquemēt
s'il eſt comparé à toutes ſes ſignifications :
car en premier lieu, il ſe prend comme terme abſolu, quand on dit Pierre eſt homme.
Secondement il eſt connotatif, côme quand
on dit d'vne ſtatuë, ou d'vn tableau, voila vn
homme. Car ce mot *homme* ſuppoſe pour le
marbre, ou pour les couleurs, & connote
qu'elles ont vne telle figure, il n'eſt pas neátmoins concret proprement, pour ce qu'il ne
connote pas vn eſtre diſtinct.

En troiſieſme lieu, ce mot *homme* peut
eſtre concret, quand on dit Dieu eſt homme : car alors il eſt ſuppoſé pour le Verbe,
& connote l'humanité diſtincte reellement
du Verbe : & ainſi ce terme homme eſt equiuoque, en la meſme façon qu'Ariſtote dit
au premier de ſes Politiques, que la *main*
eſtant coupée, eſt appellee equiuoquement
du mot de main, au regard d'vne main viuante, pour ce qu'alors elle n'eſt pas inſtru-
ment de la vie.

II. THESE. Ces mots, *homme &*
humanité, attribuez à nous ne ſont ny concrets ny abſtracts proprement, pource qu'ls
ſuppoſent pour la meſme choſe. Neantmoins *humanité*, eſt vn abſtract, & *homme*
vn concret, à la façon de parler des Gram-

mairiens, comme i'ay dit au premier Liure
de la Logique.

III. Thes e, Ce mot *homme* connote
seulement d'vne façon obscure la subsistance, & qu'il n'a pas cette valeur en vertu de
l'imposition du nom, puis que ceux qui ont
imposé les noms aux choses, & tous les Philosophes Payens, ont ignoré la difference
qu'il y a entre la matiere, & la subsistance,
& ainsi, c'est par accident que ce mot *homme*
nous signifie le mode de subsister, par dessus
ce mot *humanité*, pour ce que c'est par accident que Dieu à reuelé aux Chrestiens, la
difference de la Nature & de la Subsistance,
dans les mysteres de l'Incarnation, & de la
Trinité, dans lesquels il est certain que le
Verbe a vni l'humanité à sa personne adorable.

Opposition. On trouue souuente-
fois dans les Peres Grecs, & Latins, que le
Verbe a pris *l'homme* : ainsi S. Athanase dit
en son Symbole, que comme l'Ame raisonnable, & la chair, est vn homme, de mesme
Dieu & l'homme sont vn Iesvs-Christ.
S. Leon aux Sermons de l'Epiphanie, dit :
Que Dieu sur la fin des temps, s'est vny à
l'homme. S. Hugo de S. Victor, dit souuent
que le Verbe a pris l'homme, S. Iean Damascene dit, que le Verbe a pris tout l'homme, & tout ce qui appartient à l'homme excepté le peché. S. Augustin dit en son Hym-
ne, que Dieu pour prendre l'homme, n'a
point eu horreur de se mettre dans les flancs

Ath. Deus
& homo
vnus est
Christus.

D. Leo. S.
4. Deus in
forma serui
vnitus est
homini.

Damasc.
Hominum
totum as-
sumpsit, lib.
3. de fid.
orth.
Tu ad libe-
randum su-
scepturus
hominem.
D. Th. 3. p.
q 3.

d'vne Vierge,

Ie responds, qu'il faut entendre leur dire en ce sens, que chose aucune n'a manqué, à ce qui a esté pris par le Verbe, afin qu'il fust homme, car la nature humaine par soy-mesme precisement, seroit homme, si le Verbe la quittoit côme dit S. Thom. sur le 3. des Sentences, le Verbe donc a pris *l'homme materiellement*, c'est à dire, ce qui est homme, mais il n'a pas pris *l'homme formellement*, c'est à dire, entant qu'homme, pour ce que l'homme n'est pas la nature humaine simplement : mais la nature humaine se portant par voye d'vn tout incommunicable.

Or le Verbe n'a pas pris la nature humaine se portant en cette façon, pour ce que c'est vne contradictoire, qu'il ait pris vne chose incommunicable.

D'icy vous pourrez inferer, en premier lieu, que le Suppost n'est point distinct reellement de la Nature, mais seulement par raison definitiue, & que c'est la commune opinion des Peres de l'Eglise Latine, & Grecque ; comme preuue doctement le Pere Typhaine au Traicté qu'il a faict de l'Hypostase.

Vous pourrez recueillir en second lieu, que quoy que ce qui est suppost, puisse estre communiqué à vn autre ; Neantmoins il ne luy peut pas estre communiqué, entant que suppost, pour ce qu'il s'ensuiuroit, qu'il seroit vn tout, & ne seroit pas vn tout. Ainsi si le Verbe quittoit l'humanité, elle

feroit vn tout, & elle cefferoit de l'Eftre,
lors que de rechef il l'vniroit à fa fubfiftance Adorable. I'aduoüé, *Theandre*, que ces
veritez font releuees: mais pour eftre hautes,
elles ne font pas des raifonnables.

Fin du deuxiéme Difcours.

Li iiij

feroit vn tout, & elle cefferoit de l'Eftre,
lors que de rechef il l'vniroit à fa fubfiftance Adorable. I'aduoüé, *Theandre*, que ces
veritez font releuees: mais pour eftre hautes,

DISCOVRS III.

DE LA SECONDE CA-
tegorie, de la Qualité ou de l'Accident, en tant qu'il fait abstraction, des qualitez Corporelles & Spirituelles.

NOvs passons des substances aux accidens, mon *Theandre*, c'est à dire du fondement & de la base de toutes les choses à de certains estres, qui sont si foibles, qu'à moins que de faire des miracles, ils ne peuuent estre hors d'vn sujet qui les reçoiue. On les nomme accidens, ou qualitez, pource qu'ils suruiennent aux substances, & qu'ils les qualifient, & leur donnent toute cette grace, qui frape nos sens auec tant de plaisir. Vous voyez donc, *Theandre*, que ces deux traictez embrassent absolüment tout ce qui est dans la nature; puis que tout ce qui est dans l'Vniuers est ou accident ou substance. La Metaphysique neantmoins s'employe dans la declaration des accidens ; de telle sorte, qu'elle se contente de traicter des connois-

sances qui appartiennent aux qualitez spirituelles, en particulier, & de celles qui sont
communes aux qualitez corporelles & spirituelles tout ensemble. Mais pource que
la plufpart des veritez qui appartiennent
aux qualitez, comme leur intention, diminution, reaction, & repaffion, se font mieux
voir dans les qualitez corporelles, dont
nous auons l'experience, que dans les qualitez spirituelles; la raison veut, que ces
connoiffances soient differées iufques dans
la Physique, qui traicte amplement des
qualitez corporelles. Ioint qu'à peine on
peut conceuoir l'intenfion des qualitez, &
leurs diuers degrez, qu'apres auoir connu
la nature de l'extenfion, & du continu.
C'eft pourquoy ie me contenteray en ce
lieu de vous donner les connoiffances, qui
font communes aux qualitez spirituelles,
& aux corporelles; afin de me tenir tousjours dans les termes de la Metaphyfique,
qui eft parfaictement defgagée des chofes
corporelles.

QVESTION I.

Qu'eſt ce que qualité & accident, & s'il ſe donne des qualitez & des accidens dans la nature.

IL eſt des veritez comme du Soleil, elles ſont dautant moins viſibles, qu'elles ſont plus eſclatantes. Il n'eſt rien de plus clair, que l'exiſtence des accidens, & des qualitez, puis qu'elles tombent tous les iours ſous voſtre veuë. Il eſt neantmoins fort difficile de donner vne claire deffinition des accidens, & de prouuer par quelque demonſtration leur exiſtence. La pluſpart des Philoſophes à leur ordinaire, ne s'accordent pas ſur cecy. Quelques-vns penſent que ce ſoient des choſes diuerſes, & que la qualité ſoit ſeulement vne eſpece de l'accident, & qu'il y a beaucoup d'autres accidens qui ne ſont point qualitez. Ie ſuis d'vn aduis tout à fait contraire, & ie dis pour

PREMIERE PROPOSITION.

QVE le mot *Qualité* eſt fort equiuoque, car quelquefois il ſe prend cóme terme de la premiere intention, & quelquefois comme terme de la ſeconde.

Qualité pris comme le terme de la seconde intention, signifie quelquefois le ramas de tous les termes, qui peuuent estre mis dans le predicament de la qualité. Quelquefois aussi il se prend pour ce seul mot *qualité*, qui est comme leur souuerain Genre, & le surintendant de toute la categorie. Et en ce sens il faut dire que *le predicament de la qualité* est vne suite de tous les termes qui peuuent supposer pour quelque qualité. C'est à dire pour quelqu'estre qui n'est point substance. Depuis le terme indiuidu, iusques à ce terme qualité, qui est le souuerain de ce predicament. Aristote diroit, que la categorie de la qualité est vn ramas de tous les termes, par lesquels on répond à la question *quel est-il?* C'est ainsi qu'il deffinit la qualité, disant la qualité est ce qui nous qualifie.

Il faut neantmoins entendre cecy auec discretion. Car il s'ensuiuroit que quasi toutes les Categories d'Aristote se mettroient dans celle de la qualité. Pource que chasque iour nous disons, quel est cet homme, il est Roy, ce qui est vne relation. Il est estendu, ce qui est quantité. Il est courbé, il est quarré, il est Createur, il est blessé, il est armé; ce qui appartient aux Categories de l'action, de la passion, de la situation, & de l'hauoir. Il vaudroit donc mieux dire à mon aduis, qu'à cette Categorie appartiennent indirectement tous les termes par lesquels on répond proprement, & parlant en rigueur à la question *quel est-il*; Et que ces termes, à bien dire, sont des termes con-

Arist.
Qualitatem voco, ex qua quales nominamur, *ou* ex qua quidā quales esse dicuntur.
ποιότητα δὲ λέγω καθ᾽ ἣν ποιοί τι-νες εἶναι λέγονται.

crets, qui fuppofent pour vn fuiet, & connotent vn eftre reellement diftinct du fuiet,
comme ces mots, *Chaud*, *Blanc*, *Noir*, *Coloré*,
Docte, *Vertueux*, *Froid*. Et que dans ce mefme
predicament fe mettent proprement les
feuls termes abftracts, qui fuppofent pour
des eftres reellement diftincts du fuiet, &
des fubftances : Comme, *Couleur*, *Blancheur*,
Noirceur, *Vertu*, *Doctrine*, *Froideur*, *Chaleur*: &
tous les autres qui fignifient des eftres reellement diftincts de la fubftance.

Et partant, tous les termes qui fignifient
feulement des modes ; comme, *figuré*, *agiffant*, *fouffrant*, *quarré*, *affis*, *armé*, n'appartiennent point à ce predicament de la qualité;
parlant à la rigueur, fi ce n'eft qu'on le prenne en general, auec Ariftote, pour le ramas
de tous les termes, par lefquels on répond
à la queftion quel eft-il. Ce qui n'eft pas
mon deffein dans cét Œuure, puis que ie
defire feparer exactement tous les termes
en trois Categories, *de la fubftance*, *de la qualité*,
& du mode; afin d'éuiter la confufion, dont
on ne peut gueres excufer Ariftote ; puis
que, comme i'ay defia preuué, il a mis fou-
uentes fois le mefme terme, & la mefme
chofe, fous le mefme terme, en plufieurs de
fes Categories. C'eft pourquoy ie ne defire
mettre proprement dans le predicament de
la qualité, que les feuls accidens, & que les
termes qui fuppofent pour des eftres diftincts de la fubftance, mais non pas ceux
qui les connotent.

II. THESE. Qualité prife comme terme

de la premiere intention, est encor equiuoque. Car premierement il se prend pour
tout ce qui est signifié, par des termes qui
satisfont à la question quel est-il, soit qu'ils
signifiént des substances, des accidens, ou
les modes des accidens & des substances:
Ainsi toutes les differences signifient vne
qualité. Car on dit quel Animal est l'homme? il est raisonnable. On dit aussi que les
choses ont des qualitez essentielles, comme
i'ay dit de l'affirmation ou negation. Car si
on demande quelle est cette proposition,
l'on répond elle est affirmatiue, ou negatiue. Donc l'homme signifié par cette voix
raisonnable, seroit vne qualité. Ce qui est
fort impropre.

En second lieu, *Qualité* signifie vne dignité : ainsi on dit qu'vn homme est de
grande qualité : pource qu'on répond à la
question *quel est-il?* par des termes de dignité, quel homme est-ce là, c'est vn Gentil-
homme, vn Conseiller, vn Prince, & ces
termes signifient vne substance, & connotent quelque pouuoir qu'a vn homme, à
raison de sa charge.

Troisiesmement, ce mot qualité, à parler
proprement, se prend pour tout accident
distinct des substances, & de tous les modes
de la substance. Or il est fort difficile de donner sa deffinition, comme confessent tous
les plus doctes Philosophes. Aristote ne
s'en est pas soucié, car il a seulement dit que
Qualité est ce qui nous qualifie, c'est à dire,
ce qui qualifie quelque chose.

Car ce mot qualité appartient aussi bien aux autres substances qu'à l'homme: mais à vray dire, cette description est autant impropre, que si quelqu'vn disoit blancheur, est ce qui nous faict blancs, d'où vous voyez *Theandre*, que le Philosophe, à ne rien dissimuler: traicte cette Categorie fort à la legere, pour donner seulement des premices à ceux qui commencent à s'adonner à la Logique. Et il me semble que Aristote apres auoir donné vne definition si generale, comme s'il eust voulu confesser ingenuement, que la qualité auoit tant d'especes, qu'à peine on n'en pouuoit donner vne plus claire definition, il diuise soudain la qualité en quatre especes, en *disposition & habitude, en puissance, & impuissance, en passion & qualité prouenante de passion, en figure & forme*. Partant Aristote n'a pas donné vne definition, qui conuient à vn estre distinct, de toutes sortes de modes, ny de la quantité, puis que la figure, & la forme sont des modes, ou la chose mesme figuree. Pareillement les puissances, sont des relations, & les choses mesmes qui peuuent: ainsi la puissance de vouloir c'est l'Ame mesme, & non pas aucune entité ou accident distinct de l'Ame. C'est ce qui me contrainct de vous dire pour

III. THESE. Que la description d'Aristote est bonne selon son dessein, entant que la qualité enserre tous les termes, par lesquels on respond à la Question *quel est-il*. Et il ne s'en peut pas donner vne meilleure qui soit plus claire ou plus expresse dans vne si

generale fuppofition , ny qui conuienne à
tous ces membres qu'il enferre dans ce predicament. Mais cette defcription n'eft pas
particuliere à l'accident qui fe nomme qualité, puis qu'elle conuient aux modes, comme à la relation & à la quantité , & auffi aux
fubftances, qui par elles mefmes font des
puiffances, & des figures , & il faut donc
chercher vn autre concept plus particulier,
qui appartienne aux feules qualitez , & qui
ne conuienne pas à la quantité, & aux relations. Quelques Autheurs anciens difent,
que la qualité eft vn accident qui fuit la forme. Le docte Suarez apres auoir refuté plufieurs definitions de la qualité dans la difpu-
te 42. de fa Metaphyfique Section 1. definit
la qualité en ces termes. *La qualité eft vn accident abfolu joinct à la fubftance creée , pour l'ac-
compliffement de fa perfection, foit en exiftant, foit
en operant.* Comme s'il difoit la qualité eft vn
accident abfolu, qui comme vne forme intrinfeque, fe cômunique à la fubftance creée
accomplie en fa Nature, afin qu'elle puiffe
exifter plus commodement & faire mieux
fes operations. Sa raifon eft que les fubftances creées font beaucoup defectueufes
& imparfaictes , & partant elles ne peuuent
pas par elles-mefmes, & par ce qui leur eft
effentiel, faire tout ce qui eft neceffaire à leur
perfection , pour ce qu'elles ont befoin de
plufieurs ornemens & embeliffemens: ainfi
vn homme feroit imparfaict qui n'auroit
point la vertu d'efchauffer pour cuire les
viandes, qui feroit fans couleur & fans gra-

ce : donc ces Estres dont il a besoin sont des accidens. Or les accidens peuuent estre, dit-il, ou absolus, ou relatifs. Les relatifs sont comme les modes, & les choses du predica-ment, de la situation, de la quantité, de l'action, de la passion, du temps, de l'où, & de l'hauoir : mais les qualitez sont des accidens absolus, qui perfectionnent la substance, afin qu'elle soit conuenablement à sa Nature, & pour pouuoir exister en perfection & agir. Et partant Suarez diuise tous les estres en trois Classes, sçauoir est des substances, des accidens absolus, & des accidens relatifs.

Contre cette opinion, ie dis premieremét que la quantité, les relations, actions, passions, & les autres modes ne sont point des accidens, mais des substances.

Secondement que les substances sont aussi bien relatiues par elles-mesmes que les accidens.

Troisiesmement que la quantité qu'il appelle racine d'impenetrabilité, est vn accidét absolu, distinct de la substance, & necessaire à la substance pour agir. Que s'il respond que la racine d'impenetrabilité, n'est pas necessaire au tout, & à la substance desja parfaite, mais à la matiere ; puis que là racine d'impenetrabilité est deuë directement à la matiere premiere, & non pas à la forme, ny au tout, pour ce qu'il est tout, mais seulement à raison d'vne partie. Repartez luy, qu'il y a aussi plusieurs qualitez deuës à la seule matiere, ou à la seule forme. Et partant

si la

ſi la quantité n'eſt pas qualité pour eſtre deuë à vne ſeule partie, pareillemét les quatez deuës à vne ſeule partie, né ſeront pas qualitez, & ſouſtenez luy que s'il ſe donnoit vne tellequantité, elle ſeroit deuë à tout le Corps.

Quatrieſmement on peut objecter à Suarez que pluſieurs qualitez ſont nuiſibles, & deſtructiues du ſujet, dans lequel elles ſont, & s'il reſpond, que toute qualité eſt propre de quelque ſujet qu'elle perfectionne, quoy qu'elle en ruine vne autre. Ainſi quoy que la chaleur deſtruiſe l'eau, elle perfectionne le feu. Cette reſponſe a quelque apparence de verité, elle preuue toutefois, que la chaleur n'eſt pas accident de l'eau, lors qu'elle eſt eſchauffee, & que l'accident du feu eſt dans l'eau, & qu'ainſi vn accident paſſe d'vn ſujet, à vn autre.

La pluſpart des Eſpagnols, comme Hurtade, & Arriaga, ſuiuent de prés la piſte de Suarez. Hurtade dit, que la qualité eſt vn accident abſolu diſtinct de la quantité, & que ſa definition eſt priſe d'Ariſtote, qui dit au Chapitre de la qualité que cela eſt qualité, qui par deſſus la quantité, eſt dans la ſubſtance.

Or ie demande à ces Autheurs, ce qu'ils entendent par accident abſolu. Sr ils reſpódent, qu'ils entédent tout ce qui n'eſt point vn mode, c'eſt à dire vne petite entité diſtincte des ſubſtances. Reſpondez leur *Theandre*, qu'à la verité ils parlent coheremment, diſants vne fauſſeté pour en ſouſtenir vne au-

Ariſt. quod præter quátitaem in-eſt ſubſtantiæ.

tre. Car il n'eſt point de modes, qui ſoient des entitez diſtinctes, comme ie prouueray au Liure ſuiuant. De plus chaſque Eſtre eſt abſolu & relatif tout enſemble, à meſure qu'il eſt capable d'eſtre conſideré ou relatiuement, ou abſolument.

Troiſieſmemement ces accidens, qu'ils appellét abſolus, ſont par eux meſmes relatifs, entant qu'ils ſont ſeparez de toute entité diſtincte : car par eux-meſmes, ils ſont des qualitez & des Eſtres : donc par eux meſmes, & en eux-meſmes, ils ſont ſemblables entre-eux, & diſſemblables & diſtincts des ſubſtances, ce qui eſt eſtre relatif.

Quatrieſmement ces qualitez qu'ils appellent abſoluës, ſont par elles-meſmes diſtinctes de tout ce qui n'eſt pas elles-meſmes. Or eſtre diſtinct, c'eſt eſtre relatif, & eſtre compare à quelque autre entité, dóc les qualitez abſoluës, ſont par elles-meſmes relatiues.

En cinquieſme lieu, s'il ſe donne vne quantité, qui ſoit racine d'impenetrabilité, elle eſt auſſi bien abſoluë, que les qualitez, & comme ie preuueray dans ma Phyſique, s'il ſe donne vne racine d'impenetrabilité, il faut dire neceſſairement, que c'eſt vne qualité. Donc Suarez & ceux de ſa ſuitte ont mal defini la qualité.

Deplus ſi Hurtade par le mot de quantité a voulu entendre l'extenſion, il eſt clair qu'il ſe trompe, croyant que l'extenſion eſt vn accident, puis qu'il eſt certain que l'extenſion de la ſubſtance n'eſt autre choſe que

la substance mesme estenduë , dans vn espace.

Sixiesmement si ces Autheurs pretendent
donner vne definition qui conuienne à toutes les especes de la qualité nombrees par
Aristote, ils se trompent , car la figure est vn
mode relatif, aussi bien que les puissances;&
les actes vitaux , selon leur opinion sont des
qualitez : qui neantmoins sont des estres relatifs , donc toute qualité n'est pas vn Estre
absolu , & consequemment leur definition
est imparfaite. Enfin cette definition est
beaucoup irreguliere. Qualité *c'est ce qui n'est*
ny substance ny accident relatif , ny quantité. Car
si on se vouloit seruir d'vne definition negatiue, il eust mieux valu definir la qualité, par
la negation de toutes les autres Categories.
Aspirons à quelque chose de plus Genereux
Theandre , & ne nous laissons pas rebuter à la
difficulté. Allons contre le Torrent iusques
à ce que nous soyons paruenus à la source
d'vne verité manifeste,& disons pour

IV. Thes e. Que qualité & accident est
le mesme, partant tout accident est qualité,
& la qualité est vn estre distinct reellement
des substances , ou bien dittes . *Qualité est vn*
estre qui n'est pas capable de subsister par soy-mes-
me, ny d'estre vne partie d'vn estre subsistent : ainsi
Qualité prise à la rigueur , est vne forme accidentelle , reellement distincte d'vn sujet ,
auquel elle est attachee, soit qu'elle luy soit
conuenable ou non.

Ie prouue cette deffinition, pour ce qu'elle appartient à la seule qualité , & à toute

qualité, comme aux quatre premieres qualitez que mettent les Philosophes, qui sont
la chaleur, la froideur, l'humidité & la secheresse. Et aux qualitez que l'on nomme secondes, comme aux odeurs, si elles ne sont
point de petit corps, & aux couleurs à la
blancheur, & noirceur.

De plus cette definition ne conuient à aucune substance, ny à aucun mode des substances ; ce que ie preuue par le denombre-
mét de tout ce qui est en la Nature: car tout
ce qui existe est ou substance, ou accident
distinct, ou mode de l'accident, ou de la substance. Il est clair que la substance ne participe point cette definition, ny aussi les modes de la substance : car ils sont la substance
mesme, & partant ils ne sont pas des qualitez
à la rigueur, mais seulement improprement,
pour ce que tout cela est qualité improprement, qui est signifié par vn terme qui satisfaict à la question, quel est-il ? Reste donc
que cete definition appartienne àtous les accidens & à leurs modes, qui sont les mesmes
accidens pris d'vne façon relatiue, & qui ne
leur est pas essentielle.

Que si l'action & les autres modes estoiét
des entitez distinctes, & s'il se donne vne racine d'impenetrabilité, ie dis : qu'elles sont
des qualitez, & alors il n'y auroit point d'inconuenient de dire que la mesme chose, sous
le mesme terme se mettroit en deux ou trois
predicaments, comme *la figure* dans celuy
de la qualité, & de la situation, & de la relation.

OPPOSITION. Donc tout accident distinct des substances sera qualité, Ie l'accorde *Theandre*, car n'est-il pas raisonnable, de
diuiser tous les Estres en accidens, & en substances, auec tous les Philosophes, & de dire auec cent Autheurs que les modes des accidens sont les accidens mesmes modifiez,
comme les modes des substances, sont les
substances mesmes diuersement modifiées.

V. THESE. Accident se prend, ou comme terme de la premiere, ou de la seconde
imposition, pris comme terme de la seconde
imposition, il signifie tous les termes connotatifs, c'est à dire qui ne sont pas absolus &
essentiels aux choses, soit qu'ils soient concrets, comme *blanc*, *chaud*, *coloré*, soit qu'ils
ne le soient pas, comme *estendu & figuré*, &
ainsi terme accidentel se prend pour toute
sortes de termes connotatifs extrinseques,
soit reciproques appartenants au quatriesf-
me vniuersel, soit non reciproques, qui appartiennent au cinquiesme vniuersel. *Accident* pris comme terme de la premiere intention signifie quelque fois vn cas fortuit,
qui n'est pas premedité, & qui est contre l'intention, & pour l'ordinaire il se prend pour
pour vn malheur, ainsi on dit que c'est vn accident que Lysis soit blessé.

En 2. lieu, il se prend pour tout ce qui arriue, & est adioinct à quelque chose, desja
mise en sa perfections, & ainsi ce mot accidét
se prend quelquefois pour des vrayes substances, & on le diuise d'ordinaire en *accident
physique*, comme la chaleur, & la blancheur.

Kk iij

& en *accident Logique*, comme font les rob-
bes, le fard, & les armes, pour ce qu'elles
font adiouſtées au corps, ou comme dit le
Latin *Accidunt corpori.* Deſorte que comme
Ariſtote appelle ſubſtance, tout ce qui'eſt
comme la baſe d'vn autre, auſſi on peut appeller improprement du nom d'accidét tout
ce qui ſuruient à vn autre.

En 3. lieu, accident à proprement parler,
ſe prend pour *accident Physique* qui eſt le meſme que la qualité, & il ſe peut definir en cette ſorte. *Accident eſt vn eſtre qui n'eſt pas capable de ſubſiſter pour ſoy-meſme, ny d'eſtre partie d'vn
tout, & ſubſiſter par ſoy-méſme,* comme la blancheur & les autres couleurs. La chaleur, la
froideur, & toutes les autres qualitez que
l'on appelle premieres & ſecondes, dans la
Phyſique.

Or icy s'eſleue yne difficulté aſſez grande,
s'il y a dans la nature de telles qualitez diſtinctes, ou s'il n'y en a pas, c'eſt à dire des
eſtres diſtincts des ſubſtances, & de leurs modes. Ie reſpons à cette demande par cette

VI. Thes e. Il eſt certain, qu'il ſe donne des qualitez, & des accidens diſtincts reellement, des ſubſtances: mais cette verité
n'eſt pas demonſtratiue, ny connuë en elle-
meſme, comme vn premier principe. Qu'il
ſoit certain, ie le preuue premierement par
la Foy, qui nous enſeigne qu'il y a des entitez, qui peuuent demeurer leur ſujet periſ-
ſant, comme il ſe voit dans l'Euchariſtie, dás
laquelle apres que toute la ſubſtance du pain
a eſté deſtruite, ſes couleurs & ſa ſaueur de-

meurent. Pour la figure du pain & son extenfion, elles ne demeurét pas, puis que c'eft
le pain figuré & eftendu, mais la feule figure
& extenfion des accidéts du pain demeurét:
car les accidens ont auffi bien leur figure, &
leur extenfion, que les fubftances, puis qu'ils
font dans le lieu, par eux-mefmes, & qu'ils
ont plufieurs parties, l'vne hors de l'autre.

En 2. lieu, cette verité fe preuue par l'authorité de tous les Philofophes, & Theologiens, lefquels diuifent l'eftre en fubftantiel,
& accidentel, & enfeignent, qu'il y a dans le
monde des eftres qui font reellement diftincts de la fubftance.

En 3. lieu, on peut apporter pour cecy vn
argument qui fe prend de la limitation des
fubftáces creées, lefquelles font fi imparfaictes qu'elles n'ont pas en ellesmefmes toute
la perfection neceffaire pour eftre, & pour
agir, donc elles doiuent auoir quelques entitez adioinctes, qui leur feruent comme de
renfort de leur vertu, afin de les rendre parfaictes pour leurs operations. Mais pourquoy me direz vous, la fubftance tellement
modifiée, ne peut elle pas feule, tout ce qu'elle peut auec vne entité plus foible & moins
noble qu'elle mefme. Ie vous aduoüe *Theandre*, que cét argumét preuue qu'il n'y a point
en cecy de raifon conuaincante. Et Major,
traictant des propofitions connuës d'elles-
mefmes, aduoüe que cette propofition, *Il eft
des accidens, & il y a vne matiere dans le monde,*
ne font pas euidentes à la façon des premiers

Mai. in
poft. Anal.

K k iiij

principes. Il vous suffit, *Theandre*, qu'elle
soit certaine, ce que nous auons preuué par
les mysteres de la Foy, & par l'authorité de
tous les Theologiens & Philosophes.

QVESTION III.

Quelles sont les diuisions, especes,
& proprietez de la qualité.

I. These.

A RISTOTE diuise la qualité en quatre especes, à chascune desquelles il
donne deux membres.

La premiere est disposition & habitude.

La seconde est puissance & impuissance.

La troisiéme est la passion & qualité passible.

La quatriéme est la figure & la forme.

Tous les Autheurs tombent d'accord, en
ce que cette diuision est d'Aristote: Mais il
s'en trouue fort peu qui s'accordent, sur ce
qu'Aristote à voulu entendre par ces huict
termes. Ie vous diray sur cecy ce qui me semble le plus probable, sans m'arrester aux
opinions diuerses.

Ie dis donc en premier lieu, que par disposition, il faut entendre vn accident, ou
vne qualité distincte, soit premiere, soit seconde, qui se peut facilement oster du sujet,

& qui est capable de le disposer pour receuoir vne forme substantielle : Comme la
chaleur, froideur, blancheur, noirceur, humidité, secheresse.

Or par *habitude* entendez vn accident
distinct qui se separe difficilement du sujet,
& facilite la puissance, pour pouuoir faire
quelque operation, comme la science & la
vertu. Et si vous me demandez, si les habitudes surnaturelles, qui sont données comme par voye de puissance, pour pouuoir
simplement, & non seulement pour faciliter la puissance, sont dans cette espece. Ie
vous diray, qu'il me semble plus probable
qu'elles sont dans l'espece de la puissance:
car elles sont comme des puissances partielles. Et Aristote n'a point connu ses habitudes infuses, & surnaturelles, mais seulement
les acquises. Ie vous aduertis de plus, que
plusieurs Philosophes estiment, que les habitudes naturelles ne sont pas vne entité distincte de la puissance, mais seulement la
puissance mesme, qui a exercé plusieurs
actes. Car presupposé cét exercice, disent-
ils, la puissance peut facilement operer sans
aucune entité estrangere.

Ie dis en second lieu, que par le mot de
puissance, Aristote entend vne faculté parfaite & accomplie, propre pour agir, ou patir, & receuoir. Et par ce mot *impuissance*,
Aristote n'entend pas vne negation de quelque faculté, autrement ce n'est pas vn estre
positif, & toutes choses sont impuissance.
Car l'homme est impuissance, pour estre

Soleil, & pour creer. Mais le Philosophe entend vne faculté pour agir ou patir, fort imparfaite : ou qui ne peut faire que des effects fort imparfaicts. Comme seroit la puissance de voir, ou d'ouïr, dans vn homme lousche, ou demy sourd, ou celle qu'vn fou à de raisonner. Or ie vous aduertis, que ces puissances & impuissances, sont les substances mesmes. Comme la puissance de voir, c'est l'œil : la puissance de vouloir, c'est la volonté ; & partant en cette opinion vous voyez qu'Aristote diuise la qualité prise en general, pour tout ce qui est signifié par les termes qui se répondent à la question *Quel est-il?* Car les puissances, ou les pouuoirs & facultez des substances, ne sont pas des accidens distincts des substances mesmes.

Ie dis en troisiéme lieu, que par ce mot de passion, qui est beaucoup equiuoque, le Philosophe n'entend pas le mesme que dans le predicament de la passion ; Mais il entend *vn mouuement de l'ame alteree & esmeuë*, qui s'appelle d'ordinaire *passion*, comme l'amour & la cholere. On en met d'ordinaire six dans l'appetit concupiscible : L'amour & la haine, le desir & la fuite, la joye & la tristesse. Et cinq dans l'appetit irascible, L'esperance & le desespoir, la crainte & l'audace; & en fin la colere : car tous ses mouuemens se treuuent dans les estres capables de connoistre le bien, & de fuïr le mal.

Ie dis en quatriesme lieu, que par qualité *passible*, Aristote entend les qualitez qui naissent des passions. Comme la rougeur de la honte, la blancheur de la crainte, & la palleur de l'amour. Or ces qualitez passibles, ou prouenantes de l'alteration de l'ame & du corps, sont ou permanentes qui durent long temps, comme la folie, ou l'esprit hebeté & troublé. Ou elles passent vitement, comme la rougeur en la face d'vne Vierge. Car selon l'Escriture mesme, qui ne sçait rougir est quasi desesperé. Et partant les couleurs dans le visage, prouenantes de passion, sont des qualitez passibles: mais non pas les couleurs qui se voyent dans vne chose inanimee.

Ie dis en cinquiesme lieu, que par le mot de *figure*, le Philosophe entend vne certaine determination ou modification de plusieurs parties, qu'a vn corps, au regard du lieu; comme la figure quarree, courbee, ronde, plaine, concaue, triangulaire. Or la figure sert beaucoup pour les operations, comme on voit dans les Animaux : Car si les yeux estoient quarrez, ils seroient defectueux : Et chasque membre demande vne figure particuliere, que luy a donné la diuine Prouidence.

Ie dis en 6. lieu qu'Aristote sous le nom de *forme*, à entendu vne figure ornee des couleurs qui luy sont conuenables. Et partant qu'il met en ce predicament, des modes, sçauoir est la figure, & qu'ainsi il n'a pas diuisé la qualité prise à la rigueur. Vous voyez donc *Theandre*, que la figure aussi bien que la situation signifie plusieurs parties. Et de plus vne telle disposition dans l'espace, & partant

Ierem. 3. Frons meretricis facta est tibi, erubescere noluisti.

vn Ange ou vne ame n'a point proprement
de figure, mais improprement l'ame ha la
figure du corps, c'est à dire qu'elle ne passe
pas plus outre que le corps. D'où arriue
que l'on ne peut changer la figure, ny la situation, comme quand on est dans vne nauire. Ie sçay bien que la plus part des Philosophes ne s'accorderont pas auec nous
dans l'explication de ces quatre especes de
la qualité, mais c'est vn mal ordinaire aux
Scholastiques; chacun à sa teste pour vous
Theandre, deffendez hardiment cette opinion,
qui ne laisse pas d'estre Solide pour estre
claire. Fuiez tousiours vne Philosophie dou-
teuse, & chancelante aussi bien qu'vne conscience scrupuleuse.

II. T H E S E. Aristote a donné trois proprietez de la qualité.

La premiere est hauoir vn contraire. Ainsi
la chaleur est contraire à la froideur, & la
noirceur à la blancheur. Or les qualitez
sont contraires l'vne à l'autre, par leur propre nature, quoyque l'incapacité du suiet
contribue beaucoup, à ce que deux accidens
ne puissent demeurer ensemble, puis que
surnaturellement ils se peuuent bien com-
patir.

La seconde proprieté de la qualité, dit A-
ristote *est de receuoir plus, & moins*, c'est à dire
que les termes concrets, qui connotent les
qualitez, se noment auec ces syncategoremes *plus, & moins* ainsi nous disons plus,
& moins chaud. Et encor on dit plus de
blancheur plus de chaleur, moins de froi-

deur, mais non pas qu'vne blancheur est
plus blancheur: car vne chaleur, n'est pas plus
chaleur que l'autre : puis que c'est l'essence
qui consiste dans vn indiuisible; de sorte que
lors qu'on dit qu'il y a plus de chaleur, on
veut dire qu'il y a plus de parties, ou degrez
de chaleur. Neantmoins ces deux proprietez
ne conuiennent pas à tous les membres de
la diuision d'Aristote; car on ne peut pas dire
qu'vne chose est plus figurée que l'autre.
De plus la lumiere n'a point de contraire,
ny aussi les qualitez surnaturelles, à parler
proprement.

La raison de cette proprieté, est, que la
qualité est capable d'intention, dont nous
parlerons en son lieu dans la Physique. Or
de dire pourquoy vne chaleur peut estre
moindre, ou plus grande, & receuoir quelque intention augmentation ou diminution:
& qu'vn homme ne peut pas estre plus homme, nous le preuuons par l'experience. Ioint
que la nature des substaces est, qu'elles côsi-
stét en vn indiuisible. Et nous voyons que les
qualitez ont des parties diuisibles, & partant
elles en peuuent auoir plus ou moins: si elles
en ont moins, elle seront en vn degré moindre, si elles en ont plus alors la qualité sera
plus intense. Les Philosophes ne mettent
que huit degrez d'intention, & ils les subdi-
uisent en d'autres à l'infini, en la mesme
façon que les parties du continu, comme
nous dirons dans la Physique. La troisiesme proprieté de la qualité est, que *Les qua-*

litez sont appellées semblables ou dissemblables. Cela conuient encor aux essences & substances. Car Alexis & Cesar sont semblables, en ce qu'ils sont hommes, animaux, corporels, viuans, substances; & vne chose est plus semblable à l'autre, qui conuient en plus d'attributs, à raison desquels elle peut estre comparee à l'autre. De sorte que toute la ressemblance est dans les choses; mais pour la faire accomplie, il faut que l'entendement les compare entr'elles: & cet acte doit estre fondé dans la nature des choses mesmes. Voila la doctrine d'Aristote, touchant les quatre especes, & les trois proprietez de la qualité, ou plustost des termes par lesquels on respond à la question, quel est-il?

III. THESE. Le souuerain genre de ce predicament, est la qualité en commun, c'est à dire ce mot *qualité*, en tant qu'il peut estre supposé distributiuement pour chasque qualité en particulier. *Il n'y a aucune qualité en Dieu:* Car il est immuable & incapable de receuoir aucun accident, c'est pourquoy *La premiere diuision de la qualité est en spirituelle & corporelle.* Les spirituelles sont comme la grace, & les habitudes surnaturelles de Foy, Esperance, & Charité, qui à mon aduis, n'est autre chose que la grace mesme, la lumiere de gloire, les vertus & les sciences, si ce sont des estres distincts de l'ame, & des Anges, qui les possedent. Or il appartient à la Theologie ou à la Morale, de traicter de la plufpart de ces qualitez : & c'eſt au traicté de l'Ame à decider, ſi les actes vitaux ſont des eſtres diſtincts des puiſſances viuantes.

Certes à peine y a t'il rien qui appartienne aux qualitez ſpirituelles en commun, qui ne ſoit propre de la Morale ou de la Logique Animaſtique, ou Theologie.

Dites donc, *Theandre*, premierement, que les qualitez ſpirituelles ſont des eſtres ſpirituels diſtincts des ſubſtances, & qui ne ſont pas capables de ſubſiſter par eux-meſmes, ny d'eſtre parties d'vn eſtre ſubſiſtant comme la grace.

Dites en ſecond lieu, que les *qualitez corporelles* ſont des eſtres corporels, qui ne ſont pas capables de ſubſiſter, ny d'eſtre parties d'vn tout ſubſiſtant, comme la chaleur & la blancheur. *Les qualitez corporelles ſe diuiſent en premieres & ſecondes.* Les Phyſiciens enſeignent, *Qu'il y a quatre qualitez premieres : La chaleur, la froideur, l'humidité & la ſechereſſe.* Les ſecondes qualitez, diſent-ils, ſont celles qui naiſſent du meſlange des premieres qualitez, comme les couleurs.

Dites en troiſieſme lieu, que parmy les qualitez, il s'en treuue qui ſont des diſpoſitions, comme la chaleur dans le bois. Des habitudes, comme les vertus & les ſciences. Des qualitez paſſibles, comme la rougeur qui naiſt de la honte. Mais les puiſſances des ſubſtances, la figure des ſubſtances, & leur forme, ſont effectiuement des ſubſtances modifiées : auſſi bien que les paſſions, qui ſont l'ame meſme, ou ſes organes, comme ie diray en son lieu.

Vous voyez donc, *Theandre*, que c'est icy le lieu de traicter de la contrarieté, des diuers degrez, de l'intension, diminution, reaction, & repassion des qualitez : Mais pource que le traicté de l'Intension dépend absolument de celuy de l'extension, & du continu ; & que tout ce qui appartient aux qualitez, se rend plus sensible dans les qualitez corporelles. Il faut reseruer ce Traicté pour la Physique, & nous contenter de traicter icy pour

---

QVESTION III.

Qu'est-ce que la contrarieté des qualitez, & quelles conditions sont necessaires pour estre contraires.

I. THESE.

Les contraires, dit Aristote, sont deux estres d'vn mesme predicament, qui ont vne plus forte repugnance entr'eux, qu'ils n'ont auec vn tiers, & qui se chassent l'vn l'autre d'vn suiet : Si l'vn d'eux n'est en ce suiet necessairement attaché par la nature, Comme la chaleur, & la froideur, la noirceur, & la blancheur.

Vous voyez donc que ce mot *contraire* se
prend

prend quelque fois improprement, pour
toutes sortes d'opposez. Ainsi on dit que
deux formes, qui ne peuuent pas estre en vn
mesme corps, sont contraires, & ainsi ce mot
contraire pris improprement se dit des substances : Mais le contraire pris proprement
doit auoir les conditions suiuantes.

Premierement il faut que ce soit vn accident : car la substance dit le Philosophe, n'a
point proprement de contraire, & les substances ne se chassent point d'vn suiet, puis
qu'elles ne sont point attachées dans vn suu-
iet d'inhesion.

En second lieu, il faut que ces deux accidens soient sous le mesme genre, soit prochain soit esloigné, au moins il faut qu'ils
soient dans vn mesme predicament : Ainsi
quoy que peut estre la noirceur & la blancheur ne sont pas sous le mesme genre prochain, pource qu'il se peut faire qu'il y ait
vn genre, ou vn terme generique, metoyen
entre la blancheur & la noirceur : Par exemple, vne voix qui conuienne à la blancheur,
à la rougeur, & au verd, qui ne conuiendra
pas à la noirceur. Neantmoins il est certain, que la blancheur & la noirceur sont
dans le mesme predicament de la qualité.
Ainsi la justice & l'injustice, quoy que contraires, ne sont pas sous vn mesme genre
prochain : car l'injustice est sous le genre du
vice, & la justice sous le genre de la Vertu.
Elles ne laissent pas neantmoins d'estre
contraires ; pource qu'elles sont tou-

tes deux sous le predicament de la qualité.

Il faut en troisiesme lieu, dit Aristote, que
les contraires ayent vne telle repugnâce, que
naturellement ils ne puissent pas estre en vn
mesme sujet d'inhesion, comme la froideur
excessiue, & l'excessiue chaleur, & de plus
il faut qu'ils se chassent l'vn l'autre d'vn sujet, qui successiuement soit capable de toutes
ces deux qualitez, si ce n'est que l'vne d'elles
soit necessairement attachee par la nature à
quelque sujet: ainsi la froideur ne peut pas
chasser la chaleur du feu, pour ce qu'elle
semble en estre naturellement inseparable.

Et partant vous voyez, *Theandre*, qu'il ya
des accidens & des qualitez, qui ne sont pas
contraires l'vne à l'autre, comme la chaleur
& la blancheur, pour ce qu'elles s'accordent en vn mesme sujet, comme il se voit dâs
le lait chaud, voire mesme la chaleur, & la
froideur en vn mediocre degré se compatis-
sent l'vne l'autre, & ne sont pas contraires,
comme nous experimentons en l'eau tiede.

La 4. condition des contraires est qu'ils
ayent vne distance non pas locale: mais de
repugnance plus grande entre-eux qu'ils
n'ont auec aucune autre chose, qui soit au
monde. Ainsi il n'est rien si opposé à la chaleur, que la froideur, ny rien si contraire à la
blancheur que la noirceur.

II. **Three.** Il y a trois principaux axio-
mes, touchant les contraires. Le premier est,
Qu'vne chose n'a proprement qu'vn contraire. T'ē-

tends d'vn côtraire total & proprement pris, ainſi la prodigalité & l'auarice priſes enſemble, ſont contraires totalement à la liberalité, puis qu'elles s'oppoſent à tous les actes de cette vertu : mais non pas vne ſeule d'elles : car la ſeule prodigalité, ne s'oppoſe pas à la liberalité, entant qu'elle nous encline à donner liberalement ce qui eſt noſtre : pareillement la blancheur n'eſt pas oppoſée à la rougeur, ſi ce n'eſt à cauſe que la rougeur, a en ſoy des degrez de noirceur, qui luy ſont contraires. Et le contraire total de la haine de la vertu, c'eſt l'amour de la vertu, ſoit naturel, ſoit ſurnaturel, comme la Science, ſoit naturelle, ſoit ſurnaturelle eſt le contraire total de l'erreur. Remarquez donc diligemment ce mot *total*, & ſçachez qu'il eſt impoſſible qu'vne meſme choſe, ait vn double, côtraire total, pour ce que ce mot total renferre tout ce qui luy eſt contraire.

1. Axioma, vnum vni eſt contrarium. Ariſt. l. 10. Met.

Le 2. Axiome, qui ſe tire d'icy eſt *qu'vn contraire eſtant oppoſé à ſon contraire le fait plus eſclatter* : ainſi la noirceur faict eſclatter la blâcheur pour la meſme raiſon, vne mouſche releue l'eſclat d'vn beau viſage, & on ſent plus la froideur quand on ſort des eſtuues. C'eſt pourquoy l'Antiperiſtaſe ou renforcement d'vne qualité ſe fait par l'oppoſition de ſon contraire, qui l'enuironne, comme il ſe voit dans les fontaines qui ſont plus fraiſches en l'eſté qu'elles ne ſont pas en hyuer.

2. Axioma, oppoſita iuxta ſe poſita magis elucescunt.

Le 3. Axiome, qui naiſt de la doctrine d'Ariſtote eſt, que *les choſes contraires ont des rai-*

3. Axioma, contrarioru contraria eſt ratio, & conſequen- tiæ.

sont contraires, Ainsi i'ay dit dans la Logique,
que les consequences prises des contraires,
sont legitimes.

De tout cecy, vous verrez que les contraires à parler à la rigueur, sont relatifs, & partant que la diuision que fait Aristote en la
feuille de ses Categories, des opposez en
relatifs, contraires, contradictoires, & priuatifs,
n'est pas bonne à la rigueur, puis que les
contraires, les contradictoires, les priuatifs,
& les choses separees sont relatiues, & elles
ne se peuuent declarer, que par des termes
relatifs. Car tout conttaire, ou contradictoire, est contraire ou contradictoire à quelqu'vn, & tout separé est separé d'vn autre.

III. T H E S E. Aristote au Chapitre des
opposez, diuise les contraires en *prochains
& esloignez : les contraires immediatement* sont
ceux dont l'vn est necessairement dans les
choses qui sont capables de les receuoir, cōme la santé, & la maladie : car tout animal
est sain ou malade, & tout nombre est pair,
ou impair. Vous me direz que le Soleil n'est
ny sain, ny malade. Ie vous l'aduouë *Theandre* ; mais aussi il n'est pas capable de ces
deux attributs. Ie veux dire ny d'estre sain
ny d'estre malade.

Les qualitez *contraires mediatement* , sont
celles dont il n'est pas necessaire, que l'vne
soit dans le sujet capable de les receuoir, cōme blancheur, & la noirceur : car vn marbre
peut n'estre ny blanc ny noir , mais estre
rouge.

Voila *Theandre*, tout ce que la Metaphysique doit traicter des qualitez, le reste appartient à la Physique, lors qu'elle traicte des
qualitez corporelles : passons à la Categorie des Modes, auec la faueur de cette-cy
qui est l'autheur des qualitez & des substances.

Fin du I.V. Liure.

L'IDEE D'VNE METAPHYSIQVE FAMILIERE ET SOLIDE.

LIVRE CINQVIESME.

De la diuision de l'Estre en absolu, & relatif ou modifié, Et de la troisiesme Categorie.

DES MODES.

DISCOVRS I.

De la diuision de l'Estre en absolu, & modifié des modes en general, & s'il se donne vne distinction modale.

TOVTES choses ont leur mode; il n'est Royaume ny Prouince, ou l'õ ne voye des modes fort differentes, & à bien dire, chasque personne a sa mode & sa façon par-

ticuliere,tout le môde suit la mode, on s'ha-
bille à la mode, on parle à la mode,on baftit
à la mode, on prefche à la mode, & ce qui
eft de plus, on fert Dieu à la mode, vn Com-
pliment n'eft pas bien receu, s'il n'eft à la
mode,chafque faifon en porte de nouuelles,
& les vieilles modes ne font receuës dans les
compagnies, que pour feruir de rifée. N'eft
il donc pas bien raifonnable, *Theandre*, que
la Philofophie traicte des modes, puis que
leur vfage eft fi commun & fi ordinaire.

Or i'aduoüe que comme la Philofophie,
eft incomparablement plus releuee que le
vulgaire, elle prend auffi ce terme, en vne
façon qui luy eft particuliere. Quoy que fi
l'on veut curieufement examiner les chofes,
on verra, que la pluspart de ce que le vulgaire appelle mode, eft engagé dans la definition des modes pris felon le fentiment
d'vne Metaphyfique rigoureufe. Car tout
ce que l'on appelle mode,confifte dans quelqu'action,quelque gefte, quelque maintien,
quelque figure, ou façon exterieure. Vous
voyez donc,*Theandre*,fi ie me trompe,que
le traité des modes, contient vne doctrine fi
vniuerfelle qu'il n'y a aucune matiere, ny
dans la Philofophie ny dans la Theologie,
qui n'ait befoin de fes lumieres. C'eft pourquoy ie la veux expliquer auec vn foin, &
vne diligence particuliere commençons par
la definition du mode.

QVESTION I.

Qu'est-ce que Mode, les Relations sont elles des modes, l'existence est elle un mode, qu'est ce que mode substantiel accidentel, extrinseque, intrinseque.

I. THESE.

CE terme *mode* n'est pas moins equiuo-que chez les François, que les Latins; car En 1. lieu, comme remarque S. Thomas, toute sorte de qualité & d'accident s'appelle mode de la substance.

En 2. lieu, tout ce qui determine ou re-ferre quelque chose s'appelle mode : ainsi ce mot *raisonnable* modifie le mot *Animal*, & ce mot *peint* le terme *homme*.

Troisiesmement, il se prend pour mesure, ainsi S. Augustin se plaint auec des larmes, de ce qu'il differoit tous les jours sa côuersiõ sãs mesure, disant à Dieu: *modo modo, & illud mo-do non habebat modum.* Ce mesme Docteur, dit ailleurs que trois conditions sont requises, pour la bonté d'vne chose créée l'espece, l'or-dre & le mode, c'est à dire, l'ajustement à ses principes.

Quatriesmement ce terme mode se prend pour la façon, forme, ou methode de faire

quelque chose:ainsi disons nous.La mode de
discourir, la mode ou methode d'enseigner.
A ce sens reuiennent les façons de parler ordinaires,comme quand on dit,viure à la mode des Epicuriens, ou à la mode des Stoïques, c'est à dire suiure leurs enseignemens,
& leur regles, parler, escrire,complimenter,
& s'habiller à la mode.

En 5. lieu, Tout attribut se nomme mode
du sujet, ainsi S. Thomas appelle souuent
les noms ou attributs de Dieu, ses modes.

Sixiesmement,ce terme,*Mode, se prend proprement pour vn certain estat d'vne chose sans lequel elle peut estre ;* ou au moins qui ne luy est
pas essentiel, & c'est en ce sens , que le prennent les Philosophes , tels modes sont la figure, l'vnion, la duree, la presence, l'action,
la passion, la situation, ou posture du corps,
& la subsistance.

II. THESE. L'existence n'est pas vn mode, ny en Dieu, ny dans les creatures, quoy
qu'en die Fonseque au contraire.

La raison est, que l'existence n'est pas vn
estat sans lequel vne chose puisse estre: car
l'existence est la chose mesme existente. Or
elle ne peut exister sans qu'elle existe. Et il
y a autant de Repuguance qu'vne chose existe sans son existence,ou par l'existence d'vn
autre, qu'il est impossible qu'elle existe , &
n'existe pas tout ensemble,qu'elle ne soit pas
ce quelle est, ou qu'elle soit vne autre chose
distincte d'elle-mesme.

La 2. raison de cette verité est, que l'existence est essentielle à chasque chose existen-

te, car l'exiſtence eſt la choſe meſme qui exiſte: or chaſque choſe eſt eſſentielle à ſoy-
meſme, & de plus ce mot exiſtence ſignifie,
ce parquoy la choſe eſt ce qu'elle eſt, & ne
connote rien d'extrinſeque ; donc il eſt eſſentiel.

OPPOSITION. I. Il eſt eſſentiel à Dieu
ſeul d'exiſter, & partant l'exiſtence n'eſt pas
eſſentielle aux creatures. Ie reſponds que ſi
par eſſentiel, vous entendez neceſſaire, ie
l'accorde: mais ſi vous entendez intrinſeque
& conſtitutif abſolu, ie le nie : car il eſt vray
que les creatures peuuët ne pas exiſter, mais
preſuppoſé qu'elles exiſtent, ie dis que l'exiſtence leur eſt autant eſſentielle, que leur eſſence : puis que leur exiſtence & leur eſſence, c'eſt la meſme choſe, & auant qu'elles
exiſtent, elles n'ont ny eſſence ny exiſtence,
& partant alors leur eſſence ne leur eſt pas
eſſentielle : car elles n'ĕ ont point tout à fait.
Deſorte que l'eſſence des natures, n'eſt pas
plus eternelle, ou ancienne, que leur exiſtence, puis que l'eſſence n'eſt point diſtincte de
l'exiſtence, comme i'ay prouué au 1. Liure,
où i'ay dit que les termes eſſentiels, comme
Animal, & raiſonnable, exprimez incomplexement, ne ſignifient pas que quelque choſe
exiſte: mais qu'il eſt impoſſible de dire qu'vn
Animal raiſonnable a ſon eſſence, ſans dire
auſſi qu'il a ſon exiſtence.

La raiſon fondamétale de cecy eſt, que ces
ces deux mots *eſtre, & exiſter*, ſont ſynonymes, & ſignifient le meſme, puis que ſelon
Ariſtote, tout Verbe ſignifie auec le temps,

donc ces mots *essence & existence*, ont la mesme signification, & partant s'il n'y auoit aucun homme, ny aucune rose, Celuy qui disoit l'homme est animal raisonnable, ou la rose est vne fleur, diroit faux, si ces propositions n'auoient vn sens conditionel, ou modal, disant s'il existe vne rose, elle est fleur, ou il est impossible qu'vne rose existe, & quelle ne soit pas fleur.

III. Thes. Toutes les relations sont des modes, comme la ressemblance, dissemblance, égalité, & distance. Car quoy qu'il y ait de certaines relations, sans lesquelles les choses ne peuuent exister : comme celles de ressemblance, dissemblance, & dependance dans les creatures, ou la paternité, la filiation, & la spiration dans l'Auguste Trinité. Toutesfois ces relations ne sont pas vn estat essentiel aux choses, pour ce que estat essentiel, est vn estat qui peut estre signifié par vn terme essentiel, ou absolu, c'est à dire, qui ne soit pas relatif ou extrinsequement connotatif. Or tous les termes relatifs signifient connotatiuement, & connotent quelque chose extrinseque : comme ces mots, Pere, Fils, semblable, égal, dependant, independant. Et la foy nous enseigne que *estre Pere*, n'est pas essentiel, autrement le Fils seroit Pere, puis qu'il a tout ce qui est de l'essence Diuine. Donc tout ce qui est signifié par vn terme relatif, entant qu'il est signifié relatiuement, c'est vn mode.

IV. Thes. Le mode, à parler en Philosophe, se peut definir, *vn estat de quelque chose, fans lequel elle peut estre, ou au moins qui ne luy est pas essentiel,* ou bien *le mode d'vne chose,* c'est la chose mesme, se portant d'vne façon qui ne luy est pas essentielle. Cette definition se preuue par l'induction de tous les modes, soit extrinseques, soit intrinseques : car il y en a quelques vns sans lesquels les choses peuuent estre, comme l'vnion la distance, la passion, vne telle extension, vne telle figure, vne telle presence ; Et il y en a d'autres, sans lesquels la chose ne peut exister, mais ils ne luy sont pas essentiels, & ils sont signifiez par des termes relatifs, comme la ressemblance, la dependance, la filiation, & la paternité, en Dieu. D'où vous voyez, *Theandre,* qu'aucun mode n'est essentiel, & partant que l'on parle improprement, lors qu'on dit, que estre substance, c'est vn mode essentiel de l'homme, il faut dire, que c'est vn attribut, qui conuient essentiellement à l'homme, Vous voyez aussi que la mesme chose est relatiue & absoluë, comparée à des choses diuerses, & entant qu'elle est capable d'estre signifiée sous des termes diuers : car l'essence de l'hõme est absoluë, signifiee, sous ces mots *homme, ou animal raisonnable,* & elle est relatiue, entant quelle est signifiee par ces mots dependant, ou semblable: car l'essence de l'hõme par soy-mesme, est semblable, ou dissemblable, & par soy mesme, elle est dependante de Dieu, puis que par soy-mesme, elle est creature. Cette definitiõ se peut encor establir, de ce que toutes les choses peuuét estre considerees simplement, & absolument sans

eſtre comparées à nulle autre choſe, & c'eſt
ce que s'appelle eſſence : ainſi on peut conſiderer l'homme entant qu'il eſt eſtre, ſubſtance, corps viuant, animal, homme, & tout
cela eſt de ſon eſſence.

Ou en ſecond lieu, les choſes peuuent
eſtre conſiderées relatiuement, & auec rapport, & c'eſt ce qui ſe nomme mode. Ainſi
on peut conſiderer l'homme, entant qu'il
eſt comparable à des choſes qui ſont hors
de luy, & qu'il a quelque façon dont il
peut ſe paſſer, ou bien qui ne luy eſt pas eſſentielle : & c'eſt ce que nous appelons
Mode. Comme eſtre vny, eſtre agiſſant,
eſtre dependant, eſtre fils, & ainſi des autres. Donc *le mode* eſt vn eſtat qui n'eſt pas
eſſentiel aux choſes, & la meſme choſe eſt
eſſence & mode, entant qu'elle eſt abſolüment conſideree, ou comparatiuement.

Or tous les Philoſophes ſont d'accord,
qu'il ſe donne des modes. Car il eſt certain
que les choſes ont quelque eſtat dont elles
ſe peuuent paſſer, ou qui ne leur eſt pas eſſentiel. Mais c'eſt vne controuerſe, ſi les
modes ſont les choſes meſmes modifiées,
où s'ils ſont diſtincts reellement des choſes
modifiées, ou au moins par raiſon. I'eſta-
bliray ſur cecy mon opinion, apres vous
auoir dit pour

V. Thɛsɛ. Que les modes ſe peuuent
diuiſer en creés, & increés, en ſubſtantiels
& accidentels, en extrinſeques & intrinſeques. Ainſi les ſubſiſtences & relations diuines, ſont des modes ſubſtantiels : comme

l'ay preuué au liure troifiéme, par l'authorité des Theologiens & des Peres.

¶ *Mode fubftantiel*, c'eft vne fubftance modifiee, ou fe portant d'vne façon, fans laquelle elle peut eftre, ou qui ne luy eft pas
effentielle. Ainfi l'vnion des fubftances,
leur action, leur prefence, eft vn mode fubftantiel. Ainfi en Dieu tous les modes, la
paternité, filiation & fpiration, font des modes fubftantiels. Et Dieu eft incapable de
receuoir en foy aucun mode accidentel.
Puis qu'en Dieu il n'y a aucun accident, à
caufe qu'il eft immuable. Cela n'empefche
pas, que de Dieu l'on ne puiffe faire des
propofitions accidentelles, compofées
d'vn attribut connotatif, qui connote les
Creatures, ou des effects creés. Comme
quand on dit, *Dieu eft Createur*, Dieu eft puif-
fant : C'eft en ce fens que les Peres difent,
que les modes en Dieu font fubftantiels, &
qu'ils ne font pas comme les modes des
creatures : pource que dans les creatures
fe treuuent des modes accidentels, & des
accidens. Ce qui n'empefche pas que les
vrays modes des fubftances creées ne
foient toufiours fubftantiels, pource que
ce font les fubftances mefmes modifiées.

Mode accidentel fe prend en deux façons,
proprement & improprement. Mode accidentel, pris proprement, c'eft vn accident
qui a vn eftat fans lequel il peut eftre, ou au
moins qui ne luy eft pas effentiel, comme
l'vnion & inhefion de la blancheur à fon fujet, l'action & la prefence de la chaleur. *Le*

mode accidentel pris improprement, eſt vn attribut qui n'eſt pas eſſentiel, & neceſſaire à
vne choſe. Ainſi on dit que c'eſt vne choſe
accidentelle à l'ame d'eſtre vnie , quoy
qu'en effeſt cette vnion ſoit vn mode ſubſtantiel ; puis que c'eſt les parties meſmes
qui par elles meſmes ſont vnies, & non pas
par vne entité diſtinſte.

VI. T H E S E. *Mode intrinſeque* eſt vn
eſtat , ou vn mode , qu'vne choſe auroit,
quand bien meſme il n'y auroit aucun autre
eſtre dans le monde hors d'elle meſme:
comme la ſubſiſtence , la figure , l'extenſion.

Mode extrinſeque eſt celuy-là , qu'vne choſe n'auroit pas , ſi vne autre eſtre, ou vn autre mode diſtinſt d'elle , n'exiſtoit dans la
nature: Telle eſt l'vnion, la productïon, la
reſſemblance , l'egalité , eſtre connu, aimé,
loüé, eſtre ſujet, eſtre receu en vn autre. Et
tels ſont tous les aſtes libres en Dieu, qui
ſont des modes extrinſeques , leſquels Dieu
n'auroit pas, ſi quelque choſe n'eſtoit en effeſt, ou au moins n'eſtoit poſſible hors de
luy. Ce qu'il faut bien remarquer : car tout
aſte libre en Dieu eſt tel , qu'il a peu ne
point eſtre; pource que Dieu à peu ne point
vouloir, ce qu'il a voulu librement. Donc
ces aſtes ne ſont pas Dieu ſeulement ſelon
ſoy, mais Dieu comparé à des choſes diſtin-
ſtes de luy : comme la volonté de creer le
monde, c'eſt Dieu, & le monde. De ſorte
que ces mots, *volonté de creer le monde,* ſigni-
ſient Dieu directement ; mais indirecte-

ment & au cas oblique, ils signifient le monde. Et partant leur signification directe, est
vn estre necessaire. Mais non pas ce qu'ils
signifient au cas oblique, ny l'assemblage de
ces deux significations directe & oblique.
En quoy consiste l'acte libre de Dieu : car
la volonté de creer le monde, ce n'est pas
Dieu seulement : & ce n'est pas aussi seulement le monde, mais c'est Dieu voulant le
monde. Certes il est clair que ce n'est pas
Dieu simplement : car l'acte libre de Dieu a
peu ne point estre, donc l'acte libre de Dieu
n'est pas Dieu simplement, mais vn mode
de Dieu, c'est à dire Dieu mesme se portant
sur vn obiect contingent, d'vne façon dont il
eust peu ne s'y point porter.

Et il est à remarquer, que les termes qui
signifient les modes sont tousiours connotatifs, & qu'ils n'ont point vne definition
absoluë que l'on appelle *quid rei*, mais connotatiue, ou *quid nominis*. Comme i'ay dit
au Traicté de la deffinition, auec le subtil
Okam & son Eschole. Il est encor besoin de
prendre garde que les termes qui signifient
les modes, connottent quelquefois vne entité qui soit dans le sujet, mais distincte du
suiet : comme estre chaud, estre blanc. Et
d'autre fois ils connottent vne Entité, mais
qui n'est pas dans la chose modifiée : comme estre veu, estre vni, estre agissant. Car
ces mots ne connottent rien de distinct qui
soit en la chose vnie, & agissante ; puis
qu'elle peut estre vnie ou estre agissante,
sans qu'elle reçoiue aucune entité estrangere.

gere. Or pour commencer toute cette difficulté dés sa source, ie dis pour

VII. Thes e. Que l'estre se diuise totalement, & par vne diuision parfaite, *en estre
absolu, & estre modifié ou relatif.* Pource que
tout estre est ou substance ou accident: Or
l'vn & l'autre se portent ou simplement, &
entant qu'ils peuuent estre conceus absolument par vn concept essentiel. Et on les appelle vn estre absolu, ou ils se portent relatiuement, & comparatiuement, sous vn
estat qui ne leur est pas essentiel: & on les
nomme des estres relatifs, & modifiez, ou
des modes. Et partant comme ie diray au
Discours de la Relation, le mesme estre est
absolu & relatif, sous des considerations diuerses. Et ce qui est l'essence, est aussi vn
mode ou vne relation: mais non pas pour
ce qu'il est essence, ce qui se voit clairement
en Dieu. Car puis que dans cét estre tres-
eminent,& tres-simple, il n'y a qu'vne seule
entité, dans laquelle il se treuue vne nature,
& plusieurs subsistences & relations, ou modes. Il faut dire que la mesme chose indiui-
siblement, est mode,& essence,sous des considerations diuerses. Cela presupposé, venons à la question principale, qui forme
tant de partis contraires, dans toutes les Escholes.

QVESTION II.

Quelles sont les principales opinions touchant la distinction des modes.

LA question est, *Theandre*, si la subsisten-ce, la dependance, l'vnion, l'extension, la figure, la distance, l'action, la duree, la presence, sont des entitez distinctes de la chose subsistente, dependante, vnie, esten-duë, figuree, agissante, distante & presente. Or ie treuue sur cecy quatre opinions prin-cipales.

LA PREMIERE OPINION

EST d'Aristote, sainct Thomas, Okam, Maior, Gabriel, & quasi de tous les an-ciens Philosophes & Theologiens, comme preuue le P. Typhaine, dás vn docte Traiclé qu'il a fait de la subsistence. Cette opinion veut que les modes sont la chose mesme: sçauoir la substance ou l'accident. Car les accidents ont aussi bien leurs modes, que les substances, puis qu'ils agissent, & sont dependans, presens, vnis, distans, & sembla-bles par eux mesmes. Et ainsi les choses sont modifiées par elles-mesmes, sans aiouster aucune entité distincte, & elles sont vnies,

figurées, distantes, agissantes, subsistantes
par elles mesmes, non pas prises simplement & absolüment, mais par elles-mesmes,
tellement modifiées.

Ainsi l'estre diuin tres simple, par soy-
mesme, c'est à dire sans acquerir aucune entité, ou formalité obiectiue distincte, est
paternité, filiation, & spiration, qui sont
trois modes, ou trois effects substantiels,
qui ne sont pas essentiels à la nature diuine.
Ils disent le mesme dans les Creatures : car
elles sont vnies, presentes, distantes, figurées, agissantes, & subsistantes par elles-
mesmes. Ainsi sainct Thomas, dans sa troisiesme partie, dit souuent que la subsistance est le mesme que les choses subsistantes.
Et partant, que la Nature humaine, qui subsiste maintenant dans le Verbe, subsisteroit
par soy-mesme precisément ; presupposé
que le Verbe ne se l'appropriast point comme sienne. La subsistence n'est donc rien
pardessus la nature : Et il faut dire le mesme
de tous les autres modes, de l'accident, &
de la substance.

II. OPINION.

APres que cette opinion auoit duré
quasi deux mil ans dans les Escholes,
sont venus Fonseque, Suarez, & quelques
autres, qui ont dit que les modes estoient
des petites entitez, distinctes des choses modifiées ; pource qu'vne chose peut passer de
n'estre pas vnie à estre vnie, de non figurée

Suar. disp.
7. Met.

à estre figuree, sans receuoir quelque entité de nouueau. C'est pourquoy ils ont dit, que les modes, comme l'vnion, la subsistance, & la figure, sont vne petite entité distincte de la chose modifiee, deuant tout acte d'entendement, par vne distinction reelle mineure, qu'ils appellent modale : en telle sorte, que le mode ne peut estre absolüment sans la chose dont il est mode. Cette opinion a esté receuë par les Espagnols, comme si c'estoit vn Oracle.

Ils veulent donc en premier lieu, que le mode soit vne entité reelle.

Secondement, que cette entité soit distincte de la chose modifiee, aussi bien que la chaleur ou la blancheur du suject. Puis que le mode n'est pas reellement la chose modifiee, & que d'vne chose modifiee & du mode, se fait vne vraye composition. Mais il y a cette difference.

En troisiesme lieu, que les modes sont des choses si foibles, qu'elles ne peuuent pas estre, hors d'vn tel sujet, & que necessairement elles luy sont attachées, comme vn enfant au sein de sa mere. Et partant, quoy que la blancheur puisse passer absolüment d'vn suiet à vn autre. Vn mode neantmoins ne peut pas modifier vne autre chose que celle qu'il modifie. C'est pourquoy ils ne les appellent pas des choses, ou des estres, mais *reculas*, *entitatulas*, comme qui diroit des chosetes, ou de petits estres.

Quatriesmement, ils disent que ces modes sont vnies immediatement au suiet, & à

vn tel suiect, pource qu'ils sont le dernier
determinatif. Ainsi l'action & l'vnion sont
vnies sans entremise d'vne autre entité,
pource qu'il y auroit vne suite d'vnions infinies. Suarez preuue son opinion par l'induction de tous les modes, comme de l'v-
nion, inhesion, & dependance. Car la lumiere a besoin d'vn mode pour la determiner à
dependre du Soleil, & la quantité a besoin
d'vn mode pour estre vnie au suiet : puis
que le sujet & la quantité peuuent estre separez, & la lumiere qui depend du Soleil,
pourroit dependre d'vne autre cause.

La raison est, que les creatures estans imparfaites, dependantes, limitées, composées, changeantes, & suietes à diuers estats.
Ces changemens ne se font pas par la chose
mesme, ny aussi par aucun accident distinct
totalement. Il faut donc mettre vne petite
entité, qui soit vn mode. Il me semble que
le souuerain & plus fort argument des Modistes est, qu'vne mesme chose ne peut pas
se porter autrement intrinsequement, qu'elle n'estoit auparauant, sans perdre ou acquerir quelque entité. Car si l'ame apres
qu'elle n'est plus vnie au corps, a tout ce
qu'elle auoit auparauant, elle seroit vnie
apres sa separation, donc elle à perdu l'v-
nion, qui est vne entité distincte d'elle. Or
c'est cette vnité qui s'appelle mode. Et il est
clair par la lumiere de la raison, dit Suarez,
que quand vne chose passe de non vnie, à
estre vnie, elle acquiert quelque chose de
nouueau, pource qu'vne chose ne peut pas

furuenir à foy-mefme : Autrement vne
mefme chofe feroit de nouueau, & ne feroit
pas de nouueau. Et quand vne chofe defifte
d'eftre vnie, elle perd quelque entité diftincte : autrement la mefme chofe periroit,
& ne periroit pas. Ainfi, dit Suarez, l'inhefion de la blancheur eft vne petite entité diftincte de la blancheur & du fujet. Pareillement la dependance que la lumiere a du
Soleil, eft vne petite entité diftincte du Soleil & de la lumiere. Pource que la mefme
lumiere peut exifter fans dependre du Soleil. Ainfi la filiation dans les hommes eft
diftincte : Car Alexandre peut eftre, fans
qu'il foit fils de Philippe. Les Modiftes pro-
pofent quelques autres argumens : mais à
bien dire, c'eft toufiours la mefme raifon,
fous des diuers termes.

Ces chofes, difent-ils, font diftinctes,
dont l'vne peut exifter, & l'autre n'exifter
pas. Or la chofe modifiée peut exifter, fans
que le mode exifte, donc elles font diftinctes. D'autrefois ils difent, que quand il y
a vn nouuel effect, il faut vn determinatif,
qui n'eftoit pas auparauant. Or eft-il que
les parties peuuent eftre, & n'eftre pas vnies,
donc il y faut vn nouueau determinatif.

En fin deux propofitions contradictoires ne fe peuuent pas verifier fucceffiuement d'vne mefme chofe, fi elle ne perd ou
n'acquiert quelque entité. Donc afin que
l'on puiffe dire ces parties font vnies, dont
auparauant on difoit elles ne font pas vnies,
quelque entité doit furuenir de nouueau.

Or comme ces Autheurs s'accordent à dire,
qu'il y a des modes, aussi ils ne s'accordent
pas pour le nombre des modes : mais leur
aduis nous importe fort peu, puis que nous
sommes d'vn parti contraire.

LA III. OPINION

Est de quelques Philosophes, qui ne pouuants supporter vne si grande multipli-
cation de nouuelles entitez, à chasque mouuement & presence locale, action, vnion &
figure. Et d'ailleurs ne pouuants comprendre, côment vne mesme chose passe de n'e-
stre pas vnie, à estre vnie, sans quelque chose
de nouueau, ils ont dit, *Que les modes n'estoient*
pas des entitez reelles : mais des formalitez ioinctes
de nouueau aux choses, lesquelles formalitez reelle-
ment font le mesme auec les choses, & en sont seu-
lement distinctes par raison, & par la façon de les
conçeuoir. Desorte que ces formalitez estans
ioinctes aux choses, font vne composition,
non pas reelle, d'vne entité, auec vne autre
entité : mais d'vne entité, auec vne formalité nouuelle.

LA IV. OPINION.

A Esté de certains Nominaux sur tout
de Gregoire d'Arimini, qui ont dit
que les modes n'estoient pas des Entitez,
ny des formalitez qui suruiennent : mais *des*
veritez obiectiues, qui ne sont pas des estres

proprement, mais à leur façon : ainsi ils difent que *l'vnion* est ce complexe, *estre vni.*
L'action est, cette verité, agir. Or cette opinion est differente de la premiere, en ce que la premiere dit, que les modes font les chofes mefmes, & que l'vnion par exemple, c'eft les parties mefmes, non pas fe portant fimplement ; mais tellement modifiees, & partant ce font des vrais eftres, c'eft à dire des fubftances ou des accidens, qui exiftent reellement dans la nature, & qui font en quelque lieu, & qui peuuent eftre deftruicts, dont la plus grãd part peuuent tomber fous les fens : mais cette quatriefme opinion dit, que les veritez obiectiues, comme *eftre vni,* n'eft pas vne entité, c'eft à dire vne fubftance, ny vn accident, mais que c'eft vne verité obiectiue, ou vn eftre neceffaire, qui n'eft ny produict, ny deftruict, qui n'eft en aucun lieu, & qui ne peut tomber fous les fens, cõme i'ay dit au Liure 2. apres auoir veu les principales opinions fur ce fujet, examinons pour

QVESTION III.

Si les modes sont distincts des choses modifiées, & qu'il est plus probable qu'ils n'ont aucune distinction.

I. THESE.

LEs modes ne sont point vne petite Entité, ou modalité ioincte à la chose modifiée, distincte d'elle par vne distinctió reelle mineure : mais les modes sont la chose, qui par soy-mesme sans receuoir ou perdre aucune entité, passe de non modifiée à estre modifiee. Desorte que, soit en Dieu, soit dans les creatures, la mesme chose peut estre diuersement modifiée, & auoir diuers estats, qui ne luy sont pas essentiels, sans perdre ou acquerir aucune entité nouuelle. Et ainsi l'vnion n'est autre chose que les parties vnies, la figure est la chose figurée, l'extension est la chose estenduë, non pas simplement prise: mais tellement modifiée par soy-mesme. Ie preuue cette verité fondamentale dans toutes les Sciences.

Premierement par l'Authorité d'Aristote, de S. Thomas, & des Anciens Peres, & Theologiens, lesquels vous verrez citez bien au long par le P. Typhaine dans son traicté de l'Hypostase. Et de faict Suarez à peine a peu treuuer vn Autheur deuant luy, qui ait admis ces entitez modales. Certes dans la 7. dispute de sa Metaphysique, Section I. il ne cite que Durand, Astudillus, Ægidius, & Fonseque. Quoy qu'il soit clair que Durand n'y a iamais pensé. Aussi Suarez le cite en doutant, & il se deuoit souuenir qu'il auoit cité le mesme Autheur pour l'opinion contraire. Vous voyez donc, que Suarez qui a de coustume d'entasser quantité d'Autheurs, l'vn sur l'autre, n'en a peu treuuer aucun de son opinion, & partant, il faut dire, que tous les Anciens, c'est à dire, Aristote, Platon, & S. Thomas, Scot, Okam, & toutes les Escoles des Philosophes, ont tenu pendant deux mille ans, que les modes estoient les choses mesmes, & qu'ainsi il ne faut pas sans auoir des raisons fort pressantes, se departir de la trouppe de tant de personnes remarquables. Venons à la raison.

LE I. ARGVMENT.

COntre Suarez, est que la seule raison pour laquelle il met les modes distincts, est, pour ce qu'vne chose ne peut passer d'vn estat à vn autre, comme de non vnie, a estre vnie, & de non figurée à estre figurée, sans acquerir vne entité qui soit le dernier determinatif à cét effect. Or cette proposition n'est pas veritable : Car vne Cire peut passer de non quarrée, à estre quarree, & deux gouttes d'eau de non vnies sans receuoir aucune entité nouuelle, pour ce que la Cire est

faitte quarree, par elle-mesme precisement
prise, donc elle n'est pas faitte quatree par
vne entité distincte : car la Cire est quarree
precisement prise, entant qu'elle est distincte
de toute autre entité. Pour ce que si cette entité modale se donnoit, elle seroit receuë dás
la Cire, donc la Cire est quarree independemment de cette entité modale : car la substance de la Cire, est par soy-mesme en tous
les lieux, ou est cette entité qu'elle reçoit, ou
bien cette entité est hors du sujet ; donc la
Cire precisement prise, entant que distincte
de toute autre entité, est quarree, & a quatre angles. De plus cette petite entité de qua-
drature, est produite & formee de la Cire
quarree, dóc la Cire quarrée est quarree inde-
pendémét cette petite entité. Et cóme on dit,
elle a à só regard vne priorité de nature, c'est
à dire que cette entité modale seroit quarree
dependément de la Cire, & la Cire auroit des
angles, & des parties hors des parties, les v-
nes plus esloignées du centre, que les autres,
par soy-mesme, & de soy-mesme.

I'establis cette preuue, Premierement,
pour ce que, si Dieu annihiloit ce mode, sans
faire ny destruire aucune autre chose, la Cire
resteroit quarrée, donc elle est quarree par
soy-mesme : car estre quarré, c'est auoir des
parties qui se terminent en quatre angles.
Or est il que la Cire est telle par soy-mesme,
& elle resteroit telle, quoy que Dieu annihilast tout ce qui est distinct d'elle, ne touchant
en rien à la Cire. ce mesme argument se fait
dans l'extension, & preuue que c'est la chose

méme estéduë: car elle est estédue en soy-mef-
me, & par soy-mesme, independément d'aucun mode distinct: puis que entant quelle
est distincte de ce mode; elle est estendue, &
elle á des parties hors des parties, au regard
du lieu, & quoy que Dieu annihilast ce mode distinct, la chose seroit estendue: car ou
elle seroit estendue, ou elle n'auroit point de
parties. Or est-il qu'elle auroit des parties,
puis qu'elles n'ont pas esté annihilées-outre
que comme toute chose corporelle, est par
soy-mesme diuisible: aussi elle est estendue,
par soy-mesme precisement prise, entant
qu'elle est distincte de tout accident: car par
soy-mesme elle est sujet de l'extension, & elle
n'est pas penetratiuement dans vn poinct, elle est donc par soy-mesme estendue, afin
quelle reçoiue cette modalité. Donc entant
qu'elle est suiet, elle doit estre estendue, &
estre dans tous les lieux, dans lesquels elle
reçoit cette petite entité. Ce mesme Argument, se fait dans la dependance qu'ils estiment estre vn mode distinct, car les choses
sont dependantes par elles-mesmes, & la dependance, n'est pas vne petite entité distincte, pour ce que les substances & les accidés
pris precisement sont des creatures.

Or chasque chose hors de Dieu, est creature entát qu'elle est distincte de toute autre
entité, donc elle est dependante par soy-
mesme, & en soy-mesme, & elle seroit dependante, quoy que Dieu Annihilast toute
autre entité distincte, donc la dependance
est la chose mesme, qui par soymesme est

dependante, non pas fimplement prife, mais
entant quelle eft comparée à Dieu, dont elle
depend, & partant les modes font les chofes
mefmes modifiées, entant quelles font comparatiuement confiderées, fous vn eftat, qui
ne leur eft pas effentiel.

LE SECOND ARGVMENT
eft tel.

SIL fe donne des modalitez diftinctes,
elles peuuent eftre feparées de leur fujet, par vne puiffance abfoluë de Dieu : Or
eft-il que fi cela eft, elles font fuperfluës :
Pource qu'ayant ofté le mode de prefence,
de la chofe qui eft prefente, la figure de la
chofe figuree, l'extenfion de la chofe eftenduë, la dependance de la chofe dependante :
L'vnion des chofes vnies, elles feroient
vnies, dependantes, prefentes, eftenduës, figurées, precifément par elles mefmes. Donc
independemment de ces modalitez, les
chofes auroient en elles mefmes, & par elles mefmes, le dernier determinatif à l'eftre
vni, eftre eftendu, eftre prefent, eftre dependant, eftre figuré. Et partant elles feroient vnies, eftenduës, dependantes, & figurées par elles mefmes. Ie preuue la maieure, pource que Dieu peut feparer tout ce
qui eft hors de luy diftinct l'vn de l'autre :
& il n'y a aucune contradiction que Dieu
puiffe feparer deux entitez creées, totalement & reellement diftinctes. Ie dis totalement ; car ie fçay bien qu'il ne peut pas fepa-

rer les parties du tout, le tout demeurant, pource que le tout n'est pas distinct totalement, & condistinct de sa partie : comme le mode est vne entité distincte reciproquement de la chose modifiée.

Or nos Aduersaires ne pourront iamais apporter aucune contradiction qui s'ensuiue, de ce que Dieu separast vn mode, s'il estoit distinct de la chose modifiée. Car il ne s'ensuiuroit pas que la chose soit, & ne soit pas. Qu'elle soit figuree ou estenduë, & qu'elle ne le soit pas : qu'elle soit vnie, & ne soit pas vnie ; pource qu'elle resteroit en effect vnie, figuree, & estenduë, tout le mode estant annihilé, donc le mode est vne chose superfluë. Que si on nous repart qu'il est impossible que la chose soit figuree, presente, dependante, vnie, estenduë, sans figure, presence, dependance, vnion, & extension, pource que ce sont les derniers determinatifs. Et partant si on les oste, les choses ne seront plus vnies, figurées, presentes & dependantes. Ie réponds, que c'est mettre pour preuue, ce qui est en question, si le dernier determinatif à estre vny, dependant, estendu, & figuré, est vne modalité distincte, De plus, quand nous presupposerions qu'il n'y ait aucun mode, la chose presente seroit presente. Et presupposé que ie sois au monde, & que ie ne sois point mis dans vn autre lieu, ie suis icy, & pour cét effect il ne faut point d'entité distincte de moy : & quand toutes les modalitez distinctes de moy seroient annihilées, i'aurois des parties qui

ne seroient pas penetratiuement dans vn
lieu indiuisible : autrement les corps par
eux-mesmes seroient indiuisibles, ce qui est
contre leur nature; & au pis aller cela est
clair, dans la dependance, & que les choses
entant que distinctes de tout mode sont dependantes, puis que par leur estre mesme
elles sont creatures.

LE III. ARGVMENT.

Ontre les modalitez distinctes, est
qu'en Dieu il se donne des modes, qui
n'ont aucune distinction reelle de la nature
modifiee : car en Dieu il y a vne presence,
vne ressemblance, vne duree : Il y a vne
action d'engendrer, il y a vne action de res-
pirer, ou spiration actiue. Il y a vne generation passiue, & vne spiration passiue, & il y
a trois subsistances. Or ce sont des relations
& des modes qui ne sont pas distinctes reellement modalement de la nature diuine,
comme enseigne la Foy & la Theologie.
Pource que Dieu est vn estre tres-simple, &
qu'en Dieu il n'y a a aucune distinction reelle, entre la nature & les personnes.

De plus, si la paternité ou le Pere : si la
generation passiue, ou le Fils: si la spiration
passiue, ou le sainct-Esprit, estoient distincts
de la Nature diuine, il s'ensuiuroit que cette
proposition seroit fausse: le Pere est la Nature diuine, ou bien le Pere est Dieu, ce qui
est heretique.

En second lieu, le Pere ne seroit pas

Dieu, par soy-mesme, mais par vne entité distincte. Sçauoir est, par la Nature diuine, ce qui est vn erreur.

Troisiesmement, Dieu seroit composé de plusieurs entitez reelles, & partant il ne seroit pas vn estre tres-simple, contre le Concile de Latran, & tous les Theologiens, qui disent, que le Pere, le Fils, & le sainct-Esprit, sont vne mesme chose tres-simple. Et partant si on treuue dans quelques Autheurs, que les subsistences diuines sont trois choses: Il faut dire qu'ils prennent ce mot de chose abusiuement, comme s'il disoient trois modes d'vne mesme chose, qui est modifiee en trois façons.

Il faut donc dire que la generation & spiration, tant actiue, que passiue, sont reellement la nature. Ce sont des modes & des relations selon la pensee de Durand, *Scot*, *Okam*, *Gabriel*, sainct *Iustin*, S. *Basile*, S. *Cyrille* d'Alexandrie, S. *Iean Damascene*, S. *Gregoire de Nysse*, & plusieurs autres Docteurs, dont le P. *Ruiz* cite les passages exprés en sa Dispute XI. & XII. de la Trinité: & tous ces grands Personnages appellent les personalitez & subsistences en Dieu des modes de la diuine Essence: Et sur tout ie desire que vous remarquiez les paroles de sainct Gregoire de Nysse, au liure qu'il a escrit à Ablabius, où il enseigne que, *Quand nous disons qu'en Dieu il y a vne cause, c'est à dire vn principe & vn procedant, nous ne sigaifions pas la nature par ces mots, mais la façon differente d'exister.* De plus, tous les Philosophes disent,

disent que la subsistace est vn mode. Et tous
les Theologiens appellent la generation, &
spiration en Dieu des relations. Or toutes les
relations sont des modes. La raison de cecy,
est que la definition du mode, conuient à la
generation & spiration tant actiue que passiue. Et aux trois subsistances Diuines: car
elles sont vn estat, qui n'est pas essentiel à
Dieu, ou comme marque S. Gregoire de
Nysse, c'est vne certaine façon d'exister, particuliere. Ioinct que si la generation actiue,
est essentielle à la nature, tout ce qui seroit
la nature, seroit pere; & partant il n'y auroit
non plus de distinction reelle entre les personnes, qu'entre la personne & la nature, ce
qui s'approche de l'heresie des Sabelliens.

Or si les modes en Dieu, ne sont pas des
petites caritez distinctes, ie soustiens qu'il
faut dire de mesme dans les creatures, pour
ce qu'il faut tant que nous pourrons, faciliter
aux Payens les mysteres de nostre foy, &
pour leur faire veoir, que le mystere de la
Trinité ne contient aucune contradiction,
qui est leur plus fort argument contre nous.
Il est bon de leur en marquer quelque ombre dans les creatures, sur tout, puis qu'il
n'y a aucune contradiction, que les creatures soient semblables à Dieu en la façon d'E-
stre modifiées, non plus qu'en ce que elles
soient vniuoquement auec Dieu des estres,
& des substances intelligentes, capables de
vouloir le bien, & de haïr le mal.

En a lieu, i'establis cette ressemblance des
modes creés, auec ceux de la Diuinité, pour

ce que *absolument parlant*, & par miracle, vne
creature peut auoir au mesme temps, diuers
modes, mesmes impossibles. Ainsi le Corps
de Iesvs-Christ, est au Ciel d'vne façon
estenduë, & il est dans l'Eucharistie d'vne
façon spirituelle; pareillement Dieu peut
mettre vn mesme corps, par exemple vn
mesme Christal, en plusieurs lieux, & faire
qu'en vn lieu, il soit rond ou vne Sphere, en
l'autre quarré ou vn cube, & qu'en vn autre
lieu il soit vn triangle. Dieu aussi peut mettre vn mesme fer en trois lieux, à Paris, à Naples, à Rome; & luy grauer à Paris la figure
d'vn homme, à Naples, celle d'vne Estoille,
& à Rome la figure d'vn Lion. Et ainsi le
mesme fer par soy-mesme, sans aucune entí-
té distincte, seroit ces trois figures, qui effectiuement seroient distinctes l'vne de l'autre, & l'vne ne pourroit pas faire ce que
pourroit l'autre: Car le fer ou Cachet, qui
auroit la figure d'vn Lion ne pourroit pas
marquer la figure d'vn homme, & celle d'vn
homme ne pourroit pas marquer l'image
d'vn Lion: Arrestons nous icy *Theandre*, à
declarer selon nos petites forces, le mystere
adorable de la Trinité de nostre Dieu. Representez vous donc en ce lieu, que le Pere,
le Fils, & le S. Esprit, ne sont qu'vne mesme
chose, comme ces trois cachets ne seroient
que le mesme fer.

En 2. lieu, comme ce fer apres auoir esté
mis en vn lieu, auec la figure d'vn homme, &
puis estant reproduit en vn 2. lieu, auec la figure d'vne Estoille, & en vn 3. lieu, auec la fi-

gure d'vn Lion ; il n'y auroit aucune entité
de noüueau:Mais ce feroit tout à fait le mefme fer, mis en diuers lieux , & diuerfement
figuré : de mefme le Pere, ou la paternité
n'aioufte aucune entité à la nature,& quand
le Pere engendre le Verbe, il n'eft adioufté
aucune entité ny au Pere , ny à la Nature:
mais c'eft la Nature mefme fubfiftante d'vne
façon particuliere , dans le Fils & dans le
Pere.

Troifiefmement, ces modes & figures ne
feroient pas effentielles au fer , de mefme
eftre Pere & eftre Fils , n'eft pas effentiel à
Dieu ; quoy qu'il foit neceffaire.

Quatriefmement comme ce qui cachete-
roit & imprimeroit, la figure de l'homme, ce
feroit le fer non pas fimplement , mais tellement modifié, c'eft à dire, non pas pour ce
qu'il eft fer: mais par ce qu'il a vne telle figure, & comme le mefme fer entant qu'il a
la figure de Lion, ne pourroit pas imprimer
l'image d'vn homme , de mefme ce qui produit, ce qui engendre, & ce qui refpire : c'eft
la Nature Diuine , non pas fimplement, mais
entant qu'elle eft tellement fubfiftante, ou
modifiée; D'où arriue qu'entant qu'elle eft
Fils, elle ne peut pas engendrer, & ainfi à
raifon de diuers modes, elle a des proprietez
incompoffibles. Certes il me femble que c'e-
ftoit la penfée de fainct Paul aux Hebreux,
où il appelle le Verbe, la fplendeur du Pere, & la figure de fa fubftance, ou comme
porte le Grec, *le charactere de fa fubftance,* c'eft
à dire, comme l'explique le Docte Ribera,

Paul.Heb.1.
cum fit fplē.
dor gloriæ
& figura
fubftantiæ
eius.
Ὃς ὢ ἀπαύ-
γασμα τῆς
δόξης ἦ χα-
ρακτὴρ ὑπο-
ςάσεως αὐ-
τȣ.

Nn ij

v. Riberam ibidem.
Pater generando filiú, suam vt ità dicam figuram in eo expressit, sicut sigillú in cera.
Quomodo & intelligi potest, illud Ioannis 6. Hunc enim signauit Deus, pro quo legitur Græce ἐσφράγισεν, Idest, sigillauit, vel quasi sigillo expressit.

que le Pere engendrant son Fils, luy a en quelque façon imprimé sa figure, non pas de son essence, qui est la mesme dans tous les deux, mais de sa subsistance, comme vn cachet imprime son image sur de la Cire, & c'est ainsi que se doit entendre S. Iean, lors qu'il dit, que le Pere, *a marqué son Fils*, ou comme porte le Grec, il *a cacheté son Fils*, comme auec vn cachet; ce sont les paroles de ce Docteur, & les interpretes, sur ce lieu, comme S. Chrysostome, Theodoret, & Cornelius à Lapide, monstrent que la pensée de S. Paul, a esté de dire aux Hebreux, que le Verbe estoit vne expression, Image, Charactere, Impression, Graueure, Cachet du Pere, & partant les similitudes de la Cire, du fer, & du Christal, que i'ay rapportées, ne doiuent pas estre trouuées, estranges ny nouuelles, puis qu'elles sont fondées sur l'authorité des Peres, & qu'elles releuent merueilleusement les esprits à connoistre nos plus adorables mysteres.

LE IV. ARGVMENT.

COntre les modalitez distinctes est, que si les modes sont vn estre distinct, il se donne vn progrez infini dans les modes: car il se donnera des vnions, des actions, des presences, des figures, & des dependances à l'infini. Vasquez confesse que cet Argumét est fort fascheux à ceux de son party. Certes si pour vnir les parties, il faut vne vnion distincte, il faudra aussi vne autre vnion, pour vnir cette vnion, auec les parties, puis que cette vnion est iointe aux parties, dōc il faudra vne seconde vnion : & apres il en faudra vne troisiesme, pour vnir cette seconde : & ainsi du reste : car la partie peut estre, & n'estre point vnie à cette vnion : donc il faut vn autre determinatif pour determiner cette vnion, à estre vnie à cette parties, comme ie vous diray plus amplement aux discours suiuants.

Opposition I. Nos aduersaires repartiront qu'il n'est point besoin d'vn autre determinatif, pour ce que l'vnion n'est pas vnie, *vt quod*, c'est à dire, *principalement* : mais instrumentalement, & *vt quo* : de sorte que elle-mesme est le dernier determinatif, puis qu'il est impossible, que cette vnion soit, & qu'elle n'vnisse pas les parties, contre cette repartie, ie recharge en premier lieu, disant pareillement qu'il est impossible, que les parties soient, non pas simplement, mais tellement adiustées, & qu'elles ne soient pas vnies : donc par elles-mesmes, & en elles-mesmes, se treuue le dernier determinatif à estre vnies, & dans la cause à estre cause, & dans la chose presente, a estre presente, prise precisément par soy-mesme.

Secondement, si cette vnion est vn estre distinct des parties, ie dis que Dieu le peut conseruer separé des parties, & ainsi cette vnion n'est pas le dernier determinatif, puis que cette entité de l'vnion peut estre, sans que les parties soient vnies, & ie mets pour axiome général auec Okam, Major & tous les Nominaux, *Que Dieu peut conseruer separement, tout ce qui hors de luy à vn estre totalement distinct d'vn autre.* Or cette vnion à vn estre totalement distinct des parties, puis qu'elle n'est point les parties, donc il la peut conseruer hors des parties: Car il ne s'en-suit pas aucune contradiction de la separation de deux entitez distinctes.

Troisiesmement, si leur réponse est receuable, lors qu'ils disent, il est impossible que l'vnion existe, & que les parties ne soient pas vnies, donc l'vnion est le dernier determinatif. Il s'ensuit contr'eux mesmes, que la dependance n'est point vn mode: car il est impossible que la chose soit, & qu'elle ne depende pas. Ie dis mesme entant que separee de toute sorte de dependance distincte. Et il me semble, que cét argument de la dependance des estres creés, est sans replique: Puis que chasque estre est par soy-mesme, ou creé ou increé. Donc par soy-mesme il a l'independance, ou la dependance, quoy que tous les estres & tous les modes distincts fussent aneantis.

Quatriesmement, comme les parties sont vnies, c'est à dire ne sont point separées. De mesme les vnions, qui sont dans le continu ne sont point separées, donc elles sont vnies.

Or il faut que ce soit par vne autre vnion: car les deux vnions de la premiere, & de la seconde, peuuent exister sans qu'elles soient vnies à l'vnion de la troisiesme partie. Il faut donc vn troisiesme lien. Or ce lien peut

eſtre, & n'eſtre point vny, à ces vnions,
il faut donc encore vne vnion. Et ainſi il
s'enſuit vn progrez infini dans les vnions.

Le meſme argument ſe fait de la cauſalité,
& de l'action des creatures: car toute action
de la creature, eſt creée, donc elle eſt faite &
produite, ou bien il y a quelque Entité hors
de Dieu, qui n'a point eſté creée de Dieu,
& qui eſt independante de ſon pouuoir, ce
qui choque les Cöciles de Nicée, & de Con-
ſtantinople qui nomment Dieu Createur
des choſes viſibles, & inuiſibles, & combat
l'oracle de S. Iean qui dit, qu'il n'eſt rien
que Dieu n'ait produit. Or ſi elle eſt
donc faite de Dieu par vn autre action, &
celle-cy par vne troiſieſme: car cette action
peut eſtre, & n'eſtre pas: donc il faut vn dernier determinatif, pour produire le mode
qui ſe nomme action, & vne action troiſieſme pour produire cette ſeconde.

Dittes le meſme de la preſence locale, &
de la durée: car ce mode de preſence, eſt preſent: & ce mode de durée dure: il dure donc
par vne durée diſtincte : car la durée peut
durer, & ne durer pas. Et la preſence peut
n'eſtre pas preſente, puis que l'vne, & l'autre peuuent n'exiſter pas tout à fait dans la
nature.

Que ſi nos Aduerſaires repartent, que la
durée, dure par elle meſme, & la preſence
eſt preſête par ſoy-meſme, ie dis le méme de
la choſe quidure, & de la choſe qui eſt preſente, ce que ie preuue par l'exéple de Dieu:
car cet Eſtre ſouuerain coexiſte au mouue-

Marginal note:

Conc. Nic.
Credo in
Deum fa-
ctorem viſ-
bilium om-
nium, & in-
uiſibilium.
Ioan. 1. Per
ipſum om-
nia facta
ſunt, & ſine
ipſo factum
eſt, nihil
quod fa-
ctum eſt.

ment du Ciel, & il est present au monde sans
receuoir aucune entité distincte, il pourroit
neantmoins ne point durer formellement, &
ne point estre present : donc vne chose par
soy-mesme peut estre le dernier determinatif a toutes ces determinations. Estre vn,
agir, estre present, estre dependant, durer,
estre estendu, estre figuré, sans aucune entité
estrangere. Et ie vous coniure, *Theandre*, de
vous souuenir de cet argument de la dependance : car si le Soleil depend de Dieu, par
vne dependance distincte, cette dependance depend aussi de Dieu, par vne autre, & le
Soleil entant que distinct, de cette dependance, est fait, & creé de Dieu, autrement
selon soy-mesme il est independant de la
puissance diuine.

LE V. ARGVMENT

SE prend des modes en particulier comme de la subsistance, vnion, figure,
action, dependance, durée, extension, mouuement, & presence locale, dont on preuue
euidemment qu'elles sont estendues, presentes, subsistentes, meues, dependantes, en
elles mesmes : par ce que ces choses prises
precisément, entant que distinctes de toute
autre entité, ont ces dominations. Ainsi ie
vous ay preuué au traité de la subsistance
que la nature subsiste par soy-mesme, precisément de ce qu'elle n'est point communiquée, & pareillement la chose par soy-mes-

me, presupposé qu'elle soit tellement distante des points fixes, est presente par soy-
mesme, & en soy-mesme, & elle est ou est ce
mode phantastique, puis qu'elle l'y reçoit:
donc elle est dans ce lieu, independâment de
tout mode; pareillement la chose est figurée,
estenduë par soy-mesme independamment
de tout ce qui est distinct d'elle: car par soy-
mesme, elle est le suiet de ce mode. Or
estre suiet, c'est vn mode: donc entant qu'elle
est distincte de ce mode, elle a vn mode, &
elle doit estre dans tout le lieu où est ce
mode, puis qu'elle est son suiet, elle le reçoit
par tout où il est. Dites le mesme de l'vnion:
car presupposé que les parties existent, &
qu'elles ne soient pas separées, elles sont
vnies. Or pour n'estre pas separées, il n'est
pas besoin d'aucune entité, non plus que
pour n'estre pas; pour ce que ce sont des
termes negatifs, qui ne signifient rien par
dessus les parties. Autrement il y a des determinatifs à l'infiny pour le lieu. Où il s'ensuiuroit qu'affin que l'image de S. Chry-
stofle fut dans Nostre-Dame de Paris, il
faudroit des entitez infinies. C'est à dire autant qu'il y a de lieux soit successiuement
soit tout à la fois par miracle.

En fin la presence, l'extention, & la figure
sont receuës dans la chose presente, estenduë & figurées: elles sont presentes, estendues, & figurées independamment des modalitez imaginaires. Pareillement vne pierre
entant que distincte de toute modalité est
changée d'vn lieu à l'autre, donc le mou-

uement Local n'est pas vne petite entité
distincte.

LE VI. ARGVMENT.

SE tiré des abfurditez qui fuiuent de cette
doctrine: car fi la prefence, & la diftance
font diftinctes dés chofes prefentes & diftan-
tes, il s'enfuit que toutes les fois qu'vn corps
acquiert vne nouuelle prefence, ou vne
nouuelle diftance, il fait auffi acquifition
d'vne entité nouuelle. Partant toutes les
fois qu'vne moufche fe remuë de l'Orient
en l'Occident, Toutes les chofes Orientales & Occidentales acquierent vne petite
entité nouuelle. Car toutes les chofes
Orientales & Occidentales acquierent vne
nouuelle diftance de cette moufche, donc
elles acquierent vne nouuelle entité. Comme fainct Hierofme difoit jadis, que tout le
monde fans y penfer s'eftoit treuué renuerfé par Arrius. De mefme il faudroit dire,
que tout le monde fans y penfer fe treuue à
chafque moment renuerfé par vne moufche: Ce qui à vray dire, ne fera jamais ap-
prouué par des perfonnes bien fenfées. En
fin on peut apporter pour

VII. ARGVMENT.

DEvx raifons fondamentales de cette
verité. La première porte, qu'il ne
faut point multiplier des Eftres fans necoffi-
té. La feconde eft prife de la doctrine, que

l'ay eſtably, parlant des veritez obiectiues:
Sçauoir eſt, que l'infinitif, actif, ou paſſif,
ſignifient le meſme que leurs participes, &
que les noms verbaux qui en dependent, &
partant, *dependant*, *depéndre*, & *la dependance*,
agir, *agiſſant*, & *action*, *preſent*, *preſence*, & *eſtre*
preſent, c'eſt la meſme choſe. Donc l'action
eſt le principe agiſſant, la dependance eſt
la choſe dependante, la preſence eſt la choſe
qui eſt preſente, & la duree eſt la choſe qui
dure. Il faut donc bannir toutes ces petites
entitez, puis qu'elles ſont inutiles dans la
nature.

De tout cecy vous pourrez deduire, que
les accidens auſſi bien que les ſubſtances,
ont leur modes, puis qu'ils ſont preſens
aux lieux, diſtans, agiſſans, & dependans de
leurs cauſes. Mais leurs modes ſont en effect
dés accidens, puis qu'ils ne ſont autre choſe qu'eux-meſmes, pris non pas abſolüment,
& eſſentiellement, mais relatiuement, & ſelon vn eſtat qui ne leur eſt pas eſſentiel.

Opposition. I. Les argumens contraires ſe rapportent à trois principaux. Le
premier eſt, que les choſes, par exemple la
matiere, & la forme, peuuent eſtre vnies, &
n'eſtre pas vnies. Donc elles ſont vnies par
vne entité diſtincte d'elles, & non pas par
elles meſmes.

Le ſecond eſt, qu'il eſt impoſſible qu'v-
ne choſe paſſe d'vn eſtat à ſon contradictoire; Comme de n'eſtre pas vnie à eſtre vnie,
ſans perdre ou acquerir quelque entité diſtincte. Car vne choſe ne peut pas eſtre au-

Idem rema-
nens, idem
aptum est
tantum fa-
cere idem.

trement qu'elle n'estoit auparauant, sans a-
querir ou perdre quelque chose distincte
soy mesme.

Le troisiesme Argument est, que l
choses sont distinctes, dont l'vne peut est
sans l'autre. Or les choses peuuent est
sans que leurs modes existent, donc ell
sont distinctes de leur modes.

Ces trois Argumens ont quelque app
rence, mais en effect ils ont fort peu d
force. Ce que ie preuue premieremen
pour ce que Dieu a en soy vn estat qui ne lu
est pas essentiel, sans aucune entité distin
cte. Car les trois subsistences ne sont poi
essentielles à Dieu, pource qu'elles n'ap
partiennent pas à chasqu'vne des trois Per
sonnes. Pourquoy donc les Creatures n'au
ront-elles pas vn estat comparatif, ou rela
tif, sans acquerir vne entité distincte. Cec
est euident, dans les Actes libres de Dieu
Car ce grand Dieu passe de Aimant à no
Aimant: de present à non present: de pu
nissant à non punissant, Dieu hait Dauid
dans son peché, & il l'aime dans sa penitē
ce. Il aime Salomon dans son innocence,
& il a de l'auersion pour luy pendant qu'il
est idolatre. Pendant que la forme d'vn
Lion existe, Dieu luy est present, & apres il
ne luy est pas present, lors qu'elle est annihilée: il n'estoit pas present au monde,
auant que le monde fust. Et dans les Escritures, Dieu dit souuent qu'il est fasché, &
apres qu'il ne l'est plus: Qu'il a aimé Israel,
& par apres qu'il le deteste. Qu'est-ce que

cela, *Theandre*, sont-ce des entitez que Dieu
acquiert, & que Dieu perde. Ce seroit vn
crime d'y penser, & de faire Dieu muable,
& l'assuietir aux accidens : donc vne mesme
chose sans rien perdre, ou sans rien acquerir, peut passer d'vne denomination à sa contradictoire.

De plus, il y a eu en Dieu des actes libres
de toute Eternité, comme la volonté de
creer le monde, de le conseruer, de creer
cét homme, & non pas celuy là, de faire sept
planetes, & non pas dauantage : de racheter les hommes, & mille autres actes libres, qui ne sont pas essentiels à Dieu, puis
que ces actes ont peu ne point exister, & ils
ne seroient pas libres, s'ils estoient essentiels
& necessaires. Donc vne chose peut auoir
vn estat qui ne luy est pas essentiel, sans receuoir aucune entité distincte.

Cen'est pas icy le lieu, *Theandre*, de nous
arrester à expliquer, que c'est que les actes
libres de nostre Dieu : Pour moy i'ay tousjours creu, que les actes libres en Dieu sont
Dieu mesme. Mais que tous les termes qui
signifient ces actes libres, sont connotatifs,
qui supposent pour Dieu, & connotent
quelque entité hors de Dieu. Ainsi ces mots
Dieu voulant le monde, Dieu Createur,
Dieu punissant, ou voulant punir, supposent pour Dieu, & connotent des diuers effects, hors de cette Majesté adorable : Et
partant, celuy-là qui est Createur a peu n'e-
stre pas Createur ; pource que ce qui est
connoté par ce mot Createur, sçauoir est

le monde, a peu ne point exister dans la nature.

Adiouſtez à cecy, que le Verbe diuin a paſſé de non vny à eſtre vny, ſans rien acquerir en ſoy, autrement il ſeroit changeant. Et les plus doctes Modiſtes enſeignent, qu'il y a vne modalité entre l'Humanité adorable de IESVS, & le Verbe: mais que cette vnion eſt receuë dans l'Humanité, & qu'elle ſe determine au Verbe; ce qui eſt aſſez in intelligible. Car cette vniõ eſtant vne choſe diſtincte du Verbe, a peu exiſter, ſans que le Verbe fuſt vny. Et il n'y a point de contradiction de dire, que par cette vnion l'Humanité pouuoit eſtre vnie au Pere, ou au ſainct-Eſprit, auſſi bien qu'au Verbe.

Que ſi les Modiſtes répondent, que c'eſt la nature de cette vnion en particulier d'eſtre determinee au Verbe. Répondez leur auſſi froidement, que c'eſt la nature des choſes d'eſtre tellement modifiées par elles-meſmes, & qu'ils faſſent contre.

En ſecond lieu, Ie preuue qu'vne choſe meſme creée, peut paſſer d'vn eſtat à vn autre contradictoire, ſans rien perdre ny acquerir de nouueau. Et remarquez bien cette doctrine, il y a deux ſortes de contradiction, en l'vne les termes ſont abſolus, & en l'autre ils ſont connotatifs. Il eſt vray que quand les termes ſont abſolus, on ne peut point paſſer d'vn eſtat à ſon contradictoire, ſans qu'il y ait quelque entité qui ſe perde, ou qui s'acquiere. Et afin que les

termes abſolus ſuppoſent de nouueau pour
vne choſe, il eſt neceſſaire que quelque
eſtre exiſte de nouueau. Ainſi afin qu'vn
animal qui n'eſtoit pas exiſte dans le monde, il faut que quelque choſe commence.
Mais afin que l'on paſſe d'vne propoſition
qui contient des termes connotatifs, & relatifs, à ſa contradictoire, il n'eſt pas neceſſaire qu'aucune entité ſoit produite, ou
periſſe: Car ce paſſage ſe peut faire en cinq
façons principales.

Premierement, par l'acquiſition ou perte
de quelque entité cojointe à la choſe, pour
laquelle ſuppoſe vn terme connotatif. Ainſi
vn Cygne paſſe d'eſtre blanc à n'eſtre pas
blanc, & l'air paſſe des tenebres à la lumiere.

La 2. façon eſt: par la production, anni-
hilation, ou changement de quelque choſe
extrinſeque. Ainſi preſuppoſé qu'vn parois
ſoit blanchi, alors toutes les choſes blanches
luy ſont ſemblables, & ſi on le noircit, in-
continent toutes les choſes blanches ceſſent
de luy eſtre ſemblables. Ainſi lors que Dieu
produit, ou deſtruit vn homme, tous les hômes commencent, ou ceſſent de luy reſſem-
bler: ainſi Dieu paſſe d'aimant à eſtre haiſ-
ſant, pour ce que le pecheur ſe change, il
paſſe de non Seigneur à eſtre Seigneur, pour
ce que les creatures ont commencé: ainſi
lors que vous changez de poſture, ce qui
eſtoit à la gauche commence d'eſtre à voſtre
droicte, ſans qu'il reçoiue aucun changement, par le roulement ou ſeul cours du
temps, vne choſe paſſe d'eſtre à midy, à n'e-

stre plus à midy, & d'estre au soir, à estre au matin, sans qu'elle soit chãgée, ou sans quelle acquiere aucune entité en elle-mesme.

La 4. façon est par le changement local, ainsi lors qu'vn de vos amis quitte vostre compagnie, de present que vous luy estiez, vous passez à n'estre plus present.

Enfin on peut passer à vne proposition contradictoire, par vne nouuelle façon d'estre modifié intrinsequement : ainsi la chose passe d'estre figurée, à ne l'estre plus de non subsistante, par soy mesme, a subsistante par soy-mesme. Et d'icy i'argumente en cette sorte, vn parois peut passer d'estre droict, à estre gauche, & vn homme peut passer de n'estre plus égal, present, semblable & distant, à estre égal, distant, present, & semblable ; vne rose passe d'estre le matin, à n'estre pas le matin, vn object d'estre veu, à n'estre plus veu. Dieu d'estre conneu à n'estre point conneu, de voulant damner vn pecheur, à ne voulant plus le damner, de present à vne chose, à ne luy estre plus present, sans receuoir ou perdre aucune entité en soy: donc vne chose peut passer d'vn estat à son contradictoire, comme de non vnie à estre vnie, sans perdre ou acquerir aucune entité nouuelle. Et ainsi la premiere obiection est nulle.

OPPOSITION II. Quelques Modistes repliqueront, que cela se peut bien faire dans les relations, comme d'estre semblable ou égal, d'estre à la gauche ou à la droite ; pource qu'on peut treuuer le dernier

nier determinatif fans qu'il foit befoin d'aucune entité nouuelle : mais non pas dans les
modes : comme de paffer de n'eftre pas vni,
à eftre vni ; Pour ce que les parties peuuent
eftre, & n'eftre pas vnies : donc il faut vn dernier determinatif. Philippes & Alexãdre, peuuent eftre, fans que Philippes foit Pere d'Alexandre. Ie puis eftre au monde, fans que ie
fois en ce lieu icy. Cette lumiere & le Soleil,
peuuent eftre, fans que cette lumiere foit
effect du Soleil : car elle pourroit eftre produite de Dieu immediatement : donc il faut
vne vnion, vne action, dependance, & prefence qui foient le dernier determinatif, lequel eftant mis, il foit impoffible que ces
chofes n'exiftent pas.

Ie refponds, que fi les relations, ne font
point des Entitez diftinctes, ny auffi les modes : car tous les modes, font à bien dire des
relations. Comme l'action, la paffion, la prefence, l'vnion. De plus fi les relations, qu'ils
nomment predicamentales, comme la reffemblance, l'egalité, la diftance ne font point
des entitez diftinctes, ny auffi les relations
tranfcendentelles, comme l'action, la paffion, & les autres modes : car fans aucune
entité diftincte, on treuue le dernier determinatif : fçauoir eft les chofes par elles-mefmes, non pas fimplement prifes : mais tellement modifiées : ainfi l'vnion ou les parties
eftre vnies, c'eft les parties mefmes ; non pas
fimplement ; mais fe portans d'vne façon qui
ne leur eft pas effentielle, la prefence pareillement la fubftance, la figure, la dependan-

ce, & l'extension, c'est la chose, non pas simplement : mais tellement modifiée, par soy-mesme, ou comparée diuersement à des choses extrinseques. Ainsi presupposé, que les parties de la substance soient l'vne hors de l'autre, quand tout autre entité seroit impossible : la substance est estenduë, donc elle est estenduë par soy-mesme. Ie dis le mesme de la figure, & de la dépendance : car presupposé que ie sois, & que Dieu soit, & que rien autre chose n'existe, ie dépends de Dieu : car si ie dépends de Dieu, par vne dépendance distincte, Ie demande, si cette dependance depend de Dieu, par soy-mesme, ou par vne autre dependance ? Si c'est par vn autre, voila vn progrez infini. Et si c'est par soy-mesme, ie dis aussi, que ie dépend de cét estre souuerain, par moy-mesme. Pareillemét presupposé que Paris soit, & qu'il ne soit pas en autre lieu. Il est necessaire qu'il soit là où il est, & tout cela independamment d'aucune presence distincte : car cette presence seroit receuë en Paris, comme en son sujet. Donc Paris est là où il est independammét de toute sorte de mode.

Opposition. III. Il ne faut point comparer Dieu aux creatures : car il n'est point besoin de mettre en Dieu d'autre determinatif, pour ce que Dieu est necessairement Pere, Fils & S. Esprit. Mais les parties peuuent estre vnies, & ne l'éstre pas. Ie responds que pareillement la creature depend necessairement de Dieu, presupposé qu'elle existe. Donc mettant simplement l'existen-

ce de la creature, qui n'eſt pas vn mode , il
faut que la creature ſoit depédante. De plus
en Dieu, il y a des modes extrinſeques qui ne
ſont pas neceſſaires , comme d'eſtre Createur, preſent au monde , Seigneur , ſemblable, plus releué que le reſte des Eſtres , puis
que ſi les creatures n'eſtoient pas, Dieu n'auroit pas ces denominatiõs. En outre les actes
libres, que Dieu a eu de toute éternité, comme la volonté de créer le monde, de faire vn
Paradis terreſtre , de racheter les hommes ,
de les faire bien-heureux , tous ces actes en
Dieu, ſont Dieu-meſme , & non pas vne entité diſtincte. Adiouſtez pour 3. inſtance,
que ces modes phantaſtiques ne ſont pas les
derniers determinatifs, puis que pluſieurs
de nos Aduerſaires diſent, que la preſence
que Pôpée a à Rome , peut eſtre miſe à Paris. De plus il faut que tous confeſſent , que
les vnions peuuét eſtre vnies, donc elles ont
beſoin d'vne autre vnion. Enfin ie porte pour
raiſon la meſme reſponſe qu'eux , & dis que
comme par cette vnion, qui vnit cette matiere, & cette forme, vne autre matiere & vne
autre forme, ne peuuét pas eſtre vnies. Pour
ce que c'eſt la nature de cette vnion, de meſme c'eſt la nature de la choſe miſe en cét
eſtat d'auoir le dernier determinatif, pour
vn tel effet.

OPPOSITION. IV. Que s'ils vous de-
mandent, *Theandre*, que veut dire la choſe
ſimplement priſe, & tellement modifiée?

Reſpondez leur, Premierement que ce
mot *ſimplement*, ſe prend en diuerſes façons

Accidens
non est ens
simpliciter,
sed entis
ens.

parmy les hommes, quelquefois *simplement*
signifie sans malice, d'autrefois sans parties,
quelquefois il signifie principalement, ainsi
on dit, que la substance est vn estre simplement pris, & que l'accident n'est pas vn estre
simplement : mais vne appartenance de l'e-
stre simplement.

En 2. lieu simplement signifie generalement, & pour l'ordinaire, ainsi nous disons,
que toute mere, à parler simplement aime
son fils.

Troisiesmement cét aduerbe signifie le
mesme, que sans y rien adiouster. Ainsi Dieu
est simplement Seigneur, & le Roy dans la
France, en simplement Roy : mais nous disons le Roy d'Espagne.

En 4. lieu, simplement se prend pour *totalement*, ainsi nous disons, que le composé,
n'est pas engendré simplement : mais la
forme.

En cinquiesme lieu, ce mot signifie le mesme que actuellement. Ainsi on dit que le
Soleil existe simplement, mais non pas l'Antechrist.

En 6. lieu, ce mot simplement signifie le
mesme qu'absolument, & essentiellement,
& c'est en ce sens, que ie soustiens qu'vn mode, n'est pas la chose simplement prise, c'est
à dire, absolument considerée, selon ses attributs absolus, & essentiels, sous lesquels
elle n'est comparée à aucune autre chose, &
sans lesquels elle ne peut iamais exister : mais
les modes sont la chose mesme, entant qu'elle
est signifiée par des attributs connotatifs, &

relatifs, qui ne luy font pas eſſentiels.

Reſpondez en 2. lieu, que ſelon Ariſtote, il y a des termes ſi clairs, qu'en vain on les explique par des autres : car il ſe donneroit vn progrez infini dans les termes, & vn Sophiſte peut demander qu'on luy explique des choſes qui ſont ſi claires, que l'on ne leur peut donner plus de iour.

Reſpondez en 3. lieu, que l'vnion c'eſt les parties vnies, ce qui n'eſt autre choſe que les parties tellement diſpoſées.

Or qu'eſt-ce que les parties eſtre tellemét diſpoſées, c'eſt les parties n'eſtre point ſeparées. Or *n'eſtre point ſeparée*, ſont des termes, ſi clairs, qu'il n'eſt pas beſoin d'aller plus outre : pareillement dittes que la preſence, c'eſt la choſe meſme, comparée au regard des ſix poincts fixes, que l'on peut eſtablir dans le Ciel. Or qu'eſt-ce qu'eſtre, ainſi diſpoſé ? C'eſt que l'on puiſſe conter d'vn coſté tant de lieux, & de l'autre tant. Ce qui eſt ſi clair, que l'on ne doit pas paſſer plus outre, & pour vous le faire veoir, ie vous demande. *Qu'eſt-ce que l'homme?* Vous me direz c'eſt vn animal raiſonnable, Ie recharge, qu'eſt-ce qu'vn Animal? c'eſt ce qui ſent: mais qu'eſt-ce que ſentir ? Et ainſi dans trois queſtions ie vous reduiray à n'auoir plus de termes, pour ce que vous me direz vne choſe ſi claire qu'elle n'a point beſoin d'eſtre plus clairemét expliquée, & pour n'aller pas hors de cette queſtion, ie demande aux Modiſtes, *Qu'eſt-ce que l'vnion?* c'eſt, diront-ils, vn mode qui vnit les parties? Mais qu'eſt-ce qu'vnir,

c'eſt faire vn tout, & ſi on preſſe en cette
ſorte, il n'y a homme qui puiſſe tenir, à faute de termes pour s'expliquer. Donc comme
on ne donne pas des termes à l'infini, qui facent abſtraction des autres termes, de meſme, il ne s'en donne point pour expliquer les
choſes plus clairement, & plus clairement à
l'infini.

OPPOSITION. V. Mais apres tout, me
dira vn Modiſte, ces choſes ſont diſtinctes,
dont l'vne peut n'eſtre pas, l'autre demeurant dans l'exiſtence: & cela eſt diſtincte des
parties, dont elles ſe peuuent paſſer. Or les
parties peuuent exiſter, ſans que l'vnion exiſte, & elles peuuent ſe paſſer de l'vnion. Dõc
l'vniõ eſt diſtincte des parties. Voila le principal argument, auquel on peut reſpondre
en deux façons; premierement, diſant, que
l'argument n'eſt pas en forme, ou s'il y eſt
la mineure eſt fauſſe : car elle preſuppoſe
que l'vnion & les parties ſoient deux choſes,
Ce qui eſt en queſtion.

Or ie preuue qu'elle preſuppoſe cela : car
le ſens de la mineure, eſt que la partie & l'v-
nion ſont deux choſes, dont l'vne ſe peut paſſer de l'autre, quoy qu'en effect ce ne ſoit
qu'vne meſme choſe. Donc cét Argument
preſuppoſe que l'vnion & les parties ſoient
deux choſes, ce qu'il falloit preuuer. L'autre
façon de reſpondre : c'eſt de diſtinguer l'obiection, ces choſes ſont diſtinctes dont l'vne
peut eſtre ſans l'autre : Ie diſtingue, ſi l'vne
& l'autre ſont des extremes abſolus, ie l'accorde : ſi elles ſont des extremes relatifs, ie

la nie. Et quand ils disent, les parties peuuêt
estre sans l'vnion ; ie distingue cette proposition : & ces deux extremes sont absolus, ie
le nie ; & de ces deux extremes l'vn est absolu, & l'autre est relatif, ie l'accorde, donc
ie nie la consequence.

En 3. lieu, ie fais le mesme argument contre Suarez, & tous ceux qui admettent les
relations indistinctes. Ces choses sont distinctes, dont l'vne peut estre & l'autre n'exister
pas. Or est-il, que la chose peut exister, sans
que la similitude existe, donc la similitude,
& la chose semblable, sont distinctes : il faut
donc Philosopher des modes, comme des
relations, puis que toutes les relations sont
des modes. Et comme Suarez enseigne, que
la chose peut passer de non semblable, à
estre semblable sans rien acquerir, elle peut
aussi passer de non quarrée à estre quarrée, &
de non vnie à estre vnie, sans acquerir aucune
entité distincte, puis que l'on retrouue le
dernier determinatif en elles-mesmes, sans
y adiouster aucun estre distinct de la chose modifiée : mais c'est trop s'arrester à Suarez. Voyons si les autres opinions sont plus
receuables.

QVESTION IV.

Si les modes sont des formalitez jointes aux choses, ou des veritez objectiues distincts des choses, si ils sont distincts par raison, & si ils enserrent dans leur concept la chose modifiée.

I. THESE.

LEs modes ne sont point des formalitez distinctes, qui suruiennent aux choses modifiées : car ces formalitez sont ou quelque chose, ou rien, si elles ne sont rien, donc les modes ne sont rië par dessus la chose modifiée, ce qui est mon opinion. Que si ces formalitez sont quelque entité, ou c'est vne substance, ou vn accident, ce qui ne peut estre, pour les argumens que i'ay mis contre les modalistes.

Que si ces formalitez, ne suruiennent pas reellement : mais par l'operation de l'entendement. Ie recharge contre vn modiste, disant, quand vous conceuez, que quelque formalité suruient, ou vous conceuez la chose, comme elle est, ou non ; si vous la conceuez autrement qu'elle est, quittez cette façon de conceuoir : car elle est fausse. Que si vous conceuez la chose, comme elle est, dõc

quelque chose suruient en effet. Ie dis quelque chose independante de l'operation de
voftre efprit : car lá formalité n'arriue pas à
la chofe modifiée , pour ce que vous penfez
qu'elle y arriue. Autrement tout ce que l'on
penfe arriuer à quelqu'vn, luy aduiendroit en
effet, ce qui eft extrememement ridicule , donc
independamment de voftre operation, cette
formalité eft adjointe à la chofe modifiée.

Le 2. renfort contre cette phantaifie , eft
que tous les fept Argumens , qui preuuent
que les modes ne font pas vne entité diftincte réellement, preuuent auffi fortement,
que ce n'eft pas vne entité diftincte de raifon, en telle forte, que l'entendement puiffe
dire, que l'vn n'eft pas l'autre, ou que la formalité n'eft pas la chofe modifiéee.

Troifiefmement, Tous les Argumens que
que i'ay apporté au Liure 3. contre les formalitez, battent cette opinion en ruine.

II. These. Les modes ne font point
des veritez obiectiues diftinctes des fubftã-
ces & des accidens, veritez dis-je obiectiues,
qui foient neceffaires, & qui ne foient en aucun lieu , qui foient incapables d'eftre produites ou deftruites, de tomber fous les fens,
& d'auoir des fonctions réelles.

La raifon eft, pour ce que comme i'ay
prouué euidemment au fecond Liure, les veritez obiectiues ne font autre chofe que les
accidens, ou les fubftances connuës d'vne façon complexe. Ainfi *eftre homme*, c'eft l'homme mefme, entant qu'il peut eftre fignifié cõ-
plexement, & ces trois mots *agir, action & a-*

giſſant, *vni*, *vnion*, & *eſtre vni*, auſſi bien que
exiſter, *exiſtant*, *exiſtance*, ſignifient la meſme
choſe du coſté de l'objet: car le meſme objet, peut eſtre ſignifié compléxement & in-
compléxement; donc les modes ne ſont pas
des veritez objectiues diſtinctes des choſes.
Ie ne nie donc pas, *Theandre*, qu'il ſe donne
des veritez objectiues: mais ie nie qu'elles
ſoient diſtinctes des choſes. Et ainſi, ie dis
que eſtre vni, c'eſt l'vnion meſme, & que l'v-
nion c'eſt la choſe meſme vnie, donc cette verité objectiue *eſtre vni* du coſté de l'obiet, c'eſt
la choſe vnie: car ou eſtre vni eſt la choſe vnie,
ou quelque choſe diſtincte d'elle. Or ce n'eſt
pas vne choſe diſtincte, donc c'eſt la choſe
meſme, non pas ſimplement, mais tellement
diſpoſée: donc *eſtre vny* ſe produit, & ſe deſtruit dans le temps, auſſi bien que l'vnion.
Et quád on vnit deux gouttes d'eau, on produit ce complexe *eſtre vny*: car il n'eſtoit pas
auparauant, & il eſt maintenant: pareillement, eſtre vni, exiſte par tout où eſt l'vnion,
& il tombe ſous les ſens auſſi bien que l'v-
nion, ou les choſes vnies: il y a donc deux
ſortes de complexes, ou de veritez obiectiues; Quelques vnes ſont eſſentielles & abſoluës, comme eſtre homme, eſtre Animal.
Les autres ſont relatiues, accidentelles, &
connotatiues, comme eſtre vny, eſtre figuré,
eſtre Pere, & ie dis que ces dernieres veritéz
objectiues ſont les modes meſmes.

Enfin ſi ces veritéz objectiues modales,
ſont diſtinctes, des ſubſtances, accidens &
modes, il s'enſuit qu'en Dieu eſtre Pere, &

estre Fils, sont quelques estres distincts du Pere & du Fils, & que c'est vne verité obiectiue, qui n'est en aucun lieu. Et pareillement *estre Dieu*, sera vne verité obiectiue, distincte de l'existence diuine qui ne sera pas Dieu mesme, ce qui est superflu. Pour ce que ostez toutes les veritez obiectiues, distinctes de Dieu; Dieu existera dans la nature. Donc *Dieu estre existant*, qui est vne verité obiectiue, n'est autre chose que Dieu mesme entant qu'il peut estre signifié d'vne façon complexe par ce mot *exister*.

III. THESE. Les modes ne sont pas mesmes distincts par raison de la chose modifiée, en ce sens, que la raison puisse dire que le mode n'est pas la chose modifiée. Mais ils *sont distincts, par raison deffinitiue*, pour ce que le mode n'est pas la chose simplement, mais la chose sous vn estat, qui ne luy est pas essentiel. En telle façon, que le terme qui signifie le mode, suppose pour vne chose, & connote quelqu'estat qui ne luy est pas essentiel, & en ce sens encore on peut dire, que le mode renferme la chose, & que par dessus il luy donne vne certaine façon d'estre, qui ne luy est pas essentielle, mais la chose simplement prise, n'enserre pas le mode.

Cette proposition est euidente à qui aura compris ma doctrine des distinctions de raison: car l'entendement ne peut pas dire, qu'il y a deux choses, où il n'y-en a qu'vne toute simple. Or le mode est vn estre tres simple auec la chose modifiée, & ce ne sont pas deux entitez: donc l'entendement ne

peut pas dire que si l'vn n'est pas l'autre. Ce
qui se voit en Dieu, où l'entendement ne
peut pas dire, que la paternité soit distincte
dé la nature diuine. I'ay adjousté neantmoins
que le mode comme la presence, & la chose
prise simplement, absolument, selon ses
attributs essentiels, sont distinctes de raison,
& qu'elles ont vne definition diuerse, pource
que la chose prise absolument a vne autre
definition, qu'elle n'a pas entant qu'elle est
tellement disposée: car si on demande qu'est
ce qu'homme ? c'est vn Animal raisonnable.
Mais quand on veut definir vn homme
agissant, ou present, on dit c'est vn Animal
raisonable qui produit ou qui est en quelque
lieu. Donc dás la definitió du mode, entre en
la definition de la chose mesme, prise absolu-
lument, pour ce que ce qui conuient à la
chose prise absolument, est tel, que la chose
ne peut iamais estre sans cela. Et partant ce
terme *mode*, & tous les termes qui signifient
les modes, sont tous connotatifs pour ce
qu'ils supposent pour vne chose, & connotent qu'elle a vn estat, qui ne luy est pas
essentiel. Il est donc impossible de prendre
ou signifier le mode, que l'on ne signifie la
chose qui est modifiée; mais par le terme qui
signifie le mode, on connote vn estat qui
n'est pas essentiel. Et partant la definition du
terme modal, est tousiours vne definition
impropre ou connotatiue : car il n'y a chose
aucune absolument prise qui soit action,
passion, vnion, presence, & figure, pource
que tous ces mots sont connotatifs, & ne si-

gnifient pas la chose absolument, mais comparatiuement.

En 2. lieu, il est clair, que la chose, & la
chose modifiée ou estre modifiée, n'ont pas
la mesme definition : car l'ame estre vnie au
corps, c'est n'en estre pas separée, & l'ame
se definit la forme d'vn corps. Organique
capable de viure. Donc l'ame, & ses modes
sont distincts par raison definitiue neantmoins la definition du mode renferme la
definition de la chose. Ainsi vn homme present, c'est vn Animal raisonnable, qui est en
quelque lieu, & partant les modes ne sont
pas distincts des choses qu'ils modifient.

La raison fondamentale de cecy est que ce
qui conuient à la chose absolument, & essentiellement considerée, luy conuient en toute
sorte d'estat que l'on la puisse considerer, &
partant les attributs absolus conuiennent à
la chose modifiée, mais le mode d'vne chose
qui est modifiée, ne luy conuient qu'entant
qu'elle est absolument consideree.

OPPOSITION. Il y a quelques modes
essentiels aux choses : car il est impossible
qu'vn corps existe, ou qu'il soit conçeu, sans
qu'il ait quelque presence, ou extension.
Il est impossible que les creatures existent,
ou qu'elles soient conceuës, sans dependance, que la matiere existe, & qu'elle ne soit
pas propre pour receuoir des formes, que
quelque chose existe sans qu'elle soit semblable ou dissemblable.

Ie respons qu'il est impossible que la

chose existe, ou qu'elle soit connuë relatiuement, ou par vn concept connotatif, sans
quelque mode, ie l'accorde ; absolument ie
le nie; car selon ses attributs absolus elle n'est
comparée à chose aucune. Or par les termes
qui signifient les modes, elle est comparée à
quelque chose, ou quelqu'estre est connoté, sans lequel elle peut exister, & estre
conceuë absolument : la raison de cecy est,
que chasque chose a son essence distincte de
tout ce qui n'est pas elle mesme. Donc elle
peut estre conceuë absolument, sans estre
comparée à tout ce qui est hors d'elle mesme. Il nous reste de comparer les modes
l'vn auec l'autre, & de voir pour

QVESTION V.

Comment les modes sont distincts l'vn de l'autre.

I. Thesi.

LEs modes de deux choses distinctes,
comme la presence de Cesar, & celle de
Pompée sont distinctes reellement l'vn de
l'autre, mais les modes d'vne mesme chose
sur tout s'ils sont incompossibles ou opposez, & s'ils existent au mesme temps, sont
distincts reellement, mais n'on pas distincts
par vne distinction totale.

La premiere partie de cette propositiõ est

euidéte: car si les modes sont les choses mesmes modifiées. Il est necessaire, que si les choses sont distinctes, les modes aussi soient distincts; autrement la mesme chose seroit distincte, & ne le seroit pas, ce qui est côtradictoire. Et partant côme Cesar est distinct totalemét de Pôpée, aussi leurs presences, leurs actions, & leurs postures, sont reéllement & totalement differentes, puis que l'vne n'a rien de commun auec l'autre.

D'où s'ensuit que ce n'est pas la mesme action, par laquelle Dieu, & le Soleil produisent la lumiere: car cette action c'est Dieu agissant, & le Soleil agissant, qui sont des choses totalement distinctes. Quoy que ce mot action ou production de la lumiere, connote la mesme chose. C'est à dire la lumiere.

Il est donc impossible qu'vne autre creature que le Soleil produise cette mesme production par la qu'elle le Soleil la produit, comme il est impossible qu'vne autre creature soit le Soleil qui nous esclaire. Autrement elle seroit le Soleil, & ne seroit pas le Soleil, ce qui est impossible, maintenant ie preuue

La 2. partie, qui dit que les modes d'vne mesme chose sont distincts reéllement. Mais n'on pas par vne distinction totale: car estre distinct par vne distinction totale : C'est n'auoir rien tout à fait de commun. Or deux modes d'vne mesme chose, ont la mesme essence, & la nature. Ainsi la presence la figure, & la durée d'Alexis c'est Alexis mesme entant qu'il a diuers eftats qui ne luy font pas effentiels. Donc ces trois modes r'enferment l'effence d'Alexis, & ainfi ils ont quelque chofe de commun. Pareillement dans le tres augufte myftere de la Trinité. La Paternité, la Filiation, & la Spiration paffiue, ou bien le pere, le fils, & le S. Efprit, n'ont pas vne diftinctiõ totale: car il eft de la foy felon le fymbole de S. Athanafe, qu'ils ont la mefme effence, puiffance, bonté maiefté, gloire, & beatitude. Et c'eft de cette fplendeur inacceffible d'où ie tire la preuue de la 2. partie de ma propofition, où i'ay dit que les modes d'vne mefme chofe, peuuent eftre diftincts reéllement, fi ils font oppofez, & incompoffibles : car felon le dire des peres, & des Theologiens que i'ay defia cité, la paternité, la filiation, & la fpiration font des modes fubftantiels de la nature diuine. Or eft il que la paternité, la filiation, & la fpiration font diftinctes reéllement, puis qu'elles conftituent trois perfonnes reéllement diftinctes. Donc les modes d'vne mefme chofe peuuent auoir vne diftinction reelle. Et partant deux conditions font neceffaires, afin que les modes d'vne mefme chofe foient diftincts.

La premiere eft, que tous deux exiftent au mefme temps; car fi l'vn eftoit en nature, & fi l'autre n'exiftoit plus, comme la prefence, ou la figure qu'a la cire auiourd'huy n'eft pas diftincte de celle qu'elle auoit hier; pour ce que la diftinction n'eft iamais qu'entre deux chofes exiftentes, & comme i'ay dit,

ailleurs

ailleurs ce mot *distinct*, suppose pour exister
& n'estre pas vn autre.

En second lieu, i'ay dit que les modes
d'vne mesme chose estoient distincts, sur
tout s'ils estoient opposez, & incompossibles, comme estre fils, & estre pere, estre
cause,& estre effet, estre à Paris, & estre à
Rome, estre quarré, & estre rond, estre
estendu, & estre retressi,& tels autres modes qui ne peuuent estre en la mesme chose
consideree selon le mesme lieu, le mesme
temps,& comparée à des mesmes obiets. La
raison de cecy est, que quoy qu'il soit probable, que la figure, & l'vnion de la matiere
à la forme,que la presence, & l'action de la
forme, que le mouuement, & l'action du
Soleil, que l'action du feu, & sa substance,
que l'extension d'vne goute d'eau, & sa totalité,& tels autres modes, qui sont au mesme temps, & au mesme lieu, dans la mesme
chose,sans auoir aucune repugnance ny opposition l'vne à l'autre. Quoyque disie il
soit probable, que ces modes ont quelque
distinction reélle. Neantmoins il n'est pas
si certain que dans les modes qui ont vne
opposition, & repugnance l'vn auec l'autre
comme ont la paternité, & la filiation,la figure ronde,& la figure quarrée. Et c'est de
ceux-cy que le mystere de la Trinité preuue principalemét, qu'ils ont vne distinction
reélle, mais non pas totale, pource que les
subsistences & relations en Dieu,ont vne opposition,& incõpossibilité, puis qu'il est impossible que le Fils soit Pere, pour ce qu'au-

P p

trement il seroit sans principe, & auec principe. Ce qui est contradictoire. l'apelle
donc *modes compossibles*, ceux-là qu'vne mesme chose peut auoir naturellement au mesme temps, & au mesme lieu, & modes incompossibles, sont ceux là dont vne mesme
chose n'est pas naturellement capable, au
mesme temps, & au mesme lieu. Cela presupposé, ie dis que les modes incompossibles d'vne mesme chose, existants au mesme
temps, ont vne distinction reélle, mais non
pas totale : car il y a distinction reélle, où il
se treuue pluralité. Or entre ces modes il se
treuue pluralité, c'est à dire vn mode, & vn
autre mode reél donc il y a quelque distinction reélle. Et certes, ou la chose a plusieurs modes, ou vn seul, s'il n'y a qu'vn seul
mode, il n'y a point de distinction, mais
s'il y en a plusieurs il y a quelque distinction
car par tout où il y a pluralité, il y a distinction.

Opposition. I. Ces deux modes
ne sont pas distincts reéllement, qui sont
reéllement la mesme chose ; or ces modes
sont reéllement la mesme chose. Car il s'ensuiuroit que la mesme chose seroit distincte
de soy-mesme. Ie respons que ces modes, ne
sont pas distincts reéllement qui sont la
chose simplement, ou la chose d'vne mesme
façon, ie l'accorde ; mais si ils sont la mesme chose diuersement modifiée. Ie le
nie.

Or les modes reéls sont la mesme chose
simplement ie le nie, diuersement modi-

fiée: ie l'accorde, donc le nie la confe-
quen ce.

OPPOSITION. II. Que fi vous me
preffez difant ces chofes, font les mefmes
entre elles, qui font le mefme auec vn tiers.
Or ces modes font rééllement le mefme
auec vn tiers, donc ils fon reéllement le mefme. Ie refpons que cet Argument eft trom-
peur : car la min eure prefuppofe vne fauffeté ; pour ce qu'afin que le fyllogifme fut en
forme, il faudroit dire: Or les les modes font
des chofes diftinctes de la nature, ce qui eft
faux, pour ce que les modes d'vne mefme
chofe, ne font point des chofes, mais vne
feule chofe. De plus, ie dis que ces modes
font le mefme en la façon qu'ils font vnis
dans vn tiers; & ainfi ie dis qu'ils font la mefme chofe abfolument pour ce qu'ils ont la
mefme nature.

Le 2. Argument eft, que ces modes font
diftinctes reéllement, non pas totalement,
mais par vne diftinction partielle, dont l'vn
a des fonctions reélles que l'autre n'a pas.
Or eft il que la paternité a vne operation,
que la filiation n'a pas : car elle engendre, &
l'autre n'engendre pas.

Ainfi fi Dieu mettoit vn chryftal ou vn
mefme fer en diuers lieux auec trois figures
diuerfes, la mefme chofe auroit vne fonction en vn lieu, qu'elle n'auroit pas en l'autre : car en l'vne elle cacheroit vn Lyon, en
l'autre vne eftoille, & en l'autre vn homme,
& le chriftal rond, pourroit fe rouler, & entant que quarré, il ne le pourroit pas. Pa-

reillement fi Dieu m'etoit l'œil d'Alexis
auec vne figurequarrée, ou triangulaire,il ne
pourroit pas voir. Donc l'œil entant qu'il
auroit vne telle ou telle figure, il auroit des
operations diuerfes. Et ainfi ces modes ont
quelque diftinction reélle:car il s'enfuiuroit,
que la mefme chofe reéllement prife,felon
les mefmes circonftáces auroit des fonctiós
incompoffibles, ce qui eft contradictoire.
Mais il n'eft pas contradictoire, que la mefme chofe prife d'vne façon, puiffe auoir
quelque fonction qu'elle ne peut pas auoir
eftant prife felon vne autre façon. I'ay auancé cette doctrine, *Theandre*, auec vn fin-
cere defir d'apporter quelque lumiere au
plus difficile de tous nos myfteres dans lequel nous adorons l'vnité d'vne effence fouueraine, dans vne Trinité ineffable de perfonnes.

DISCOVRS II.

Des relations ou de la diuision de l'estre en absolu, & relatif.

E peut il bien faire, *Theandre*, que cette science qui deuroit appaiser tous les tumultes, & donner vn parfait repos à l'esprit, soit celle-là qui nous mette dans des disputes continuelles. Et qu'au lieu de contempler auec plaisir la liberté, nous soions contraincts de contester opiniastrement les moindres veritez dont elle nous donne la decouuerte s'il y a aucun suiet où cette verité reluise auec auantage, c'est en celuy des relations : car à peine s'en treuue t'il aucû qui soit si debattu parmi les Philosophes. Quelques vns soustiennent opiniastrement, qu'il n'est point d'autres relations dans la nature que les termes, & les conceps relatifs ; par lesquels vne chose est côparée à vne autre. Plusieurs enseignent que les relations sont des choses. parmi ceux-cy, il se treuue encor des factions contraires, quelques vns veulét que la relation soit vne entité distincte des extremes

qui ont quelque rapport, & les autres sou-
tiénent que c'est vn mode distinct seulemét
de son suiet par vne distinction mineure,
Quelqu'vns enseignent que la relation est
dans vn seul des extremes, quelqu'autres
veulent qu'elle soit vne entité receuë dans
tous les deux termes comme en son suiet.
Les plus auisez veulent que les relations
soiét les choses mesmes rapportées, sans aucune entité ou formalité distincte. Vous en
trouuerez qui disent que les relatiós se bor-
nent à des estres relatifs. Les autres disent
qu'elles ont pour terme vn estre absolu signifié d'vne façon relatiue. Que ferons nous
Theandre, dans vne si grande diuersité d'opinions, & parmy des contestes si opiniastres,
Portons sans passion nostre iugement de
tous ces differés, afin que la verité triomphe,
apres auoir dissipé les nuages.

QVESTION I.

Qu'est-ce que relation actiue, & passiue, & que veut dire vn estre relatif.

I. THESE

Nous ne prenons pas ce mot relation à
la façon du vulgaire, pour la narration
des choses passées: mais à la façon des Philo-

fophes, parmy lefquels ce mot *relation* fe prend ou actiuement ou paffiuement, *la relation actiue*, eft vn acte, c'eft à dire vn concept ou vn terme, qui rapporte ou compare vne chofe ou vn mode auec l'autre.

La relation paffiue eft vne chofe, ou vn extreme, qui eft rapporté à vn autre extreme, ainfi la reffemblance qu'a vn parois blanc, auec vn aure, c'eft le parois mefme, qui eft rapporté à vn autre.

II. Thes e. En toute relation, il y a deux extrémes, & vn fondement : car en toute rélation, ou comparaifon, il y a vn terme qui eft rapporté, & vn autre à qui il eft rapporté. Ainfi dans la relation de deux parois femblables, il y a vn parois & l'autre qui font femblables, pareillement dans la relation qui eft entre vn Pere & fon fils, entre la caufe & fon effet, il y a deux extrémes, correlatifs, entre lefquels fe preuue cette relation.

Or on peut tellement faire la relation, que l'vn des exttémes foit comparé à l'autre, côme quand on dit, l'homme eft femblable au Soleil. Et alors cét extréme qui fe meut au nominatif, fe nomme le fujet de la relation, *ou extremum quod*, comme l'homme, & le Soleil s'appelle le terme de la relation *ou extremum cui*. D'autrefois auffi on rapporte tous les deux extrémes au mefmes cas, & lors ils font tous deux & fujet & terme, comme quand on dit Socrate & Platon font femblables. *Le fondement* de la relation eft la raifon pour laquelle deux chofes ont du rapport ou qu'elles peuuent eſtre rapportées , ou comparées l'vne à l'autre. Ainſi le fondement de la relation de deux Cygnes blancs, c'eſt la blancheur , qui ſe peut auſſi appeller la raiſon *formelle & le motif* de la relation. Quelques Philoſophes la nomment le fondement prochain de la relation.

La raiſon de fonder. Ainſi ils diſent que la coëxiſtence de deux Cygnes blancs eſt la raiſon de fonder la relation qu'elles ont l'vn à l'autre, & de qui le fondemēt eſt la blācheur. Pour moy , ie tiens, que la raiſon de fonder, & le fondement ou motif de la relation ſont le meſme, comme la blancheur : car quoy qu'il ſoit requis : comme vne condition neceſſaire, que les deux extrémes ſoient coëxiſtans au meſmes temps. Il eſt neantmoins clair, que ce n'eſt autre choſe que les extrémes meſmes , qui exiſtent au meſme temps.

III. THESE. La definition de Suarez n'eſt pas receuable, lorſqu'il dit en ſa Metaphyſique, que *la relation eſt vn accident dont tout l'eſtre eſt de tendre à vn autre, & regarder vn autre.* Car cette definition ne conuient pas aux relations des ſubſtances, puis que leur relation n'eſt pas vn accident : mais c'eſt vn mode des ſubſtances, c'eſt à dire, les ſubſtances meſmes. Ainſi Ceſar & Pompée ſont ſemblables preciſément, en ce qu'ils ſont des hommes. Or il eſt certain, que pour cét effet, il n'eſt pas beſoin d'aucun accident. De plus quelle ſeroit la nature de cét accident, car ne s'arreſteroit-il pas pluſtoſt en ſoy-meſme, que d'eftre fi prodigue que de s'abandonnér tout à fait aux autres.

Troifiefmement, qu'eft-ce que regarder vn autre ? Et fi deux hommes font femblables feulement par vn accident, donc ils ne font pas femblables en leur fubftance & effence.

Quatriefmement, il fe treuue en Dieu des relations, & neantmoins il n'y a point d'accidens en cette Diuine nature.

Que fi Suarez nous repart, qu'il ne definit que la relation predicamentale, & non pas la tranfcendentelle, au moins, confeffera-t'il que fa definition n'eft pas generale. En fin comme deux parois font femblables, auffi le font deux blancheurs, & deux fimilitudes, donc il fe donne vn progrez infini dans les relations : car vne fimilitude fera femblable par vn autre accident ; & ainfi il y aura des relations à l'infini. Arriaga dit, que *la relation eft la raifon formelle, par laquelle vne chofe regarde vne autre* : mais cette definition auffi n'eft pas reguliere : car ou il entend vne entité diftincte des deux extrémes de la relation , ou non. S'il entend quelque chofe de diftincte, cette opinion eft fauffe, s'il n'entend rien de diftinct des deux extrémes , il valoit mieux dire que la relation font deux chofes, qui ont quelque rapport l'vne à l'autre.

En 2. lieu , il n'explique pas que c'eft que auoir rapport , ou relation, & à bien dire, il declare vne chofe par foy-mefme.

Troifiefmement, la raifon formelle pour laquelle deux parois blancs ont quelques relation, n'est pas la relation : car la relation par exemple de ressemblance, c'est deux choses estre semblables. Or la blancheur est la raison pour laquelle ces choses sont semblables : mais elle n'est pas la relation.

De plus cette definition semble tesmoigner que les relations soiét des regards d'yne chose à l'autre, comme si toutes les choses semblables se regardoient auec des regards infatigables, ce qui est imaginaire; & il est ridicule de dire, que soudain qu'vn parois est blanchy dãs l'Inde, il ouure les yeux pour regarder tous les autres parois qui sont dans le monde. Dittes le mesme, *Theandre*, de certaines lignes & visées, que plusieurs Philosophes mettent entre les choses qui ont du rapport. Qui pourra iamais entendre ces Séges s'il ne met son esprit à la Gehéne. Ie cheris vne saincte liberté, & partant il faut deucloper toute cette matiere, & dire pour

IV. Thꜱꜱꜱ. Que la *Relation*, est vn terme equiuoque : quand il se préd comme terme de la seconde intention, il signifie vn ramas, & vne suitte de tous les termes relatifs, qui se mettent dans le predicament de la relation. Et ainsi la Categorie de la relation, est vn ramas de tous les relatifs.

Or terme relatif est celuy-là par lequel vne chose est comparée à l'autre, & n'est pas signifiée d'vne façon absoluë, comme *semblable, dissemblable, égal, inegal*, plus grand, plus petit, le double, le triple, Pere, Fils, Seigneur, suiet : & partant le souuerain Genre, ou cõme Genre de cette Categorie, est-ce terme

relation, & comparaiſon, rapport, ou comparable, pris en ſuppoſition ſimple. I'ay dit ou
comme Genre : car il n'y en a point de propre dans les Categories connotatiues. C'eſt
ſans doute la doctrine d'Ariſtote, qui intitule ce predicament, *Peri ton pros ti, de his quæ
ſunt ad aliquid,* comme qui diroit des Eſtres
comparatifs, où il n'aſſigne aucun concept,
commun à tout ce qui eſt dans ce predicament, que d'eſtre, ou eſtre dit relatiuement,
c'eſt à dire, eſtre comparé ou comparable à
quelque choſe, & il découure tout auſſi toſt,
ce qu'il veut eſtre mis dans ce predicament,
commençant ſon Chapitre en cette ſorte.
*Ces choſes ſont relatiues, qui ſont rapportees & com-
parees à vn autre.* Comme plus grand, le double, les habitudes, les diſpoſitions, les ſens,
les Sciences.

Et il rapporte pour exemple, vne grande
montagne vne choſe ſemblable eſtre cou-
chée, & la vertu qui eſt contraire au vice.
Donc Ariſtote n'a point mis aucun ſouuerain Genre en ce predicament : mais il dit,
que tout cela ſe met en cette Categorie, qui
eſt comparé à vn autre, & il ne fait point mé-
tion de ce mot relation : mais *ta pros ti lege-
tai,* comme s'il diſoit les choſes qui ſe diſent relatiuement. Donc Ariſtote veut que
les relations, ſoient les choſes relatiues, &
non pas de certaines raiſons formelles de relation. Il met donc immediatement, dãs cette Categorie les termes relatifs, & mediatement les choſes meſmes, qui ſont comparées
ou comparables : & ainſi le ſouuerain Genre

περὶ τῶν πρός
τι.

Arr. cath. c.
7. Ad ali-
quid ea di-
cũtur, quæ-
cumque id
quod ſunt
aliorũ eſſe
dicũtur, vel
quocũque
alio modo
ad aliud re-
feruntur,
vt maius,
duplum, ha-
bitus, diſpo-
ſitio, ſenſus,
ſcientia po-
ſitio.

Sunt igitur
ad aliquid
quæcumque
id ipſum
quod ſunt
aliorum eſſe
dicuntur.
πρός τι οὖν
ἐστιν ὅσα
αὐτὰ ἅπερ
ἐστὶν, ἑτέρων
εἶναι λέγε-
ται.

de ce predicament, n'eſt pas vne raiſon abſtracte de rélation, qui ſoit tirée de tous les
inferieurs : mais c'eſt ce terme eſtre relatif,
pris en ſuppoſition ſimple. Et ainſi dans ce
predicament ſe mettent tous les termes relatifs, ſoit concrets, ſoit abſtracts, ou par leſquels les choſes ſont comparées aux autres,
& auſſi les choſes, entant qu'elles peuuent
eſtre ſignifiées ou conceuës par des concepts
& par des termes relatifs:car tous les termes
relatifs conuiennent en ce qu'ils comparent
vne choſe à quelque terme. Et pareillement
les choſes ſignifiées par ces termes, conuiennent en ce qu'elles peuuent eſtre comparées,
& ainſi eſtre comparables à quelque choſe,
c'eſt le ſouuerain concept de ce predicamét,
il n'eſt donc pas Genre, puis que c'eſt vn terme connotatif, qui ſe dit accidentairement,
& denominatiuement de ſes inferieurs, com-
me *ſemblable*, *Seigneur*, *Seruiteur*, *le double*, ſont
des termes connotatifs extrinſéques, qui ne
ſont pas des Genres : mais des termes qui
appartiennent au propre, ou à l'accident par
leſquels on ne peut pas reſpondre à la queſtion, *queſt-ce que cela?*

De plus ou cette raiſon abſtracte de relation, ſeroit abſoluë ou relatiue, ſi elle eſtoit
abſoluë, elle ne ſeroit pas commune à ſes inferieurs, d'ou elle a eſté abſtracte, car ils ſont
relatifs. Et il faut bien qu'elle ſoit relatiue,
afin de conſtituer formellement relatif, tout
ce en quoy elle ſe treuue. Or a qui ſeroit-el-
le relatiue, & pourquoy ſe rapporteroit-elle
à vn autre, quel ſeroit ſon correlatif, puis

que tout relatif a fon correlatif. Ainfi dit
Ariftote en fes categories que les relatifs
font reciproques, & qu’ils fe difent par con-
uerfion, comme Seigneur, fuiet, maiftre
feruiteur, pere, fils, effet, & caufe.

Relata di-
cuntur ad
conuerten-
tiam.

Troifiefmement cette raifon abftracte de
relation auroit par deffus foy vne autre raifon de relation : car elle mefme eft relatiue à
fes inferieurs:& elle eft femblable, ou diffemblable. Or ie demande fi c’eft par foy-mefme. Donc on pourra encor tirer vne raifon
plus vniuerfelle de relation, qui fera commune à elle, & à toutes les autres. Et ainfi
il y a des relations à l’infiny. Ne voila pas
bien des grotefques pour n’auoir pas fceu
treuuer la verité, & dire qu’il n’y a point
d’abftraction que dans les conceps, & dans
les termes, & qu’il n’y a point de relation
en commun, non plus que l’homme en commun, fi ce n’eft les concepts, & les termes.

V. THESE. Ce mot *Relation* prife comme terme de la premiere intention fignifie
les chofes relatiues, comme caufe, effet, Pere:
car ces termes fuppofent pour quelque chofe, & la comparent à quelqu’autre. Et partant tout terme relatif eft connotatif pour
ce qu’il connote quelque chofe par deffus
ce pourquoy il fuppofe. Et ainfi terme relatif, & comparatif, c’eft le mefme auffi bien
que raporter, & comparer vne chofe à l’autre.

De plus il y a deux fortes de relations. Sçauoir eft *actiue & paffiue.* La relation actiue,

est vn terme, ou vn concept relatif.

Or terme relatif est celuy-là qui compare vne chose, ou vn extreme à vn autre, comme ces termes peres, semblables, & tous les termes comparatifs ou superlatifs dás la grammaire. I'ay dit *vne chose ou vn extreme*, pour ce que les modes d'vne mesme chose peuuent se porter relatiuement l'vn à l'autre, comme il se voit en Dieu, où il n'y a point de rapport d'vne chose à l'autre, puis qu'il n'y a point deux choses, mais, c'est seulement le raport d'vn mode auec l'autre.

La relation passiue, est vne chose qui est comparée à quelqu'autre, ou est signifiée par des termes relatifs. Et partant, il n'y a chose aucune, qui ne soit mediatement mise dans ce predicament sous des voix relatiues: car il n'y a point de chose qui ne soit ou effet, ou cause, ou Createur, ou creature, ou semblable ou dissemblable, plus ou moins noble, égal ou inégale : donc en ce predicament sont mis proprement, & immediatement, les termes & les concepts relatifs, par lesquels on compare quelque chose à vne autre, & mediatement les choses, non pas simplement, mais entant qu'elle se portent relatiuement, & qu'elles sont, ou peuuent estre signifiées par des termes, & exprimées par des conceps relatifs : car comme i'ay dit d'autrefois, la mesme chose peut estre signifiée absolument, & comparatiuement. Ainsi Dieu est appelé Dieu, estre, substance; voila des noms absolus. On le nóme aussi Createur puissant, semblable, redoutable, excellent, &

ce font des termes relatifs. Et Dieu entant
qu'il eſt capabe d'eſtre ſignifié par ces termes, eſt vne relation paſſiue, ou obiectiue.
C'eſt à dire l'obiɛƚd'vne relation forméle,
& actiue. Si donc on vous demande s'il n'y a
point d'autres relations, que les concepts, &
les termes. Dites, *Theandre*, qu'il n'y a point
d'autre relation actiue, hors des conceps, &
des termes; mais qu'il y en a des paſſiues:
car il y a des choſes qui ſont rapportées
aux autres, & chaſque choſe quelque abſoluë qu'elle ſoit, peut eſtre ſignifiée relatiuement, & par des termes relatifs, puis qu'il
n'eſt point de choſe qui ne ſoit Createur ou
creature, ſemblable ou diſſemblable. Or
cette choſe qui eſt ſignifiée par vn terme relatif, & abſolu c'eſt la meſme, mais elle n'eſt
pas comparée à la meſme choſe, ſous vn
terme abſolu, & connotatif.

La relation actiue, ſe peut apeler relation
du dire, ou du concept. C'eſt à dire celle
qui conſiſte dans les termes. Ce qui ſe peut
faire ou imcomplexement diſant, Pere, Seigneur, cauſe, ou complexement diſant, Dieu
eſt Pere, Dieu eſt cauſe, Dieu eſt Seigneur.
Et afin que l'vne, & l'autre ſoient veritables,
il faut qu'il y ait fondement dans la choſe
qui eſt comparée: autrement ce ſeroit vne
relation actiue fauſſe. Or la relation du dire
ſe peut faire an genitif, diſant le pere eſt pere
de ſon fils. Le double eſt double de ſa mo-
tié, ou au datif, diſant ſemblable à vn autre.
ou à l'ablatif, diſant plus grand que ſon
moindre.

Relatio ſe-
cundum
dici,
Relatio ſe-
cundum
concipi,

VI. Thesi. Il y a trois sortes de relations actiues.

La premiere est, vne relation *d'égalité*, c'est à dire vne relation dans laquelle on donne le mesme nom, ou vn terme égal, aux deux extresmes : comme quand on dit le semblable, ou le voisin, a son voisin, & son semblable, & l'esgal a son esgal.

La seconde est vne relation *d'existence*, quand le suiet de la relation est signifié par vn terme plus excellent, que la chose, à laquelle il est comparé, comme Roy a son suiet; pere a son fils, Maistre à son seruiteur.

La troisiesme relation est *d'inferiorité*, comme vn seruiteur à son maistre, vn fils à son pere, la moitié au tout, donc la relation *ou dire* n'est autre chose qu'vn terme vn concept, ou vn acte par lequel on compare vne chose à l'autre. Et ces actes relatifs se treuuent en Dieu, dans les Anges, & dans l'homme, pour ce qu'ils comparent vne chose à l'autre. On peut aussi diuiser la relation en celle d'égalité qui contient les termes égaux, & en célle d'inégalité, qui enserre les relations de superiorité, & d'inferiorité,

Certainement il est necessaire que les termes, & les choses soient des relations puis que l'vn, & l'autre participent les deux descriptions d'Aristote: car ce mot pere, & la chose signifiée par ce mot se dit, & se rapte à vn autre. De plus, *Relatif relation, rapporté & estre rapporté*, c'est le mesme. Donc tout ce qui peut estre ou est rapporté à vn autre

autre

est vne relation passiue. Or est-il que les choses mesmes sont rapportées & comparées aux autres : donc elles sont la relation passiue. Puis que selon Aristote ces choses sont relatiues que l'on compare à quelque autre. Ainsi Philippes qui est Pere, est comparé auec vn autre, & est dit appartenir à vn autre. Et sous ce mot de Pere, il est connoté qu'il appartient & est comparable auec vn autre, dont la chose mesme qui est Pere, est vne relation passiue.

Ie vous ay dit autrefois, *Theandre*, deux fondemens de cette doctrine. Le premier est, que les termes sont enoncez immediatement, & les choses d'vne façon esloignée, comme vn Marchand comte ses escus, & aussi l'argent qui luy est deu.

Le second est, que les noms verbaux, cômme *relation*, ont vne signification ou actiue, ou passiue; & ainsi la relation passiue est la chose rapportée, & l'actiue est vn concept ou vn terme. Or il est à remarquer, que la relatiō actiue, peut estre ou *vocale*, & elle consiste dans les paroles, & termes relatifs, & elle s'appelle relation du Dire, où elle est *mentale*, & elle consiste dans vn concept relatif, & elle se nomme relation de raison, ou enfin elle est escrite. Et il est clair qu'il se donne de ces trois sortes de relations, puis qu'il est des concepts, & des termes relatifs. Ie dis de plus, que la relation soit mentale, soit vocale, peut estre complexe, où incomplexe. l'incomplexe est, comme quand on dit Pere, Seigneur, semblable, & elle n'a ny propre, verité, ny faußeté, pour ce que c'eſt vn acte de la ſeule apprehenſion : mais la relation complexe, eſt vne propoſition vocale, mentale, ou eſcrite, qui compare ou rapporte vn extreme à vn autre, comme ſi on dit, Philippes eſt Pere d'Alexandre. Et cette relation eſt capable de verité ou de faußeté.

Et partant afin qu'vne relation ſoit veritable, elle doit auoir vn fondement dans les choſes : autrement elle ſera difforme à ſon obiet. I'aduouë donc qu'il ſe donne des relations de raiſon, mais ſi cét acte rapporte vne choſe à l'autre contre la verité, c'eſt vne propoſition fauße, comme qui diroit Alexandre eſt Pere de Philippes, diroit contre la verité, puis que c'eſt Philippes, qui eſt Pere d'Alexandre. D'icy vous deduirez que toute relation de raiſon, n'eſt pas vn eſtre de raiſon, puis qu'elle n'eſt pas impoſſible, ce qui eſt la ſeule meſure de l'eſtre de raiſon. Et partant il me ſemble que dans cette matiere, la plus part de nos Philoſophes, ne parlent pas auec aßez de ſuite. De moy ie me tiens tousjours à mes principes, ſelon leſquels i'auouë qu'il y a des relations du dire, & de raiſon, & qu'elles peuuent eſtre fauſſes : ou vrayes, ſelon la conformité ou difformité qu'elles ont auec leur objeƈt.

De plus, ie dis que ſi la relation, ſoit du dire, ſoit du concept, rapporte vne choſe à l'autre d'vne façon qu'il eſt impoſſible qu'elle ne ſoit pas vrayement rapportée, c'eſt vn eſtre de raiſon, comme qui diroit

Lysis, & le Soleil sont le mesme. Dieu est
vn effect de l'homme, le Soleil est plus noble
que Dieu, retenez bien cette doctrine.

QVESTION II.

*Qu'est ce que relation transcenden-
telle & predicamentele, S'il y a
des relations reelles, & des estres
relatifs distincts des estres absolus.*

I. THESE.

ARistote en sa Metaphysique, met trois
sortes de relations à raison des trois
sortes de fondement, qu'vne relation peut
auoir.

La premiere sorte, est des relations *fondées
en l'vnité ou multitude,* telles sont l'identité, &
la diuersité, la similitude, & la dissemblance, l'egalité & l'inegalité, l'identité est ce qui
a la mesme essence & nature : ces choses sont
semblables qui peuuent auoir le mesme attribut, à raison de leurs qualitez, ou de leur
essence : Et partant dans cette définition qui
dit : *Les choses semblables, sont celles qui ont vne
mesme qualité,* il faut entendre vn attribut
essentiel, ou accidentel. Et ce mot *vn* s'entéd
vn en Genre, & en espece, car l'egalité, ou
l'inegalité, se fonde dans la quantité.

La seconde sorte des relations, dit Ari-

*similia sunt
qnorū quā-
litas est vna.*

stote, *se fonde dans les puissances d'agir & de receuoir*, & cette relation n'est autre que leurs
exercices, comme l'action, passion, production, ou action de produire, & estre produits : car c'est vne imagination de feindre
aucune autre relation, entre la cause & l'effect, comme entre le Soleil & la lumiere, que
l'action mesme productiue, entre le Pere, &
le Fils, que l'action generatiue : car precisément posé cette action, le Pere est rapporté
reellement au Fils, & il y a fondement de les
appeller par des termes relatifs, de produisant, de produit, de Fils & de Pere. Certes ces
mots relatifs de Createur ou de creature, na
signifiét rien autre chose, & Pere signifie directement Philippes, & indirectement Alexandre. Et l'action par laquelle il l'a engendré. Quelques Autheurs appellent cette relation transcendentelle, pour ce qu'elle conuient à tous les Estres. Et ils disent qu'elle
n'est pas predicamentale.

La troisiesme sorte des relations, sont des
*relations qui consistent dans vne pure denomination
extrinseque*, comme de la connoissance, ou de
la veuë à l'objet connu ou veu. De l'amour à
l'obiect aimé ; des choses prochaines & dista-
tes coëxistentes du contenu, & du contenant
des choses contigues, inferieures, superieu-
res, estre droict, estre gauche, & telles autres
relations semblables. Quelques vns les appellent non reciproques, mais il me semble,
que toute relation est reciproque. Et Aristote mesme met entre les proprietez de la relation, d'estre dit par conuersion ou recipro-

quement: car l’obiet est veu, aussi bien que
l’œil est voyant, & l’obiet aimé, est aussi bien
aymé, qu’vn fils est engendré de son Pere,
il y a cette seule difference, que l’œil ou la
veüe, ou l’amour ne produisent rien dans
l’obiet, veu, connu, ou aimé: mais neantmoins la relation est mutuelle. Ainsi Aristote en ce predicament dit, que si vn terme relatif, n’en a point d’autre qui luy corresponde, il en faut feindre vn, comme au lieu de
dire le Gouuernail de la nauire, il faut dire
Gouuernail de la chose gouuernée, Et ainsi
dit Aristote, il est euident que toutes les choses relatiues, sont mutuelle. Donc selon le
Philosophe tous les relatifs sõt reciproques,
cela estant presupposé, ie dis pour

II. Thèse. Qu’il se donne des relations
reélles en Dieu, & dans les creatures, & qu’il
y a des choses relatiues, & qu’ainsi les relations ne consistent pas seuleulement dans
les termes. Cette proposition est contre certains Autheurs, dont Okam fait mention en
son Centiloge, qui disoient qu’il n’y a point
de relations que dans les termes. Ce qui
semble choquer la foy, & la raison euidente:
car selon Aristote, il y a trois sortes de relations. Or est il que toutes ces relations sont
reélles, & qu’elles seroient dans le monde
quoy qu’il n’y eust aucun terme ny concept
relatif, & quand personne n’y penseroit, il est
vray que les choses en elles mesmes sont
semblables, dissemblables, égales, inégales
vnies diuisées separees, distantes, causes, &

Arist. cath.
rei te mona-
tæ temo,
au lieu de
nauis, quod
si hoc pa-
cto omnia
tribuantur,
perspicuum
est, quæ cũ
aliquo con-
feruntur re-
ciprocatum
iri omnia.

effects. Donc il se donne des relations reelles.

Ie ne dis neantmoins, que toutes ces relations soient quelques lignes ou regards, mais que ce sont des modes ou intrinseques ou extrinseques, modes disie indistincts, par lesquels ces choses mesmes, ont vn tel rapport, & peuuent estre comparées l'vne auec l'autre ; de sorte que quoyqu'vn terme, ou vn concept relatif, soit souuent necessaire pour rapporter vne chose à l'autre, afin que la relation soit totalement accomplie. Neantmoins les choses mesmes, ont du rapport entr'elles independemment des concepts, & des termes.

Or qu'est cela, *auoir du rapport*, c'est estre semblables, égales, causes effect, & rien autre chose.

Secondement la foy nous enseigne, qu'il y a des vrayes relations reélles, & transcendenteles, entre les personnes diuines, entre le pere, & le fils : car le pere est engendrant, & le fils engendré. Donc par la mesme raison il y a des relations reélles entre les causes creées, & leurs effets, cõme entre le Soleil, & sa lumiere, entre vn pere, & son fils, entre les creatures qui sont effets, & Dieu, qui est leur cause. C'est pourquoy S. Thomas en sa question huitiesme dit, que c'est vn erreur de nier qu'il y a de vraies relations entre les personnes diuines.

De plus, les Conciles declarét qu'il se donne des relations, & que le nombre des personnes se voit dans les relations.

Et L'orateur des latins Iehan le Theologien, au Concile de Florence, session 18. dit du commun consentement de toute l'Eglise, que les personnes diuines ne different qu'en vertu de la relation.

Voyez sur cecy le pere Ruiz en la dispute neufuiesme de la Trinité.

La premiere raison de cette verité, est que mettre vne relation entre le pere, & le fils, n'est autre chose si ce n'est qu'il y ait vne action, ou generation, ou bien si ce n'est que le Pere engendre son Fils, & que le Fils est engendré par son Pere. Or cela est vray reéllement, quand il n'y auroit ny terme, ny concept. Donc il a des relations independémment des concepts, & des termes. Vous voyez donc que par ce mot de relation transcendentale, ie n'entends ny respect, ny regard, par dessus l'action mesme ou par dessus la passion, pour ce que ces regards, & ces ordres sont imaginaires.

Secondement, si les relations estoient seulement dans les concepts, & dans les termes, il s'ensuiuroit que les personnes diuines ne seroient distinctes que par nos concepts, & par nos termes. Donc ce seroit vne nomination extrinseque; & les termes, & les concepts, venans à manquer, il n'y auroit point de distinction reélle entre les personnes diuines, ce qui est vn erreur.

Troisiesmement nos termes, & nos concepts, doiuent signifier ce qui est en la chose. Or est-il qu'ils signifient vne relation du Pere au Fils, & du Fils au Pere. Donc elle est

Qq iiij

Conc. Tol. in relatione personarum numerus cernitur. D. Th. 1. p q 8. Erroneum est à fide orthodoxa negare dari veras rationes inter personas diuinas.

auant le concept, & deuant les termes qui
la signifient.

Quatriesmement, le commun Axiome des
Theologiens est qu'il n'y a point de distinction en Dieu, si ce n'est que l'on treuue
l'opposition de la relation. Donc selon tous
les Theologiens, il y a en Dieu des relations
reéles. car nos concepts, & nos termes relatifs, ne font pas que les choses qu'ils signifient, soient distinctes reélement. Or est-il
que les relations, font que les personnes
soient distinctes reélement. Donc les relations ne font pas les seuls termes. Pareillement les relations en Dieu, font que les personnes soient incōmunicables. Or est-il que
nos termes relatifs ne font pas en Dieu, &
ne peuuent pas faire que les personnes soiét
incommunicables. Donc les relations ne
consistent pas seulement dans les termes.

Cinquiesmement il y auroit beaucoup
plus de trois ou quatre relations en Dieu:
car si les relations diuines estoient seulement des termes, il y auroit en Dieu autant
de relations, que nous auons de termes relatifs, par lesquels Dieu pourroit estre signifié. Or il y en a vne infinité: car nous appelons Dieu Pere, Fils, S. Esprit, engendrant,
engédré, Principe, cause, produit, procedant,
Createur, Seigneur, Iuste, Misericordieux,
& mille autres noms; par lesquels Dieu est
comparé aux creatures. C'est pourquoy,
à mon aduis, l'opinion contraire choque la
foy Catholique, qui enseigne qu'il est en
Dieu des relations reéles. D'où ie deduis,

qu'il y en a auſſi dans les creatures : car il y
a en Dieu des relations reéles, pour ce que
le Pere engendre reélement ſon Fils, & que
le Fils eſt engendré, donc il y a auſſi vne relation entre le Soleil, & ſa lumiere, entre
Philippes qui engendre, & Alexandre ſon
fils:car la meſme raiſon de principe ſe treuue
vniuoquement dans le Pere eternel, & dans
vn Pere creé, & comme ces mots *eſtre ſubſtan-*
ce, ſont vniuoques à Dieu, & à ſes creatures.
Auſſi ce terme relation eſt vniuoque aux
relations creées, & increées. Il y a toutefois
cette difference : que la relation de la cauſe
à l'effet, n'eſtant autre choſe, que l'action
meſme, il y a vne action perpetuelle, & non
jamais interrompuë entre le Pere, & le fils:
car il l'engendre touſiours, mais l'action
d'vn Pere creé eſt paſſagere, & partant quád
vn fils dit, *c'eſt mon pere,* le ſens eſt, c'eſt celuy
qui ma engendré, & ne m'engendre plus,
mais le Verbe dit mon Pere m'engendre, &
cette action generatiue eſt touſiours exi-
ſtente : le meſme neantmoins ſe treuueroit
s'il ſe donnoit vne cauſe comme le Soleil,
qui produiſit touſiours vne meſme lumiere.

En fin cette verité ſe preuue en Dieu, &
dans les creatures, & par vne raiſon fonda-
mentale:car qu'il y ait relation entre le Pere
eternel, & ſon Fils adorable, entre Philippes, & Alexandre ſon fils, entre le Soleil,
& ſa lumiere, ce n'eſt autre choſe, qu'il y ait
vne action, par laquelle l'vn produiſe l'autre.

Or eſt il que cela eſt vray , donc il y a des relatiõs reéles, puis que par relation, ie n'entens aucun ordre. habitude, ou regard dans les choſes; mais l'action meſme. Or eſt-il que cette action eſt en Dieu , & qu'elle a eſté dans Philippes , & qu'elle eſt dans le Soleil, donc il ſe donne des relations, auſſi bien que des actions reéles.

OPPOSITION. I. Vous me direz que Philippes n'eſt point rapporté, ou relatif, à Alexãdre, ſous ces noms de Philippes, eſtre, ſubſtance, raiſonnable, mais ſeulement ſous ce nom de pere, donc la relation vient des termes, & non des choſes. Ie reſpons que la meſme choſe ſe peut ſignifier par des termes abſolus , & relatifs , & qu'il y a des termes rélatifs , qui cõparent le meſme obiet à des choſes diuerſes. C'eſt pourquoy Philippes, n'eſt point rapporté ou comparé à Alexandre, par ce terme Philippes : car il ne ſignifie pas Alexandre au cas oblique, ny que Philippes ſoit Pere d'Alexandre; mais ie dis que la choſe que ſignifie ce mot Philippes, a raport, ou peut eſtre rapportée à Alexandre, & qu'elle donne fondement de la rapporter ſous ce mot de *Pere*, à raiſon de l'action generatiue qui a exiſté.

OPPOSITION II. Donc , me direz vous, cette rélation n'eſt plus. Ie l'accorde, puis que c'eſt l'action meſme, neantmoins à raiſon de cette action qui a precedé, reſte le fondement de dire que Philippes eſt pere d'Alexandre. De meſme deux choſes ſont égales ou inégales, ſemblables ou differem blables, soit qu'elles soient signifiées par termes ou non, & consequemment il y a des relations reéles, independemment des concepts,& des termes.

III. Thes e. La relation passiue, est le mesme que comparaison passiue ou vne chose comparée à vne autre. Or estre rapporté à vn autre,ou comme dit Aristote, *Dici esse ad aliud*, ne se peut expliquer,par vn seul concept; car ce n'est autre chose que, estre son pere, sa cause,son effet luy estre égal,inégal, semblable,dissemblable,distant voisin, ce qui n'est rié pardessus les choses mesmes. Or est-il que tout cela est reél,& dãs les choses: car par elles mesmes elles sont causes, effets,semblales,dissemblables, egales, inegales. Pour dõner du jour à tout cecy,il faut dire auec Aristote,que la relation peut estre, ou parfaite ou imparfaite, & qu'afin qu'elle soit accomplie, il faut vn acte d'entendement, qui rapporte les deux extremes à cause qu'ils sont comparables. Et partant auant l'acte ou le terme relatif, les relations sont dans les choses; mais elles n'ont pas tout leur accomplissement.

C'est en ce sens qu'Aristote dit au commencement du chapitre des relations, que ces choses ont raport qui sont dites appartenir à vn autre. Et plus bas il dit que les choses relatiues ont tout leur estre à vn autre.

Donc Aristote pour vne parfaite relation, demande que les choses relatiues, soient dites, & comparées l'vne à l'autre. Or est-il que cela se fait par les termes, donc les termes accomplissent la relation.

III. Thes e. Toute relation reele est predicamentale : car toute relation est predicamentale, qui se met dans ce predicamét. Or toute relation reele , se met en ce predicament, ie le preuue : car tout cela se met en cette categorie , dit Aristote , qui se dit & compare à vn autre.

Or est-il que toute relation reéle, est telle, donc elle est predicamentale , donc les relations actiues, qui sont les termes ou cócepts relatifs , se mettent en ce predicament immediatemét, & les choses relatiues s'y mettent mediatement à la faueur des termes, & partant les relations mesmes diuines, se mettent en cette categorie, comme dit fort bien Arriaga en sa Logique: car quoy qu'Aristote ne les ait pas conneuës, neantmoins elles doiuent se mettre en cette categorie, pour ce qu'elles conuiennent vniuoquement auec les relations creées , en ce qu'elles sont des relations reéles.

Opposition. III. Les anciens diuisoient les relations en predicamentales, & transcendenteles , donc toutes les relations ne sont pas predicamentales. Ie respons par cette

V. Th e se. Que la relation predicamentale se diuise en predicamentale simplement, & en transcendentelle. De sorte que toutes les relatiós transcendételles se mettôt en ce predicamét ; mais toute relation predicamentale, n'est pas transcendentelle. Ie le

preuue, par ce que tout ce qui participe la
definition de la relation, ou des relatifs donnée par Aristote en ce predicament, est mis
en cette categorie. Or la transcendentéle la
participe: car elle se rapporte à vn autre, elle
est dite & rapportée à vn autre

Et quoyqu'Aristote dás ses categories n'a
porte quasi point d'exemple des relations
transcendentelles, il en fait neantmoins mention dans sa Metaphysique.

VI. Thise. La relation transcenden-
telle *est celle-là qui a pour fondement les puissances d'agir ou de patir,* reélement parlant elle
n'est autre chose, que leurs exercices, scauoir est l'action, & la passion, ou les termes
qui signifient vn principe agissant ou vn
terme produit : ainsi ces mots creation, e-
duction, produit, creé, produisant, creant,
generation, Pere, & Fils, creer, engendrer,
& produire, sont des relations transcendenteles. Or elles se nomment transcendenteles,
pour ce qu'elles conuiennent à tous les estres soit agissans ou patissans.

*La relation predicamentale seulemént, est celle-là
qui n'a point pour fondement les puissances d'agir,
ny de patir,* comme la ressemblance, la verité
des propositions, l'identité, la diuersité, l'é-
galité, l'inégalité, voisin, distant, grand, petit, & par tout la relation se diuise parfaitement en ces deux sortes de relations : car les
branches de cette diuision, sont opposées
contradictoirement.

D'icy vous voyez, qu'aux relations mentales, ou vocales, doit respondre en la chose

vne relation reélle. Et partant si on rapporte
vne chose à l'autre, qui en soy n'ait point de
rapport, c'est vne relation vocale, qui est
fausse, comme qui diroit Socrate est Soleil,
l'Ange est vn ieune homme, le corps est l'ame. Alexandre est Pere de Philippe. D'où
arriue que quand on dit, qu'il y a identité
entre des choses, qui sont diuerses : c'est vn
estre de raison. Mais si vous dittes vn Ange
est semblable à vn ieune homme, c'est vne
vraye relation ; car entre ces extremes, il y a
de la ressemblace, pour ce qu'vn ieune homme bien fait est exempt des incommoditez
du corps, il est beau & agreable, comme vn
Ange. Vous pourrez encore deduire les veritez suiuantes.

La premiere est, qu'vne mesme chose peut
auoir auec vn autre mille relations, c'est
à dire, qu'elle est capable d'estre rapportée
& comparée à vne autre, par milles termes,
qui connoteront des choses ou des veritez
diuerses, à raison des diuers fondemens.
Ainsi entre Dieu & la creature, il y a relation Physique transcendentelle, de cause &
d'effet. De Seigneur, & de suiet, de diuersité
& d'egalité ; & aussi vne relation intentioné-
le, c'est à dire, de l'obiet à l'acte, puis que
Dieu connoist sa creature, & la creature connoist son Dieu, & il y a aussi quelque relation de ressemblance, en ce que Dieu est
Estre, & substance.

La seconde verité est, que le terme, action
se met dans la cinquiesme categorie de l'a-
gir, & dans celle de la relation, comme la

reſſemblance de deux qualitez, ſe peut mettre dans la categorie de la qualité, puis que
ce n’eſt autre choſe que deux qualitez ſemblables. Et ainſi comme remarque S. Thomas, les predicaments ne ſont pas intrinſequement diſtincts : mais ’il ſuffit vne diſtinction extrinſéque, c’eſt à dire, dans la façon de ſignifier des termes.

La troiſieſme verité, eſt que les relations
que l’on nomme *Intentionneles*, comme de la
connoiſſance, ou volonté à leurs obiets, ſe
fondent dans les puiſſances d’agir, ou de patir. Et ainſi elles ſont proprement tranſcendenteles, & reciproques.

VI. THESE. On peut fort bien diuiſer
la relation en celle-là qui vient de dehors, &
celle-là de dedans la choſe, *la relation intrinſé-*
que eſt celle-là qui eſt neceſſairement, preſuppoſé les deux extremes, ou comme parle
Scot, poſé le fondement, c’eſt à dire, le ſuiet
de la relation, & ſon terme, comme la diſtinction, & la reſſemblance de deux hommes,
& de deux blancheurs : car mettant deux
hommes, ou deux blancheurs, elles ſont
ſemblables, & diſtinctes: *la relation qui vient du*
dehors, eſt celle-là qui peut n’eſtre pas, quoy
que les deux extrémes exiſtent, comme Pere, & Fils, cauſe, & effect : car Philippes, &
Alexandre, euſſent peu eſtre, ſans que Philippe fuſt ſon Pere. Et deux parois qui ſont
ſemblables, à raiſon de la blancheur, ont vne
relation extrinſéque, pour ce qu’ils peuuent
exiſter ſans qu’ils ſoient ſemblables, comme
ils peuuent exiſter, & n’eſtre pas blancs,

Certainement, il ne se peut faire, que cette
diuision ne soit bonne, puis qu'elle se donne
par deux branches opposées directement, &
qu'elle declare parfaitement cette matiere.

Vous pouuez d'icy recueillir, *Theandre*,
qu'il n'y a point aucun propre genre dans ce
predicament, s'il y en auoit, ce seroit ce concept *relation* ou *estre relatif*, qui n'est pas genre:
car il est connotatif, & il l'enonce denominatiuement, & non pas essentiellement, on
peut bien neantmoins dire, que ce mot *relation* est le chef de ce predicament; mais en
effet il signifie le mesme que comparé, ou
rapporté, & proprement, il est vn terme connotatif, aussi bien qu'eminent, eminence,
égal, égalité, puissant & puissâce. C'est pourquoy Aristote met pour chef de cette categorie *estre relatif*, & non pas aucun terme generique.

D'icy s'ensuit que ces termes *relation passiue, la chose rapportée, & estre rapportée*, signifient
la mesme chose, aussi bien que comparaison
passiue, & la chose comparée. Et partant côme il est clair, qu'il se donne des comparaisons passiues, ou des choses comparées, de
mesme il est euident qu'il se donne des relations, ou des choses rapportées, & qui ont
du rapport l'vn à l'autre, & comme dans les
choses doit estre le fondement d'vne oraison
comparatiue, qui autrement seroit fausse. Il
faut aussi qu'il y ait vn fondement d'vne relation actiue, afin qu'elle ne soit pas fausse:
& comme la comparaison passiue est les choses mesmes comparées: de mesme la relation

passiue

Esse ad aliquid.

paſſiue, comme la relation de ſimilitude, entre deux choſes, c'eſt les choſes meſmes, qui ſont ſemblables, & le Soleil eſt rapporté par ſoy-meſme à la lumiere qu'il produit, ſans recourir à aucune entité diſtincte : mais d'autant que cette verité eſt fort debatuë, examinons pour

---

III. QVESTION.

Si les relations ſont diſtinctes des termes, & du fondement, & ſi les extrémes de la relation doiuent eſtre diſtincts reéllement, l'vn de l'autre, & eſtre exiſtans dans la nature.

I. THESE.

LA queſtion eſt *Theandre*, ſi la relation de reſſemblance, qui eſt entre deux parois blancs, ou d'égalité, qui eſt entre deux marbres, qui ont vn pied de long, ou entre la cauſe & l'effet, comme entre Philippes & Alexandre ſon fils, entre Dieu & les creatures ſont diſtinctes des extrémes, c'eſt à dire du ſuiet, du terme, & du fondement, ou raiſon pour laquelle ces choſes ſont entre elles comparables : Et partant la queſtion n'eſt

pas seulement des relations purement predi-
mentales : mais encore des tranicendenté-
les : car il faut Philofopher fur toutes deux
de la mefme forte.

Or ie treuue fur cecy quatre opiniós principales. Quelques Autheurs difent, que la
relation eft diftincte des extrémes,& du fondement par vne diftinction reelle, autát que
le Soleil & vn Aigle , pour ce qu'vne chofe
peut eftre fans fa relation. Les Autheurs
difent, que la relation eft diftincte des extrémes , par vne diftinction mineure ou
modale.

La troifiefme opinion eft de ceux qui difent, que la relation eft diftincte feulement
par raifon.

Et en 4. lieu , quelques Autheurs fouftiennent,qu'il n'y a aucune diftinction tout
à fait entre la relation & les extrémes. Pour
faire vn bon choix fur des opinions fi differentes. Souuenez-vous, *Theandre*,que les extrémes de la relation , font les chofes mefmes raportées, l'vne à l'autre, & qu'entre
ces extrémes, on appelle le *fujet de la relation*
cét extréme, qui eft fignifié directement, &
on nomme *terme* cét extréme, qui eft fignifié au cas oblique,comme eft Alexandre,lors
qu'on dit, Philippes eft Pere d'Alexandre,
le fondement ou raifon de fonder la relatió,
eft le motif ou la raifon, pour laquelle les
extrémes font comparez l'vn à l'autre, & ce
fondement eft quelquefois diftinct des extrémes, comme la blancheur qui eft caufe
que deux parois blancs foient femblables.

D'autrefois il eſt indiſtinct des extrémes, comme lors qu'on dit Ceſar & Pompée ſont ſemblables en ce qu'ils ſont hommes, cela preſuppoſé ie dis pour

I. THESE. Que la relation n'eſt point diſtincte reéllement ny modalement des termes & du fondement de la relation : mais c'eſt les extrémes meſmes, qui ſont capables d'eſtre rapportez l'vn à l'autre. Cette opiniõ eſt de S. Anſelme, de S. Thomas, d'Okam, & de tous les Nominaux auec pluſieurs autres citez par Suarez & Arriaga, qui ſont auſſi d'auis que la relation prédicamentale n'eſt diſtincte des extrémes & du fondement que par raiſon, ie preuue mon dire en cete ſorte. La relation de reſſemblance qui eſt entre deux parois blancs, ou celle qui eſt entre deux hommes n'eſt point diſtincte, ny reéllement, ny modalement de ſes extrémes : car mettez Socrate & Platon, & ſeparez en toute entité & mode, ils ſont diſtincts & ſemblables; mettez deux parois blancs, ils ſont ſemblables, mettez deux marbres chacun d'vn pied, ils ſont tous deux égaux, mettez deux indiuidus, & oſtez toute entité diſtincte, ils ſont diuers : mettez vn Elephant, & vne fourmis, ils ſont inégaux; donc il ne faut point mettre aucune entité diſtincte : car deux parois eſtre ſemblables, comme marque S. Thomas en ſes Opuſcules, ce n'eſt autre choſe que les deux parois ayent la blancheur, & qu'ils exiſtent au meſme tẽps. Ainſi preſuppoſé qu'vn hõme naiſſe en l'Inde, il eſt ſemblable à tous les autres hom-

D. Thom.
Opuſc. 4?.

mes. Ie dis le mesme de la dissemblance inegalité, distance, & diuersité : car les choses
par elles mesmes sont inegales, diuerses, dissemblables, distantes, precisement, quand
vous en osteriez toute autre chose. Donc la
relation n'est pas vne chose distincte des extremes.

En 2. lieu si la relation est distincte, il y a
vn progrez infiny dans les relations : car si
deux parois sont semblables par vne ressemblance distincte, il s'ensuit que deux blancheurs le sont aussi. Or ie demande si ces
deux ressemblances, sont semblables ou non
il ne se peut dire qu'elles ne le soient pas : car
elles sont de mesme espece, & n'ont rien
parquoy elles different ; Or si elles sont semblables, ou c'est par elles mesme, ou par vn
autre entité. Or ce ne peut estre par vne
entité distincte : car comme elles sont blan-
par elles mesmes aussi par elles mesmes, elles
sont semblables.

Troisiefmement. Dieu peut oster d'vne
chose, tout ce qui est distinct d'elle, puis
qu'il n'y a aucune contradiction. Si donc il
ostoit la relation d'egalité qui est entre deux
fourmis, & qu'il la mist dás vn geant, ils ensuiuroit, qu'vn geant ne seroit pas plus
grand qu'vne fourmis.

Quatriefmement si la relation est distincte
des extremes, il faut qu'elle en soit distincte,
par elle mesme. Or estre distinct c'est auoir
vne relation, donc elle a vne relation par
soy mesme : car i'ay preuué au troisiesme
liure, chasque chose est distincte de tout au-

tre par foy - mefme puis que chafque chofe
par foy-mefme, n'eſt pas ce qui eſt diſtinɛt
d'elle.

Cinquiefmement ſi la relation eſt vn mode,
ou entité diſtinɛte. Donc tout ce qui acquiert vne relation nouuelle, de femblance,
diffemblance, égalité, inegalité, diſtance ou
prefence, acquiert vne nouuelle entité. Donc
quand on coupe vn arbre en deux, il s'enfuit
que puis que tous les corps qui luy eſtoient
égaux, font faits inégaux, & que ceux qui
luy eſtoient inegaux, font rendus efgaux,
tous les eſtres acquierent vne entité nouuelle. Pareillement quand vn parois eſt
blanchi dans la France, tous les parois, &
tous les vifages blancs dans tout le monde
reçoiuent vne entité de reſſemblance. Et
quand vne moufche fe remuë, toutes les
creatures reçoiuent vne nouuelle entité de
diſtance ou de voifinage. Or qui produit ces
entitez ſi nombreufes?

Certes toutes ces impertinences, mon-
ſtrent la fauſſeté de l'opinion contraire: qui
vient à faute d'auoir fceu, que la relation par
exemple la reſſemblance, de deux hommes,
ou de deux blancheurs, n'eſt autre, que deux
hommes, ou deux blancheurs, qui par elles
mefmes font femblables. Or en cecy il faut
prendre garde, que quelque fois le fondement n'eſt pas du ſuiet ny du terme: C'eſt à
dire des extremes. Ainſi Cefar, & Pompée,
font extremes de la relation, par eux mefmes: car ils font femblables en ce qu'ils font
diſtinɛts, & qu'ils foiét hommes, & le fonde-

ment de cette reſſemblance eſt leur nature
propre, mais deux parois blancs, ſont ſemblables, en telle ſorte que cette reſſemblance, eſt la blancheur, qui eſt diſtincte
reélement des parois. C'eſt pourquoy i'ay
dit, que la relation n'eſt pas diſtincte des extremes, & du fondement. Tout ce que i'ay
dit des relations purement, predicamentales, c'eſt à dire qui ne ſont pas fondées
dans les puiſſances d'agir ou patir ſe doit
auſſi dire des relations tranſcendenteles,
comme de Createur, & de creature, de Pere,
& de fils de connoiſſant, & de connu, d'aymant & d'aymé : car cette relation n'eſt autre choſe que l'action. Or l'action n'eſt
point diſtincte de la cauſe, & de l'effet, puis
que ce n'eſt qu'vn mode: donc la relation
tranſcendentelle n'eſt pas diſtincte des extremes, & du fondement; & quand bien meſme, l'action ſeroit diſtincte au pis aller, la relation de Pere, & de fils, n'eſt pas diſtincte des extremes, & de cette action.

LE VI. ARGVMENT

SE prend des relatiõs diuines: car nous re-
connoiſſons en Dieu, pluſieurs relations
predicamentales, & tranſcendentéles meſme au regard des creatures, pource que
Dieu eſt Pere, fils, Seigneur, iuſte, miſericordieux, Createur, diſtinct, ſemblable diſſemblable, plus grand, plus noble, connoiſſant, connu, aimant, aimé, loué, honoré, in-
dépendant. Or ces relations ne ſont pas des

entitez diſtinctes de Dieu : mais c'eſt Dieu
meſme, qui peut eſtre rapporté à ſon fils ſous
le nom de Pere, & à ſes creatures ſous mille
termes, qui connotent des veritez obiectiues diuerſes. Donc pareillement, dans les
creatures, les relations ne ſont pas diſtinctes
des choſes rapportées.& partant il faut dire
pour

II. Thaſe. Que la relation eſt for-
mélement, & preciſément les deux extremes,& le fondement,ie veux dire que la reſſemblance ou diſtinction, ſont les deux extremes, non pas pris chacun en particulier,
mais tous deux enſemble : car poſé cela,ils
peuuent eſtre incomparez l'vn auec l'autre,
& cette comparabilité n'eſt autre choſe que
les extremes. De ſorte que la reſſemblance
eſt toute dans les choſes,non ſeulement fondamentalement, mais formellement meſme auant que l'entendement les conſidere.
Si toute fois quelqu'vn veut dire, qu'il eſt
requis pour l'accompliſſement, de cette reſſemblance, ou relation paſſiue, que la relation actiue,ou l'acte de l'entendement compare les extremes ie ne m'en mettray pas
beaucoup en peine.

La raiſõ de cecy eſt, que quãd on dit la reſſembláce, ou diſtinction qui eſt entre Ceſar,
& Pompée. Ces mots reſſembláce, & diſtinction ſuppoſent pour Ceſar,& Pompée meſme,& connotent qu'ils exiſtent.Or poſe cela
ſeulement, la reſſemblance,& la diſtinction
eſt parfaite. Donc la reſſemblance, & diſtinction qui eſt entre ces deux hommes n'eſt

autre chofe qu’eux mefmes.

La raifon fondamentale de cecy eft, que Cefar, & Pompée peuuent eftre confiderez ou par des concepts, & des termes, abfolus, qui ne les comparent pas l’vn à l’autre, ou par des concepts relatifs, qui les comparent. Ainfi ce mot ou côcept de reffemblance, eft vn concept de relatif, qui compare Cefar à Pompée, & fignifie que de ces deux hommes, on peut dire les mefmes attributs.

Or eft-il que tout cela eft dans les chofes, auant tout acte d’entendement, qui les compare, & apres cela vient l’acte, qui leur donne le mefme attribut, difant, qu’ils font femblables ; mais tout ce que ce terme fignifie, eft dans les chofes : car cette propofition feroit fauffe, puis qu’elle fignifieroit que deux chofes font femblables, qui ne le font pas. Donc eftre femblable, ce n’eft pas vne denomination extrinfeque, prife de l’entendement ou de la volonté, comme connu, ou aymé, puis que l’entendement ne peut rien contribuer à fon obiet, & partant s’il n’eft pas femblable auant fon acte, il ne le feroit pas apres.

Opposition I. L’acte vniuerfel, conçoit des chofes, qui auant cet acte ne font pas vniuerféles. Donc pareillement l’acte relatif, conçoit des chofes qui auant luy ne font pas relatiues, mais abfoluës. Ie refpons qu’il y a beaucoup de difference, pour ce que les chofes eftre vn vniuerfel, c’eft vne denomination prife de l’entendement, connoiffant par vne connoiffance vniuerféle pluſieurs indiuidus par vne meſme raiſon, mais eſtre ſemblable, c'eſt vne choſe qui eſt independante de l'entendement; car *la reſſemblance* n'eſt autre choſe que deux extremes dont on peut dire le meſme attribut, comme deux blancheurs, ou deux hommes. Si donc vous me demandez ſi la relation, eſt entre deux extremes abſolus ou relatifs. Ie vous demanderay, ce que vous entendez par abſolu, & relatif. Et vous diray pour

III. THESE Que ſi par abſolu, vous entendez vne choſe qui n'a point de relation à l'autre. Ie dis que les extremes de la relation, ont rapport, & ſont relatifs l'vn à l'autre: ie veux dire par exemple qu'ils ſont ſemblables, & qu'ils peuuent eſtre ſignifiez par des termes relatifs, comme ſemblable, cauſe, effet, diſtinct ; mais ſi par abſolu, vous entendez, que l'vn peut eſtre ſans l'autre, ils ſont abſolus. Ou ſi par abſolu vous entendez quelque choſe, qui peut eſtre ſignifiée par des termes abſolus, ie dis que *la meſme choſe eſt abſolue, & relatiue,* ſous diuers termes; donc la relation ſe termine à vne choſe abſoluë, & relatiue tout enſemble. Ainſi la reſſemblance qui eſt entre deux blancheurs, ou deux parois blancs, n'eſt autre choſe qu'vne blancheur, ou vn parois blanc, & l'autre parois blanc, & vne autre blãcheur, & ce qui eſt abſolu ; mais ce mot *ſemblable*, par deſſus ce mot *blanc* ſignifie qu'ils coëxiſtent, ce qui eſt vne condition neceſſaire : car ce parois blanc ſeroit blanc, quand il n'y auroit que luy ; mais il ne ſeroit pas ſemblable, s'il eſtoit

feul, pour ce que *la refemblance font deux chofes coëxiftentes, dont on peut dire le mefme attribut*. Et ainfi les chofes relatiues font reellement les chofes abfoluës non pas entant
qu'elles font abfoluës, mait entant qu'elles
peuuent eftre fignifiées relatiuement.

OPPOSITION. II. On nous peut obi-
iecter en fecond lieu, que la relation fe peut
feparer des chofes rapportées. Donc elle en
eft diftincte reellement, ainfi vne blancheur
peut exifter, & n'eftre pas femblable à l'autre. Donc eftre femblable, c'eft vne chofe diftincte de la blancheur. Ie refponds qu'vne
blancheur peut exifter, n'eftre pas femblable
à l'autre, mais non pas fi l'autre exifte : car ce
mot femblable, ne fignifie pas vne feule blá-
cheur, mais il connote l'autre coëxiftante,
& partant fi vn parois eftoit deftruit, ce qui
auparauant eftoit femblable, feroit ; mais il
ne feroit plus femblable, par ce que cette
voix, *femblable*, fuppofe pour vn eftre, & cónote l'autre, lequel venant à manquer cette voix femblable n'a pas toute fa fignification.

OPPOSITION. III. Les relations en
Dieu, font diftinctes virtuellement de la nature Diuine : donc dans les creatures elles
font au moins diftinctes reellement modalement. Ie refponds que dans les creatures, les
relations ne font non plus diftinctes des natures qu'en Dieu. Et ie dis, que comme la
generation actiue, n'eft autre chofe que le
Pere, de mefme dans les creatures, ce mot
Pere fignifie Philippes, & l'accompare à fon

fils Alexandre, pour ce que la mesme chose peut estre signifiée, par des termes abso-lus, & relatifs. Ie responds aux autres Op-positions que l'on nous pourroit former, que la relation n'est point vn accident, si ce n'est quand elle est entre deux accidens, comme la ressemblance de deux blancheurs, sont deux blancheurs coëxistantes : mais la res-semblance de deux hommes n'est autre cho-se que deux substances, ou deux hommes qui existent au mesme temps. Il ne se fait donc point vn composé de la relation, & des extremes, pour ce que ce n'est pas vn acci-dent, neantmoins *la relation est vn accident, en ce sens, c'est à dire, que les termes relatifs sont acci-dentels & connotatifs: & qu'aucune relation, n'est essentielle.*

De tout cecy vous voyez, que la relation n'est pas vne forme, ny vne raison formelle, & qu'elle n'a aucun effet formel, puis que c'est les extrémes mesmes coëxistans. Et remarquez bien que iamais il n'y a aucun ef-fet formel, où il n'y a point de forme. Or la relation n'est point vne forme substantielle ny accidentelle, donc elle n'a aucun effet formel.

Vous pourrez encore inferer, que la rela-tion est intrinseque aux extrémes, puis que c'est les extrémes mesmes, qui peuuent estre rapportez l'vn à l'autre. Neantmoins toute la relation n'est pas intrinseque à vn seul ex-tréme de la relation. Ainsi ce mot Pere si-gnifie quelque chose, hors de celuy qui est pere, car il connote vn fils. Desorte que tout ce que signifie la voix relatiue, n'est pas intrinseque à vn des extrémes, pareillement ce mot *semblable*, suppose pour Socrate, & connote Platon, & c'est le mesme dire que Socrate est semblable à Platon, & Platon à Socrate, si ce n'est que tantost Socrate, tantost Platon, sont exprimez au cas oblique, & l'autre ou nominatif. Desorte qu'vn terme relatif enferme ou signifie les deux extrémes, vn au nominatif, & l'autre au cas oblique: & partant, la relation ne consiste pas seulement dans le terme qui est comparé, ou dans le terme auquel il est comparé, ou dans le fondement: mais elle renferme ces trois choses en soy intrinsequement & necessairement, de sorte que l'vn des trois venant à mauquer, le terme relatif n'a plus sa signification *totale*.

Troisiesmement, il s'ensuit de cette doctrine, que pour l'ordinaire, il necessaire que le terme de la relation existe, comme afin qu'il y ait égalité, inegalité, distinction, identité, ressemblance, dissemblance, cause, effet, puis que ces mots signifiét deux termes coëxistants. Neantmoins vn mot relatif, peut auoir sa signification entiere quoy qu'vn extréme n'existe pas, comme on peut dire d'vn orphelin il est fils de Philippes, c'est à dire, Philippes l'a engendré, il est l'image de son pere, c'est à dire, il a les mesmes traits qu'auoit son pere: ainsi la connoissance de Dieu a pour terme les choses non existentes. Et nous pouuós aimer nos amis apres leur trespas. Or est-il que ce qui est aymé, conneu,

& defiré, eft terme d'vne relation intention-
nelle ; donc il n'eft pas requis, que le terme
de toute forte de relation, exifte, & partant
cette propofition euft efté veritable, pendât
que l'aimable IESVS eftoit mort; Marie eft
Mere de IESVS, comme on dit qu'Alexandre eft fils de Philippes, apres la mort de fon
pere : car à bien parler c'eft vne propofition
du temps paffé, côme fi on difoit cét enfant
à receu la vie de Philippes. Si donc on vous
demande, fi apres la mort d'vn pere, la relation de fils demeure, Dittes que fi par relation l'on entend tout ce qui eft fignifié &
connoté par ce mot fils, tout cela n'exifte
pas, apres la mort du pere, puis que cette
voix fils connote vn pere : mais fi par la relation de fils, on entend ce qui eft rapporté,
il faut dire, que toute la relation demeure.

La quatriefme verité que vous pourrez
deduire d'icy, eft que pour l'ordinaire les
deux extrémes doiuent eftre diftincts reellement, neantmoins cela n'eft pas toufiours
neceffaire: car il y a des relations dont les extrémes font feulement diftincts virtuellement, comme la connoiffance & l'amour de
leur obiet, pour ce qu'vne mefme chofe fe
peut connoiftre, & s'aimer, on dit qu'vne
chofe eft indiftincte de foy-mefme, on peut
connoiftre vne chofe qui n'eft pas, ou qui eft
impoffible, comme vn eftre de raifon, il peut
donc eftre le terme d'vne relation, & de l'a-
ction de connoiftre ; & neantmoins l'eftre
de raifon n'eft pas diftinct de la connoiffance : car diftinct fignifie exifter, & n'eftre pas

le mesme, auec vn autre. Que si vous me demandez *Theandre* , si au moins les relations
sont distinctes par raison, de leurs extrémes,
je vous diray pour

IV. THESE. Que si par ce mot estre distinct de raison, vous entendez vne raison
definitiue, il faut dire, que la relation est distincte par raison de ses extrémes, pource
qu'on definit vn terme absolu, par vne definition quidditatiue & absoluë, ou essentielle;
& les termes relatifs par vne definition du
nom accidentelle: ainsi on definit autrement
Cesar sous ces termes Roy, Empereur, Pere,
Creature, que sous ces mots Homme ou Animal, donc les choses absoluës , sont distinctes de leurs relations , par raison definitiue:
& vne mesme chose sous des termes diuers
peut auoir des definitions diuerses. Que si
quelqu'vn par distinction de raison , demandoit , si l'entendement peut dire que les extrémes ne sont pas la relatió. Il faut dire que
cét acte seroit faux , puis qu'il distingueroit
& diuiseroit des choses qui effectiuement,
sont la mesme, qui peut estre diuersement
consideree, & ainsi elle a diuerses valeurs, &
la relation est distincte virtuellement des extrémes. Et faites tousiours reflexion sur ce
que le fondemét de la relatió est quelquefois
distinct des extrémes, comme la blancheur
de deux parois, qui sont semblables, à cause
qu'ils sont blancs, & d'autrefois ils n'ont aucune distinction. Ainsi Cesar & Pompée sont
semblables, pour ce qu'ils sont hommes. Or
estre homme, n'est pas vne chose distincte de

Cesar & de Pompée. On pourroit encore dire, que le fondement de la ressemblance, qui
est entre-deux parois blancs, ce n'est pas la
blancheur. Mais c'est auoir ou posseder la
blancheur, ce qui reéllement est le mesme
que le suiet, qui a la blancheur, & partant ce
n'est pas vne chose distincte.

V. Thes e. Aristote ou plustost ses Interpretes donnent quatre ou cinq proprietez de la relation.

La premiere est que la *relation a vn contraire*:
mais cette proprieté n'est pas propre de tous
les termes relatifs, ainsi ce mot Pere n'a point
de contraire. Ioint qu'elle n'appartient pas
forméllement à aucun terme relatif, pour ce
qu'il est relatif, mais materiellement pour ce
que quelques estres relatifs sont desqualitez,
comme il se peut veoir dans les exemples
que rapporte Aristote de la vertu qui est có-
traire au vice, & de la Science, qui est opposée à l'ignorance. Ie croirois facilement que
le Philosophe veut dire par cette proprieté,
que tous les contraires sont relatifs, & non
pas que les relatifs sont contraires : car il est
certain qu'il y a des substances qui sont relatiues. Or selon Aristote, la substance n'a
point de contraire.

La seconde proprieté de la relation est qu'elle
reçoit plus & moins, car on dit plus & moins
semblable : on ne dit neantmoins plus triple, moins triple. Et remarquez *Theandre*, que
si vous ostez deux degrez de blancheur à vn
Cygne blanc de huit degrez, vous le rendrez
par vne mesme action plus semblable à vn

autre suiet blāc de six degrez, & moins semblable à celuy qui en aura huict, desorte que
plus ou moins, se disent par rapport à des
choses distinctes. Ainsi Hercule estoit plus
grand que Hector, & plus petit que Goliath,
ou que le Colosse de Rhodes.

La troisiesme proprieté de la relation est,
estre dit reciproquement : car les correlatifs sont
mis dans la distinction l'vn de l'autre. Et partant il se declarent l'vn l'autre, & cette proprieté appartient à tout terme relatif, mesme à l'obiet des Sciences, & de la volonté:
car toutes les choses connües sont connues
par vne faculté de connoissance. D'icy vous
voyez, qu'Aristote parle des termes, puis
que c'est les termes, qui sont dits propremét
par enonciation reciproque. Mais cela n'empesche pas, que les choses ne soient dittes reciproquement par les termes.

La quatriesme proprieté des relatifs est,
d'estre ensemble par nature. Cette proprieté se
doit entendre auec discretion : car il y a des
relatifs, qui ont quelque auantage ou des-
auantage de nature, comme la cause & l'effet, donc elle n'apparttét tout au plus, qu'aux
relations purement predicamentales, comme si Aristote vouloit dire que les termes relatifs purement, se peuuent deduire l'vn de
l'autre, par vne consequence necessaire, ainsi
on peut dire vn estre semblable est : dóc l'autre existe, vn terme égal existe, donc vn autre
égal est au monde. Mais on ne peut pas dire,
la connoissance de l'Antechrist existe, donc
l'Antechrist existe; la puissance de créer trois
mondes

mondes exifte, donc trois mondes font dans la nature. Pour moy, ie crois qu'Ariftote n'a iamais pretendu donner pour vrayes proprietez ces chofes que fes Interpretes ont pris pour vrayes proprietez. Et certes il ne les nõme iamais des proprietez: mais nos vieux textuaires ont pris des propofitions, qui ne font pas mefmes vniuerfelles pour des proprietez, & ont fait dire à Ariftote, tout ce qui a efté conforme à leur penfée. Si cela eft digne d'vn vray Philofophe, ie m'en rapporte, Refte *Theandre*, pour finir ce Difcours, que ie faffe vn agreable recueil de ma doctrine en cette matiere, qui eft fort importante. Soutenez vous donc en premier lieu, que relation & comparaifon eft la mefme chofe, & qu'il y a des relations ou comparaifons formelles, & obiectiues. Les formelles ou actiues font vn acte d'entendement, ou vn terme qui compare vne chofe à vne autre, ce qui fe fait compléxement ou incomplexement. Les relations obiectiues, ou paffiues font les chofes mefmes, entant qu'elles fe portent relatiuement, & font capables d'eftre fignifiées par des termes relatifs.

Prenez garde en fecond lieu, que tout eftre abfolu eft relatif, & tout relatif eft abfolu, à mefme qu'il font capables, d'eftre diuerfement fignifiez. Ainfi Cefar fous ce mot *homme*, eft vn eftre abfolu, & fous ces termes, Empereur, ou Pere, il eft vn eftre relatif, & ainfi les relations fe terminent à vn eftre abfolu, mais entant qu'il eft relatif.

S f

Souuenez-vous en 3. lieu, que la plus part des propositions qu'Aristote met des relatifs, appartient seulement aux termes relatifs & non pas aux choses.

Quatriefmement, remarquez que les relations ne font point des ordres, des regards, ny des veües, d'vne chose à l'autre, puis que ces regards font Metaphoriques & imaginaires, Dittes que les relations font les choses mefmes, qui font capables d'eftre rapportées ou fignifiées comparatiuement à vne autre chofe, ou à vn mode diftinct.

Remarquez en cinquiefme lieu, que tous les Argumens que Suarez propofe pour preuuer fa diftinction des modes preuuent auffi contre fon intention, que les relations font diftinctes. Et feruez-vous toufiours de cette diftinction de la relation en actiue & paffiue, pour foudre les obiections de nos aduerfaires.

En fixiefme lieu, tenez pour maxime indubitable, que toute relation eft vn mode, & que nulle relation eft effentielle.

Septiefmement retenez toufiours en voftre efprit, que la relation a pour terme vne chofe abfoluë, non pas confideree abfolument, mais en tant qu'elle peut eftre comparee à vn autre.

Sçachez pour huictiefme chef que les relations fe diuifent vniuoquement en creée, & increée, en fubftantielle & accidentelle, les relations increeés fon trois à parler proprement, le Pere ou la paternité, le Fils ou

la filiation, le S. Esprit ou la spiration passiue. On y adiouste d'ordinaire la spiration
actiue, mais ce n'est autre chose, que le Pere,
& le Fils, entant qu'ils produisent le sainct
Esprit, les relations creées, sont les creatures
mesmes : Ainsi vne substance creée, rapportée à quelque autre, sous des termes relatifs, est vne relation substantielle, & vn accident, comme la blancheur, estant signifiée
relatiuement, est vne relation accidentelle,
ce qui n'empesche pas que tous les termes
relatifs, comme cause, effect, Pere, Fils, semblable & dissemblable, ne soient accidentels & connotatifs.

Permettez moy *Theandre*, de finir ce Discours des relations : vous coniurant, de rapporter toutes les actions de vostre vie, à la
Gloire de ce grand Dieu, qui a rapporté toutes ses œuures au bien & au profit des hommes.

Fin du deuxiesme Discours.

Sf ij

DISCOVRS III.

DV TOVT DES PARTIES,
Et de l'Vnion.

'Aduoüe, *Theandre*, que ce Difcours & celuy des caufes, eft d'ordinaire mis dãs la Phyfique : mais
auffi ie ne fçay que trop, que la
plus-part des Philofophes iufques icy, ont
pris plaifir à mettre dans la confufion les
parties d'vne Science , qui donne l'ordre à toutes les autres. Outre qu'il n'eft aucun qui puiffe nier que ces termes *tout partie,
vnion, caufe, principe, effet, & produit*, ne facent
abftraction des chofes corporelles & fpirituelles ; ils appartiennent donc à la Metaphyfique , felon la regle generale que i'ay
eftably dans la diftribution des parties de la
Philofophie : mais fans m'arrefter à difputer
du domaine de la Science , dont ie vous declare les veritez , ie viens à continuer les matieres qui appartiennent à la declaration des
modes , dont les principes font , l'vnion , l'a-
ction , & la paffion , ou dependance. Certes
puis que *le mode* n'eft autre chofe , qu'vn
eftat , qui n'eft point effentiel à quelque

Estre. On ne peut nier, que estre, cause, effet, tout, & partie ne soient des modes; puis que ce sont des Estres considerés relatiuement, & dans vn estat qui ne leur est pas essentiel & absolu. Pour vous faire voir cecy auec tout son iour, ie rechercheray pour

I. QVESTION.

Qu'est ce que Tout, partie & composé, & leurs diuisions principales.

I. THESE.

CE terme *Tout*, se prend quelquefois improprement, & d'autrefois dans vne signification propre. *Tout* pris improprement signifie le mesme que *vn*, *& que parfait*, ainsi nous disons, que tout estre est parfaict, & que *tout*, est-ce au de-là dequoy il n'y a rien, ou, comme dit Aristote, Tout est vn estre à qui aucune partie ne manque, comme *parfait* est-ce à qui rien ne manque, selon sa propre espece; d'où arriue que Dieu est parfait simplement & absolument, pour ce qu'aucune perfection ne luy manque: mais les creatures sont seulement parfaites en leur genre, & d'vne perfection limitée, pour ce qu'il n'est point de creature, quelque parfaicte & accomplie qu'elle soit, à laquelle on ne puisse adiouster quelque perfection.

Or selon cette signification *Tout*, est vne

proprieté tranfcendentéle, qui conuient à
tout eftre, & au feul eftre: car tout eftre eft
ce qu'il eft, & il n'a rien hors de foy de ce
qui luy eft neceffaire, afin qu'il foit ce qu'il
eft.

Et certes il ne feroit pas ce qu'il eft, fi quelque chofe luy manquoit de ce qui luy eft neceffaire afin qu'il exifte. Ainfi Dieu eft vn
tout, les Anges, l'Ame, & les chofes ma-
teriéles, voire mefmes chafque partie eft vn
tout en ce fens là, pour ce qu'il ne luy manque rien, qui foit neceffaire, afin qu'elle foit
ce qu'elle eft. Vous voyez donc, *Theandre*,
que la defcription du tout auffi bien que du
fuppoft, ne fe peut declarer que par quelque negation, pour ce que ce mot *tout* eft
plus connotatif que l'eftre, & qu'il enferme
les deux connotations de *l'vn*, & du *bon*,
puis que *tout*, eft vn eftre hors du quel on ne
peut prendre aucune chofe de ce qui luy appartient, ou vn eftre à qui rien ne manque:
on prend auffi quelquefois ce mot *tout* improprement, comme quand on dit tout Socrate, eft moindre que Socrate, c'eft à dire
chafque partie de Socrate eft moindre que
Socrate

II. THESE. Le tout proprement fignifie le mefme que *compofé*, & alors il n'eft
pas vne proprieté reciproque de l'eftre pour
ce que les eftres fpirituels font fimples, comme tous les eftres corporels font compofez:
le tout pris en ce fens fe definit en cette forte. *Tout eft ce qui a des parties.*

Or *partie*, dit Ariftote, eft ce dont vn tout

eſt compoſé, & en quoy il peut eſtre diuiſé.
Il faut neantmoins, qu'afin qu'vn eſtre ſoit
partie, qu'il ſoit en quelque façon imparfait,
& qu'il compoſe le tout, comme vn eſtre qui
peut eſtre perfectionné par l'vnion d'vne
autre partie. C'eſt pour quoy les Peres, &
Theologiens, ne veulent pas dire, que le
verbe eſt vne partie dans Ieſus, mais ſeulement vn conſtitutif, pour ce que Dieu ne
peut pas proprement eſtre partie d'vn tout;
car comme le tout ſignifie quelque perfection,& accompliſſement,auſſi, ce mot partie ſignifie quelque imperfection.

Or les imperfections de la partie,ſont premierement, qu'elle eſt moindre, & moins
parfaite que le tout. Secondement, la partie n'eſt pas à ſoy, mais comme dit Ariſtote
en ſes politiques elle eſt au tout;dont elle eſt
partie, comme vn citoyen apartient à la republique.

Troiſieſmement elle eſt dans le tout,com-
me vne choſe contenuë dans celle qui l'enſerre.

Quatrieſmement la partie auſſi bien que
les accidents,n'eſt pas eſtre ſimplement, &
principalement, mais elle eſt comme vne
appartenance d'vn autre, de ſorte que la
partie n'eſt pas pour l'amour de ſoy, mais
pour ſon tout, comme l'accident eſt pour la
ſubſtance. Deplus la partie ſoûpire apres la
conionction de l'autre partie,& elle a beſoin
de ſa compagnie.

En Sixieſme lieu, on n'attribue point les
actions à la partie, mais au tout, & partant,

comme ces mots *tout entier*, *& parfait*, sont synonimes. De mesme estre partie, n'estre pas vn tout, ny vne chose parfaite, semblent auoir vne mesme signification.

III. THESE. Vn tout se peut changer en deux façons, par addition, & par detraction des parties, aussi bien que le nombre: car ostant quelque partie, ce n'est plus le mesme tout, ny aussi lors que quelque partie est adioustée: car le tout proprement n'est autre chose, que les parties; Or ce ne sont plus les mesmes parties, si vous en ostez quelcune. Et pareillement si vous en adioutez, ce n'est plus les mesmes parties, seulement, qui estoient auparauant, & ainsi le tout aussi bien que le nombre, & la figure consiste dans vn indiuisible : de sorte que si vous en ostez vn angle, où si vous la changez tant soit peu, ce n'est plus la mesme figure.

C'est ainsi qu'au traité de l'hypostase i'ay declaré, comment en Iesus Christ l'humanité n'a point sa propre subsistence. D'autant qu'il est necessaire pour subsister, de se porter comme tout; Or l'humanité en Iesus ne se porte pas comme vn tout, pour ce que *Tout* est ce, hors dequoy il n'y a rien, mais par dessus l'humanité en Iesus-Christ, il y a la personne du verbe, qui luy donne son entier accomplissement, entant que subsistance. C'est pourquoy l'humanité, perd sa totalité, & elle n'est plus vne substance totale, precisement, pour ce qu'elle est vnie au verbe. C'est ainsi qu'Aristote definit *le tout*, ce hors

de quoy on ne peut rien prendre. Donc le
tout ſubſtantiel, eſt ce hors de quoy il n'y a
rien de ſubſtantiel, & vne choſe pour eſtre
accomplie doit auoir ſon dernier terme, &
ſa derniere perfectiõ. Le meſme Ariſtote dit,
que *terme* eſt ce hors de quoy il n'y a rien, à
prendre, & dans quoy ſont toutes choſes. Or
il n'en va pas ainſi du Verbe, pource que
comme i'ay dit au diſcours de l'hypoſtaſe,
il ne peut pas eſtre vny à vn autre, comme
vne choſe defectueuſe, & imparfaite : puis
qu'il eſt infiniment parfait : & on ne luy peut
adiouter aucune perfection, pour ce qu'il
contient ou formellement, c'eſt à dire reélement, ou au moins virtuellement, & eminemment, tout ce qui luy peut eſtre adi-
ouſté.

D'icy vous pourrez recüeillir, que tout
compoſé eſt vn, en la meſme façon qu'il eſt
compoſé. Si c'eſt vn compoſé Phyſique, dont
les parties ſoient vnies phyſiquement, c'eſt
vn tout phyſique, comme l'homme, & ſi ſes
parties ne ſont pas vnies phyſiquement,
mais ſeulement par quelque vnion Morale,
c'eſt vn tout Moral comme vne armee. D'où
arriue que ce mot tout ou compoſé, n'eſt
pas reciproque auec l'eſtre, pour ce qu'il y a
des eſtres ſimples qui ne ſont pas compoſez.

IV. THESE. Il y a autant de ſortes
de compoſez, qu'il y a de ſortes de parties.
Ainſi il y a des compoſez ſubſtantiels, accidentels, de ſoy, par accident, eſſentiels, &
d'integrité : car le tout eſtant vn eſtre qui

a des parties, il est necessaire, qu'il y ait autant de sortes de tout, que de parties. Et partant comme l'vn est proprement ce qui est
indiuisible, & dont on ne peut rien prendre,
qui ne soit le tout ; de mesme le côposé est vn
estre dont on peut prendre quelque chose,
qui n'est point le tout, pour ce que tout
composé a du moins deux parties.

Or à parler vniuersellement, il y a deux
sortes de composez, dont l'vn est physique
côme l'homme, l'autre est *Moral*, & par amas,
des parties qui n'ont aucune vnion physique, comme vn monceau.

On peut aussi diuiser le composé en reel,
& virtuel. Le tout virtuel est vn estre, qui n'a
point effectiuement diuerses parties, mais
qui a la valeur de diuerses parties, comme
Dieu. Et il est à remarquer, que tant plus
vn estre est parfait, & plus simple reellement;
il est aussi plus composé virtuellement : de
sorte que comme la composition physique,
& reelle, est vne marque d'imperfection;
aussi la composition virtuelle est vn signe
d'vne grande perfection, pour ce que c'est
vne grande perfection d'auoir vne valeur
esgale à toutes les creatures.

Le composé reel ou physique est vn estre
dans lequel on peut prendre vne chose , &
vne autre, comme l'homme. On le diuise en
tout de soy , & essentiel, & tout par accident.

V. THESE. Le *tout de soy* est vne substance accomplie indiuisible comme Dieu,
& vn Ange, ou vne substance accomplie

compoſée de parties qui ſont naturellement
ordonnées pour faire vn tout , comme
l'homme, & le marbre. Tout *eſſentiel* eſt celuy-là qui a des parties ſans les quelles il ne
peut exiſter, n'y eſtre conceu abſolument
comme l'homme partie eſſentielle eſt celle-
là, ſans laquelle le tout ne peut exiſter , ny
eſtre conceu abſolument. Ou bien celle-là
ſans laquelle vn tout ne peut pas retenir la
meſme denomination ſpecifique, comme
l'Amè , & le corps. D'où vous pourrez inferer que le tout de ſoy, s'eſtend plus loin
que tout eſſentiel, pour ce qu'il y a quelque
tout de ſoy qui eſt eſſentiel, comme l'homme. Et auſſi quelque tout de ſoy eſt ſeulement integral, comme le continu : car pour
eſtre vn compoſé de ſoy, il ſuffit qu'il ait des
parties qui de leur nature ſoient ordonnées
pour faire vn tout : ce qui ſe voit dans les
parties integrantes du marbre auſſi bien
que dans les parties eſſentielles de l'homme.

Le tout ou le compoſé par accident, ſe prend en
deux façons. Premierement pour vn compoſé de ſubſtance, & d'accident, comme
vne choſe blanche. Et ainſi il eſt oppoſé au
tout ſubſtantiel qui eſt vn compoſé de deux
ſubſtances , ſoit qu'elles ſoient parties eſſentielles, ou parties integrantes.

Secondement *tout par accident* eſt celuy-là,
dont les parties ne ſont pas ordonnées de
leur nature pour faire vn tout, comme les
Entes, ou ſi Dieu vniſſoit l'Ame de l'homme,
au corps d'vn Lyon. Quelques Autheurs

adioutent icy *vn tout modal*, mais comme i'ay prouué en son lieu, les modes ne sont pas distincts des choses modifiées, & ainsi ils ne sont point vn composé auec vn sujet, pour ce que tout composé, est fait de deux choses.

OPPOSITION. 1. chaque composé est vn tout par accident, car ses parties peuuent estre vnies, & n'estre pas vnies. Elles sont dóc vnies & elles sont vn tout par accident. Ie responds, qu'il est vray, qu'il n'y a aucun composé necessaire absolument, pour ce que hors de Dieu, il n'y a rien de necessaire: mais icy nous prenons *tout de soy*, pour celuy-là dont les parties sont ordonnées de leur nature pour faire vn tout: quoy qu'en effet elles soient tellement vnies, qu'elles pourroient ne l'estre pas.

Le tout integrat, ou d'integrité, est celuy-là qui est composé de plusieurs parties, lesquelles estants ostées le tout retient la mesme denominatió specifique, cóme la màin, ou le pied: car les ayant osté à quelqu'vn, il ne laisse pas d'estre homme, comme i'ay dit au Discours de l'Essence. Parmy les parties integrantes il y en a qui sont *homogenées*, & de semblable nature, comme les parties de l'eau, ou de lait, & il y en a d'Eterogenées, & d'vne nature differente, comme les os, les nerfs, & la chair dans le corps humain.

De plus il y a des parties integrantes des qualitez, comme sont les degrez d'vne chaleur vehemente, il y en a qui sont integrantes de la quantité, comme des parties d'vn bois, ou d'vn marbre.

Les Autheurs font encore mention d'vn
tout en puiſſance, d'vn tout actuel, & d'vn
tout vniuerſel. *Le tout vniuerſel* en mon opinion, eſt vn concept, ou vn terme vniuerſel,
qui appartient vniuoquement à pluſieurs
inferieurs, comme ces mots, *homme & ani-*
mal, le tout actuel, eſt celuy-là qui effectiuement a pluſieurs parties, comme l'homme.
Le tout en puiſſance, ſe prend ou pour le tout
virtuel, qui a la valeur de pluſieurs parties,
ou bien c'eſt vn terme vniuerſel, qui contiét
en puiſſance, & confuſement toutes ſes differences, comme *Animal*, contient le raiſonnable, & le brute.

D'icy vous pourrez deduire que le meſme
tout, peut eſtre vn tout de ſoy *eſſentiel inte-*
grat, modal, & accidentel, ſous diuerſes comparaiſons. Ainſi l'homme eſt vn tout eſſentiel, entant qu'il eſt compoſé de corps & d'a-
me, il eſt vn tout integrat, entant qu'il eſt
compoſé de diuers membres, il eſt vn compoſé accidentel, entant qu'il eſt chaud, &
compoſé modal, entant qu'il eſt figuré.

Vous pourrez inferer en 2. lieu, que deux
parties & l'vnion ſont requiſes pour le tout.
Et partant ſi les parties ſont reéllemét vnies,
c'eſt vn tout Phyſique, & ſi elles ne ſont v-
nies que moralement, c'eſt vn tout moral,
comme vn monceau, & les autres touts qui
ſont ſeulement contigus. *Car le contenu eſt vn*
eſtre : mais le contigu ſont pluſieurs eſtres, qui ne ſont
pas vnis reelement.

La troiſieſme conſequence qui naiſt d'icy,
eſt que *la diuiſion*, n'eſt autre choſe que la

feparation des parties. Et partant *la diuifion
actiue*, c'eft l'action qui fepare les parties,
que fi cette action les fepare, reellemét; c'eft
vne diuifion Phyfique: mais *la diuifion Logique*, eft vn acte qui confidere ou fignifie fe-
parement les parties d'vn tout, & *la diuifion
paffiue*, font les parties d'vn tout qui font feparées, & ne font pas vnies.

VI. Thɛsɛ. Ces mots tout & totalité,
vn, vnité, ne font ny concrets ny abftracts, à
parler proprement, pour ce qu'ils fuppofent
tout à fait pour la mefme chofe. Or iamais
vn terme abftrat, ne fuppofe pour le mefme
que fon concret, comme blanc & blancheur,
chaud & chaleur: ainfi que i'ay dit dans la
Logique.

QVESTION II.

*Qu'eft-ce qu'vnion, actiue, & paf-
fiue, vnir & eftre vny. Si l'vnion
eft effentielle & diftincte au regard du tout, & des parties.*

I. Thɛsɛ.

L'Vnion n'eft point vne petite entité, diftincte des parties vnies : car c'eft les
parties vnies par elles mefmes, ce n'eft pas
neantmoins les parties prifes fimplement, &
abfolument, mais c'eft les parties mefmes,
non feparées. Deforte que *eftre vny*, fignifie

les parties, & connote qu'elles ne font pas
feparées.

Cette propofition eft contre Suarez dans
fa Metaphyfique, où il enfeigne que l'vnion
eft vne petite entité, qui eft comme la cole
& le ciment, ou dernier determinatif, pour
vnir les parties. Or cette chofete, dit-il, eft
quelquefois receuë dans vn feul exteme,
comme quand des chofes onctueufes font
iointes à des chofes féches. Ainfi l'vnion hy-
poftatique, eft receuë dans la feule humanité, & elle fe termine au Verbe. Quelquefois
auffi cette vnion eft receuë, partie dans vne
extremité, & partie dans l'autre; comme l'v-
nion qui eft entre les parties du continu, ou
entre le corps & l'ame.

Or contre cette opinion, ie preuue que
l'vnion n'eft aucunement diftincte des parties : mais que c'eft les parties mefmes vnies
par elles mefmes : car fi l'vnion eft diftincte
des parties, il y aura vne fuite infinie d'vniós,
dont l'vne vnira l'autre, pour ce que cette
petite entité diftincte, peut eftre vnie, &
n'eftre pas vnie aux parties : elle doit donc
auoir vn autre determinatif, pour eftre vnie,
auffi bien que les parties. Certainement cette vnió eft vnie aux parties, puis qu'elle n'en
eft pas feparée : or elle pourroit en eftre feparée, fi elle eft diftincte reellement d'elles;
car il n'y a aucune contradiction que Dieu
fepare toutes les chofes, qui ont vne diftinction mutuelle. Or l'vnion & les parties auroient vne diftinction mutuelle, puis que les
parties ne font pas l'vnion, & l'vnion n'eft

pas les parties. Et partant, puis qu'il n'y auroit point de contradiction, que Dieu sepa-
raft l'vnion des parties : elle n'eft pas le dernier determinatif pour les vnir, puis qu'elle
pourroit exifter, fans que les parties fuffent
vnies.

Secondement, fi l'vnion eftoit diftincte des
parties, ou elle feroit receuë dans les parties,
ou elle feroit hors des parties : il ne fe peut
dire qu'elle foit hors des parties: car elles ne
feroient pas vnies immediatement, puis qu'il
y auroit quelque chofe entre-deux, & ce mode feroit vne fubftáce, puis qu'il fubfifteroit
naturellement en foy-mefme, & hors de tout
fujet, ce qui eft contre la nature d'vn mode,
& d'vn accident, lequel doit tousjours eftre
dans le fuiet qu'il modifie. Certes cette vnió
feroit diuifible, elle ne peut eftre indiuifible,
pour ce qu'elle eft corporelle, & que les parties ne font pas vnies par vn indiuifible : car
comme ie prouueray, il eft impoffible qu'il y
ait quelque chofe corporelle indiuifible. Or
fi l'vnion eftoit diuifible, elle pourroit eftre
diuifée en deux parties ; donc elle pourroit
eftre vnie & ne l'eftre pas : & ainfi elle auroit
befoin d'vne autre vnion pour vnir ces parties, d'où s'enfuiuroit vn progrez à l'infiny :
Que fi on refpond que l'vnion eft receuë dás
les parties. Ie demande fi c'eft dans vne feule, ou dans toutes les deux : fi elle eft receuë
dans les deux parties, donc vne mefme chofe corporelle eft naturellement en deux
lieux : outre qu'il eft certain, que l'vnion hy-
poftatique, n'eft point receuë dans le Verbe.

be. Puis qu'il est immuable, & incapable de
receuoir en soy aucun estre, aussi b en que
de perdre aucune de ses perfections. On ne
peut pas aussi dire, que l'vnion soit receüe
seulement en vne partie : car il n'y a pas plus
de raison de la mettre dans vne partie, que
dans l'autre, principalement quand les parties sont de mesme nature, comme deux
gouttes d'eau.

En 3 lieu, si l'vnion est vne entité distincte des choses vnies, il y a quelque vnion
par dessus toutes les vnions, car chasque vnion est vnie, auec les autres vnions dans le
continu, & comme chasque partie du continu, peut n'estre pas vne, auec les autres : aussi
chasque vnion, peut n'estre pas vnie, auec
les autres vnions. Il faut donc vne autre vniõ
pour les vnir, & ainsi il faut à l'infiny quelque dernier determinatif, pour vnir les
vnions.

Quatriesmement, cette verité se preuue
par deux principes generaux. Le premier dit,
qu'il ne faut point multiplier les estres sans
necessité. Or il s'y a aucune raison, qui puisse
prouuer que l'vnion est distincte des parties,
il ne faut donc pas dire, qu'elle en est distincte : mais au contraire, que les parties sont
vnies par elles-mesmes, precisement & formellement, puis que par elles-mesmes formellement, elles composent le tout, & non
pas par aucune entité distincte.

Le second principe est, que les noms verbaux terminez en *ion*, se prennent ou actiuement, ou passiuement : ainsi la creation
T ſ

prife actiuement eft le principe Creant, ou
le Createur:& la Creation paffiue eft la chofe mefme creée, donc l'vnion actiue, ou l'v-
nition, c'eft la caufe mefme qui vnift les parties, & *l'vnion paffiue*, font les parties mefmes
vnies.

Certainement les modiftes deuroient prédre garde, que ce terme vnion eft connotatif : & partant qu'il n'a point vne propre definition de la chofe : mais du nom, puis qu'il
ne fignifie pas vne chofe fimplement, & abfolument, mais vne chofe tellement modifiée. Et ainfi ces mots *vnion paffiue*, *eftre vni*,
& la chofe vnie, fignifient tout à fait la mefme
chofe, comme l'vnion actiué, vnir, & le principe vniffant font le mefme. D'où s'enfuit
que ces mots vnion paffiue, fuppofent pour
le corps par exemple, ou pour l'Ame, & connotent qu'ils ne font pas feparez.

Opposition. I. L'vnion n'eft pas
vnie proprement, mais elle eft ce qui vnit les
parties, puis qu'elle n'eft pas vnie principalement, ou *vt quod* comme difent les Latins,
mais inftrumentalement, & *vt quo*, donc il ne
faut point vne autre vnion pour l'vnir, &
ainfi il ne s'enfuit point vne fuite à l'infiny
dans les vnions.

Ie refponds, que c'eft donner pour preuue, ce qui eft en queftion ; car fi l'vnion eft
diftincte des parties : il faut qu'elle foit vnie
effectiuement, & reéllement, puis qu'elle en
peut eftre feparée ; & aux pis aller, il faudra
vne vnion pour ioindre deux vnions entre-

elles, pour ce qu’elles peuuent exister & n’e-
stre pas vnies.

OPPOSITION. II. L’vnion est quelquefois receüe dans vne seule partie, & elle
se termine à l’autre : ainsi l’vnion hypostatique, est receüe dans la seule humanité, &
elle se termine au Verbe : quelquefois elle
est diuisible, & elle se tient du costé des deux
parties, d’autrefois elle est indiuisible, & elle
est seulement receüe dans vne partie.

Ie responds que l’vnion se doit tousjours
tenir du costé des deux parties, puis que
chacune d’elles est également vnie. Donc
puis que l’vne & l’autre, reçoiuent également cét effet d’estre vny : elles doiuent également participer au Principe de cét effet, où
il s’ensuiuroit qu’vne partie seroit iointe à
l’autre extrinsequement : Et d’ailleurs, ie dis
que c’est vne chose inintelligible, de dire que
l’vnion se termine à vne partie, & qu’elle est
receüe dans l’autre. Et toutes les fois que
l’on vous demandera, *Theandre*, que veut dire
vne chose tellement modifiée, demandez
aussi, que signifie estre terminé à vne partie,
& estre receu dans l’autre. Enfin si l’vnion est
vne petite entité distincte reellement modalement des parties, il n’y a pas plus de raison
qu’elle soit receüe en vne partie qu’en l’autre, & si l’vnion estoit diuisible, il faudroit
que ces vnions partielles, fussent vnies par
vne troisiesme vnion, puis qu’elles sont des
estres distints, qui peuuent estre vnis, & ne
l’estre pas, donc elles ont besoin d’vn dernier
determinatif pour estre vnies.

T t ij

OPPOSITION. III. Les parties pe
uent eftre vnies,& ne l'eftre pas, donc il fai
vn dernier determinatif diftinct d'elles, pou
les vnir : Or ce determinatif eft l'vnion, don
l'vnion eft diftincte des parties. Voila le plu
fort Argument des modiftes, auquel

Qui nimiũ
probat, ni-
hil probat.

Ie refponds premierement, qu'il preuu
auffi vn progrez à l'infiny dans les vnion
car les vnions peuuent eftre vnies, & ne l'e
ftre pas. Elles peuuent auffi vnir les partie
& ne les pas vnir, & fi l'vnion eft vne petit
entité diftincte des parties, on l'a peut fe
parer & conferuer hors des parties: puifqu
n'y a aucune contradiction : & ainfi l'vnio
n'eft pas le dernier determinatif pour vni
les parties.

Ie refponds en fecond lieu, que les partie
peuuent eftre fimplement, & abfolument
fans qu'elles foient vnies. Mais qu'elles n
peuuent pas eftre tellement modifiees, o
fe portants de la façon, qu'elles fe porten
dans le Tout.

OPPOSITION. IV. Mais qu'eft-cel
me dira Suarez, *Les parties tellement modifiee*
Ie refponds que veut dire cela, *l'vnion eft*
ceuë dans vne partie, & elle eft terminee à l'autr
Ie refponds de plus que ce n'eft autre chof
que les parties n'eftre pas feparées, ce qui e
fi clair, qu'il n'y a point de terme plus clai
pour le declarer, ou bien ie dis, que c'eft le
parties faire vn tout, ou qui compofent v
tout, ce qui eft plus euident, que mille fa
bles qu'il faut dire, pour fouftenir ces petit
chofes imaginaires.

II. Thes e. L'vnion de deux parties esfentielles & subftantielles, comme du corps, & de l'Ame, ou de deux parties integrantes, comme du bras, auec l'efpaule, ou d'vn accident, auec la fubftance, qui fe nomme inhefion : cette vnion disje, n'eft point diftincte des chofes vnies : neantmoins l'vnion n'eft pas les parties prifes fimplement & abfolument, mais c'eft les parties dans vn eftat, qui ne leur eft pas effentiel, & qui ne leur appartient pas, entant qu'elles font abfolumét confiderées. Et partant l'vnion eft vn mode extrinfeque, indiftint des parties, ou à bien dire, c'eft les parties mefmes n'eftants pas feparées.

La raifon eft, que où les parties font vnies par elles-mefmes, ou par quelque chofe diftincte, elles ne font pas vnies par quelque chofe diftincte, comme i'ay desja prouué, donc elles font vnies par elles-mefmes. Or elles ne font pas vnies par elles-mefmes, fimplement, abfolument & effentiellement confiderées, c'eft donc par elles-mefmes confiderées relatiuement : Et mifes dans vn eftat qui ne leur eft pas effentiel : car elles peuuent eftre vnies, & ne l'eftre pas, donc elles ne font pas vnies effentiellement : ainfi l'Ame peut exifter, fans eftre vnie. Ce n'eft donc pas de l'effence de la partie d'eftre partie : puifque l'effence c'eft les chofes confiderées abfolument, en telle façon, que ce qui eft effentiel, conuient toufjours aux chofes, en quelque eftat qu'on les met : mais eftre partie, eft vn eftat relatif, qui n'eft pas effentiel,

T t iij

Vaio eft partes, non abfolutè fumptæ, fed taliter fe habentes, qua iter fe habere eft non eft feparatas.

puis qu'aucune relation n'est essentielle.
Quel est donc *Le dernier determinatif pour vnir
les parties ? ie dis que c'est l'action*, qui les vnit.
C'est à dire qui fait qu'elles ne sont pas separées, & que du costé des parties, c'est les
parties mesmes, non pas simplement considerées, mais tellement modifiées. Or
qu'est-ce la me direz vous, les parties tellement modifiées, ou vnies?

Quelques-vns respondét, que c'est les parties, qui immediatement se touchent, mais
cela preuueroit que toutes les choses contigues sont vnies. Et que Dieu, & vn Ange
est vni à l'espace qu'il penetre, & le corps
de Iesus penetrant la pierre de son tombeau
luy eust esté vny. Quelqu'autres disent que
estre vny, c'est se porter tellement au regard
d'vn autre, que l'vn ne puisse estre meu d'vn
mouuement droit, que l'autre ne suiue.
Mais le verbe est vni reellement à l'humanité, & neantmoins il ne se meut pas, quand
l'humanité se remue, puis qu'il est immobile.
De plus tout ce qui est lié seroit vny, puis
l'vn suit l'autre si on le meut par vn mouuement droit. Et ainsi les robes seroient
vnies au corps, puis qu'elles suiuent son
mouuement. Le docte Gabriel Biel respond,
qu'estre vni, c'est mettre ce, qui estant posé,
il ne se peut faire que les choses ne soient
vnies: ainsi le corps estre vny à l'Ame, c'est le
corps ayant telles, & telles dispositions, &
l'Ame qui luy soit intimement presente.
Cette response est receuable, mais elle n'explique pas assez le mystere.

Opposition V. L'on vnit souuent deux choses, par vn estre distinct, ainsi l'on ioint deux pieces de bois auec de la cole, & deux ais auec des clous, & des pierres auec le ciment.

Ie respons, que ie parle icy d'vn tout de soy, & non pas d'vn composé par accident, & par voie de ramas, lors que sont ceux dont fait mention cette obiection, & ainsi elle ne nuit aucunement à mon dessein.

III. THESE. Estre vny, c'est vn mode, vn execice des parties, qui n'est effectiuement autre chose, qu'vne certaine attache reciproque, qui n'est pas distincte des parties, comparées l'vne à l'autre : mais c'est les parties mesmes, qui s'attachent, & se tiennent fermement l'vne à l'autre. D'où vient qu'à raison de cette attache, plus ou moins forte, les choses sont plus ou moins estroitement vnies, & quoy que peut estre, ce concept de l'vnion, ne plaira pas d'abord à quelcun : auisez le *Theandre*, qu'il n'y en a point eu iusques à present, vn plus clair ny plus solide.

Ma raison est, qu'ayant conceu cette mutuelle attache des parties, ou conçoit clairement qu'elles sont vnies. De plus, il semble que c'est la pensée du grand S. Paul, lors que pour expliquer l'Incarnation du verbe, il dit que le Verbe n'a point pris la nature angelique, mais la posterité d'Abraham : & ainsi pour dire que le verbe s'est vny à la nature humaine, il se sert de ce mot d'attache, ou d'aprehension, qui signifie di-

rectement, ce qui eſt partie, & connoiſt
qu'elle s'attache, & qu'elle tienne fortement l'autre partie. Et ainſi l'vnion totale,
eſt les deux parties, non pas ſimplement,
mais entant qu'elles s'attachent, & ſe prennent l'vne l'autre.

OPPOSITION. VI. Ce qui eſt di-
ſtinct me direz vous, peut eſtre ſeparé de ce
dont il eſt diſtinct.

Or l'attache qu'a le corps à l'Ame, eſt
diſtinct de l'attache que l'Ame a au corps,
donc on les peut ſeparer. Donc l'vnion peut
eſtre, ſans que les parties ſoient vnies.

Ie reſpons que Dieu peut abſolument ſeparer les choſes diſtinctes : & qu'apres cette
ſeparatió elles auroient les meſmes attributs
abſolus, mais non pas relatifs. Et partant s'il
ſeparoit l'Ame du corps : le corps demeureroit, mais il ne demeureroit plus attaché
à l'Ame : pour ce que cette attache, n'eſt pas
l'ame ou le corps ſimplement, mais conſi-
derez d'vne façon relatiue.

Vous pourrez deduire premierement, que
pour l'ordinaire cette attache eſt mutuelle,
& reciproque : car il y a vne eſgale raiſon,
qu'vne partie s'attache à l'autre N. à moins
il ſe peut faire quelque fois, que l'attache
ne ſoit actiue que d'vn coſté. Ainſi quand
des choſes onctueuſes comme de la Gomme,
s'attachent à des choſes ſeches, comme à du
Bois, il eſt probable que l'attache ſe tient
ſeulement du coſté de la Gomme. Et peut
eſtre que l'on pourroit dire de meſme, que
le Verbe a pris l'humanité. De ſorte que

toute l'actô se tiendroit du costé du Verbe,
& l'humanité ne seroit que patir, & receuoir, dans cette vnion adorable. Ce qui ne
fait pas, que l'humanité ne soit aussi proprement vnie au verbe, que le verbe est vny
à l'humanité auec cette difference, que la
substance ou la totalité, se tient toute du
costé du verbe, mais dans les composez
creés la subsistence, & la totalité, se tient
du costé des deux parties, comme i'ay dit au
discours de la subsistence.

Vous deduirez en 2. lieu, que ce mot *vnion*
suppose pour les parties vniespar; exemple
pour le corps, & pour l'Ame, ou pour la
matiere.& pour la forme, connote qu'elles
se tiennent l'vne l'autre. Il faut dire le mesme de tous les autres termes, qui signifient
des modes, comme figure,extension,action
& durée: car ils supposent pour le mesme
que ce mot, homme, mais ils connotent vn
estat qui ne luy est pas essentiel, comme i'ay
dit parlant des modes.

Vous pourrez inferer en 3. lieu, que *l'vnion
ou estre vni*, c'est les parties vnies. Et *l'vnion
ou vnir*, c'est le principe vnissant. Et partant,
lors qu'vn principe s'vnit soy mesme à quelque chose, il est l'vnion, & l'vnion tout ensemble. Ainsi le Verbe s'est vni luy mesme
auec l'humanité, puis que les actiôs de Dieu
qui sont hors de luy, sont communes diuisi-
blement aux trois Personnes.

La quatriesme consequence qui naist
d'icy,est, que l'vnion partielle, est vne partie qui s'attache à l'autre, mais l'vnion to-

tale, c'eft les deux parties, qui s'attachent l'vne à l'autre; neantmoins l'vnion partielle, ne peut pas eftre fans l'vnion totale : car quoy que ce qui eft puiffe eftre, fans que l'autre partie exifte : elle ne peut pas neant-moins eftre partie fans que l'autre le foit; comme vne chofe femblable peut eftre, fans que l'autre chofe femblable foit, mais elle n'eft pas femblable fi fa femblable n'e-xifte. D'où arriue qu'vne partie prife di-ftributiuement, & comparée à l'autre, fe nomme vnie, mais les deux parties prifes collectiuement, ne fe nomment pas vnies: mais vni. Or ce tout n'eft pas vni : car à qui feroit-il vni. Il y a donc, vne forte d'vnité, indiuifible comme Dieu, & l'Ange. Et il y a quelque vnité qui fe fait de chofes vnies, comme l'homme.

IV. THÈSE. L'vnion n'eft point effen-tielle aux parties vnies, ny mefmes au tout; car c'eft vn mode extrinfeque à chafque par-tie prife à part, & vn mode intrinfeque au tout, & aux parties prifes collectiuement.

La raifon de cecy eft, que nul mode eft effentiel, côme i'ay defia prouué. Et de plûs ce mode eft extrinfeque, que la chofe n'au-roit pas, fi elle eftoit feule, & fi il n'y auoit rien hors d'elle dans le môde. Or vne partie ne feroit pas vnie, fi il n'y auoit rié hors d'el-le à qui elle fut vnie : car tout ce qui eft vny, eft à quelcun. Et partant quoy que ce qui eft vny ne foit pas extrinfeque à ce qui eft par-tie. Toutefois c'eft vne denomination ex-trinfeque aux parties d'eftre vnies.

En second lieu, ce terme *Tout*, & les autres qui signifient quelque composé, comme Cesar & Bucephale, signifient directement des parties, comme le corps & l'ame : & ils connotent ou clairement, ou obscurement que les parties se tiennent l'vn l'autre. Or se tenir, n'est pas vne chose essentielle aux parties, puis qu'elles peuuent exister sans estre vnies.

Troisiesmement, si l'vnion estoit essentielle aux parties vnies, ce mot vni leur seroit essentiel, ce qui ne peut estre, puis qu'il est cônotatif, & non pas absolu.

Quatriesmement, cette proposition est euidente en l'opinion des Modistes, qui tiennent que l'vnion est vne petite entité distincte des choses vnies. Or les seules parties, sont de l'essence du tout, donc l'vnion n'est pas de son essence. C'est pourquoy, ie ne peus assez admirer Hurtade, qui aduoüe que l'vnion est distincte des parties, & enseigne neantmoins qu'elle est essentielle.

En 5. lieu, Si l'vnion estoit essentielle au composé, il seroit vn tout par accident, car il seroit fait de deux substances, & d'vn accident, ou d'vn mode. Et consequemment, ou Iesvs ne fut point mort, ou il eut abâdonné, quelque chose essentielle à l'homme : car il n'a peu mourir sans que l'vnion qui estoit entre son Ame, & son corps perist.

Enfin cela precisément, & formellement est le composé, qui est le principe total & parfait du mouuement, & des operations du

composé. Or la matiere & la forme, ou le
corps & l'Ame, sont le principe total, des
operations, du mouuement, & du repos, du
tout dans lequel elles sont : donc les parties
seules sont de l'essence du composé, & l'v-
nion n'est qu'vne condition necessaire, afin
que les parties fassent leurs operations, elle
n'est donc pas essentielle.

OPPOSITION. I. cela est essentiel au
composé, sans quoy il ne peut estre conceu,
or il ne peut estre conceu sans conceuoir l'v-
nion, non plus qu'vne chose blanche, sans
la blancheur, donc l'vnion est de l'essence
du composé, aussi bien que la blancheur
est essentielle, au tout qui est blanc.

Ie responds, que cela est essentiel au composé, sans quoy il ne peut estre conceu absolument, ie l'accorde, relatiuement ie le nie:
or l'on peut conceuoir le tout, & les parties
absolument, sans conceuoir l'vnion, comme
l'on peut conceuoir ce qui est blanc sans có-
ceuoir la blancheur : car ce qui est blanc est
vn cheual, ou vn cygne : donc on peut auoir
vne parfaite connoissance, sans connoistre la
blancheur, pour ce que ce qui est blanc, peut
exister, sans estre blanc. Pareillement, ce qui
est partie, peut exister sans estre partie, & ce
qui est composé peut exister sans estre composé : car le *composé* selon l Ethimologie mesme du nom, est ce qui est posé, & mis auec
vn autre, donc le composé n'est autre chose
que les parties, lesquelles ne sont pas essentiellement vnies, puisqu'elles peuuent exister sans estre vnies.

Certainement tout ce qui est vni, est vni contingemment : desorte que cette proposition, *les parties sont vnies*, n'est iamais essentielle : & Hurtade n'auoit pas consideré, que ce qui est Cesar peut estre, sans que Cesar soit. Car ce qui est Cesar, c'est le corps & l'ame de Cesar, qui ne seroient pas Cesar, si elles n'estoient vnies.

Opposition. II. Ce mode est intrinseque, qui existeroit quoy qu'il n'y eust rien d'extrinseque à la chose, dont il est mode : or quoy qu'il n'y eust rien que le composé, les parties seroient vnies, donc l'vnion est vn mode intrinseque, outre qu'il est impossible, que Dieu fasse vn composé sans vnion, donc l'vnion est essentielle.

Ie responds qu'il est impossible qu'il y ait vn composé sans vnion. Ie dis neantmoins, que ce qui est composé peut exister, & estre conçeu selon ses attributs essentiels, sans cõceuoir l'vnion, comme il est impossible qu'vne creature existe, sans qu'elle depende de Dieu : & neantmoins cette dependance, ne luy est pas essentielle, puis que c'est vn attribut relatif ; mais necessaire. Ainsi il est impossible que Cesar soit semblable à Pompée, sans que Pompée existe : neantmoins Cesar qui est semblable, peut exister sans que Pompée existe.

Ie responds en second lieu, que l'vnion n'est pas essentielle au tout, c'est à dire, à ce qui est tout, quoy que cette verité obiectiue, *Estre tout* ne puisse pas exister sans l'vnion : car ce qui est tout, sont les parties : or elles peuuent n'estre pas vnies. Et partant estre vni, ou ce qui est vni, ce sont les parties, qui peuuent estre absolument, sans estre vnies, donc l'vnion est vn estat, qui suruient aux choses qui composent vn tout.

Ie dis bien dauantage, l'vnion n'est pas essentielle aux parties vnies, entant qu'vnies, comme la blancheur, n'est pas essentielle à la chose blanche, entant qu'elle est blanche : car la reduplication, par laquelle on dit le blanc, entant que blanc, les choses vnies entant qu'vnies, c'est vn acte de l'entédement, qui ne peut pas changer l'essence des choses, ny faire que ce qui n'est pas essentiel, soit essentiel : Enfin puis que l'vnion constitué les parties dans vn estat, qui ne leur est pas essentiel, on ne peut pas dire qu'elle soit essentielle aux parties, puis qu'elles ne sont pas essentiellement parties, ny au tout, pour ce que ce qui est tout, peut exister sans estre tout, puis que le tout n'est autre chose, que les parties qui sont vnies. Pour donner du iour à cette verité, ie mets cette

---

QVESTION III.

Si le tout est distinct des parties.

I. Thèse.

LE tout n'est point distinct des parties, mais c'est les parties mesmes vnies, prises collectiuement : Et ainsi le tout n'est point distinct reellement de ses parties, soit quand elles sont vnies, soit quand elles ne le sont pas, mais il est distinct des parties prises distributiuement, ou separément, c'est à dire, de chacune des parties.

Cette proposition est commune à tous les Nominaux, parmy lesquels il me semble, que Mejanus la declare excellemment dans la Question 8. de son Manuel, où il remarque doctement qu'vn terme pluriel, a quelquefois vn sens distributif, comme quand on dit, *les hommes raisonnent*, c'est à dire, chasque homme en particulier : mais aussi quelquefois il a vne signification collectiue, comme quand on dit, tous les Apostres sont douze. Et c'est en ce sens que ie dis, que les parties mesmes sont le tout, & que le tout n'est pas distinct de toutes ses parties, ce que Mejanus preuue.

Premierement par l'Authorité : car Sainct Paul dit, que tous les membres ne font vn corps. Et S. Athanase en son Symbole, & S. Augustin en l'Epistre à Dardanius disent, que comme le corps & l'ame sont l'homme, ainsi Dieu & l'homme sont IESVS-CHRIST. De plus Aristote, au 4. de sa Physique dit, que le tout n'est rien que des parties, & que plusieurs mesures, sont vne mesure.

La raison est, que le nombre n'est point distinct des choses nombrées, & que le nombre Binaire, n'est autre chose que deux vnitez prises ensemble : car si le nombre Binaire adioustoit quelque chose à deux vnitez :

Mejanus
Enchir. Ph.
q. 8.

Cap. 12.
Omnia autem membra corporis cum sint multa, vnū tamen corpus sunt.

Arist. 4. Ph.
Totum nihil est præter partes, Multa metra sunt vnū metrum. &

il n'y auroit pas feulement vn nombre binaire, mais ternaire, puis qu'il y auroit trois
vnitez.

En fecond lieu, le tout n'a rien qui le puiſſe
faire diſtinguer des parties vnies, & priſes
collectiuemẽt, pour ce qu'il n'a rien que
ſes parties; car ce qui le feroit diſtinct, de ſes
parties, feroit vn accident, ou vne ſubſtance:
or ce n'eſt pas vn accident, pour ce que le
tout ſubſtantiel, ne peut pas eſtre compoſé
d'vn accident: ce n'eſt pas auſſi vne ſubſtance, pour ce que ou elle feroit ſimple, ou cõ-
poſée, ſi elle eſtoit compoſée : il s'enſuiuroit
vn progrez à l'infini. On ne peut pas auſſi dire, que ce ſoit vne ſubſtance ſimple, car l'hõme feroit compoſé de trois ſubſtances, c'eſt
à dire, du corps de l'ame, & d'vne troiſieſme
ſubſtance.

Troiſieſmement, ſi de deux parties vnies
prouenoit vne troiſieſme entité, il ſe donneroit vne ſuitte infinie de nouueaux eſttes:
car de cès deux parties, & de cette troiſieſme
entité, naiſtroit vn quatrieſme eſtre. Certes
ſi du corps, & de l'ame prouient vn troiſieſme eſtre, diſtinct de l'vn & de l'autre. Voila
donc trois entitez. Or ie vous demande, ſi de
ces trois entitez ſe fait vn tout ou non, s'il
ne s'en fait pas vn tout, donc il faut vne quatrieſme entité, pour faire que cès trois choſes
ſoient vn tout, que ſi ces trois choſes font vn
tout, ou elles ont beſoin d'vn autre, pour cét
effet, & ainſi il ſe donne vne ſuite infinie d'e-
ſtres : ou elles font vn tout par elles meſmes.
Et ainſi il ſe donnera vn tout qui n'eſt point
distinct

diſtinct de ſes parties, & conſequemment,
ou le tout n’eſt point diſtinct de ſes parties,
ou il ſe treuue vne ſuitte infinie d’eſtres dans
la compoſition d’vn tout.

Quatrieſmement, ou cette entité du tout
diſtincte par exemple des parties d’vn lyon
eſt corporelle, ou ſpirituelle: or elle n’eſt pas
ſpirituelle pour ce qu’il hy a rien de ſpirituel
dans le lyon, elle ne peut pas auſſi eſtre corporelle : car ou elle ſeroit dans les parties, ou
hors des parties : on ne peut dire qu’elle ſoit
hors des parties, par ce que le tout ſeroit
hors des parties, elle n’eſt pas auſſi dans les
parties, pour ce que ou elle ſeroit diuiſible,
ou indiuiſible, elle ne peut pas eſtre indiuiſible, pour ce qu’il s’enſuiuroit, qu’vne meſme choſe naturellement eſt en diuers lieux,
elle ne peut pas auſſi eſtre diuiſible, pour ce
qu’il s’enſuiuroit vn progrez infini dans les
eſtres.

En cinquieſme lieu, il s’enſuiuroit que le
corps & l’ame, qui ſont le principe total des
operations humaines, puis que dans l’homme rié n’agit, ou ne reçoit choſe aucune, que
le corps & l’ame, il s’enſuiuroit disje, qu’ils
ne ſont pas le principe total des operations,
pour ce qu’il y auroit dans l’hôme, vne croi-
ſieſme entité, qui ſeroit comme vn eſtre principal, & primitif. Sçauoir eſt le tout. Or cét
eſtre eſt imaginaire : car l’on conçoit qu’il y
a vn tout ayant conçeu preciſément que les
parties s’attachent fortement l’vne à l’autre.
Or à cét effet il n’eſt pas beſoin de conceuoir aucune entité diſtincte : car ou elle ſe-

roit vnie auec les parties, ou non : si elle n'est
pas vnie auec les parties, elle ne fait pas vn
tout auec elles, que si elle est vnie auec les
parties, ou c'est par quelque vnion distincte,
& ainsi il y a vne suite infinie d'vnions, ou
elle est vnie par elle-mesme. Et il faut dire le
mesme des parties. Adioustez à ces raisons,
que si le tout estoit vn estre distinct des parties, le tout substantiel seroit composé d'vn
accident, & seroit vn tout par accident : ce
qui est desraisonnable.

Opposition. I. Aristote enseigne, que
le tout est plus connu que ses paties, que la
substance se diuise en matiere forme, & composé : que deux fois trois, ne sont pas six, &
que le mixte n'est pas les Elemens, dont il
est composé.

Ie responds, que le tout est plus connu que
ses parties prises separément, ie l'aduoüe,
prises collectiuement, & en gros ie le nie,
ainsi deux fois trois, pris à part, ne sont pas
six : mais si on les prend ensemble deux fois
trois sont six : donnez cette mesme distinction, aux autres recharges de l'opinion cō-
traire. Et dites que ce mot substance, signifie quelquefois la matiere, ou la forme seule, & quelquefois il les signifie prises ensemble.

Opposition. II. Si le tout n'estoit
autre chose que les parties, il s'ensuiuroit
que le tout existeroit, lorsque les parties
existeroient. Or cela n'est pas veritable : car
le corps & l'ame de Cesar peuuent exister
sans que Cesar existe.

Ie responds que les parties peuuent exister simplement, sans que le tout existe, mais qu'elles ne peuuent pas exister tellement modifiées : & auec vne attache mutuelle. C'est pourquoy? il faut dire qu'apres la separation du corps & de l'ame de Cesar, ce qui est Cesar existe, mais il n'est plus Cesar.

Totum est, sed non est totum.

OPPOSITION. III. Les choses qui sont identifiées auec vne troisielme, sont le mesme entre elles. Or les parties sont identifiées auec le tout, donc elles sont vne mesme chose.

Ie responds premierement, que cét axiome se doit entendre des termes, & non pas des choses, comme i'ay dit dans la Logique : car il est impossible que deux choses soient identifiées auec vn tiers, pour ce qu'elles ne seroient plus deux, & la chose auec laquelle elles seroient vnies, ne seroit plus vn tiers, puis que ce seroit la mesme chose.

Ie responds en 2. lieu, que cette obiection presuppose que le tout soit vn tiers, distinct des parties, ce qui n'est pas veritable.

OPPOSITION. IV. Le tout est le terme de la Generation, & non pas les parties, les parties sont plus simples que le tout, elles sont causes du tout : elles ont vne priorité de nature au regard du tout, elles sont dans le tout. L'homme est destruit par la mort, & non pas ses parties, donc les parties sont distinctes du tout. Vne seule distinction, *Theandre*, est capable de dissiper tous ces nuages. Dites donc, que les parties vnies, font le terme de la generation : mais non pas les parties prifes feparément. Dites que les parties prifes à part font plus fimples quele tout, font caufes du tout, font dans le tout, mais non pas les parties vnies, & prifes collectiuement, l'vne auec l'autre. Enfin ie dis que la mort deftruit les parties vnies, pour ce qu'elle fait qu'elles foient feparées.

D'icy vous pourrez recueillir la verité de ce paradoxe. *Ce qui eft Cefar eft à Rome, & à Rome n'eft point Cefar*, pour ce que ce qui eft Cefar, c'eft vn tel corps, & vne telle ame, foit qu'ils foient vnis ou non, mais afin que ces parties, foient Cefar, il faut qu'elles foient vnies. Vous pourrez encor inferer quele tout eft plus noble que chafque partie, qui compofe, puis qu'il contient la perfection de toutes fes parties, mais il n'eft pas plus noble que toutes fes parties enfemble : ie laiffe à part mille oppofitions femblables, pour ce qu'vne feule diftinction eft capable de les rabatre.

Il refteroit, *Theandre*, pour donner vn traité des modes tout à fait accomply, de traiter de chafque mode en particulier, auffi bien que de l'vnion, comme.

> *De l'Action.*
> *De la Paffion,*
> *De la Figure*
> *De la Prefence*
> *De la Durée*
> *Et du Mouuement*

Puis que ce font des modes, mais vous fçauez affez, que ces queftions fe traitent d'ordinaire dans la Physique, pour ce que *la figure* appartient seulement aux choses corporelles. Pareillement il est impossible de conceuoir que c'est que *mouuement local, presence, & durée*, que par la comparaison au au temps, & au lieu qui sont des choses corporelles. C'est pourquoy ie renuoyeray ces traitez en leur lieu, & me contenteray de traiter icy en passant de l'Action, Passion, dependance, causalité, priorité, & posteriorité de nature, pour ce que ces natures appartiennent de droit à la Metaphysique, qui font abstraction, & des corps & des esprits.

DISCOVRS IV.

DES CAVSES, EFFETS, *& principes de l'Action, Pas-sion, des exercices, & puis-sances, d'agir, ou de receuoir.*

EVssiez vous creu, *Theandre*, que le traité des modes eust eu vn si vaste Empire dans la Philosophie. Nous sommes encor auiourdhuy occupés à sa recherche, & à peine nous en pourrons nousd'egager si tost pour

ce que c'eſt vne matiere qui n'a pas moins
d'eſtenduë que de profit. Certes ces noms
*Cauſe principe, effet, produiſant, produit, action,
Paſſion, exercice, puiſſance, priorité, cauſalité, dependance,* & mille autres ſemblables, ſont des
termes relatifs, qui ne ſignifient pas les choſes priſes abſolument, mais miſes dans vn
eſtat qui ne leur eſt pas eſſentiel. C'eſt donc
le propre du traité des modes, de les declarer. Et d'ailleurs il eſt certain, que la declaration de tous ces termes, appartient à la Metaphyſique: puis qu'ils font abſtraction des
corps, & des eſprits, & qu'ils ſignifient les
eſtres corporels, & ſpirituels, d'vne façon
confuſe: parlons donc maintenát des cauſes,
auant que de venir au traité de la premiere
cauſe de tous les eſtres.

QVESTION I.

*Qu'eſt ce que cauſe, principe, effet,
dépendre, dépendance. Si la dépendance eſt diſtincte de l'effet. Si
les creatures produiſent quelque
choſe. Si l'effet eſt touſiours di-
ſtint de ſa cauſe.*

I. THESE.

CE mot *cauſe* eſt connotatif, & correlatif auec celuy *d'effet*, pour ce qu'il ſup-

pofe pour vn eftre, par exemple pour Dieu
ou pour le Soleil, & connote qu'il produife
quelque chofe; De forte que, ces mots effet,
& caufe font correlatifs, puis qu'ils entrent
mutuellement dans la definition l'vn de
l'autre. D'où s'enfuit que quoy que, ce qui
eft caufe, & effet, foient des chofes abfoluës,
neantmoins fous ce concept de caufe, &
d'effet, elles font relatiues: car ce mot caufe
appliqué à Dieu auffi bien que Createur,
le rapporte & le compare aux creatures, &
ces mots effet, & creature, nous comparent
à Dieu, & connotent que nous auons receu
de luy tout noftre eftre. Et partant eftre caufe, ou effet, c'eft vn mode, pour ce que c'eft
vn eftat qui n'eft pas effentiel: car aucune
relation n'eft effentielle, & tout ce qui eft
effentiel, eft la chofe confiderée abfolument,
en telle façon que les mefmes chofes comme
Dieu, & l'homme, font abfoluës entant
qu'elles font des eftres, & fubftances, mais,
elles font des eftres relatifs, entant qu'elles
font caufe, effet Createur, & creature: certes
il eft euident que Dieu fous ces mots de
Createur, & de Seigneur, n'eft pas confideré
abfolument, mais comparatiuement à fes
creatures.

II. THESE. Ce mot *caufe* à parler generalement, eft equiuoque: car premierement
il fe prend pour tout ce qui contribue à l'exiftence, ou à la production de quelque
eftre, foit comme fon obiet, exemplaire, ou
condition neceffaire. Ainfi on dit que le rencontre d'vn caillou caufe la cheute, que la

chaleur cause le feu dans le bois. Ainsi vn pinceau est cause d'vn tableau, & tous les autres instrumens dont se sert la cause principale. Ainsi vn fils qui n'est pas encor né, est cause des peines que son Pere prend pour luy amasser des richesses. Ainsi le gain d'vn procez cause de longs voyages aux parties, & ainsi le peché d'Adam, a esté cause de l'incarnation du Verbe. Et si vn peintre qui auroit veu iadis Henry le Grand, faisoit vn tableau de ce grand monarque, il seroit la cause exemplaire de son image. C'est pourquoy le mot de cause se prend alors improprement, pour ce qu'il s'attribue mesmes aux estres qui n'ont point d'existence. D'où vous voyez que la cause finale, comme le gain d'vn procez, & la cause exemplaire, côme le prototype d'vn tableau sont apelées du nom de cause, d'vne façon fort impropre, puis que pour causer il n'est pas besoin qu'elles ayent l'existence, & à bien dire, ce n'est pas tant la fin ou le prototype qui causent quelque effet, que l'amour de la fin, & la connoissance de l'exemplaire.

En second lieu, ce mot *cause* se prend pour le mesme que principe productif. Or *principe est ce qui donne l'estre simplement à quelque chose, ou qui la modifie.* Ainsi selon la remarque de S. Thomas, dans son premier Opuscule les Peres Grecs nomment le Pere eternel cause du Verbe, & le Verbe effet du Pere, au lieu que les Latins nomment le Pere principe Et le Verbe produit, pour ce que ce mot cause, pris proprement, mar-

que quelque dépendance, & imperfection
dans l'effet. Et ainsi toute cause est principe , mais tout principe n'est pas cause.

III. THESE. En 3. lieu cause à parler proprement est vne chose reelle, qui produit vn estre non necessaire , ou qui luy donne quelque mode d'exister.

Il faut donc qu'vne cause soit vn estre qui
existe effectiuement : car ce qui n'est pas, ne
peut pas estre cause. Et partant la fin obiectiue,& l'exemplaire obiectif, ne sont pas
proprement des causes: puis qu'il n'est pas
besoin qu'ils existent : car vn Pere peut acquerir des richesses pour vn fils, auant qu'ils
soit conceu. Et vn peintre peut faire vn tableau à l'imitation d'vne personne qui sera
morte,de puis plusieurs années.

Secondement la cause doit donner l'estre à
son effet, ou simplement totalement, & absolument, ainsi Dieu est cause du monde,
& des ames qu'il crée , ou la cause luy doit
donner vn mode d'exister. Ainsi celuy qui
vnit deux goutes d'eau , est cause de ce tout,
ainsi Phidias est cause d'vne statuë , quoy
qu'iln'ait pas produit le marbre simplement,
mais il luy a donné seulement vn telle figure.

La troisiesme condition de la cause , est
qu'il faut qu'elle produise totalement , ou
qu'elle modifie vn estre *non necessaire.* C'est
pourquoy le Pere eternel n'est pas cause du
Verbe,car il est vn estre absolumétnecessaire.
De sorte que si le Verbe n'estoit pas vn estre
necessaire, le Pere eternel seroit vraye cause,

quoy que le Pere ne luy donne pas vn estre
absolu, mais vn estre relatif: car estre fils
c'est vn mode substantiel, & Adorable de la
nature diuine. Et partant vn effet doit dépendre de sa cause en telle façon qu'il soit
vn estre contingent, qui puisse estre, & n'estre
pas dans la nature.

Cette notion generale de la cause, se preuue
par le denombrement de tout ce qui est
cause: car il y en a de deux sortes, quelques
vnes donnent l'estre simplement, & absolument à leur effet. Ainsi le feu est cause du
feu, & la chaleur de la chaleur, Dieu du
monde, & des ames qu'il produit chasque
iour, mais de plus on appelle causes des
choses qui ne font rien que modifier vn
estre. Ainsi Appelles est cause de son tableau,
& Phidias d'vne statue. De plus toutes les
fois qu'il y a vn composé, il y a vne cause de
ce composé.

Or on peut faire vn composé, sans produire
aucune entité de nouueau, mais seulement
donnant vn nouueau mode, à ce qui estoit
auparauant. Ainsi quand on vnit deux goutes d'eau : & quand on quarre vne cire, il y
a vne vraye cause de ceste figure, & de cette
vnion, quoy qu'elle n'ait rien produit qu'vn
mode. Et à bien penetrer les choses, il faut
dire, que la pluspart des effects qui se font,
ne reçoiuent pas leur estre simplement, mais
seulement quelque mode de leur cause. En
outre il est certain par le denombrement,
que tout ce qui est effect, est vn estre contingent, c'est à dire qui peut exister, & n'e-

xiſter pas. Donc toute cauſe donne l'eſt·e
ſimplement, ou elle modifie vn eſtre qui
n'eſt pas neceſſaire. Et partant, la cauſe eſt
ce qui donne l'eſtre ſimplement, ou qui modifie vn eſtre dependant : c'eſt à dire contingent, & qui n'eſt point neceſſaire.

A n'en point mentir, ce concept de la
cauſe eſt meilleur que celuy de Suarez, lors
qu'il dit, Que la cauſe eſt vn principe qui
par ſoy fait couler l'eſtre en vne choſe diſtincte. Ou que celuy des Conimbres, qui
diſent, que cauſe eſt ce dont vn autre depend. Ou que celuy d'Arriaga, lors qu'il
dit, Que cauſe eſt ce qui produit l'eſſence de
quelque choſe, & luy fait couler l'eſtre. Car
ces mots *couler*, & *eſcoulement*, ſont trop metaphoriques. Et ils ſemblent marquer, que
ce que l'effect reçoit de ſa cauſe, ait eſté effectiuement en elle : & qu'il en ſoit coulé,
comme l'eau vient de ſa ſource.

Secondement, il n'y a point de contradiction qu'vne meſme choſe ſe reproduiſiſt
elle-meſme, & qu'elle ſe donnaſt l'eſtre par
vne ſeconde naiſſance. Et alors l'effect ne
ſeroit pas vne choſe diſtincte de ſa cauſe.

En troiſieſme lieu, vne meſme choſe ſe
peut modifier, & produire en ſoy des modes
diuers d'vnion, de figure, & de preſence :
comme quand le bras ſe courbe, & quand
deux goutes d'eau s'vniſſent. Donc il y a vne
vraye cauſe de cette vnion, & de cette figure. Or il n'y en a point d'autre choſe que la
choſe meſme. Donc vne choſe peut eſtre
cauſe de ce qui eſt indiſtinct d'elle-meſme.

Suar. diſp.
12. Cauſa eſt
principium
quod per ſe
influit eſſe
in aliud.
Conimbr. 2.
Phyſ. c 7.
Arriag diſp.
7. Phyſ.

Cauſa eſt
quæ per ſe
influit pro-
ducendo
eſſentiam.

Quatriefmement , Iefus-Chrift reproduit effectiuement fon Corps & fon Sang,
ou felon les autres, il leur donne vne nouuelle prefence dans l'Euchariftie. Donc la
caufe n'eft pas toufiours reellement diftincte
de ce qui eft produit.

Cinquiefmement, les modes font auffi
bien produits que les effences ; car ils reçoiuent leur eftre de leurs caufes, & ils ne l'a-
uoient pas auparauant , non plus que les effences : donc ils ont vne vraye caufe. Et il
eft certain que dans l'Augufte Trinité, le
Pere ne produit pas fimplement l'Effence,&
la nature Diuine , quand il engendre fon
Verbe , mais il luy donne feulement ce
mode, qui eft d'eftre Fils : & il ne laiffe pas
d'eftre fon vray Principe. De forte que fi le
Verbe n'eftoit pas vn eftre neceffaire , il feroit vn vray effect de fon principe. Mais la
neceffité de fon eftre , fait que nous l'appellons feulement produit, & le Pere produi-
fant, ou Principe.

OPPOSITION I. Si donner vn mode à
quelque chofe, eft eftre caufe, il s'enfuit
qu'vn eftre peut eftre caufe, fans rien produire de nouueau : Car la figure, l'vnion,&
les autres modes, n'adiouftent aucune entité pardeffus les natures & les effences.

Ie répons, qu'il fe donneroit des caufes
fans rien produire de nouueau fimplement:
je l'accorde, fans donner quelque nouueau
mode, qui n'eftoit pas auparauant, ie le
nie.

IV. THESE. Les creatures font des

vrayes cauſes, qui produiſent l'eſſence, la
nature, l'exiſtence & les modes de leurs effets. Cette propoſition ſemble eſtre contre
Philon le Iuif, Petrus d'Alliaco, Gabriel, &
quelques autres, qui enſeignent que les cauſes creées ne produiſent rien ſimplement,
mais ſeulement qu'elles determinent Dieu
à produire vn tel, & vn tel effet, en diuerſes
circonſtances, à cauſe d'vn pacte, ou d'vn ordre, que Dieu a mis au commencement de
ce monde, auec diuerſes creatures : Que lors
que le feu ſeroit appliqué, il produiroit vn
feu, & que quand la chaleur ſeroit appliquée, il produiroit la chaleur, des Grenades
dans vn Grenadier, & dans vn pommier des
pommes, c'eſt ainſi que Philon dit, que Dieu
ſeul eſt cauſe effectiue, & que le propre de
Dieu eſt de faire, comme le propre de la creature, eſt de patir.

Or cette opinion ne me ſemble pas receuable: pour ce que les creatures produiſent
effectiuement, & proprement & reellement
des effets, non pas ſeulement comme cauſes
morales, determinant Dieu, pour produire
quelque choſe : car il s'enſuiuroit que hors
le decret de Dieu, chaſque eſtre ſeroit indi-
ferent pour produire tout eſtre : le feu ne ſeroit pas plus propre de ſoy-meſme pour eſchaufer, que pour refroidir, pour produire
du feu que de l'eau, & vn lyon de ſoy n'auroit
pas plus de vertu pour engendrer vn lyon,
que pour produire vn aigle ou vn lieure. Vn
pommier n'auroit pas en ſoy plus de vertu
pour porter des pommes, que des potirons

ou des afperges, ce qui choque le fens commun de tous les hommes.

De plus l'Efcriture dit fouuent, que les
creatures produifent des effets, que les arbres & la terre produifent les fruits, & qu'vn
homme engendre vn homme.

Troifiefmement, les caufes creées feroièt
feulement des caufes morales, & il n'y en auroit aucune qui fut Phyfique. Et le feu ne
produiroit vn feu, le lyon vn lyon que comme l'Antechrift caufe maintenant la haine,
que nous auons pour vn monftre, qui doit
exercer tant de cruautez, ou comme l'incarnation du Verbe à caufé la fabrique de cét
vniuers, quatre mille ans auant que Dieu fe
fit homme. Or cette fuite n'eft pas raifonnable : car fi Philippes ne donnoit point l'eftre
à Alexandre, on ne pourroit pas l'appeller
fon Pere, que d'vne façon fort Metapho-
rique.

Quatriefmement, Philippe produiroit l'A-
me d'Alexandre, auffi proprement qu'vn
lyon produit l'ame d'vn lyon : car il determine Dieu à la produire.

En cinquiefme lieu, le peché n'auroit aucune caufe, ou pluftoft Dieu feul le produiroit, & l'homme ne feroit rien, que determiner Dieu à produire ce monftre. En outre
tous les Philofophes, diuifent la caufe, en
premiere, ou increée : & en feconde, ou creée,
donc les creatures font des vrayes caufes.
Enfin il femble que cette opinion choque la
liberté qui eft vne puiffance d'agir ou de n'a-
gir pas. Et le Concile de Trente, qui enfei-

gne que l'homme mefmes dans les actes furnaturels fait quelque chofe, & qu'il ne fe
porte pas feulement d'vne façon paffiue, dõc
à plus forte raifon, l'homme produit quelque chofe dans les chofes naturelles. Dites
donc *Theandre*, que les caufes creées donnent en effet l'eftre fimplement, ou vn mode, à leurs effets, dites qu'elles produifent des
fubftances, des accidens, & des modes, & ce
immediatement par elles mefmes. Deforte
qu'vne fubftance creée, produit vne autre
fubftance, & vn accident creée produit vn
autre accident, & fouuentefois vne fubftance produit vn accident par foy-mefme Immediatement, & quelquefois aufli la fubftáce employe quelque accident, comme caufe
inftrumentaire, pour produire vn autre accident, & pour difpofer le fujet à produire
vne autre fubftance, ainfi le feu engendre fa
chaleur par foy-mefme immediatement, &
il fe fert de çette chaleur, pour difpofer le
bois à eftre changé en feu, & aufli pour produire vne autre chaleur dans l'eau.

V. THESE. Tout effet depend de fa caufe: or dependre c'eft eftre vne chofe non neceffaire qui reçoit fon eftre fimplement, ou
au moins vn mode d'exifter. Et ainfi la dependance n'eft point diftincte de l'effet ou de
la chofe dependante: mais c'eft l'effet mefme
qui par foy-mefme, reçoit fon eftre fimplement, ou au moins vne façon d'exifter. Cecy
fe fonde premierement fur vne reigle generale, que i'ay eftably au fecond Liure de ma
Metaphyfique, & au traicté des modes, car

exiſtant, exiſter, & exiſtence, eſt la meſme choſe, donc *dependre*, *dependant*, *& dependance*, *action*, *agir*, *& Agiſſant*, ſont la meſme choſe. Et ainſi la dependance n'eſt pas diſtinⲥte de l'effet, ou de la choſe dependante.

En ſecond lieu, tout ce qui depend, eſt tel qu'il eſt obligé de ſon eſtre à ſa cauſe totale, & qu'il l'a doit remercier de tout ce qu'il poſſede. Donc aucun eſtre neceſſaire n'eſt dependât. I'ay dit à ſa cauſe totale, car quoy que les cauſes creées, qui ne ſont pas libres, agiſſent neceſſairement, neantmoins elles ne ſont que des cauſes partielles, puis que Dieu concourt touſjours auec les cauſes creées, à la production de leurs effets: & ainſi tout effet reconnoiſt que ſon eſtre eſt vn bien fait receu de ſa cauſe totale, d'où s'enſuit que dependre, marque quelque ſorte de ſubjeⲥction, & d'imperfeⲥction, & qu'ainſi il ne peut ſe trouuer dans vn eſtre parfait à l'infini.

Or que la dependance n'eſt pas diſtinⲥte de l'effet, cela ſe peut eſtablir, par tous les argumens, qui preuuent que la cauſalité n'eſt pas diſtinⲥte de la cauſe. Et d'abord il eſt certain, qu'vn effet par ſoy preciſement entant que diſtinⲥct de tout ce qui n'eſt pas luy-meſme, eſt dependant, pour ce que par tout ce qu'il a, il n'eſt pas neceſſaire, & tient tout ce qu'il a de ſa cauſe.

En ſecond lieu, ſi l'effeⲥct depend par vne vne entité diſtinⲥte, il s'enſuit que cette entité depend auſsi par vne autre entité, & ainſi il ſe donne vne ſuite infinie de dependances:

car

car il n'y a pas plus de raifon, que la dependance, depende immediatement de fa caufe,
que l'effet : puis que l'effet, entant que diftinct de cette dependance depend, & vn eftre
produit, & qui n'eft pas neceffaire. Enfin fi
cette dependance eftoit diftincte, Dieu la
pourroit feparer : donc l'effet depédroit fans
cette dependance, elle eft donc fuperfluë, &
il la faut retrancher de la Philofophie, comme vne bouche inutile.

OPPOSITION. II. Afin qu'vn effet depende de fa caufe, il faut vn dernier determinatif : or ce determinatif doit eftre vne entité diftincte de l'effet & de la caufe, car la
caufe & l'effet peuuent eftre, fans que l'effet
depende d'elle, pour ce qu'il pourroit dependre d'vne autre caufe.

Ie refponds premierement, qu'au moins
la dependance qu'a vn effet de la caufe premiere, n'eft pas diftincte de luy : car pofé
precifement que quelque chofe exifte hors
de Dieu, elle eft dependante, donc quelque
dependance n'eft pas diftincte.

Ie refponds en 2. lieu, que ce dernier determinatif, c'eft l'effet mefme, & la caufe,
pour ce que, quoy que l'vn & l'autre puiffe
eftre fimplement, fans que l'effet depende
d'vne telle caufe : par exemple quoy que la
lumiere que le Soleil produit maintenant
puiffe eftre, fans qu'elle foit produite du Soleil : neantmoins elle ne peut pas eftre d'vne
telle façon, ny fe porter & eftre comparable
au Soleil, comme elle eft à prefent. Et partant le dernier determinatif à cette depen-

X x

dance, est le Soleil tellement modifié, & la lumiere tellement modifiée.

OPPOSITION III. Mais que veut dire cela, le Soleil tellement modifié, la lumiere *taliter se habens*. Ie réponds premierement, demandez à sainct Gregoire de Nysse que veut dire que ces mots *Pere & Fils*, ne signifient pas nuëment la Nature diuine; mais *secundum aliqualiter esse differentiam*. C'est à dire vne certaine façon d'exister, comme i'ay dit au Discours des modes.

Ie répons en second lieu, que cela ne veut dire autre chose, si ce n'est que cette lumiere est produite du Soleil. Or si *estre du Soleil* signifie quelque entité distincte de la lumiere & du Soleil: il s'ensuit que ce terme syncathegorematique *Du*, signifie quelque chose. Et partant quand on dit que cette lumiere ne depend point *Du* feu, ny *De* l'eau, ny de la terre, ces mots *De* & *Du*, signifieront des entitez distinctes de la lumiere. Et partant, comme dit agreablement le subtil Okam, quand on dit la lumiere est comme vn diamant, où elle n'est point du marbre. Ces mots, *comme, ou sicut, & non*, signifient vne *si entité*, & *vne nonité*; ce qui est ridicule. Or cette extrauagance naist, de ce que nos Aduersaires n'ont iamais pris garde, que les termes syncathegoresmes, *comme, de, non*, & les autres propositions, conjonctions, & aduerbes, ne signifient proprement chose aucune; mais ce sont seulement des termes capables de determiner ceux ausquels ils sont joints.

VI. Thes e. Les cauſes produiſent tout
ce qui eſt dans vn effect ; de ſorte qu'il n'y
a rien dans l'effect, qui ne ſoit produit, comme ſon eſſence, ſon exiſtence, ſon indiuiduation. Si neantmoins vn effect eſt diuiſible,
il ſe peut faire qu'vne cauſe n'en produiſe
qu'vne partie. Ainſi les parens ne produiſent pas l'ame de leurs enfans, mais ſeulement le corps, & ils le diſpoſent à receuoir
l'ame. La raiſon de cecy eſt, qu'il n'y a rien
dans vn effect creé, qui ſoit neceſſaire, &
qui ne depende de quelque cauſe. Car tout
ce qui eſt au monde, ou eſt produit, ou il
n'eſt pas produit s'il n'eſt pas produit, & s'il
eſt neceſſaire, c'eſt Dieu ; s'il eſt produit, &
s'il n'eſt pas neceſſaire, c'eſt vn effet de quelque cauſe. De plus, il n'y a rien hors de Dieu
que Dieu ne puiſſe deſtruire, donc tout ce
qui eſt hors de Dieu eſt produit, & n'eſt neceſſaire, donc il n'y a rien dans vn effet, par
exemple dans Alexandre, qui ne ſoit produit.
Donc l'eſſence d'Alexandre eſt produite,
dans le temps, & conſequemment elle n'eſt
pas eternelle.

D'icy s'enſuit qu'il n'y a point dans vn
effet aucune raiſon generique, ſpecifique ny
indiuiduelle, qui ne ſoit produite par ſes
cauſes, pour ce que tout ce qui eſt dans vn
effet, eſt dependant, contingent, non necef-
ſaire, & il a eſté indiferẽt à eſtre, & n'eſtre pas.
Donc il a fallu vne cauſe productiue, pour
le determiner à l'eſtre, outre que, comme i'ay
preuue au traité des vniuerſaux, il n'y a point
dans les choſes, de raiſons ſpecifiques, ny

generiques, mais c'eſt les indiuidus meſmes
entant qu'ils peuuent eſtre conçeus par des
concepts ſpecifiques, & generiques: i'auoüe
neantmoins qu'vn effet n'a pas toutes ſes determinations au regard de chaſque cauſe qui
le produit: ainſi vn acte d'amour de Dieu
n'eſt pas vn acte de vie: pour ce qu'il eſt produit par la charité, mais pour ce qu'il eſt
produit par la volonté, qui eſt vne puiſſance
viuante. Et pareillement, l'action du peché
n'eſt pas peché comparée à Dieu, mais comparée au pecheur auec lequel Dieu concourt
à cette action.

VII. Thèse. Vn effet eſt vn eſtre non
neceſſaire qui reçoit de quelcun ſon eſtre
ſimplement, ou quelque façon nouuelle
d'exiſter.

Cette deſcription ſe preuue, par le denombrement de tous les effets: car il y en a de
deux ſortes. Quelqu'vns reçoiuent leur eſtre
totalement de leur cauſe. Ainſi le monde eſt
vn effet de Dieu, & la lumiere du Soleil. Les
autres effets reçoiuent ſeulement quelque
nouueau mode d'exiſter: ainſi vne ſtatuë,
vne figure, le mouuement, & l'vnion, ſont
des effets de leurs cauſes. Certes lors que
quelque choſe eſt engendrée de nouueau, il
y a vne cauſe. Or il ſe peut faire qu'vn tout
ſoit engendré, ſans qu'aucune choſe ſoit produite de nouueau: car ſi le corps, & l'ame
d'Alexis eſtoient ſeparez, celuy qui les vniroit, feroit vn tout ſubſtantiel; & neantmoins
il ne produiroit aucune choſe ſimplement,
mais ſeulement il vniroit deux parties en-

femble. Pareillement celuy qui vnit deux
goutes d'eau ou qui fait vn tableau, ou vn
horologe fait vn tout, fans produire aucun
eftre de nouueau, mais il modifie feulement,
ce qui eftoit auparauant dans la nature. D'où
ie deduis pour

VIII. Th ese. Qu'à parler abfolument,
il n'eft pas neceffaire, que l'effet foit diftinct
reelement de fa caufe creée. Il doit neantmoins eftre reelement diftint de fa caufe totale.

La raifon eft, que Dieu concourt toufiours,
auec les creatures pour produire leurs effets,
il faut donc que l'effet foit toufiours diftinct de ce tout, qui fe nomme caufe premiere, & caufe feconde. Mais il n'eft pas
neceffaire qu'vn effect foit toufiours diftinct de la caufe feconde, qui le produit:
Car vne creature peut eftre caufe de quelque mode qu'elle fe donne elle mefme:
Ainfi quand vous courbez le bras, vous
eftes caufe de ce mouuement, & de cette figure courbee. Car l'vn & l'autre font des
effects, puis que ce font des eftres contin-
gents, qui font à prefent, & qui n'eftoient
pas auparauant. Qui les a donc produits?
certes c'eft vous mefmes, *Theandre*, qui leur
auez donné l'eftre. Or ces modes ne font
pas diftincts de vous mefmes, comme i'ay
preuué aux precedens Difcours. De plus,
tout ce qui eft vifible & inuifible hors de
Dieu, eft vn effect de la puiffance diuine,
comme dit le Symbole du Concile de Ni-
cee. Or les modes, comme font le mouue-

ment, l'vnion , & la figure , font des chofes
vifibles , donc ils font de vrais effects.

Il faut donc leur trouuer vne caufe creée,
auec laquelle la premiere caufe puiffe concourir. Et partant, lors qu'vne chofe fe modifie, il faut dire qu'elle mefme eft caufe des
modes , & des diuerfes façons qu'elle fe
donne.

En fecond lieu , comme dans la Trinité le
Pere eft principe du Verbe , qui eft bien diftinct reellement de luy , mais non pas par
vne diftinction abfoluë ou reélle totale : en
telle forte, que le Verbe feroit vn vray effect, s'il n'eftoit pas vn eftre neceffaire. Pareillement, il faut dire que dans les creatures vne caufe peut produire en foy-mefme
vn mode , qui n'aura point vne effence &
vne nature diftincte.

Troifiefmement, il n'y a point de contradiction , qu'vne chofe fe donne l'eftre,
par vne feconde reproduction. Donc il fe
peut faire, à parler abfolument, qu'Alexandre defia mis au monde par Philippes, foit
par-aprés pere du mefme Alexandre, fi
Dieu le vouloit reproduire par vn miracle,
puis qu'il ne s'enfuit aucune contradiction
de ce prodige : Et au pis aller, on ne peut
pas nier qu'vne chofe ne fe puiffe donner
quelque nouuelle façon d'exifter. Ainfi
deux goutes d'eau fe peuuent vnir. Ainfi
l'adorable Iesvs fe donne vne feconde
production, ou vne nouuelle prefence dans
le Sacrement adorable. Ainfi nous donnons
à nos corps des mouuemens , figures & po-

ftures diuerfes. Donc quelque effect peut
n'eftre pas diftinct reellement de fa caufe
creée.

OPPOSITION IV. Si vne mefme
chofe fe produifoit foy-mefme par vne feconde production ; la mefme chofe feroit
caufe & effect, elle feroit anterieure & po-
fterieure à foy-mefme : elle feroit auant
qu'elle fuft ; & partant elle feroit caufe, &
ne feroit pas caufe : ce qui eft contradictoire.

Ie répons, que iamais il n'y a de contradiction, felon Ariftote, s'il n'y a vne affirmation & negation d'vn mefme fujet, felon
les mefmes circonftances. Ce qui ne fe
treuue pas dans cette obiection: Car vn tel
eftre, felon fa premiere production, ne feroit pas caufe de foy-mefme, où il ne feroit
pas auant foy-mefme, felon fa premiere
production, mais feulement dans fa production feconde. Certainement, comme Dieu
par vn miracle peut mettre vn mefme homme en diuers lieux, & luy donner des prefences nouuelles. Auffi il peut faire qu'vn
mefme homme foit produit par vne feconde production ; & faire que luy-mefme desja mis dans le monde, fe donne vn fecond
eftre, par vne production reïterée.

OPPOSITION V. Si vne chofe peut
reproduire dans vne production reïteree,
elle peut auffi fe donner le premier eftre, ce
qui s'approche de l'erreur ; pource qu'il
s'enfuiuroit que le monde auroit peu receuoir l'eftre de foy-mefme.

Ie répons en niant cette suite : Car si vne
chose creée se donnoit le premier estre, elle
seroit dependante, & independante : car
ou cette creature se donneroit ce premier
estre, auec dependance de Dieu, ou sans dependance de Dieu : si c'estoit sans dependan-
de Dieu, elle seroit dependante de Dieu, puis
qu'elle est creature, & elle en seroit independante. Ce qui est contradictoire. Ou elle
se donnent ce premier estre auec dependance de Dieu. Et en ce cas il faut voir, s'il
y a contradiction qu'vne chose soit esleuée
de Dieu à se produire soy mesme, comme
cause partielle : car la contradiction, est la
seule mesure de l'impossible.

Au moins d'icy vous pourrez inferer premierement qu'il n'est pas besoin que le principe, & la cause precede de temps la production de l'effet, puis que le feu n'a iamais
esté deuant sa chaleur, ny le Soleil deuant
sa lumiere.

Secondement, qu'il n'y a point de contradiction qu'vn estre necessaire soit sans principe, & qu'il se donne l'estre à soy-mesme,
c'est à dire qu'il ne le reçoiue d'aucun autre, comme i'ay prouué euidemment dans
ma *Diuinité deffenduë contre les Athées.*

Il s'ensuit en troisiesme lieu, qu'il n'est
pas besoin qu'vn principe soit *totalement* distinct de ce qu'il produit, comme il se voit
dans la Trinité, où le Fils & le Pere ont vne
mesme essence, & vne mesme nature.

Quatriesmement, que la seule difference
qu'il y a entre estre principe, & estre cause :

c'eſt que la cauſe produit vn eſtre non neceſſaire:& ainſi toute cauſe eſt principe,mais
tout principe n'eſt pas cauſe,comme tout
homme eſt animal ; mais tout animal n'eſt
pas homme.

Cinquieſmement que tout principe &
cauſe ſont des eſtres relatifs, puis qu'ils ont
du rapport aux termes ou aux effets qu'ils
produiſent,

QVESTION II.

Qu'eſt-ce que Action, Paſſion, Cau-
ſalité, exercice, comment l'action
& la paſſion ſont diſtinctes, &
ſi l'action eſt dans le principe qui
agit.

TOut ce que ie diray en cette matiere,
Theandre, ſe fonde ſur deux principes,
que i'ay desja eſtablis. Le premier eſt, que
ce mot action, & tous les noms verbaux qui
ont cette meſme terminaiſon, ſe prennent
ou actiuement ou paſſiuement, ſelon la maxime Generale, que i'ay prouué par mille
exemples, & partant ce mot *action* pris paſ-   Art. 3. Ph.
ſiuement, eſt le meſme que la *paſſion*. C'eſt c. 3
ainſi qu'Ariſtote dit au 3. Liure de ſa Phyſique, que action & paſſion ſignifient la meſme choſe, & ne different que par la defini-

tion : & conſequemment l'action priſe paſſiuement ſe met dans le predicament de la paſſion, puis que c'eſt vne meſme choſe, auec
elle : neantmoins ce mot *paſſion* ſe prend fort
rarement d'vne façon actiue.

La ſeconde maxime, que i'ay eſtably au
Liure ſecond, eſt vne Action, agir, & agiſſant, exercer, s'exercer, & s'exerçant, paſſion, patir, & le ſujet qui patit, eſt la meſne
choſe, auſſi bien que exiſtent, exiſter, & exiſtance : mais le mot *action* ſignifie incomplexement par voye de nom, *agiſſant*, comme
participe, & *agir* d'vne façon complexe, ces
deux principes eſtans preſuppoſez, ie dis
pour

I. THESE. Que l'action, ou exercice d'a-
gir, eſt vn eſtre, qui produit quelque choſe
ſimplement, ou qui luy donne vn mode d'e-
xiſter : & partant l'action eſt le meſme que
l'exercice d'vne choſe qui agit, & c'eſt la choſe meſme agiſſante. Ainſi les Theologiens
mettent dans la Trinité, deux actions, Sçauoir eſt, la Generation, & la Spiration actiue, qui ne ſont autre choſe, que le Pere engendrant ſon Fils, & le Pere, & le Fils, reſpi-
rans le S. Eſprit. Or il y a trois ſortes d'a-
ctions. La premiere produit vne ſubſtance,
comme celle-là par laquelle vn feu produit
vn feu. La ſeconde produit vn accident, comme quand le feu produit la chaleur. La troiſieſme ne produit ſimplement aucun accident, ny ſubſtance, mais ſeulement elle les
modifie, telle eſt l'action, par laquelle on
donne à vne cire la figure ronde, & partant

quelque action est distincte reellement du terme qu'elle produit, comme quand vn feu produit vn autre feu, ou quand vne chaleur produit vne autre chaleur, quelquefois aussi l'action n'est pas distincte totalement du terme qu'elle produit, comme quand le bras se courbe luy-mesme.

D'où s'ensuit que l'action s'estend plus loing que la causalité, car toute causalité est action: mais toute action n'est pas causalité; ainsi l'action par laquelle le Pere Eternel engendre son Fils, n'est pas causalité: pour ce qu'elle ne produit pas vn effet: mais vn terme absolument necessaire D'où arriue que comme l'action en Dieu, est le principe mesme: aussi dans les creatures la causalité, ou l'exercice de causer, n'est point distinct de la cause.

II. THESE. La passion proprement est vne chose, qui reçoit simplement son estre, de quelqu'vn ou quelque mode d'exister. Desorte que *passion, patir, & estre puissant*, ou pour mieux dire, *produit, estre produit. & production passiue, ou passion*, c'est la mesme chose, signifiée en des façõs diuerses. Ainsi la Theologie met deux passions ou deux productiõs en Dieu. La Generation passiue, & la Spiration passiue. Et pour confirmer que la passion & ce qui est produit est la mesme chose: elle nous enseigne, que la Generation passiue, est le Fils mesme, & que la Spiration passiue, c'est le S. Esprit, comme la Generation actiue, c'est le Pere: d'où ie preuue que tout de mesme qu'en Dieu, les actions & les passions, ne sont pas distinctes des principes produisans, ny des termes produits, aussi elles n'ont aucune distinction dans les creatures, & partant ces mots, action, causalité, & puissance d'agir, signifient le principe mesme, & passion signifie l'effet, & connote qu'il reçoiue son estre d'vn autre ou quelque mode d'exister.

Vous voyez donc *Theandre*, que ce mot *passion* est fort equiuoque. Car premierement il signifie le mesme que la souffrance de quelque douleur, & sous ce mot nous adorons les douleurs ineffables du Redempteur des hommes: où il faut remarquer que ces mots I ᴇ s v s *patissant*, I ᴇ s v s *patir*, *& la passion de* I ᴇ s v s, signifient tout à fait la mesme chose, selon nostre maxime Generale.

En second lieu, passion signifie vn mouuement de l'ame alterée, qui se fait sentir sur le corps, comme l'amour, la colere, la tristesse, & à bien Philosopher, ces passions sont l'ame mesme, diuersement modifiée, dás diuers organes, & parties du corps. En fin *passion* signifie le mesme, qu'vn terme produit ; Et alors il est correlatif, auec action, pour ce que quelque passion respond tousjours à vne action, comme l'effet à la cause; & c'est en ce sens qu'il se prend icy , pour le mesme que production passiue, ou la chose produite.

Tout cecy se peut establir par Aristote, qui dans ses predicamens , exprime *l'action & la passion*, par les Verbes *patir & agir*, pour faire voir , que *action*, *agir*, *& agissant* , signifient tout à fait la mesme chose. Et ainsi il met dás le predicament de l'action , tous les Verbes actifs, comme eschaufer & aimer, & les participes actifs, auec les noms verbaux, qui leur respondent. Et dans le predicamét de la passion, il met tous les verbes, & participes passifs, & les noms verbaux qui leur respondent comme eschaufé , & estre eschaufé.

III. THESE. L'action se diuise en plusieurs façons : car premierement à raison du principe, elle se diuise en creée, & increée. L'action increée, est Dieu s'exerçant ou agissant, comme Dieu engendrant son Fils. Dieu creant, Dieu connoissant, Dieu voulát, Dieu aymant, l'action creée est vne creature qui agit & s'exerce. Desorte que l'action soit en Dieu , soit dans l'estre creé, c'est le principe agissant. Il y a aussi des actions corporelles comme celle d'vn lyon : & des spirituelles, comme celles d'vn Ange.

Secondement à raison du terme produit, l'action se diuise en substantielle, & c'est celle-là qui produit vne substance, & en accidentelle, qui produit vn accident, & modifiante qui ne produit rien de nouueau : mais seulement vn mode, comme quand on courbe le bras. L'action creatiue est celle-là qui produit de rien quelque chose. L'eductiue est celle-là qui produit quelque chose d'vn d'vn sujet. On peut encore dire, que l'action substantielle, est vne substance qui s'exerce , & que l'accidentelle , est vn accident qui agit.

Troisiesmemement on peut diuiser l'action,

ayant esgard à la façon de produire vn terme, en immanente & passagere, actiue &
factiue. *L'actiue immanente* est celle-là, qui
ne produit rien hors de son principe, comme l'intellection. *L'action passagere* est celle-
là qui produit quelque chose au dehors,
comme la Generation. Or si ce qui est produit, demeure apres l'action, on peut nommer cette action *factiue*, & si rien ne demeure, elle est *actiue*.

Actio im-
manens
transiens,
actiua, facti-
ua.

Quatriesmement, les actions se peuuent
prendre moralement, & elles se diuisent en
honnestes ou loüables ; Comme donner
l'aumosne, & deshonnestes ou blasmables,
comme tuer vn innocent, & en indifferentes,
comme ouurir l'œil. On pourroit faire des
diuisions semblables touchant la passion, &
la diuiser en creée & increée, substantielles,
accidentelles, & modes : en loüable & blas-
mable, & ainsi du reste.

IV. THESE. Les Interpretes d'Aristote donnent trois proprietez à l'action & à
la passion. La premiere est, d'auoir vn contraire ; ainsi eschaufer ou estre eschauffé est
contraire à refroidir, ou estre refroidi : Ou
pour mieux dire, les qualitez connotées par
ces mots eschauffer, & refroidir, sont contraires.

La seconde proprieté est, *receuoir plus ou
moins* : car les verbes d'agir, & de patir, se
mettent auec ces aduerbes, *plus & moins.*
Ainsi on dit aimer & eschauffer, plus ou
moins : & aussi estre eschauffé.

La 3. proprieté est, que toute action est

fuiuie d'vne paſſion, pour ce que ces deux
termes ſont correlatifs.

D'icy vous pouuez inferer, que ces proprietez ſont impropres, puis que les deux
premieres ne ſont pas reciproques, ce qu'il
faut bien remarquer dans toutes les proprietez des categories. Remarquez encor
que touchant les dix categories d'Ariſtote,
il n'importe quel ordre l'on garde, puis que
cela n'eſt d'aucune conſequence, & luy meſme les met diuerſement, ſans garder le meſme ordre dans ſa Metaphyſique, qu'il auoit
gardé dans ſes categories.

V. Thesee. L'action, & la paſſion,
ſont diſtinctes en la meſme façon que le
principe produiſant, & le terme produit,
puis que l'action eſt le principe qui s'exerce.
Et la paſſion eſt le terme produit, & partant
quand le principe, & ce qu'il produit ſont
diſtincts reellement, il faut dire que l'action
& la paſſion ſont reellement diſtinctes; comme quand le Soleil produit ſa lumiere, mais
quand l'effet eſt ſeulement vn mode, que le
principe produit en ſoy meſme, la paſſion
n'eſt point diſtincte reellement de l'action,
mais ſeulement par raiſon, comme dit Ariſtote. C'eſt à dire par raiſon definitiue. Ainſi
quand ie courbe le bras; cette action, c'eſt
le bras meſme, qni n'eſt diſtinct de ſa figure
courbee que par raiſon definitiue; pource
que l'on definit autrement eſtre bras, & eſtre
courbé. Et on répond diuerſement, quand
on demande d'vne meſme choſe, pourquoy
elle eſt agiſſante, ou produiſante, & patiſſan-

te ou produite : & partant vne mesme chose reelement, peut estre action & passion, à regard de soy-mesme.

I. OPPOSITION. Aristote a mis l'action & la passion en deux categories diuerses, donc elles ne peuuent iamais estre reellement la mesme chose. Ie répons, que la mesme chose, sous diuers termes, se peut mettre en plusieurs categories : & ce qui est plus merueilleux, sous vn mesme terme. Ainsi ce mot *science* est dans les predicaments de la qualité, & de la relation. Il suffit donc qu'vne mesme chose ait des conceps diuers soit absolus, soit relatifs, pour fonder des categories diuerses.

D'icy vous pourrez recueillir, que l'Action, & la passion ne sont point des pures denominations extrinseques : car c'est le principe mesme produisant, & le terme produit, quoy que ces termes produire, & produit connotent quelque chose en quelque façon extrinseque.

VI. THESE. L'action à parler proprement n'est ny dans l'agent ny dans le terme mais elle est tousiours intransitiuement, & improprement dans le principe qui agit.

La raison est que l'action est le principe agissant. Et la causalité est la cause mesme, & partant l'action n'est iamais dans le terme produit, si ce n'est lors que l'agent, & le terme produit, sont la mesme chose. Parellement la passion, estant le terme produit. Il faut dire, qu'elle est intransitiuement dans le terme produit, c'est à dire
qu'elle

qu'elle n'eſt pas dans vn autre. Neàntmoins
quand le terme produit eſt vn accident, il
faut dire que la paſſion eſt dans le ſujet.

Cette verité ſe peut eſtablir par les actions
& paſſions diuines : car la generation actiue
eſt le Pere meſme, & la generation paſſiue
c'eſt le Fils meſme. Ie preuueray cecy plus
au long quand ie montreray que l'action, la
cauſalité, & les puiſſances d'agir, ne ſont
point diſtinctes des principes. Ceux qui pé-
ſent que l'action ſoit vn mode diſtinct, diſent
que ce mode eſt dans la cauſe, quelqu'autres
ſoutiennent qu'il eſt dans l'effet. De moy
ie retranche vn armée d'entitez inutiles,
auſſi ie fuis mille difficultez marchant
touſiours ſur les meſmes principes. D'icy
vous deduirez pour

VII. Theſe. Qu'il n'eſt point contre
la raiſon de dire, qu'vn eſtre creé, puiſſ agir
par ſoy meſme, & qu'il n'y a point de contradiction, que l'ame entende, & veille par
elle meſme, pour ce qu'il faut raiſonner des
actions vitales par exemple des volitions,
intellections & viſions, comme des autres,
& dire que les actions vitales ne ſont pas
diſtinctes de leur principe, mais c'eſt le
principe meſme viuät diuerſement modifié.
Certes les meſmes argumens que i'ay apporté preuuent que les actions vitales ne
ſont pas diſtinctes de leur principe mais que
c'eſt le principe, qui peut s'exercer, Et partant l'action, la puiſſance d'agir, & le principe qui peut agir, ſont touſiours reelement
la meſme choſe. D'où s'enſuit que quand

quelques anciens ont tenu pour maxime infaillible que les creatures, ne peuuent pas agir par elles mefmes, ils ne veulent autre chofe, fi ce n'eft que les creatures ne peuuent eftre d'elles mefmes, puis qu'elles dependent de leur caufe ou qu'elles ne peuuent pas agir qu'auec fon concours, mais les caufes creées cooperent auec Dieu par elles mefmes, & non pas par vne entité diftincte, Et en ce fens ie diray au traité de l'Ame que les intellections & les volitions, ne font point des qualitez diftinctes de l'ame, mais que c'eft l'ame mefme qui s'exerce.

OPPOSITION. II. Que fi quelque zelé s'eicrie que cela choque le Concile de Trête, qui enfeigne que Dieu concourt auec nous dans les actes furnaturels d'amour, de foy, & d'efperance. Donc il produit quelque chofe. Et ainfi les volitions font quelque chofe diftincte de l'ame, puis que l'ame eftoit auparauant que cette volition, ou cet acte d'amour furnaturel fut produit.

Refpondez froidement, *Theandre*, que dans les actes furnaturels, Dieu produit quelque chofe, fimplement, ie le nie, tellement modifiée, ie l'accorde. C'eft à dire qu'il donne, & produit en l'ame vn mode furnaturel, mais ce mode n'eft pas diftinct reellement de l'ame, non plus que la figure, qu'vn ftatuaire dône à vne image de cire ou de marbre. Il femble que ce foit la penfee de S. Paul, lors qu'il dit que Dieu opere en nous le vouloir, & le parfaire. C'eft à dire qu'il fait que nous veilliôs, & accompliffions nos bonnes œuures : car cét Apoſtre ſe ſeruant du verbe, *vouloir* : il monſtre que la volition, vouloir, & celuy qui veut eſt vne meſme choſe. Et qu'ainſi les puiſſances & les exercices meſmes de vie, ne ſont point reéllement diſtincts de leur principe.

QVESTION III.

Qu'eſt ce que la puiſſance & vertu, d'agir & de patir, ſi les puiſſances, & les actions, & cauſalitez ſont diſtinctes des principes, & ſi elles ſont eſſentielles. D'où les cauſes & les puiſſances ſont ſpecifiées & indiuiduées.

I. THESE.

LEs puiſſances d'agir ou de patir, ſont reéllement les choſes meſmes qui agiſſent, ou qui ſont produites : neantmoins ce n'eſt pas ces choſes meſmes, priſes abſolument : mais relatiuement. C'eſt pourquoy les puiſſances d'agir, ou de patir, ne ſont pas eſſentielles. Cette opinion eſt de Scot ; d'Okam, & de leur Eſchole, & elle ſe fonde ſur vne maxime Generale, qui dit, que *pouuoir, ce qui peut & puiſſance*, eſt la meſme choſe. Or il eſt clair que ce qui peut agir, n'eſt pas diſtinct du principe, puis que c'eſt le principe mesme qui peut agir. Ainsi en Dieu la puissance d'engendrer, de vouloir, de connoistre, de creer, c'est Dieu mesme, puis qu'il n'y a rien en Dieu qui soit distinct de Dieu. D'où ie deduis la mesme verité dans les creatures: par exemple en l'ame la puissance de vouloir, & de connoistre, c'est l'ame mesme côparée à ses objets: car ou c'est l'ame mesme, ou quelque chose distincte d'elle, si c'est l'ame mesme, donc les puissances ne sont pas distinctes de leur principe: si elles sont distinctes de l'ame donc elles sont receuës en l'ame, & partant l'ame les peut receuoir, dôc elle a en soy immediatement quelque puissance de receuoir les puissances: c'est là pensée tres-expresse de S. Thomas, qui dit apres Aristote, que la puissance d'agir, c'est le principe mesme agissant, & que les puissances passiues sont le principe mesme qui patit. De plus comme la puissance d'exister, c'est ce qui existe, aussi la puissance de parler, c'est ce qui parle.

Or l'homme existe, & l'homme parle, il est donc la puissance d'exister, & de parler. I'aduoüe neantmoins que les puissances d'agir & de patir, ne sont pas essentielles aux principes, pour ce que elles sont les principes relatiuement considerez, & non pas absolument. Et partant iamais vne action n'est rapportée essentiellement à vn effet, ny aucune puissance à vn terme.

II. THESE. Les puissances sont distinctes formelement, & par raison difinitiue, des principes, & aussi entre-elles. La raison

D. Tho 2. p. q. 25. de potentia diuina, potentia actiua est principium agendi in aliud potentia vero passiua, est principium patiendi ab alio.

est, que le principe pris absolument, & relatiuement a des definitiõ diuerses, & pareille-
mẽt les puissãces diuerses, d'vne mesme chose, ou le mesme principe comparé à des termes diuers ont des definitions diuerses. Ainsi
on definit l'ame, la forme d'vn corps orga-
nizé qui peut viure, *& la volonté est vn puis-*
sance qui se peut porter sur le bien en l'aimant, ou sur le mal en l'haissant? l'entendemẽt
est vne puissance qui se peut porter sur le
vray en l'approuuant, ou sur le faux en le
niant. Voyez vous *Theandre*, cõment l'ame, la
volonté & l'entendement sont distincts, par
des raisons definitiues: Et comment l'ame
prise absolument se definit autrement, que
lors qu'elle est comparée au vray, & au bien,
& qu'estant comparée au bien, elle se nomme volonté, & comparée au vray elle se
nomme entendement.

Il faut dire le mesme de l'entendement, &
de la volonté Diuine: car ce sont des puissances, c'est à dire, Dieu mesme comparé, au
vray, & au bien. Et pareillement selon Sainct
Thomas, question 21. Toutes les puissances
qui sont en Dieu, c'est Dieu mesme, comparé
à des choses diuerses. Ainsi la puissance de
créer le Soleil, c'est Dieu & le Soleil, qui
dans son existence n'enserre point de contradiction. la puissance de créer le lyon, c'est
Dieu, & ce mot connote que le lyon n'enserre point des attributs contradictoires.

De tout cecy vous pourriez recueillir, que
les substances, & les accidens créez, agissent
& peuuent agir immediatement, par eux-

mefmes, & que la puiſſance d'agir, n'eſt pas
vn accident diſtinct. Ainſi le feu par ſoy-
mefme, peut produire vn feu, & la chaleur
vne autre chaleur, quoy que dient quelques
Autheurs, au contraire. Et partant les puiſſances d'agir des ſubſtances, ſont des choſes
ſubſtantielles, & qui ſe mettent priſes abſolument dans le predicament de la ſubſtance,
& priſes relatiuement dans le predicament
du mode. Mais les puiſſances d'agir qui ſont
dans les accidens, ſont des entitez accidentelles, qui ſe mettent dans le predicament,
de la qualité priſes abſolument, & priſes relatiuement dans le predicament du mode. Et
ainſi toute puiſſance ne ſe met pas dans la categorie de la qualité.

Certainement *Theandre*, ie ne peus conceuoir, pourquoy c'eſt que la chaleur peut immediatement produire vne autre chaleur, &
qu'vn feu ne puiſſe pas produire vn feu par
ſoy meſme, n'y d'où a eſté tiré cét Axiome,
que les ſubſtances creées, ne peuuent rien operer par
elles-meſmes. Or comme ie confeſſe que ſouuentefois les ſubſtances peuuent produire
quelques effets, par des puiſſances diſtinctes: ainſi le feu produict la chaleur en l'eau,
par ſa chaleur, qui eſt vn accident diſtinct
de ſa ſubſtance, & le pain blãc diſſipe la veuë
par la blancheur, qui eſt réellement diſtincte
du pain. Neantmoins ie dis que les ſubſtances produiſent pluſieurs choſes par elles-
meſmes, ou qu'il ſe donne vn progrez à l'infini dans les puiſſances, ſi le feu engendre ſa
propre chaleur par vne puiſſance diſtincte

De plus l'ame selon sa substance, ne seroit ny volitiue, ny intellectiue, non plus qu'vne pierre, outre que puis que Dieu peut separer tout ce qui est distinct, il s'ensuit que Dieu pourroit separer la volonté, & l'entendement de l'ame, & les mettre dans vne pierre, ce qui est imaginaire: puis qu'il s'en uiuroit que ce n'est pas l'ame, qui veut & qui entend, mais vne chose reellement distincte d'elle-mesme.

En fin il est certain, que la volonté & l'entendement ne sont pas des choses distinctes, puis qu'il faut que ce qui veut, connoisse: elles ne sont donc pas distinctes de l'ame, mais elles sont l'ame mesme, qui est volonté & entendement par soy mesme, Pour establir encor cecy plus fortement, ie mets cette

III. THESE. Les puissances, ou vertus d'agir, & les exercices & actions, ou causalitez, ne sont point des petites entitez distinctes: mais ce sont les principes, & les causes mesmes, non pas simplement & absolument, mais relatiuement considerées. Comme la dependance est l'effect mesme relatiuement comparé à sa cause : C'est à dire entant qu'il reçoit son estre, ou quelque mode.

C'est l'opinion de tous les anciens, qui n'ont point recognu de modalitez distinctes, iusques au temps de Suarez, & de Suar. d. 48. met. Fonseque. Sur tout elle est expressement d'Okam, de Gabriel, de Gregoire d'Arimini, & de tous les Nominaux. Le premier ar-

Y y iiij

gument soit tel. Les actions en Dieu ne
sont point distinctes du principe: mais c'est
le principe mesme. Ainsi la generation actiue, c'est le Pere mesme: ou bien il y auroit
en Dieu quelqu'autre distinction qui ne seroit point entre les Personnes. Donc pareillement les actions des creatures ne sont
point distinctes du principe agissant: Car il
n'y a aucun inconuenient, que les creatures
soient semblables à Dieu en cét attribut.

OPPOSITION I. Il y a de notables
differences, me direz-vous, pource que
Dieu est necessairement Pere: mais le Soleil & Philippes peuuent produire, & ne
point produire leurs effects. Donc il faut
vn dernier determinatif distinct de l'effect
& de la cause: puis que la lumiere & le Soleil, Philippes & Alexandre peuuent estre,
sans que l'vn soit effect de l'autre. A cette
attaque ie dis pour

Seconde raison, Qu'vn estre distinct
n'est point necessaire, pour estre le dernier
determinatif: puis qu'on le treuue sans cette entité surnumeraire. Car precisément
posant, que l'effect, par exemple, que la lumiere, depende du Soleil, l'on treuue le
dernier determinatif, à ce qu'elle soit effect.
Or dependre du Soleil ne signifie rien que
la lumiere & le Soleil. Car ce mot *du*, est vn
syntategoreme, qui proprement ne signifie rien: mais qui determine seulement la
voix, à laquelle on l'adiouste. Car comme
remarque Okam, il s'ensuiuroit que quand
on dit Cesar est nomme, comme Lentulus,

comme Alexandre, comme Lyſis. Que ces
mots *comme*, ou *ſicut*, ſignifient dans Ceſar
autant de *ſicatitez*, ou de reſſemblances,
qu'il y a d'hommes. Ioint que l'effect depend de ſa cauſe en la meſme façon qu'il
exiſte. Or il exiſte immediatement en ſoy,
& par ſoy meſme: & il eſt en ſoy-meſme
effect de quelque cauſe, donc il n'a pas cette condition, par vne entité diſtincte.

Ie répon en troiſieſme lieu , que cette
petite entité ne ſeroit point le dernier determinatif: car ſi elle exiſtoit, elle ſeroit diſtincte reellement de l'effect , & de la cauſe:
donc elle ne ſeroit rien de l'effect , ny de la
cauſe. Et partant Dieu la pourroit ſeparer
de l'effect & de la cauſe, puis qu'il n'y a aucune contradiction dans cette ſeparation.
Et ainſi Dieu pourroit annihiler la cauſe &
l'effect, ſans toucher à cette petite entité,
& la conſeruer hors de l'effect & de la cauſe:
elle n'eſt donc pas le dernier determinatif.

Quatrieſmement, il s'enſuiuroit vne ſuite
infinie, & il faudroit vne action & vne cauſalité, pour produire vne autre action : car
tout ce qui ſe fait , ſe fait par vne action: or
l'action ſe fait , donc il faut qu'elle ſoit produite par vne autre action. Et que l'on ne
me die pas, que l'action eſt ſeulement produite *vt quo*, & inſtrumentalement; mais
non pas *vt quod*, où principalement. Car
tout ce qui exiſte à preſent , & qui n'eſtoit
point hier, a eſté produit effectuement, &
proprement. Or cette action qui eſt auiour-
d'huy, n'eſtoit pas hier, elle a donc eſté pro-

duite: donc il y a eu vne seconde action pour produire cette action.

De plus, ie demande si Dieu produit cette petite entité, ou non? s'il ne la produit pas, elle est donc independente de Dieu, & elle n'est ny visible ny inuisible. Car selon le Concile de Nicée, Dieu est Createur de toutes les choses visibles, & inuisibles. Or si Dieu produit les actions, & les exercices des creatures, il s'ensuit que Dieu oste toute sorte de liberté & d'indifference, dans ses creatures. Car il met quelque chose d'antecedent à leurs operations, qui estant mise, il ne se peut faire qu'elles n'agissent. Et quoy que ie sçache que plusieurs bons Autheurs tiennent, que la liberté ne consiste pas dans l'indifference, mais en ce que l'action soit vouluë, ou volontaire, & que cette opinion est probable. Neantmoins i'ay deu proposer cét argument contre Suarez, qui met la liberté dans l'indifference du principe.

OPPOSITION II. Que si l'on m'objecte que mon argument choque tous les partis, car tous auoüent que la creature à besoin du concours de Dieu : or, ce concours estant mis, il ne reste plus d'indifference dans la creature, puis qu'il est impossible qu'elle n'agisse.

Ie répons, que le concours de Dieu n'est point antecedent, mais concomitant à l'operation de la creature ; car ce n'est autre chose que Dieu agissant auec elle. Ce qui va de pair, sans que l'vn precede l'autre, comme l'existence en deux choses, qui ont la

coëxiſtence, c'eſt à dire qui exiſtent au meſme temps,

Sixieſmement, Il eſt neceſſaire que quelque puiſſance d'agir, ou de patir, ſoit indiſtincte : car ie veux que l'action ſoit vne petite entité diſtincte de la cauſe qui agit : ſi
faut-il qu'elle ſoit receuë dans la cauſe. Et
partant, la cauſe la peut receuoir, & elle a
vne puiſſance pour la receuoir. Or ſi cette
puiſſance n'eſt pas diſtincte, donc il y a
quelque puiſſance indiſtincte : que ſi elle eſt
diſtincte, il ſe donne vn progrez infini dans
les puiſſances.

Voyez-vous, *Theandre*, combien de Groteſques naiſſent de l'opinion contraire. Ne
vaut-il pas mieux dire, que les puiſſances &
les actions, cauſalitez, & exercices, ſont les
cauſes meſmes, & les principes comparez à
leurs effects, & aux termes qu'ils produiſent, puis que cette verité eſt certaine dans
les puiſſances & productions diuines. Il
faut auſſi dire pour

IV. THESE. Que les puiſſances &
exercices ne ſont point des formalitez, ny
des veritez obiectiues diſtinctes, comme
i'ay preuué aux Diſcours des modes : Et
que comme agent, agir, & action, eſt la meſme choſe, auſſi la puiſſance d'agir eſt la
meſme choſe, que ce qui peut agir, & pouuoir agir, ſelon nos maximes generales.

OPPOSITION III. L'action ceſſe d'e-
ſtre, ſans que l'agent periſſe, donc elle n'eſt
pas l'agent, mais c'eſt vne petite entité qui
determine l'agent pour agir : puis que cette

lumiere & le Soleil peuuent estre tous deux, sans que cette lumiere soit produite du Soleil.

Ie repons, l'action cesse d'estre, c'est à dire quelque entité cesse d'estre, qui soit action, ie le nie, l'action cesse d'estre, c'est à dire ce qui agissoit n'agit plus, ie l'accorde, & ainsi l'action n'est pas, l'agent simplement : mais tellement modifié, Or il cesse d'estre tellement modifié, lors que l'action cesse, pour ce que alors il cesse d'agir.

Ie repons en 2. lieu, que la lumiere & le soleil peuuent exister simplement, sans que la lumiere depende du soleil : mais qu'ils n'auroient pas le mesme raport, qu'ils ont à present. Or qu'est-ce que ce raport, me dira Suarez.

Ie répons, que c'est que la lumiere n'auroit pas son estre du Soleil, comme elle l'a à present. Que s'il poursuit demandant qu'est-ce que cela, auoir son estre du Soleil? Ie répons, que ce n'est autre chose que la lumiere soit vn estre contingent, existent, & qu'elle n'aye point son estre de Dieu seul, ny aussi d'aucun autre estre distinct du Soleil : Car presupposé cela, il est impossible que la lumiere ne depende du Soleil. Or afin que la lumiere ne depende point des estres distincts du Soleil, il ne faut point d'entitez distinctes, ou il en faudroit autant qu'il y a d'estres distincts du Soleil, dont la lumiere ne dépend pas.

OPPOSITION IV. L'action, & la puissance est vn accident, l'agent, & l'effet,

ne sont point des accidens. Donc elles sont
distinctes. De plus la puissance d'agir, &
l'action, sont comme vne voye qui conduit
au terme & à l'effet, donc ce n'est pas la
mesme chose.

Ie respons premierement, que l'action, &
la puissance, sont des accidents, c'est à dire
que ces propositions. La cause agit, & peut
agir, sont accidentelles, & non pas essentielles, ie l'aduoüe, mais si par accident, vous
entendez que les actions des substances,
soient des estres accidentels, ie le nie, puis
que ce sont les substances mesmes, qui
agissent. Ou il s'ensuiuroit, qu'il y auroit en
Dieu de vrais accidens, puis qu'en luy il y a
des vraies actions productiues. Et que toutes
les volitions, & intellections de Dieu seroient des accidens, & partant comme en
Dieu les actions productiues du Soleil, de la
terre, & de l'homme, sont Dieu mesme, qui
peut estre rapporté à diuerses creatures, &
qui leur donne l'estre. De mesme dans les
creatures, les actions sont les principes mesme comparez à leurs effets, & à leurs termes.

Ie respons en 2. lieu que quand Aristote
dit que l'action est la voie au terme, il ne
veut dire autre chose si ce n'est que le terme
ou l'effet est produit par l'action. Et ainsi
i'aduoüe que l'action ou le principe qui agit,
est distinct ordinairement du terme ou de
l'effet qu'il produit, mais ie nie que l'action
soit distincte du principe qui agit, & la
passion de l'effet, ou du terme.

V. THESE. Les cauſes, & les puiſſances
ſont ſpecifiques, & indiuiduées par elles meſmes, & elles ne ſont pas ſpecifiées ny par
leurs puiſſances ny par leurs effets, que par
voye d'indice. Ie dis pareillement que les
puiſſances ne ſont pas ſpecifiées par les
effets, qu'elles produiſent, mais par elles
meſmes.

La raiſon de cecy eſt, comme i'ay deſia dit
ailleurs, que chaſque choſe eſt indiuiduée, &
ſpecifiée par ſoy meſme, car *eſtre indiuidué*,
c'eſt eſtre indiſtinct, de ſoy, & diſtinct de tout
autre, *& eſtre ſpecifié*, c'eſt eſtre d'vne telle
eſpece, ou d'vne telle nature, & auoir vne
telle eſſence qui ſoit notablement differente de toute autre.

Or chaſque choſe, par ſoy meſme preciſement, eſt indiſtincte de ſoy, & diſtincte de
tout autre, & chaſque choſe par ſoy meſme,
a vne telle nature ou eſſence: donc chaſque
choſe eſt indiuiduée, & ſpecifiée par ſoy-
meſme, & cette preuue ſe fonde immediatement, dans les premieres principes de la contradiction. Ce qui fait que i'admire mille
fantoſmes, que la plus part des autheurs
diſent touchant la ſpecification & indiuiduation des eſtres.

Ie dis pareillement que les cauſes ne ſont
pas ſpecifiées par leurs puiſſances, pource
que chaſque choſe eſt ſpecifiée, ou eſt de
telle eſpece, ou nature, par ſoy-meſme priſé
abſolument: or les puiſſances ſont les choſes
priſes relatiuement, & comparées à leurs
effets. C'eſt pourquoy i'auouë, que ce

qui est puissance, est essentiel aux choses:
mais ie dis qu'il ne leur est pas essentiel d'e-
stre des puissances. Car les puissances sont
reelement la chose dont elles sont puissances. Mais ce n'est pas essentiel, aux choses
de pouuoir causer. Ainsi ie diray dans la
Physique, que la matiere a vne puissance de
receuoir les formes, mais que cette puissance ne luy est pas essentielle. Pareillement, la puissance de vouloir, & d'entendre, c'est l'ame mesme Mais ce n'est pas essentiel à l'ame, de pouuoir vouloir: pource
que selon les principes establis au premier
liure de ma Metaphysique, l'essence est chaque chose absolument consideree, & aucune relation n'est essentielle. Or que les
puissances ne sont pas distinctes, il est euident: pource que les causes peuuent produire leurs effects, en la mesme façon qu'elles les produisent. Or elles causent leurs
effects par elles mesmes, & non pas par aucune entité distincte, donc elles ont la puissance de causer par elles-mesmes, donc elles-mesmes sont les puissances productiues.
Car pouuoir produire, ce qui peut produire, &
la puissance de produire, c'est la mesme chose.

De plus, il est euident que la cause formelle, cause par soy-mesme son effect: car
par soy-mesme elle constituë le composé,
& la matiere cause par soy-mesme le tout,
dont elle est partie essentielle. Et il est necessaire, que le sujet puisse immediatement
par soy-mesme, receuoir quelque chose.
Car ie veux que la puissance de produire

Remarquez
ces Argu-
ment.

soit distincte. Si faut-il qu'elle soit receuë
dans le sujet dont elle est puissance. Or ie
demande, si le sujet la peut receuoir immediatement par soy-mesme, ou par vne chose
distincte, s'il la peut receuoir immediatement par soy-mesme, donc il a en soy immediatement quelque puissance: Et s'il ne
peut receuoir aucune puissance, que par
vn estre distinct, il se donne vne suite infinie dans les puissances. Et il y a quelque
puissance par dessus toute puissance, ce qui
est imaginaire. Que si la forme & la matiere causent le composé par elles-mesmes,
donc elles le peuuent produire par elles-
mesmes, D'où il s'ensuit, qu'elles le produisent en vne façon qui leur est impossible. Et
consequemment leur puissance n'est pas
distincte d'elles mesmes.

OPPOSITION I. Les anciens ont
tenu, que les causes estoient specifiées par
leurs effets, & les puissances par leurs objects
donc elles ne sont pas elles mesmes. Ie
respons, que les anciens ont bien dir que les
causes, & puissances estoient specifiées par
leurs effets, & objets, extrinsequement, &
par voie d'indice : mais non pas intrinsequement, & formellement, comme si ils
vouloient dire, que l'on peut recueillir
quelle est la nature d'vne cause, en voiant
ses effets, & que cette cause est plus noble,
qui produir de plus nobles effets. D'où est
venue la demonstration par les effets, que les
anciens nomment par le signe, pour ce que
l'effet est vn signe, & vn indice, & vn charactere

ctere de la noblesse de sa cause, mais cela ne
preuue pas que la cause ne soit indiuiduée,
& specifiée antecedemment à tout effet
qu'elle produit, & elle seroit de l'espece, &
de la nature qu'elle a, quand elle ne seroit
iamais comparée à ce qui luy est extrinseque
puis que chasque chose est par soy-mesme,
& en soy mesme ce qu'elle est, selon son
essence, & à vray dire, tous ces ordres, &
regards constitutifs des choses sont imaginaires, puis que chasque chose a son essence
en elle mesme.

OPPOSITION. II. Le feu eschaufe
par la chaleur, donc la puissance qu'il a
d'eschaufer, est distincte du feu, & consequemment les puissances sont distinctes. Ie
respons, que les puissances sont quelquefois distinctes de la cause esloignée, mais
non pas de la cause prochaine. Or la
cause prochaine, c'est la chaleur qui pourroit mesme eschaufer quand elle seroit hors
du feu.

OPPOSITION. III. La puissance
d'exister est vne puissance. Or elle est essentielle aux choses qui existent, puis que l'e-
xistence est l'essence mesme des choses qui
existent. Ie respons, que ie parle icy seule-
mens des puissances, qui sont exprimées
par des termes relatifs, qui comparent
vne chose à ce qui luy est extrinseque, & ie
ne parle pas des puissances, qui ne comparent la chose qu'à soy-mesme, & à son essence. Ainsi ie dis, que la puissance de creer le
monde, & d'engendrer vn Verbe, ne sont

Z z

pas essentielles à Dieu. Mais i'auoüe que la
puissance d'exister, & d'estre Dieu luy est
essentielle. Et pareillement la puissance
d'exister, d'estre homme, d'estre animal, &
d'estre substance, est essentielle à Cesar, lors
qu'il existe ; on pourroit bien neantmoins
dire, que ces mots puissance d'ex ster, connotent qu'vn tel ou tel estre n'enferre point
aucune contradiction dans son existence, Et
qu'ainsi ces mots connotent, & nient des
actes contradictoires. D'icy vous deduirez pour

VI. **T HESE** Que la puissance d'agir,
n'est pas tousiours distincte de celle de patir,
puis que c'est souuentefois la mesme chose,
qui agit, & qui patit. Pareillement la
puissance de resister n'est pas tousiours distincte des puissances d'agir, & de patir, puis
qu'il arriue souuent que ce qui peut agir, &
patir, peut aussi resister.

Il s'ensuit de plus qu'vne mesme puissance peut estre actiue, & passiue comparée à
des choses diuerses, & que la puissance est
quelquefois deuant l'acte ; ce qui n'est pas
tousiours necessaire : car le Soleil n'a iamais
peu produire la lumiere, auant qu'il l'ait
produit, puis qu'il n'a iamais esté sans produire la lumiere. Et souuenez vous, *Theandre*,
pour soudre mille difficultez que la puissance est la chose qui peut, & que l'acte est la
chose mesme qui s'exerce. Et partant le
principe prochain, la puissance, & l'acte n'ont
aucune distinction réele. Vous deduirez encor pour

VII. THESE. Qu'estre actuel est ce qui existe, & dont on peut dire, cela est; mais estre en puissance, est ce qui peut exister dans la nature ou ce qui ne tire point deux contradictoires dans son existence. C'est ainsi que i'ay dit au liure premier auec Aristote, que possible, est ce qui estant mis ne tire point vn impossible.

On a de coutume de nommer l'estre actuel, vn estre qui est en acte second. Et l'estre en puissance, se nomme l'estre en acte premier. Et tous ces mots barbares ne signifient autre chose qu'existent ou possible.

Pour l'accomplissement de tout ce qui apartiét aux puissances il resteroit, *Theandre*, de traiter de la *puissance obedientielle*, mais cette connoissance se doit reseruer au discours de la creation dans la Physique, où ie traiteray du concours de Dieu auec ses creatures. Là ie vous dirai que *La puissance obedientielle*, est vn estre auec lequel Dieu concourt pour produire vn effet, que cet estre n'eut iamais produit de luy seul, ny auec l'ayde des creatures, & partant ce n'est pas vne entité distincte, mais c'est la creature mesme; par exemple l'ame que Dieu esleue à produire vn acte de charité, ou de foy surnaturelle, & ainsi du reste. Venons maintenant à la diuision, & comparaison des causes.

DISCOVRS IV.

DES DIVERSES ESpeces, & Diuisions des causes, & de la comparaison des causes entr'elles, & auec leurs effets, de la priorité, & des auantages de temps, de nature de raison, & de consequence de subsister.

S'Il y a chose aucune, dont les diuisions soient agreables, c'est la cause, pource qu'elle à sous soy des especes, dont la maiesté semble esgaler le nombre.

Or comme ce terme est relatif, aussi la cause peut soufrir autant de diuisions qu'il y a de façons dont quelque estre peut estre comparé a vn autre, auquel il donne l'estre ou qu'il modifie. D'où arriue que la cause se peut diuiser en premiere, & seconde en Physique, & morale en libre, & necessaire en substantielle, & accidentelle morale, en vniuoque, & equiuoque, en intrinseque, & extrinseque, en cause de soy, & cause par accident, en principale, & instrumentelle, en

totale, & partielle, en esloignée & prochaine.

De plus la plus part de ces diuisions, ont
encor sans elles, des especes diuerses. Ainsi la
cause Physique se diuise en effectiue materielle, & formelle, & la cause morale se diuise
se diuise en finale, & en exemplaire, parcou-
rons toutes ces diuisions, *Theandre*, afin d'en
auoir vne parfaite connoissance.

Or il est à remarquer, que ie prens icy le
mot *d'espece* d'vne façon impropre : car estre
cause ne constitue point aucune espece, puis
que c'est vn attribut relatif, & que tout attribut specifique est absolu. Remarquez encor qu'il arriue souuent qu'vne mesme cause
se met en plusieurs des especes que i'ay rapporté. Ainsi la matiere est cause materielle,
cause Physique, cause necessaire, cause intrinseque, cause partielle, cause de soy, &
cause prochaine, comme vous descouurirez
dans les questions suiuantes.

QVESTION I.

Qu'est-ce que cause vniuoque, & equiuoque, cause premiere & seconde, cause principale, & instrumentelle, cause extrinseque & intrinseque, cause prochaine & esloignée.

I. THESE.

Il y a trois sortes de causes les premieres sont d'vne esgale perfection auec leurs effets, & on les appelle *vniuoques*: ainsi le feu ou l'homme sont causes vniuoques d'vn autre feu ou d'vn homme. De plus, il y a des causes plus nobles que leurs effets, ainsi Dieu est cause du monde, & le Soleil de la lumiere.

Troisiesmement il y a des causes moins nobles que leur effet, ainsi la matiere, & le corps sont causes de l'homme. Or on appelle les causes equiuoques, celles qui sont plus ou moins nobles que leurs effets.

II. THESE. Cause extrinseque est celle-là qui est hors de l'effet. Ainsi Philippes est cause d'Alexandre. Cause intrinseque est celle-là qui est dans l'effet, ou qui n'est pas

hors de l'effet : ainsi la matiere & le corps
font cause de l'homme.

III. THESE. Cause prochaine est celle-
là , qui produit immediatement par soy-
mesme quelque effet : ainsi le Soleil est cause prochaine de la lumiere , & les soldats de
la prise des Villes. La cause esloignée est celle-là, qui ne produit pas vn effet immediatement par soy mesme : ainsi l'ayeul est cause
de son petit fils, & les Roys sont causes de la
prise des Villes. Et ce qui est cause de la cause
prochaine , est vne cause éloignée de l'effet
selon le commun Axiome.

IV. THESE. La cause principale se préd
en plusieurs façons , comme remarque Suarez en sa Metaphysique : car quelquefois on
appelle cause principale, celle qui est la plus
noble : ainsi , puis que selon le Philosophe,
l'homme & le Soleil concourent à la Generation de l'homme, il faut dire que l'homme est la cause principale de cét effet. Et en
ce sens, vn mesme effet peut auoir plusieurs
causes principales : ainsi Dieu est la cause
principale de tous les effets qui sont dans
la nature.

En 2. lieu la cause principale se prend pour
la plus necessaire , & tousjours ce mot principal est connotatif, & comme comparatif
qui connote quelque autre chose moins có-
siderable.

Troisiesmement, & proprement, la cause
principale est celle à laquelle on attribuë
simplement & proprement l'effet, & qui se
se sert de quelque autre pour le produire.

Quod est
causa cau-
sæ, est cau-
sa causati.

Ainſi vn Peintre, & vn Sculpteur eſt cauſe
d'vn Tableau, & d'vne ſtatuë, mais le pinceau
& le marteau ſont des cauſes inſtrumentai-
res, ou des inſtruments dont ſe ſert la cauſe
principale. De ſorte que ce mot cauſe, à bien
dire eſt equinoque, à la cauſe principale &
inſtrumentaire, auſſi bien qu'à la cauſe Phyſique, & Morale, pour ce qu'il ſignifie des
raiſons & des definitions diuerſes: car vn pinceau eſt cauſe d'vn Tableau, pour ce qu'vn
Peintre s'é ſert pour appliquer ſes couleurs:
mais le Peintre eſt cauſe du meſme Tableau,
pour ce que c'eſt luy qui le fait : c'eſt pourquoy on ne peut pas dire que c'eſt le pinceau qui a fait le Tableau, pour ce que ce
mot inſtrumentaire, eſt vn terme qui aliene
ce mot cauſe auſſi bien que ce mot peint
change la ſignification du mot homme, d'i-
cy vous deduirez pour

V. Thſis. Que la cauſe inſtrumentaire
eſt-ce dont la cauſe principale ſe ſert pour
produire vn effet, en telle façon que l'on
ne peut pas ſimplement, & proprement
luy attribuer la production d'vn effet.
Tels ſont proprement les inſtruments dont
ſe ſeruent les Artiſans. Il faut donc trois conditions pour vne cauſe inſtrumentaire. Premierement il faut que ce ſoit vn eſtre reel,
dót vn autre ſe ſerue pour produire vn effet,
ainſi vn autre ſe ſert d'vn pinceau, & vn ſol-
dat de ſon eſpée.

En 2. lieu, la cauſe inſtrumentaire doit
eſtre telle, qu'on ne puiſſe pas dire proprement qu'elle eſt auec l'effet.

Et en 3. lieu, on ne peut pas l'appeller, caufe d'vn tel effet fimplement, fans y rien adioufter: ainfi on ne dit pas qu'vn pinceau a
fait le Tableau: mais on dit qu'il l'a fait cōme inftrument: & comme difent les Latins,
la caufe principale eft *id quod*, c'eft ce qui
produit vn effet, mais l'inftrumentaire eft
id quo, où c'eft ce parquoy vn effet eft produit, à defaut de cette condition, on ne peut
pas dire qu'vn feruiteur qui fait vn meurtre
par le commandement de fon Maiftre, foit
feulement inftrument de cét homicide, puis
qu'on peut dire fimplement, que c'eft le feruiteur qui a fait cét homicide: mais fi quelqu'vn fe feruoit d'vne efpée pour tuer fon
ennemy, on pourroit dire que fon efpée eft
la caufe inftrumentaire, pour ce qu'elle a les
trois conditions requifes. Ie vous aduertis
neantmoins *Theandre*, que l'on appelle pour
l'ordinaire inftrumentaire, tout ce que la
caufe principale employe pour quelque effet: ainfi on dit que les foldats font inftru-
mens des Princes pour prendre les Villes.

OPPOSITION. I. L'œil & les autres
membres du corps font des inftruments de
l'ame; & c'eft pourquoy on les appelle des
organes, & neantmoins on dit fimplement,
que l'œil voit, l'aureille oit, le nez flaire. Dōc
la 3. condition rapportée eft nulle.

Ie refponds que quand on dit l'œil voit,
c'eft parler improprement: il faudroit dire,
l'ame voit par l'œil: mais comme vn fage
doit tant qu'il peut s'accommoder au vulgaire en fon parler, auffi il doit auoir touf-

jours plus d'égard au sens qu'aux paroles Quand donc on dit l'œil voit, c'est comme quand on dit la main escrit ou voila vne plume qui escrit bien.

Il est neantmoins à remarquer, Qu'il y a deux sortes d'instruméts. Quelques vns sont separez de la cause principale, comme vn pinceau, ou la seméce est vn instrument d'vn pere pour produire son semblable. Quelques autres sont conioints ; tels instruments sont les organes dont l'ame se sert pour produire diuerses operations : ainsi le Philosophe a dit que la main estoit l'instrument des instruments.

Quelques Philosophes adioustent, qu'il y a des instruments qui ont besoin d'estre actuellement appliquez pour agir, en telle façon qu'ils ne peuuent agir d'eux-mesmes, comme vn pinceau ou vne plume. Et qu'il y a aussi des instruments qui deux-mesmes ont la force d'agir, & qui n'ont point besoin d'estre ioints ny appliquez par vn autre pour produire vn effet : ainsi la chaleur est instrument du feu, & neantmoins si la chaleur estoit seule, elle brûleroit.

OPPOSITION. II. Les Sacremens sont des instrumens pour produire la Grace, & neantmoins le Concile de Trente a dit simplement que les Sacremens sont causes, & signes de la grace. Ie respons que quelques Theologiens disent que les Sacremens sont causes Physiques de la grace ; mais les mieux aduisez pensent qu'ils sont seulement causes Morales de la Grace, & des instruments dont

Dieu se sert pour la produire. Or il est certain que l'Escriture & les Conciles ne parlent pour l'ordinaire dans vne rigueur Scholastique, c'est pourquoy ils appellent simplement les Sacremens causes de la Grace, quoy qu'ils ne soient pas des causes propres, mais instrumentaires. Ainsi le mesme Concile dit, que la iustification a vne cause finale, quoy que la fin à parler proprement n'est pas cause que d'vne façon equiuoque.

D'icy vous deduirez contre Suarez, qu'il n'est pas necessaire qu'vne cause instrumentaire produise vn effet plus noble qu'elle, car vne statuë n'est pas pl° noble qu'ú ciseau, elle est moins noble que la main qui la polit. Vous deduirez en second lieu, que quoy que pour l'ordinaire la cause instrumentaire, n'agisse qu'entant qu'elle est meuë d'vn autre, comme il se voit dans les instrumens de l'Art: neantmoins cela n'est pas tousiours necessaire: ainsi les Sacremens sont instruments de la Grace, & neantmoins ils n'ont point aucun mouuement pour céi effet: il suffit qu'vne cause instrumentale ait les trois conditions que i'ay rapporté.

V. Thes e. *La cause premiere*, c'est Dieu concourant auec vne creature pour produire vn effet, desorte que quand Dieu produit tout seul vn effet : il n'est pas cause premiere , pour ce que premier connote vn second.

Cause seconde, c'est vne cause creée auec laquelle Dieu concourt pour produire vn effet. Or cette diuision presuppose vne doctri-

ne receuë de la plus part des Theologiés, qui
enseignent que Dieu concourt immediatement à tous les effets de creatures : & qu'elles ne dependent pas moins de luy selô leurs
actions, que selon leur estre. Ie traicteray
cette questiô au Liure quatriesme de la Physique, & ie parleray dans la Morale des causes libres, & des causes necessaires. Venons
aux autres diuisions qui sont propres de
ce lieu.

QVESTION II.

Qu'est-ce que cause totale & par-
tielle, cause de soy, & cause par
accident, cause substantielle, es-
sentielle & accidentelle. Qu'est-
ce que cas fortuit & fortune?

I. THESE.

CEs mots cause totale, & partielle aussi
bien que la plus part des autres termes
se prennent en des façons fort diuerses. Car
la cause totale ou partielle se peut prendre
ou du costé de la cause, ou du costé de l'effet:
c'est pourquoy, cause totale, est celle-là qui
produit tout l'effet, & cause partielle est celle-là qui ne produit qu'vne partie de l'effet.
Ainsi les Peres ne sont proprement que causes partielles de leurs enfans : mais Dieu est
la cause totale, pour ce qu'il produit l'ame

auſſi bien que le corps.

D'autresfois cauſe totale eſt celle-là, qui ſeule produit vn effet, ou c'eſt le ramas de toutes les cauſes qui produiſent vn effet. Et la cauſe partielle eſt celle-là qui auec vn autre produit vn effet, de ſorte que ce mot partielle, connote vne autre cauſe partielle, auec laquelle, elle agit.

Ie ſçay bien, que cette definition ne plaiſt pas à ceux qui diſent que cauſe totale eſt celle qui donne vne influence ſuffiſante pour produire vn effet. Et que cauſe partielle, eſt celle là qui ne donne pas vne influence neceſſaire pour produire tout l'effet. Ainſi ils diſent que quoy que Dieu ſeul peut produire la chaleur, que le feu produit · neármoins il veut cooperer auec le feu moderant ſon action en telle façon que ſon concours n'eſt pas ſuffiſant tout ſeul pour produire vn tel effet. De moy comme i'honore tout le monde, auſſi ie confeſſe que ie n'ay iamais peu gouter cette doctrine. Et comme i'ay prouué que l'action eſt le principe agiſſant, auſſi ie ſouſtiens que le concours de Dieu, c'eſt Dieu meſme concourant. Et ie dis que Dieu eſt ſeulement cauſe partielle, pour ce qu'il ne produit pas tout ſeul vn effet : mais qu'il le produit auec vn autre, ſans imaginer que Dieu & la creature communique l'eſtre à vn effet par deux influences comme ſi c'eſtoient deux ruiſſeaux, ou deux reialliſſemens phantaſtiques.

D'icy vous pourrez facilement ſoudre cette queſtion, ſi vn meſme effet peut auoir pluſ-

fieurs caufes totales. Refpondez-y par
cette

II. Thesb. Si par caufe totale vous
entendez vne caufe qui produife tout l'effet,
ie dis qu'vn mefme effet peut auoir plufieurs
caufes totales. Ainfi Dieu, & l'ame font caufes totales des intellections, & des actes de la
volonté.

Mais fi par caufe totale, vous entendez le
ramas de tout ce qui produit vn effet, ie dis
qu'il eft poffible qu'vn effet ait plufieurs
caufes totales, pour ce qu'il auroit quelque
caufe par deffus fes caufes.

Opposition I. Si Suarez repart, que
ce n'eft pas la Queftion, mais qu'il demande,
fi plufieurs caufes peuuent contribuer tout
le concours ou toute l'influence neceffaire
pour vn effet.

Refpondez luy premierement, que le concours phyfique, & la caufe qui concourt, eft
vne mefme chofe.

Dites luy de plus, qu'il fe peut faire que
plufieurs caufes morales produifent vn effet.
Ainfi on peut faire vn action ou vn voyage
pour plufieurs motifs, dont chacun feroit
fuffifant pour nous porter à l'etreprédre: ainfi
quand nos Euefques confacrent des Preftres,
tous ceux qui prononcent les paroles facra-
métales, font caufes de la tranffubftantiation
du pain. Mais dans les caufes phyfiques, il
faut Philofopher autrement, & dire que,
donner tout le concours neceffaire pour produire tout l'effet, ce n'eft autre chofe que
produire tout l'effet, puis que dans la pro-

duction il n'y a rien que l'effet, & que la cause qui luy donne l'estre. Et ainsi vn mesme effet peut auoir plusieurs causes totales.

III. THESE. La cause essentielle se prend diuersement. Quelquefois elle sign… cause necessaire, ainsi Dieu est cause essentielle de toutes choses. En ce sens on dit que Dieu seul existe essentiellement, pource que luy seul a vn estre necessaire. D'autrefois on prend cause essentielle, pour ce qui opere essentiellemét, & en ce sens aucune cause n'est essentielle : car estre cause, est vn attribut connotatif, & relatif, & ainsi il n'est pas essentiel, mais proprement cause essentielle, & celle-là sans laquelle vn effet ne peut exister ny estre conceu absoluëment. Ainsi la forme & la matiere, le corps & l'ame, sont des causes, & des parties essentielles, quoy qu'il ne leur soit pas essentiel d'estre parties, ny d'estre causes.

Cause substantielle, est vne substance qui cause quelque effet. Cause accidentelle se prend aussi diuersement : car quelquefois elle signifie vn accidét qui produit vn effet. Ainsi le feu est vne cause substácielle de la chaleur, mais la chaleur est vne cause accidételle d'vne autre qu'elle produit. Quelquefois cause accidentelle est celle-là qui produit vn accident, & cause substantielle, est celle-là qui produit vne substance.

Troisiesmement cause accidentelle, est le mesme que cause par accident, & elle est opposée à la cause de soy. Les Latins les nomment *Causas per se, & per accidens*, sur quoy ie dis pour

IV. T H E S E. Que ces mots *cause de soy*, se
prennent en des façons fort diuerses, Et d'a-
bord *cause de soy*, signifie celle qui existe de
soy, & par soy-mesme, & en ce sens Dieu
seul est cause de soy.

Secondement, on nomme *cause de soy* celle-là
qui fait quelque effet immediatement par
soy-mesme, & quelque vertu qui luy est
doüé naturellement. Ainsi le feu cause de
soy la chaleur, mais cause par accident se
prend quelquefois pour vn estre contingent.
Ainsi toutes les creatures sont des estres par
accident. De plus cause par accident, est
celle-là qui produit vn effet par vne vertu
qui ne luy est pas deuë naturellement.
Ainsi l'eau chaude est cause de la chaleur,
& quand vn mesme artisan est musicien, &
Architecte, si on dit vn musicien bâtit, cette
fabrique est vn effet par accident de la musique ; pour ce qu'il ne bastit pas entant que
musicien, mais entát qu'Architecte. Le mesme arriueroit, si on disoit le laict froid dissipe
la veuë : on nomme aussi cause par accident
celle-là qui ne produit pas vn effet par soy-
mesme. Ainsi l'ayeul est cause de son fils, &
Adam de tous les hommes.

Quelquefois on appelle vne cause, cause par accident, sans auoir esgard à la vertu,
par laquelle elle agit, mais à son intention,
& à inclination, & alors on nomme *cause de soy*
celle-là qui a intention ou expresse, & des-
ueloppée, ou confuse de produire vn effet. Et
cause par accident, est celle-là qui produit vn
effet, sás auoir ce dessein, ou à laquelle quel-

que

que chose arriue contre son intention. Ainsi
lors qu'vn chasseur voulât tuer vn Cerf, tuë
vn homme, il est cause par accident de ce,
& si vn laboureur treuue vn thresor en cul-
tiuant ses terres. La rencontre de ce thresor
est par accident, ou fortuite, pource qu'il n'a-
uoit pas intention de treuuer vn thresor.

V. THESE. Cas fortuit ou accident,
est ce qui arriue à quelqu'vn sans dessein,
c'est à dire, sans qu'il l'eust preueu, & qu'il
en eust la pensee, il n'est pas neantmoins besoin que tout cas fortuit soit contre l'intention, ou l'inclination de celuy à qui il est
fortuit. Car la rencontre d'vn thresor en la-
bourant, est vn cas fortuit au Laboureur,
mais il n'est pas contre sa volonté, puis qu'il
en est rauy. C'est donc assez, afin qu'vn effect soit fortuit, qu'il soit arriué sans dessein. Et parmy les cas fortuits, il y en a qui
sont contre la volonté, comme est estre blessé en passant par la ruë, par la cheute d'vne
pierre, ou tuer son amy pensant tuer vn
Cerf. Il y a aussi des cas fortuits qui sont
conuenables à celuy à qui ils sont fortuits,
comme la rencontre d'vn thresor, en ruinant
quelque vieux Palais.

Et partant ce mot fortuit signifie quelque chose, & il connote qu'elle soit arriuee
sans dessein ; & ainsi c'est vn mot en effect
negatif, quoy qu'il soit positif en apparence. Il faut dire le mesme de ce mot fortune,
d'ou vous verrez, que la pluspart des fables
de la Philosophie naissent, de ce que l'on ne
penetre pas la force des termes. Vous pour-

rez encor deduire, qu'vn mesme effect peut
estre fortuit au regard de quelqu'vn, & ne
l'estre pas au regard d'vn autre. Car si Lyfis auoit caché vn threfor, & qu'il allaft
foüir la terre auec Pompée, qui ne fçauroit
rien de ce threfor. Certes la rencontre d'vn
threfor feroit fortune à Pompée, & non pas
à Lyfis, puis qu'il l'auoit preuené. Et ainfi
elle n'eft pas contre fon deffein, & contre
fa penfee. C'eft pourquoy *rien n'eft fortuit
au regard de Dieu*, pource qu'il preuoit toutes chofes auant qu'elles arriuent. Mais

Qu'eft-ce donc que fortune, bon-heur, & mal heur, bonne & mauuaife fortune?

NE penfez pas, *Theandre*, que la fortune foit vne deeffe inconftante & volage, qui ait les pieds fur vn globe, qui tour-
ne infatigablement vne roüe, & qui mette
vn perpetuel changement dans les chofes
humaines. Car fi c'eft vne Deeffe, comment eft elle fuiette à la legereté, qui eft vn
vice fi remarquable? Où demeure cette Diuinité volage, eft elle partout, ou fi elle eft
en quelque lieu? Si elle eft refferrée en quelque lieu particulier, comment caufe-elle
tant de changemens dans toutes les parties
du monde. Et fi elle eft partout, elle eft
immenfe, & ainfi elle eft parfaite à l'infiny.
Et confequemment puis qu'elle eft volage,
elle a des imperfections, quoy qu'elle foit

souuerainement parfaite, ce qui est contradictoire. Lactance est admirable, lors qu'il
se rit des diuers sexes, que les payens donnoient à leurs Diuinitez, sans preuoir des
suites assez infames, qui assujetissent à la
corruption des Diuinitez incorruptibles.
Et c'est pourquoy nous ne voyons pas
cette Diuinité feminine, puis qu'elle est corporelle. De plus, si vne Diuinité estoit corporelle, qui auroit vny les diuerses parties
qui la composent, & comme elles sont vnies,
aussi elles peuuent estre separées, & partant
vne diuinité seroit mortelle, & vn pourroit
mettre sa teste à Rome, & le reste de son
corps à Paris, ce qui est ridicule.

En fin mettre vne deesse qui cause vne perpetuelle vicissitude dans les choses humaines. C'est choquer la prouidence diuine
qui preside sagement à toutes choses. Dites
donc pour

VI. THESE. Que *la fortune* est ce qui
arriue quelqu'vn sans y penser, & sans dessein, & sans qu'il y ait mis les dispositions necessaires.

Que si ce qui arriue à quelqu'vn, sans
dessein, & sans qu'il l'ait preueu, luy est
auantageux c'est vne bonne fortune, vn bon-
heur, vne bonne auanture; comme la rencontre d'vn thresor, ou quelqu'vn en passant
ait agreé au Roy, & qu'il l'ait fait son fauory.

Mais le malheur, ou la mauuaise fortune
est vne chose qui arriue à quelqu'vn sans
dessein, & qui luy est dommageable, &

desagreable, cóme d'estre blessé par la cheute d'vne maisõ en passant. Il arriue aussi souuent que l'on appelle du nom de fortune
le ramas de tous les effets fortuits.

OPPOSITION. Vn payen charmé de
son erreur pourra dire, qu'il est vray que
tous les effets impoureucs, & fortuits, sont
la bonne ou mauuaise fortune, quant à
l'effet, mais qu'il faut treuuer vne cause de
tous ces effets, puis qu'ils ne sont pas d'eux
mesmes: or cette cause est la fortune, donc il
y a vne fortune qui est principe des bonnes
ou mauuaises auantures.

Ie répons, qu'il est vrai que les effets fortuits doiuent auoir quelque cause, mais ie
nie que cette cause doiue estre vne seule,
pour ce que chasque cas fortuit, a des causes
fort differentes. Ainsi la cause pour quoy vn
passant est tué par la cheute d'vne maison,
c'est le vent qui la ébranslé, & ietté par terre
en vn tel temps, & dans vne telle circonstance, & la raison pour laquelle ce passant
s'est treuué en vn tel lieu, c'est sa seule liberté. Ainsi la cause qui fait que Lysis treuue
vn thresor en fouïssant la terre, c'est que
quelqu'vn l'y auoit mis, & qu'aucun de
puis ne l'a osté: pareillement la cause que
quelqu'homme de basse condition fait fortune, & qu'vn autre qui a plus de merite que
luy, demeure dans la pauureté. C'est que
l'vn a pleu d'abord à son prince qui l'a pris
en affection, & que l'autre n'a treuué personne qui le voulust esleuer de la poussiere.

Dites le mesme *Theandre*, de chasque cas fortuit : car chacun a vne cause particuliere, &
remarquez que souuentefois Dieu est cause
d'vn cas fortuit, il esleue quelqu'vn à la
monarchie pour luy donner vne recompense
temporelle. Il en abbaisse vn monarque
iusques dans les fers, afin de punir ses crimes,
& Dieu a des desseins releuez par dessus nos
connoissances. C'est pourquoy tout ce qui
nous est fortuit, ne l'est pas au regard de
Dieu, pour ce qu'il preuoit chasque chose,
& il ordonne tous les effets des causes necessaires par vn decret absolu, & tout les effets
des causes libres par vn decret conditionel,
comme ie diray quelqu'autrefois, si Dieu
me donne la grace de vous declarer
vn iour ces mysteres. Remarquez cependant, *Theandre*, qu'vne mesme chose peut
estre fortuite à vn, & ne l'estre pas au regard
d'vn autre: car ces mots fortuit, & non fortuit, peuuent supposer, pour vne mesme
chose, mais ils cōnotent des choses diuerses:
ainsi vne blessure est fortuite, si elle n'est pas
preueuë, & vouluë, & si on la preuoioit ou
si on la vouloit, elle ne seroit pas fortuite: car
ce mot fortuit connote qu'vne chose soit,
faite, ou qu'elle arriue sans dessein. C'est en
ce sens qu'Aristote dit en ses Morales, qu'il
y a moins de fortune où il y a plus de conseil. C'est pourquoy quand plusieurs causes necessaires concourent par accident, elles
font vn effet qui est fortuit à chacune de ces
causes, mais il n'est pas fortuit à celuy qui

Ar.l. 2.Mag}
moral.c 8.
ibi minus
est fortunæ
vbi plus est
intellectus

A aa iij

les a conioints, pour ce qu'vn cas fortuit doi
eſtre contre l'intention , & preuoiance de
quelqu'vn. D'où arriue que ſi vn effet eſt
comparé à quelque choſe qui ſoit incapable
d'intention de deſſein , & de connoiſſance, il
n'eſt à ſon regard fortuit, & vniuerſellement
parlant tous les effets, qui ne dependent
point d'vne cauſe libre , ſont neceſſaires.
Paſſons de la fortune au deſtin , & voyons
pour

QVESTION III.

Qu'eſt-ce que deſtin, & s'il eſt immuable.

CEtte queſtion a eſté traictée à l'enuy
par tous les Philoſophes Payens , &
ſur tout par les Stoïques, qui ont eu ſur
cecy des opinions fort oppoſées. Quelques-
vns ont dit que le deſtin eſtoit le cours des
Aſtres, ou la poſition & conionĉture des
Aſtres au poinĉt de la naiſſance. Quelques
autres , que c'eſtoit vne certaine neceſſité
qui eſtoit dans les creatures par les influences des Aſtres. Quelques autres ont creu
que cette neceſſité enſerroit meſme les
actions de Dieu. C'eſt ainſi que Seneque
dit, que le deſtin eſt la neceſſité de toutes
choſes, & de toutes les actions qu'aucune
force ne peut rompre. Pource qu'vne ſuite
eternelle roule l'ordre du deſtin, dont la pre-

Wide Sen.
l. 2. nat.
quæſt. c. 35.
& 36. ordinē
rerum fati
æterna ſe-
ries rotat.

miere loy est de garder inuiolablement ses Decrets. Et ailleurs il dit, que toutes les choses publiques & particulieres sont gouuernées par vne loy certaine, & eternelle: Que les destins nous menent, & la premiere heure de nostre naissance dispose du reste de nostre vie, vne cause est enchaisnee dans vne autre cause: & cette necessité ne lie pas moins les Dieux que les hommes.

Or cette opinion du destin a semblé si estrange à quelques Docteurs Catholiques, comme à sainct Gregoire, que mesme ils n'ont pas voulu supporter le mot du destin. Mais il vaut mieux dire pour

I. THESE. Qu'il y a en effect vn destin, si on l'explique, comme il faut: c'est l'auis de sainct Thomas, en sa question 116. où il traicte doctement cette matiere. C'est aussi la pensee de sainct Augustin, de Boëce, & de mille Philosophes & Theologiens. Mais il s'en treuue fort peu, qui ayent expliqué clairement que c'estoit que destin. Pour vous dire en peu de mots sur cecy toute ma pensée, sçachez, *Theandre*, qu'il y a deux sortes de destin, le formel & l'obiectif. *Le destin formel* est vn acte par lequel Dieu connoist tout ce qui se fera depuis le commencement du monde iusques à la fin, & vn acte de volonté, par lequel il veut que toutes choses se fassent, comme il a connu qu'elles seroient. Or cét acte de volonté veut des choses necessaires absolüment: & il veut conditionnellement celles là qui dependent de la liberté.

A a a iiij

Apres ces deux actes, qui en Dieu sont vne mesme chose., il faut encor pour l'accomplissement du destin former vn acte de la puissance Diuine, qui execute en temps & lieu, ce que la volonté a voulu, & que l'entendement a connu deuoir estre fait. En fin, le destin formel n'est autre chose que Dieu mesme, dans la pensee duquel, comme dans vn grand liure, toutes les destinées des creatures sont distinctes : cette doctrine est tirée de S. Augustin en sa cité diuine, où il dit que si quélqu'vn attribue les choses humaines au destin, pour ce qu'il appelle la vo'onté, & la puissance de Dieu, du nom de destin, qu'il garde cette opinion dans son cœur, mais qu'il corrige sa langue, & qu'il ne l'appelle pas destin, pour ce que ce nom estoit en horreur parmi les Chrestiens. La raison de cette auersion estoit que quelque astrologues iudiciaires appeloient du nom destin l'aspect des astres qui preside à nostre naissance, mesme quelques Stoïciens disoient que le destin estoit la premiere heure de nostre naissance.

C'est ainsi que Seneque dit au liure de la prouidence de Dieu que toutes choses roulent selon vne loy eternelle, les destins nous gouuernent, & la premiere heure de nostre naissance a disposé de tout le reste de nostre vie. Or les Chrestiens ne peuuent reconnoistre qu'il y ait vn aspect des Astres, qui mette vne necessité absoluë dans les choses humaines. Sur tout dans celle-là, qui dependent de nostre liberté, pour ce que cette do-

ctrine choque le franc arbitre, monſtre
qu'il n'y a point aucune liberté dans les
actions des hommes , & conſequemment il
n'y auroit aucune action digne de loüange,
& de blaſme, il n'y auroit ny merite ny de
ſupplice eternel ny de recompenſe eternelle
puis que Dieu ne pourroit pas autrement
punir vn meurtrier, pour auoir fait vne actió
qui n'eſtoit pas à ſon pouuoir, & qui eſtoit
tout à fait neceſſaire. Il n'en va pas ainſi
Theadre, ſi le deſtin eſt la prouidéce de Dieu,
pource qu'elle ne veut pas abſolument les
actions qui dependét ou mediatemét ou immediatement de la liberté , mais elle les veut
códitionnellemét. Ie veux dire que Dieu s'e-
ſtant reſolu de creer les hommes , & les Anges libres, il s'eſt auſſi reſolu de leur donner
le pouuoir de faire ce qu'ils voudroient, &
comme dit l'Eſcriture ſaincte, de les laiſſer
dans la main de leur conſeil , & de ne diſpo-
ſer de leur liberté qu'auec vne certaine di-
ference que Salomon nomme homme honneur, & reuerence. De ſorte que ſi on euſt
dit à Dieu que voulez vous que face Cain
ſe treuuant auec ſon frere Abel, Dieu euſt
dit, ie veux permettre ce qu'il voudra. Mais
pour ce que la ſcience diuine, a veu que
Cain voudroit tuer ſon frere, Dieu a dit
ie veux permettre qu'il tuë ſon frere.
Neantmoins la volonté de Dieu n'a iamais
demeuré ſuſpenduë, pour ce que ſon entendement a connu de toute eternité ce à
quoy ſe doiuent vn iour determiner les
creatures dans toutes les circonſtances. Et

Sap. 11. Cū
magna re-
uerentia
diſponis
nos.

ainſi elle a voulu par vn ſeul acte toute la ſuite des choſes dez le commencement du monde iuſqu'à la fin. Et comme diſent les ſacrez Oracles, Dieu embraſſe fortement toutes choſes depuis vne fin iuſques à l'autre, & diſpoſe doucement toutes choſes.

Certes le Senateur Boëce dit expreſſement que le deſtin n'eſt autre choſe que la prouidence Diuine : car il deſcrit le deſtin en cette ſorte.

Le deſtin eſt vne diſpoſition arreſtée & fixe dans les choſes mobiles par laquelle la prouidence lie chaſque choſe, & leur donne leurs ordres, cette notion du deſtin eſt ſuiuie des Sages, & ſur tout de S. Thomas en ſa queſtion 106. où il conclud que la prouidence ou preuoyance de Dieu & le deſtin des creatures, ſelon ces lumieres il faut dire pour

II. THESE. Que le deſtin obiectif c'eſt la ſuite de tout ce qui ſe fera depuis le commencement du monde iuſques à la fin, 'entant qu'elle a eſté preueuë de Dieu, & ordonnée par ſa volonté.

Ce ſont quaſi les paroles de Triſmegiſte de S. Thomas dans ſa Somme & dans ſes Opuſcules du Senateur Boëce, & du Docte Suarez. Et il ſemble que cette notion ſoit ſignifiée, meſme par ce mot Deſtin : car *Deſtin* eſt ce à quoy quelqu'vn nous à deſtiné. Et ſelon la remarque de S. Auguſtin, chez les Latins *Fatum* vient de *Fando*, pour faire voir que le deſtin, & ce qui auparauant à eſté dit & ordonné : & partant quoy que plu:

sieurs choses nous soient fortuites, il n'y a
rien de casuel à Dieu, pour ce qu'il a tout
preueu, & il a voulu ou absolument, ou cô-
ditionellement tout ce qui arriue dans le
temps. Ainsi dit S. Thomas si vn Maistre disoit à son seruiteur de foüir dans vn lieu, ou
il auroit caché vn thresor. Ce rencontre seroit fortuit au seruiteur, mais non pas au
Maistre, ou si vn Seigneur cômandoit à deux
pages d'aller en vn mesme lieu, par deux che-
mins contraires, sans auoir diuerti l'vn du
chemin de son compagnon, ce rencontre seroit fortuit au regard des deux pages : mais
non pas au regard de leur Maistre.

Il en est de mesme, *Theandre*, La cheute
d'vn grâd, la ruine d'vne Monarchie, la mort
d'vn Prince, la fortune d'vn fauory éleué
dans vn moment, iusques au sommet de la
faueur, & mille autres choses semblables sont
à nostre regard fortuites, & nous prenons
qu'elles viennent par hazard, pour ce que
nous ne preuoyons pas les choses, comme
Dieu, & que nous ne penetrons pas dans les
Idées Diuines, comme il arriue souuent que
le peuple condamne de temerité, ce qui a esté
ordonné tres-sagemēt par le conseil du Prince, dont les hautes pensées sont inconnuës
au vulgaire.

III. Thee. Le Destin est immuable, selon la definition de Boëce, & de S. Thomas,
& mesmes des Stoïques, c'est ainsi que Seneque dit, que si nous estimons qu'vn homme Sage ne change iamais ses decrets, à plus
forte raison les decrets de Dieu sont immua-

mus, id est,
à loquendo,
vt ea fato
fieri dican-
tur, quæ ab
aliquo de-
terminante
sunt prælo-
cuta.

Sen. l. 2. nat.
q. 6. 36.

bles, puis que Dieu preuoit toutes choses, & il n'est point d'homme quelque sage qu'il soit qui n'ignore quantité de choses. La raison est, qu'il est impossible que les choses n'arriuent pas comme Dieu les a preueües, pour ce que sa cognoissance auroit esté fausse. Et il est impossible qu'il veille changer l'ordre qu'il a connu & voulu estre dans les choses humaines. C'est ainsi que S. Thomas dit expressement, que la suite des choses cōparée à la prouidence Diuine est immuable, pour ce que Dieu a voulu les choses, comme elles doiuent arriuer, il les a disie voulu par vne volonté absoluë ou conditionelle. De sorte que dit S. Thomas, cette proposition conditionelle est necessaire. Si Dieu a preueu vne chose, elle sera, aussi bien que celle-cy : si vne chose doit aduenir, elle aduiendra. Or ces deux propositions seroient fausses, si le destin se changeoit, donc le destin est immuable. Le Maistre de la Theologie fait encor deux demandes touchant le destin, s'il se treuue dans les choses creées, & si toutes choses sont sousmises au destin, surquoy ie dis pour

IV. THESE. Que le destin formel est en Dieu seul, puis que c'est sa prouidence : mais le destin obiectif sont les creatures entant que Deu a preueu leurs actions & leurs suites. De sorte que les actions de toutes les creatures sont soumises au destin formel, & elles le mettent en pratique, pour ce que Dieu a preueu & voulu toutes nos actions de toute eternité, soit par vne vo-

lonté absoluë, si elles sont necessaires, soit par
vne volonté conditionelle, si elles sont libres.
Il me semble aussi que toutes les productiõs
de Dieu, soit hors de soy, soit dedans soy-
mesme, sont sousmises au destin, au sens que
ie l'ay expliqué, par ce qu'il a aussi bien preueu & voulu ses actions que les nostres. Que
si neantmoins cette façon de parler desplaist
aux Sages, ie leur sousmets librement mes
pensées. Et i'aduouë que le destin obiectif
est seulement la suite des causes secondes,
entant qu'elle est preuuë & vouluë de Dieu.
D'icy vous deduirez, *Theandre*, que le destin
expliqué comme nous auons fait, selon les
lumieres, de S. Augustin, de S. Thomas, de
Boëce, & de Seneque, n'oste point la liberté
comme ce Philosophe monstre diuinement
au 2. Liure des questions naturelles, où il
preuue que les destins ont preueu sous condition les effets qui dependent de la liberté:
ainsi le destin ne porte pas absolument que
quelqu'vn sera disert ou riche, mais si il estu-
die, & si il trafique en telle sorte que le destin enserre l'effet & la condition de cet effet: Mais retournons à ce qui est plus particulier au traicté des causes.

Senec. l. de
Prou. c. 5.
Ille ipse om-
nium con-
ditor, & re-
ctor scripsit
quidem fa-
ta, sed sequi-
tur, semper
paret, semel
iussit.

Senec. li. 2.
nat. q. c. 37.
Fatum est,
vt hic diser-
tus sit, sed
si litteras di-
dicerit effu-
giet pericu-
la, si expia-
uerit prædi-
ctas diuini-
tus minas,
sed hocquo-
que in fato
est, vt expiet
ideo expia=
bi.

QVESTION IV.

Qu'est-ce que cause Physique & Morale, & comment la cause Physique se diuise en effectiue, materielle & formelle, Et la cause Morale en finale, & exemplaire. En quoy les conditions sont differentes des causes. Qu'est-ce que cause effectiue, & quelle est sa causalité.

A Parler sainement, *Theandre*, à peine peut-on auoir vne parfaite Idée de la cause Physique, & de la cause Morale, que l'on n'ait traicté de l'estre Physique, & de l'estre Moral. Et ces quatre concepts sont si generaux qu'il est bien difficile d'en donner vn concept vniuoque. C'est pourquoy reseruant en leur lieu, à vous declarer le concept des estres Moraux, & des estres Physiques. Ie vous diray à present pour

I. THESE. Que la *Cause Physique* se prend quelquefois pour vne cause naturelle, & elle est opposée à la cause surnaturelle.

En second lieu, *cause physique* signifie cause corporelle, & elle est opposée à la cause spitituelle. Troifiefmement, ce mot fignifie vne caufe neceffaire, & elle eft oppofée à la caufe libre. Mais à parler proprement: *La caufe Phyfique* eft celle-là qui reéllement & veritablement produit fimplement vn eftre non neceffaire, ou qui luy donne vn mode d'exifter. *Caufe Morale*, eft celle-là ne produit pas reéllement & proprement l'effet: mais neantmoins on luy impute d'ordinaire l'effet comme fi elle l'auoit produit.

Ces deux defcriptions font à peu pres felon la penfée de Suarez en fa Metaphyfique. Et elles s'eftabliffent par le denombrement de toutes les caufes que l'on nomme Phyfiques & Morales. Ainfi Dieu eft la caufe du monde : Ainfi celuy qui tuë eft caufe du meurtre: mais ceux qui le commandent, & qui le confeillent en font les caufes Morales ou imputatiues. Ainfi le feu eft la caufe Phyfique de l'embrafement d'vne Maifon, & la caufe Morale eft celuy qui a appliqué le feu. Et ainfi des autres.

D'où vous voyez que cette diuifion eft equiuoque: car ces deux fortes de caufes, fe nomment du mefme nom de caufe, pour des raifons diuerfes.

II. T H E S E. Ariftote diuife la caufe, en effectiue, materelle formelle, & finale, Platon y adioufte la caufe exemplaire, mais cette diuifion eft equiuoque: car ces cinq fortes de caufes, participent ce nom pour des raifons diuerfes, & partant cette diuifion eft equiuoque. Ainfi Dieu eft caufe de ce

Suar. difp. 17. Met. S.

monde pour ce qu'il se produit, & le salut
des deux a esté cause Morale du monde,
pour ce que c'est pour l'amour d'eux que
Dieu a fait le monde celuy qui tue est cause
du meurtre, pource qu'il tue en effet vn
homme, & celuy-là qui luy commande est
cause de ce meurtre, pour ce qu'il le commande. Certes il se peut faire que lors que le
meurtre sera executé, celuy qui l'aura com-
mandé ne sera plus au monde, & il se pourroit faire que Dieu l'auroit anneanty, auant
que le meurtre fut accompli. D'où ie tire
cet argument. Ce qui n'est pas estre, peut
auoir le nom de cause Morale, or ce qui n'est
pas estre n'a point d'attribut vniuoque, auec
ce qui existe si ce n'est des attributs ampliatifs comme estre possible, intelligible,
passé, futur. Donc la cause Morale
ne participe pas vniuoquement ce concept
de cause, auec la cause physique. La raison
fondamentale de cecy est, que ces mots estre
cause signifient exister, & produire vn effet.
Or ce qui n'existe pas, n'est pas tel : il n'est
donc pas proprement cause.

Or certes il est euident, qu'vne chose qui
n'existe pas, peut estre cause Morale. Ainsi
le gain d'vn procez qui n'est pas encor, est
cause d'vn long voyage. Ainsi vn pere em-
ploie ses sueurs pour des enfans qu'il espere
auoir. Ainsi les mœurs farouches de l'Antechrist, causent de la haine en ceux qui li-
sent les propheties du declin du monde. Ainsi
vn homme mort, peut estre la cause exemplaire

plaire d'vn tableau qui est fait plusieurs années aprez son trepas.

La raison de cecy est, qu'afin que l'exemplaire, ou la fin, & le motif soient apelez du
nom de cause. Il suffit qu'on les ayme ou
qu'on les connoisse. Or il n'est pas besoin,
qu'vne chose existe, pour estre connue, vou-
lue ou detestée, donc il n'est pas besoin
qu'vne chose existe, afin qu'elle soit cause
Morale. D'icy encor vous deduirez, que la
cause Morale, c'est a dire finale, ou exemplaire ne sont pas proprement, & simplement des causes, pour ce que ces mots *Morale
finale, & exemplaire*, sont des mots alienans,
qui changent la propre signification de ce
mot cause, c'est a dire vray, ce sõt plutost des
conditions necessaires, que des causes. Que
si vous me demandez en quoy differe la
condition de la cause, ie vous diray, *Theandre*,
pour

III. THESE. Que *la condition est ce*
sans quoy vne chose ne peut exister, ou sans
quoy elle n'existeroit pas. Or il y en a de
deux sortes, quelques vnes sõt telles qu'elles
produisent l'effet, & ainsi elles sont tout ensemble conditions, & causes, comme Dieu
au regard du monde, & vn pere au regard
de son fils : car le monde ne seroit pas sans
le concours de Dieu.

Mais a parler proprement, *condition*, est ce
sans quoy vn effet ne peut exister, &
neantmoins on ne luy attribue pas la production de cet effet. Ainsi estre proche c'est
vne condition necessaire au feu pour brusler,

& neantmoins on ne dit pas que c'est le voi-
sinage du feu qui brusle, mais c'est que le
feu mesme; afin qu'vn oiseau soit tué, il faut
qu'il soit dans vne distance moderée, &
neantmoins on ne dit pas que c'est la
distance qui l'a tué.

IV. Thesе. La cause Morale se diuise
en finale, & lexemplaire. Et la cause physique se diuise en effectiue materielle, & formelle, & à bien Philosopher ces diuisions
sont encor equiuoques, & pour des raisons
diuerses : car la cause materielle, & formelle
sont causes, pour ce qu'elles composent vn
effet, ou pour ce qu'vn effet est reçeu dans la
matiere, comme dans son suiet, ou qu'il est
fait du suiet.

Mais la cause effectiue, est cause tres proprement, pour ce que c'est elle qui produit
simplement, & proprement l'effet. Ainsi
quand on demande quelle est la cause du
monde, on ne dit pas que c'est la matiere, ou
les elemens, mais que c'est Dieu, & on ne dit
pas que le corps ou l'ame d'Alexandre
soient sa cause, mais que c'est Philippes.

Or touchant cette diuision d'Aristote, ie
vous auise *Theandre*, que le traité de la cause
formelle, & materielle, appartiennent au
premier Liure de la Physique, qui traitera
des substances corporelles totales, & partielles. Le traité de la cause finale appartient
au commencement de la Morale, & celuy de
la cause exemplaire appartient à la Physique
lors qu'elle traite des differences de l'art, &
de la nature.

Il me reste donc seulement de traiter icy de la cause effectiue, qui à parler proprement, merite seule le titre de cause. Or aprez auoir auoüé qu'il est fort difficile d'en donner vne bonne definition, ie vous diray pour

V. THESE. Que cause effectiue est vne cause Physique, qui produit quelque effet proprement, en telle façon qu'on luy puisse attribuer simplement cet effet.

Il y a donc deux conditions necessaires, pour vne cause effectiue. Premierement, il faut qu'elle soit Physique, c'est à dire qu'elle produise reellement vn effet.

Secondement, il faut qu'elle le produise en telle façon qu'elle se puisse apeller sa cause, proprement, & simplement, c'est à dire sans y rien adiouster. Ainsi la cause effectiue du monde c'est Dieu, la cause d'Alexandre, c'est Olimpias, & Philippes: la cause effectiue d'vne amande, c'est l'amandier, la cause effectiue d'vn tableau, & d'vne statue, c'est le Peintre ou le Sculpteur. Ce concept ainsi declaré, se fonde sur ce qu'il appartient à toutes les causes effectiues, & à elles seules, comme il se peut voir par le denombrement de tout ce qui est cause effectiue.

D'où ie deduis, que les causes Morales ne sont point effectiues, & partant quand on dit que quelque estre est cause effectiue, dãs les causes Morales. C'est parler improprement, pour ce que ces mots *Moral* a changé la signification de ce mot *cause*, quasi en la mesme façon, que quand on dit vn homme

peint: car les causes Morales, ne sont pas proprement, & simplement des causes, mais il
faut y adiouter ce mot de Morale. Et à bien
Philosopher, il faudroit dire qu'il n'y a point
propremét que la cause effectiue, & ainsi là
cause materielle & formelle ne sôt pas causes
simplement. Ie sçay bien que les Conciles se
seruent de ces mots de cause materielle, &
formelle, mais ils ne pretendent pas changer
la signification des mots, & ils ne disent que
la cause materielle, formelle, & finale soient
proprement des causes. Il suffit qu'elles
soient des causes à la façon de parler ordinaire, sans qu'elles le soient d'vne façon
propre, & dans vne rigueur Scholastique.

VI. THESE. La causalité de la cause
effectiue n'est point distincte d'elle, mais
c'est elle mesme, entant qu'elle produit reellement vn estre non necessaire: de sorte que
sa causalité est l'action, qui produit vn estre
non necessaire simplement ou qui le modifie, en telle façon qu'elle puisse estre appe-
lée cause proprement, & simplement, c'est à
dire sans y rien adiouster.

D'icy vous deduirez, qu'il n'est pas besoin
que tousiours la cause effectiue soit extrinseque: car lors que l'homme donne quelque
mode à son corps, il est mesme cause de ce
mode. I'auoüe neantmoins que pour l'ordinaire la cause effectiue est extrinseque. C'est
pourquoy quelques Philosophes definissent
la cause effectiue vne cause extrinseque, dont
l'effet coule de soy, & principalement: &
Suarez dit, que la cause effectiue, est le prin-

cipe de l'action, & de l'effection, & Ariftote definit la caufe effectiue celle là d'où vient le premier principe du mouuement, & du repos.

Or quoy que ces definitions ayent quafi le mefme fens que la miene, i'ayme mieux m'en feruir, pour ce qu'elle eft plus claire.

D'icy vous verrez, que la caufe inftrumentale, prife proprement, n'eft iamais caufe effectiue, puis qu'on ne l'appelle pas proprement, & fimplement caufe, mais caufe inftrumentale.

Vous deduirez en 2. lieu, que la plufpart des diuifions, dont i'ay defia parlé, font affez imparfaites. Car à parler proprement, fous le nom de caufe, on entend la feule caufe effectiue. Ainfi la caufe effectiue, fe diuife en premiere, & feconde, fubftantielle, & accidentelle, naturelle, & fupernaturelle, vniuoque & equiuoque. Mais iamais la caufe effectiue n'eft effentielle à l'effet qu'elle produit, pour ce que l'effence eft toufiours vne chofe abfoluë, & eftre caufe eft toufiours vn eftre relatif.

QVESTION V.

Comment les causes sont comparées entre elles, & au regard de leurs effets.

Ette question, *Theandre*, a deux parties, la premiere comparera les causes l'vne auec l'autre. Et la seconde comparera les causes auec leurs effets.

I. THESE. La cause effectiue, est d'ordinaire plus noble que les autres : cette verité se preuue par le denombrement des causes. D'où est venu que la seule cause effectiue, se nomme du nom de cause ; pareillement la forme substantielle est plus noble que la matiere, mais la forme accidentelle est moins noble, puis qu'vn accident est moins parfait qu'vne substance. La fin & l'exemplaire sont quelquefois plus nobles que la cause effectiue, & quelquefois moins nobles, comme il se peut voir dans le denombrement des diuerses causes.

II. THESE. Les causes Morales comparées entr'elles, ou auec les Physiques, se peuuent causer reciproquement, principalement s'il s'agit d'vne façon diuerse de produire : ainsi la matiere est cause Physiqe du tout. Et le tout est cause finale de la matiere, le vent est cause que la fenestre s'ouure, & la feneſtre eſt cauſe que le vent entre.

Deux poids ou deux balances ſe peuuent mutuellement determiner. Deux mains ſe peuuent froter & eſchaufer l'vn l'autre.

IESVS eſt Fils & Creareur de ſa Mere adorable : ainſi l'effet d'vn Peintre eſt ſouuent ſa cauſe exemplaire, deux choſes peuuent agir & patir l'vne contre l'autre. La chaleur diſpoſe vn corps à eſtre leger, & rare, & la legereté & rareté d'vn corps diſpoſent à la chaleur : neantmoins ie penſe que iamais on n'a gueres veu naturellement , qu'vne cauſe Phyſique par exemple effectiue , fuſt vne cauſe reciproque, ou quelle fuſt effet de ſon effet , quoy qu'il n'y ait aucune contradiction que deux choſes par miracle ſoient cauſes effectiues l'vne de l'autre , ny qu'vne meſme choſe ſe reproduiſe elle-meſme. La raiſon eſt, qu'il n'y a aucune contradiction, qu'Alexandre ſoit Pere de Philippes , qui eſt ſon Pere, ny meſme qu'Alexandre ſe reproduiſe luymeſme. Et quoy que la nature n'ait point encor veu des effets ſemblables : neantmoins ils ſont poſſibles à la Toute-puiſſance de Dieu , qui n'a point d'autres bornes que la contradiction.

OPPOSITION I. Si Philippes & Alexandre pouuoient ſe produire reciproquement, Philippes ſeroit auant Alexandre, & apres, c'eſt à dire, il ſeroit deuant & ne ſeroit pas deuant, ce qui eſt contradiction.

Ie reſpons qu'Alexandre ſeroit deuant, & apres Philippes, priſes ſelon diuerſes produ-ctions : Ie l'accorde, ſelon la meſme produ-

ction, ie le nie. Or cela n'eſt point contradictoire. Puis que la contradiction eſt tousjours d'vn meſme ſujet ſelon les meſmes circonſtances, pareillement, il n'y a aucune cō-
tradiction que Philippes ſelon ſa premiere
production, ſoit auant Alexandre, & qu'il
ſoit apres luy dans ſa reproduction, ou production ſeconde. Il n'y a point auſſi de repugnance, que deux choſes ſoient prieures &
poſterieures, par nature, c'eſt à dire, qu'elles
dépendent l'vne de l'autre; & il n'eſt point
d'eſprit qui me puiſſe faire voir, qu'il y ait
contradiction que Dieu éleue la chaleur à reproduire la lumiere, dont elle eſt produite,
ny qu'vn Lyon comme cauſe éleuée & obedientielle produiſe l'amè de celuy qui l'a engendré : car vne meſme choſe, apres ſon an-
neantiſſement peut eſtre reproduite.

Opposition II. Si Alexandre pouuoit eſtre deuant Philippes ſon Pere, & ſi
Philippes pouuoit dépendre d'Alexãdre ſon
fils, comme de ſa cauſe, Alexandre ſeroit deuant Alexandre, & la meſme choſe de ſoy-
meſme : or cela eſt contradictoire.

Ie répons qu'il n'y a aucune contradiction,
qu'vne choſe dépende de ſoy-meſme, ny
quelle ſoit precedée par ſoy-meſme ſelō des
productions diuerſes, pour ce que la contradiction doit eſtre ſelon les meſmes circonſtances.

Opposition III. Si A pouuoit eſtre
cauſe de B, & B de A, il s'enſuiuroit que A
ſeroit cauſe de ſoy-meſme. Et ſi Philippes
pouuoit eſtre fils de ſon fils Alexandre, ce-

luy-cy derechef pourroit estre engendré de
Philippes : & ainsi il se pourroit donner à
l'infini vne reuolution de productions mu-
tuelles.

Ie répons, que tout cela n'est point absolument contradictoire, & que la puissance
Diuine peut faire des effets, où ne peut ioindre la nature:& partant à parler absolument,
vne mesme chose peut estre cause seconde &
partielle de soy mesme en se reproduisant.

Or s'il y a contradiction, qu'vne mesme
chose éleuée de Dieu se puisse donner le premier estre en qualité de cause partielle, ie m'é
rapporte à l'aduis des Sages.

Vous voyez donc, *Theandre*, que sur cette
question, i'ay dit premierement, que deux
estres se peuuent causer reciproquement, en
qualité de causes Morales & Physiques, puis
qu'vne mesme chose peut estre cause Morale, & finale de soy-mesme, & s'aymer pour
l'amour de soy-mesme. I'ay dit en secõd lieu,
que les causes Physiques, comme l'effectiue,
la materielle & la formelle, ne se causent
point reciproquement,dans lé mesme Genre
de cause. I'ay dit en troisiesme lieu, qu'à parler absolument deux causes se peuuent produire reciproquement. Et ie vous aduertis
qu'il y a des Autheurs qui disent que la chaleur qui dispose le bois à la forme du feu, est
vn effet materiel du feu , auquel il dispose la
matiere du bois. Et quelques Theologiens
adiouftēt que l'acte de contrition est produit
par l'habitude de la charité, à laquelle il dispose, pour ce que la derniere disposition à

produire la forme du feu , exiſte au meſme temps , que la forme du feu , & l'habitude de la charité eſt infuſe au meſme temps que l'ame fait l'acte de contrition : pourquoy donc diſent ils, cette chaleur , & cet acte de contrition auront ils vne cauſe diſtincte de la forme du feu , & de l'habitude de la charité?

III. THESE Vne meſme choſe peut eſtre cauſe finale exemplaire & effectiue d'vn effect. Ainſi Alexandre ſe peut aimer pour l'amour de ſoy meſme, & eſtre ſa cauſe finale : & Apelles ſe peut prendre pour prototype. Il ſera donc cauſe effectiue finale & exemplaire d'vn tableau.

IV. THESE. Vn meſme effect peut auoir pluſieurs cauſes, mais non pas totales, comme i'ay deſia dit. Ainſi Dieu eſt cauſe d'Alexandre & Philippe, & Olympias ſa mere : de plus, ſon corps eſt ſa cauſe materielle , & ſon ame eſt ſa cauſe formelle.

V. THESE. Vne meſme cauſe peut auoir pluſieurs effects. Ainſi Dieu eſt cauſe de tout ce qui eſt dans la nature. Le Soleil cauſe la lumiere , & mille autres productions : & vn pere a pluſieurs enfans.

VI. THESE. L'effect ne doit pas tousjours eſtre diſtinct reellement de ſa cauſe comme i'ay preuué au diſcours precedent.

VII. THESE. Il n'eſt pas beſoin que tout effect depende de pluſieurs cauſes, ny des quatre ſortes de cauſes ordinaires, je veux dire de l'effectiue, materielle, formelle & finale : car les Anges n'ont point d'autres cauſes que Dieu, puis qu'ils n'ont ny

matiere ny forme : pareillement l'ame raisonnable ne reconnoist pas de causes materielles ny formelles.

QVESTION VI.

*Qu'est-ce que priorité ou auantage,
& posteriorité & esgalité de nature, de temps & de raison, si
vne cause doit estre plus noble
que son effect, & s'il faut admettre des instans de raison.*

IE commence toute cette matiere dés sa
source, & dis pour

I. THESE. Que ce terme *premier* est
connotatif, qui suppose pour quelque estre,
par exemple pour Cesar, & connote qu'il
n'a aucun deuant soy, & qu'il en a d'autres
apres soy. Mais les autres termes des nombres, ont seulement vne connotation. Ainsi
quand on dit que Cesar est le premier Empereur, on signifie qu'il n'en a eu aucun deuant soy, & qu'il en a eu d'autres apres luy.
Mais quand on dit qu'Auguste est le second
Empereur, ce mot connote seulement qu'il
y en a eu vn deuant luy : & partant tout ce
qui est premier, est deuant vn autre ; mais
tout ce qui est deuant vn autre, n'est pas premier. Car le second est deuant le troisiesme,

Omne
primum est
prius alio,
sed non
omne prius
est primum.

& neantmoins il n'est pas premier. C'est pourquoy on doit dire, que *Prieur* est ce qui a quelqu'vn apres soy. Car cette notion appartient à tout ce qui a quelque priorité, au regard d'vn autre. Pardonnez-moy, *Theandre*, si ie me sers icy de quelques mots impropres: Ie ne peus assez bien m'expliquer sans mesler quelques voix barbares. Puis que i'ay commencé, ie vous diray que ces mots *anterieur* & *posterieur*, aussi bien que *deuant* & *apres* sont correlatifs: & qu'il y a autant de sortes de priorité, qu'vne chose peut estre deuãt vn autre, ou auoir l'auãtage. Aristote, sur la fin de ses categories, en raporte quatre sortes: *Priorité de temps, de consequence de subsister, d'ordre, & de nature.* Pour expliquer son dire, ie mets cette

II. **Thèse.** La priorité de temps, est ce qui dure & existe deuant vn autre. Comme Noé a esté deuant Tamberlan. Et cette sorte de priorité, comme dit Aristote, est tres-propre. Ces choses donc sont ensemble pour le temps, dont l'vne existe au mesme temps que l'autre, comme l'Ocean & la terre. Et ces choses sont posterieures pour le temps, qui sont apres la duree d'vne autre. Or tout le monde est d'accord de cette priorité de duree.

En second lieu on dit, qu'vne chose a vne priorité ou auantage de perfection, qui est plus parfaite que l'autre, comme les choses viuantes au regard des choses inanimées: car l'estre inanimé, est moins parfait que l'estre viuant.

Troisiesmement, on dit que quelque chose a la priorité, ou auantage d'ordre, du lieu ou de la situation. Ainsi les lettres sont auant les syllabes, & celles-cy auant les mots qu'elles composent. Ainsi ceux qui sont assis deuant les autres, ont la priorité du lieu. On dit aussi que ceux qu'vn Prince aime plus, sont plus proches de luy. Et ces choses sont posterieures, qui sont apres les autres, au regard du lieu : comme celles-là vont d'esgal, qui sont dans vne place esgale.

Quatriesmement, on dit qu'vne chose au regard de l'autre, a l'auantage de la consequence de subsister. Et c'est ce de l'existence duquel, on ne peut pas tirer vne consequence à l'existence de l'autre. Ou ce qui peut estre, sans que l'autre soit, quoy que l'autre ne puisse pas exister sans luy. Ainsi l'vnité a cét auantage au regard du nombre. Les parties au regard du tout : car la consequence est bonne, il y a vn nombre, donc il y a quelque vnité, mais celle-cy est mauuaise, il y a quelque vnité, donc il y a vn nombre. Et partant ces choses sont esgales en consequence de subsister, dont la consequence reciproque est necessaire, comme dans les proprietez, & dans les termes correlatifs, comme risible, & homme, veu, & vision, cause & effet, & ces choses, ou ces termes, sont posterieurs en consequence de subsister, qui ne peuuent pas supposer, sans que les autres supposent : tels sont tous les degrez inferieurs, au regard des superieurs, comme l'homme au regard d'animal, & animal comparé au viuant ou à la subſtance. Car cette conſequence eſt bonne ; Ceſar eſt homme, donc il eſt animal : & celle cy eſt mauuaiſe, i'ay veu vn animal, donc i'ay veu vn homme.

Maior in ſum.

Remarquez icy auec le docte Major, que ſouuentefois Ariſtote, & les Anciens, appellent cette priorité de conſequence priorité de nature. Et que par priorité de nature ils entendent l'auantage de conſequence. Ainſi Ariſtote dit, que *Relata ſunt ſimul natura*: comme s'il diſoit, que les choſes, ou les voix relatiues, ſe ſuiuent l'vne de l'autre par vne conſequence reciproque, pource que tout pere, eſt pere d'vn fils, & tout fils eſt fils d'vn pere : Car à bien dire, il y a pluſieurs relatifs, qui ont l'auantage de nature, & de dependance au regard d'vn autre, comme la cauſe au regard de ſon effect, & vn pere au regard de ſon fils.

Cinquieſmement, on dit qu'vne choſe eſt anterieure par origine, qui produit l'autre, ſoit que ce qui eſt produit, ſoit vn eſtre neceſſaire ou non. Ainſi le Pere eternel a l'auantage d'origine ſur ſon Fils : & tout principe au regard de ce qu'il produit : & par conſequent, tout ce qui eſt produit d'vn autre, eſt poſterieur à ſon regard par origine, pource qu'il ſort de luy comme de ſa ſource. Si donc ce qui eſt produit, eſt vn eſtre neceſſaire, comme eſt le Verbe, il eſt ſeulement poſterieur par origine : mais ſi c'eſt vn eſtre contingent, il eſt poſterieur par origine, &

auſſi par nature. Sçachez donc que la ſixieſme façon de priorité eſt celle de nature , ſur
laquelle peu de Philoſophes s'accordent.
De moy ie dis pour

III. THESE. Qu'auoir *l'auantage de na-*
ture c'eſt eſtre ce qui eſt en quelque façon
cauſe que quelqu'eſtre non neceſſaire exiſte
ſimplement, ou qu'il ſoit tellemét modifiée.
Ainſi les conditions neceſſaires les diſpoſitions , les cauſes finale, l'exemplaire, materielle , & formelle precedent l'effet par nature, mais à parler proprement, la ſeule cauſe
effectiue a l'auantage de nature, pour ce que
c'eſt elle qui produit proprement l'effet.
Ou bien dites ſi vous voulez, *Theandre* , que
preceder de nature , c'eſt eſtre ce dont vne eſtre
non neceſſaire depend , & eſtre *poſterieur par*
nature, c'eſt eſtre ce qui depend d'vne autre
ou c'eſt eſtre vne choſe non neceſſaire , qui
reçoit ſon eſtre ſimplement , ou quelque
mode d'exiſter.

D'où s'enſuit, que cette priorité ou poſte-
riorité , quoy qu'en penſe Suarez , n'eſt pas
vne choſe diſtincte de la cauſe , & de l'effet,
mais que c'eſt la cauſe meſme , & l'effet qui
par eux meſmes , dependent ou ne dependent pas, & partant ces *choſes vont de pair par*
nature, ou comme diſent les Latins *ſunt ſimul*
natura qui ne dependent point l'vne de l'autre , ou qui ont ont vne dependance mutuelle, comme deux choſes eſgales ou ſemblables. Or Ariſtote nomme l'auantage de
la cauſe ſur ſon effet , *l'auantage de nature,*
pour ce que l'effet naiſt de cauſe. Neant-

moins cette naiſſance, ou cette dependance
que l'effet a de ſa cauſe, eſt l'effet meſme
puis que l'effet par ſoy meſme, & en ſoy
meſme, eſt produit de ſa cauſe meſme, entant qu'il eſt diſtinct de toute entité imaginaire, qui luy peut eſtre adiouſtée Certes
comme i'ay preuué, que la cauſalité eſtoit
vne meſme choſe auec la cauſe, auſſi il faut
dire, que la dependance n'eſt pas diſtincte de
l'effet.

Vous voyez donc, *Theadre*, que, ces mots
Antecedét ou precedát, ſe prennét fort equiuoquement dans la Philoſophie : car quelquefois ils ſignifient ce qui eſt plus noble,
d'autrefois ce qui eſt plus ancien. D'autre-
trefois ce qui occupe vne place plus noble,
quelquefois ce qui eſt cauſe, & partant c'eſt
vne illuſion manifeſte, de parler en la meſme
façon, de l'auantage du temps, & de celuy
d'origine ou de nature, & de dire que ce
qui eſt precedát par nature, ſoit deuát ce qui
eſt poſterieur : car ces mots *deuant*, *& aprez*
ne ſe diſent proprement que du temps. Or
eſtre cauſe, ce n'eſt pas eſtre deuant l'effet
mais c'eſt le produire : donc preceder vne
choſe par nature ce n'eſt pas eſtre deuant
elle.

O P P O S I T I O N I. Vous me ditez peut,
eſtre, que comme ce qui procede vn autre
de temps, eſt deuant luy pour le temps,
auſſi ce qui precede l'autre par nature, eſt
deuant par nature.

Ie répós ſi par ces mots preceder par nature
vous entendez que l'vn ſoit cauſe de l'autre,
ie ſuis

ie suis auec vous, mais si vous entendez que
la nature de la cause, doit estre auant la nature de l'effet, ie le nie, puis que la nature du
Soleil, & du feu, n'ont iamais esté, auant la
nature de la chaleur, & de la lumiere. C'est
pourquoy cette consequence n'est pas bonne, la cause precede son effet par nature, donc
elle est auant son effet. Celle-cy est fort reguliere, l'aurore precede de temps le midi,
donc elle est auant le midi, ce qui fait voir,
que cet aduerbe auant, se prend d'vne façon
equiuoque, que quand on dit auant par nature, comme cette consequence est mauuaise, La matiere est engendrée subiectiue-
ment, donc elle est engendrée pour ce que
ces deux consequences sont d'vn terme limité, ou alienè au mesme pris sans limitation. Dites donc pour

IV. THESE. Qu'à parler vniuerselle-
ment, il y a deux sortes de prioritez les latins
les appellent *in quo*, & *à quo* nous n'auons pas
de termes assez propres, pour exprimer ces
paroles, ie nommeray la priorité *in quo* priorité de temps ou d'instant, & celle *à quo* priorité d'ordre, & ie dis que la priorité d'ordre
ne peut pas distinguer plusieurs instans, où il
n'y a point d'autre priorité que celle de
l'ordre.

La raison est, qu'auoir la priorité d'ordre
ou regard d'vn autre, c'est estre ce dont vn
autre reçoit son estre, comme de la cause
principe, disposition, motif, exemplaire, ou
condition necessaire. Ou bien c'est estre, ce
qui est plus noble, ou ce qui a l'auantage de

conſequence de ſubſiſter. Ainſi dans la Trinité, le Pere a cét auantage ſur ſon Fils, pour ce que la priorité d'ordre enſerre la priorité de nature, de principe, d'origine, de lieu, de dignité, de perfection, & de conſequence de ſubſiſter.

Or il n'eſt point neceſſaire, de preceder de temps vne choſe, pour auoir à ſon regard tous ces auantures; d'où arriue que ce qui a ſeulement vne de ces prioritez, au regard d'vn autre, ne peut pas eſtre dit ſimplement, eſtre deuant elle; pour ce que eſtre auant ou apres, à parler ſimplement, ſont des aduerbes du temps, & qui connotent le temps: ainſi nous diſons ſimplement que ce iour eſt auāt celuy de demain: mais on ne peut pas dire que *l'animal* ſoit auant *l'homme*, ou la cauſe auant l'effet, ny le Soleil auant ſa lumiere, ny le Pere Eternel auant ſon Fils, donc ce qui a ſeulement la priorité d'ordre, ne peut pas eſtre dit, auoir celle de temps, & la priorité *à quo*, ne peut pas fonder celle de *in quo*, & ces cóſequēces ſont mauuaiſes, le Soleil a vne priorité de perfection, du regard de la Lune. L'animal à vne priorité de ſubſiſtence au regard de l'homme, le Pere Eternel a vne priorité d'origine au regard du Verbe, donc le Soleil eſt auant la Lune, l'animal eſt auant l'homme, le Pere eſt auant le Verbe, comme cette conſequence eſt mauuaiſe.

Ie vois vn homme peint, donc ie vois vn homme, pour ce que ces conſequences s'inferent, d'vn terme impropre & aliené, au meſme terme, pris en ſa ſignification propre.

La seconde preuue de cette verité est, qu'on
ne doit pas diuiser vn instant indiuisible, en
plusieurs instans, ny conceuoir que quelque
chose existe auant qu'elle soit. Or qui conçoit vne priorité de temps en ce qui est tout
a fait vn mesme temps, & dont l'vn n'est aucunement auant l'autre, conçoit les choses
autrement qu'elles ne sont, donc il est dans
l'erreur. Et partant comme dit Gabriel, il
faut deposer cette imagination qui fait conceuoir les choses contre la verité, ne dites
donc pas en cette priorité qu'existe le Pere,
on n'entēd pas encor le fils, pour ce que vous
passezde la priorité d'ordre, a celle du temps,
& ces aduerbes du temps *auant* & *apres*, ne se
peuuent dire simplement, que de ce qui est
deuant au regard du temps.

La 3. raison est, qu'on ne peut pas inferer
la priorité d'ordre, de celle du temps : car on
ne peut pas dire l'Aurore a, au regard du Midy, la priorité de temps ; donc elle a celle de
l'ordre. Le Chien de Tobie estoit deuant Cesar, donc il est plus noble que Cesar: dont pareillement on ne peut pas inferer la priorité
du temps, de celle de l'ordre, pour ce qu'en
l'vne & en l'autre, on passe d'vn terme pris en
vne supposition, au mesme terme pris en vne
supposition diuerse.

Opposition. II. Quoy que le Pere
au regard du Fils, & le Soleil au regard de la
lumiere, n'ayent pas reéllemēt aucune priorité de temps : neantmoins ils l'ont virtuellement, donc l'esprit peut conceuoir le Pere
auant le Fils.

Ie répons que ou cette façon de conceuoir est bonne, & partant elle conçoit l'obiect, comme il est en soy-mesme; ou elle est
fausse, si elle conçoit la chose autrement
qu'elle n'est. Or que veut dire cela; le Père
precede virtuellement son Fils: car pour estre
principe, il suffit de donner l'Estre. De plus
si le Pere a quelque aduantage d'instant sur
son Fils, pareillement le Fils a aussi le mesme
aduantage au regard du S. Esprit. Donc le
Pere est deux instants auant le S. Esprit, &
ainsi, puis que le S. Esprit est de toute eternité, vous feignez que le Pere a esté deux instâs,
deuant l'Eternité, ce qui est assez ridicule,
puis que c'est conceuoir quelque instant deuant tout instant.

OPPOSITION. III. S'il n'est pas permis d'inferer la priorité de temps, de celle de
l'ordre, il n'y a aucune priorité, n'y aucun
instant de raison, ce qui est contre l'opinion
de plusieurs Philosophes, pour satisfaire à
cette attaque, ie mets cette

V. THESE. On peut aduoüer la priorité
de raison, en la mesme façon que i'ay mis la
distinction de raison, definitiue, & auec fondement: mais c'est vne grotesque d'admettre
vniuersellement des instans de raison, & des
moments conceus par raison, où l'on treuue
seulement vne priorité d'ordre. Car l'entendement doit conceuoir les obiets, comme ils
sont en eux mesmes. Et les choses dit Aristote, ne l'ont pas, pour ce que nous les conce-
uons; mais nous les deuons conceuoir, pour
ce qu'elles sont; donc la raison ne doit pas

conceuoir, comme antecedent, ce qui en
effet ne precede pas l'autre. Ainsi Adam est
auant Noé, & en effet & par raison, comme
ces choses sont distinctes par raison, qui sont
aussi distinctes reellement, il faut donc dire,
que ce qui a l'auantage de subsistence, est
antecedent par raison definitiue, comme la
substance au regard de l'animal, & l'animal
au regard de l'homme: mais il ne s'ensuit pas,
que la raison puisse diuiser vn instant reel, s'il
s'en donnoit en plusieurs instans de raison, &
dire que le Pere est deuant son Fils, & le Fils
deuant le S. Esprit, ny que la connoissance
de Dieu, qui de toute Eternité indiuisible-
ment a connu toutes choses; a eu diuers instans, & que dans ce premier il s'est connu
soy-mesme, dans le second les choses possibles hors de luy-mesme, dans le troisiesme
les choses qui vn iour existeroient, dans le
quatriesme il se resolut d'éleuer les creatures raisonnables à la grace. Dans le cinquiesme il connut celles qui feroient leur profit,
ou qui abuseroient de ses graces, & dans la
sixiesme, il se resolut de sauuer celles qui a-
uoient bien mesnagé ses graces.

Ie sçay bien que cette Doctrine est de plusieurs graues Autheurs : mais ie ne l'ay jamais peu goûter, non plus que le Docte Gabriel. Premierement pour ce qu'elle conçoit les choses autrement qu'elles ne sont, &
elle feint plusieurs instás, où il n'y en a point.
Que si vous me respondez que la raison conçoit auec fondement, tous ces instans l'vn
deuant l'autre, Ie repartiray, qu'il n'y a aucun

fondement de dire, que Dieu veut vn obiect
l'vn deuant l'autre, s'il a voulu toutes choses au mesme point de l'Eternité, il faut dire
pour bien Philosopher, que Dieu a connu
toutes choses au mesme moment : mais qu'il
en a connu & voulu l'vne pour l'amour de
l'autre, & connu que l'vne suiuoit de l'autre.
Et qu'ainsi il a connu & aymé les creatures,
pour l'amour de soy-mesme, & qu'il a voulu
l'incarnation de son Fils, à cause du pechè
d'Adam Et sauuer S. Pierre à cause de sa penitence : mais à cèt effet, il n'est point besoin
de dire, que Dieu à connu ou voulu l'vn deuant l'autre, comme ie puis aimer Alexis pour
l'amour de Lysis, & Lysis pour l'amour de
Theagene, & Theagene pour Dieu, sans que
i'ayme Theagene trois instans deuant Alexis, il suffit que ie les ayme tous trois au mesme moment, & que i'ayme l'vn pour l'amour
de l'autre.

En second lieu, il s'ensuiuroit que Dieu seroit Dieu, trois instans auant que connoistre
que le Soleil existe : car Dieu connoistroit
qu'il est Estre auant de connoistre qu'il est
substance, & qu'il est substance auant de connoistre qu'il est substance intellectuelle. Et
apres il connoistroit que le Soleil est possible, & apres qu'il existe. Pareillement Cesar
seroit *Estre* six instans, auant qu'estre Cesar;
car il seroit Estre au premier instant, au 2. il
seroit substance, au 3. il seroit corps, au 4. il
seroit viuant, au 5. il seroit animal, au 6. il seroit homme, au 7. il seroit Cesar : & ainsi la
raison Generique seroit tousjours trois in-

ſtans auant l'indiuiduelle.

Ne vaut il pas bien mieux, *Theandre*, quitter ce phantoſmes, & expliquer ces choſes par la priorité de ſubſiſter. Et partant quand on dit le Pere Eternel à la priorité au regard de ſon Fils, le ſens n'eſt pas, que le Pere eſt auant ſon Fils, mais que le Fils naiſt de ſon Pere, *le degré d'animal precede celuy d'homme*, veut dire, quelque choſe peut eſtre animal, ſans eſtre homme. Voila qui eſt clair, & ſolide ſans enueloper des fictions, & des Groteſques.

Troiſieſmement, ſi on peut dire que l'eſſence Diuine eſt auant ſon intellection, & ſon intelligēce auant ſon vouloir, donc vous conceuez que Dieu exiſte, dans vn inſtant, auquel vous conceuez qu'il n'eſt pas intelligent, & qu'il eſt intelligent, auant qu'il veille. Or ie vous laiſſe à penſer, s'il ne vaut pas mieux dire, que d'eſtre à vne priorité de ſubſiſtence au regard de l'intellection : & cellecy au regard du vouloir: car vne choſe peut eſtre ſans eſtre intelligente, comme le Soleil. Et Dieu connoiſt le peché, qu'il ne veut pas d'vne volonté abſoluë.

Quatrieſmement, ſi le Pere ſe connoiſt en vn inſtant de raiſon auant ſon Fils, & ſon fils auant le monde, ponr ce qu'il a voulu le mōde, pour l'amour de ſon Fils. Il s'enſuit que ſi l'on eut demandé au Pere Eternel, en ce premier inſtant, que c'eſtoit que le monde, il eut dit, ie ne le ſçais pas encore, attendez deux momés, & ie vous le diray voyez toutes

les abſurditez, *Theandre*, qui viennent de ce
que l'on attribuë à la priorité d'ordre ou
quo, ce qui n'appartient qu'à la priorité de
temps, ou *in quo*. Outre que cette opinion
diuiſe vn ſeul acte indiuiſible de Dieu, en
mille parties, ce qui choque la raiſon. Or ie
ie demande pour

Cinquieſme inſtance, ſi Dieu connoiſt,
qu'il connoiſſe ainſi d'vne façon ſi partagée.
S'il le connoiſt, donc il connoiſt en ſoy des
fictions : que s'il ne le connoiſt pas, cela
n'eſt pas intelligible : car Dieu conçoit tout
ce qui eſt intelligible. Et il s'enſuit que les
Autheurs du parti contraire, ont vn eſprit
plus aigu qu'vne infinie intelligence.

Sixieſmement, S'il faut admettre en Dieu
toute cette fuſée d'inſtants, parce que vous
les conceuez ainſi : il s'enſuit que s'il quelqu'vn conceuoit que Dieu eſt conſeruateur
du monde, auant conceuoir qu'il eſt ſon
Createur, que Dieu conſerueroit le monde
auant l'auoir creé.

Enfin il s'enſuit qu'en cet inſtant, auquel
Dieu connoiſt & ne veut pas encore vne choſe, Dieu eſt imparfait, puis qu'il manque de
volonté, qui eſt vne perfection ſouueraine.
Ioint que, c'eſt diuiſer vne choſe tres-ſim-
ple en pluſieurs parties c'eſt à dire, l'a faire
ſimple & compoſée, ce qui eſt contradictoire. Et mettre quelque ſucceſſion où il n'y
en a point, & où meſmes, elle eſt impoſſible

Opposition. IV. tous les Theologiens mettent quelque ordre dans les decrets

de Dieu, donc les vns ont quelque priorité
au regard des autres.

Ie respons les meilleurs Theologiens, s'ils
sont bien entendus, ne mettent entre les decrets de Dieu, qu'vne ordre de motif, ou de
consequence de subsister, mais non pas vn
ordre de raison, en ce sésque la raison puisse
dire que l'vn est auant l'autre, de quelque
façon qu'on le prenne: car c'est conceuoir
les choses contre la verité, puis que tout ce
qui 'est en Dieu est, indiuisible. Pour finir
cette matiere, vous deduirez cette

IV. Thesb. Qu'il n'est point necessaire
que la cause, & le principe precedent leur
effet, mais qu'il suffit que le principe ait la
priorité d'Origine sur le terme, qu'il produit, comme le Pere eternel au regard de
son fils, & la cause doit auregard de l'effet,
auoir vne priorité d'ordre, de nature, & de
consequence de subsister.

C'est ainsi qu'Aristote dit que la cause en
acte, est semblable auec l'effet.

La raison est, que tout effet depend de sa
cause, & prend d'elle son estre. Donc la
cause à son regard, à la priorité de nature,
d'origine, & de consequence de subsister,
pour ce que la Cause peut absolument subsister sans son effet, & à parler absolument,
aucune cause totale n'agit necessairement,
& ce qui est cause, peut n'estre pas cause,
pour ce qu'aucun effet n'est absolument necessaire.

VII. These. La cause totale doit estre
plus noble que son effet, pour ce que Dieu

fait toufiours vne partie de la cauſe totale.
Or vne crature, & Dieu, ſont vn tout plus
noble, que la ſeule creature qui eſt effet.
Ainſi Dieu, & le Soleil ſont plus nobles,
qu'vne grenoüille qui eſt engendrée dans la
boüe, mais les cauſes partielles, ou creées
ſont quelque fois auſſi parfaites, & quelquefois moins parfaites que l'effet. Ainſi la cauſe
materielle, & le corps, ſont moins nobles que
l'homme qui eſt vn effet de la matiere. De
plus il y a des cauſes effectiues equiuoques,
qui ſont plus nobles que l'effet, ainſi le feu
eſt plus noble que la chaleur, mais auſſi il y
a des cauſes vniuoques, qui ſont d'vne eſgale
perfection auec l'effet : ainſi vn homme en-
gédre vn hóme, & vn Lyon produit vn Lyon
pour ce qui touche les cauſes inſtrumentales
& Morales, il eſt certain qu'elles peuuent
eſtre moins nobles, que l'effet qu'elles produiſent. Ainſi l'eau dans le Sacrement de
bapteſme, produit la grace comme vne cauſe
Morale, & inſtrumentaire, & la ſemence
dont vn Lyon eſt produit, eſt moins noble
que luy.

Pour ce qui appartient à la cauſe effectiue
principale, ie dis qu'elle doit eſtre, ou plus
noble, ou au pis aller d'vne eſgale perfection,
auec ſon effet ce qui ſe preuue par le denombrement de toutes les cauſes dont les
vnes ſont vniuoques c'eſt à dire auſſi parfaites que l'effet. Ainſi vn feu, engendre vn
feu, & les autres ſont equiuoques, c'eſt à dire
plus nobles que leur effet, commé le feu, &
le Soleil au regard de la chaleur : or de la lu-

miere qu'ils produisent.　　　Quelqu'vns
preuuent cette verité par cet Axiome, personne ne peut donner que ce qu'il possede
quelques autres refutent cette maxime, &
disent que personne ne donne ce qu'il a : car
s'il le donne, il ne l'a plus, & s'il l'a, il ne le
donne pas encor. Ainsi disent il, le Soleil produit la lumiere, quoyque en sa substance il
n'ait point de lumiere, puis qu'elle est vn accident distinct. Pour vous, *Theandre*, dites que
personne ne donne que ce qu'il a ou formellement, & reellement, ou effectiuement,
& productiuement, ce qui suffit pour verifier ce vieux axiome.

Or si vne cause totale moins noble peut
produire vn effet plus noble qu'elle, cela dépend absolument de la contradiction, pour
ce que la seule contradiction preuue qu'vne
chose est absolument impossible.

D'icy vous pourrez recueillir, qu'il n'est
pas besoin que tout ce qui est dans la cause,
ait l'auantage de nature au regard de l'effet,
mais seulement ce qui contribue à sa production. Ainsi quand le laict chaud, produit
la chaleur dans celuy qui le touche, cette
chaleur qui est produite, ne dépend point de
la blancheur du laict, pource qu'elle ne contribue rien à sa production.

De mesme l'inhesion des accidens, ne fait
rien affin qu'ils agissent : car vn accident mis
hors de tout suiet, peut agir, comme nous
voyons dans les especes Sacramentelles de
l'Eucharistie : car si le vin est chaud, auant
la consecration, sa chaleur demeure, & agit

apres la confecration auffi bien que fi elle eftoit dans vn fuiet. Et conféquemment il faut dire, que tout ce qui eft dans la caufe,& qui contribuë à la productiõ de l'effet, participe au regard de l'effet, l'auantage de nature, mais il n'eft pas anterieur par nature au regard de l'effet, s'il ne contribue rien à fon exiftence, mais c'eft affez traité des caufes. Paffons maintenant au traité de la premiere de tous les caufes, afin de connoiftre auffi parfaictement qui'il le peut permettre, la lumiere des connoiffances naturelles.

L'IDÉE D'VNE METAPHYSIQVE FAMILIERE ET SOLIDE.

LIVRE VI.

DES ESTRES SPIRITVELS en General de Dieu, & de ses attributs, entant qu'ils peuuent estre connus par la raison naturelle.

DISCOVRS I.

DES ESTRES SPIRITVELS, De la Définition & Diuision de l'Estre Spirituel.

NO V S sommes enfin, *Theandre*, arriuez au sommet de toute la nature. L'Estre spirituel à deux prerogatiues sur tous les Estres. Il est le plus noble, & le plus caché, l'vne & l'autre de ces conditions, marquent l'excellence, & la difficulté de l'œuure, que nous auons en main, sa noblesse nous excite à vne genereu-

se recherche d'vn Estre incomparable. Et ſi
difficulté nous promet que ſi nous faiſons la
decouuerte d'vn ſi riche threſor, nous aurons
acquis ſur le public vne obligation immor-
telle. Les choſes ſont difficiles, dit Platon, à
meſure qu'elles ſont belles, & les plus celebres Heros de toute la Grece, ne ſe fuſſent iamais rédus immortels, ſi la cõqueſte de la toi-
ſon d'Or n'eut eſté auſſi difficile qu'elle leur
eſtoit auantageuſe. Comme ie ne ſuis pas de
l'opinion d'Epicure, qui ſoutenoit que Dieu
contant de ſon bien-heureux repos, n'auoit
aucun ſoin des choſes d'icy bas: auſſi ne ſuis-
ie pas de l'aduis de Socrate, lorſqu'il diſoit
que nous ne deuions auoir aucune penſée,
pour les choſes qui ſont pardeſſus nos teſtes.
Il faut auoir vne ame plus genereuſe, & des
penſées plus hautes. S. Ambroiſe dit que
l'Aigle recõnoiſt que ſes Aiglons ſont legitimes, s'ils regardent fixement le Soleil. C'eſt
vn ſigne d'vne ame ſublime, d'enuiſager les
veritez qui ſont pardeſſus nos experiences.
Il vaut mieux ſçauoir les choſes releuées,
auec vn peu d'obſcurité, diſoit Ariſtote, que
d'auoir vne claire connoiſſance des choſes
ordinaires. C'eſt-ce qui me fait entreprendre
courageuſement vn traicté qui a autant de
difficulté que d'excellence, & au pis aller, il
vaut mieux eſtre vn peu temeraire, que laſ-
che. Dieu au commencement de cet vniuers,
donna deux flambeaux à la nature, l'vn pour
faire le iour, & l'autre pour preſider à la
nuict: & il en a donné deux autres pour le

raisonnement des choses qui sont pardessus
les sens, sçauoir est la Foy, & la raison, Celle-
là forme vn Chrestien, & celle-cy vn Philosophe. La Foy est obscure, & la raison se tient
quelque fois dans l'obscurité, & d'autrefois
elle met les obiects dans vne parfaicte euidence. Suiuons ces deux Guides, *Theandre*,
afin de ne nous point escarter dans vn chemin si difficile, & comme la Lune emprunte
ses feux, & sa clarté du Soleil, adioustons autant qu'il nous sera possible les lumieres de
la raison, à celles de la Foy : mais souuenez-
vous tousiours, que ie ne fais pas icy le personnage d'vn Theologien : mais d'vn Philosophe Chrestien, qui sçait au besoin se seruir
de la Foy, & de la Theologie. Appuyé sur
deux colomnes si inébranslables, & guidé
par deux conduittes si infaillibles, ie me ha-
zarde de traicter d'vne matiere en laquelle
pour dire vray, il n'y a pas moins de dáger de
se perdre, que d'esperance de profiter, si on y
reüssit auec gloire. Vous sçauez desia *Theandre*, que comme i'ay preuué dés l'entrée de
cette science, le dessein de la Metaphysique,
est de donner la declaration de tous les termes, qui font abstraction des choses spirituelles & corporelles, & de ceux qui sont
mis dans la proposition pour les choses purement spirituelles. I'ay tasché iusqu'à present dans mes cinq premiers liures, d'expliquer la pluspart des termes, qui conuiennent
aux choses materielles, & corporelles tout
ensemble. Il me reste pour donner vne Metaphysique accomplie, de declarer ce qui

touche aux Estres, qui sont releuez pardessus
la matiere, ce discours les enuisagera tous en
commun, traictant de la definition & diuision de l'estre spirituel, & les suiuans traicte-
ront de Dieu, & des Anges, autant que nostre foible raison, aidée des lumieres de la
foy, le pourra permettre.

QVESTION I.

*Qu'est-ce qu'estre Spirituel, com-
ment est-il different de l'estre
Corporel? Qu'est-ce qu'esprit?
y à il des Estres spirituels, & des
Esprits dans la nature?*

IE ne scais non plus dissimuler, qu'aimer
ceux qui se seruët de dissimulatió. c'est vne
chose fort difficile, de donner vne deffinitich
commune à tous les esprits, & d'assigner en
quoy consiste l'essence, & la nature des choses spirituelles. Cette difficulté, *mon Theandre*,
naist de trois sources. La premiere est que
la nature tout à faict esloignée de l'ambition nous a caché à dessein, ce qu'elle auoit
de plus beau, & de plus rare. La seconde est,
que comme nous ne voyons rien que des
corps, aussi à peine pouuons nous releuer
nos pensées, pardessus les choses corporelles.
Et la troisiesme naist, de ce que la pluspart
des

des Autheurs, ne s'accordent aucunement
dans la deffinition du corps, & de l'esprit. De
cent Autheurs qui traictent cette matière, à
peine en est-il deux, qui soient d'vn mesme
auis, & plusieurs apres auoir faict des disputes entieres, pour declarer le concept commun de l'esprit, demeurent enfin irresolus, &
à dire vray, ne donnent au public que des tenebres, ie ne m'appuieray donc point en cecy
sur l'authorité : mais sur la raison, & vous
diray pour

OPPOSITION I. Que comme il est
euident qu'il y a des Estres dans la nature,
aussi il est certain que l'Estre se diuise en spirituel & corporel, & que cette diuision est
parfaicte, & totale. Cette verité se preuue par
le denombrement de toutes les choses qui
sont dans la nature, car tout ce qui existe, est
ou spirituel, comme Dieu, les Anges, & l'ame
raisonnable : ou corporel, comme les animaux, les plantes, les Cieux, les Astres, les
Elemens, les metaux, & les pierres.

OPPOSITION. II. Cette diuision est
irreguliere, car il y a des Estres qui sont partie corporels, & partie spirituels, comme
l'homme : ie respons, qu'il est vray que l'homme est partie corporelle, & partie spirituelle,
par composition Physique, pource qu'il est
composé de l'ame spirituelle, & du corps, qui
est purement materiel, autrement il faudroit
dire que les diuisions de l'Estre en creé, &
increé, en accident, & substance, ne seroient
point parfaictes, pource que Iesus-Christ
contient en soy l'Estre increé, puis qu'il est

homme, & toutes les Creatures sont composées d'accident & de substance.

II. THESE. Estre spirituel, c'est Estre
de soy, & de sa nature indiuisible, & *Estre
Corporel*, c'est Estre de sa nature diuisible. Or
par Diuisible i'entens vn Estre qui ayt plusieurs parties integrantes, & qui de leur propre fons, soient telles, qu'elles ne puissent pas
estre mises dans vne espace indiuisible. Mais
vn Estre spirituel soit substance, comme Dieu
& les Anges: soit accident, comme la Grace,
la science, & les autres qualitez spirituelles,
quoy qu'il puisse par accident estre dans vne
espace diuisible, il pourroit neantmoins sans
receuoir aucun dommage, estre tout mis
dans vn espace indiuisible. Ou plutost, Il
pourroit exister sans estre dans vn espace. Ie
preuue ces deux descriptions pour ce qu'elles
conuiennent à tout, & au seul defini, comme
il se peut voir par leur denombrement: car
tout estre spirituel est ou increé, comme
Dieu: ou creée, comme les Anges, & l'ame
raisonnable.

De plus ils sont, ou substances, comme
l'ame, ou accident, comme sa grace, & les
vertus surnaturelles. Or tous ces estres sont
de soy indiuisibles, & sont tels qu'ils n'ont
point de parties, comme Dieu, les Anges, &
l'ame raisonnable: ou s'ils ont des parties,
comme les qualitez spirituelles, selon les
Theologiens, ont diuers degrez. Neantmoins
ces diuerses parties sont telles que de leur nature, elles pourroient exister sans estre dans
vn espace diuisible. Donc ces deux defini-

tions sont tres regulieres. La definition que
l'ay donné de l'estre corporel se preuue pareillement, par le denombrement des parties,
l'application que l'on en peut faire sur tous
les estres corporels, dont nous auons l'experience.

En 2. lieu, cette raison definitiue de l'estre
spirituel, s'establit fortement par l'authorité des Peres, & sur tout de S. Augustin,
qui preuue que Dieu est indiuisible, pour
ce qu'il est spirituel. Plusieurs autres Autheurs sont de mô aduis: Ainsi le docte Maior
sur le second liure de l'ame, disputant si
toute ame est diuisible, conclud que l'ame
des plantes, & des animaux est diuisible, mais
que l'ame raisonnable est indiuisible, ce qu'il
preuue, pource qu'elle peut comprendre vn
estre indiuisible, sçauoir est Dieu. I'aymerois
mieux argumenter en cette sorte, si l'ame est
diuisible, elle est corruptible : car vne partie
peut estre separée de l'autre, ainsi le tout
corrompu. De plus, si l'ame estoit diuisible,
Dieu en pourroit mettre vne partie en Paradis, & l'autre en enfer, ce qui, au iugement
de tout homme bien sensé, est digne de risée.
Ie laisse à part, que l'on pourroit establir ces
deux definitions, sur ce que iusques à present l'on n'en a point treuué d'autres, qui ne
fussent irregulieres.

Quelques autheurs ont dit, que l'estre spirituel, est celuy là qui n'est ny matiere ny
dependant de la matiere, & que l'estre corporel, est ce qui est matiere, ou dependant
de la matiere: mais si vous venez à bien exa-

miner leur dire, ou il est faux, ou il ne dit rien que ce qui est en nostre definition.

La raison est, qu'il se peut donner vn corps simple qui n'aura ny matiere ny forme, tel qu'est le Ciel en l'opinion de plusieurs Philosophes. Donc il se peut donner vn estre corporel, qui ne sera ny matiere ny dependant de la matiere. De plus l'ame raisonnable depend de la matiere, & des organes, en plusieurs de ses operations, & neantmoins elle est spirituelle.

Troisiesmement ie demande à ces Autheurs, ce qu'ils entendent par materiel, ou matiere, & enfin il faudra qu'ils disent, qu'estre materiel, c'est auoir des parties, ou estre diuisible ce qui est ma pensée.

Vous en treuuerez en second lieu, qui disent qu'estre spirituel, c'est estre sans parties, mais dites leur que si ils ny adioustent rien dauantage, cette definition est defectueuse, pour ce que les accidens spirituels, comme la grace, a charité, & les autres qualitez qui sont dans les Anges, & dans l'ame raisonnable, ont des parties reellement distinctes, & Dieu pourroit creer vne qualité, & peuuent-estre vne substance spirituelle, qui eust diuerses parties integrantes, l'vne desquelles, occupast vn espace, & l'autre partie l'autre espace. C'est pourquoy si vous y auez pris garde, ie me suis seruy d'vne distinction, disant que l'estre spirituel, n'a point de parties : ou que s'il en a, elles peuuent estre mises dans vn espace indiuisible, & mesmes exister, sans estre dans le lieu, qui

est toufiours vn efpace diuifible Arriaga
fouftient en troifiefme lieu qu'il faut definir
le corps, vne fubftance qui de foy eft impenetrable, auec vne autre fubftance de mefme
efpece, & partant *efprit* eft vne fubftance fpirituelle penetrable auec vne autre de mefme
efpece, mais fa definition eft fort irreguliere
premierement, pour ce qu'il definit feulement la fubftance corporelle, non pas l'eftre
corporel en general.

De plus il ne definit pas mefmes toutes
les fubftances corporelles, mais feulement
les fubftances accomplies : car la matiere, &
la forme le corps, & l'ame d'vn Lyon, font
des eftres corporels, qui fe penetrent, comme
auffi à la blancheur, la froideur, ou chaleur
du lait ou du marbre, font des eftres corporels qui fe penetrent. Pareillement le fecond
degré de chaleur, & le fixiefme, font des
eftres corporels de mefme efpece, qui neantmoins font penetratiuement dans le mefme
efpace.

En 2. lieu la prefence d'vn Ange à Rome,
& du mefme Ange à Paris, font de leur nature
incapables de fe penetrer, & neantmoins en
l'opinion d'Arriaga, ce font des eftres fpirituels, diftincts de l'Ange. Donc quelque
chofe eft impenetrable, qui n'eft pas corps
Et ainfi fa definition eft fort defectueufe.

Quatriefmement la raifon pourquoy vne
fubftance corporelle, eft de foy impenetrable, c'eft pour ce qu'elle eft vne chofe
groffiere, compofée de diuerfes parties, &
qui de foy eft diuifible donc fa definition

n'est pas si profonde ny si fonciere que la
nostre.

OPPOSITION II. On nous peut
obiecter, *Theandre*, qu'vne chose spirituelle, peut estre estenduë dans le lieu, comme l'ame est estenduë en tout le corps, donc
elle est diuisible.

Ie respons, qu'vn estre spirituel est estendu
dans le lieu par diuerses parties qu'il ait : ie le
nie, par diuerses presences, ou comme l'on
dit par replication du mesme estre, ie l'accorde. De plus ie repons, que quoy que Dieu
soit dans tout le monde, & comme meslé
dans toutes ses parties, & quoyque l'ame occupe penetratiuement tout le corps, neantmoins l'ame pourroit exister toute, sans estre
dans aucun espace, ou estre toute dans vn
indiuisible, s'il s'en donnoit dans la nature.

OPPOSITION II. vne chose spirituelle
peut auoir des parties integrantes, comme
les qualitez spirituelles qui reçoiuent plus,
ou moins, & sont capables d'intension, selon
les Theologiens, & Philosophes.

Respondez, *Theandre*, qu'il est vray, que
les accidens spirituels, peuuent auoir des
parties reellement distinctes, & ainsi estre
diuisibles, mais soustenez, que toutes ces parties peuuent sans eux exister en vn espace diuisible, pour ce qu'elles pourroient exister
quoy qu'aucun lieu, ny aucun espace n'e-
xistast dans la nature, d'autant qu'elles sont
reellement distinctes de toute espace. Donc
quoy que Dieu annihilast tout l'espace, elles

seroient sans estre dans vn espace diuisible:
mais il est impossible qu'vn corps existe, sans
qu'il soit diuisible, & qu'il soit dans vn espace
diuisible, pour ce qu'il est impossible, qu'il se
donne vn vray poinct ou vn vray diuisible corporel, donc tout estre corporel, a des parties
diuisibles à l'infini, dont les vnes entourent
les autres. Et ainsi tout estre corporel, est
necessairement dans vn espace diuisible.

OPPOSITION III. Il se peut donner
des estres spirituels composez de parties réellement distinctes, dont l'vne sera en vne partie du lieu & l'autre en vne autre partie de
l'espace? car il n'y a aucune contradiction,
que Dieu puisse faire vne qualité, & mesmes
vne substance spirituelle, longue d'vne aulne, & qu'elle ait autant de parties reëllémét
distinctes, qu'il y aura de poulces en toute
cette aulne. Ainsi dans l'opinion des Modistes, le mouuement d'vn Ange, passant de
l'Orient à l'Occident est diuisible, & il a autant de parties que l'espece. Ainsi l'vnion de
l'ame au corps, est autant diuisible selô Suarez, que le corps a de parties.

Ie responds: Que ie ne vois poinct de contradiction, dans la production d'vne qualité
ainsi diuisible: mais ie dis, que cela n'empes-
cheroit point, que cette qualité ne fust indiuisible, au sens de ma deffinition: pour ce
que toute cette qualité, qui occuperoit toute vne aulne, pourroit estre mise dans vn espace indiuisible, s'il s'é treuuoit. Et elle pourroit exister dans la nature sans estre dans vn
espace diuisible; puis qu'elle pourroit exister

D dd iiij

quoy que Dieu euſt annihilé tous les corps
& toutes les ſortes de lieu & d'eſpace. Pour
ce qui touche le mouuement de l'Ange, Ie
dis qu'il n'a point de parties, pour ce que c'eſt
l'Ange meſme, comparé à diuerſes parties
du lieu qu'il occupe ſucceſſiuement, & ainſi
ce qui eſt ſignifié directement par ces mots,
Mouuement de l'Ange, eſt indiuiſible : mais ce
qui eſt ſignifié indirectement, eſt diuiſible, &
ce n'eſt pas de merueille, puis que c'eſt vne
choſe corporelle : ſçauoir eſt le lieu , & l'eſpace : Dittes le meſme de l'ynion, de l'ame,
car elle eſt indiuiſible du coſté de l'ame; mais
diuiſible du coſté du corps, puis que ſe ou la
penſée de S. Paul, ce n'eſt autre choſe que le
corps & l'ame s'embraſſans l'vn l'autre d'vne
façon tres eſtroicte. Donc cét Argumét pris
des Modes des choſes ſpirituelles, n'a aucune force, puis que les Modes ſont les choſes
meſmes modifiées. Deſorte que comme tout
eſtre eſt ou accident ou ſubſtance, pareillement les Modes des accidents ſont les accidents meſmes , & les modes des ſubſtances,
ſont les meſmes ſubſtances : relatiuement &
comparatiuement conſiderées.

OPPOSITION IV. Il ſe peut donner
quelque corps indiuiſible, puis que pluſieurs
Philoſophes, comme Zenon, ont enſeigné
qu'il y auoit des poincts corporels, qui eſtoiét
indiuiſibles, & ainſi dans leur opinion noſtre
definition eſt irreguliere.

Ie reſponds qu'vn Philoſophe doit parler
coheremment, en toute la Philoſophie : &
partant comme ie tiens que tout poinct eſt

impoſſible, & qu'il ne ſe donne aucun inuiſi-
ble, ny dans le temps, ny dans le lieu, il m'importe fort peu que Zenon aduoüe des indiuiſibles, puis que ie preuue dans le traicté du
continu, que tous les poincts ſont impoſſibles: & partant il eſt impoſſible qu'il y ait
aucun corps indiuiſible: ou qui ſoit dans vn
eſpace indiuiſible, & quand il n'y auroit au
monde autre corps qu'vn ciron, ou qu'vn
atome, il ſeroit dans vne eſpace diuiſible,
puis qu'il ſeroit compoſé de parties. I'aduoüe donc que s'il ſe donnoit vn indiuiſible,
vn corps pourroit eſtre dans vn eſpace indiuiſible: Mais pour ce que cela eſt impoſſible,
auſſi c'eſt vne contradictiõ manifeſte, qu'vn
eſtre corporel, ſoit dans vn eſpace indiuiſible, & conſequément il eſt impoſſible qu'vn
corps exiſte ſans eſtre dans vn lieu diuiſible:
mais vn eſprit pourroit exiſter ſans eſtre dans
vn eſpace diuiſible, pour ce qu'il pourroit
exiſter, quand bien meſme il n'y auroit aucũ
eſpace, & c'eſt par accident à vn eſprit, qu'il
ne puiſſe pas maintenant exiſter dans vn eſpace indiuiſible, par ce qu'il ne ſe donne pas
aucun lieu indiuiſible. Neantmoins vn eſprit
eſt tel de ſoy, que naturellement il ſe peut
reſerrer dans vn eſpace plus petit que celuy
qui luy aura eſté aſſigné, ce qui ne conuient
pas aux choſes corporelles, ſi ce n'eſt pas miracle, comme nous voyons dans le Sacremẽt
adorable de l'Euchariſtie, auquel tout le
corps de IESVS, reſpond à l'eſpace d'vne
façon ſpirituelle; ce qui ne peut eſtre dénié
à la puiſſance diuine, puis qu'il n'y a aucune

contradiction dans ce prodige.

III Thᴇse. De toute cette doctrine vous pourrez recueillir, que les estres spirituels differét des estres corporels, en ce qu'ils font indiuisibles en la façon que i'ay declaré, c'eft à dire, que ou ils n'ont point de parties, ou s'ils en ont, ces parties peuuent estre toutes ensemble, fans estre dans vn espace diuisible, & de leur nature elles font telles, qu'elles pourroient estre dans vn espace indiuisible, s'il s'en donnoit, & maintenant elles se peuuent naturellement referrer en vn lieu tousjours moindre, que celuy qu'elles occupoient.

Secondement quoy, que tout estre spirituel soit esprit, comme tout estre corporel, est corps : neantmoins on n'appelle pas d'ordinaire Esprit les accidents ou qualitez spirituelles : mais les seules subftáces : Ainsi quoy qu'vne ame euft cent qualitez spirituelles, on ne diroit pas voila cent Esprits, mais voila vn Esprit : ainsi Dieu est Esprit, & les parens mesmes l'ont appellé Esprit : Caton & Seneque difent, que Dieu est vn Esprit. Et le Poëte selon la Philosophie des Stoïques dit, que Dieu est l'Esprit, & comme l'ame de tout le monde. Pareillement nous appellons les Anges des bons, ou des mauuais esprits. Nous difons qu'vn homme rend son esprit en mourant, & Iᴇsvs expirant pour le salut du monde fur le Caluaire recommanda fon biéheureux Esprit, dans les mains de fon Pere.

Qu'est-ce donc qu'Esprit à parler proprement.

IV. Thesi. L'Esprit est vne substance indiuisible, comme Dieu, les Anges & les Ames raisonnables. Et il est à remarquer, que l'on a donné le nom d'Esprit aux choses indiuisibles, pour ce que nous auons de coustume de nous imaginer les Esprits, en forme de vent, ou d'vn air tressubtil : & ainsi ce mot Esprit signifie proprement vn vent , & vn souffle. C'est pourquoy la troisiesme personne de la Tres-saincte Trinité, se nomme S. Esprit, par vn nom personnel & notionnel : pour ce qu'il est produit par voye d'amour, & qu'il est comme vn doux respir, du Pere, & du Fils, qui s'ayment reciproquement auec vne ardeur infinie, ce qu'a conneu Trismegiste , lors qu'il disoit qu'vne vnité engendre l'vnité, & refléchit ses ardeurs sur elle-mesme.

D'icy vous deduirez que ces mots, *Esprit*, *spirituel*, *spiritualité*, & *Entité spirituelle*, sont des termes qui ne sont ny concrets ny abstracts, pour ce qu'ils supposent pour le mesme, & ne connotent rien de distinct : selon la doctrine que i'ay establie dans la Logique.

V. Thesi. Or il est certain & euident, qu'il se donne en la Nature des estres spirituels, comme Dieu, les Anges, & les ames raisonnables. I'ay prouué cette verité auec euidence dans *ma Diuinité deffenduë contre les*

Athées, ou i'ay fait voir si ie ne me trompe
que les *Athées* n'ont pas plus de raison que
de conscience.

QVESTION II.

Comment se diuise l'Estre spirituel, & de combien de sortes y en at'il en la nature.

I. Thesi.

L'Estre spirituel aussi bien que l'Estre corporel, se diuise en substance & en accident, & cette diuision est totale & parfaicte:
car tout Estre soit spirituel, soit corporel, ou
est capable de subsister par soy-mesme, & il
est substance; ou il est incapable de subsister
par soy mesme, & il est accident, dittes donc
que la *substance spirituelle*, est vn estre spirituel,
capable de subsister par soy-mesme, comme
Dieu, les Anges, & l'ame raisonnable, & *l'accident spirituel*, est vn estre spirituel incapable
de subsister par soy-mesme, ny d'estre partie
d'vn estre qui subsiste, comme la grace, & les
autres qualitez spirituelles.

Surquoy il est à remarquer, qu'il y a beaucoup de difference entre *exister & subsister*: car
subsister n'est autre chose qu'estre vn tout
substantiel, ou capable d'estre vne partie d'vn
tout substantiel: & partant l'ame est capable
de subsister, & les accidents sont incapables

de subsistance, puis qu’ils ne peuuent composer, qu’vn tout accidentel : mais cela ne
preuue pas, qu’ils ne soient incapables d’exister, hors de tout suiet, puis qu’ils ont vne
entité reéllement distincte du sujet, dans le
sein duquel ils reposent. Donc Dieu peut
annihiler tout sujet, sans toucher aux accidents.

Vous voyez donc, *Theandre*, que cette diuision de l’Estre spirituel en accident & substance, est parfaite & totale, puis qu’elle se
donne par deux membres qui ont vne opposition contradictoire.

II. THESE. La substance spirituelle se
diuise vniuoquement en increée, côme Dieu
& creé comme les Anges, & les ames raisonnables, & cette diuision est encore totale.

La preuue de cette proposition est euidente; car toute substance spirituelle, ou a vn
Estre necessaire & de soy-mesme, & elle est
increée : ou elle reçoit son estre de quelque
cause distincte, & elle est creée. De plus il est
certain, que Dieu est indiuisible, pour ce que
s’il estoit diuisible, il seroit composé de parties, donc il y auroit en Dieu quelque chose,
qui ne seroit pas tout Dieu ; & qui ne seroit
pas totalement parfaite : car vne partie, n’auroit pas la perfection de l’autre. Donc chasque partie ne seroit pas totalement parfaite
& consequemment Dieu ne seroit pas infiniement parfait: car chaque partie seroit d’v-
ne perfection finie, or plusieurs perfections
finies, ne peuuent pas faire vn infini. Enfin
Dieu seroit vn estre creé, & il dependroit

de ses parties, comme de ses causes materielles ; ce qui est imaginaire. C'est pourquoy
tous les Theologiens, & mesmes les Philosophes Payés, qui ont eu quelque vray rayon de
la Diuinité , ont mis pour vn des principaux
Attributs de Dieu, qu'il estoit simple , exépt
de toute compósition, & de tout meslange:&
dés la naissance de l'Eglise, les Anthropomorphites ont esté declarez Heretiques,
pource qu'ils soustenoient, que Dieu aussi
bien que les hommes, auoit diuers membres,
& diuerses parties : mais la foy selon le conseil de Iesus-Christ, adore Dieu en esprit, &
verité. C'est à dire sans s'imaginer qu'il ayt
vn corps, & sans parties, & comme dit Synesius en ses Hymnes , non seulement Dieu est
esprit:mais il est esprit des esprits, l'Autheur
& le Pere & la nourriture des esprits. Dites
pareillement que les Anges & les ames raisonnables sont spirituelles & indiuisibles,au-
trement ce seroit des Estres corporels , &
corruptibles ; & vne partie pourroit estre
bien heureuse,& l'autre mal-heureuse,ce qui
est desraisonnable.

III. These. La substance spirituelle
créée, se diuise en parfaicte comme Dieu, &
les Anges & en imparfaicte comme l'Ame.

Ie le preuue, pource que toute substance
spirituelle ou est destinée de sa nature pour
faire vn tout,auec quelque autre partie,com-
me l'ame est propre de soy,pour faire vn tout
auec le corps,par voye de forme auec la ma-
tiere:ou bien elle n'est pas destinée pour faire
vn tout auec vn autre : mais de soy elle est vn

tout, comme Dieu, & les Anges, Michel,
Gabriel, Lucifer, Astaroth. La premiere sorte
est imparfaicte. Et la 2. est parfaicte & accomplie.

Et ainsi, *Theandre*, vous voyez que le traicté
des Estres spirituels se diuise en quatre parties. Car il doit traicter de Dieu, des Anges,
de l'ame raisonnable, & des qualitez spirituelles: l'ay neantmoins dessein de remettre
le traicté de l'ame raisonnable dans la Physique, où tous les Philosophes ont de coustume de traicter de l'ame en commun, & en
particulier : & pource qui touche les qualitez spirituelles, leur traicté n'a rien de particulier, pardessus ce que i'ay dit au liure quatriesme de ma Metaphysique, ou ce que ie
diray au 2. liure de ma Physique, parlant des
qualitez corporelles.

Outre que la Theologie aux traictez de la
grace, des vertus, & habitudes surnaturelles,
declare mille belles veritez, des qualitez spirituelles, puisées de la reuelation : comme
d'vn principe qui est pardessus la nature.

Il me reste donc à traicter de Dieu, & des
Anges, autant que la raison naturelle aydée
des lumieres de la foy, le peut permettre, ce
que ie feray en deux liures, auec ma clarté, &
brieueté ordinaire.

DISCOVRS II.

*Du Nom, de l'Essence, Nature,
Definition, Vnité, Bonté,
Verité, & des autres
attributs transcenden-
tels de Dieu.*

Pres auoir imploré la faueur
du premier de tous les Estres,
dont ie desire vous declarer
les perfections infinies, ie vous
diray, *Theandre*, que le traicté
de Dieu, selon la remarque du grand sainct
Augustin, à trois conditions particulieres;
comme il est le plus doux, & le plus vtile, aussi
il est le plus dangereux de tous ceux, qui se
donnent dans toutes les sciences. Et à vray
dire ie n'espererois point de reüssir heureu-
sement dans vn suiet si difficile, si ie n'auois
desia fait quelque essay sur cecy dans ma
Diuinité deffenduë contre les Athées. Et si ie
n'estois resolu de me conduire autant par les
tenebres de la foy, que par les lumieres de la
raison. I'auoüe, que parmy les veritez que la
foy & la Theologie declarent, touchant le
premie.

*Aug. lib. 1.
de stimul.
libi peric-
losius erra-
tur, nihil
fructuosius
quæritur,
nihil dul-
cius inueni-
tur.*

premier de tous les Estres, il y en a quelques-
vnes qui sont pardessus la raison : mais il est
euident à tous ceux qui sçauent Philosopher,
qu'il n'en est aucune qui luy soit contraire.
Dieu est vn esprit souuerainement raisonnable, il ne peut choquer la raison, qu'il ne se
destruise soy-mesme. Quoy que le discours
naturel ne puisse pas descouurir plusieurs
veritez surnaturelles, que la foy nous releue,
il est neantmoins assez fort, pour prenuer que
la foy n'enseigne rien que de raisonnable,
quand nous agissons de la foy auec les
Payens, dit sainct Thomas dans son 3. Opuscule, nous ne preuuons pas nos Mysteres : D. Thom.
mais nous les deffendons & montrons qu'il opusc. 3. c. à
n'ont rié de desraisónable. Ie desire aussi vous ad hoc ten-
aduertir, *Theandre*, que ce sujet doit estre au- dere debet
trement traicté par vn Theologien, que par Christiani
vn Philosophe. La Theologie regarde fixe- disputatoris
ment les veritez les plus releuées, que la foy intentio, in
reuele dans le Christianisme : mais la Philoso- articulis fi-
phie n'a pas de si hautes pretentions, elle se dei, non vt
contente de considerer Dieu comme Au- fidem pro-
teur de la Nature. C'est à quoy ie me re- bet, sed vt
sous, auec dessein neantmoins, de me seruir fidem def-
au besoin des lumieres de la foy, & de la fendat.
Theologie. Ie fais icy le mestier d'vn Philosophe Chrestien. Peut-estre qu'vn iour nous
passerons de la Nature à la Grace, & que
nous declarerons au public les plus releuez
Mysteres de la Theologie. Pour maintenant
i'auray satisfaict à mon deuoir, si ie declare
l'Estre, & les attributs de Dieu, selon la portée de la Metaphysique. A cet effect ie vous

donneray quatre ou cinq discours qui decla-
reront en peu de mots, tout ce que doit scauoir vn Philosophe en cette matiere. Ie commence par la declaration du nom le plus auguste qui soit dans la Nature. Suppliant derechef la Majesté Diuine de me donner la
grace de parler de ses perfections, auec autant de raison, que ie porte de respect à vn
Estre, qui est souuerainement adorable, ie ne
laisse pas de l'honorer, quoy que ie ne le
puisse pas comprendre, & si ie n'ay pas assez
de lumiere pour le connestre, ie me contenteray d'auoir assez de feu pour l'aymer.

QVESTION I.

Qu'est-ce que nous entendons sous l'Auguste nom de Dieu, s'il est vniuoque, ou analogue commun, ou singulier, & comment il faut soudre les Sophismes, qui se font sur ce nom adorable. Si Dieu est pardessus la raison, & contre la raison.

I'Ay desia traicté amplement ce sujet dans ma Diuinité deffenduë contre les Athees. Où vous pourrez voir à loisir la preuue des veritez suiuantes.

La 1. Verité est, que ce nom de Dieu à parler vniuersellement, est Equiuoque, pource
que selon la remarque de sainct Thomas, il
s'attribuë au premier de tous les Estres, qui
est Dieu par nature. Secondement aux
Dieux par participation, comme les personnes d'Authorité, les Roys, les Iuges, & les
Anges qui sont les Lieutenans de Dieu. Troisiesmement on l'applique aux Dieux par
opinion, comme aux Diuinitez, & aux objets
qu'vne passion aueugle, nous fait aymer sans
mesure.

D. Thom.
1 P. q. 13.
Page 15. de
la Diuinité
deffenduë.

La 2. Verité est, que quoy que Dieu ne
puisse estre parfaictement definy, pource que
il est incomprehensible. *Neantmoins on en peut*
donner quelque description en ces termes: Dieu est
vne substance spirituelle, qui est de soy necessaire,
infiniment parfaicte, dont toutes choses releuent,
quoy qu'elle ne depende d'aucun autre.

Page 19.

. La 3. Verité est, que Dieu peut-estre definy, quoy que non pas si parfaictement, que
les Estres finis, & créez, dont nous auons l'experience. Or la definition, ou description de
Dieu, se peut conceuoir en ces termes, que ie
mets pour.

La 4. Verité, Dieu est vne substance spirituelle, & necessaire, qui est de soy, & qui est
infiniment parfaicte. Car cette description
appartient à Dieu priuatiuement à tout autre, & le discerne de tout ce qui n'est point
cet Estre adorable.

La 5. Verité, Dieu peut-estre connu par
foy, & par raison, abstractiuement & intuiti
uement, soit des hommes, soit des Anges, &

E e e ij

partant on en peut donner quelque definition, ou defcription imparfaicte.

Cette verité fe preuue par les efcritures Sainctes, par les efcrits des Theologiens, & des Philofophes Payens, qui ont efcrit hautement du premier de tous les Eftres. Or il eft à remarquer, que la defcription que l'on donne de Dieu, a bien vn genre, pour ce que Dieu eft vniuoquement Eftre, *Subftance*, & fpirituel auec les creatures ; de forte que ces mots *Eftre*, *Subftance*, & Efprit font des vrays genres au regard de Dieu, & des fubftances creées, intellectuelles.

Mais la definition de Dieu, n'a qu'vne difference indiuiduelle, & non pas fpecifique. Pour ce que tous les noms qui font communs à Dieu, & aux creatures, s'appliquent à Dieu par vne difference indiuiduelle & fin- gulierc. Et ce mot Dieu, à proprement par- ler, eft fingulier, & partant quand on dit, *Eftre increé, fubftance increée, Eftre de foy*, tous ces mots font finguliers, pour ce que ils fignifient vn Eftre fingulier, & incapable d'eftre multiplié, ou d'auoir plufieurs Eftres d'vne mefme nature.

Or que Dieu puiffe eftre definy, au moins par quelque defcription imparfaicte, ie le preuue, pour ce que la definition eft vne oraifon qui declare clairement la nature de quelque chofe, or on peut donner quelque oraifon, qui fignifie clairement la nature du premier de tous les Eftres, puis qu'il y a di- uers degrez de clarté dans les termes, & dans les chofes: or dans la definition de Dieu, ces

mots *Substance spirituelle*, peuuent seruir de
Genre. Et ces mots qui est *de soy necessaire*, *&*
parfaict à l'infiny seruent de difference indiuiduelle: car ces trois derniers attributs appartiennent à Dieu seul: mais estre substance,
ou estre spirituel, conuient aussi aux Anges,
& aux ames raisonnables.

C'est pourquoy le premier concept, que
nous auons de Dieu, c'est qu'il est vn Estre
substantiel, qui est de soy, c'est à dire, qui n'a
point receu son estre d'aucune cause; d'où
s'ensuit que Dieu est independent de tout
Estre, & que tous les Estres releuent de sa
puissance.

Lisez la di-
uinité des-
fenduë. pa-
ge 32.

I'ay encore deduit de cette verité, que Dieu
est infiniment parfait, pour ce qu'estant vn
Estre de soy, il ne luy peut manquer aucune
perfection simple, puis que n'ayant depen-
du d'aucun autre qu'il n'ait eu toutes sortes
de perfections, il auroit esté enuieux de son
propre bonheur, si quelqu'vne luy manquoit.
Or *perfection simple* selon S. Anselme *est celle-*
là dont vaut mieux auoir la possession que d'en
estre priué, comme la raison, la souueraineté
& la vie.

Perfectio
simplex est
illa, quæ
melior est,
quàm non
ipsa.

VI. verité: Dieu n'est point par dessus la raison, quant à son estre, & à quelqu'vne de ses
differences.

La raison de cecy est, que l'on peut connoistre naturellement qu'il y a vn Dieu: car
côme dit S. Paul aux Romains, les Payens ont
connu Dieu auec telle euidéce, & qu'il estoit
souuerainement adorable, que ne l'ayant
pas honoré selon leur deuoir, ils ont esté ren-

Ad Rom. 1.

E e e iij

dus inexcufables. Donc ils le connoiſſoient
auec euidence : car ſi ils l'euſſent connu ſeulement auec probabilité, le party contraire
leur eut reſté probable : & ainſi ils euſſent eu
quelque excuſe dans leur infidelité.

Or il eſt impoſſible que la raiſon, & la nature nous ayent donné la connoiſſance d'vn
Dieu, ſans nous auoir fait cónoiſtre, au moins
confuſement qu'eſt-ce que Dieu, dònc on
peut auoir naturellement quelque deſcriptió
d'vn Souuerain Eſtre. De plus on ne peut
nier que les Anges, & les ames bien-heureu-
ſes qui voyent Dieu face à face, ne puiſſent
donner quelque definition de cét eſtre, dont
la lumiere de Gloire leur donne vne parfaite
jouyſſance. Et au pis aller, il eſt euident que
Dieu ſe peut definir luy-meſme, puis qu'il
comprend parfaitement ſa nature.

OPPOSITION I. Les Peres appellent
Dieu ineffable, ſans nom, ſans termes, infini,
incapable de definition. Et S. Auguſtin ad-
iouſte que Dieu croiſt par ſa propre definitió.
Et tous ſont d'accord, auec S. Denis, Philon,
& Maximus Tyrius, que l'on peut mieux definir Dieu par des negations, diſant, ce qu'il
n'eſt pas, que voulant dire, ce qu'il eſt par
vne propoſition affirmatiue.

Ie répons, que la pluſpart de Peres ont
donné eux meſmes des oraiſons, qui declarent les perfections diuines. Et ſainct Gregoire le Theologien l'appelle Panonymos,
ou celuy qui a toute ſorte de noms, c'eſt
pourquoy les Peres diſants que Dieu eſtoit
ineffable, ont ſeulement voulu, que l'on ne

pouuoit donner vne definition de Dieu tres-
parfaicte, ce que i'auoüe librement, puisque
Dieu est incomprehensible.

OPPOSITION. II. Les Peres disent
souuent que Dieu est pardessus la raison,
mais non pas contre la raison.

Ie répons que Dieu a de certains attributs,
où ne peut arriuer la raison naturelle, comme
d'estre trin en personnes, & selõ les attributs,
il est pardessus la raison : mais il n'est point
d'attribut diuin, qui soit contre la raison,
pour ce que ils sont tous veritables, il y a
neantmoins des attributs en Dieu, comme
son existence, sa souueraineté, son indepen-
dence, sa necessité, son immensité son immutabilité, & sa puissance qui ne sont point
pardessus la raison naturelle.

VII. THESE. Le nom de Dieu à parler
proprement est en effet singulier : mais il est
virtuellement commun.

La raison est, qu'il signifie vn seul estre, &
vne seule substance, qui ne peut estre diuisée
en plusieurs estres, ou en plusieurs substances, & qui n'en peut auoir de semblables,
donc c'est vn terme singulier, neantmoins,
pour ce que il y a en Dieu trois personnes,
ce nom a la vertu d'vn terme commun, & distributif, pour ce que il a la mesme valeur
qu'vn nom qui signifieroit trois personnes,
& trois natures distinctes. D'icy s'ensuit, que
ce mot Dieu, pris proprement, n'est ny vniuoque, ny equiuoque, ny analogue, pour ce
qu'il n'est pas en effet vn terme commun,
comme i'ay dit dans la Logique.

D'où vous pourrez inferer la solution de tous les sophismes, qui se font sur le nom de Dieu, car ils manquent tous, ou en ce que ils prennent ce mot Dieu, comme vn terme commun, ou en ce qu'ils ne distribuent pas suffisamment, lors qu'il est virtuellement distributif, mettons des exemples, si quelqu'vn propose ce sophisme.

> *Le Pere est Dieu*
> *Le Fils est Dieu,*
> *Donc le Fils est Pere.*

Niez la consequence: car il eut fallu dire, *tout ce qui est Dieu est Pere.* Et alors la maieure eust esté fausse : mais l'argument eust esté en forme. La raison est, que quand on dit *Dieu est Pere,* le sens est, quelque personne qui est Dieu est Pere, & quand on dit *Dieu est iuste,* ce mot s'attribue à la nature, comme qui diroit tout ce qui est Dieu est iuste.

Les Tricheites tombent dans le mesme erreur, lors qu'ils veulent preuuer que les trois personnes en Dieu, sont trois Dieux par ce sophisme.

> *Vn & vray Dieu est Pere de Iesus-Christ.*
> *Or les trois personnes ne sont pas Pere de Iesus-Christ.*
> *Donc elles ne sont pas vn vray Dieu.*
> *Et consequemment elles sont trois Dieux.*

Niez la consequence: car ces termes, *vn & vray Dieu,* sont distribuez dans la conclusion negatiue ayans esté pris singulierement, dans la maieure affirmatiue, c'est comme si on disoit

Vn & vray homme est Roy de la Chine
Or Socrate n'est pas Roy de la Chine,
Donc Socrate n'est pas vn & vray homme.

Troisiefmement si quelqu'vn vous veut surprendre disant

Nul Fils est Pere
Toute essence diuine est Fils,
Donc nulle essence diuine est Pere.

Respondez, que ce Sophisme distribuë deux
termes singuliers, ce qui fait que la mineure,
& la conclusion soient d'vn sujet, imaginaire:
car on ne peut pas dire Tout Dieu, *ou toute*
essence diuine, puisqu'il n'y a qu'vn Dieu, &
qu'vne essence diuine. De plus la mineure est
fausse, pour ce que le sens est, que tout ce
qui est essence diuine, est Fils. La majeure
aussi est fausse, pour ce que vne mesme personne, peut-estre Pere & Fils tout ensemble.
Ainsi Philippe est Fils au regard de son Pere,
& il est Pere au regard d'Alexandre.

Mais que faut-il dire de l'argument des
Lutheriens Vbiquistes, qui croient que le
corps de Iesus Christ est par tout, aussi bien
que le Verbe. Leur argument est tel

Dieu est par tout
Iesus est Dieu
Donc Iesus est par tout

Ou bien *Ou est le Verbe, là est tout ce qui est*
vny au Verbe.
Or le Verbe est par tout
Donc tout ce qui est vny au Verbe, est
par tout.

Respõdez au premier que sa cõsequence n'est
pas legitime, pour ce que ce mot Dieu n'est

pas distribué. Ou bien si vous voulez, dittes
qu'il est en forme, si l'attribut de la ma-
ieuré se prend de la mesme façou, dans la
conclusion, qu'il se prend dans la maieure:
car l'attribut de la maieure, *est existant par
tout*, Ou il est vray que quelque homme, ou
que ce qui est homme, est par tout, & ainsi
vne personne qui est homme, est par tout : Mais
elle n'est pas par tout homme, que si cette
façon de respondre semble trop subtile à des
esprits grossiers, Respondez en troisiesme
lieu, que ce qui est homme *scauoir est le Verbe,
est par tout, selon la Diuinité* : Ie l'accorde *selon
l'humanité, ie le nie.*

Respondez encor, que Dieu est par tout,
ie distingue, selon ce qui luy appartient par
soy-mesme, & qui est inseparable de luy, ie
l'aduouë: Or Iesus est Dieu, distinguez encor la mineure, & ce mot Iesus, ne signifie
rien que ce qui appartient à Dieu par soy-
mesme, ou que ce qui est inseparable de luy,
ie le nie, & ce mot Iesus signifie quelque
chose separable de Dieu, ie l'accorde, & ainsi
niez la consequence, ce qui est dire en vn
mot que le Verbe qui est cette diuine personne, que nous appellons Iesus, est par tout:
mais qu'elle n'est pas par tout Iesus, pour ce
qu'elle n'a pas par tout la nature humaine,
vnie à sa substance. Cette solution sera plus
claire, si vous respondez au second Sophisme
en cette sorte. Où est le Verbe, là est ce qui
est vni au Verbe. Ie le distingue, ce qui est
vni au Verbe *totalement*, & selon toutes ses
presences, ie l'accorde, ce qui est vni au Ver-

be *partiellement*, & seulement selon quelque
presence, ie le nie. Or le Corps de Iesvs est
vni au Verbe, selon toutes ses presences, ie le
nie : selon quelque presence. Ie l'aduoüe.
Donc ie nie la consequence.

Certes si ce Syllogisme à quelque force. Ie
preuue que Luther a la teste où il a ses pieds,
par vn argument semblable. *Où est l'ame de*
Luther là est tout ce qui est vni à son ame. Or l'ame
de Luther est dans ses pieds. Donc tout ce qui est
vni à l'ame de Luther est dans ses pieds. Or est
il que la teste de Luther est vnie à son ame.
Donc la teste de Luther est en ses pieds.

Que dira vn Vbiquiste à ce raisonnement,
si ce n'est que la teste est seulement vnie à
l'ame, selon quelqu'vne de ses parties.

Respondez donc le mesme, & vous met-
trez les Vbiquistes en confusion, il faut
quasi donner la mesme solution à ce Syllogisme.

Cette personne a precedé sa Mere,
Cette personne est homme,
Donc quelque homme a precedé sa mere.

Respondez qu'il est vray, que quelque personne, qui est homme, a precedé sa Mere :
mais dittes que cette personne, pour lors
n'estoit pas homme. Car cette sorte de Sophisme, se fait d'vne chose simplement prise
auec modification, comme qui diroit d'vne
Cire, que Dieu par miracle auroit mise en
plusieurs lieux, à Paris auec vne figure quarrée, & à Rome auec vne figure ronde.

Cette Cire est à Rome,
Cette Cire est quarrée,

Donc cette Cire est quarrée à Rome.

L'argument seroit irregulier, pour ce qu'il se fait d'vn terme non modifié à vn mesme terme mis auec modification ; & il attribuë à la Cire estant à Rome la figure quarrée qu'elle a seulement à Paris.

QVESTION II.

Qu'est-ce que l'vnité de Dieu, s'il y a vn seul Dieu, ou plusieurs, Si la pluralité des Dieux est possible, & si Dieu est capable de nombre.

I. THESE.

D. Dion. de diuin. nom. nihil est existentium non participans vni.

IL est certain & euident que Dieu est vn. Or cette verité *Dieu est vn* se peut entendre en deux façons. La premiere est, qu'il n'y a pas plusieurs Diuinitez dans l'vniuers, & qu'elles sont impossibles, pour ce que Dieu est vn de sa nature, & qu'il est incapable d'estre multiplié La seconde façon, est que Dieu est simple, indiuisible & sans meslange des parties. Et partant quoy que les creatures spirituelles soient semblables à Dieu, en ce qu'elles sont indiuisibles, & vnes en leur indiuidu. Il n'y en a toutesfois aucune, qui soit vne en son espèce, en telle façon que Dieu n'en puisse créer vné autre semblable.

II. Thes e. L'Vnité de Dieu, ne l'empesche pas d'estre partie d'vn nombre, & d'vne quantité discrette, pour ce que Dieu, S. Michel, & le Soleil sont trois substances, dóc Dieu peut estre nombré, & estre partie d'vne quantité discrete. Et certes cela ne met aucune imperfection en Dieu, puis que ce n'est dire autre chose, si ce n'est que Dieu peut estre nombré, auec des creatures.

De plus en Dieu, il y a trois personnes, donc il est necessaire, que Dieu soit capable d'vne quantité discrete, & finalement toute vnité est le commencement du nombre, & peut estre nombrée, donc puis que Dieu est la plus parfaite de toutes les vnitez : il peut estre partie du nombre.

III. Thes e. L'vnité en Dieu, c'est Dieu mesme, entant qu'il est indistinct de soy, & distinct de tout autre. Et cette Vnité n'adiouste rien à son Estre : car c'est Dieu mesme, entant qu'il est indiuisible en plusieurs Estres. Et ainsi Dieu est vniuoquement, & pour la mesme raison vn auec les creatures, car comme i'ay prouué au 3. Liure de ma Metaphysique, tout estre est vn, c'est à dire, indistinct de soy, & distinct de tout autre. D'où s'ensuit que *Dieu n'est plus vn, qu'vn Ange* : quoy qu'il soit vne Vnité, plus releuée, & plus noble. Car puis que *Estre vn, c'est estre indiuisible, ou estre indistinct de soy, & distinct de tout autre*, il ne se peut pas faire, que Dieu soit plus indiuisible, qu'vn estre qui est tout à fait indiuisible, cóme vn Ange.

IV. Thesi. Il n'y a qu'vn seul Dieu, & la pluralité des Dieux, est imaginaire, & impossible, la raison est, pour ce que soubs le nom de Dieu, nous entendons vn estre infiniment parfaict, donc s'il y auoit plusieurs Dieux, il n'y en auroit aucun. Et ainsi là pluralité des Dieux est impossible.

Certainement s'il y auoit plusieurs Dieux, l'vn ne seroit pas l'autre, & l'vn auroit quelque difference de l'autre, qui luy seroit particuliere. Or cette difference & ce qui les feroit differer, seroit ou quelque perfection, ou quelque chose qui ne seroit pas perfection, si c'estoit quelque imperfection, aucun d'eux ne seroit Dieu : pour ce que Dieu est incapable de toute sorte d'imperfection. Si c'estoit quelque perfection, donc chacun de ces Dieux, auroit vne perfection, qui ne seroit pas en son collegue. Et ainsi aucun d'eux ne seroit infiniement parfait, pource que estre infiniment parfait, c'est auoir toutes les perfections imaginables.

De plus s'il y auoit deux ou trois diuinitez, & qu'elles fussent differentes par quelque perfection : chacune d'elles ne seroit pas infiniment parfaite, pour ce que le ramas de ces deux diuinitez, seroit plus parfaict que chacune d'elles prises en particulier : puisque deux perfections sont quelque chose de plus parfaite qu'vne seule. Et consequemment s'il y auoit plusieurs Dieux, il n'y auroit point de Dieu.

Que si vous desirez que ie rende plus illustre, cette demonstration par des similitu-

des, ou des raisons de conuenance: Ie vous
diray Theandre, que comme il n'y a qu'vn
Monde, qui est regi par vne conduite si reglée, & si vniforme. Il est de necessité qu'il
ny ait qu'vn Dieu, qui regisse toutes choses,
& qui les rapporte tousiours à vne mesme
fin, car s'il y auoit plusieurs Dieux, l'vn sans
doute seroit jaloux de l'honneur de l'autre: ce
que l'vn feroit, l'autre le voudroit destruire.
Et ainsi le Monde seroit dans vn perpetuel
desordre. Il faut donc dire, que puisque
tous les Estres sont rapportez à vne fin qu'ils
sont gouuernez par vu seul principe. En effet comme dans le corps humain, il ny a
qu'vne ame, & qu'vne teste comme dans
vn Nauire il n'y a qu'vn Pilote dans le Ciel,
il n'y a qu'vn Soleil, dans vne famille il n'y a
qu'vn chef, & dans vne armée il n'y a qu'vn
General, & dans vn Royaume il n'y a qu'vn
Roy. De mesme il faut dire, qu'il n'y a qu'vn
Dieu dans le Monde. Car le Monde est regy
par la plus noble façon de Gouuernement
qui soit possible.

Or comme preuue amplement S. Thomas
aux liures du bon Gouuernement des Princes. Il est certain parmy les Politiques que la
Monarchie est plus excellente que l'Aristo-
cratie, ou la Democratie. Pour ce que toute
la nature rend tousiours à l'vnité, & que si
dans cette façon de gouuernement, il y arriue
quelques desordres, ils viennent du Monarque, & non pas de la Monarchie: Donc comme dans l'homme il n'y a qu'vn chef qui gouuerne tous les autres membres, de mesme le

v. d Th. de
regimine
principum.

Monde eſt gouuerné par vn ſeul Monarque qui a fait eſclater ſa puiſſance dans la production d'vn ſi bel œuure, & fait reluire ſa Prouidence dans ſa conduite ſi reglée. Vn Empereur Romain diſoit iadis que la multitude des Medecins fait ſouuent mourir les Princes. La multitude des Roys eſt dangereuſe pour vn Eſtat, dit Homere, il ne faut qu'vn Prince, & qu'vn Roy dans vn Eſtat. La nature diſoit Ariſtote, ne veut pas eſtre mal gouuernée, & il eſt conuenable de luy donner le Gouuernement Monarchique, puiſqu'il eſt le plus parfait qui ſoit au Monde. Remus & Romulus qui auoient peu demeurer en vn meſme ventre, ne peurent regner dans vne meſme ville. Pompée & Ceſar nonobſtant vne alliance tres-eſtroite, ne peurent demeurer en paix dans Rome. L'Hiſtoire naturelle nous aprend que les Abeilles n'ont qu'vn Roy, & ſi par hazard la nature leur en donne deux, elles en tuent vn, afin d'euiter les diſcordes. Vn throſne quelque vaſte & quelque grand qu'il ſoit, ne peut receuoir deux Monarques. Si ce Monde eſt vn doux concert des Creatures, il n'y a qu'vn ſeul Maiſtre de Salette, qui leur donne la meſure pendant qu'elles chantent ſans ceſſe ſes loüanges, s'il eſt vne famille, il n'y a qu'vn pere, s'il eſt vne Academie, il n'y a qu'vn Maiſtre, s'il eſt vn Horologe, il n'y a qu'vn Balancier, ſi c'eſt vn Palais, il n'y a qu'vn ſouuerain Architecte, en vn mot eſcoutez Iſraël, dit Moyſe, il n'y a qu'vn Dieu, Seigneur Createur, Conſeruateur, & Gouuerneur

premier de tous les Estres, il y en a quelques-vnes qui sont pardessus la raison : mais il est euident à tous ceux qui sçauent Philosopher, qu'il n'en est aucune qui luy soit contraire. Dieu est vn esprit souuerainement raisonnable, il ne peut choquer la raison qu'il ne se destruise soy-mesme. Quoy que le discours naturel ne puisse pas descouurir plusieurs veritez surnaturelles, que la foy nous releue, il est neantmoins assez fort, pour preuuer que la foy n'enseigne rien que de raisonnable, quand nous agissons de la foy, auec les Payens, dit sainct Thomas dans son 3. Opuscule, nous ne preuuons pas nos Mysteres: mais nous les deffendons & montrons qu'il n'ont rié de desraisõnable. Ie desire aussi vous aduertir, *Theandre*, que ce sujet doit estre autrement traicté par vn Theologien, que par vn Philosophe. La Theologie regarde fixement les veritez les plus releuées, que la foy reuelé dans le Christianisme: mais la Philosophie n'a pas de si hautes pretentions, elle se contente de considerer Dieu comme Autheur de la Nature. C'est à quoy ie me resous, auec dessein neantmoins, de me seruir au besoin des lumieres de la foy, & de la Theologie. Ie fais icy le mestier d'vn Philosophe Chrestien. Peut-estre qu'vn iour nous passerons de la Nature à la Grace, & que nous declarerons au public les plus releuez Mysteres de la Theologie. Pour maintenant i'auray satisfaict à mon deuoir, si ie declare l'Estre, & les attributs de Dieu, selon la portée de la Metaphysique. A cet effect ie vous

D. Thom. opusc. 3. c. 2 ad hoc tendere debet Christiani disputatoris intentio. in articulis fidei, non vt fidem probat, sed vt fidem defendat.

donneray quatre ou cinq diſcours qui decla-
reront en peu de mots, tout ce que doit ſca-
uoir vn Philoſophe en cette matiere. Ie commence par la declaration du nom le plus auguſte qui ſoit dans la Nature. Suppliant derechef la Majeſté Diuine de me donner la
grace de parler de ſes perfcctions, auec autant de raiſon, que ie porte de reſpect à vn
Eſtre, qui eſt ſouuerainement adorable, ie ne
laiſſe pas de l'honorer, quoy que ie ne le
puiſſe pas comprendre, & ſi ie n'ay pas aſſez
de lumiere pour le conneſtre, ie me contenteray d'auoir aſſez de feu pour l'aymer.

QVESTION I.

Qu'eſt-ce que nous entendons ſous l'Auguſte nom de Dieu, s'il eſt vniuoque, ou analogue commun, ou ſingulier, & comment il faut ſoudre les Sophiſmes, qui ſe font ſur ce nom adorable. Si Dieu eſt pardeſſus la raiſon, & contre la raiſon.

I'Ay deſia traicté amplement ce ſujet dans ma *Diuinité deffenduë contre les Athees*. Où vous pourrez voir à loiſir la preuue des veritez ſuiuantes.

La 1. Verité eſt, que ce nom de Dieu à parler vniuerſellement, eſt Equiuoque, pour ce
que ſelon la remarque de ſainct Thomas, il
s'attribuë au premier de tous les Eſtres, qui
eſt Dieu par nature. Secondement aux
Dieux par participation, comme les perſonnes d'Authorité, les Roys, les Iuges, & les
Anges qui ſont les Lieutenans de Dieu. Troiſieſmement on l'applique aux Dieux par
opinion, comme aux Diuinitez, & aux objets
qu'vne paſſion aueugle, nous fait aymer ſans
meſure.

La 2. Verité eſt, que quoy que Dieu ne
puiſſe eſtre parfaictement definy, pource que
il eſt incomprehenſible. *Neantmoins on en peut*
donner quelque deſcription en ces termes: Dieu eſt
vne ſubſtance ſpirituelle, qui eſt de ſoy neceſſaire,
infiniment parfaicte, dont toutes choſes releuent,
quoy qu'elle ne depende d'aucun autre.

La 3. Verité eſt, que Dieu peut-eſtre definy, quoy que non pas ſi parfaictement, que
les Eſtres finis, & créez, dont nous ayons l'experience. Or la definition, ou deſcription de
Dieu, ſe peut conceuoir en ces termes, que ie
mets pour.

La 4. Verité, Dieu eſt vne ſubſtance ſpirituelle, & neceſſaire, qui eſt de ſoy, & qui eſt
infiniment parfaicte. Car cette deſcription
appartient à Dieu priuatiuement à tout autre, & le diſcerne de tout ce qui n'eſt point
cet Eſtre adorable.

La 5. Verité, Dieu peut-eſtre connu par
foy, & par raiſon, abſtractiuement & intuiti
uement, ſoit des hommes, ſoit des Anges, &

Eee ij

D. Thom.
1. p. q. 13.
Page 13. de
la Diuinité
deffenduë.

Page 19.

partant on en peut donner quelque definition, ou description imparfaicte.

Cette verité se preuue par les escritures
Sainctes, par les escrits des Theologiens, &
des Philosophes Payens, qui ont escrit hautement du premier de tous les Estres. Or il est
à remarquer, que la description que l'on
donne de Dieu, a bien vn genre, pour ce que
Dieu est vniuoquement Estre, *substance*, &
spirituel auec les creatures ; de sorte que ces
mots *Estre*, *substance*, & Esprit sont des vrays
genres au regard de Dieu, & des substances
creées, intellectuelles.

Mais la definition de Dieu, n'a qu'vne difference indiuiduelle, & non pas specifique.
Pour ce que tous les noms qui sont communs à Dieu, & aux creatures, s'appliquent
à Dieu par vne difference indiuiduelle & singuliere. Et ce mot Dieu, à proprement parler, est singulier, & partant, quand on dit, *Estre*
increé, substance increée, Estre de soy, tous ces mots
sont singuliers, pour ce que ils signifient vn
Estre singulier, & incapable d'estre multiplié,
ou d'auoir plusieurs Estres d'vne mesme
nature.

Or que Dieu puisse estre definy, au moins
par quelque description imparfaicte, ie le
preuue, pour ce que la definition est vne
oraison qui declare clairement la nature de
quelque chose, or on peut donner quelque
oraison, qui signifie clairement la nature du
premier de tous les Estres, puis qu'il y a diuers degrez de clarté dans les termes, & dans
les choses ; or dans la definition de Dieu, ces

mots *Substance spirituelle*, peuuent seruir de Genre. Et ces mots qui est *de soy necessaire, & parfaict à l'infiny* seruent de difference indiui-duelle: car ces trois derniers attributs appar-tiennent à Dieu seul: mais estre substance, où estre spirituel, conuient aussi aux Anges, & aux ames raisonnables.

C'est pourquoy le premier concept, que nous auons de Dieu, c'est qu'il est vn Estre substantiel, qui est de soy, c'est à dire, qui n'a point receu son estre d'aucune cause; d'où s'ensuit que Dieu est independent de tout Estre, & que tous les Estres releuent de sa puissance.

I'ay encore deduit de cette verité, que Dieu est infiniment parfait, pour ce qu'estant vn Estre de soy, il ne luy peut manquer aucune perfection simple, puis que n'ayant depen-du d'aucun autre qu'il n'ait eu toutes sortes de perfections, il auroit esté enuieux de son propre bonheur, si quelqu'vne luy manquoit. Or *perfection simple* selon S. Anselme *est celle-là dont vaut mieux auoir la possession que d'en estre priué*, comme la raison, la souueraineté & la vie.

VI. verité: Dieu n'est point par dessus la rai-son, quant à son estre, & à quelqu'vne de ses differences.

La raison de cecy est, que l'on peut con-noistre naturellement qu'il y a vn Dieu: car côme dit S. Paul aux Romains, les Payens ont connu Dieu auec telle euidéce, & qu'il estoit souuerainement adorable, que ne l'ayant pas honoré selon leur deuoir, ils ont esté ren-

E e e iij

Lisez la diuinité deffenduë page 32.

Perfectio simplex est illa, quæ melior est, quam non ipsa.

Ad Rom. 1.

dus inexcusables. Donc ils le connoissoient
auec euidence : car si ils l'eussent connu seulement auec probabilité, le party contraire
leur eut resté probable : & ainsi ils eussent eu
quelque excuse, dans leur infidelité.

Or il est impossible que la raison, & la nature nous ayent donné la connoissance d'vn
Dieu, sans nous auoir fait cõnoistre, au moins
confusement qu'est-ce que Dieu, donc on
peut auoir naturellement quelque descriptiõ
d'vn Souuerain Eitre. De plus on ne peut
nier que les Anges, & les ames bien-heureu-
ses qui voyent Dieu face à face, ne puissent
donner quelque definition de cét estre, dont
la lumiere de Gloire leur donne vne parfaite
iouyssance. Et au pis aller, il est euident que
Dieu se peut definir luy-mesme, puis qu'il
comprend parfaitement sa nature.

OPPOSITION I. Les Peres appellent
Dieu ineffable, sans nom, sans termes, infini,
incapable de definition. Et S. Augustin adiouste que Dieu croist par sa propre definitiõ.
Et tous sont d'accord, auec S. Denis, Philon,
& Maximus Tyrius, que l'on peut mieux definir Dieu par des negations, disant, ce qu'il
n'est pas, que voulant dire, ce qu'il est par
vne proposition affirmatiue.

Ie répons, que la pluspart de Peres ont
donné eux mesmes des oraisons, qui declarent les perfections diuines. Et sainct Gregoire le Theologien l'appelle Panonymos,
ou celuy qui a toute sorte de noms, c'est
pourquoy les Peres disants que Dieu estoit
ineffable, ont seulement voulu, que l'on ne

pouuoit donner vne definition de Dieu tres-
parfaicte , ce que i'auouë librement, puisque
Dieu est incomprehensible.

OPPOSITION. II. Les Peres disent
souuent que Dieu est pardessus la raison:
mais non pas contre la raison.

Ie répons que Dieu a de certains attributs,
où ne peut arriuer la raison nuturelle, comme
d'estre trin en personnes, & selő les attributs,
il est pardessus la raison : mais il n'est point
d'attribut diuin , qui soit contre la raison,
pour ce que ils sont tous veritables, il y a
neantmoins des attributs en Dieu, comme
son existence, sa souueraineté , son indepen-
dence, sa necessité, son immensité son immutabilité , & sa puissance qui ne sont point
pardessus la raison naturelle.

VII. THESE. Le nom de Dieu à parler
proprement est en effet singulier : mais il est
virtuellement commun.

La raison est, qu'il signifie vn seul estre, &
vne seule substance , qui ne peut estre diuisée
en plusieurs estres, ou en plusieurs substances , & qui n'en peut auoir de semblables,
donc c'est vn terme singulier , neantmoins,
pour ce que il y a en Dieu trois personnes,
ce nom a la vertu d'vn terme commun , & distributif, pour ce que il a la mesme valeur
qu'vn nom qui signifieroit trois personnes,
& trois natures distinctes. D'icy s'ensuit, que
ce mot Dieu, pris proprement, n'est ny vniuoque, ny equiuoque, ny analogue, pour ce
qu'il n'est pas en effet vn terme commun,
comme i'ay dit dans la Logique.

D'où vous pourrez inferer la solution de
tous les sophismes, qui se font sur le nom de
Dieu, car ils manquent tous, ou en ce que ils
prennent ce mot Dieu, comme vn terme
commun, ou en ce qu'ils ne distribuent pas
suffisamment, lors qu'il est virtuellement distributif, mettons des exemples, si quelqu'vn
propose ce sophisme.

> *Le Pere est Dieu*
> *Le Fils est Dieu*
> *Donc le Fils est Pere.*

Niez la consequence: car il eut fallu dire, *tout*
ce qui est Dieu est Pere. Et alors la maieure eust
esté fausse : mais l'argument eust esté en forme. La raison est, que quand on dit *Dieu est*
Pere, le sens est, quelque personne qui est
Dieu est Pere, & quand on dit *Dieu est iuste*, ce
mot s'attribue à la nature, comme qui diroit
tout ce qui est Dieu est iuste.

Les Tritheites tombent dans le mesme
erreur, lors qu'ils veulent preuuer que les
trois personnes en Dieu, sont trois Dieux par
ce sophisme.

> *Vn & vray Dieu est Pere de Iesus-Christ.*
> *Or les trois personnes ne sont pas Pere de*
> *   Iesus-Christ.*
> *Donc elles ne sont pas vn vray Dieu :*
> *Et consequemment elles sont trois Dieux.*

Niez la consequence : car ces termes, *vn &*
vray Dieu, sont distribuez dans la conclusion negatiue ayans esté pris singulierement,
dans la maieure affirmatiue, c'est comme si
on disoit

Vn & vray homme est Roy de la Chine
Or Socrate n'est pas Roy de la Chine,
Donc Socrate n'est pas vn & vray homme.

Troisiesmement si quelqu'vn vous veut surprendre disant

Nul Fils est Pere
Toute essence diuine est Fils,
Donc nulle essence diuine est Pere.

Respondez, que ce Sophisme distribuë deux termes singuliers, ce qui fait que la mineure, & la conclusion soient d'vn sujet imaginaire: car on ne peut pas dire Tout Dieu, *ou toute essence diuine,* puisqu'il n'y a qu'vn Dieu, & qu'vne essence diuine. De plus la mineure est fausse, pour ce que le sens est, que tout ce qui est essence diuine, est Fils. La maieure aussi est fausse, pour ce que vne mesme personne, peut-estre Pere & Fils tout ensemble. Ainsi Philippe est Fils au regard de son Pere, & il est Pere au regard d'Alexandre.

Mais que faut-il dire de l'argument des Lutheriens Vbiquistes, qui croient que le corps de Iesus-Christ est par tout, aussi bien que le Verbe. Leur argument est tel

Dieu est par tout
Iesus est Dieu,
Donc Iesus est par tout

Ou bien *Ou est le Verbe, là est tout ce qui est vny au Verbe.*
Or le Verbe est par tout
Donc tout ce qui est vny au Verbe, est par tout.

Respõdez au premier que sa cõsequence n'est pas legitime, pour ce que ce mot Dieu n'est pas diftribué. Ou bien fi vous voulez, dittes qu'il eft en forme, fi l'attribut de la maieure fe prend de la mefme façon, dans la conclufion, qu'il fe prend dans la maieure: car l'attribut de la maieure, *eft exiftant par tout,* Or il eft vray que quelque homme, ou que ce qui eft homme, eft par tout, & ainfi *vne perfonne qui eft homme, eft par tout :* Mais elle n'eft pas par tout homme, que fi cette façon de refpondre femble trop fubtile à des efprits groffiers, Refpondez en troifiefme lieu, que ce qui eft homme *fçauoir eft le Verbe, eft par tout, felon la Diuinité: Ie l'accorde felon l'humanité, ie le nie.*

Refpondez encor, que Dieu eft par tout, ie diftingue, felon ce qui luy appartient par foy-mefme, & qui eft infeparable de luy, ie l'aduoué: Or Iefus eft Dieu, diftinguez encor la mineure, & ce mot Iefus, ne fignifie rien que ce qui appartient à Dieu par foy-mefme, ou que ce qui eft infeparable de luy, ie le nie, & ce mot Iefus fignifie quelque chofe feparable de Dieu, ie l'accorde, & ainfi niez la confequence, ce qui eft dire en vn mot, que le Verbe qui eft cette diuine perfonne, que nous appellons Iefus, eft par tout: mais qu'elle n'eft pas par tout Iefus, pour ce qu'elle n'a pas par tout la nature humaine, vnie à fa fubftance. Cette folution fera plus claire, fi vous refpondez au fecond Sophifme en cette forte. Où eft le Verbe, là eft ce qui eft vni au Verbe. Ie le diftingue, ce qui eft vni au Verbe *totalement,* & felon toutes fes prefences, ie l'accorde, ce qui eft vni au Ver-

be *partiellement*, & seulement selon quelque
presence, ie le nie. Or le Corps de IESVS est
vni au Verbe, selon toutes ses presences, ie le
nie : selon quelque presence. Ie l'aduoüe.
Donc ie nie la consequence.

Certes si ce Syllogisme à quelque force. Ie
preuue que Luther a la teste où il a les pieds,
par vn argument semblable. *Où est l'ame de*
Luther là est tout ce qui est vni à son ame. Or l'ame
de Luther est dans ses pieds. Donc tout ce qui est
vni à l'ame de Luther est dans ses pieds. Or est
il que la teste de Luther est vnie à son ame.
Donc la teste de Luther est en ses pieds.

Que dira vn Vbiquiste à ce raisonnement,
si ce n'est que la teste est seulement vnie à
l'ame, selon quelqu'vne de ses parties.

Respondez donc le mesme, & vous met-
trez les Vbiquistes en confusion, il faut
quasi donner la mesme solution à ce Syllogisme.

Cette personne a precedé sa Mere,
Cette personne est homme,
Donc quelque homme a precedé sa mere.

Respondez qu'il est vray, que quelque personne, qui est homme, a precedé sa Mere:
mais dittes que cette personne, pour lors
n'estoit pas homme. Car cette sorte de Sophisme, se fait d'vne chose simplement prise
auec modification, comme qui diroit d'vne
Cire, que Dieu par miracle auroit mise en
plusieurs lieux, à Paris auec vne figure quarrée, & à Rome auec vne figure ronde.

Cette Cire est à Rome,
Cette Cire est quarrée,

Donc cette Cire est quarrée à Rome.

L'argument seroit irregulier, pour ce qu'il se fait d'vn terme non modifié à vn mesme terme mis auec modification ; & il attribuë à la Cire estant à Rome la figure quarrée qu'elle a seulement à Paris.

QVESTION II.

Qu'est-ce que l'vnité de Dieu, s'il y a vn seul Dieu, ou plusieurs, Si la pluralité des Dieux est possible, & si Dieu est capable de nombre.

I. THESE.

D.Dion.de
quin. nom.
ninil est e-
xistentium
non parti-
cipans vni.

IL est certain & euident que Dieu est vn. Or cette verité *Dieu est vn*, se peut entendre en deux façons. La premiere est, qu'il n'y a pas plusieurs Diuinitez dans l'vniuers, & qu'elles sont impossibles, pour ce que Dieu est vn de sa nature, & qu'il est incapable d'estre multiplié. La seconde façon, est que Dieu est simple, indiuisible & sans meslange des parties. Et partant quoy que les creatures spirituelles soient semblables à Dieu, en ce qu'elles sont indiuisibles, & vnes en leur induidu, Il n'y en a toutesfois aucune, qui soit vne en son espece, en telle façon que Dieu n'en puisse créer vne autre semblable.

II. Th ese. L'Vnité de Dieu, ne l'empefche pas d'eftre partie d'vn nombre, & d'v-
ne quantité difcrette, pour ce que Dieu. S.
Michel, & le Soleil font trois fubftances, dóc
Dieu peut eftre nombré, & eftre partie d'v-
ne quantité difcrete. Et certes cela ne met aucune imperfection en Dieu, puis que ce n'eft
dire autre chofe, fi ce n'eft que Dieu peut
eftre nombré, auec des creatures.

De plus en Dieu, il y a trois perfonnes,
donc il eft neceffaire, que Dieu foit capable
d'vne quantité difcrete, & finalement toute
vnité eft le commencement du nombre, &
peut eftre nombrée, dònc puis que Dieu eft
la plus parfaite de toutes les vnitez : il peut
eftre partie du nombre.

III. Th ese. L'vnité en Dieu, c'eft Dieu
mefme, entant qu'il eft indiftinct de foy, &
diftinct de tout autre. Et cette Vnité n'adioufte rien à fon Eftre : car c'eft Dieu mefme, entant qu'il eft indiuifible en plufieurs Eftres.
Et ainfi Dieu eft vniuoquement, & pour la
mefme raifon vn auec les creatures, car cóm-
me i'ay prouué au 3. Liure de ma Metaphyfique tout eftre eft vn, c'eft à dire, indiftinct
de foy, & diftinct de tout autre. D'où s'enfuit
que *Dieu n'eft plus vn, qu'vn Ange* : quoy qu'il
foit vne Vnité, plus releuée, & plus noble.
Car puis que *Eftre vn, c'eft eftre indiuifible, ou eftre
indiftinct de foy, & diftinct de tout autre*, il ne fe
peut pas faire, que Dieu foit plus indiuifible,
qu'vn eftre qui eft tout à fait indiuifible, cõme vn Ange.

IV. Thesе. Il n'y a qu'vn seul Dieu, &
la pluralité des Dieux, est imaginaire, & impossible, la raison est, pour ce que soubs le
nom de Dieu, nous entendons vn estre infiniment parfaict, donc s'il y auoit plusieurs
Dieux, il ny en auroit aucun. Et ainsi la pluralité des Dieux est impossible.

Certainement s'il y auoit plusieurs Dieux,
l'vn ne seroit pas l'autre, & l'vn auroit quelque difference de l'autre, qui luy seroit particuliere. Or cette difference & ce qui les feroit differer, seroit ou quelque perfection,
ou quelque chose qui ne seroit pas perfection, si c'estoit quelque imperfection, aucun d'eux ne seroit Dieu : pour ce que
Dieu est incapable de toute sorte d'imperfection. Si c'estoit quelque perfection, donc
chacun de ces Dieux, auroit vne perfection,
qui ne seroit pas en son collegue. Et ainsi aucun d'eux ne seroit infiniement parfait, pource que estre infiniment parfait, c'est auoir
toutes les perfections imaginables.

De plus s'il y auoit deux ou trois diuinitez, & qu'elles fussent differentes par quelque perfection : chacune d'elles ne seroit pas
infiniment parfaite, pour ce que le ramas de
ces deux diuinitez, seroit plus parfaict que
chacune d'elles prises en particulier : puisque
deux perfections sont quelque chose de plus
parfaite qu'vne seule. Et consequemment
s'il y auoit plusieurs Dieux, il ny auroit
point de Dieu.

Que si vous desirez que ie rende plus illustre, cette demonstration par des similitu-

des, ou des raisons de conuenance: Ie vous
diray Theandre, que comme il n'y a qu'vn
Monde, qui est regi par vne conduite si reglée, & si vniforme. Il est de necessité qu'il
ny ait qu'vn Dieu, qui regisse toutes choses,
& qui les rapporte tousiours à vne mesme
fin, car s'il y auoit plusieurs Dieux, l'vn sans
doute seroit jaloux de l'honneur de l'autre: ce
que l'vn feroit, l'autre le voudroit destruire.
Et ainsi le Monde seroit dans vn perpetuel
desordre. Il faut donc dire, que puisque
tous les Estres sont rapportez à vne fin qu'ils
sont gouuernez par vn seul principe. En effet comme dans le corps humain, il ny a
qu'vne ame, & qu'vne teste comme dans
vn Nauire il n'y a qu'vn Pilote dans le Ciel,
il n'y a qu'vn Soleil, dans vne famille il n'y a
qu'vn chef, & dans vne armée il n'y a qu'vn
General, & dans vn Royaume il n'y a qu'vn
Roy. De mesme il faut dire, qu'il n'y a qu'vn
Dieu dans le Monde. Car le Monde est regy
par la plus noble façon de Gouuernement
qui soit possible.

Or comme preuue amplement S. Thomas
aux liures du bon Gouuernement des Princes. Il est certain parmy les Politiques que la
Monarchie est plus excellente que l'Aristo-
cratie, ou la Democratie. Pour ce que toute
la nature tend tousiours à l'vnité, & que si
dans cette façon de gouuernement, il y arriue
quelques desordres, ils viennent du Monarque, & non pas de la Monarchie: Donc comme dans l'homme il n'y a qu'vn chef qui gouuerne tous les autres membres, de mesme le

v. d. Th. de
regimine
principum.

Monde est gouuerné par vn seul Monarque qui a fait esclater sa puissance dans la production d'vn si bel œuure, & fait reluire sa Prouidence dans sa conduite si reglée. Vn Empereur Romain disoit iadis que la multitude des Medecins fait souuent mourir les Princes. La multitude des Roys est dangereuse pour vn Estat, dit Homere, il ne faut qu'vn Prince, & qu'vn Roy dans vn Estat. La nature disoit Aristote, ne veut pas estre mal gouuernée, & il est conuenable de luy donner le Gouuernement Monarchique, puisqu'il est le plus parfait qui soit au Monde. Remus & Romulus qui auoient peu demeurer en vn mesme ventre, ne peurent regner dans vne mesme ville. Pompée & Cesar nonobstant vne alliance tres-estroite, ne peurent demeurer en paix dans Rome. L'Histoire naturelle nous aprend que les Abeilles n'ont qu'vn Roy, & si par hazard la nature leur en donne deux, elles en tuent vn, afin d'euiter les discordes. Vn throsne quelque vaste & quelque grand qu'il soit, ne peut receuoir deux Monarques. Si ce Monde est vn doux concert des Creatures, il n'y a qu'vn seul Maistre de Salette, qui leur donne la mesure pendant qu'elles chantent sans cesse ses loüanges, s'il est vne famille, il n'y a qu'vn pere, s'il est vne Academie, il n'y a qu'vn Maistre, s'il est vn Horologe, il n'y a qu'vn Balancier, si c'est vn Palais, il n'y a qu'vn souuerain Architecte, en vn mot escoutez Israël, dit Moyse, il n'y a qu'vn Dieu, Seigneur Createur, Conseruateur, & Gouuer-

neur

neur abſolu de toutes choſes. De ſorte que
comme tous les corps ſont ſubordonnez au
Ciel, pour receuoir ſes influences, & tous les
Aſtres au Soleil, de meſme tous les Eſtres
ſont ſoûmis à Dieu, comme à la premiere &
perpetuelle ſource de tous les Eſtres. On
pourroit apporter pour troiſieſme raiſon fondamentale de cette verité, la maxime des Philoſophes, qui enſeigne qu'il ne faut point
multiplier les Eſtres ſans neceſſité, donc puiſque vn ſeul Dieu ſuffit pour faire toutes les
productions, que nous voyons dans la nature, ce ſeroit contre raiſon de reconnoiſtre pluſieurs Diuinitez dans le Monde, car ou elles
ſeroient touſiours d'accord, & en ce cas, deux
ne ſeroient pas plus qu'vne, ou elles ſeroient
quelquefois en diſcorde, & de là naiſtroient
mille deſordres. Soit qu'elles regnaſſent toutes deux enſemble, ſoit qu'elles euſſent vn
Gouuernement alternatif.

VII. Theſe. D'icy s'enſuit que ce mot
Dieu eſt vn nom propre, & ſingulier, & partant qu'il eſt incommunicable, & qu'il ne
peut à bien parler auoir de plurier, pour ce
qu'il ſignifie vn eſtre incommunicable, &
tellement indiuidu qu'il eſt impoſſible qu'il y
en ait vn autre de meſme nature. C'eſt pour-
quoy Sainct Thomas en ſa queſtion onzieſ- ^{v. d. Thom.}
me, dit que ce mot, Dieu, eſt comme ce mot ^{q. 11.}
Socrate : pour ce que comme il eſt impoſſible
que Socrate ſoit communiqué : autrement il
ne ſeroit pas indiuidu ; de meſme Dieu eſt incommunicable, d'où il ſenſuit neceſſairement
qu'il faut dire le meſme de tous les noms qui

Fff

sont attribuez à Dieu, puisque il est impossible qu'il y ait plusieurs infinis, eternels tout
puissants, & immuables, autrement plusieurs Diuinitez seroient possibles.

Vous pourrez encor inferer que ce mot
Dieu estant attribué à Dieu, & aux Créatu-
res est equiuoque, ou analogue, pour ce
qu'il leur est attribué pour des raisons diuerses,& pour quelque ressemblance imparfaite,
mais au regard de Dieu seul, il n'est ny vniuoque, ny equiuoque. Car il n'est pas commun ny communicable, & il ne se dit pas de
plusieurs Dieux. Or tout terme vniuoque &
equiuoque se peut dire distributiuement de
plusieurs, selon nos principes de Logique.

VI. Thesе. La pluralité des Dieux est
autant ridicule. Comme qui diroit qu'il y a
vn homme, qui n'est pas homme, où vn Lyon
qui n'est pas Lyon, pour ce que dire qu'il y
ait plusieurs Dieux en la nature, c'est dire
qu'il y a des Dieux qui ne sont pas Dieux, &
qui ont leur perfections partagées. D'où
vient donc me direz vous que tant de nations
idolatres, ont adoré vn nombre de Diuinitez,& que les Romains qui ont esté des testes
si sages, ont tenu à gloire de ne laisser aucune
Diuinité mesme estrangere sans honneur, ce
qui a fait dire au grand Sainct Leon, que
Rome qui commandoit à toutes les Nations,
seruoit aux erreurs de toutes les Prouinces,
qui estoient sous son Empire, & pour cette
cause Agrippa fist bastir le Pantheon pour y
mettre les Statuës de tous les Dieux, & le fist
faire rond, afin qu'aucune de ces Diuinitez,

ne se peust plaindre d'estre mise en la derniere place.

Ie respond qu'il y a eu *plusieurs sources de l'I-
dolatrie*. La premiere a esté l'ambition des
Princes, qui abusants tyranniquement de
leur pouuoir, ont persuadé aux peuples, qu'ils
auoient quelque chose de Diuin, & se sont
faits adorer par force, auec des Temples &
des Sacrifices. Ainsi les Historiens disent que
Ninus consacra la memoire de Belus, & fit la
premiere Apotheose, afin que son Successeur
luy rendist le mesme honneur.

La seconde cause est la crainte qui selon le
Poëte, a toute la premiere fait reconnoistre les
Dieux dans le Monde, c'est elle qui a diuini-
sé plusieurs Tyrans, au lieu de les rendre infames. De cette mesme source est venu, dit
Sainct Augustin dans sa Cité Diuine, que la
fiebure, la mort, le tonnere, la foudre, la
guerre, & le feu ont esté tenus pour des Diuinitez par la gentilité superstitieuse.

La troisiesme source de l'idolatrie, a esté la
reconnoissance. Ainsi les peuples ayans perdu vn bon Prince, ont souuentefois honoré
sa memoire. Pour cette cause ceux de l'Isle de
Crete ont adoré Iupiter, & les Egyptiens Isis,
les Siciliens Ceres, les Grecs Æsculape, les
Latins Ianus, & Saturne, soubs lesquels ils
disent que le siecle d'or se trouua, tant cette
saison estoit heureuse.

De cette mesme occasion le Soleil, les A-
stres, & les Elemens ont pris leur Diuinité
sous diuers noms fabuleux, comme d'Apollon & de Diane.

Fff ij

La quatriesme cause de l'idolatrie a esté l'admiration; pour cette raison Hercule & ces fameux Heros ont esté mis entre les Dieux à cause de leur exploicts remarquables.

On peut aussi mettre en ce rang la douleur, pour ce que comme dit Salomon au liure de la Sagesse, il n'est arriué que trop souuent, que les Peres pour se consoler de la perte de leurs enfans, ou les enfans pour appaiser la douleur que leur causoit la perte de leur Peres. Ils les ont adoré les premiers, & ont facilemét persuadé le mesme au simple peuple. L'imitation pourroit tenir le sixiesme rang, car le vulgaire suit & imite facilement le sentiment de ceux qui sont puissans & qui regnent. La voix du Prince a vn merueilleux pouuoir sur l'esprit de ses sujets, comme il se peut veoir dans le commandement de Nabucodonosor, qui fit adorer sa Statuë à tout son Empire. Mais à n'en point mentir, ie crois, que les ruses du Demon, ont contribué à cecy plus que tout le reste. Ce malin esprit est le cinge de Dieu, il a affecté la Diuinité dedans le Ciel, & se voyant decheu de ses esperances; Il veut pour le moins estre adoré en terre. Il a donc abusé de la simplicité du peuple, & de la malice de quelques Princes, & par des magies, sortileges, oracles, & faultes apparitions, il a excité le peuple à recognoistre pour Diuinitez, ce qui n'estoit qu'vne pure creature. Cét erreur a esté peu à peu croissant iusques à ce que tout le monde sans y penser s'est trouué idolatre. La seule Iudée estoit exempte de cette folie, & ce qui est à

déplorer, cette malheureuse nation estoit si
encline à l'idolatrie, que de temps en temps,
elle quittoit la vraye Religion pour s'adonner aux superstitiôs qu'elle auoit apprises dâs
l'Egypte. Ainsi elle adora le veau d'or dans le
desert, à l'imitation du veau Apis, que les
Egyptiens honoroient auec des sacrifices.

　Or il n'y a homme de sens, qui ne voye
que la superstition des idolatres, estoit ridicule. Premierement pour ce qu'ils attribuoient la Diuinité, à des choses fort basses.
Ainsi les Egyptiens adoroient vn Taureau, &
des Oignons, les autres adoroient des Serpens, & des maladies, & la mort mesme.

　En second lieu, partageant la Diuinité, ils
monstroiét que ceux qu'ils adoroiét estoient
foibles, & qu'ils ne pouuoient pas pour-
ueoir à toutes choses. C'est pourquoy ils fai-
soient que Iunon presidoit à l'air, Iupiter au
Ciel, Neptune à la Mer, Proserpine & Plu-
toñ aux Enfers, Ceres aux bleds, Venus aux
amours, Pan aux troupeaux, Æsculape aux
maladies, Mars & Bellone aux guerres, Pal-
las aux lettres, Apollon & les Muses aux
Vers, Diane à la Chasse. Saturne au Temps,
la Fortune aux cas fortuits. Bacchus au vin,
Mercure à la marchandise : Et ainsi comme
remarque Pline à mesure qu'ils auoient besoin d'vne Diuinité, ils mesprisoient les autres. A peine est il aucune action dans la vie
humaine, comme monstre S. Augustin dans
ses liures de la Cité de Dieu, qui n'eut sa Diuinité particuliere.

　Troisiesmement ils mettoient parmy leurs

F f f iij

Dieux des sexes diuers, & confessoient qu'ils pourroient engendrer des autres Diuinitez, & ainsi ils marioient Iupiter à Iunon, & Pluton à Proserpine.

Ils en reconnoissoient les vns plus puissants que les autres, car ils auoient les Dieux des Nations les plus releuées, des Dieux des Nations plus petites, & des demy Dieux. Ce qui à bien dire estoit ne recônoistre point de Dieu tout à fait dans la nature. Ils en auoient de grands de petits, de mediocres, de beaux comme Apollon & de laids comme Vulcan.

Quatriesmement ils metoient parmy leurs Dieux, des passions, des ligues & des combats. Iunon & Vulcan haïssoient les Troyens; Iupiter, Venus, & Apollon les tenoient sous leur sauuegarde. Et ce qui est tout à fait indigne. Les idolatres enchantés par le Demon attribuoient à leur Dieux des adulteres, des homicides, des jalousies, des incestes. Ils leur consacroient des filles & des femmes pour assouuir leur brutalité, afin que les hommes n'eussent point d'horreur d'imiter des actions qui estoient comme consacrées dans des personnes diuines. C'est pourquoy la pluspart des hommes sages parmy les payens, rebutoient toutes ses diuinitez comme imaginaires, mais comme ils estoient Politiques, & qu'ils ne pouuoient pas existeR au torrent. Ils rendoient à l'exterieur des honneurs forcez à ces Diuinitez en peinture, comme il se peut recueillir de plusieurs lieux tres-remarquables, dans Ciceron, Plutarque, Seneque,

Epictete, Aristote, & Platon, dont ie vous
ferois le rapport, si ie ne craignois de sortir
hors de mon dessein.

QVESTION III.

Qu'est-ce que en Dieu essence, nature,
proprieté, existence, substance,
estre celuy qui est, & com-
ment il participe les ter-
mes transcendants.

I. THESE.

L'Essence & l'existence en Dieu, sont la
mesme chose, & l'existence, ou l'estre
entre reellement dans la definition ou nature
de Dieu. De sorte que il n'y a point en Dieu
aucune composition de l'estre & de l'existence. La raison est, pour ce que tout ce qui est
Dieu, est reellement vne mesme chose. Or
l'existence de Dieu, & son essence, sont Dieu,
Elles sont donc reellement vne mesme chose.
Car puisque tout ce qui est en Dieu, est Dieu
mesme, & que Dieu est vn estre tres simple
& indiuisible, il est necessaire que tout ce
qui est en Dieu soit la mesme chose. Ou bien
il y auroit en Dieu, pluralité de choses: ce
qui est impossible, & il n'est pas de merueille si cela se retrouue en Dieu, puisque com-

me l'ay dit au premier liure de ma Metaphyfique, l'effence des Creatures n'eft pas diftincte de leur exiftence : pour ce que l'exiftence
des chofes, eft ce, par quoy elles exiftent. Or
elles exiftent par leur effence, donc leur effence eft reellement leur exiftence. Ainfi
Socrate exifte par ce qu'il eft. Or il eft fon
effence : donc il exifte par fon effence, & c'eft
vne chofe autant ridicule de dire, que Socrate exifte par vne chofe diftincte de Socrate,
comme de dire que Socrate, ne foit point Socrate, ou qu'il eft indiuidué & fingularifé par
vne chofe diftincte de luy mefme. Il faut dire
à bien philofopher que Socrate exifte, par foy
mefme. Car pofez Socrate, & feparez en
tout eftre diftinct, tant que vous voudrez,
Socrate exifte. Il eft vray neantmoins que
ce mot *exifter*, n'eft pas mis expreffement dans
la definition des Creatures. Car on ne definit
pas Socrate vn animal raifonnable exiftant;
neantmoins l'exiftence fe fous entend toufiours obfcurement dans la definition des
Creatures. Car cette definition animal raifonnable, n'eft pas la definition de Socrate,
s'il n'exifte en effet dans la nature, pour ce
que, fi Socrates n'exifte pas, ces termes ne peuuent pas eftre fuppofez pour luy auec le pronom demonftratif, difant. Cela eft vn animal
raifonnable, il y a toutesfois de notables differences, quant à l'exiftence, & l'effence entre Dieu & les Creatures. Premierement en
ce que la definition ou defcription de Dieu eft
incommunicable à aucun autre, puis qu'il
n'y peut auoir plufieurs Dieux. Mais la defi-

nition de tout estre crée, est communicable,
pour ce que Dieu en peut faire vn semblable.
Ainsi il peut faire plusieurs Soleils, plusieurs
Phenix, plusieurs Mondes.

La seconde difference est que Dieu existe
necessairement, & il ne se peut faire que la
definition de Dieu, ne suppose pour Dieu,
pource qu'il respond à tout temps par son
Eternité, comme il penetre tout lieu par son
immensité. Mais les Creatures peuuent exister & n'exister pas, & ainsi leur definition
peut n'estre pas supposée pour elles. Car s'il
n'y auoit aucun homme au monde, cette definition animal raisonnable, ne pourroit pas
estre verifiée complexement de chose aucune, disant, cela est vn animal raisonnable.

Et c'est ce que veulent dire les Peres lors
qu'ils disent que Dieu *existe essentiellement*, *c'est
à dire*, *necessairement*. En telle façon qu'il ne se
peut faire qu'il n'existe. C'est aussi ce que
Dieu vouloit signifier, lors que dans l'Exode
il se nommoit, *Celuy qui est*, *ou l'existent*, pour
ce qu'il existe d'vne existence necessaire. Et
ce nom est si propre à Dieu, qu'il ne peut
estre communiqué à aucune creature, non
plus que son immensité, son eternité, son infinité, & tous ses autres attributs. Neantmoins ce nom n'est pas plus propre à Dieu,
que les autres, puis que chacun signifie vne
perfection infinie, & consequemment vne
perfection incommunicable : que si ces paroles, Dieu existe essentiellement, ne signi-
fioient autre chose, si ce n'est que Dieu existe par son essence, cela conuiendroit aux

Exod.
Ego sum
qui sum.
Qui est,
misit me.

creatures, pour ce que leur eſſence exiſte, par elle-meſme : ou il ſe donne vn progrez infini dans les exiſtences.

Troiſieſmement Dieu exiſte de ſoy, & les creatures ont tiré leur exiſtence d'vne cauſe diſtincte. D'icy ie deduis que quand les Anciens ont dit, qu'il y auoit de la difference entre l'eſſence & l'exiſtence des creatures, ils n'ont pas voulu que ce fuſſent deux choſes diſtinctes : mais ſeulement qu'il y auoit bien de la difference entre ces deux queſtions. Si vne choſe exiſte, & quelle eſt ſa definition.

II. THESE Lors que Dieu ſe nomme *Celuy qui eſt*, il ſe donne vn nom incommunicable, pource qu'il entend celuy qui exiſte, neceſſairement, c'eſt à dire, par ſoymeſme, de ſoy-meſme, & pour ſoy-meſme, ou bien ce nom ſignifie que Dieu eſt vn Eſtre ſi parfait, que les creatures luy eſtant comparées, ſont comme le rien comparé à l'Eſtre, puis qu'elles n'exiſtent ny d'elles meſmes, ny pour elles meſmes. Certes ſi Ariſtote comparant l'accident à la ſubſtance, a dit qu'il n'eſtoit pas vn eſtre : mais eſtre de l'eſtre ; à plus forte raiſon les creatures ne doiuent pas eſtre nommées eſtre, quand elles ſont comparées à Dieu ; il eſt neantmoins à remarquer que le nom l'eſtre n'eſt pas plus propre à Dieu, que les titres, comme Eternel, Infini, & Immenſe. Or cét attribut d'Eſtre a vn tel eſclat, que les Payens meſmes l'ont reconnu : car Platon appelle ſouuent Dieu du nom de l'Eſtre, & il eſt probable qu'il l'auoit, puis sé des Sainctes Lettres.

III. THESE, En Dieu c'est le mesme *Estre, Essence, Celuy qui est, exister, celuy qui existe, & existence.* Car tous ces termes signifient la mesme chose, puis qu'en Dieu, il n'y a point diuersité de choses, & partant selon nos principes de Logique, il faut dire, que ces termes signifient tout à fait la mesme chose. Mais que ce mot *existence*, la signifie comme nom, ce mot *existant*, comme participe & ce mot *exister*, comme Verbe, d'vne façon complexe. Et partant quand S. Thomas, dit que le nom d'estre, *ou celuy qui est*, est tres-propre à Dieu, il ne veult rien autre chose, si ce n'est que, ce nom est incommunicable ; ce qui appartient encore aux autres attributs diuins, pour ce que tous signifient vne perfection infinie. Que si vous m'opposez, que l'on appelle les hommes misericordieux, & iustes, aussi bien que Dieu : Ie vous respondray que les hommes pareillement ont l'existéce aussi bié que Dieu : mais ils ne sont pas vn estre de soy, vne substance, infinie, vne iustice ou misericorde infinie. *Il n'y a donc point en Dieu de composition de l'Estre & de l'existence*, puis que c'est la mesme chose. Ie dis bien dauantage pour

D. Tho. 1.
p. 13. S. 11.

IV, THESE. Dieu n'est pas plus Estre ny plus vn que les creatures : Il est neantmoins vn Estre & vne vnité incomparablement plus releuée que les creatures. Ie le preuue pour ce que l'estre, & l'vnité, sur tout dans les choses spirituelles, consistent dans vn indiuisible ; donc ces deux mots ne reçoiuent point

de plus ny de moins, de comparatif, ny de
superlatif, puis que estre n'est autre qu'exister dans la nature. Or il est aussi vray, que
S. Michel existe, comme il est vray que Dieu
existe, pour ce que la verité & l'existence cô-
sistent dans vn indiuisible. Neantmoins il y a
cette difference, comme i'ay dit, que Dieu
existe necessairement, & iamais cette proposition, *Dieu existe*, ne peut estre fausse, si fait
bien celle-cy, Michel existe. Il faut dire le
mesme de l'vnité : car quoy qu'il se puisse dire, que Dieu estant vné chose spirituelle &
indiuisible, soit plus vn, que les choses corporelles, qui sont vne seulement par vnion
des parties, & non pas par l'indiuisibilité de
leur Nature. Neantmoins Dieu n'est pas
plus vn, que les Anges, & que les ames raisonnables : puis qu'vne chose ne peut pas
estre plus indiuisible que ce qui est tout à
fait indiuisible ; car en cela il n'y a point de
milieu, & cette negation *non diuisible* ou indiuisible, emporte toute sorte de diuision.

De plus si Dieu estoit plus estre, ou plus
vn, que les autres Esprits, il s'ensuiuroit qu'il
seroit plus substâce que les substâces creées,
ce qui est contre Aristote, S. Thomas, & toute
la Philosophie, qui enseigne que la substance ne reçoit ny de plus ny de moins. Donc
aucun estre n'est pas plus estre qu'vn autre,
& partant lors que S. Thomas auec Boëce
enseigne, que Dieu est tres vn, & tres-Estre :
il faut entendre, que Dieu est vn d'vne façon
plus noble, pour ce qu'il est vn de soy-mesme : & en ce sens l'Estre de Dieu est la pre-

micre de toutes les vnitez, c'est à dire la plus
noble.

OPPOSITION I. Que si quelqu'vn
nous oppose, que Dieu est meilleur que les
creatures, donc il est plus vn : respondez luy
en deux mots, Dieu est meilleur, c'est à dire,
plus parfait, plus excellent, plus vtile, plus
plus delectable, que les creatures, ie l'accorde. Dieu a plus de bonté transcendentelle :
Ie le nie : car vn Ange a tout ce qui est requis
pour estre Dieu, puis que cela consiste dans
vn indiuisible.

V. THESE La nature & l'essence de Dieu,
comme dit S. Thomas, c'est Dieu mesme,
dis ie, consideré absolument : mais les proprietez de Dieu, sont Dieu mesme, entant
qu'il peut estre consideré relatiuement, souz
des termes, & des concepts connotatifs, & relatifs. La raison est, que la nature & l'essence
de Dieu, c'est ce parquoy Dieu est ce qu'il
est. Or Dieu est ce qu'il est, par soy-mesme,
donc la nature & l'essence de Dieu est Dieu
mesme.

OPPOSITION II. Que si quelqu'vn
vous oppose, que si la Nature & l'essence de
Dieu, est Dieu mesme, il s'ensuit que les trois
personnes de la Trinité, sont l'essence de
Dieu, car elles sont Dieu mesme.

Respondez *Theandre*, que ces mots nature
de Dieu, ou nature de l'homme, se peuuent
prendre en deux façons, premierement côme
terme de la seconde imposition, & lors cé
mot nature, signifie la definition formelle.
Ainsi la nature de l'homme sont ces mots *ani-*

mal raisonnable, & la nature de Dieu ce font
ces mots *un estre de soy & necessaire*. Secondement ces mots de nature, ou d'essence, se
peuuent prendre comme termes de la premiere intention, & ils signifient l'essence & la
definition obiectiue, ce qui n'est autre chose
que Dieu mesme, ou l'homme mesme, entant qu'il peut estre signifié, par des termes
absolus, & essentiels, dont l'vn soit le genre
& l'autre la difference, & partant l'essence &
la nature de Dieu, c'est Dieu mesme, en tant
qu'il peut estre signifié par des termes essentiels , & absolus , & partant les relations ou
les trois personnes de pere, de Fils, & de
Sainct Esprit sont tres reellement l'essence
Diuine. Mais ce n'est pas de l'essence de Dieu
d'estre Fils ou d'estre Pere, comme prouue
Sainct Thomas dans le premier de ses Opuf-
cules. Pour ce que c'est Dieu mesme , confideré sous des termes & des concepts relatifs.

Certainement il est impossible de discerner
l'essence obiectiue, de ses proprietez obiectiues, dans vn estre indiuisible, si ce n'est à raison des concepts & des termes. Par lesquels
il peut estre signifié : car il est necessaire que
l'essence, & les proprietez d'vne chose indiuisible, soient la mesme chose d'où il s'ésuit, que
dans vn estre indiuisible, il y a deux estres,
dont l'vn est proprieté & l'autre est essence.
Et ie n'ay iamais trouué de satisfaction, sur ce
point qu'apres auoir leu Okam, Maior, &
Gabriel, dans lesquels i'ay apris, que le mefme estre , par exemple Dieu & vn Ange , est

son essence, en tant qu'il peut estre signifié
par des termes absolus, & qui ne soient pas
connotatifs clairement; mais qu'il est sa proprieté obiectue, entant qu'il peut estre
signifié par des proprietez formelles, ou des
termes, ou conceptions connotatiues. Donc
la nature de Dieu c'est luy mesme, entât qu'il
peut estre signifié par des termes absolus,
d'estre, de substance, de spirituel, de necessaire. Pareillement ce mot Dieu, est essentiel à
Dieu. Aussi bien que ce mot hôme, conuient
essentiellement à Socrate. Ainsi l'enseigne
S. Thomas en sa question treiziesme, où il
dit que ce mot *Dieu*, signifie la nature, & non
pas les operations, quoy que les hommes
ayent pris occasion de luy donner ce nom
adorable, des productions admirables qu'ils
ont veu : mais il y a bien de la difference, entre la chose, dont on prend occasion d'imposer vn nom, & ce à quoy on l'impose : ainsi
dit ce grand esprit, on a pris occasion de nô-
mer vne pierre en Latin du nom *lapis*, pour ce
que *ladit pedem*, neantmoins ce mot ne signifie point le blessement du pied : mais la substance de la pierre, & pareillement quoy que
on ait donné ce nom de Dieu au premier, de
tous les Estres pour des raisons diuerses mar-
quées dans diuerses Etymologies, comme
sont sa crainte, sa veuë sur toutes choses, &
sa prouidence qui voit & gouuerne tout ce
monde; neantmoins ce mot de Dieu ne signifie point ses operations à l'exterieur: mais
la substance & la nature de Dieu, & partant
il est essentiel & incommunicable, selon le

dire du Sage. Tout cecy est quasi mot à mot,
tiré de S. Thomas. D'où i'establis fortement
mon opinion, car selon ce S. Docteur, il s'ensuit que les termes qui signifient les operations de Dieu ne sont pas essentiels à Dieu, &
partant que les seuls termes absolus, luy sont
essentiels, & consequemment la nature de
Dieu, est Dieu mesme, entant qu'il peut estre
signifié pas des termes essentiels, & absolus,
si quelqu'vn a en céte matiere quelque meilleure connoissance, ie l'apprendray fort vo-
lontiers, car ie me sousmets fort facilement
à ceux qui ne peuuent instruire, comme ie
communique le peu que ie sçais sans enuie.

OPPOSITION III. Quoy donc me
direz vous, la volonté, l'entendement, & la
Toute-puissance ne seront point essentielles
à Dieu ; excusez moy *Theandre*, ie vous ay dit
que tout ce qui estoit en Dieu, estoit de l'essence de Dieu, entant qu'il peut estre signifié
par des termes absolus, & partant ce qui est
volonté, entendement, & toute-puissance,
en Dieu, est de l'essence Diuine ; il est neantmoins vray, que ce n'est pas vne chose essentielle à Dieu de vouloir, d'entendre, & de
pouuoir produire des Creatures : car l'essence de Dieu seroit, quoy que toutes les creatures fussent impossibles, & inconuenables.
Et ainsi on peut dire, que la volonté de Dieu
son entendement & sa puissance, luy sont essentielles, entant qu'elles se portent & se re-
flechissent sur luy-mesme.

OPPOSITION IV. Il s'ensuiura donc,
me repartirez vous, que le Pere, le Fils, & le
Sainct

S. Esprit, sont l'essence Diuine. A cete recharge, qui est vn coup de Maistre, Ie vous dis,
Theandre, que ce qui est Pere, Fils, & S. Esprit,
est la Nature & l'essence Diuine: mais ce n'est
pas essentiel à Dieu, d'estre Pere, Fils, ou S.
Esprit, pour ce que ces termes, sont relatifs,
& non pas absolus, & ne signifient pas l'essence Diuine, absolument consideree. Et
puis qu'en Dieu, il n'y a point deux Estres, ny
deux substances, il est clair que la paternité,
la generation, & la spiration, ne sont point
en Dieu, où elles sont vne mesme chose, auec
la Nature, puis qu'il n'y a point de milieu,
entre estre vne mesme chose, où estre des
choses diuerses. Car si la Nature, & la Paternité, ne sont pas des choses distinctes, il
s'ensuit qu'elle sont vne mesme chose. Toutesfois cette mesme chose, entât qu'elle peut
estre signifiée absolument, est la nature : &
entant qu'elle peut estre signifiée par des termes relatifs, elle est relation, ou vn mode, qui
n'est pas de l'essence, & n'entre pas dans la
definition essentielle, & tous les plus subtils
Theologiens aduoüent, cette proposition,
que ce qui est Pere, est la nature, & l'essence
Diuine, que ce n'est pas de l'essence de Dieu
d'estre Pere.

VII. THESE. La substance en Dieu, c'est
Dieu, entant qu'il peut subsister par soy-mesme, comme i'ay dit au discours de la substance, où i'ay prouué que Dieu est vniuoquement substance auec les creatures. Et que ces
mots substance increée, & estre increée, sont

Lisez le 1. Opuscule de S. Tho-mas, où il explique comment les Peres Grecs, ont nommé les personnes du nom d'essence.

Ggg

des termes singuliers, aussi bien que Socrate.

VIII. Thèse. L'Estre, la Substance, &
plusieurs autres attributs, sont vniuoques
au regard de Dieu & des creatures, comme
i'ay prouué au discours de l'estre.

IX. Thèse. Tous les termes transcen-
dans se disent vniuoquement de Dieu & des
creatures : car Dieu est estre, vn, vray, bon,
& chose. Pour la mesme raison, que les creatures : puis *qu'il est Estre*, pour ce qu'il existe ;
il est vn, pour ce qu'il est indistinct, de soy &
distinct de tout autre : *il est vray*, pour ce qu'il
respond à l'Idée, que les Estres intellectuels
ont de luy : & *il est bon*, pour ce que rien ne
luy manque, pour estre souuerainement parfait : comme i'ay dit aux trois premiers Liures de la Metaphysique. Il y a neantmoins
cette difference, que Dieu est vne vnité, bonté, & verité, infinie, & increée, & qu'il a vne
vnité de simplicité, quoy que la pluspart des
creatures, n'ont rien qu'vne vnité de composition Physique.

X. Thèse. La bonté en Dieu n'adiouste
rien, à l'estre de Dieu, pour ce que c'est
Dieu mesme entant qu'il a tout ce qui est requis pour la perfection de sa nature.

Cette verité s'appuye sur ce que i'ay dit de
la bonté en commun, au Liure second ; Ou
i'ay prouué auec S. Thomas ; Question cinquiesme. Premierement, que le bien & l'estre
n'ont aucune difference reelle ; mais seulle-
ment de raison definitiue.

Secondement, que *l'Estre* a vne priorité au

regard, du *bon*, pour ce que sa definition est plus simple : car *l'Estre*, est ce qui existe, & *bon* est ce qui existe, & à qui rien ne manque, de ce qui luy est necessaire. De sorte que bon & parfait c'est le mesme.

Troisiesmement, i'ay dit que tout Estre, est bon d'vne bonté transcendentele : car il est impossible qu'vne chose existe, sans auoir tout ce qui luy est requis, afin qu'elle existe, d'où s'ensuit necessairement, que Dieu est souuerainement bon, pour ce qu'il a tout ce qui est necessaire, pour estre infiniment parfait, & souuerainement aimable : Dieu n'est donc pas seulement bon : mais aussi il est souuerainement bon. Et cét attribut conuient à Dieu seul, & c'est en ce sens que I E S V S disoit dans les Euangiles, que Dieu seul est bon : Neantmoins estre bon, à parler en rigueur Methaphysique, n'est pas de l'essence de Dieu, pour ce que ce terme bon, n'est pas absolu, mais connotatif & aucun terme cónotatif n'est essentiel. Et ainsi estre souuerainement bon, est seulement vne proprieté de Dieu, qui se dit reciproquement, & connotatiuement de Dieu, & partant lors que S. Thomas, & les Peres ont dit que Dieu estoit essentiellement bon, il faut dire qu'ils ont entendu, que Dieu est bon, par ce qui est en son essence, ou qu'il est bon necessairemét, ou que c'est vne chose aussi necessaire à Dieu d'estre bon, que d'exister. Or cette souueraine bonté en Dieu, est Dieu mesme, entant qu'il a tout ce qui est necessaire, pour vn estre souuerain, auquel rien ne manque, ou bien

Nemo bonus, nisi solus Deus.

c'eſt Dieu entant qu'il eſt ſouuerainemēt
aimable.

XI. THESE. La verité en Dieu n'ad-
iouſté rien à ſon eſtre: mais c'eſt Dieu meſme, entant qu'il a tout ce qui reſpond à l'i-
déc que l'on doit auoir d'vn eſtre infinimēt
parfait, & independant. Sainct Thomas
prouue que Dieu eſt verité, pour ce que la
verité eſt, ou dans les connoiſſances, ou dans
les choſes; or ces deux ſortes de veritez, ſe
trouuent ſi parfaitement en Dieu, qu'il eſt
la premiere & la ſouueraine verité, pour ce
que il connoiſt toutes choſes, comme elles
ſont en elles meſmes.

Et d'aillurs il eſt certain, que Dieu a vne
verité obiective & tranſcendantelle, pour ce
que il à tout ce qui eſt neceſſaire, pour reſpondre a l'idée que l'on doit auoir d'vn eſtre
infiniment parfait.

D'où ce meſme Docteur infere, vne verité
que i'ay amplement declarée dans le deuxieſ-
me liure de ma Metaphyſique, ſçauoir eſt,
que aucune verité créée, n'eſt eternelle.
Pour ce que comme il dit toute la verité eſt
principalement dans l'entendement, & les
choſes ne s'appellent pas veritables, que par
denomination extrinſecque, entant qu'elles
ſont connuës par vn acte vray de l'entendement; en telle façon, que s'il n'y auoit aucun entendement eternel, il n'y auroit aucune verité eternelle, & conſequemment la verité de l'entendement Diuin, c'eſt Dieu meſme, entant qu'il connoiſt toutes les choſes
paſſées, preſentes, & futures, comme elles

font en elles mesmes. Remarquez enfin
Theandre, que quelquesfois, ce mot verité
en Dieu, se prend pour la veracité, & alors
il signifie Dieu, & connoist, qu'il est veritable, c'est à dire qu'il n'a peu rien connoistre,
ny dire contre la verité, ny contre sa pensée.
De sorte que comme dit l'Apostre S. Paul,
Dieu ne peut mentir, ce vice estant indigne
d'vne verité souueraine, sur la parole de laquelle sont fondées les esperances, & le bon-
heur de toutes les creatures.

DISCOVRS III

*Contre les Athées, de la possibilité
& de l'existence de Dieu, & que
les Athées n'ont aucune raison
vray-semblable pour soustenir
leur opinion sacrilege. Si l'existence de Dieu est connuë de soy mesme
comme vn premier principe: ou si
elle est seulement demonstratiue.*

IE ferois tort à la Majesté de ce sujet, si ie
le traitois en peu de mots. Et ie me nui-
rois moy mesme, *Theandre*, si ie raportois en
ce lieu les demonstrations qui establissent
Ggg iij

l'existence du premier estre. Il y a vn an que
ie fis present à vostre pieté, d'vn traicté Theologique sur ce sujet intitulé *la Diuinité deffen-*
due contre les Athées. Plusieurs Docteurs de
la premiere Vniuersité de l'Europe, & quantité d'autres bons esprits, m'ont fait la faueur
de luy donner leur approbation, & vn des
plus doctes & des plus saincts Prelats de la
France, m'a honoré sur ce sujet d'vne lettre,
laquelle (si ie ne connoissois assez mon foible) seroit capable de me faire conceuoir
quelque estime d'vn courage qui a peu plaire
à vn si grand esprit. Il me suffira donc de
vous dire maintenant à la gloire de celuy,
dont i'ay deffendu la cause, qu'apres y auoir
pensé attentiuement, i'estime que les neuf
argumens, que i'ay raporté pour prouuer
l'existence d'vn estre necessaire, sont des demonstrations tres-parfaites mesmes dans la
rigueur de l'Eschole, & que de quantité d'op-
positions des Athées que i'ay rapporté, l'vne
apres l'autre, auec toute la force qu'on leur
peut donner, il n'en est pas vne seule, qui ait
tant soit peu de probabilité, & de vray-sem-
blance, I'espere que si vous me faites la faueur de lire ce traicté: vous aurez vne parfaite satisfaction sur vne question qui est la
plus importante de toutes les sciences: C'est
ce qui me dispensera de la traicter de rechef,
iusques à ce qu'il ait pleu à Dieu de me donner de nouuelles lumieres. Pour le deffendre,
ie desire icy seulement vous marquer, *la*
neufiesme demonstration, de l'existence Diuine:
Où i'ay dit, que s'il n'est certain & euident

que Dieu existe, il n'est aucune conclusion
certaine & euidente dans toutes les sciences.
Puisque il n'en est aucune, qui soit appuyée
sur des raisons si claires & si certaines; ou qui
ait pour soy le suffrage de toutes les Echoles
des Theologiens & des Philosophes. En
effet, ie pense auoir estably, iusques à present, plus de quatre ou cinq cens conclusions, sur toutes les questions de la Logique, ou de la Metaphysique. Et quoy que
ma conscience me soit tesmoin, que ie n'en
ay mis aucune par preoccupation, mais seulement par vn sincere desir de faire veoir la
verité: l'aduoüe neantmoins, qu'il n'est aucune des veritez que i'ay estably, ny de toutes celles que l'on enseigne dans les sciences,
qui ait tant de raisons, ny de si fortes preu-
ues, que l'existence de la premiere cause de
tous les Estres. Pourquoy donc vn Athée,
qui confesse, la pluspart des autres veritez,
ose il contester celle-là qui est la plus certaine & la plus euidente?

Ie ne pretends pas par mes argumens, de
faire confesser aux Athées, qu'il y a vn Dieu,
puis que ie ne voudrois pas mesme entreprendre de faire aduoüer à vn opiniastre,
qu'il y a vn Soleil dans la nature. Mais ie me
fais fort, qu'il n'est point d'Athée, quelque
temeraire & insolent qu'il soit, auquel ie ne
prouue qu'il y a vn Dieu, plus euidemment
que l'on ne preuue les plus euidentes conclusions de toute la Philosophie. Et ie soustiens
que les neuf argumés que i'ay rapporté dans
ma Diuinité defendüe, sont d'vne telle force,

Gg iiij

qu'on ne leur peut donner vne responce, qui ne soit tout à fait desraisonnable. C'est tout ce qu'vn esprit bien fait, doit souhaiter sur ce sujet vn Athée ne laisse pas d'estre criminel, quoy;qu'il ne veuille pas confesser son crime ; c'est assez de conuaincre sa rebellion, quoy qu'il ne veuille pas s'assujettir à la verité. La Iustice humaine punit deux sortes de criminels, quelques vns aduoüent le crime dont on les accuse, & quelques autres ne veulent iamais confesser qu'ils sont coupables, quoy que les Athées ne veuillent pas aduoüer leur crime, ils ne laissent pas de meriter vn tres iuste supplice, puis qu'ils s'efforcent de renuerser vne verité, sur laquelle s'appuye fortement, tout ce qu'il y a de iuste, & de raisonnable dans le monde.

Ie presuppose donc *Theandre*, trois veritez que i'ay establies contre les Athées.

La premiere est, que l'existence de Dieu, n'est pas impossible. D'où il s'ensuit necessairement, que Dieu existe. Puis que si vn estre necessaire n'existoit pas, il ne seroit pas possible. Prenez la peine de lire ce raisonnement qui est vne parfaite demonstration Metaphysique.

La deuxiesme verité que ie presuppose, est que l'existence de Dieu, n'est pas connuë de soy mesme, comme les premiers principes.

La troisiesme est que l'existence de Dieu se connoist naturellement, & ce par des raisons, & des demonstrations tres parfaites. Ces trois conclusions satisfont à la seconde question du Docteur Angelique, & elles sont

tout à fait neceſſaires pour entendre le trai-
ſté des perfections diuines, puis que les premiers attributs diuins ſont ſa poſſibilité & ſon
exiſtence.

Fin du diſcours troiſieſme.

DISCOVRS IV.

Des noms & des attributs de Dieu,
& formels en general, & de
ſa ſimplicité.

E traité des attributs diuins, eſt
n des plus difficiles de toute la
Theologie naturelle, & ſur naturelle. Car outre que Dieu dans
tous ſes attributs eſt incomprehenſible, ce qui augmente la difficulté en cette matiere, eſt que la pluſpart des Autheurs
prennent vne diuerſe route, ſelon la diuerſe façon de philoſopher qu'ils ont tenu ſur la matiere des diſtinctions dans la Metaphyſique;
ou ſur les termes dans la Logique : c'eſt ce
qu'il nous faudra auſſi faire *Theandre*, affin de
raiſonner conformément à nos principes.

De plus vous treuuerez fort peu de Philoſophes qui expliquent aſſez clairement, que c'eſt qu'attribut, d'où naiſſent de ſi eſpaiſſes tenebres, quelques vns ſe perſuadent que les attributs en Dieu ſoient de petites entitez, ou formalitez fort menuës, & les autres comme les Nominaux, ſouſtiennent hardiment que les attributs diuins ne ſont que dés termes. Commençons la difficulté des ſa ſource, & puis que la vertu ne va iamais aux extremitez, tenons touſiours le milieu tant qu'il ſera poſſible.

QVESTION I.

Qu'eſt-ce qu'attribut formel, & obiectif, eſſentiel, accidentel, abſolu, relatif, negatif, y a t'il en Dieu des attributs, combien y en a t'il, & de combien de ſortes, Dieu veut il eſtre connu naturellement, & nommé par des noms propres, ou ſeulement Metaphoriques, quelques noms conuiennent ils à Dieu vniuoquement auec les creatures.

I. PROPOSITION.

Ttribut eſt-ce qui eſt attribué à vn autre, ou ce qui eſt énoncé d'vn autre; ce

qui se preuue par l'etymologie de ce mot
attribut, qui vient de *attribuer*, qui signifie
donner à quelqu'vn quelque Eloge ou quelque titre, soit en bonne, soit en mauuaise
part: & partant puis que comme i'ay preuué
en ma Logique, les termes sont proprement
& immediatement enoncez des termes, &
les choses seulement d'vne façon impropre &
esloignée à la faueur des termes: comme les
iettons sont ce que conte immediatement vn
Marchand sur son tallier. Il s'ensuit que à parler proprement, *attribut* est vne partie de la
proposition qui se dit d'vn autre terme qui est
suiet, ou bien dites que *attribut* est vn terme
qui peut estre enoncé d'vn autre: c'est ainsi
que philosophent Oxam, Maior, Gabriel, &
milles Nominaux qui à parler sans passion,
sont des subtils Philosophes.

Leur opinion est fondée premierement sur
Aristote, qui enseigne au premier liure de la
surprise des Sophistes, que les termes se mettent dans la proposition, & non pas les choses,
ou que l'on met des termes pour les choses en
la proposition, comme les iettons sont mis en
vn conte pour les escus, & partant selon ce
Philosophe, *l'attribut* est vne partie de la proposition; donc il est necessaire que l'attribut
soit vn terme & non pas vne chose, puis que la
proposition est composée de termes.

En second lieu, cela est attribué qui se dit
d'vn autre. Or ce sont les seuls termes qui se
disent, puis que ce sont les termes, & non pas
les choses qui ne se prononcent pas; donc les
attributs, sont des termes & non pas des choses.

En troisiesme lieu, si l'attribut estoit vne chose, lors que la proposition se fait d'vn estre indiuisible, comme de Dieu ou d'vn Ange, la mesme chose seroit attribuée soy mesme, & dans vn mesme estre, il y auroit autant de choses que l'on en peut dire d'attributs, ce qui est impossible, car il y en auroit Dieu des choses infinies, puis qu'on en peut former des attributs à l'infini. Donc Dieu ne seroit pas simple, puis qu'il contiendroit des choses infinies & distinctes l'vne de l'autre. Outre que la mesme chose seroit comme repliquée sur soy mesme, ce qui n'est pas intelligible : en fin il semble que ce soit l'opinion de tous les Logiciens, qui appellent la proposition vocale & mentale du nom d'attribution, & nomment attribut la derniere partie de la proposition, pour ce que elle est attribuée à l'autre.

Les Thomistes, & les Scotistes, & tous les Formalistes, sont dans vne opinion contraire, & ils enseignent que attribut est vne chose, ou vne formalité. Et qu'ainsi il y a en Dieu autant de formalitez qu'on luy peut donner d'attributs ; lesquelles formalitez, ne sont pas distinctes reellement, mais par raison l'vne de l'autre ou de leur nature, comme disent les Scotistes. Il faudroit neantmoins auoüer qu'il est tres dificile de sçauoir clairement ce qu'a voulu dire le subtil Scot, par la distinction precise de la nature de la chose, comme i'ay dit au liure 3. de ma Metaphysique. Et d'autant que selon l'auis du docte Maior, vn bon esprit ne se doit pas beaucoup mettre en peine de ce que disent les Autheurs, quand ils ont des auis

tout à fait contraires, i'estime que pour bien
philosopher des attributs diuins, il faut tenir le
milieu, & dire pour

II. Thse. Que comme il est à parler
vniuersellement des propositions formelles,
c'est à dire mentales, vocales, escrites, & aussi
des propositions obiectiues, de mesme il y a
des attributs formels, c'est à dire mental, vocal ou escrit : & aussi des attributs obiectifs, or
attribut formel est vne partie de la proposition
formelle, qui est enoncée de l'autre, comme
en ces propositions *Dieu est bon*, *Dieu est eter-*
nel, *Dieu est immense* : ces trois termes *bon eter-*
nel & immense, sont des attributs formels.
L'attribut obiectif est vne chose entant qu'elle
est signifiée par l'attribut formel, & partant
dans les propositions obiectiues, qui repon-
dent aux iours formelles, que i'ay raporté.
l'attribut c'est *estre bon*, *estre eternel*, *estre im-*
mense; & reellement parlant c'est Dieu mes-
me, entant qu'il fait du bien à tout le monde,
qu'il repond necessairement à tout temps & à
tout lieu, & ainsi *l'attribut & le suiet obiectif*
sont vne mesme chose, comme remarque sainct
Thomas au dernier article de sa question trai-
ziesme, autrement la proposition seroit fausse: Mais il y a cette difference que le suiet, c'est
cette mesme chose, entant qu'elle peut estre
signifiée par vn terme absolu ou moins connatif, comme par ces mots, Dieu, estre &
substance : & que l'attribut obiectif, c'est cette
mesme chose, entent qu'elle peut estre signifiée par vn terme connatif, ou par vn terme
absolu qui sera superieur à l'autre, & partant

dans toutes les propositions qui ne sont point identiques, comme dit le mesme Docteur, il est necessaire que l'attribut & le suiet soient le mesme reellement : mais qu'ils different par raison formelle, où definitiue : pour ce qu'ils ont des deffinitiues diuerses. Cecy est euident si vous vous souuenez du second liure de la Logique, & de la Metaphysique, où i'ay dit que la proposition ou verité obiectiue, n'est autre chose que ce dont on fait la proposition formelle ; entant qu'il peut estre conneu d'vne façon complexe, & partant lors que l'on dit Dieu est immense, l'obiet de cette proposition ou la proposition obiectiue, c'est Dieu mesme, entant qu'il peut estre connu complexement, & comparé à tous les lieux possibles & reellement, ce n'est aucune entité distincte de Dieu, comme i'ay preuué contre Gregoire d'Arimini, au second liure de ma Metaphysique.

Si donc la verité obiectiue qui respond à cette preposition formele, *Dieu est immense*, n'est autre chose que Dieu mesme, il s'ensuit que l'attribut obiectif de cette proposition n'est pas vn estre distinct de Dieu, mais que c'est Dieu mesme, non pas simplement, mais entant qu'il peut estre comparé à toutes sortes de lieux possibles.

III. THESE. Attribut formel non diuin, c'est le mesme, & partant Dieu est capable de receuoir des noms, & de tout autant de sortes qu'on luy peut donner d'attributs. Cette verité sera euidente, à qui liralle grand S. Thomas dans sa premiere partie, où il ne fait aucu-

ne question des attributs de Dieu en general,
mais seulement des noms diuins, recherchant
dans sa question treziesme, si Dieu peut estre
nommé, si quelques noms sont enoncez de
Dieu substantiellement, si les noms que l'on
attribuë à Dieu sont propres ou seulement metaphoriques ? Si ce nom *Dieu* est vn nom imposé à la nature ou aux operations, & s'il est
communicable aux creatures. Si plusieurs
nôs que l'on attribuë à Dieu, sont s'ynonimes,
& s'il s'en trouue qui soient vniuoques à Dieu
& aux creatures. Donc il semble que sainct
Thomas ait iugé que les noms & les attributs
diuins sont le mesme, & consequemment
que les attributs diuins à proprement parler, ne
sont que des termes.

    V. Thes. Or il y a deux sortes d'attributs
de Dieu, les vns sont necessaires, & les autres
ne sont pas necessaires : & à bien raisonner il
faut dire qu'il y a trois sortes d'attributs diuins : car les attributs necessaires se diuisent en
essentiels, & en propres, & les attributs non
necessaires s'appellent accidentels ; & ainsi il
y a en Dieu des attributs absolus & essentiels,
des attributs propres, & des attributs accidentels, ie le prouue par vn denombrement de
tous les termes qui se peuuent enoncer & at-
tribuër à Dieu auec verité dans vne propo-
tion affirmatiue ; car ils sont ou essentiels, comme estre & substance, ou propres comme immense, ou accidentels comme Seigneur, i'ay
dit auec verité, car ces mots, mauuais & cruel
ne sont pas des attributs de Dieu : quoy que
vne langue blaspheme puisse dire Dieu est

v. 1. TH. 1. p. q. 13. de nom. diu.

mauuais, Dieu eſt cruel : mais elle reçoit vn
dementi de toute la nature. I'ay dit encore dans
vne propoſition affirmatiue, pour ce que ces
mots cruel & mauuais ſe peuuent enoncer de
Dieu veritablement dans vne propoſition negatiue, diſant Dieu n'eſt pas cruel.

OPPOSITION. I. Si l'on enonce des attributs accidentels de Dieu, il y aura des accidents en cette nature tres ſimple & tres parfaite, ce qui eſt contre la perfection de ſon eſtre;
reſpondez Theandre, que la conſequence de ce
raiſonnement eſt mauuaiſe pour ce que par le
mot *d'accident*, comme i'ay prouué au 5. liure de
ma Metaphyſique, nous entendons vne qualité
diſtincte reellement de toute ſubſtance. Or il
ne s'enſuit pas que ſi on attribuë à Dieu quelque terme accidentel, il y ait en luy quelque
qualité diſtincte de ſa ſubſtance, mais ſeulement que Dieu peut eſtre comparé ſous quelques termes accidentels, & connatifs à des
choſes qui luy ſont extrinſeques, & ſans leſquelles il pourroit eſtre ainſi quand on dit
Dieu eſt Createur du Soleil, on luy attribue vn
terme accidentel pour ce que Dieu pourroit
exiſter, & n'eſtre pas Createur du Soleil, vous
voyez donc que les attributs neceſſaires ſont
tels, qu'il eſt impoſſible que ce mot Dieu ſoit
ſuppoſé dans vne propoſition, que ces mots ne
ſoient pareillement ſuppoſez, c'eſt à dire verifiez demonſtratiuement de luy. De ſorte que
ces mots ſe pourroient verifier de Dieu, quand
bien meſme il n'y auroit aucune creeture, &
qu'elles ſeroient toutes impoſſibles. Tels ſont
ces mots, *eſtre, ſubſtance, ſpirituel, parfait, infini,*

fini, saint, sage, tout puissant, simple, immuable, eternel, tout sçauant, veritable, viuant, volitif, principe, aimant, bien heureux, Pere, Fils & S. Esprit, aimable, intelligible, car tous ces attributs se verifieroient de Dieu, quoy que toutes ses creatures fussent impossibles, la raison est que dans cét estat Dieu seroit tout-puissant, pour ce qu'il pourroit tout ce qui seroit possible. Il seroit eterernel & immense, car il seroit tel, que il seroit impossible qu'il se donnast aucun temps, ny aucun lieu, qu'il ne remplit par sa diuine presence, il seroit aimable & intelligible à soy mesme, il seroit principe au dedans de son fils adorable, mais *les attributs non necessaires*, sont ceux qui sont tels, que ce mot Dieu peut estre supposé dans la preposition, sans que ils puissent estre verifiez de Dieu. Ou bien ce sont ceux qui parlant absolument pourroient ne point conuenir à Dieu; tels attributs sont, estre, cause, Createur, Redempteur, conseruateur, prouident, homme, Roy, Seigneur, predestinant, reprouuant, misericordieux, iuste Car Dieu peut estre sans cause ny conseruateur, ny prouident, ny Seigneur, pour ce que il peut exister sans que le monde existe; or ces attributs non necessaires sont proprement ceux que l'appelle accidentels, neantmoins pour proceder encor plus clairement, vous deuez sçauoir que comme uous les attributs necessaires de l'homme ne luy sont pas essentiels, comme sont ces proprietez derisible & d'admiratif; pareillement Dieu est necessairement au dedans de soy mesme principe, engendrant, en-

H h h

gendré, produisant & neantmoins estre principe ou produisant, ce n'est de l'essence de
Dieu selon toute la Theologie: mais seulement
vne relation intrinseque, d'vne diuine personne
à l'autre: d'où s'ensuit à parler à la rigueur,
pour

V. THESE. Qu'attribut absolu ou essentiel
de Dieu, est vn terme qui peut estre attribué à
Dieu, & ne connotte clairement aucune chose,
ny mode, ny verité obiectiue par dessus cette
parole, Dieu. Et ainsi il est necessaire que ces
mots soient absolus, ou au moins qu'ils n'enserrent aucune connotation mesme obscure
qui ne soit signifiée par ce mot Dieu, tels sont
ces attributs, *estre*, *ou exist.nt*, *vn*, *bon*, *vray*,
substance, *spirituel*, & partant les attributs essentiels de Dieu, sont ceux qui necessairement
sont verifiez de Dieu, & qui ne signifient ny
aucun mode, ny aucune comparaison, à ce
qui est hors de luy mesme, comme estre &
substance.

Proprieté de Dieu est vn terme qui se verifie
reciproquement & necessairement de Dieu,
mais il connotte quelque chose hors de Dieu,
ou il signifie quelque mode, comme ces mots,
cause du monde, & Seigneur de l'vniuers.

Attribut accidentel de Dieu est tout terme
connotatif qui se peut verifier de Dieu, mais
non pas reciproquement comme cause, Createur, misericordieux, iuste, Roy, Seigneur.

VI. THESE Il y a en Dieu trois sortes
d'Attributs obiectifs, qui respondent à ces
trois sortes d'Attributs formels. Or les attributs obiectifs essentiels propres, ou acciden-

tels en Dieu, ne sont autre chose que Dieu
mesme, entant qu'il peut estre signifié par vn
attribut formel, qui soit ou essentiel, ou accidentel, ou propre. Ainsi i'ay dit dans la Logique, & au troisiesme Liure de la Metaphysique, que trois sortes de termes, ou d'attributs se pouuoient enoncer de Socrate. Les
vns sont essentiels, comme le Genre Animal,
l'espece homme, la difference raisonnable.
Les autres sont proprietez, comme risible &
admiratif, les derniers sont accidentels, comme blanc, chaud, docte.

Or toutes ces trois sortes, de termes du
costé de l'objet, signifient directement Socrate, & supposent pour la mesme chose: mais
les termes essentiels, ne connottent rien clairement, les termes propres & accidentels
sont connotatifs, auec cette difference, que
les propres, se verifient, reciproquement, &
necessairement, de Socrate: & non pas les accidents; car il est impossible que Socrate existe, qu'il ne soit admiratif & risible: mais il
pourroit bien exister, sans estre beau ou docte. Donc l'essence de Socrate, c'est Socrate
mesme, entant qu'il peut estre signifié par des
termes essentiels.

La proprieté obiectiue de Socrate, c'est
Socrate mesme entant qu'il peut estre signifié par des proprietez formelles; & Socrate
estre docte, ou chaud, c'est Socrate mesme
entant qu'il a la blancheur, ou la doctrine,
qui sont des modes, ou des qualitez connotées par ces mots, chaud, dittes de mesme,
auec proportion des attributs diuins: car tous

les tiltres que nous donnons à Dieu, signifiét
directement vne mesme chose tressimple, &
tres-indiuisible, sçauoit est Dieu mesme.
Mais quelques vns ne connottent rien, ny aucun mode, & ils sont essentiels, comme ces
mots *Estre & substance*, les autres quoy que
necessaires, connotent quelque chose, & ils
sont proprietez, comme *Eternel & Immense*,
les autres connotent quelques chose, hors de
Dieu, & ne se verifient pas necessairement
ny reciproquement de Dieu. Et ce sont des
attributs accidentels, comme quand on dit
Dieu est cause, Dieu est homme, Dieu est
predestinant, Dieu est Iuste.

Ie me plais extrémement, *Theandre*, à vne
façon de Philosopher, qui soit éloignée des
tenebres, & qui explique autant qu'il est possible, les choses diuines par ce qui arriue dás
les choses humaines, pour ce qu'elle ne re-
bute pas l'esprit des Athées, ny des *infideles*
qui se plaignent de ce que parlant de Dieu,
on ne leur declare que des tenebres plus es-
paisses que celles d'Egypte.

VII. THESE. A cette diuision se rapporte celle-là, qui est assez ordinaire parmy les
Theologiens des attributs diuins en absolus,
relatifs, & negatifs.

Les attributs absolus, sont ceux qui ne
comparent Dieu à aucune creature, & ne signifient aucune relation intrinséque au dedans de Dieu mesme, *Estre, substance, viuant*,
en telle façon que ces attributs, se pourroiét
verifier de Dieu, quoy que toutes les creatures fussent impossibles.

Les attributs relatifs, sont ceux qui rapportent vne personne diuine à l'autre, ou comparent Dieu aux creatures, comme *Principe, fin, Pere, Fils, cause, Createur, Seigneur, Misericordieux, Predestinant, Iuste.*

Les attribus negatifs, sont ceux qui s'expriment par vne negation, comme Vn, Infini, Immense, immuable, simple, c'est à dire, non plusieurs, non fini, non borné, non composé, non diuisible, & non sujet au changement. Que si vous me demandez comment nous pouuons connoistre, que quelque attribut appartient à Dieu. Ie vous donneray pour responce cette

VIII. Th ese. Nous pouuons connoistre Dieu aussi bien que les creatures, en deux façons. La premiere est incomplexe & simple, comme quand nous auons des connoissances, qui respondent à ces termes Dieu, ou Dieu Iuste.

La seconde est complexe, comme quand nous connoissons, Dieu est bon, Dieu est Iuste. De plus l'vne & l'autre de ces connoissances, peut estre ou intuitiue, ou abstractiue. Ainsi les bien-heureux dans le Ciel connoissent Dieu intuitiuement, pour ce qu'ils sont renforcez de la lumiere de gloire, c'est à dire d'vne qualité distincte de leur ame qui leur fait veoir Dieu face à face, & les determine à le veoir en luy-mesme.

Le traicté de la connoissance intuitiue, ou de la vision de Dieu, appartient aux Theologiens S. Thomas en parle, dans sa question douziesme.

D. Th 1. p. q. 12 de cognitione Dei.

La connoissance abstractiue, est celle-là que nous auons de Dieu, sans qu'il se presente à nostre puissance, & qu'il a determiné par soy-mesme à cette connoissance. C'est pourquoy la connoissance abstractiue de Dieu est mediate & éloignée, & elle ne connoist pas Dieu en luy-mesme; mais dans ses creatures, comme dans vn Miroir, ou dans vn enigme, com-dit S. Paul, ou comme dit le Prophete Iob, nous le connoissons de loin par l'entremise des creatures.

VIII. THESE. Or nous pouuons connoistre abstractiuement quelque verité de Dieu, ou par la Foy, ou par la raison. La Foy est vne connoissance fondée sur l'Authorité, & sur le tesmoignage, mais la raison est fondée sur vn argument. Or l'Authorité & le tesmoignage, peut estre ou diuin, ou humain. Le tesmoignage diuin peut aussi estre, ou naturel ou surnaturel: ainsi nous connoissons Dieu par la reuelation, & par les Escritures sainctes, par le rapport du Verbe incarné des Prophetes & de l'Eglise. Ainsi nous connoissons par les lumieres de la Foy, que Dieu s'est fait homme, & qu'il y a trois personnes dans l'vnité de l'essence diuine.

La raison est, vne connoissance naturelle, qui nous manifeste les perfections ou attributs de Dieu, par l'entremise des creatures. Ainsi nous cognoissons que Dieu est sage, bon, & puissant, par les creatures, dans lesquelles ces trois perfections reluisent auec vn esclat incomparable, & il est à remarquer, que la plus-part des perfections & des attri-

buts de Dieu, nous sont connus & par la foy
& par la raison tout ensemble. Il y en a seulement quelques vns , lesquels la raison seule
n'a peu descouurir , comme que Dieu soit
Trin, & que dans le temps il se soit fait homme : neátmoins la raison est assez forte, pour
prouuer qu'il n'y a point de contradiction,
en tout ce que la Foy enseigne, comme dit
S. Thomas en sa question premiere, & dans
son Opuscule troisiesme : ainsi la Foy & la
raison, nous declarent, que Dieu est vn, bon,
Sage, Infini, Eternel, Immense, & Immuable,
D' cy s'ensuit pour

IX THESE. Que l'on peut faire de Dieu,
des propositions , & auoir des connoissances
complexes de son Estre. Or toutes les connoissances complexes , que nous auons de
Dieu, sont ou affirmatiues, comme quand
on dit, *Dieu est bon, Dieu est Iuste,* ou negatiues,
comme quand on dit *Dieu n'est pas Soleil.* C'est
ainsi que Monsieur de la Rochepolay dans
le recueil de ses distinctós, a remarqué aprés
S. Denis, & S. Ieã Damascene que nous pouuons connoistre Dieu, *par voye d'affirmation,*
connoissant ce qu'il est, *Et par voye de negation,*
connoissant ce qu'il n'est pas. Cette verité se
preuue par le denombrement de toutes les
propositions , qui se peuuent faire de Dieu,
ou des creatures : car elles affirment ou elles
nient quelque terme d'vn sujet, comme i'ay
prouué au second Liure de la Logique, donc
par la voye de negation, nous connoissons
que Dieu n'est rien de creé & d'imparfait.
Que Dieu n'est point le Soleil, qu'il n'est

point vn homme par ſa propre Nature, qu'il n'eſt point mortel; mais immortel: qu'il n'eſt point fini, mais infini, qu'il n'eſt point vn eſtre contingent; mais neceſſaire: qu'il n'eſt pas d'vn autre: mais de ſoy: qu'il n'eſt point borné, par le lieu; mais qu'il eſt Immenſe: qu'il n'eſt point diuiſible, ny pluſieurs; mais qu'il eſt vn, ſimple & indiuiſible, imparfait; mais ſouuerainement parfait, qu'il n'eſt point immuable, mais conſtant & ſans changement en ſon eſtre tresſimple.

Or les actes affirmatifs, par leſquels nous affirmons quelque attributs de Dieu, ſe fondent ſur les deux Maximes, de cauſalité, & d'eminence. *La Maxime de cauſalité.* Nous apprend que Dieu eſt cauſe de tout qui eſt hors de luy en ce monde, & cecy s'appelle connoiſtre Dieu, par voye de cauſalité; la maxime d'eminence, dit qu'vne cauſe totale, contient touſiours ou formellement, c'eſt à dire, réellement, ou eminemment, & d'vne façon plus parfaite, toutes les perfections qui ſont dans ſon effet: & partant que puis que Dieu eſt cauſe de tout ce qui eſt creé; il eſt neceſſaire, qu'il ait toutes les perfections, qui ſont en ſes creatures: d'ou nous inferons mille & mille attributs, & perfections Diuines: comme eſtre beau, ſage, bon, ſpirituel, aimable, intellectif, volitif, veritable, iuſte, miſericordieux, puiſſant. Mais pour ce que Dieu participe tous ces attributs, auec vne perfection infinie, nous adiouſtons, comme vne difference que Dieu eſt vn Eſtre infini, vne ſubſtance infinie, vn entendement infini, & ainſi

des autres perfections Diuine. C'est ce qu'é-
seignent excellemment les Peres. Ainsi S.
Gregoire de Nazianze en ses vers dit, que
Dieu est la fin de toutes choses: qu'il est vn,
qu'il est tout, & qu'il n'est rien de toutes les
choses de ce monde. S. Denis au dernier Chapitre de sa Theologie Mystique, dit que Dieu
n'est ny substance, ny lumiere, ny sens, ny
raison, ny sagesse, ny bonté ny Diuinité:
mais quelque chose plus releuée, & plus eminente. Et pour cette mesme raison quand cet
Apostre de nostre Fráce, veut attribuer quelque nom à Dieu, il y adiouste vne proposition de surexcellence, disant: que Dieu est
vne essence suressentielle, vne bonté surbon-
ne, vne Diuinité surdiuine: & au Chapitre
second des noms diuins, il nomme Dieu, celuy auquel on peut donner toute sorte de
noms, incapable d'estre nommé, Celuy dont
on peut nier & affirmer toutes choses, pour
ce qu'il est tout, ce que nous pouuons imaginer: mais d'vne façon plus releuée, & plus
eminente. De sorte que la vraye façó de parler de Dieu, dit S. Anselme, ce n'est pas de
dire, qu'il est vie, qu'il est essence, qu'il est
raison: mais qu'il est vne souueraine Essence,
vne souueraine Vie, vne souueraine raison,
vne souueraine iustice, souueraine sagesse,
souueraine verité, souueraine bonté, souue-
raine Grandeur, souueraine beauté, souue-
raine immortalité, souueraine incorruptibili-
té, souueraine immutabilité, souueraine beatitude, souueraine Eternité, souueraine Vnité, souueraine puissance; pource que Dieu

est toutes choses d'vne façon releuée infiniment par dessus nos paroles ; d'où vous pourrez inferer auec S. Thomas en sa question treiziesme pour

v. de Th. q.
13. 2. 12.

X. Thèse. Que l'on peut faire des propositions affirmatiues, & aussi des negatiues de
Dieu, les affirmatiues peuuent estre ou synonymes, & identiques, comme quand on dit
Dieu est Dieu, & celles là sont inutiles ; ou elles peuuent estre formelles, comme quand on
dit: Dieu est iuste. La raison de cecy est que
quelques termes qui se disent de Dieu, sont synonimes, & les autres sont diuers

Les Synonimes sont ceux qui sont supposez
pour vne mesme chose, & qui signifient tout à
fait le mesme, & qui ont tout à fait vne mesme definition, comme vn simple, & indiuisible, principe, & produisant, pere, & engendrant : les termes diuers sont ceux qui ont vne
diuerse raison deffinitiue comme quand on dit
Dieu est bon Dieu est iuste. Dieu est viuant,
Dieu est substance: car dans toute proposition
affirmatiue qui n'est pas identique : comme remarque S. Thomas au mesme lieu, il faut que
le suiet & l'attribut signifient reellement vne
mesme chose, & qu'ils supposent pour la mesme chose, pour ce que l'entendement les ioi-
gnant l'vn à l'autre, dit qu'ils sont vne mesme
chose, mais il faut qu'ils signifient quelque
chose de diuers selon la raison: c'est à dire qu'ils
connottent, ou obscurement, ou clairement,
quelque diuerse verité obiectiue, & qu'ainsi
l'attribut & le suiet soient distincts par raison
deffinitiue : C'est à dire qu'ils ayent vne defi-

nition diuerse. Ainsi quand on dit que Dieu
est iuste, estre, & substance, ces trois mots ont
des definitions differentes, & supposent pour
vne mesme chose, & consequemment il faut
dire pour

XI. THESE. Qu'il y a des attributs qui se
disent vniuoquement de Dieu & des creatures.
Et que la pluspart des attributs que nous connoissons de Dieu, nous les auons premierement connu des creatures : & par le raisonnement de causalité, ou d'eminence, nous les
auons appliquez à Dieu & aux creatures,
dont ils se disent pour vne mesme raison. Car
si vous me demandez pourquoy Dieu est il
substance? ie diray pour ce que il peut subsister de soy mesme, pourquoy est il viuant? pour
ce que il peut, ou vegeter, ou sentir, ou raisonner, pourquoy est il spirituel? pour ce qu'il
est indiuisible : & ie rendray les mesmes raisons, si vous recherchez pourquoy vn Ange
est substance, viuant ou spirituel, donc ils ont
la mesme raison. Lisez ce que i'ay dit au premier liure de ma Metaphysique, où i'ay preuue euidemment que ce mot estre estoit vniuoque à Dieu & aux creatures, & que ce mot
de substance selon S. Iean Damascene est vniuoque à Dieu, & aux creatures.

II. OPPOSITION. Dieu est vne sub-
stance infinie, vn estre spirituel, mais incrée,
& les creatures sont des substances finies &
crées, donc ces termes ne sont pas vniuoques,
au regard de Dieu & des creatures.

Ie respond que cette diuersité n'est pas exprimée par ces mots de substance, d'estre, ny

de spirituel, & que si cette opposition estoit reguliere, il s'ensuiuroit qu'aucun terme n'est vniuoque. Et que ce terme animal ne seroit point vniuoque au regard du Lyon & de l'homme, car le Lyon est vn animal deraisonnable, & l'homme vn animal doüé de raison. Dont comme toute la diuersité qui est entre l'homme, & le Lyon n'est pas signifiée par le mot generique & vniuoque: mais par la difference, pareillement la diuersité qui est entre l'estre où la substance de Dieu, & des cratures n'est pas signifiée par ces termes, *estre & substance*: mais par les termes d'infini, d'increé, & de souuerain, comme i'ay preuué que l'estre estoit vniuoque.

I'ay dit dans la seconde partie de ma proposition, que ces mots vniuoques à Dieu, & aux creatures, ont esté premierement imposez aux creatures, & que par la maxime de causalité & d'eminence, les hommes les ont appliquez à Dieu : pour ce que à cét estre infini appartiennent toutes les perfections simples qui se peuuent trouuer & imaginer dans le monde, en ostant toute l'imperfection qui se tient du costé de la creature.

D'icy vous desduirez que ces huict mots *attributs* *perfections, qualitez, noms, eloges, titres, coustumes, & mœurs de Dieu*, signifient la mesme chose. Ainsi sainct Denis, sainct Thomas traitte de tous les attributs de Dieu : sous le titre des noms de Dieu. Et le mesme Docteur Angelique en traite dans ses opuscules sous le nom de mœurs, & coustumes de Dieu, quelques autres les nomment proprietez, & le

docte Leſſius en parle ſous le nom des mœurs
& des perfections diuines.

XII. Theſe. Dieu peut eſtre nommé,
& receuoir des noms & des attributs qui luy
conuiennennent ſubſtantiellement, quoy que
on ne luy puiſſe pas donner vn nom qui repreſente clairement toutes ſes perfections.   Or
parmy ces attributs quelques vns ſont Synonimés, quelques vns diuers, quelques vns tres
propres, & les autres ſont metaphoriques, &
dans vn ſens figuré, quelques vns luy appartiennent de ſon propre fons, ſans qu'il ſoit
comparé à ſes œuures, & les autres luy appartiennent dans le temps, par comparaiſon &
rapport aux creaturs. Les diuérſes parties de
cette propoſition ſont fondées ſur S. Thomas
en ſa premiere partie, Queſtion treizieſme où
il cite ſainct Auguſtin, & ſainct Ambroiſe
pour eſtablir ſa penſée. Or il eſt clair que Dieu
peut eſtre nommé, puis que nous pouuons exprimer par des termes ce que nous connoiſſons
de cét eſtre admirable, & conſequemment luy
donner des noms. C'eſt pourquoy S. Gregoire de Naziäze en ſes vers appelle Dieu panony-
me, comme qui diroit capable de tout nom.
& il eſt à remarquer que tous les noms que
nous donnons à Dieu luy conuiennent ſubſtantiellement, pour ce qu'ils ſignifient ſa ſubſtance. En effet il y a deux ſortes de termes qui
ſe diſent de Dieu, les vns negatiuement comme
non mortel, non fini, non muable, & ces mots
ne ſignifient pas tant Dieu qu'vn eloignement
de quelque imperfection qui ſe fait de Dieu.
Mais les attributs qui ſe diſent de Dieu affir-

1. p. q. 13. de
nom. diu.

matiuement, ne fignifient pas feulement vn
eloignement de quelque imperfection, comme a voulu le Rabbin Moyſe, mais auſſi vne
perfection poſitiue, comme eſtre bon iuſte,
ſubſtance, viuant, fort, & eſtre, car lors que
nous appellons Dieu bon ou viuant, nous ne
voulons pas feulement fignifier que Dieu eſt
cauſe des choſes bonnes, ou des choſes viuantes, mais encor qu'en luy meſme il eſt vn principe viuant, & vn eſtre tres bon & tres parfait,
autrement il s'enſuiuroit que tous les noms de
Dieu luy auroient eſté feulement attribuez par
analogies aux creatures, ce qui n'eſt pas veritable, puis que nous appellons Dieu eſtre de
foy, neceſſaire, infini, immuable, premier
principe, & iamais on n'a attribué ces termes
aux creatures. De plus comme dit S. Thomas,
ſi lors que nous diſons que Dieu eſt bon,
nous ne voulions donner à connoiſtre autre
choſe, ſi ce n'eſt qu'il eſt cauſe des choſes bonnes, il faudroit dire qu'il eſt corps puis qu'il eſt
cauſe des choſes corporelles. I'ay remarqué
en troiſieſme lieu qu'entre les noms de Dieu,
quelques vns font ſynonimes; ainſi quand on
le nomme vn, ſimple, indiuiſible, ces trois
mots font ſynonymes. Mais la pluſpart des
autres font diuers, & ont des deffinitions, ou
des raiſons definitiues diuerſes. Ainſi bon,
iuſte & viuant, ſe deffiniſſent auec des definitions differentes, pour ce que il s'enſuiuroit
que toutes les propoſitions que nous faiſons
de Dieu feroient inutiles, ſi tous les attributs
eſtoient ſynonimes.

I'ay auancé pour quatrieſme partie de ma

proposition, qu'entre les noms diuins les vns
luy sont tres propres, sans aucune metaphore, comme viuant, estre, & substance, puis
qu'ils luy appartiendroient, quoyque toutes
les creatures fussent impossibles. Il n'y en a
aussi quelques vns, qui luy appartienné par
rapport aux creatures, & mesme dans le
temps, comme, *estre Seigneur*, Createur conseruateur, & gouuerneur, pour ce que Dieu
ne seroit pas Seigneur, comme remarque
S. Thomas aprez S. Augustin, s'il n'y auoit
des creatures, ou pour parler à nostre mode.
Celuy qui est Seigneur du monde, seroit,
mais il ne seroit pas, Seigneur. Auant que
les creatures fussent, Dieu n'estoit pas
Createur, pour ce qu'il auroit creé le monde,
auant qu'il fut dans la nature. Pareillement
Dieu ne seroit pas semblable au Soleil, si le
Soleil n'estoit au monde. Et les lumieres de la
foy, nous enseignent, que la charité excessiue
de nostre Dieu, l'a poussé a prendre dans le
temps de nouueau ces trois Eloges d'estre,
l'homme, Fils d'vne Vierge, immaculée, & redem-
pteur des hommes. Donc quelques noms appartiennent à Dieu de son propre fons, & les
autres luy appartiennent par le rapport a ses
creatures. Il y a encor des noms metaphoriques qui s'attribuent à Dieu, comme
quand on dit Dieu est vn Soleil, vne fontaine
tous biens, vne source inespuisable de benedictions. Vn Ocean, & tels autres tiltres, qui
ne luy appartiennent que par metaphore,
pour ce que sachant que nostre Dieu est infiniment parfait, nous voulons luy attribuer

tout ce que nous connoissons de beau, & de bon, dans les creatures. Ainsi lors que nous l'appellons Soleil, nous signifions qu'il a eminemment tout ce qu est de parfait, dans ce Roy des Astres, sans auoir aucune de ses imperfections. Ce qui fait que par vne façon de parler figurée, nous disons que D eu est vn Soleil, non Soleil, vne fleur non fleur, & vne lumiere qui n'est pas lumiere. Recueillons donc toutes ces veritez, & disons pour.

XIII. Thеsе. Que on peut donner à Dieu des attributs à l'infiny, & qu'il y a tout autant d'attributs de Dieu, comme on luy peut donner de titres, qui luy appartiennent veritablement, soit de son propre fons, soit par comparaison aux Creatures.

Mais tous ces attributs, signifient directement vne mesme chose tres-simple, & tres indiuisible, & connottent indirectement des choses diuerses, ou des veritez objectiues differentes. De sorte que les attributs formels de Dieu, sont des termes, ou des concepts de nostre esprit. Mais les attributs objectifs de Dieu, sont Dieu mesme, entant qu'il peut estre signifié par diuers termes, lesquels ne signifient pas en Dieu des choses diuerses, partageant l'estre de D eu, & le diuisant en diuerses pieces: mais ils signifient, tous vne mesme chose, la comparant à des choses diuerses, & sous des raisons definitiues diuerses.

XIV. Thеsе. Le plus mysterieux de tous les noms D uins est celuy de Dieu. Dont les Autheurs raportent plusieurs belles Etymologies

mologies, & remarquent que ils se font auec
quatre lettres quasi en toutes les langues.
Comme si la prouidence Diuine, auoit donné
cette inspiration à tous les peuples, de declarer par vn nom de quatre lettres, l'vnité de
l'essence Diuine dans la Trinité des person
nes. Certes parmy les Hebreux le plus auguste nom de Dieu estoit *Iehoua*, que l'on
appelle par excellence *tetragrammaton*, c'est à
dire nom de quatre lettres. On le nomme
aussi ineffable, pour ce que il n'estoit permis
qu'au grand Prestre de le prononcer. D'où
vient que mesme à present quand nous trouuons ce nom admirabe dans les Escritures,
nous disons *adonai* en sa place. Et certes les
Syriaques & les Chaldeens nomment Dieu
Eloha, les Assyriens *Adad*. les Ethiopiens,
Amlau. les Perses *Syri*. les Grecs *Theos*, les
Egyptiens *tout*, les Latins *Deus*, les François
Dieu, les Espagnols *Dios*, les Italiens *Idio*, les
Allemans & les Anglois *Gott*. les Polonois
Boog. les Sclauons *Bogi*, les Sarrazins *Abgd*.
les Turcs *Alla*. les habitans du noueau
monde, *Zimi*, les Valachiens *Zeul*, les Zinge-
niens, *Opel*, les Ongres *Isten*. & quasi tous
les autres peuples donnent à Dieu vn nom
de quatre lettres : car quoy que *iehoua*, *amlau*,
isten, *Eloha*, & *theos*, s'escriuent en François
auec cinq ou six lettres. Neantmoins en leur
propre lague ils n'en ont que quatre. Agreez
cette remarque, Theandre, quoy qu'elle soit
assez ordinaire, & qu'elle ne fasse rien pour
la Philosophie, elle ne laisse pas d'estre cu-
rieuse.

III

QVESTION II.

Comment sont distincts les attributs de Dieu l'vn de l'autre, & de la nature Diuine, sont ils distincts reellement, ou virtuellement, ou par raison : Et qu'est-ce que simplicité de Dieu ?

NOus ne parlons plus icy *Theandre*, des attributs formels, car il est euident qu'vn terme vocal est distinct reellement de l'autre, puis qu'ils sont deux termes, dont l'vn n'est pas l'autre, il faut dire le mesme d'vn attribut mental, au regard d'vn autre: car les attributs que nous donnons à Dieu par nostre pensée, sont distincts en la mesme façon que le sont les actes de nostre esprit, & nos connoissances, & partant si les connoissances sont des qualitez, vn attribut mental est distinct reellement de l'autre, comme vne qualité d'vne autre qualité. Mais si les actes vitaux, ne sont rien que des modes, d'vne puissance viuante, vn attribut mental, est seulement distinct de l'autre, comme vn mode d'vn autre mode, qui modifie vne mesme essence. Il est donc icy seulement question, des attributs obiectifs, ou de ce que

signifient les attributs formels. Et la question
est, ce que signifient ces mots, *Iuste misericordieux*, *sage*, *bon*, *infiny*, *eternel*, *immense*, du costé de l'objet : est-ce la mesme
chose, ou des choses distinctes ?

Et si la Iustice, la misericorde, la sagesse,
la bonté, l'infinité, l'eternité, & l'immensité sont tout à fait la mesme chose en Dieu,
ou des choses distinctes ? Pour decider cette
question, souuenez vous, que i'ay prouué au
liure troisiesme de ma Metaphysique, vne
doctrine que ie veux mettre icy, pour

I. THESE & raison fondamentale. Il
n'y a que trois sortes de distinction, la reelle,
la virtuelle, & celle qui est par raison, la di-
stion reelle est ou totale, ou non totale, la
distinction virtuelle se tient du costé de l'objet, & se peut nommer distinction prise de la
nature de la chose, ou de raison fondée. La
distinction de raison, est vn acte, qui dit que
l'vn n'est pas l'autre, ou qui donne des raisons definitiues diuerses à vn mesme estre,
sous des termes, rapports, & comparaisons
diuerses.

Et partant il n'y a que deux sortes de distinctions dans les choses : car ou elles sont
distinctes reellement, en telle façon que l'vne
n'est pas l'autre : ou elles ne sont pas distinctes reellement, mais seulement virtuellement : pour ce que c'est la mesme chose, qui
a des valeurs diuerses. Outre tout cela, il y a
du costé de l'entendement vne troisiesme sorte de distinction, qui se nomme distinction de
raison, & c'est vn acte d'entendement, qui

dit qu'vne chofe n'eft pas l'autre, ou qui rapporte diuerfes raifons & definitions d'vne
mefme chofe, qui renferment des comparaifons diuerfes. Certes puifque l'entendement
ne fait pas fes objets, & qu'il les prefuppofe,
il s'enfuit que l'entendement ne peut pas diftinguer les objets, fi auparauant ils n'ont en
eux mefmes, & de leur fons, quelque diftinction. Or ils ne peutent auoir aucune diftinction, que reelle ou virtuelle. Donc l'entendement ne peut diftinguer les objets, s'ils
n'ont en eux mefmes vne diftinction ou reelle ou virtuelle. Et il eft à remarquer, que des
chofes, qui ont diftinction reelle, comme
de Socrate & de Platon, ou de Socrate & de
la blancheur, l'entendement peut dire auec
verité que l'vne n'eft pas l'autre, car en effet
ce font deux chofes, dont l'vne n'eft pas l'autre ; mais où l'entendement ne trouue qu'v-
ne diftinction virtuelle, comme entre l'ame
vegetatiue, fenfitiue, & raifonnable de l'homme, entre l'eftre, la fubftance, & l'animal
de Socrate : l'entendement ne peut pas dire
fimplement auec verité, que l'vn n'eft pas
l'autre ; Pour ce que pour dire fimplement,
qu'vne chofe n'eft pas l'autre, il faut qu'il y
ait deux chofes. Or l'ame vegetatiue, & fenfitiue, l'eftre, la fubftance, & le viuant dans
vn Ange, ou dans Socrate, ne font pas trois
chofes, donc l'entendement ne peut pas dire
fimplement, que l'vne n'eft pas l'autre. I'ay
dit qu'il ne pouuoit pas dire fimplement, c'eft
à dire fans y adioufter aucun terme modi-
fiant. Car il peut bien dire, que l'ame vege-

ratiue n'est pas l'ame sensitiue, virtuellemēt,
pour ce que cen'est dire autre chose, si ce
n'est qu'vne mesme ame de l'homme, produit elle seule, les mesmes operations que
l'ame des plantes, & des brutes ce qui est veritable.

Or cette distinction virtuelle & fondamentale, qui se peut aussi appeller de la nature de
la chose ou formelle ; est capable de fonder
vne autre sorte de distinction de raison, qui
s'appelle proprement de raison definitiue,
c'est à dire qu'vne mesme chose sous diuerses
comparaisons, ou entant qu'elle a des operations diuerses, & des rapports differens,
peut receuoir diuers noms,& partant des definitions ou raisons definitiues diuerses. Ainsi
l'ame entant que vegetatiue est distincte par
raison de soy-mesme, entant que sensitiue,&
raisonnable ,pour ce qu'elle a des definitions
ou raisons definitiues diuerses , & on definit
autrement vegeter que sentir,& sentir autrement que raisonner De mesme auant tout
acte d'entendement. l'estre, la substance &
le viuant en Sainct Michel & dans Socrate
sont distincts virtuellement & par raison,
pour ce que ces trois termes sont capables
d'auoir des raisons definitiues , ou des
definitions diuerses , puis que *l'estre* se definit ce qui existe, *substance*, ce qui peut subsister par soy-mesme,& *animal*,ce qui est sensitif. Et il est euident que S. Thomas & les
Anciens, n'ont entendu autre chose par leur
distinction de raison, qu'vne distinction de
raison definitiue, comme i'ay prouué au Li-

ure troisiesme; c'est ainsi que le mesme Docteur dans sa question treiziesme, dit que
dans toute proposition affirmatiue veritable,
l'attribut & le suiet doiuent signifier vne mesme chose reellemét, mais diuerse par raison;
comme quand on dit; l'homme est Animal,
l'homme est blanc, ces termes sont supposez
pour vne mesme chose. Mais cette mesme
chose, a vne definition ou raison definitiue
diuerse, sous ces trois mots, homme, animal,
& blanc : car Socrate est homme , pour ce
qu'il est animal raisonnable, il est animal par
ce qu'il est vne chose sensitiue; il est blanc,
par ce qu'il a en soy vne couleur qui dissipe
la veuë. Cecy est euident, dans ces propositions; l'homme est animal la substance est
estre, l'ame est substance : car l'homme n'est
aucunement distinct de l'animal, ny la substance de l'estre , ny l'ame de la substance, puis que tout l'homme est spirituel toute substance est Estre, & toute l'ame est substance. Neantmoins ces propositions sont
veritables, & ne sont pas identiques, & partant il faut selon S. Thomas , que l'attribut &
le suiet soient diuers par raison.

Or l'entendement ne peut pas separer l'hö-
me de l'estre, ou l'ame de la substance. Donc
ce S. Docteur n'entend autre chose, si ce n'est
que l'attribut & le suiet d'vne mesme proposition , doiuent auoir vne raison definitiue,
ou vne definition diuerse ; car l'ame se definit
autrement que la substance, & l'homme n'a
pas la mesme definition , que l'animal ou l'e-
stre, & partant dans ces propositions l'attri-

but & le fuiet, font le mefme par fuppofition, comme dit S. Thomas, c'eft à dire, qu'ils
font fuppofez pour vne mefme chofe, mais
ils font diuers par raifon, pour ce qu'ils ont
vne definition ou raifon definitiue diuerfe.

Or remarquez que S. Thomas, fe fert de
ce mot diuers, & non pas diftinct, pour ce
que pour fonder des raifons formelles & definitiues diuerfes, il n'eft pas befoin qu'il y
ait en la chofe aucune diftinction, mais feulement quelque diuerfité virtuelle. Toute
cette doctrine fe fonde fur *trois Maximes ge-*
nerales. La premiere eft que par tout où il y
a diftinction, il y a deux extremes, en la mefme façon qu'il y a diftinction : car il n'y a
point de diftinction, ou il n'y a qu'vne vnité
toute feule : autrement on trouueroit deux
chofes, ou il n'y en a qu'vne.

La feconde Maxime, eft que l'acte de l'entendement ne fait pas fon obiet, mais qu'il le
prefuppofe, & pour eftre veritable il doit e-
ftre conforme à fon obiet, donc il ne doit
rien enoncer de fon obiet, fi ce n'eft ce qu'il
treuue dans l'obiet Et ainfi il ne peut pas dire, qu'il y a deux chofes, ou il n'y en a qu'v-
ne, & confequemment il n'y peut pas auoir
diftinction de raifon, s'il n'y a quelque diftinction dans l'obiet, ou reelle, ou virtuelle.

La troifiefme Maxime, eft que auant toute
diftinction de raifon il n'y peut pas auoir aucune diftinction de raifon, dans vn obiet, &
qu'apres la diftinction de l'entendement, il
n'y a dans l'obiet, aucune diftinction que cel-

le-là qui y eſtoit auparauant: pour ce que
l'entendement ne fait rien que côſiderer l'obiet, & dire ce qu'il y rencontre. Donc ſi auât
le premier acte, qui côſidere l'ame de l'homme, il n'y a aucune diſtinction de raiſon entre eſtre vegetatif, ſenſitif, & raiſonnable,
entre l'eſtre, la ſubſtance, & l'animal de Socrate, il n'y en aura pas auſſi, apres que l'entendement les aura conſideré, c'eſt pourquoy
il faut dire, qu'auant tout acte d'entendement, il y a dans chaſque choſe, quelque indiuiſible qu'elle ſoit, pluſieurs valeurs, & vne
diſtinction virtuelle, ou de raiſon fondée dâs
la choſe, pour ce que chaſque choſe à raiſon
de ſa multiplicité de valeur, eſt capable de
fonder des raiſons formelles & definitiues,
ou des definitions diuerſes, donnant occaſion à l'entendement, de luy donner des diuerſes definitions, entant qu'elle a des rapports ou des comparaiſons diuerſes. Aut e-
ment ſi quand on dit que le vegetatif, & le
raiſonnable en l'homme, ſont diſtincts par
raiſon, le ſens eſtoit, que la raiſon les a diuiſez, il ſe donneroit vne diſtinction de raiſon
deuant toute diſtinction de raiſon, ce qui eſt
impoſſible. Ie le prouue, pour ce que quand
la raiſon diſtingue, le vegeter du ſentir : & la
volonté de l'entendement, ou l'animal de la
ſubſtance, ou elle ſe trompe, ou effectiuement ils ſont diſtincts l'vn de l'autre. Que
ſi vous me dittes, qu'ils ſont diſtincts par raiſon, auant que l'entendement les conſidere,
il s'enſuit qu'auant toute diſtinction de raiſon, il ſe donne vne diſtinction de raiſon, ce

qui est impossible. Dites, *Theandre*, selon la
pensée des Anciens, qu'vne chose indiuisible,
auant que l'entendement la considere, a en
soy vne multiplicité de valeur, & qu'ainsi elle
peut estre signifiée, par diuers termes, & fonder diuerses definitions ou raisons formelles,
& definitiues diuerses, ces fondemens estant
presupposez ie dis, pour

II. THESE Que les attributs diuins ne
sont point distincts reellement, entr'eux, ny
aussi de la nature Diuine.

La premiere raison est, pour ce que par
tout où il y a distinction reelle, il y a deux
choses, dont l'yne n'est pas l'autre : & partant
il n'y a point de simplicité, ny d'indiuisibilité.
Mais il y a vne pluralité & diuisibilité de
choses, donc si entre les attributs diuins, il y
auoit vne distinction reelle, il y auroit en
Dieu autant de choses que nous luy donnons
de diuers attributs. Et ainsi Dieu ne seroit pas
vn estre spirituel & simple : mais composé &
diuisible. De sorte que sa sagesse seroit vne
chose distincte de sa Iustice : & sa bonté de sa
puissance : & consequemment en Dieu, il y
auroit vne infinité de choses, & Dieu seroit
plus composé que les creatures.

En second lieu, ou ces choses diuerses, sont
vnies ou non : si elles ne sont pas vnies elles
ne sont pas vn tout. Et partant Dieu n'est pas
vn : que si elles sont vnies, donc Dieu est vn
composé, & il n'est pas vn par simplicité, qui
est la plus noble façon d'vnité : car c'est bien
vne chose plus parfaite, de contenir & d'a-
uoir en vn estre tres-vn, & tres-simple, tou-

tes les perfect ôs, que de ne les auoir que par
parties diuerses. Que si vous dittes, que ces
choses ne sont pas distinctes que fort peu, il
s'ensuiura tousiours qu'en Dieu, il y aura
vne vraye composition, soit grande, soit petite, n'importe.

Or ie vous demande, qui aura ioinct ensemble ces choses, qui aura vni la nature a-
uec les attributs, ou vn attribut auec l'autre: car ou ils se sont vnis d'eux-mesmes,
ou ils ont esté vnis par vn estre distinct: si
c'est vn estre distinct, qui les a vnis: donc
Dieu a dependu d'vn estre qui est hors de
luy, & partant il n'est pas Dieu, ny independent. Que si la nature s'est iointe, auec les
attributs d'elle-mesme, donc elle n'est pas
infiniment parfaite, puisque sans les attributs
elle seroit imparfaite & finie.

Et c'est d'où ie tire vn troisiesme argument, contre cét erreur: car si en Dieu il y
auoit vne distinction reelle entre les attributs
ou entre vn attribut & la nature. Donc la
Nature de soy, ne seroit pas infiniment
parfaicte, & consequemment elle ne seroit pas Dieu. Pareillement la Sagesse, &
Iustice, ne seroient pas Dieu: pour ce
que la Sagesse ne seroit pas infiniment parfaite. Puis qu'elle ne seroit pas iuste, ny
puissante, & partant comme i'ay prouué que s'il y auoit deux Dieux, il n'y
auroit aucun Dieu: De mesme il faut dire,
que si les attributs estoient distincts, aucun
ne seroit attribut Diuin, pour ce que aucun
ne seroit infiny; outre que du ramas de la

nature & d'vn attribut, ou bié de l'assemblage de deux attributs, resulteroit vn estre plus
parfait, que d'vn seul attribut, pris en particulier, & ainsi tout ce qui est en Dieu, ne seroit pas Dieu. C'est à dire en vn mot, si en
Dieu il y auoit plusieurs entitez, Dieu ne seroit pas Dieu. D'où il s'ensuit, que les trois
personalitez ne sont pas plusieurs estres, ou
plusieurs substances : mais vne mesme substance, qui a des modes diuers, modes dis-je
substantiels, infinis, adorables ; or la nature
Diuine auec les trois personnes, n'est pas plus
noble que la seule essence, pour ce que la
nature est reellement les trois persones, &
ne fait point auec elles vne composition
reelle, d'où s'ensuit pour.

III. T h e s e. Que Dieu est reellement
vn estre simple, indiuisible & spirituel: c'est
à dire qui n'est point composé de parties, ny
essentielles, n'y integrantes, & partant qu'il
n'est point vne chose corporelle ny composée de matiere, & de forme, de substance &
d'accidents. Toutes les parties de cette proposition, sont de Sainct Thomas en sa question troisiesme, où il cite Sainct Augustin,
Sainct Hilaire, & Boëce aux liures qu'ils ont
fait de la Trinité, & à vray dire tous les
Docteurs Catholiques, par vne foy orthodoxe adorent Dieu, comme vn esprit souuerain, & tres simple, qui remplit toutes choses & contient eminemment toutes les perfections de ses Creatures, dans vne mesme
substance tres simple. La raison est que
tout ce qui est en Dieu, est infiniment par-

D. Th. 1. p.
q. 3.
De simplic.
Dei.

fait : donc en Dieu il n'y a point deux choses:
c'eſt à dire il n'y a point deux ſubſtances, ny
deux accidents , ny vne ſubſtance & vn accident. Tout ce qui eſt en Dieu eſt Dieu meſme,
donc ſi Dieu eſtoit compoſé de deux entitez,
Dieu ſeroit compoſé de deux Diuinitez, ce
qui eſt ridicule. Il faut donc ſe rire de l'erreur
des Anthropomorphites , qui adoroient
Dieu ſous la figure d'vn homme compoſé des
meſmes parties, que nous auons Il n'en eſt
pas ainſi, *Theandre*, Dieu & tous les eſprits
n'ont ny forme, ny figure : mais ils correſ-
pondent bien à des corps qui ſont bornez
par quelque figure, & partant quand l'Eſcriture Sainɛte, attribuë des membres à Dieu,
il eſt euident, qu'elle parle par Methapho-
re, pour s'accommoder à la foibleſſe de nos
connoiſſances.

En troiſieſme lieu, tout compoſé eſt vn
effet qui eſt dependant & precedé par ſes
parties. De plus il preſuppoſe vne cauſe, qui
vnit ſes parties, & il depend de ſes parties
comme de ſes cauſes intrinſeques. Or Dieu
n'a point de cauſe, & ne peut deſpendre d'au-
cunes cauſes , puis qu'il eſt la premiere cauſe; Il n'eſt donc pas compoſé.

Quatrieſmement, tout ce qui eſt compoſé, a en ſoy vn acte & vne puiſſance, c'eſt à
dire, il a en ſoy vne choſe ou pluſieurs, qui
peuuent eſtre perfectionnées, & quelqu'autre qui les perfectionne.

Or eſt il que Dieu eſt *vn acte pur*, donc il
n'eſt point compoſé. En cinquieſme lieu, ſi
Dieu auoit des parties, ou elles ſeroient , fi-

nies ou infinies, l'vn & l'autre est ridicule.

Sixiesmement tout composé, est corruptible par la dissolution de ses parties. Pareillement tout composé, est homogenée, ou he-
terogenée, ou animé, ou inanimé. On ne
peut dire que Dieu soit vn corps sans ame. Or
si il a vne ame, qui l'aura vny à ce corps. De
plus cette Ame est imparfaite, puis que elle
a besoin d'vn corps pour operer : outre que
chaque composé a quelque chose qui ne conuient pas à chacune de ses parties. Or tout ce
qui est en Dieu, est Dieu mesme. Donc en
Dieu il n'y a point de parties. Et il est vn acte
tres simple, ou comme disent les Anciens
il est *vn acte pur*, c'est à dire vn estre incapable de toute sorte de composition, & de tout
meslange, & il est, & a tousiours esté tout
ce qu'il peut estre.

IV. THESE. *La simplicité en Dieu, c'est
Dieu mesme*, entant qu'il est indiuisible,
c'est à dire exempt de composition, & de
parties : De sorte que ce mot, *simple, ou
simplicité*, est supposé, pour le mesme que
ce mot, Dieu, mais il connotte par dessus,
certe perfection en particulier, que Dieu
n'a point de parties, ce qui est necessaire, affin
qu'il ait vne perfection infinte. Toutefois la
simplicité de Dieu n'empesche pas que la description de Dieu ne soit composée d'vn genre,
& d'vne difference indiuiduelle, ou comme
parle le vulgaire que Dieu ne soit composé de
genre, & de difference, n'y que Dieu ait des
attributs distincts formellement, & par vne distinction virtuelle. La premiere partie de cet-

te propofition eſt euidente, puis que tout ce
qui eſt en Dieu, c'eſt Dieu mefme, qui peut
eſtre conceu ſous diuers termes, & exprimé
par diuerſes raiſõs deffinitiues: & d'ailleurs puis
que eſtre, ſimple, c'eſt n'eſtre pas pluſieurs,
il s'enſuit que Dieu eſtre ſimple, n'eſt pas autre choſe, ſi ce n'eſt que Dieu n'ait pas pluſieurs
parties. Partant la ſimplicité de Dieu n'eſt autre choſe que Dieu mefme, entant qu'il n'a
point pluſieurs parties. Or il ne s'enſuit pas
qu'il y ait deux entitez en Dieu, s'il eſt compoſé de genre & de difference, ny de ce que les
attributs ſont diſtincts par raiſon formelle:
pour ce que lors que nous diſons que Dieu eſt
compoſé de genre & de difference, nous entendons ſa deffinition, puis que le genre & la
difference ſont des termes, & non pas des choſes, comme i'ay preuué en ſon lieu. Pareillement que nous diſons que les attributs diuins
ſont diſtincts par raiſon formelle, ce n'eſt dire
autre choſe, ſi ce n'eſt qu'ils ont des deffinitions differentes, ce qui n'eſt pas mettre aucune diſtinction, ou quantité d'eſtres en Dieu.
Donc il n'eſt point inconuenient de mettre
Dieu en quelque genre, ou ſous quelque genre, comme ſous l'eſtre, ſous la ſubſtance, &
ſoubs l'eſprit, pour ce que ces termes luy ſont
vniuoques auec les creatures. Mais Dieu ne
peut eſtre mis ſous aucune eſpece, pour ce qu'il
eſt vn ſeul Indiuidu, & qu'il n'y en peut auoir
de ſemblables. Certes il eſt euident que ce mot
Dieu ne ſignifie pas tout ce que ſignifient ces
mots, eſtre & ſubſtance. Puis que ces termes
conuiennent pour la mefme raiſon à Dieu & à

ſes creatures : ils ſont donc vniuoques. Il y a
toutefois cette diuerſité entre la deſcription de
Dieu & des creatures , que la difference qui ſe
met en la deffinition de Dieu eſt indiuiduelle &
incommunicable. I'ay deſia dit ailleurs que
l'eſſence & l'eſtre eſtoient tout à fait la meſme
choſe , & que exiſter, exiſtent, & exiſtence , ſi-
gnifioient tout à fait vne meſme choſe , & partant il n'y a point en Dieu de compoſition entre la nature & l'exiſtence , entre l'eſtre & l'eſſence, & Dieu meſme eſt ſon eſſence adorable,
comme dit ſainct Thomas apres le Senateur
Boëce. La raiſon de cecy eſt que Dieu exiſte
parce qu'il eſt. Or ce qu'il eſt , eſt ſon eſſence;
donc il exiſte par ſon eſſence.

    De tout cecy , il s'enſuit premierement que
Dieu n'eſt pas , & ne peut pas eſtre ſuiet d'au-
cuns accidents , puis que tout ce qui eſt en
Dieu, eſt vne ſubſtance tres ſimple , & qui peut
tout par ſoy meſme, ſans auoir beſoin d'aucun
autre eſtre : car ou cét accident ſeroit vne perfection où vne imperfection : ſi c'eſtoit vne
imperfection , Dieu ſeroit imparfait ; que ſi
cét accident eſtoit vne perfection : donc Dieu
& cét accident feroient vn eſtre plus parfait
que Dieu ſeul. Et ainſi Dieu ne ſeroit pas Dieu,
puis qu'il n'auroit pas vne perfection infinie ,
outre que ſi cét accident n'eſtoit pas vne perfection , il y auroit quelque choſe en Dieu d'i-
nutile. Il s'enſuit en ſecond lieu que Dieu eſt
vne ſubſtáce, pour ce que ou Dieu eſt vne ſubſtance ou vn accident , il n'eſt pas vn accident,
donc il eſt vne ſubſtance. De plus eſtre ſubſtance eſt vne perfection ſimple , & c'eſt vne

d. Th. 1. p.
q. 3.

chose plus parfaite d'estre substance, que d'estre accident : car c'est vne chose plus noble de subsister par soy mesme, que de ne pouuoir subsister que dans vne autre, pour les raisons que i'ay desia proposé: cecy toutefois n'empesche pas que les attributs accidentels, & qui ne sont pas necessaires, comme ces mots, Createur & Seigneur, ne pussent estre enoncez de Dieu, pour ce qu'ils ne signifient pas qu'il y ait aucun accident en cette nature adorable. Mais seulement sous ces termes, Dieu est comparé aux creatures, sans lesquelles il pourroit exister.

Que si vous me demandez si la simplicité de Dieu empesche qu'il ne puisse estre partie d'vn tout, ou d'vn composé ; ie vous diray que S. Thomas tient la negatiue, & cite pour son dire S. Denis, & Aristote, suiuant donc la pensée de ces grands personnages. Ie dis pour

V. THESE Que Dieu ne peut pas estre proprement partie d'vn composé. I'ay dit proprement, pour ce que Dieu peut bien estre constitutif d'vn tout, auec vn autre estre: côme i'ay dit au cinquiesme liure, ainsi auec l'humanité, il est constitutif de ce tout adorable, que nous appellons Iesus Christ ; Dieu peut aussi auec d'autres vnitez faire vn nombre, pour ce que Dieu, le Soleil, & vn Aigle, sont trois, & il est euident que Dieu n'est pas tout le monde, mais seulement vne partie de ce monde: puis que l'estre incrée ne contient pas tout l'estre, qui se diuise par crée & incrée, comme par ses deux differences.

Mais toutes ces sortes de compositions sont impropres,

impropres, & Dieu ne peut pas estre partie
proprement, pour ce que ce mot partie signifie
quelque imperfection dās la chose qui est partie, comme i'ay dit au liure precedent, en telle
façon que ce qui est partie, a besoin d'vn autre
estre pour estre accomply. Or Dieu est eminemment toutes les creatures possibles, & de
luy auec toutes les creatures ne se fait aucun
tout, plus noble que luy seul, ce qui se retreuue
dans les composez qui sont plus nobles, & qui
ont quelques operations que chaque partie
n'auroit pas en son particulier. D'où arriue
que nous attribuons les operations au tout, &
non pas aux parties. Ainsi nous disons que
l'homme edifie vne maison, & non pas sa main:
& que l'homme veut, & non pas sa volonté.
Or Dieu est la premiere cause, le premier
agent, & le premier moteur, donc il ne peut
pas estre proprement partie. D'icy vous pourrez deduire auec S. Thomas la condemnation
de trois erreurs remarquables.

La premiere est de ceux qui ont dit que Dieu
estoit l'ame du monde, ou du premier Ciel.
L'autre erreur est des Almariens qui soustenoient que Dieu estoit le principe formel, ou
la forme de toutes choses.

Le troisiesme est d'vn certain nommé Dauid
de Dinendo, qui disoit que Dieu estoit la matiere premiere. Il n'en est pas ainsi Theandre,
Dieu n'est pas l'ame du monde, ny d'aucune
de ses parties. Ame dissie pour ce que la matiere premiere est vn estre tres imparfait, & suiet
à mille changements. De l'establissement de
la simplicité de Dieu, vous pourrez aussi ren-

Kkk

v lib 5 met.
du tout, &
des parties.

uerſer l'erreur des Antropomorphites , &
deux autres erreurs dont fait mention le P. Be-
can au commancement de ſa Theologie.

Le premier, & celuy de Vualterus qui dit
que les attributs ſont diſtincts reellement de la
nature, l'autre eſt de Vorſtius qui dit que Dieu
n'eſt pas vn eſtre tres ſimple , & que ces deux
maximes de toute la Theologie ſont fauſſes. *En
Dieu il n'y a point de compoſition , en Dieu il ny a
point d'accidens*, certainement ſi Dieu eſt ſimple, il n'eſt pas vn corps, puis que tout corps eſt
diuiſible , il n'eſt donc pas compoſé de diuers
membres , comme faignoient les Antropomorphites.

Opposition. I.   Que ſi Vualterus
nous oppoſe que les attributs de Dieu,& la nature ſe mettent en diuers predicaments , donc
ils ont vne diſtinction reelle , reſpondez luy
que tous les attributs de Dieu ſont ſubſtance,
& que vn meſme eſtre ſous diuers termes ſe
met en diuerſes categories. Ainſi Alexandre
ſous ce mot d'homme ſe met au predicament
de la ſubſtance , ſous ce mot de pere, en celuy
de la relation , & ſous ce mot de combatant en
celuy de l'action. Sous ces mots d'aagé, beau,
grand, & aſſis , & armé dans les categories,
du temps , de la qualité , de la ſituation , & de
l'hauoir , & ainſi Vulterus a eſté vn mauuais
Philoſophe.

Opposition. II. Que ſi Vorſius veut
faire du meſchant,& dire qu'en Dieu il y a trois
perſonnes , donc il n'eſt pas ſimple, en Dieu il
y a des decrets libres qu'il pouuoit ne point
auoir, donc en Dieu il y a des accidens , apprc

nez luy que les personnes ne ſont pas pluſieurs
choſes, mais vne meſme choſe qui eſt diuerſement modifiée par ſoy meſme, ie dis par ſoy
meſme, car les Hypoſtaſes qui ſont en Dieu,
ne ſont pas vne entité diſtincte de ſa nature : autrement en Dieu il y auroit deux choſes, &
Dieu ne ſeroit pas ſimple. C'eſt pourquoy le
Docteur Angelique dit que la nature de Dieu
n'eſt pas vne choſe dictincte du ſupport : apprenez encore à Vorſtius que les decrets libres
en Dieu, ne ſont autre choſe que Dieu, mais
que par ce mot decret *libre* eſt connotée hors de
Dieu, vne choſe contingente qui a peu eſtre,
& n'eſtre pas. Ainſi le decret libre que Dieu a
eû de faire le Soleil, c'eſt Dieu & le Soleil qui
deuoit eſtre en tel temps par vne exiſtence contingente, & non neceſſaire, comme ie diray
aux diſcours ſuiuants. Nous auons iuſques icy
preuué auec euidence, ſi ie ne me trompe, que
les attributs de Dieu n'eſtoient point diſtincts
reellement l'vn de l'autre, ny auſſi de la nature diuine. Il feroit facile de l'eſtablir par l'authorité des Peres, ſur tout par les paroles de S.
Thomas de S. Anſelme, de S Denis, & de S.
Auguſtin, qui dit que Dieu eſt vrayement &
ſouuerainement ſimple, & que en Dieu la
vie, la verité, la grandeur, la ſageſſe, la bonté, & l'eſtre meſme ne ſont pas des choſes diſtinctes. S. Denis Areopagite dit en pluſieurs
lieux que Dieu eſt toutes choſes vniquement,
& par vnité tres vne, & ſur tout il dit au liure
des noms diuins que Dieu s'appelle vn, pour
ce qu'il eſt vn, vniquement d'vne ſorte d'vnité
par excellence. S. Anſelme dit en ſon Mono-

Kkk ij

v. S. Th. 1. p.
q. 3. A. 7. S.
Aug. 6. de
Tri. vere &
ſumme
ſimplex.
Et c. 6. non
eſt ibi aliud
magnum
aut ſapien-
tem aut ve-
rum aut
bonum eſſe
antomnino
ipſum eſſe
S. Dion.
dedit nom.

loge que la nature diuine n'estant aucunemēt composée, & d'ailleurs contenant en soy tant de sortes de biens, il est necessaire que toutes ses perfections ne soient pas plusieurs choses, mais vn mesme estre, & partant que vne seule perfection est toutes les autres; & apres il adiouste que l'homme est raisonnable selon vne partie, & que selon vne autre partie, il est corporel, mais en Dieu il n'y a pas ainsi des perfections partagées. I'ay bien voulu rapporter les authoritez de ces quatre lumieres de l'escole, pour ce que la simplicité de Dieu est de grande consequence pour entendre ses perfections infinies.

Et certes si Dieu n'estoit pas reellemēt simple, il ne seroit pas infiniment parfait; & come c'est vn signe de foiblesse dans les hōmes, de ne pouuoir surmonter son ennemy qu'auec de grandes forces, de mesme ce seroit vne marque d'vne grande imperfection en Dieu, s'il ne pouuoit pas toutes choses par vn estre tres simple & tres indiuisible. Il n'en va pas ainsi de la distinction virtuelle, pour ce que tant plus Dieu est distinct virtuellement, plus il a de perfections qui le releuent, d'autant que estre distinct virtuellement (comme i'ay dit,) c'est estre vne mesme chose indiuisible, qui a la valeur de plusieurs, donc tant plus vne chose est virtuellement distincte, plus elle est parfaicte, c'est pourquoy ie dis pour

VI. THESE. Que les attributs de Dieu, comme la sagesse, & la Iustice sont distincts entre eux, & de la nature diuine, par vne distinction virtuelle, & par vne distinction de

raifon formelles ou deffinitiues, mais non pas
par vne diftinction de raifon, qui die que l'vn
n'eft pas l'autre. La raifon de cecy, comme
i'ay defia dit, eft que Dieu a vne valeur efgalle
a toutes les creatures, & cette diftinction virtuelle ou multiplicité de valeur, peut fonder
diuerfes raifons formelles ou definitiues, &
& refponfiues, & ainfi les attributs diuins font
diftincts entre eux, & de la nature diuine formellement, de leur propre fons, auant tout
acte d'entendement, pour ce que vn eftre tres
fimple reellement a cette multiplicité de vertu,
& de valeur, à raifon de laquelle ils donnét oc-
cafion à l'entendement de donner diuerfes definitions, ou raifons definitiues à vne mefme
chofe indiuifible, comparée à des operations
diuerfes, auquelles elle a vne vertu ou valeur
égale. Or cette multiplicité de valeur fe fonde
en ce que Dieu contient eminemment toutes
les perfections des creatures exiftentes, poffibles, & imaginables. Remarquez *Theandre*
qu'il faut que ce qui contiét eminemment, foit
plus parfait que la chofe contenue ; & en fecond lieu il faut qu'il la puiffe produire, ou au
moins qu'il puiffe faire toutes les operations
que la contenue peut produire, & partant ie
mets entre les attributs diuins vne diftinction
formelle, nommez là de la nature de la chofe,
fi vous voulez. De plus i'admets entre les attributs diuins vne precifion ou diftinction de raifon formelle ou deffinitiue, & auffi obiectiue,
pour ce que la diftinction virtuelle donne oc-
cafion à l'entendement de impofer diuers
noms & diuerfes deffinitions, & raifons defi-

K k k iij

nitiues à vne mesme chose, prise selon des valeurs diuerses. Mais ie nie fortement qu'vn
attribut diuin soit distinct de l'autre par raison,
en ce sens que l'entendement puisse dire que
l'vn n'est pas l'autre : Si donc on vous demande
si la sagesse est *formellement* la iustice, respondez si par formellement vous entendez reellement, (comme ce mot formellement se doit
prendre pour l'ordinaire,) ie dis que ouy, mais
si par formellement vous entendez vne distinction de raison formelle & definitiue, ie
dis que non; pour ce que la iustice a vne autre
definition que la sagesse, & la verité se definit
autrement que l'immensité, & ainsi des autres.
Car on definit *l'immensité, ou estre immense,*
estre necessairement en tout lieu, *& la verité,
ou estre veritable,* se definit dire tousiours ce qui
est conforme aux obiets & à sa pensée. Donc
l'immensité & la veracité ont des raisons formelles, & definitiues fort diuerses, elles sont
donc distinctes formellement, & par raison,
& certes si vous demandez pourquoy Dieu est
il immense ? on respondra autrement que si
vous demandez pourquoy il est veritable:
c'est neantmoins vne mesme entité tout à fait
indiuisible, de sorte que ces mots, *estre, immense, & estre veritable,* signifient la mesme chose
directement, & ils connottent indirectement
des choses, ou des veritez diuerses. D'icy vous
deduirez vne regle d'or, pour discerner les attributs diuins.

VII. THESE. En Dieu il y a tout au-
tant d'attributs diuers, que l'on peut luy attribuer de diuers noms, qui ayent vne defini-

tion ou raison definitiue diuerse , pour cette
cause l'immensité & la verité font deux attri‑
buts , mais ces fept mots , vnité, fimplicité,
indiuifible , vn , fimple , indiuifible , & non
compofé, ne font qu'vn attribut: pour ce qu'ils
fignifient la mefme chofe , foit directement,
foit indirectement, & ils ont vne mefme raifon
formelle ou definitiue,

Voila en gros ma penfée fur cette affaire
pour vous la declarer plus en detail , ie parcou‑
ray en peu de mots les principaux attributs di‑
uins, & vous verrez , *Theandre*, qu'ils fignifient
tous directement la mefme chofe , mais qu'ils
connottent des chofes , ou des veritez diuer‑
fes. Adorez cependant dans la fimplicité de
noftre cœur , la fimplicité tres vne du premier
eftre, & rendez vos refpects à tous les atributs
qu'il contient, dans fon vnité fimple.

Fin du difcours quatriefme.

DISCOVRS V.

Des Attributs de Dieu en particulier.

L A briefueté que ie me suis proposée, me
contraint, *Theandre*, de vous declarer
dans vn seul discours, ce qui seroit le suiet
d'vn iuste volume; peut estre qu'vn iour cete
Majesté infinie: dốt ie vous descris les perfections me fera la grace de vous faire voir ce
sujet, auec toute la Majesté, & tout l'ornement qu'il peut attendre d'vn foible esprit.

Or cette matiere estant tout à fait extraordinaire, m'oblige de suiure vne façon qui
ne m'est pas accoustumée, & à la faueur de
plusieurs Chapitres & questions entrecou-
pées, de vous faire vn recueil des principales
veritez que la raison naturelle descouure
touchant les perfections Diuines.

Vous sçauez que i'ay desja prouué, que
l'on peut donner à Dieu des attributs à l'infini: partant ce seroit vn trauail sans mesure,
de vouloir traiter en particulier de tous les
attributs, qui peuuent estre appliquez à vn
estre infinim ͂ t parfait. C'est assez de choisir
les principaux, dont on traite d'ordinaire

dans les Escholes, & de les declarer auec les
seules lumieres de la raison. C'est vn œuure
que i'ay desja commencé; car nostre Dieu
estant vn estre possible, reel, existant, subsistant, vn ou indiuidu, Bon ou parfait, estant
vray estant vne Substance, vn Estre absolu,
vn Estre relatif, Spirituel, simple, Principe,
& cause de tous les Estres, ayant vne essence
ou vne nature, & des proprietez de cette nature: nous auons desja declaré ces quatorze
attributs dans *La Diuinité deffenduë contre les
Athées*. Et dans les disputes suiuantes. Ie
desire encore expliquer, Quinze ou seize
attributs principaux dont S. Thomas parle
plus amplement dans la Somme Theologique.

Ie traicteray donc en premier lieu, De la
Perfection de Dieu. Secondement, De son
Infinité. 3. De son Incomprehensibilité.
4. De son Immensité. 5. De son Immutabilité. 6. De son Eternité. 7. De la Vie de Dieu.
8. De sa Iustice. 9. De sa Misericorde. 10. De
sa Beatitude. 11. De sa Puissance, & de la
Prouidence. 12. De son Entendement, de sa
Science, & de ses Idées. 13. De sa Volonté.
14. De sa Liberté. 15. De ses Affections, &
de ses Vertus. De sorte que vous aurez la declaration des XXX. principaux Attributs
De la premiere cause de tous les Estres, ie
commence.

CHAPITRE I.

De la Perfection de Dieu.

Question I. Dieu est-il parfait, & qu'est-ce qu'estre parfait?

I. These.

Estre parfait selon Aristote, & S. Thomas, est-ce à qui rien ne manque, qui soit necessaire pour son accomplissement. Or Dieu est tel. Donc il est parfait. De plus pour estre cause effectiue, de tous les Estres, il faut qu'il soit souuerainement parfait, puis que la cause totale a toutes les perfections de ses effects.

Troisiesmement Dieu est vn Estre de soy, & la premiére cause du monde, comme i'ay prouué dans ma Diuinité defenduë, donc il a toute sorte de perfections : car il eust esté enuieux de son propre bon-heur, s'il ne se fut pas communiqué quelque perfection. Et estant independent, aucun n'a peu donner des mesures à ses perfections, il est donc souuerainement parfait.

II. These. Il y a deux sortes de perfections : car il y a des perfections simples, & respectiues. Les perfections simples, dit S. Anselme, sont celles-là, dont à parler ordinairement, il vaut mieux auoir la possession

que de ne l'auoir pas , comme Exister, Estre,
Substance, viuant, Intellectif, Spirituel , Infini. I'ay dit à parler ordinairement, & de soy,
pour ce qu'il se peut faire par accident , qu'il
vaudroit mieux n'auoir pas quelqu'vne de
ses perfections impies, que de l'auoir. Ainsi
quoy qu'en die Scot , ie crois auec S. Thomas, qu'il vaudroit mieux , n'auoir point
tout à fait l'estre, que d'exister dans vn souuerain malheur, ou dans vne damnation eternelle. Et il semble que ce soit la pensée du
Verbe Incarné , lors qu'il disoit qu'il eut
mieux valu à Iudas de n'estre iamais né , que
de trahir son *Maistre*.

Perfection non simple , ou respectiue, est celle-là
dont la possession n'est pas tousjours meilleure que d'en estre priué. Et à bien dire, c'est
vne perfection , qui marque quelque imperfection : ainsi c'est vne perfection respectiue,
dans les hommes, de croistre en grandeur, &
en connoissance , ou de courir vitement, ou
de deduire mille veritez l'vne de l'autre par
des actes distincts : mais tout cela presuppose des imperfections , & vn estre limité en
force, en estenduë, & en connoissance.

Scot. In 4.
S. Th. in
Supl.

Bonum erat
ei si natus
non fuisset
homo ille.

QVESTION II.

Dieu a t'il les perfections de tou: tes les creatures, & si elles luy peuuent estre semblables.

I. These.

Dieu a toutes les perfections de ses crea-tures, ou formellement, c'est à dire re-ellement, & effectiuement ou eminemment: ainsi Dieu est formellement estre, substance, simple, spirituel, viuant, &c. Mais il n'est pas formellement, le Soleil, ou la terre : mais seulement eminemment.

Or *auoir quelque chose eminemment*, c'est ne l'auoir pas en effet, mais le pouuoir de pro-duire, côme cause principale, ou auoir quel-que chose beaucoup plus releuée ; ainsi l'E-stre sensible est eminemment, l'estre insensi-ble, pour ce qu'il est plus parfait, l'homme n'est pas formellement vne pierre, mais emi-nemment. Mais le Soleil n'est pas eminem-ment hôme, pour ce qu'il n'y a rien qui soit plus releué que l'homme. Et si vous m'op-posez que le Soleil produit l'homme, ie res-pons, comme cause principale, ie le nie, com-me cause partielle, & soumise à vn autre, ie l'aduoüe.

S. Denis, & S. Thomas, apportent deux raisons de cette verité. La premiere est que toute cause principale, contient tout ce qui est dans son effet, puis qu'on ne peut donner, que ce que l'on possede.

La 2. raison est, que Dieu possede l'Estre, auec plenitude, & contient l'estre auec perfection. Donc il contient toutes les perfections de tous les estres. Or il n'en contient pas quelques vnes reellement, comme d'estre Soleil ou Element; donc il les contient eminemment ou productiuement.

I'adiouste pour troisiesme raison que Dieu est infiniment & souuerainement Bon, donc aucune perfection ne luy manque.

II. Thése. Les perfections Diuines, ne sont point en Dieu, diuers Estres. Mais c'est Dieu mesme, entant qu'il peut estre signifié par diuers concepts, ou diuers termes; qui tous signifient directement la mesme chose, & connotent des veritez diuerses, ou comparent Dieu à des choses, & à des productions diuerses. De sorte qu'en Dieu, la Sagesse, l'vnité, la puissance, & la Iustice, & la misericorde, c'est la mesme chose; mais ces cinq mots, connotent des choses ou des veritez diuerses, comme i'ay dit au precedent Discours.

III. Thése. Les creatures sont effectiuement semblables à Dieu en plusieurs attributs, vniuoques: ainsi i'ay prouué ailleurs que l'estre, la Substance, l'vnité, & la Spiritualité, sont vniuoques à Dieu & aux creatures, par ce que ces termes leur conuiennent pour vne mesme raison: Ainsi S. Thomas, auec l'Escriture Saincte, dit: Que les

D. Th. q. 4.
Dion. c. 5.
De diu. nomin. Deus omnia est vt omnium causa.
Deus non quodammodo est existens, sed simpliciter & in circuscriptè totum in se ipso vniformiter esse præaccipit.

creatures sont semblables à Dieu : car Sainct Iean dit, que nous serons semblables à Dieu, quand il se descouurira à nous sans voile, & Dieu mesme dit au Genese qu'il vouloit faire l'homme à son Image & à sa ressemblance.

La raison fondamentale est que les choses semblables, dit Aristote, sont celles là qui ont vne mesme qualité, c'est à dire dont vn mesme attribut peut estre enoncé vniuoquement. Or plusieurs attributs peuuét estre enoncez vniuoquement de Dieu, & de ses creatures, elles sont donc en quelque chose semblables à leur principe. Certes il est clair qu'Aristote sous le nom de qualité, n'entend pas parler des qualitez distinctes, ny dire que les choses semblables ont vne mesme qualité indiuiduelle. Premierement pour ce que les essences & les substances par elles mesmes sont semblables. Ainsi Alexis est semblable à Socrate entant qu'il est homme. Secondement pour ce que vne mesme qualité n'est pas en plusieurs suiets ; & si Dieu separoit toutes les qualitez distinctes de la substance de deux Anges, ils resteroient semblables, pour ce que le mesme attribut vniuoque leur conuiendroit.

Opposition. Les choses semblables sont celles là qui conuiennent en la mesme forme : or Dieu n'a point de forme, donc il n'est semblable à aucun. De plus l'escriture saincte, reprend ceux qui font Dieu semblable à ses creatures, ou qui les comparent à leur principe, pour ce que le fini n'a aucune comparaison ou proportion à l'infini.

Ie respons que ces mots comparaison, & res-

ſemblance, ſignifient quelquefois eſgalité, &
qu'en ce ſens rien n'eſt ſemblable ou comparable à Dieu, & l'eſtre fini en ce ſens n'a aucune
comparaiſon auec l'infini.

Ie reſpons en ſecond lieu, que ſemblable ſe
prend quelquefois pour parfaitement ſemblable, & i'aduoüe que les creatures ne ſont ſemblable à Dieu que dans quelques attributs, &
non pas en tous. Ie reſpons en troiſieſme lieu,
que quand on dit que les ſemblables ſont ceux
qui ont vne meſme forme, il faut entendre vn
meſme attribut : car la matiere premiere du
Soleil, & celle de la terre ſont ſemblables en
elles meſmes : de plus les formes ſont ſemblables, & neantmoins elles n'ont pas de formes.
Les Anges n'ont point de formes ſubſtantielles, & neantmoins ils ſont ſemblables ſelon
leur ſubſtance, quand ils n'auroient aucun accident. Donc quand on dit que les choſes ſemblables, ſont celles là qui ont vne meſme forme ou qualité, il faut entendre celles là, dont
vn meſme attribut peut eſtre dit vniuoquement, & pour la meſme raiſon.

CHAPITRE II.

De l'infinité de Dieu.

CEt attribut diuin ne ſe peut declarer par- _{v.d.Th 1.p.}
faitement, qu'apres auoir traité de l'infi- q.7. & l.3.
ni dans la Phyſique, c'eſt pourquoy il ne Phy. de
ſuſit maintenant de vous dire que ie preuueray l'infini.

en son lieu, qu'il est impossible qu'il y ait aucun infini crée, soit en grandeur, soit en essence, soit en perfection, soit en nombre, & que cette prerogatiue est propre à Dieu seul, dont toutes les perfections sont infinies.

QVESTION III.

Qu'est-ce que estre infini, & si Dieu est infini.

I. THESE.

INfini, est ce dont on peut verifier tous les termes qui signifiroient quelque perfection sans imperfection, où bien *infini*, est ce qui est si parfait, qu'il ne peut rien y auoir de plus parfait. Or il est impossible qu'il y ait deux estres souuerainement parfaits, pour ce qu'à chacun manqueroit quelque perfection qui seroit dans son riual ; & de tous deux se feroit vn tout plus parfait que chacun d'eux en particulier, & ainsi aucun d'eux ne seroit souuerainement parfait, & partant il est impossible qu'il y ait deux infinis, certes infini, à parler simplement, est ce qui est sans fin, c'est à dire qui ne peut estre excedé ou borné par quelque autre. Or tout ce qui est possible hors de Dieu, est tel que Dieu le surpasse auec vn aduantage incomparable, d'où s'ensuit pour

II. THESE. Que Dieu seul est infini, & que toutes ses perfections sont infinies. Aristote

ſtote &tous les Philoſophes ſont d'accord, que le premier principe doit eſtre infini , pour ce qu'eſtant de ſoy , il n'a perſonne qui l'ait peu borner : Et quoy que quelques Philoſophes ayent creu qu'vne choſe creée pouuoit eſtre in-finie en grandeur, & en nombre. Neantmoins les meilleurs Theologiens, S. auec Thomas eſtiment que tout infini hors de Dieu eſt im-poſſible.

C'eſt la penſée d'Ariſtote, lors que ſelon S. Thomas il a dit au 3. de ſa Phyſique, que tout infini doit eſtre ſans principe. Or cét auantage eſt propre à Dieu ſeul, donc Dieu ſeul eſt infi-ni. Enfin à Dieu ſeul appartient la definition que i'ay donné de l'infini : puis que il eſt le plus parfait de tous les eſtres.

D'icy s'enſuit qu'il ne peut y auoir vn infini crée en nombre, ou en grandeur, pour ce que on ne peut donner vn nombre, ou vn corps, qu'l grand qu'il ſoit, auquel Dieu ne puiſſe ad-iouſter vne vnité, ou vne aulne, & Dieu peut faire vne eſſence plus noble, que quelque eſ-ſence qui puiſſe exiſter.

III. THESE. Toutes les perfections de Dieu ſont infinies, pour ce que chacune eſt la plus parfaite qui ſoit poſſible. Ainſi la ſcien-ce de Dieu eſt infinie, non qu'elle connoiſſe des choſes infinies en nombre, mais pour ce qu'el-le eſt la plus parfaite connoiſſance qu'il ſoit poſſible. On peut auſſi dire que la connoiſſan-ce de Dieu eſt infinie, pour ce qu'elle connoiſt des choſes poſſibles à l'infini.

Sa puiſſance eſt infinie, pour ce que c'eſt la plus parfaite qui ſoit poſſible. Outre qu'elle

peut produire des choſes à l'infini , c'eſt à dire
qu'elle n'en ſçauroit tant produire, qu'elle n'en
peuſt produire dauantage: comme ie diray dans
la Phyſique, où ie prouueray que *l'infini cathe-*
goremauque , eſt celuy là dont on peut dire au
nominatif ce mot *infini* ſimplement , c'eſt à dire ſans y rien adiouſter, & qu'ainſi Dieu ſeul eſt
infini cathegorematique.

Mais *l'infini Syncathegorematique* eſt vn eſtre
dont on peut dire ce mot *infini* au cas oblique,
& en qualité de Syncathegoreme , ainſi la diuiſion du contenu eſt finie à l'infini , pour ce
qu'on ne le peut iamais tant diuiſer , qu'il ne
puiſſe eſtre diuiſé dauantage , & ainſi l'infini
ſyncathegorematique , n'eſt pas plus infini
qu'vn homme peint eſt homme , & Dieu ſeul
eſt infini propre & cathegorematique : mais
ie m'auance vn peu trop dans le traité de l'infini : ſur lequel ie taſcheray de vous donner vne
parfaite ſatisfaction dans ma Phyſique au liure
troiſiéme, cependant vous verrez *mon Thean-*
dre, la façon de conceuoir l'infinité de Dieu &
l'infinité de chacune de ſes perfections rauiſ-
ſantes.

QVESTION II.

Mais Dieu à t'il des perfections infinies en nombre.

I. Thèse.

Dieu à parler proprement n'a en soy qu'vne seule perfection, puis que comme dit S. Denis, il est vne vnité tres-vne, mais il a plusieurs perfections, entant qu'il peut estre exprimé par des concepts ou des termes, qui signifient quelque perfection, or pour ce qu'il est impossible qu'il y ait vn infini en nombre, & des termes ou des concepts infinis. Pareillement il ne se peut faire, que Dieu ait des perfections infinies. On peut neantmoins dire que Dieu a des perfections infinies c'est à dire à l'infini, pour ce que on ne peut luy attribuer tant de termes, qui signifient quelque perfection, qu'on ne puisse luy attribuer dauantage. Que ce soit donc le plus grand de vos desirs *mon Theandre*, de voir cét estre infini loüé à l'enui de toutes ses creatures. Et vous mesmes loués le tant que vous pourrez, puis qu'il surpasse toutes les louanges de toutes les creatures existentes, possibles, & imaginables.

CHAPITRE III.

De l'incomprehensibilité de Dieu.

QVESTION IV.

Dieu est il incomprehensible, & qu'est-ce que comprendre.

v. d. Th.
q. 13. A. 7.
& q. 14.
A. 3.
Meian. init.
Ench.

TOute cette question dépend absolument de la notion de ce terme *comprendre*.

Le docte Meianus, dans le manuel de sa Physique, dit, que *comprendre* est connoistre vn objet auec vne connoissance aussi parfaite en qualité de connoissance, qu'est parfait l'objet en qualité d'estre. Mais outre que cette pensée est fort obscure, il s'ensuiuroit que toutes les connoissances qu'vn Ange a des hommes, & des choses corporelles. Et toutes celles là, que les hommes ont des brutes, ou des choses insensibles, seroient des connoissances comprehensiues.

Quelques autheurs disent, que *comprendre* c'est connoistre tout vn objet, sans en omettre aucune partie; mais ils se trompent, pource que lès bien-heureux comprendroient Dieu, puis qu'il n'est rien en Dieu qu'ils ne

connoiſſent : car Dieu eſtant vn eſtre ſimple,
& ſans parties ; il eſt impoſſible de le voir ou
de le connoiſtre, ſans le connoiſtre tout. De
moy i'ayme mieux dire pour

I. T H E S E, que *comprendre* c'eſt connoiſtre vne choſe auſſi parfaitement qu'elle peut
eſtre connuë, ou bien *comprendre* c'eſt connoiſtre vne choſe toute, & totalement C'eſt
à dire connoiſtre vne choſe toute ; & tous ſes
attributs abſolus & relatifs, & auoir toutes
les connoiſſances complexes & incomplexes,
par leſquelles elle peut eſtre connuë. C'eſt
ainſi que M. de la Rocheposay, en ſon re- D. Rupip.
cueil dit doctement que pour comprendre in ſynop.
vne choſe, il faut connoiſtre tous ſes attri- v. compreh.
buts, ou la connoiſtre auſſi parfaitement
qu'elle peut eſtre connuë.

D'où ie conclus, que le plus eſclairé des v. cognitio.
Anges, ne comprend pas meſme vne formis.
De ſorte que la connoiſſance comprehenſiue,
eſt reſeruée à Dieu ſeul, qui comprend & embraſſe toute la nature. Cette notion ſi generale de la connoiſſance comprehenſiue, ſe
peut fonder ſur ce qu'elle apartient au ſeul
& à tout : Et il ſemble que ſelon l'Etymologie, *comprendre*, c'eſt comme embraſſer & enferrer parfaitement quelque choſe. Or pour
embraſſer parfaitement vn objet, il ne faut
ignorer aucune choſe, ny aucune verité qui
luy appartienne. Puis que ſi vne connoiſſance
ignore quelque verité, touchant vn objet :
elle n'eſt pas parfaite : car quelque choſe luy
manque. Il faut donc pour comprendre vn
objet, par exemple le Soleil, connoiſtre tous

ſes attributs, abſolus & relatifs, & les termes
auſquels il peut eſtre comparé. Et pour ce
que il peut eſtre comparé à Dieu, entant que
creature, il faut connoiſtre Dieu en perfection pour comprendre ſon ouurage: De
plus il faut que la connoiſſance comprehenſiue, connoiſſe vn objet en ſoy, & qu'elle le
compare à tout ce, à quoy il eſt comparable.
Or cela ne ſe peut faire que par la connoiſſance la plus parfaite qui ſoit poſſible, pour
ce que des creatures ſont poſſibles à l'infiny,
auſquelles le Soleil par exemple, peut eſtre
eſgal, ineſgal, ſemblable. D'où ie deduis
pour

II. THESE, que Dieu ſeul ſe comprend,
& qu'il eſt incomprehenſible aux creatures,
exiſtentes & poſſibles. De plus que luy ſeul
comprend ſes creatures, & qu'vn Ange, quelque releué qu'il ſoit, ne comprend pas meſmes vne formis: Car vn Ange ignore mille
& mille attributs, dont la formis eſt capable.
Puis que elle peut eſtre comparée à des creatures, qui ſont poſſibles à l'infiny, & qui
ſont cachées aux Anges. Elle peut auſſi eſtre
comparée à Dieu. Or Dieu eſt incomprehenſible aux creatures, pour ce que il eſt capable d'auoir des attributs à l'infiny.

De plus Dieu ſe connoiſt, par vne connoiſſance plus parfaite que toutes les connoiſſances poſſibles, hors de la ſienne, & il connoiſt vne formis plus parfaitement, que ne
fait vn Ange. Pour ce que il a de ce petit animal, mille veritez, qui ſont cachées au plus
parfait des Anges. Enfin, Dieu ſeul ſe con-

noiſt ſoy meſme, par la plus parfaite connoiſſance qui puiſſe eſt e. Donc luy ſeul comprend vn eſtre, auquel tous les eſtres doiuent eſtre raportez. Or pour conno ſtre parfaitement vne relation, il faut connoiſtre ſon
terme, & ainſi il faudroit comprendre D eu,
pour comprendre la moindre de ſes creatures. C'eſt pourquoy cette incomprehenſibi-
lité des creatures, eſt fondée dans l'incom-
prehenſibilité de leur principe.

OPPOSITION I. Il s'enſuit me direz
vous, *Theandre*, qu'vne formis nous ſeroit
autant incomprehenſible que D eu meſme, ce
qui ſemble eſtre iniurieux au premier de tous
les eſtres.

Ie reſpons, que D eu eſt incomprehenſible abſolument en ſoy meſme, & que les
creatures, ſont ſeulement incomprehenſi-
bles, comparatiuement, pour ce que la puiſſance de Dieu peut faire des creatures à l'infiny auſquelles elles peuuent eſtre raportées.

De plus les creatures ſont ſeulement in-
comprehenſibles, pour ce que elles peuuent
eſtre comparées à Dieu, & pour ce que quelque lumiere, que puiſſe auoir vne creature,
ſur quelque objet, Dieu en a encor, vne connoiſſance plus parfaite. De ſorte que Dieu
tire de ſoy, & de ſon propre fons ſon incom-
prehenſibilité, mais les creatures ſont incom-
prehenſibles à cauſe de Dieu, dont les lumieres ſont incomparables.

OPPOSITION II. Les bien-heureux
voyent Dieu, donc il ny a rien en Dieu qu'ils
ignorent, donc ils le comprennent. Sur cecy,

i'aduoüe auec S. Thomas, que les bien heureux renforcez par la lumiere de gloire, qui
est vne qualité distincte, voyent Dieu intuitiuement, lequel nous connoissons seulement par vne connoissance abstractiue. l'aduoüe aussi qu'il n'est rien en Dieu, que chaque bien heureux ne connoisse, mais il ne
s'ensuit pas, qu'ils comprennent Dieu ; pour
ce qu'vn Ange peut decouurir dans cét
estre infini des veritez qui sont cachées à vn
autre. Et tous les bien-heureux ignorent vne
infinié de veritez, que Dieu seul connoist
de soy mesme. De plus aucun des Anges ne
connoist les especes, & les indiuidus en chaque espece que Dieu peut créer à l'infiny.
Et Dieu seul a des connoissances si esten-
dües.

D'icy vous deduirez, que pour connoistre
parfaitement vne chose, il faut la connoistre
absolument, & relatiuement ; Et ainsi il faut
connoistre toutes les veritez absoluës & relatiues, dont elle est capable. Tous ses effets,
causes, principes, obiets, & raports. Pour ce
qu'à parler à la rigueur, cette seule connoissance est parfaite, à qui rien ne manque.
Et ainsi, Dieu seul a vne connoissance parfaite & comprehensiue de ses creatures. Les
esprits creés, sont ignorans, estans comparez
à cét entendement infini. Dans ce ressenti-
ment, Adorez Dieu *mon Theandre*, sous le
tiltre d'vn *Dieu inconnu* & incomprehensible,
& dites luy auec vn de ses Prophetes. Vous
estes tres fort, grand, puissant, vostre nom
est le Dieu des Armées : Vous estes admira-

ble en vos Conseils & incomprehensible à
nos foibles connoissances.

CHAPITRE IV.

De l'immensité de Dieu.

QVESTION V.

Qu'est-ce qu'immensité, & si Dieu est immense.

I. THESE.

L'Immensité en Dieu, c'est Dieu mesme, *v. d. Th. x.*
entant qu'il est tel, qu'il est impossible *p. q. 8. de*
qu'il y ait vn lieu auquel il ne soit present: *immensit.*
comme aussi l'infinité, la bonté, la perfection
en Dieu, c'est Dieu mesme : mais ces mots
ou ces attributs connoissent quelque verité
pardessus ce nom, Dieu.

II. THESE, *estre immense*, c'est estre tel,
qu'il soit impossible qu'il y ait aucun lieu,
ou espace, auquel on ne soit present. Or Dieu
est tel : Donc il est immense : car il est impossible, que aucun lieu existe, que Dieu
ne remplisse de sa Ma-esté.

Cecy se preuue premierement, par les Escritures saintes, où Dieu dit qu'il remplit le
Ciel & la Terre. Le Prophete Roy dit, qu'il

est impossible de fuir la Majesté de Dieu, pour ce que il est au Ciel, dans l'Ocean, & dans les Enfers. S. Paul dit aussi que nous sommes, que nous viuons & nous nous re-muons en Dieu. Ioignez à cecy le consente-ment des Peres, & des Theologiens, qui nombrent l'immensité parmy les perfections Diuines.

La raison de cette verité est, que estre im-mense, est vne perfection simple, qu'il vaut mieux posseder que d'en estre priué. Or Dieu est vn estre auquel aucune perfection ne manque. Secondement, il n'y a aucune rai-son, pourquoy Dieu soit plutost en vn lieu, qu'en vn autre. Donc ou il n'est en aucun lieu, ou il est par tout. Troisiesmement, Dieu opere par tout, & il concourt auec tou-tes les creatures, donc il est dans toutes les creatures. Car quoy que certains Theolo-giens, ayent creu qu'on puisse agir, dans vn sujet distant, & que cette vertu ne deuoit pas estre deniée à vn estre infiny. Neantmoins, le contraire est plus probable, & au pis aller, il est certain, que Dieu doit operer de la façon la plus parfaite. Or c'est vne plus grande per-fection, d'agir par immediation de suppost & de vertu, que par la seule application de sa puissance. Et certes, c'est vne perfection grande d'estre par tout, & d'agir immediate-ment, & doucement dans toutes les creatu-res. De plus puis que Dieu doit estre iuge, & témoin de toutes les actions des hommes, il faut qu'il soit present à tous les lieux, où l'on peut exercer quelque acte de vertu, ou de vice. Pleut à Dieu, *mon Theandre*, que nous eussions tousiours cette pensée deuant les yeux, pour seruir de frain à nos passions immoderées. Dieu est tout œil dit Sainct Augustin, pour ce que il voit tout, il est tout main, pour ce que il fait tout, & il est tout pied, pour ce que il est par tout, par vne necessité bien heureuse.

III. Thеse. L'immensité est independente du lieu, quoy qu'elle ne se puisse expliquer que par comparaison au lieu.

La raison est, que Dieu seroit immense, quoy qu'il n'y eut aucun lieu : car il seroit tel, qu'il seroit impossible, que aucun lieu existast, auquel il ne fut present. On ne peut neantmoins declarer l'immmensité, que par comparaison au lieu. Pour ce que c'est estre tel, qu'il soit impossible qu'il y ait aucun lieu, que l'on ne remplisse de sa presence.

Dites donc, *Theandre*, que Dieu est par tout par son essence, pour ce que son essence, est par tout. Par sa puissance, pour ce que il peut operer par tout. Par sa presence, pour ce que il est present par tout. Or ces mots *Dieu est par tout*, à bien dire, sont vne proposition negatiue, comme qui diroit il n'y a point de lieu, & il n'y peut point auoir de lieu, auquel Dieu ne soit intimement present, comme l'ame est presente à tous nos membres.

IV. Thеse, il est impossible, qu'vne creature soit immense : car quoy qu'il n'y ait aucune contradiction, que Dieu fasse vn Ange qui remplisse tout le monde: Neantmoins il y pourroit auoir quelque lieu, d'où

cét Ange feroit abfent. Car pour eftre immenfe, il faut eftre *neceffaire*, & auoir vne nature qui ne puiffe point eftre deftruite, comme ie d'iray plus amplement au difcours du
lieu, où ie feray voir que Dieu n'eft point
hors du monde, dans des efpaces phantafti-
ques, & imaginaires. & c'eft le commun fentiment des Peres, comme remarque le fubtil Vafquez, fur la q. 9. du Docteur Angelique, qui eft de l'immenfité, où ce fainct
Docteur eftablit les propofitions precedentes, & enfeigne auec Sainct Ambroife, que
l'immenfité de Dieu eft incommunicable aux
creatures.

OPPOSITION I. Si Dieu eftoit par
tout, il ne souffriroit pas tant de crimes en fa
prefence. Ie repons que i'ay donné cinq re-
parties, à cette folle objection dans *la Diuinité deffenduë contre les Athées*, où i'ay fait voir,
que cette objection eftoit vne illufion ma-
nifefte.

Pag. 317.

OPPOSITION II. Si Dieu eftoit par
tout, il feroit dans les cloaques, & dans des
lieux où l'on ne peut penfer fans horreur. Ie
repons, que Dieu eft en ces lieux comme les
rayons du Soleil, fans fe falir. Ie dis en fecond
lieu, qu'aux eftres fpirituels, & qui n'ont
point de fentimens, tous les corps font dans
l'indifference. Vne rofe ne les charme pas d'a-
uantage qu'vne voirie, le miel ne leur eft
pas plus doux, que l'abfynthe. Pour ce qu'ils
font exempts des organes, qui peuuent eftre
frapez par des objets corporels. Enfin, fi on
venoit à purger vne cloaque, & la remplir

d'eau rose. Dieu changeroit de place, & il
commenceroit d'estre où il n'estoit pas auparauant. Ce qui est indigne d'vne Majesté infinie. Que si apres ces responces, vn delicat
ne demeure pas satisfait, dites luy *Theandre,*
que son foible cerueau ne doit pas estre pré-
feré à vne infinité de sages, qui n'ont point
trouué en cecy aucune repugnance.

CHAPITRE V.

De l'Eternité de Dieu.

C Omme l'Immensité de Dieu ne se peut
declarer que par comparaison au lieu,
aussi l'Eternité ne se peut parfaictement expliquer, que par rapport au temps. C'est
pourquoy, *Theandre,* ie ne peus vous donner vne parfaite satisfactiō, sur ce sujet, qu'a-
pres auoir veu le traicté du temps dans la
Physique. Ie me contenteray maintenant de
rechercher pour

VI. QVESTION.

*Qu'est ce que Eternité, Estre Eter-
nel, & si Dieu est Eternel.*

I. Thèse.

E Ternité, Eternel, & estre Eternel c'est la
mesine chose ; aussi bien que Dieu Diui-

nité, & estre Dieu : & partant l'Eternité est
Dieu, c'est Dieu estre Eternel. Or *estre Eter-*
nel, c'est estre tel, qu'il soit impossible, que
aucun temps existe, auquel on ne soit pré-
sent. Dieu est tel. Donc il est Eternel : car il
est impossible, qu'il y ait aucun temps où on
puisse dire auec verité, Dieu n'est pas maintenant. Pour ce que s'il estoit vn temps, auquel Dieu ne fut pas, & que par apres, il fut
dans vn temps suiuant, il passeroit du neant
à l'estre, ce qui est impossible.

Or l'Eternité de Dieu, & ses autres Attributs se preuuent, premierement par l'escriture. Secondement par les Conciles. 3. Par
le consentement des Peres, des Theologiens,
& des Philosophes. Et en 4. lieu par la raison naturelle : mais pour ce que dans ce recueil des perfections Diuines, l'agis plutost
comme Philosophe, que comme Chrestien.
Ie laisse à part d'ordinaire les lumieres de la
foy, & de l'authorité, pour suiure la conduite de la raison. C'est elle, *Theandre*, qui establit fortement l'Eternité de Dieu, pour ce
que s'il y pouuoit auoir quelque temps, auquel Dieu ne fut pas present, ou ce temps seroit vn estre de soy, ou il dependroit d'vn autre. Il ne se peut faire, que ce temps fut vn
estre de soy, pour ce qu'il ny peut auoir qu'vn
seul Estre de soy. Que si ce temps dependoit
d'vn autre Estre, comme de son principe : il
releueroit de Dieu, comme i'ay prouué dans
la troisiesme *démonstration*, de la Diuinité defenduë contre les Athées.

II. THESE. L'Eternité est independan-

te du temps. Desorte que Dieu seroit Eternel, quand il n'y eut eu iamais aucun temps,
& estre Eternel, ce n'est pas auoir esté auant
tout temps. Pour ce que comme remarque
Okam en son Centiloge ce mot *Auant* ne
peut estre appliqué, que pour signifier le
temps. Et partant, comme il est impossible,
qu'il y ait eu vn temps, deuant tout temps,
aussi il ne se peut faire qu'vne chose ait existé
auant tout temps : d'où ce subtil Docteur infere, qu'à bien parler, comme l'Immensité de
Dieu ne demande pas, qu'il soit hors du lieu,
aussi son Eternité peut subsister, sans qu'il ait
esté auant toute sorte de temps : mais il suffit
pour l'Eternité, que Dieu soit tel, qu'aucun
temps ne puisse, & n'ait iamais peu exister,
que Dieu ne luy fut intimement present.

Cette façon de declarer l'Eternité de Dieu,
est incomparablement plus Majestueuse, &
plus claire, que de forger des successions infinies, & des espaces imaginaires, dans le temps,
aussi bien que dans le lieu. De plus elle monstre clairement que Dieu seul est Eternel, &
que l'Eternité est incommunicable, aux creatures, pour ce qu'il est impossible qu'vne
creature soit necessaire, & qu'elle responde
necessairement à toute sorte de temps, puis
qu'elle peut estre destruite, par le premier
de tous les Estres.

Cecy semble estre la pensée du Senateur
Boëce, lors qu'il definit *l'Eternité* vne parfaite possession, qui est toute au mesme temps
d'vne vie interminable : car ce sainct Philosophe, veut que l'Eternité appartiéne seule-

Boëc. conf.
Ph. Æterni-
tas est in-
terminabi-
lis vitæ tota
simul & per-
fecta posses-
sio.

ment aux choses viuantes. Secōdemēt, qu'elle soit indépendente du temps, puis qu'elle est toute ensemble. Troisiesmement, il faut que cette vie soit interminable absolument, c'est à dire, tout à fait incapable d'estre bornée. De sorte qu'il soit impossible, qu'il y ait aucun temps, ny deuant ny apres, ce qui est Eternel. Or ces qualitez sont propres de Dieu : donc aucune creature ne peut estre eternelle.

Ne dittes donc pas, *Theandre*, que Eternel est ce qui a esté auant tout temps, ou qui n'a point de commencement : mais dites que c'est ce qui est si parfait, qu'il n'y peut auoir aucun temps, auquel il ne responde. Dites aussi pour

III. T ᴴ ᴱ ˢ ᴱ. Que l'Eternité est distin-cte reellement de l'Eternité & du temps : car le temps c'est le mouuement regulier du Soleil, comme ie diray dans ma Physique. L'Eternité c'est la duration d'vn Ange, ou d'vn estre creé purement spirituel, c'est à dire, que c'est vn Ange qui dure, par soy mesme, & respond au mouuement regulier des Astres. Mais l'Eternité c'est Dieu mesme. Et pour estre Eternel, il n'est pas besoin de durer, c'est à dire d'exister pendant que les astres font leur cours mesuré : l suffit d'estre tel de sa propre nature, qu'il ne puisse exister aucun temps, auquel on ne soit present. Dieu seul est tel : donc il est seul Eternel, comme il est seul necessaire sous ce tiltre Adorable. Prosternez vous, mon *Theandre*, deuant celuy dōt vous deuez vn iour attendre vne eternité

Æternitas, æuum, tempus duratio est res durans.

bien-heureuſe, ou malheureuſe, & penſez
ſouuent à l'Eternité, puis que c'eſt elle ſeule
qui vous importe, *Momentaneum quod delectat,
æternum quod cruciat*, les plaiſirs de cette vie ne
dureront qu'vn inſtant; mais la peine qu'ils
meritent, ſera éternelle.

CHAPITRE VI.

De l'Immutabilité de Dieu.

QVESTION VII.

Qu'eſt-ce que changement, & im-muable, ſi Dieu ſeul eſt inca-pable de changement, & vn acte pur.

I. THESE.

CHanger, eſt vn mot fort equiuoque, qui
ſe prend pour l'ordinaire en deux façons, & d'abord, chāgemēt ou mouuement ſe
prend pour le mouuement local, qui eſt paſſer d'vn lieu à vn autre, ainſi le Soleil ſe change à tout moment.

En ſecond lieu, ſe changer, ſignifie ſe porter d'vne nouuelle façon, par la reception ou
perte de quelque entité reelle. Ainſi vn malade eſt changé, ainſi l'eau ſe change, quand
on l'échaufe, & vniuerſellement parlant, tout
ce qui ſe change, acquiert vne entité qu'il

v. D. Th. 1.
p. q. 2.

n'auoit pas auparauant, ou il la perd. Et partant vne seule denomination extrinseque, acquise de nouueau, ne fait point vn changement propre : car afin qu'vne colomne passe d'estre droite, à estre gauche : afin qu'vn objet passe de non connu, à estre connu ; d'estre loüé à estre blasmé de distant à non distant, il n'est pas necessaire, qu'il y ait aucun changement propre en luy-mesme, pour ce qu'il est necessaire, pour estre changé, ou de changer de lieu, ou de receuoir, ou perdre quelque entité reelle. Et par consequent *estre Immuable*, c'est estre tel que l'on ne puisse changer de lieu, ny receuoir ou perdre aucune entité de nouueau.

II. THESE. Dieu donc est immuable, & il est impossible que aucune creature soit immuable. La raison est, qu'il est impossible, qu'il y ait aucune creature, que Dieu ne puisse changer & qui ne puisse receuoir quelque perfection nouuelle, pour ce qu'il faut estre parfait à l'infini, pour estre incapable de receuoir vne nouuelle perfection. Il semble que c'est la pensée de Dieu, lors qu'il dit chez vn Prophete. Ie suis Dieu, & ie ne me change point, où il apporte sa Diuinité pour raison de son immutabilité. Certes Dieu estant immense, il est impossible, qu'il passe d'vn lieu à vn autre.

De plus si Dieu pouuoit acquerir ou perdre quelque entité, il ne seroit pas vn estre simple. Et ie demande, si cette entité seroit vne perfection, ou non ? Si c'estoit vne perfection : donc Dieu deuiendroit plus ou

moins parfait, ce qui est indigne du souuerain estre : si ce n'estoit pas vne perfection,
donc il y auroit en Dieu, quelque tache d'imperfection, ce qui est de raisonnable.

III. THESE Dieu seul est vn acte pur :
car estre *acte pur*, c'est estre vn acte, ou vn
estre tel, qu'il ne puisse estre ny auoir que ce
qu'il possede, ou comme disent les Latins,
Esse actum purum, est esse actu quidquid est, & nihil
esse in potentia. Or Dieu seul estant vn estre
infiniment parfait, il s'ensuit, que luy seul est
vn acte pur, qui ne peut acquerir ou perdre
chose aucune en soy-mesme.

OPPOSITION. Dieu passe d'aimant, à
non aimant, & de non aimant, à estre aimant;
quand vne creature est annihilée, il passe d'e-
stre seigneur à ne l'estre plus : comme aussi
quand vn pecheur se conuertit, Dieu passe de
non aymé à estre aymé : & le voulant damner à ne le vouloir plus damner, donc il se
change.

Ie respons que tous ces changemens, sont
des denominations, & des mutations extrinseques pour lesquelles il n'est pas necessaire,
que Dieu change de lieu, ny qu'il perde, ou
acquiere quelque entité dans soy mesme : côme ie diray parlant des Actes libres de Dieu,
& ainsi il est tres-certain, que Dieu est immuable. Adorons donc cette souueraine immutabilité, mon *Theandre* : dans laquelle il n'y
a pas mesmes vne ombre de changement, &
mesprisons toutes les creatures, puis qu'elles
sont dans vn changement, & dans vne vicissitude perpetuelle.

CHAPITRE VII.

De la Vie, Immortalité & Beatitude de Dieu.

QVESTION VIII.

Qu'est-ce que la vie & l'Immortalité en Dieu, & qu'est-ce que viure.

D. Th. 1.
p. q. 181

TOus les Philosophes sont d'accord, qu'il est fort difficile de donner vne notion generale, & vniuoque de la vie : les plus subtils sont d'aduis, que la vie est vn terme qui est equiuoque. Ie sçay bien, que plusieurs disent, que viure, c'est se mouuoir intrinsequement : mais cette definition est fort obscure. De plus le feu se meut intrinsequement. Et les pierres aussi lors qu'elles tenden, à leur centre. Il vaut mieux dire, pour

I. THESE. Que *viure*, est ou vegeter, ou sentir, ou raisonner, & que ce mot viure par dessus ce mot exister, connote, qu'vn estre, est vegetant, ou sensitif, ou raisonable : & qu'ainsi ce mot *viure* conuient aux plantes, aux animaux, & aux estres purement intellectuels, pour des raisons diuerses. Certes Aristote, dit expressement, que la vie n'est point vne operation : mais que la vie des choses viuantes, c'est leur estre. S. Thomas est du mesme adpis dans sa Somme Theologique.

II. Thesi. La vie en Dieu, c'est Dieu
mesme, entant qu'il est vn estre intellectif, &
capable de connoistre, & sa vie est telle qu'il
est impossible qu'il ne viue. C'est pourquoy
il est immortel : pour ce qu'il est impossible
qu'il ne soit vn estre intellectif. Certes comme les Animaux sont mortels, pour ce qu'ils
peuuent estre priuez du sentiment, par la separation du corps & de l'ame, & comme vn
homme seroit immortel, qui ne pourroit ia-
mas estre priué de sentiment. De mesme,
Dieu est immortel, pour ce qu'il ne se peut
faire qu'il ne soit vn estre intellectif, & comme il n'est point composé de Corps & d'A-
me, qui puissent estre separés ; aussi il s'ensuit qu'il est immortel, outre qu'il n'est point
subiet à aucun estre qui le puisse destruire, &
luy rauir l'estre. D'où s'ensuit, que Dieu seul
est de soy immortel, & que toutes les creatures comparées à Dieu à parler simplement,
sont mortelles, pour ce que Dieu les peut
destruire. I'ay dit à parler simplement, pource que presupposé que Dieu ait fait vn decret, de ne iamais destruire les Anges, & les
Ames des hommes, elles ont vne immortalité participée, par le bien-fait de celuy à qui
l'immortalité appartient de soy-mesme, comme vn Apanage inseparable de son estre. D'i-
cy s'ensuit pour

III. These. Que la vie est en Dieu intransitiuement, pour ce que Dieu est viuant
par soy-mesme, comme Dieu est en soy-mes-

Paul. Regi
sæculorum
immortali,
& inuisibili
soli Deo
honor &
gloria.

me intranſitiuément, par ce qu'il n'eſt point reſſerré par aucun lieu.

De plus toutes choſes ſont vie en Dieu, cõme dit S. Iean au commencement de ſes Oracles: car tout ce qui eſt en Dieu, eſt Dieu meſme. Or Dieu eſt viuant, donc tout ce qui eſt en Dieu, eſt viuant. La raiſon de cecy eſt, que quoy que les choſes creées, ne ſoient pas en Dieu ſelon leur eſtre propre: neantmoins elles y ſont d'vne façon plus noble. Ioint que toutes choſes ſont en Dieu, comme dans leur Idée & dans leur prototype. Ce qui monſtre euidemment que la vie en Dieu, n'eſt autre choſe que ſa connoiſſance, il ſemble que c'eſt la penſée de S. Thomas, lors qu'il dit, que ces choſes viuent d'vne façon plus noble, qui ſont intellectiues

Dittes donc, *Theandre*, que le Soleil eſt vie en Dieu, pource que le Soleil en Dieu, c'eſt l'Idée & la connoiſſance, que Dieu a de cét aſtre, & les choſes futures, & poſſibles ſont auſſi vie en Dieu, pource qu'il en a de tres parfaites Idées. Adorons donc ce Grand Dieu dans l'entendement duquel viuent toutes choſes.

QVESTION IX.

Qu'est-ce que la Certitude en Dieu, & si Dieu est bien-heureux.

I. THESE.

Estre bien-heureux, c'est estre tel, que l'on n'ait aucun mal, & que l'on ait tous les biens que l'on peut raisonnablement desirer: le Senateur Boëce dit que la Beatitude, est vn estat qui contiét ce ramas de tous les biẽs: car celuy-là n'est pas heureux parfaitement, qui n'est pas content. Or celuy-là n'est pas content, qui a quelque mal qui l'afflige, & qui se passionne pour quelque bien, dont il est priué; comme ie diray dans ma Morale.

v.D. 1. p.q. 26.

II. THESE. Dieu donc est bien-heureux, Et la beatitude en Dieu, c'est Dieu mesme, entant qui n'a aucun mal, & qu'il a tous les biens possibles, & qui sont sortables à vn estre infiniment parfait : car si Dieu auoit quelque mal, ou si il estoit priué de quelque bien, il seroit imparfait.

Voyez vous, *Theandre*, la haute Idée, qu'il faut auoir de Dieu, & de sa Beatitude. D'icy s'ensuit pour

III. THESE. Que la beatitude formelle en Dieu, c'est Dieu mesme, entant qu'il con-

noist ses perfectiõs infinies: & que la beatitude obiectiue en Dieu, c'est Dieu mesme, & ses
infinies perfections qu'il possede auec plenitude, & côme disent les SS. P. Dieu est glorieux
& bien heureux, pour ce qu'il iouyt de soy
mesme. Or cette iouyssance contient vn acte
de la volonté, par laquelle il s'aime, & s'es-
iouyt de ses perfections, & vn acte de l'entendement, par lequel il connoist ses qualitez rauissantes. Donc la beatitude formelle de Dieu,
n'est pas seulement dans l'entendement, mais
dans la volonté.

IV. THESE. Dieu a vne Beatitude si parfaite qu'elle contient, ou eminemment, ou
formellement tout le bon-heur de ses creatures, & de plus il est la beatitude obiectiue de
ses creatures : pour ce qu'il est impossible
qu'vne creature soit heureuse, si elle ne connoist, & si elle n'aime le souuerain bien, dont
la nature mesme nous donne vne parfaite connoissance. Resiouyssez vous, *Theandre*, de seruir
vn Dieu qui est si heureux, & qu'à iamais son
bonheur soit la meilleure part de vostre beatitude.

CHAPITRE VIII.

De la iustice & misericorde de Dieu.

QVESTION X.

Qu'est-ce que iustice & misericorde en Dieu.

LA declaration de ces deux attributs est plus propre d'vn Theologien, ou d'vn interprete, que d'vn Philosophe, il me suffit de vous dire pour

I. THESE. Que Dieu est iuste, & misericordieux, comme tesmoignent mille lieux de l'escriture Saincte, & l'experience mesme dans le gouuernemét des creatures. Or la misericorde en Dieu, c'est Dieu mesme, entant qu'il produit hors de soy des effets semblables à ceux que nous voyons dans vn homme misericordieux. Par exemple il pardonne à ceux qui auouënt leur crime; il soulage les affligez; & pour dire ainsi, il est touché du ressentimét de nos miseres. Il produit neantmoins tous ses effets sans s'affliger soy mesme, & son cœur compatit à nos miseres, sans estre aucunement miserable. C'est ainsi que S. Thomas dit doctement que Dieu est misericor-

v. d. Th. q misericors est secundum effectum, non secundum passionis affectum.

dieux selon les effets, & non pas selon l'affection d'vne passion affligeante.

II. THESE. La iustice en commun est
vne constante & perpetuelle volonté, de rendre à chacun le sien, *& estre iuste*, c'est rendre
à vn chacun ce qui luy appartient. Ou pour
mieux dire *estre iuste*, est vn concept equiuoque, pour ce que l'on met d'ordinaire trois
sortes de Iustice, la commutatiue, la distributiue, la vindicatiue : *La iustice commutatiue*, est
celle là qui se pratique dans les permutations
ourentes : dans lesquelles on donne à chacun ce qui est à luy, *la distributiue* est celle là
qui distribue à chaque membre d'vne com-
munauté, ce qu'ils doiuent auoir de charge
ou de recompense. *La vindicatiue* est celle-là,
qui punit les coupables selon leur demerite.

Donc la iustice est en Dieu, puis qu'il rend
à chacun ce qui est à luy. Et il est certain que
la iustice vindicatiue est en Dieu, puis qu'il
punit les pecheurs selon leur demerite, il est
aussi capable de la iustice distributiue, car il
recompense vn chacun selon son merite, & il
donne plus de recompense à ceux qui ont plus
merité. Ainsi il donna à S. Pierre la charge
de toute son Eglise, apres luy auoir demandé
s'il l'aimoit plus que ses condisciples. Et quoy
qu'à la rigueur Dieu ne doiue rien à ses creatures, pour ce qu'il se reserue tousiours vn
droit absolu de les destruire quand il voudra.
Neantmoins presupposé sa promesse, les creatures acquierent vn droit au regard de Dieu,
& comme dit S. Paul, il donne la beatitude à
ses Saincts en tiltre de Couronne de iustice,

Ioan.
Amas me
plus his;
paice oues
meas.

Paul ad
Tim reposi-
ta est mihi

& en tiltre de payement, & de recompense.
Dieu neantmoins est incapable de iustice
commutatiue, pour ce qu'il ne peut aliener
le souuerain domaine d'aucune chose : & il ne
peut ny vendre, ny donner, ny permuter chose aucune, sans retenir vn entier domaine, a
cause du tirre absolu de proprieté, qu'il a sur
toutes choses : mais cette matiere est propre de la plus haute Theologie, c'est à nous
Theandre, de supplier cét estre infini, qu'il luy
plaise exercer sur nous ses misericordes, & ne
nous point iuger selon sa iustice.

corona
iustitiæ,
quam red-
det mihi
Dominus
in illa die
iustus iu-
dex.

CHAPITRE IX.

De la puissance & prouidence de Dieu.

QVESTION XI.

*Qu'est-ce que la puissance diuine, si
elle est infinie, si Dieu est tout-puissant, & si Dieu peut faire des
choses meilleures qu'il ne
fait.*

v. d. Th. q.
25.

I. THESE.

IL faut raisonner de la puissance de Dieu,
comme nous auons discouru de la puissan-

ce des creatures, & partant *la puissance de Dieu,*
Dieu puissant, & *Dieu pouvoir,* signifient vne
mesme chose. C'est pourquoy la toute-puissance de Dieu, c'est Dieu qui peut faire toutes choses, qui ne tire point apres soy deux
contradictoires. De sorte que Dieu peut produire tout ce qui n'enserre point vne contradiction. La raison est que Dieu peut faire tout
ce qu'il veut faire : or il ne peut vouloir faire
ce qui enserre vne contradiction, pour ce qu'il
seroit deraisonnable, s'il vouloit faire ce qui
est impossible. C'est pourquoy Dieu ne laisse
pas d'estre tout puissant, quoy qu'il ne puisse
pas pecher, ny mentir, ou faire vn baston
sans deux bouts, ou vne montagne sans vallée,
ou se destruire soy mesme, ou faire que ce qui
est passé, ne soit pas passé, ou faire vn Lyon
qui ne fut pas animal, pour ce que tous ces effets sont contradictoires.

La raison fondamentale de la toute-puissance de Dieu, est que si Dieu n'estoit tout
puissant, on se pourroit imaginer vne puissance plus parfaite que la sienne, ce qui est ridicule.

Dites donc, *Theandre,* que la toute-puissance
en Dieu, c'est Dieu mesme qui peut produire toutes choses, ou bien c'est Dieu comparé
à tous les effets qu'il peut produire. Dites que
la puissance de produire le Soleil, ou vn autre monde, c'est Dieu mesme, & le Soleil,
ou vn autre monde, qui n'enserrent point de
contradiction dans leur existence, & ainsi du
reste.

II. THESE. La puissance de Dieu ne luy

est pas essentielle, pour ce que ce n'est pas
Dieu consideré absolument, mais Dieu comparé à ses creatures. Elle est infinie propremét
considerée en elle mesme, pour ce que c'est
Dieu mesme comparé à ses effets: mais estant
comparée à ses productions, elle n'est infinie que syncathegoriquement, pour ce qu'elle peut produire des effets à l'infini, c'est à dire qu'elle n'en peut iamais tant produire d'especes, ou d'indiuidus en chaque espece, qu'elle n'en puisse produire dauantage, mais iamais elle n'en produira qui soient actuellement infinis, pour ce que tout infini hors de
Dieu est impossible : comme ie diray dans la
Physique.

III. Thesi. Dieu pourroit faire plusieurs choses qu'il ne fait pas, & en produire
de meilleures: car il pourroit produire plusieurs mondes, & rendre plus parfait celuy-
cy qui tombe sous nos sens, y produisant
des especes incomparablement plus parfaites,
que celles que nous voyons. Donc la puissan-
en Dieu, c'est Dieu mesme, & elle n'est distincte de la nature diuine, que par raison de
finitiue. De sorte que la puissance de creer le
monde, est la mesme chose que la puissance
de produire vn ciron, pour ce que ces deux
mots signifient directement Dieu, & ils se
comparent à des choses diuerses, & partant
c'est parler sans raison, de demander en quoy
consiste l'essence de la puissance de Dieu, ou
l'essence de la creation.   Car les termes connotatifs ne sont pas essentiels, & ils n'ont
point vne definition essentielle, mais conno-

tatiue, ce qu'il faut remarquer pour maxime generale dans toute la Philoſophie.

QVESTION XII.

Qu'eſt-ce que la prouidence de Dieu, & ſi elle luy doit eſtre attribuée.

I. Thes e.

LA prouidence en Dieu, c'eſt Dieu meſ-me : mais ce mot marque que Dieu gouuerne toutes les choſes, & qu'il pouruoit à tout l'vniuers, & conduit chaque choſe à ſa fin.

Boet. 4. de conſ.

Or la prouidence, dit le Senateur Boëce, c'eſt la raiſon diuine, par laquelle il diſpoſe toutes choſes. De ſorte que eſtre prouident, c'eſt ordonner chaque choſe à ſa fin, & donner ce qui eſt neceſſaire pour cette fin, & partant la prouidence en Dieu, en forme trois actes, l'vn d'entendement qui connoiſt toutes les parties de cét vniuers, & ce qui eſt neceſſaire pour les bien gouuerner. Le ſecond eſt vn acte de volonté qui veut conduire chaque choſe à ſa fin, & ſubuenir aux neceſſitez de ſes creatures. Et le troiſieſme eſt vn acte de puiſſance qui execute les choſes neceſſaires à cette fin. Et tout cela à parler reellement, n'eſt autre choſe que Dieu meſme, & telles

bu telles productions à l'exterieur, d'où s'ensuit pour

II. THESE. Que toutes choses sont sous
les ordres de la diuine prouidence, pour ce
qu'il pouruoit à toutes, & il les gouuerne
toutes, auec vne sagesse prodigieuse. De sorte que Dieu est comme vn Monarque, qui
pouruoit à toutes les Prouinces de son Royaume Il est comme vn Pilote qui pouruoit
iusqu'aux moindres choses de sa Nauire. Il
est vn Pere de famille qui donne les loix à
tous ses domestiques, il est comme vn Maistre de salete, dit Aristote, qui donne le ton
au rauissant concert de toutes les creatures.

III. THESE. Neantmoins la prouidence de Dieu, met vne necessité indispensable
aux effets, qui ne dependent point des causes
libres, mais elle laisse faire la liberté des
hommes selon leur desir, & election se reseruant de temps en temps, des coups de Maistre, & d'arbitre absolu, qui peut forcer tous
les empeschemens, & reuoquer ses priuile-
ges. De plus cette souueraine prouidence,
ne pouruoit pas immediatement à toutes
choses, par soy mesme: mais elle se sert souuentefois de ses creatures, comme des Ministres de son estat, auec lesquels elle concourt tousiours dans la production mesme des effets moins considerables. Dites
donc que les actes de la prouidence diuine,
sont la connoissance de ce qui est necessaire
pour le bon gouuernement de l'vniuers: La
volonté de pouruoir à tout: La creation: La
conseruation: Le concours auec les creatu-

res. La diuersité & distinction des creatures.
L'empeschement de plusieurs maux. Les diuerses inclinations qu'elle dône aux hommes pour des vacations diuerses. La diuersité des visages. L'operation de plusieurs Miracles, quand ce souuerain monarque le iuge neces-saire, pour le bon gouuernement de ses crea-tures.   Or comme il faut estre aueuglé pour nier vne souueraine prouidence, aussi il faut estre deraisonnable pour ne l'adorer pas, & ne se soulmettre pas à ses ordres.

Sap. 14. tu pater au-rem gu-bernas om-nia proui-dentia.

CHAPITRE

CHAPITRE X.

De l'entendement diuin.
De la science, & des idées de Dieu.
Du liure de vie & de mort.
Et si Dieu a predestiné ses creatures.

QVESTION XIII.

Dieu à t'il vn entendement, à t'il quelque science, connoist-il toutes les choses passées, presentes & à venir, se connoist il soy mesme, se comprend il ; Dieu discourt t'il, connoist t'il le mal, connoist t'il les choses singulieres & des choses infinies, sa connoissance se peut elle changer, est elle cause des choses, est elle pratique ou speculatiue ?

Toutes ces questions mon *Theandre*, sont capables d'occuper long-temps vn esprit qui en voudroit auoir vne parfaite connoissan-

v. d. Th. 1 p. q. 14.

Nnn

ce. Ce trauail est propre d'vn Theologien, ie
me contenteray de vous toucher, en passant
les decisions principales sur vne matiere si
espineuse.

I. THESE, en Dieu il y a vn entendement, pour ce que, l'entendement est vne
puissance spirituelle, qui connoist quelque
objet, & qui en peut rendre raison. Or Dieu
a vne telle puissance: Pour ce qu'il connoist
les choses, & il en peut rendre raison s'il en
estoit interrogé. Et certes Dieu seroit ignorant, s'il ne connoissoit chose aucune: Enfin
connoistre, est vne perfection simple, donc
elle se trouue en Dieu, auec plus d'auantage
que dans les creatures.

II. THESE. Or l'entendement de Dieu,
c'est Dieu mesme, entant qu'il se connoist
soy mesme & ses creatures. De sorte que la
connoissance de Dieu, c'est la substance mesme, à parler reellement, puis qu'en Dieu
il n'y a point de distinctió reelle, si ce n'est entre les personnes.

III. THESE. Dieu se connoist & se comprend soy mesme. Pour ce que il peut rendre
raison de ses perfections, & il se connoist
sous tous les attributs, qui luy peuuent
estre appliquez par la connoissance la plus
parfaite, qui soit possible, comme i'ay dit
aux questions precedentes.

IV. THESE, non seulement Dieu se connoist soy mesme, mais encor il connoist toutes ses creatures en general, & en particulier,
selon toutes leurs differences & proprietez
particulieres. La raison est qu'il en peutren-

dre raison, s'il en estoit interrogé, & il est
necessaire que Dieu connoisse tout ce qu'il
produit, si on ne le veut faire operer à l'aueugle. De plus Dieu estant iuge de toutes nos
actions, il faut qu'il en ait vne parfaite connoissance, & qu'il scache toutes choses iusques aux moindres circonstances.

V. THESE. Dieu a des connoissances
complexes & incomplexes, & il discourt virtuellement, comme i'ay prouué dans ma Logique. De sorte que Dieu affirme qu'il est
iour. Il connoist que le vice n'est pas aimable : mais il connoist tout par vn seul acte,
qui a la valeur de nos connoissances complexes, & incomplexes.

VI. THESE. Dieu connoist le mal & le
bien. Pour ce qu'il en peut rendre raison s'il
en estoit interrogé, & estant Iuge de nos
vies, il doit connoistre parfaitement toutes
nos actions soit bonnes, soit mauuaises.
De plus Dieu connoist tout ce que connoissent ses creatures, & il sonde toutes nos pensées, & nos cœurs. Donc il connoist tous les
obiets qui tombent sous nos connoissances,
& consequemment il connoist le mal, & ce
qui en soy est deshoneste, par vne science de
simple intelligence, & sans diuision, mais non
pas par vne science d'approbation, pour ce
qu'il le deteste.

VII. THESE, Dieu a des connoissances
pratiques, & speculatiues. Ainsi il connoist
que c'est que la vertu, & comment elle doit
estre pratiquée, & il connoist tout ce que
connoissent ses creatures, d'vne façon beau-

coup plus parfaite. Certes il est euident, que Dieu a des connoissances capables de dresser ses operations, puis qu'il ne trauaille pas à l'aueugle: Et de plus il connoist comment se doiuent comporter ses creatures, puisque il leur donne des loix. Il a donc des connoissances pratiques. De plus il connoist ses perfections adorables, par vne connoissance purement speculatiue, qui s'arreste dans la contemplation d'vn objet si rauissant.

VIII. THESE. La science de Dieu, n'est point cause de toutes les choses qu'elle connoist, pour ce que, comme i'ay dit, dans la *L. 4. Log.* Logique, *l'objet* est presupposé à la connoissance, & la connoissance de Dieu, & des hommes, se doit accommoder aux objets, qu'elle represente. Elle ne met donc pas aucune necessité simple, dans les choses qu'elle represente. I'aduoüe neantmoins que la connoissance Diuine, est vne condition necessaire, afin que sa puissance produise ses effets: Pour ce que Dieu ne peut produire, que ce qu'il connoist, & en la façon qu'il connoist, puis que la volonté ne se porte iamais sur vne chose inconnuë.

Voluntas non fertur in incognitum.

IX. THESE. Dieu ne connoist point des choses infinies: pour ce que tout infini, est impossible. De plus, si Dieu connoissoit des choses infinies, ou il connoistroit qu'elles existent, ou qu'elles sont possibles. Or il n'y a point des choses infinies, & elles sont impossibles, comme ie proūeray dans ma Physique. I'aduoüe neantmoins, que Dieu connoist des choses possibles à l'infini, puis que fa puiſſance les peut produire.

X. Thes e. Dieu connoiſt toutes les cho-ſes paſſées, preſentes & aduenir, ſoit neceſ-ſaires, ſoit contingentes. Les Theologiens nomment la ſcience que Dieu a des choſes preſentes, ſcience de viſion, & celle qu'il a des choſes non exiſtentes, ſcience de ſimple intelligence, comme ils nomment la volon-té de Dieu interne & non manifeſtée, volon-té de bon plaiſir, & ils apellent volonté du ſi-gne, celle que Dieu nous ſiguifie & nous manifeſte. La raiſon eſt, que Dieu peut ren-dre raiſon des choſes paſſées preſentes & fu-tures, ſi il en eſtoit interrogé, & il n'eſt pas raiſonnable de faire Dieu ignorant, pour nous faire libres. Comme i'ay dit au diſ-cours des propoſitions du futur contingent, dans ma Logique: Certes Dieu a tout autant de témoins de ſa preſcience, qu'il a eu de Pro-phetes, & d'ailleurs puis qu'il a eſté preſent à tout ce qui eſt paſſé, donc ou il l'a oublié, ce qui eſt ridicule, ou il en a vne parfaite con-noiſſance, auſſi bien que des choſes preſentes qui ne ſubſiſtent que par ſes ordres.

XI. Thes e. La ſcience de Dieu eſt inua-riable, pour ce qu'il eſt impoſſible que la premiere verité ſe trompe, & que les choſes arriuent autrement que Dieu les a preueuës ſelon le lieu, le temps, & toutes les autres circonſtances. Vous verez donc *mon Theandre,* que noſtre Dieu eſt comme vn grand miroir, qui repreſente toutes choſes, d'vne façon ſi parfaite que tout ce que nous pouuons faire, eſt de l'adorer auec le grand Sainct Paul, en

Ad Ro 11. O altitudo diuitiarum ſapientiæ & ſcientiæ Dei!

difant ô abyfme, ô profondeur immenfe, des richeffes de la fageffe & fcience Diuine!

* * *

QVESTION XIV.

v. d. Th. q.
15.
De ideis, &
q. 24. de
libro vitæ.

Qu'eſt ce que les Idées de Dieu, & le liure de vie. Que veut dire la preſcience de Dieu, & s'il predeſtine ſes creatures ?

I. THESE.

LEs Idées en Dieu, c'eſt Dieu meſme, en-tant qu'il connoiſt la nature & les quali-tez de toutes les choſes, paſſées, exiſtentes, & poſſibles. De ſorte que ſa connoiſſance, eſt & contient les Idées pratiques & ſpeculati-ues de toutes choſes, en des ſubſtances & des accidens en general & en particulier. Et Dieu ſe forme ſur cette connoiſſance, comme ſur vne Idée infallible, pour ce que la connoiſ-ſance Diuine ne ſe peut tromper. Donc vn ſeul acte de Dieu eſt les idées de toutes les choſes exiſtentes & poſſibles. Et à bien par-ler il n'y a point en Dieu pluſieurs idées, puis qu'vn ſeul acte eſt l'idée de toutes les choſes, & ainſi l'idée de l'homme & du Soleil, en Dieu, ſont la meſme choſe : quoy que ces mots ſignifient au cas oblique des choſes di-uerſes. Certainement, *Theandre*, comme la connoiſſance qu'vn Peintre a de ſon tableau

est l'idée formelle de ce tableau, de mesme la
connoissance, que Dieu a de ses creatures, est
l'idée des choses creées, ou qui sont possibles. L'idée obiectiue, ou l'obiet de l'idée
formelle, qu'a vn Peintre, c'est le tableau
mesme qu'il produit. Pareillement l'idée obiectiue de Dieu, ce sont ses creatures, selon
toutes leurs parties, & differences particulieres. D'où vous voyez qu'il est necessaire, que
Dieu connoisse toutes choses, iusques aux
moindres circonstances, & qu'il en ait vn
dessein tres parfait, pour les produire.

II. Thèse, le liure de vie, en Dieu c'est
Dieu mesme, entant qu'il connoist ceux qui
doiuent estre sauuez. Et le liure de mort, c'est
la connoissance que Dieu a de ceux qui pour
leurs crimes, doiuent estre dans vne damnation eternelle. Or personne ne peut estre ef-
facé de ce liure, pource que la connoissance
de Dieu, ne se peut tromper : mais ces questions nous conduiroient trop auant dans la
Theologie. Ie me contenteray de vous dire
pour

III. Thèse. Que Dieu a la prescience
de toutes les choses futures, & qu'ainsi il sçait
le nombre de ceux que sa grace & leur vertu
doit rendre bien heureux, & de ceux aussi
que leurs crimes plongeront dans vn malheur sans resource. C'est l'aduis de tous les
Peres, & de tous les Theologiens. La raison
l'establit fortement, pource que si Dieu ne
sçauoit pas les choses aduenir, il seroit imparfait, & il croistroit en connoissance. De
plus si on luy demandoit si S. Pierre sera sau-

üé, ou Iudas damné, il feroint contraint, d'a-
üoüer qu'il eſt ignorant.

Troiſieſmement, le paſſé, & le futur, ſont
preſents au regard de Dieu, & toute la difference eſt ſeulement dans le temps, & dans ſa
reuolution des Aſtres. Que ſi vous me demãdez ſi Dieu predeſtine les hommes: Et s'il
les predeſtine dependemment de leurs merites, ou non, ie vous reſpondray, que cette
matiere eſt hors de la portée de la Metaphyſique, & que Dieu preuoit le bon-heur, ou
le malheur des hommes, mais ſa Science n'eſt
pas cauſé de leur malheur: O profondeur! ô
abiſme! de la Sageſſe, & de connoiſſance Diuine! ô grand Dieu, que vos penſées ſont
cachées: & que vos Conſeils ſont releuez
par deſſus nos foibles connoiſſances!

CHAPITRE XI.

De la volonté de Dieu. Et de ſa Liberté.

QVESTION XV.

Si en Dieu il y a vne volonté, & quel eſt ſon objet.

I. THESE.

LA volonté eſt vne puiſſance ſpirituelle,
qui ſe porte ſur le bien en l'aimant, &

sur le mal en l'haïssant. Or en Dieu il y a vne telle puissance, donc il y a vne volonté: volonté, disje, qui n'est pas distincte de Dieu; mais c'est Dieu mesme, entant qu'il peut aymer ou haïr, ou fuir quelque acte semblable à ceux que nous exerçons par nostre volôté. Et certes, puis que le vouloir est vne perfection simple, qui se treuue dans les creatures, il est necessaire, qu'elle soit en Dieu, auec plus d'excellence que dans les hommes.

II. THESE. Dieu par sa volonté, s'ayme soy-mesme, & les choses honnestes, & il hait le seul vice. La raison est, qu'il ayme tout ce qui est aymable, & il hait tout ce qui est digne de haine.

III. THESE. Dieu veut des choses efficacement & absolument, & des autres condizionellement : & ainsi la volonté efficace, est cause de ce qu'elle veut absolument, mais la volonté Diuine, n'est pas cause de ce qu'elle veut conditionellement, ainsi Dieu a voulu efficacement la creation du monde, le mouuement du Soleil, le nombre des Elémens, & des Astres ; & il veut conditionellement la dânatiõ de Iudas, c'est à dire, presupposé qu'il peche, & cette volôté côditionelle, c'est vne volonté de permissiõ; pour ce que Dieu ayât creé les hommes libres, il est necessaire pour conseruer leur liberté, qu'il leur en permette l'exercice : mais il ne veut pas efficacement, & absolument, ce qui dépend de nostre liberté, pour ce que, ce que Dieu veut efficacement n'est point dans nostre choix : mais il est absolument necessaire.

IV. THESE. Dieu veut le mal, & le peché seulement d'vne volonté conditionelle,
& permissiue, puis qu'il le defend, & il le punit. Ioinct que le pecheur resiste en pechant
à la volonté Diuine, comme disent cent fois
les Escritures. Dieu ne puniroit pas le peché
s'il le vouloit d'vne volonté absoluë, & qui
fut ineuitable au pecheur.

V. THESE. La volonté Diuine est immuable, elle s'accomplit tousjours, auec cete difference, que la volonté absoluë s'accomplit necessairement, & la conditionelle,
par le consentement de la liberté des creatures ; car si les volontez de Dieu, ne s'accom-
plissoient pas, elles seroient foibles, & sans
force d'executer ce qu'elles veulent. Il faut
donc dire, qu'en Dieu l'entendement connoist
ce qu'il faut faire, la volonté le veut ; & la
puissance l'execute, & tout cela est vne mesme chose, qui sous diuers rapports, a des
noms differens qui directement signifient la
mesme chose, & connotent des choses ou des
operations diuerses à l'exterieur.

QVESTION XVI.

*Si Dieu est libre, & si il veut ne-
cessairement tout ce qu'il veut.*

I. THESE.

V. D. Th. I.
p. q. 19.
Act. 1.

Dieu n'est point libre quant à son existence, pour ce qu'il existe necessairement.

Il n'est point aussi libre pour plusieurs operations, qu'il a au dedás de soy-mesme, pour ce qu'il se connoist & s'ayme necessairement: mais il est libre, pour ce qui touche ses productions au dehors, ainsi l'acte par lequel il a voulu créer le monde, & qu'il le veut conseruer, est libre, pour ce qu'il peut ne point conseruer le monde, comme il a peu ne le point créer, ce sont quasi les termes de sainct Thomas, & du Cardinal Cajetan son interprete. Ie sçay bië que des Docteurs insignes, mettent la liberté, en ce qui est voulu, ou volontaire, & qu'ainsi l'existence, l'amour, & la connoissance de Dieu, sont libres, pour ce qu'il veut exister, se connoistre, & s'aymer, Mais comme ie diray dans ma Morale. Ce terme de liberté est equiuoque, quelquefois il est opposé à la contrainte; & quelquesfois il est opposé à la necessité, qui oste l'indiference.

C'est ainsi que S. Thomas, & son interprete, disent: que nous n'auons point de liberté, pour les choses qui arriuent necessairement, & que Dieu est seulement libre, pour les choses qui sont hors de luy, pour ce que elles ont peu ne point estre. Et le mesme S. Thomas dans son Opuscule 43. dit que le franc-arbitre est indifferent pour faire le bien, & pour faire le mal.

II. Thèse. Or les actes libres, ou les decrets libres en Dieu, sont Dieu mesme, puis qu'en Dieu, il n'y a qu'vn estre tressimple : Donc me direz vous les decrets libres en Dieu, sont vn estre necessaire: car tout ce qui eſt Dieu, eſt neceſſaire.

De plus ce qui eſt libre a peu ne point exiſte, donc ſi les actes libres en Dieu, ſont Dieu
meſme, Dieu à peu ne point exiſter. Il n'eſt
donc pas vn eſtre de ſoy & neceſſaire.

C'eſt bien dict, *Theandre*, & cét argument
donne aſſez de peine à Suarez, & à pluſieurs
autres. De moy, ie dis auec les plus ſubtils
Theologiens, que les actes libres de Dieu, ne
ſont pas Dieu ſeulement, mais Dieu & quelque choſe qui luy eſt extrinſeque : & qu'ainſi
ces mots *Acte, Libre, en Dieu*, ſignifient Dieu
directement, & de plus ſignifient au cas oblique quelque creature, & pour ce que le ramas de Dieu & de cette creature à peu ne
point eſtre : il s'enſuit que tout ce qui eſt ſignifié, par ces mots, acte libre, a peu ne
point eſtre : Mettons vn exemple. L'acte par
lequel Dieu a voulu créer le monde, eſt vn
decret libre, & l'acte, par lequel il veut Bea-
tifier l'Ame de S. Pierre, eſt vn acte libre.

Or cét acte, n'eſt autre choſe que Dieu, &
le monde, qui deuoit eſtre en tel temps ; car
preſuppoſé que le monde deut eſtre, Dieu a
voulu qu'il fut : ce qui ne met en Dieu aucune entité diſtincte. Et preſuppoſé que Sainct
Pierre ſoit au Ciel, Dieu a vn acte, par lequel
il veut qu'il y ſoit, & pour ce que S. Pierre a
peu n'eſtre pas heureux : auſſi Dieu a peu ne
point vouloir qu'il fut heureux. Et cét acte
libre a peu ne point eſtre, ſelon ce qui eſt ſignifié au cas oblique, mais ce qui eſt ſignifié
directemét, eſt neceſſaire : mais ce tout *Dieu
voulant le monde*, a peu ne point exiſter, pour-

ce que, vne partie de ce qu'il fignifie, ſçauoir
eſt le monde, à peu ne point eſtre.

D'icy arriue que les actes Libres en Dieu
ſe changent, & qu'il haït & veut damner S.
Pierre, pendant qu'il le blaſpheme, & apres
qu'il le veut ſauuer, & qu'il l'ayme dans ſa
Penitence, ce qui ne met aucun changement
en Dieu, mais ſeulement en S. Pierre: car preſuppoſé preciſemét, que Pierre ſoit vertueux,
Dieu l'ayme, & preſuppoſé qu'il deuient vi-
tieux, Dieu le deteſte, & le veut damner lors
qu'il le merite : mais preſuppoſé qu'il doiue
vn iour faire penitence : Dieu le veut ſauuer
pour le temps, auquel il ſera penitent.

Certainement, *Theandre*, il n'eſt point de
voye plus aſſeurée, pour expliquer vne difficulté, ſi eſpineuſe : Dittes donc que tout ce
que ſignifient ces mots *acte libre* ou *decret libre de Dieu*, n'eſt pas en Dieu, mais ſeulement
ce qui eſt ſignifié directement par ces termes. Et Dieu ſeul n'eſt pas tout l'acte libre ;
mais c'eſt Dieu & vn tel, ou tel eſtre creé,
preſent, paſſé, ou futur. Que ſi vous ne pouuez pas comprendre, tous les myſteres, qui
ſont dans vn eſtre infini ?

Soyez raui, *Theandre*, de ce que vous adorez vn Dieu, qui eſt incomprehenſible. Et ſi
l'eſclat de ſa Science, & de ſa liberté, eſbloüit
vos yeux : au moins aymez-le ſelon toute l'eſ-
tendüe de voſtre liberté, auec eſperance de
paruenir vn iour dans vn lieu, où on l'aime
par vne neceſſité bien-heureuſe.

CHAPITRE XII.

De l'amour, de la haine, & de la colere de Dieu.

QVESTION XVIII.

Si Dieu a des passions & des vertus.

I. These.

Dieu n'a point de passions, mais il a bien des affections, & des mouuemens d'amour, de haine, de ioye, de colere, de desir. Or tous ces actes ne font autre chose, que Dieu mesme, & quelque chose qu'il produit hors de luy, à la mesme façon, que ceux qui parmy nous auroiét des passions semblables. Ainsi la colere de Dieu, c'est Dieu, & la punition, les menaces, ou quelque autre effet semblable, à ceux que nous faisons quand nous sommes en colere. Quãd Dieu dit qu'il a du repentir d'auoir fait l'homme, ce repentir n'est autre chose que Dieu, & vn effet semblable à celuy que produiroit vn homme qui se repentiroit

La ioye en Dieu, c'est Dieu mesme, & quelque effet semblable, à celuy que nous pro-

duifons quand nous fommes en ioye. Dites le
mefme de l'amour, du defir & de la haine,
car ce n'eft autre chofe que Dieu mefme, entant qu'il produit hors de foy des effects femblables à ceux que nous faifons, quand nous
auons des affections femblables: neantmoins
ces affections, en Dieu ne font pas des paffions: pour ce que la paffiõ eft vn acte de l'a-
me, qui fe fait reffentir dans le corps, & qui
le fait patir. C'eft pourquoy les eftres purement fpirituels font exempts des paffions.

QVESTION XVIII.

Si Dieu a des Vertus Morales,

I. THESE.

TOus les actes de Dieu font des Vertus,
pour ce qu'ils font conformes à la droite raifon. Dieu a la charité, pour ce qu'il s'ayme infiniment. Il a la force & la prudence, la
Iuftice, la liberalité, & la magnificence, & des
vertus femblables, pour ce qu'il produit hors
de foy, des actes femblables à ceux d'vn hõme prudent, fort & Iufte. Il n'a point befoin
de la temperance, non plus que de la penitence, ou de la crainte, & vniuerfellement parlant il faut dire, qu'en Dieu font toutes les
vertus, & toutes les affections, d'où ne fuit
aucune imperfection dãs cette adorable Ma-
jefté, & dont il donne des marques à l'exterieur.

A n'en point mentir, *Theandre*, cette façon de parler de Dieu, est haute, pour ce qu'elle le met hors de tout changement, & elle le considere comme vn acte pur, & vne Souueraine Vnité, puis qu'elle met dans les creatures tout le changement, multiplicité & diuersité, que nous sommes contraints de nous imaginer dans les perfections Diuines: partant à bien parler, il faudroit dire, que Dieu est Iuste sans Iustice, fort sans force aymant sans amour, haïssant sans auersió, pour ce que comme dit S. Augustin en ses Soliloques, il se met en colere sans trouble, il se repēt sans douleur, il ayme sans brusler, il s'esjoüit sans profusion, il donne sans rien perdre, il reçoit nos presens sans estre plus riche: Et nos loüanges le font pas plus heureux, que si il n'y auoit au monde aucune creature, qui eut de l'amour pour vn objet si aimable.

CHAPITRE XIII.

Des autres attributs de Dieu comparé a ses creatures.

Outre tous ces attributs, il y en a encor quelqu'vns qui conuiennent à Dieu, estant rapporté à ses creatures, comme estre premiere cause Seigneur, Createur, Conseruateur, Gouuerneur, Pere, Roy, souuerain : or

tous ces titres signifient directement la mesme
chose, c'est à dire Dieu, mais ils le comparent
à des choses, & à des productions diuerses.

Ainsi Dieu estre Createur, c'est Dieu mesme, & le monde produits de rien, car posé que
le monde soit produit de rien, on trouue le
dernier determinatif, à tout ce qui est signifié
par ce mot, createur. Pareillement la beatitude
de Dieu, est Dieu mesme, entant qu'il est capable de rauir le cœur, & l'esprit de ceux qui
le voyent. Le *Domaine de Dieu*, c'est Dieu mesme, & ses creatures, car presuposé qu'vne
creature existe, Dieu est son Seigneur. Et on
trouue le dernier determinatif à ce titre souuerain, sans mettre en Dieu aucune entité distincte; de sorte que quand vne creature commence, Dieu est Seigneur, & si elle vient à
estre annihilée, Dieu n'a plus de Domaine sur
elle, & si le monde estoit annihilé, celuy qui
estoit Seigneur, seroit, mais il ne seroit plus Seigneur.

Dites le mesme, *Theandre*, de tous les autres titres, & attributs de Dieu, soit propres,
soit Metaphoriques, & souuenez vous qu'ils
signifient tous directement la mesme chose, &
vn estre tres simple, mais qu'ils connotent des
choses, des veritez, & des operations diuerses;
par cette façon de philosopher, on explique clairement la simplicité de Dieu, dans
vne quantité d'attributs, & de perfections
infinies, on voit clairement que la nature de Dieu est vne mesme chose auec ses proprietez, & que ses proprietez, ne sont point
distinctes de sa nature, comme elles sont tou-

tes vn seul estre, dont l'vnité est tres-parfaite.
Honorons à iamais cette souueraine vnité *mon
Theandre*, dans vne multiplicité d'attributs si
prodigieuse. Que le premier de nos titres soit
d'estre les adorateurs d'vne Maiesté dont l'esclat surpasse les pensées des hommes & des
Anges, & selon l'auis de Seneque, prenons
pour vn argument de nostre immortalité, que
les choses diuines nous plaisent, & que nous
en parlons comme d'vne chose qui ne nous est
point estrangere. Vn iour viendra le temps que
nous verrons à face descouuerte, cét estre souuerain que nous adorons icy sous des ombres.
Que si la science & la raison ne nous en donnent pas toutes les lumieres que nous voudrions, demandons vn surcroist de foy, affin de
croire auec certitude ce que nous ne sçauons
pas auec euidence, & esclairez par ces deux
flambeaux, efforçons nous d'adorer, & d'aimer
vn principe qui ne peut iamais estre assés aymé,
adoré par ses creatures.

Fin du discours cinquiesme.

L'IDÉE
D'VNE METAPHYSIQVE
FAMILIERE ET SOLIDE.

LIVRE VII.

Qui traitte des Anges, entant qu'ils peuuent estre connus par la raison naturelle.

Oicy le dernier employ d'vne parfaite Metaphysique, cette genereuse science n'est pas contente d'auoir declaré tous les attributs qui appartiennent aux choses corporelles, & spirituelles, elle passe outre : & apres auoir contemplé l'estre spirituel dans soy mesme, & consideré la nature & les perfections de l'estre spirituel increé, c'est à dire du premier de tous les estres, elle s'employe encor dans la consideration de l'estre spirituel creé. Or il y en a de deux sortes. Quelqu'vns sont parfaits & accomplis, & on les appelle des Anges, les autres sont imparfaits, & destinez de leur nature, pour faire vn tout auec les corps, & ce sont les ames raisonnables : mais pource que la con-

noiſſance de l'ame raiſonnable , preſuppoſe
mille veritez, qui ſe diſent dans la Phyſique, de
l'ame en commun, & qu'à peine on peut auoir
vne parfaite notion des ames , que par comparaiſon aux corps qu'elles animent. La raiſon
veut que le traitté de l'ame ſoit tout à fait re-
ſerué pour la Phyſique.

Il nous reſte donc ſeulement, *Theandre*, de
traiter des eſtres ſpirituels accomplis, que nous
appellons Anges. Surquoy ie conſeſſe ingenuement que la raiſon naturelle eſt fort foible,
ſi elle n'eſt aidée par les lumieres de la foy, &
de la Theologie. Or tout le traité des Anges
que le Docteur Angelique diuiſe en 23. queſtions, ſe rapporte à ſix chefs principaux, dont
vn ſeul appartient à la raiſon naturelle : car on
peut conſiderer les Anges, ou ſelon l'eſtat de
leur nature, ou ſelon l'eſtat de la grace; ou ſelon l'eſtat de leur gloire, ou dans leur peché,
ou dans la peine deuë à leur rebellion, ou enfin
on les peut comparer aux hommes, dont les
bons Anges ſont les deffenſeurs , comme les
mauuais Anges ſont leurs ennemis irreconci-
liables. Or de ces ſix chefs, le premier appartient ſeulement à la Metaphyſique, puis qu'elle ne conſidere que les veritez naturelles. Ie
laiſſe dõc maintenãt à part, ſi les Anges ont eſté
creées dãs l'eſtat de grace: Si au premier inſtant
de leur creation ils ont eſté bien heureux : Si
ils ont merité leur grace & leur beatitude: Si ils
ſont diuiſez en neuf chœurs & en trois hierarchies: Si la grace & la gloire leur a eſté donnée
ſelon la capacité de leur nature: S'il y a des Anges illuminans, & des illuminez: Si vn Ange a

Depuis la
queſtion
50. iuſques
à la q. 64.
& depuis la
queſtion
106. iuſques
à la q. 114.

à peu pecher, & quel à esté leur crime: Si les Anges peuuét profiter en grace: S'ils furent crées
dans l'empirée ou non: Si vn Ange seul fut le
premier Autheur de la sedition: Qu'est-ce que
les mauuais Anges ont perdu par leur crime:
S'ils sont tourmentez, où, & comment, quelle
est leur peine: S'il y a des hierarchies parmy
les demons: Si les Anges ont soin des hommes,
& pourquoy les demons nous font vne guerre
mortelle: Si les Anges connoissent les mysteres
de la grace: Si la grace & la gloire leur a esté
donnée en vertu des merites de Iesus-Christ.
Combié de temps ils demeurerent dans l'estat
de voyageur, & s'ils ont tous vne gloire ou vne
peine esgale.

Toutes ces questions, *Theandre*, appartiennent à la Theologie la plus sublime, qui
contemple les estats de la grace, & de la gloire,
contentons nous de connoistre les merueilles
de la nature, & de declarer les qualitez naturelles de ces esprits, qui estans bien eloi-
gnés de nos sens, à peine tombent t'ils sous
nos connoissances.

DISCOVRS I.

De la possibilité, existence, definition, spiritualité, simplicité, presence, durée, mouuement, nombre, distinction, espece, indiuiduation, routte, bonté, verité, parole, force, & puissance des Anges.

QVESTION I.

Qu'est ce que l'on entend sous ce mot Ange: S'il y en a dans le monde: S'ils sont possibles.

SOus ce nom *d'Ange*, on entend vne sub-substance creée spirituelle, accomplie & subsistente en soy mesme. Or chacun de ces termes contient vne proprieté particuliere des Anges, ils sont distinguez des accidens corporels, & spirituels, en ce qu'ils sont des substances ils different des corps, en ce qu'ils sont spirituels, ils sont differens de Dieu en ce qu'ils sont crées, & ils different des ames raisonnables, en ce qu'ils sont des substances accomplies, & subsistentes en elles mesmes, sans estre destinez de leur nature pour faire vn tout, com-

me sont les ames des hommes: certes cette description des Anges ne peut estre que fort legitime, puis qu'elle est selon le commun sentiment des Peres, des Theologiens, & des Philosophes, & qu'elle a son genre & sa difference qui la separe de tous les autres estres.

II. THESE. Les Anges sont possibles, &
mesmes il est cõuenable pour la beauté de l'y-
niuers, qu'il y ait des Anges. Pour ce que cõme
dit S. Thomas, il y a des estres purement corporels, comme les metaux les plantes, & les brutes, il y en a qui sont partie spirituels partie corporels, comme les hommes, donc il est conuenable pour la perfection de l'vniuers, qu'il y
ait des creatures purement spirituelles, que
nous appellons Anges.   Au pis aller il est certain qu'il y en peut auoir, pour ce qu'il ne s'ensuit aucune contradiction de leur existence.

III. THESE. Il est certain qu'il y a en
effet des Anges, dans la nature.

Cette verité orthodoxe est confirmée par
le suffrage de la plus part des Philosophes
payens, comme d'Aristote, de Platon, de
Socrate, de Seneque, de Plutarque, de Plo-
tin & des autres. Elle est enseignée par tous
les Peres de l'Eglise, par tous les Conciles, par
tous les Theologiens & Philosophes Chrestiens, sans en excepter vn seul. Toute l'Escriture saincte du vieux & du nouueau Testa-
ment, est plene des Histoires qui font mention des Anges. Et partant toute la vie de
IESVS homme Dieu, est vn Roman, toute
l'escriture est vn conte fait à plaisir, toutes
les vies des Saints sont des grotesques ridicu-

les: toute la foy Catholique est vne fable,
tous les Peres & tous les Theologiens sont
dans l'illusion, ou effectiuement il y a des Anges dans le monde. Or il n'est probable que
des personnes les plus sensées du monde
soient dans vn erreur si grossier, & que les
Theologiens fissent des tomes entiers sur vn
sujet plus fabuleux que l'Ariofte. Voyez
Tome 1. ce que i'ay dit sur cecy dans les demonstrations du premier estre. Et à parler
sainement, ie n'ay encor peu comprendre
comment vn Athée aussi ignorant que reme-
raire, a peu descouurir vne verité cachée à
Sainct Augustin, à Sainct Ambroise, à Sainct
Hierosme & en vn mot, à tous les Peres, & à
tous les Conciles, à Sainct Thomas, Scot,
Okam, & à toutes les Escholes des Theologiens & des Philosophes, qui enseignent qu'il
est certain qu'il y a des Anges, & quoy que
les plus subtils aduoüent, qu'il est difficile
d'en donner vne demonstration naturelle, il
n'en est aucun qui n'enseigne que cette verité est certaine. Car pour estre certain, il n'est
pas necessaire d'auoir vne parfaite euidence,
& on ne peut nier raisonnablement que l'existence des Anges est aussi euidente, que la
plus part des veritez que tous les meilleurs
esprits tienent pour indubitables dans les
Escholes.

Semblablement il y a au monde des energumenes & des obsedez où il faut nier toutes
les Histoires les plus celebres & les plus authentiques, comme i'ay dit dans le sixiesme
argument *de la Diuinité defenduë contre les*

Athées. Voire mesme il faut dementir ses propres yeux, pour nier qu'il y a des corps obsedez dans le monde : Puis qu'il n'est point d'âge ny de Prouinces, où l'on n'ait veu des possessions manifestes, on a veu des hommes ignorans & des simples femmes parler & entendre toute sorte de langues. Descouurir les choses les plus occultes, dire les choses absentes, reueler les secrets du cœur, confondre des Athées qui y estoient accourus pour s'en rire, resister à dix ou douze hommes robustes, faire des mouuemens & des agitations du corps dont la nature n'est pas capable : rompre des liens & des chaisnes de fer, dont on les auoit liez, & faire mille autres prodiges. Comme témoignent mille liures imprimez auec l'approbation & l'aueu des Prouinces entieres, qui auoient veu ces merueilles. Or tous ces effets ne se peuuent raporter à Dieu. Pour ce que nous voyons dans les obsedez des choses indignes d'vn souuerain estre, ils iurent, ils blasphement, ils sont poussez à des actions infames, ils confessent que vn plus puissant qu'eux les tourmente, ils obeyssent par contrainte aux exorcismes de l'Eglise, ils aduoüent qu'ils sont malheureux, & font mille effets qui ne peuuent estre attribuez à la souueraine sainteté, & verité. Donc tous ces effets prodigieux vienent des esprits creés, qui possedent ces corps auec violence, comme i'ay dit dans le cinquiesme argument *de la Diuinité defenduë contre les Athées:* car ces deux veritez l'existence de Dieu, & l'existence des Anges, ont vne

grande liaifon l'vne auec l'autre. Et certes
quoy que il ne s'enfuiue pas neceffairement
qu'il y ait des Anges, s'il y a vne fouueraine
caufe de tous les eftres, puis que la production des Anges a efté libre, neantmoins
ces deux veritez fe communiquent reciproquement leurs lumieres.

OPPOSITION I. L'experience n'eft
pas la raifon. Ie repons que l'experience à
parler vniuerfellement fe peut apeller raifon. De plus ie dis que quoy que l'experience foit diftincte de la raifon : neantmoins
nous argumentons par l'experience pour
prouuer quelque verité, & le principe de ces
operations. Ainfi nous voyons le monde, &
le bel ordre de l'Vniuers par l'experience
d'où nous venons à argumenter qu'il faut
que fon Autheur foit douë d'vne puiffance, &
d'vne fageffe prodigieufe. Pareillement l'experience nous fait voir les beaux tableaux
& les belles ftatuës d'Apelles, de Phidias, &
de Polyctete, d'où nous venons à connoiftre
par raifon, la merueilleufe induftrie de leurs
autheurs. Dites donc, *Theandre*, qu'il eft
vray que l'experience nous fait voir les operations extraordinaires des poffedez. Mais
que nous venons de là à connoiftre que le
principe de ces productions, eft vn efprit
creé, puis qu'elles font par deffus les forces
de la nature corporelle, & partant qu'il y a
des Anges.

OPPOSITION II. Il fe peut faire que
ce qui fe voit dans les poffedez, foient plufieurs Ames qui fe foient logées dans ces

corps. Ie repons en premier lieu, que cette
obiection au pis aller adoüe que les Ames
furuiuent apres les corps, ce qui deftruit
l'impieté des Athées. Ie demande en deuxief-
me lieu, qui auroit porté en vn mefme lieu
ces Ames, & fi elles font damnées ou bien-
heureufes. En fin le principe qui poffede les
Energumenes confeffe; qu'il eft vn pur efprit, tourmenté par la Iuftice Diuine. Et à
dire vray les poffedez font des chofes que les
Ames à peine pourróient operer.

OPPOSITION III. Tous les effets des
Energumenes prouiennent de l'imagination
de fes perfonnes bleffées. Ie repons que
quoy que l'imagination ait beaucoup de
pouuoir fur les corps, neantmoins il n'y a
point d'imagination qui puiffe reueler les
chofes cachées, dire les chofes abfentes, faire
parler en diuerfes langues, rendre vne femme
fi forte qu'elle puiffe refifter à dix ou douze
hommes, & rompre des chaifnes de fer dont
elle eft liée. Il faut donc dire que ce font les
Demons qui font des œuures fi prodigieufes,
comme ils confeffent eux mefmes auec vne
rage incroyable. Que fi vn Athée, ou vn
Saduceen, nie toutes les Hiftoires des poffedez, d'ites luy *Theandre*, que par mefme
raifon on peut nier toutes les Hiftoires de
toutes les nations & de tous les Royaumes,
& tout ce qui eft le plus certain parmy les
hommes.

Troifiefmement, s'il ny a point d'Anges,
n'y de Demons, il faut faire paffer pour fables mille Hiftoires raportées par des Au-

theurs sacrez , & prophanes : Toutes les visions qu'ont eu des hommes fort sensez, &
fort doctes , ont esté des songes : mille
aparitions arriuées publiquement au trepas
d'vne infinité de personnes saintes , sont des
pures resueries, nier des exemples tres remarquables de la Iustice Diuine, dont elle à cha-
stié des pecheurs publics au poinct de leur
mort , & pendant le cours de leur vie. Et ce
qui est à remarquer, vne infinité de ces exemples funestes, ont esté publics & en presence
des villes entieres, & ceux-là mesmes ont esté
contraints de les publier, ausquels il impor-
toit qu'ils fussent cachez. Il faut tenir pour
vne folle imagination , toutes les Histoires de
ceux qui se sont donnez au Demon. Quoy
que plusieurs ayent pour tesmoins des villes
entieres, comme il arriua à vn pauure insensé,
que Sainct Basile rauit au Demon,en presence de toute la ville de Cesarée. Il faut se rire de
mille Histoires auerées qui font foy que des
pechears ont esté emportez par des esprits
inuisibles,auec vn bruit ouy dans toute vne
ville. Toutes les visions des Anges, toutes les
reuelatious faites par ces bien-heureux esprits,
seront des feintes. L'incarnation de IESVS
anoncée par vn Ange, & sa Resurrection, ac-
compagnée de ses esprits , sera vn sujet de
Theatre. Et ainsi ce fut vne imagination ridicule, qu'eut Sainct Gregoire, lors que dans
vne procession publique de tout le peuple Romain,il vit vn Ange sur la tour de l'Empereur
Adrien , mettant l'espée de Dieu dans son
fourreau pour témoigner que la colere diuine

estoit appaisée, & pareillement il faut dire que ce fut vne imagination de croire que la peste cessa dés lors, quoy que toute la capitale de l'Vniuers vit le contraire, enfin les effets prodigieux faits par les Anges, côme le transport miraculeux de la Chapelle de Lorette, aueré par des tesmoins irreprochables, & mille autres prodiges seront mensonges. Or ie vous laisse à penser, *Théandre*, si ces choses ont seulement de l'apparence, puis qu'elles destruisent toute la foy publique, & font passer tou les Histoires Sacrées & prophanes pour des fables.

Quatriesmement, Il y a au monde des Sorciers, des Magiciens, des enchanteurs, des Loups-garous, des Demons familiers, des Esprits folets, des Caracteres magiques, & mesmes il y a eû des escholes publiques de la Magie, ou il faut ietter dans le feu mille liures tres authentiques, donc il y a des Demons. Lisez Delrio dans ses recherches Magiques, Bodin dans sa Demonomanie, de l'Anchre dans les Histoires qu'il rapporte des Sorciers. Le docte Arrest donné par M. Denesmoud, premier President à Bordeaux, l'an 1595. Loyer au traité des Spectres, lisez le P. Thyræus au liure de l'apparition des Esprits, lisez la vie de Gofredy, celle d'Apollonius Tyaneus, ce que rapportent les Peres de Simon le Magicien, & les prophanes du Demon familier de Socrate, voyez cent Arrests donnez dans les Parlemens contre des Sorciers & des Magiciens, qu'eux mesmes confessoient leur crime, & en donnoient des marques indubitables. Il est arriué

mille fois des personnes connuës, qu'ils ont
fait mourir par des sortileges. Lisez l'Histoire de Danemarc, de Suede, & de Noruege, &
vous verrez qu'il y a des Sorciers, & des Magiciens, lisez mille histoires des maisons obse-
dées, & renduës inhabitables par les Diables, &
à peine est il prouince, où de temps en temps
on n'ait veu de ses prodiges. D'icy vous voyés,
Theandre, auec quelle prouidence Dieu endure
qu'il y ait des Sorciers & des Magiciens : affin
de nous faire toucher au doit, & nous rendre
comme sensible, la diuinité, & les natures
creées intellectuelles, qui en elles mesmes sont
inuisibles.

En cinquiesme lieu, Il y a eu parmy les
Payens des oracles tres fameux, par lesquels
les Diables rendoient des responses pour tromper les peuples, donc il y a des demons:
Surquoy il est à remarquer que les oracles ces-
serent au temps d'Auguste, qui fut lors que Iesus Roy des hommes, & des Anges se fit homme, comme remarque le Cardinal Baronius,
& Plutarque mesme en vn Liure tout entier du
silence des oracles d'vne gentilité aueugle.

Sixiesmement, Il faut nier tous les miracles
& toutes les propheties, si on nie les Anges,
puis que dans la pluspart il est fait mention des
esprits, & tous les autres miracles ont esté faits
par des personnes qui croyent fermement qu'il
y auoit des Anges.

Enfin plusieurs Athées qui auoient nié pendant long-temps qu'il y eut des Demons & des
Anges, ont esté contraints par des effets sensibles, & par des chastimens qu'ils auoient ex-

perimentez, de confeffer l'exiftence de ces natures inuifibles.

Or tous ces Argumens font fi forts, qu'au
pis aller ils font vne demonftration morale,
qui a autant de certitude que toutes les euiden-
ces Metaphyfiques, & ie me fais fort qu'il n'eft
point d'homme bien fenfé qui ne fuiue vne
penfée fi raifonnable.

IV. OPPOSITION. Que fi vn Athée
repart qu'il ne faut pas multiplier les eftres
fans neceffité, & que s'il y a vn Dieu, il fuffit
pour rouler les Aftres, & faire toutes les merueilles que nous voyons dans la nature, fans
luy donner des Anges qui foient deputez pour
gouuerner les chofes inferieures.

Repartez luy, *Theandre*, qu'il eft vray qu'il
n'eft pas abfolument neceffaire qu'il y ait des
Anges, & que Dieu peut gouuerner tout feul
l'Vniuers. Dites luy neantmoins que felon les
lumieres mefmes des Payens, il eft plus conuenable à vne maiefté fouueraine d'auoir des
Officiers, & des Anges qui roulent les Cieux,
& comme dit le Roy Prophete qui foient fi-
delles Miniftres de fon eftat, executans fidel-
lement fes iuftes Ordonnances. Adiouftez enfin que nous voyons dans le monde des effets
qui ne peuuent partir que d'vne intelligence
creée.

Il refte vne feule oppofition empruntée des
fens que peut former vne Athée contre cette
verité. Mais ie l'ay refutée amplement dans *la
diuinité defendue contre les Athées*, c'eft pourquoy ie n'en diray rien icy d'auantage, croyez
moy, *Theandre*, quand ie n'aurois aucune rai-

Pf. Qui fa-
cit Angelos
fuos fpiri-
tus, & mi-
niftros fuos
ignem vré-
tem.

Voyez la
diuinité de-
fenduë con-
tre les
Athées.
page 384.

son pour me perſuader vne verité, i'aimerois
mieux ſuiure tous les hommes, vertueux &
ſenſez, auec le ſentiment de tous les ſiecles,
qu'vne poignée d'Athées libertins, ignorans,
& impies, puis qu'ils n'ont aucun argument
pour tout, que la negatiue. Or i'ay preuué au
meſme, que s'il eſt permis de nier toutes choſes, il n'y a aucune verité dans le monde, & que
cette façon d'agir deſtruit toutes les ſciences
toute l'hiſtoire, la foy publique, & la ſocieté
meſme ciuile parmy les hommes.

QVESTION II.

*Comment les Anges participent les
attributs tranſcendentels, s'ils
ſont des purs eſprits, s'ils ſont
compoſez, s'ils ſont en grand nombre, s'ils ſont des corps, s'ils ſont
vn genre, & d'vne meſme eſpece, s'ils ſont incorruptibles, ou &
quand ils ont eſté crées.*

I. Thèse.

LEs Anges participent, les attributs tranſcendentels, pour ce que chaque Ange eſt
eſtre, vn, vray, bon, indiuidu, & diſtinct, il
eſt eſtre pour ce qu'il exiſte, il eſt vn & indiuidu,

du, pour ce qu'il est indistinct de soy, & distinct
de tout autre, & chasque Ange est indiuidué
par soy mesme, pour ce que par soy mesme,
il est ce qu'il est, & il n'est pas tout ce qui est
distinct de luy, & ainsi l'indiuiduation d'vn
Ange ne se prend pas, ny de la matiere, ny de
la forme, puis que les Anges n'ont ny matie-
ry forme, mais chaque chose est indiuiduée
par soy mesme, comme i'ay preuué au premier
liure de la Metaphysique. Ainsi les accidens
tirent d'eux mesmes leur indiuiduation, & non
pas de leur suiet, pour ce que lors mesmes
qu'ils sont hors du suiet, comme il arriue dans
l'Eucharistie, ils sont distincts indiuiduellement
l'vn de l'autre, puis qu'ils ne sont pas la mesme chose.

De plus chaque Ange est vray, pour ce qu'il
respond à l'Idée que l'on a de sa nature, il est
bon pour ce que rien ne luy manque pour estre
ce qu'il est, & tous ces attributs aussi bien que
celuy de substance, & de spirituel, sont essentiels aux Anges.

II. Thes e. Les Anges sont sous le genre
de substance spirituelle, & ils sont composés
de genre & de difference, ce qui ne signifie autre chose, si ce n'est que leur definition est composée d'vn genre, & d'vne difference qui ne
sont pas des choses, mais des termes. Ainsi i'ay
dit que la simplicité de Dieu, n'empeschoit pas
qu'il ne fut composé de genre & de difference,
c'est à dire que sa definition ne fut composée
d'vn terme generique, & d'vne difference,
mais il y a cette diuersité entre Dieu, & vn
Ange, que la difference de Dieu est indiuiduel-

le & incommunicable à plusieurs; mais celle
d'vn ange est specifique & capable d'estre
communiquée à plusieurs. Et ainsi Dieu est
sous vn Genre : mais il n'est d'aucune espece:
mais vn Ange est sous vn Genre, & sous vne
espece qui a plusieurs inferieurs differens en
nombre, & d'vne nature semblable.

III. Thèse. Chacun des Anges est distint de nombre l'vn de l'autre, puis que châ-
que estre est ce qu'il est, & il n'est pas tout ce
qui n'est pas luy mesme. Or la raison naturelle ne peut definir, si les Anges sont en grād
nombre. Car quoy que les Anges eussent
soin de rouler les Cieux & les Astres, vn mesme Ange pourroit en remuer plusieurs, &
leur donner vne cadence reglée.

Matth. 26.
Duodecim
Legiones
Angelorum.
Dan. 7.
Millia mil-
lium mini-
strabant ei
& Decies
centena mil-
lia assiste-
bant ei.

Cela est reserué à la foy, qui enseigne qu'il
y a plusieurs legions des Anges, & que mille
milliers d'Anges assistent comme des Ministres d'Estat deuant la Majesté souueraine.
Ioinct que chasque homme ayant vn Ange
deputé à sa garde, il faut qu'il y ait pour le
moins autant d'Anges que d'hommes. Et
l'ordinaire des Theologiens enseigne, que le
nombre des Anges surpasse celuy de toutes
les creatures corporelles.

IV. Thèse. Il est plus probable que tous
les Anges sont d'vne mesme espece, aussi biē
que les Ames, & que les hommes, c'est l'aduis de S. Anselme, de S. Basile, de S. Athanase, de S. Iean. Et il est certain qu'il n'est
point impossible que plusieurs Anges soient
d'vne mesme espece, pour ce qu'il n'y a aucune contradiction. Ces deux propositions

sont contre S. Thomas, qui tient que tous
les Anges sont distincts d'espece, & qu'il est
impossible, que deux Anges soient d'vne
mesme espece. Sa raison est que les choses
qui sont de mesme espece, & qui different en
nombre, conuiennent en leur forme, & sont
distinctes par leur matiere.

Or il est impossible que les Anges ayent
vne mesme forme, & qu'ils soient distints materiellement pour ce qu'ils n'ont ny matiere
ny forme. A quoy ie responds, premieremét
que la distinction de nombre, ou d'espece
qui se treuue dans des choses, ne se prend
point de la matiere : mais de ce qu'vne chose
estant ce qu'elle est, & n'estant rien de ce qui
n'est pas elle, il s'ensuit qu'elle est distincte,
de tout autre, & indistincte de soy. Ainsi Dieu
est vn indiuidu, sainct Gabriel est, vn indiuidu, & l'ame de sainct Pierre est vne chose indiuiduelle, sans qu'il soit besoin de matiere.

Ie responds en 2. lieu, que deux blâcheurs
mises hors de tout sujet sont distinctes, car
l'vne n'est pas l'autre : ainsi la blancheur d'v-
ne Hostie consacrée à Rome, est distincte de
la blancheur d'vne Hostie consacrée à Paris,
ou bien la mesme blancheur est sur tous nos
Autels, aussi bien que le mesme Sacrifice, &
la blancheur d'vne Hostie, seroit aussi bien
changée en vne autre blancheur que la Substance du pain.

Troisiesmement ie nie cette majeure, &
dis qu'afin que les choses distinctes de nombre, soient de mesme espece, il n'est pas be-

soin quelles ayent vne mesme forme, & des matieres distinctes; mais qu'elles ayent vne mesme definition specifique. Ainsi toutes les Ames sont d'vne mesme espece, & elles n'ont point de forme: ainsi la matiere premiere du Soleil, est de mesme espece, que celle du feu, ou de l'eau; pour ce que elles ont toutes deux vne mesme definition essentielle. Et si cét Argument estoit bon, il preuueroit que Dieu ne pourroit produire deux estres spirituels de mesme espece, ce qui ne me semble pas raisonnable. D'icy vous deduirez pour

V. THESE. Quoy que les Anges n'ayent point de quátité continuë, pour ce qu'ils n'ont point de parties: neantmoins ils sont capables de quátité discrete, puis qu'ils sont vn nombre, qui n'est autre chose que plusieurs vnitez, comme i'ay dit en son lieu.

VI. THESE. Les Anges ne sont pas vn acte pur, quoy qu'ils soient des purs esprits; ils sont composez de substance & d'accident, de puissance & d'acte: mais non pas de matiere & de forme: ils n'ont point de corps qui leur soit propre, quoy qu'ils puissent quelquefois prendre des corps empruntez, & à leur faueur se rendre sensibles aux hommes.

Certainement, *Theandre*, quoy que ce ne soit pas encor vn Article de foy, que les Anges n'ont point de corps. Et quoy que quelques anciens Peres, comme sainct Irenée, S. Iustin le martyr, sainct Basile, S. Bernard, S. Ambroise, & Origene, ayent creu que les

Anges auoient des corps subtils comme l'air:
neantmoins, depuis le Concile de Latran,
qui dit, que Dieu a creé l'vne & l'autre creature, soit visible, soit inuisible, tous les Theologiens d'vn commun accord ont enseigné
que les Anges estoient sans corps, & sans matiere, & les plus subtils parmy les Anciens
ont tenu que les Anges n'estoient pas corporels, ainsi S. Denis dit, que les premieres
creatures sont incorporelles, & immaterielles, & mil ans auant luy, le Prophete Royal
disoit que Dieu auoit creé ses Anges des purs
esprits. Et l'opinion contraire selon la remarque du Cardinal Caietan, s'approche maintenant de l'erreur. La raison est, que pour la
perfection de l'vniuers, comme dit S. Thomas; il a fallu qu'il y eut des creatures purement spirituelles. De plus les effets que nous
voyons dans les Anges, surpassent la force
des corps. Ils penetrent les corps, donc ils
n'ont point de quantité corporelle: car la pe-
netration des corps n'est pas naturelle.

D'icy s'ensuit, que les Anges ne sont point
composez de matiere & de forme, pour ce
que selon leur substance, il sont indiuisibles,
& sans parties; ils ne sont pas neantmoins
exempts de composition de substance & d'accident: car ils ont des qualitez spirituelles,
qu'ils acquierent, & qu'ils perdent, & partát
ils sont en effet changeans & muables. Ainsi
la grace & la lumiere de gloire, sont des qualitez distinctes dans les Anges, & il ne se faut
pas imaginer que les Anges soient si parfaits
en leur substance, qu'ils n'ayent pas besoin

Dion. de
Duc. nom.
cap. 4.
Rf. Qui facit
Angelos
suos spiri-
tus.

de plusieurs qualitez distinctes pour les perfectionner.

Les Anges neantmoins ne sont pas vn acte pur, pource qu'ils peuuent auoir beaucoup de qualitez qu'ils n'ont pas, & ils ne sont pas actuellement tout ce qu'ils sont en puissance, & c'est ce que l'on nomme côposition d'acte & de puissance, ou de positif, & de priuatif. Enfin les Anges sont des estres accomplis, & subsistens. Donc ils ne sont pas parties d'vn tout auec vn autre, c'est ce que quelques Theologiens, appellent composition de nature & de suppost. Les Autheurs rapportent encore quelques autres compositions dans les Anges, desquelles fait mention M. de la Rochepofay, au recueil des Distinctions plus celebres.

VII. Thes. Quoy que les Anges n'ayet point de corps qui leur soient propres, neatmoins ils s'en peuuent former de l'air quand ils veulent, & leur donner la forme d'homme, ou de quelqu'autre animal. Et dans ces corps empruntez, ils peuuent faire quelques œuures de vie, ils peuuent aussi se mettre dans des corps morts, depuis peu, & tromper les hommes, par des vaines apparences.

Or cette Assomption des corps ne se fait pas par vne vraye information, ny par vne ynion hypostatique: mais par vne vnion accidentelle, comme d'vn moteur dans la chose meuë, & dans vn instrument, dont il se sert. Ces trois propositions sont de S. Thomas en sa question 51. & de la plufpart des Theologiens, elles se fondent sur les Histoires sacrées

& prophanes, qui font mention des Anges
& des Demons, où il est rapporté qu'ils ont
apparu en forme d'hommes, & qu'ils ont parlé, mangé, & marché en presence des hommes, comme il se peut voir dans l'Ange Raphaël, & dans ceux qui annoncerent la naif-
sance d'Isaac, lors qu'ils estoient en table.
Or il est à remarquer que les bons Anges ne
prennent la forme que des hommes, des colombes, & de telles autres choses qui ne font
point d'horreur : mais les Demons prennent
d'ordinaire les formes des Animaux les plus
horribles. On peut encor dire que les Anges,
ont la force de charmer les sens, & de faire
croire que nous voyons, ce qu'en effet nous
ne voyons pas.

    Or c'est vne chose indecise, si les Anges
peuuent exercer toutes sortes d'operations
de la vie. Quelques vns ont creu qu'vn Demon inccube pouuoit engendrer par vne se-
mence empruntée d'ailleurs: mais il n'est pas
probable qu'ils puissent conceuoir, comme
sucubes: car à cet effet, il faut vn vray corps
ou au pis aller, il faut auoir vn corps consta-
ment pendant plusieurs mois. Et quoy que
certaines Histoires semblent tesmoigner
qu'vn Demon incube ait engendré en qualité de pere. Nous n'en auons point qui tes-
moigne l'enfantement d'vn Demon succube
en qualité de mere.

    VIII. These. Les Anges font incorru-
ptibles, pour ce que la corruption se fait par
la dissolution des parties. Or les Anges n'en
ont point, donc ils sont incorruptibles: aussi

bien que les Ames raisonnables.

Les Anges sont aussi immortels, & indefe-
ctibles de leur nature, au regard des causes
creees ; pour ce qu'Il n'en est aucune qui les
puisse destruire. Mais au regard de Dieu, ils
sont defectibles, mortels & capables d'estre
destruits, par ce que Dieu leur peut oster l'e-
stre qu'il leur a donné gratuitement. Desorte
que selon S. Iean Damascene & S. Thomas,
les Anges & tous les estres intellectuels au
regard de Dieu, ont l'immortalité par grace,
& non pas par leur nature. Et comme dit S.
Gregoire le Grand, tous les les estres creez
d'eux-mesmes tendroient au neant, si la main
Toute-puissante du premier estre, ne les
maintenoit, & ne leur conseruoit librement
l'estre qu'elle leur a donné par grace. Que si
Dieu a fait vn Decret de ne iamais annihiler
les Anges : comme l'Escriture & les Peres le
tesmoignent, il faut dire qu'ils sont immortels en effet, & que Dieu fidelle en ses promesses ne leur rauira iamais ce bel estre qu'il
leur a donné. Que si vous me demãdez quãd
& ou les Anges ont esté creez, ie vous diray pour

IX. Thèse. Que la raison naturelle n'en
sçait rien, & mesmes la Theologie n'en peut
rien dire de certain. La plus probable opinion est, qu'ils furent faits dans le Ciel empirée soudain qu'il fut crée. C'est l'aduis de
Sainct Augustin, qui croit que le Genese parle de la creation des Anges, lors qu'elle dit
que Dieu au premier iour crea la lumiere.

On ne peut quasi opposer chose aucune,

qui ait quelque force contre les propositions
que i'ay establies : car pour ce qui est porté au
Genese, que les enfans de Dieu mariez auec
les filles des hommes , engendrerent les
Geans, i'aduoüe que quelque version Greque au lieu des enfans de Dieu, met *les Anges*,
mais les versions Latine , Hebraïque , &
Greque des septante porte les enfans de
Dieu ; celle d'Aquila porte les enfans des
Dieux , & celle de Symmachus lit les fils des
Princes. De plus Sainct Thomas & la plus
part des interpretes sont d'acord, que sous le
nom des enfans de Dieu , sont entendus les
fils de Seth , qui contre la defense de leurs
Peres se marierent auec les filles de la race de
Cain , d'où vinrent les Geans, dont la malice fut aussi veritable, que leurs exploits ont
esté fabuleux. A cecy contribué beaucoup
que selon la remarque de quelques Historiens & Interpretes , Seth fut apellé Dieu
par ceux de son siecle , soit pour sa probité,
soit pour vne lumiere Diuine , qui reiallissoit
dans son visage. En fin quand mesmes on ad-
voüeroit que les Anges, c'est à dire les Demons eussent esté peres des Geans, ils ne
s'ensuiuroit pas qu'ils ont des corps propres,
mais seulement empruntez , dans lesquels ils
peuuent exercer des actes de vie.

QVESTION III.

Comment les Anges sont dans le lieu, & dans le temps, comment ils changent de lieu. Et qu'est-ce que Euiternité.

ON ne peut bien declarer la presence, la durée, & le mouuement des Anges, qu'apres auoir traité du temps, du lieu & du mouuement dans la Physique, où ie prouueray assez euidemment, si ie ne me trompe, que le mouuement est la chose mesme qui se meut, que la presence & la durée sont les choses qui durent & qui sont presentes, selon ces principes ie dis pour

I. THESE. Que les Anges sont dans le lieu, & ce dans vn lieu determiné. Pour ce que ils ne sont pas immenses, ny aussi esten-dus que le monde, donc ils sont entourez d'vne superficie corporelle, & partant ils sont dans le lieu. Il y a neantmoins cette diffe-rence entre les Anges, & les corps, qu'il est impossible qu'vn corps existe sans estre dans vn lieu, pour ce qu'il porte tousiours auec soy sa superficie, mais vn Ange peut exister sans estre dans le lieu, pour ce que les Anges exi-steroient, quoy que Dieu annihilast tous les corps qui sont dans la nature, & comme il est euident qu'vn Ange ne peut pas estre im-

mense, aussi il est assez probable, que Dieu
pourroit faire vn Ange, qui occuperoit tout
le monde.

OPPOSITION I. Les Anges sont indiuisibles, donc ils sont dans vn espace indiuisible, Ils ne sont donc pas dans le lieu : car le
lieu est vn espace diuisible.

Ie repons, que les Anges sont indiuisibles,
c'est à dire qu'ils peuuent exister absolument,
sans estre dans vn lieu diuisible, ou bien que
l'Ange de sa nature, est tel qu'il peut tousiours occuper vn moindre espace que celuy
qu'il occupe, mais il n'en occupera iamais vn
indiuisible, & il est impossible qu'vn esprit
occupe vn lieu, sans qu'il ait des presences
multipliées, a l'infiny.

OPPOSITION II. Si vn Ange occupoit
vn lieu corporel par exemple vn espace de
dix pieds il auroit des parties, & ainsi il ne seroit pas spirituel.

Per redu-
plicatio-
nem sui.

Ie repons, qu'vn Ange auroit des parties
s'il occupoit vn espece, par vne presence circumscriptiue, mais non pas s'il l'occupoit par
vne presence definitiue. Par laquelle vne
chose est toute, dans tout vn espace, & toute en chaque partie de cét espace, ioint que
si cét argument auoit quelque force, il prouueroit que les Ames ne sont point dans les
corps, ny Dieu dans le monde.

II. THESE. Plusieurs Anges peuuent
estre en vn mesme lieu, pour ce qu'ils se
peuuent penetrer, & qu'ils n'ont point de
parties. Ie pense neantmoins qu'vn Ange
peut empescher l'autre, de le penetrer, par

quelque qualité spirituelle qu'il peut produire.

III. Thesе. Vn mesme Ange, peut
estre naturellement en plusieurs lieux con-
joints, mais non pas diuisez. Car nous n'a-
uons aucune raison pour donner cette vertu
à vn Ange.

IV Thesе, vn Ange est capable de mouuement, comme il se voit dans les Escritures
saintes. La raison est, que puis qu'vn Ange
n'occupe pas tout le monde, il peut passer
d'vn espace à vn autre, & cela ne se peut faire
naturellement sans qu'il passe par le milieu
aussi bien que les corps: mais il y a cette difference, que l'Ange peut resserrer & dilater
ses presences, iusques à vn certain espace, &
faire son mouuement auec vne vitesse plus
grande que tous les corps. Or ce mouuement de l'Ange ne se fait pas dans vn instant
Physique, pour ce que comme ie prouueray
dans son lieu, il est impossible qu'il y ait aucun indiuisible dans le lieu, ny aucun instant
dans le temps.

V. Thesе. La durée des Anges sont les
Anges mesmes qui durent, & qui correspondent au temps, c'est à dire au mouuement regulier des Astres. De sorte que si vn Ange e-
stoit crée le matin au leuer de l'aurore, & delà
à vingt-quatre heures ils n'auroit duré qu'vn
iour. Ie prouueray dans la Physique, que les
Anges ne sont point eternels, & qu'il est impossible que cét attribut conuienne à aucune
creature.

VI. Thesе. La durée des Anges & des

creatures spirituelles, se nomme *Æuum*, ou
Euiternité: Et ce n'est autre chose, qu'vn
estre spirituel creé, qui correspond à quelque espace du temps corporel, ou au mouuement des Astres.

VII. THESE Les operations des Anges, ne se font point dans vn instant, mais
elles durent aussi bien que leur estre: car elles
correspondent au temps. De sorte qu'vn
Ange peut vouloir vne chose pendant vn
iour. Ioint que toutes les puissances & operations substantielles d'vn Ange, sont l'Ange
mesme. Car dans vn Ange il n'y a point deux
substances: puis qu'il est indiuisible, neantmoins vn Ange estant capable de receuoir
des accidens, il peut auoir des operations accidentelles distinctes de luy mesme.

D'icy vous voyez que l'Euiternité de l'Ange, ne seroit pas, s'il n'y auoit point de temps.
Pour ce qu'vn Ange ne dureroit pas s'il n'y
auoit point de mesure de sa durée; Or l'Euiternité c'est la durée de l'Ange, mais l'Eternité est independante du temps, pour ce que
c'est vn estre tel qu'il n'y puisse auoir aucun
temps, auquel il ne corresponde, comme i'ay
dit au liure precedent.

Vous pouuez encor inferer, que les Anges sont muables, puis qu'estans composez
de substance & d'accident, ils peuuent perdre quelque Entité, & en acquerir de nouuelles.

QVESTION IV.

*Si les Anges se parlent l'vn l'autre,
& comment. Et quelle est la
vertu & puissance d'agir
dans les Anges.*

I. THESE.

L A raison naturelle est assez foible touchant le pouuoir, & l'actiuité des Anges,
ce qu'elle peut dire est, que l'Ange estant
d'vn ordre superieur à tous les corps, il doit
pouuoir faire des actions en son genre, plus
nobles que toutes les operations des estres
corporels. Puis que les puissances sont données selon la mesure de l'estre.

De plus il est certain que les Anges, peuuent illuminer les hommes, troubler leur
imagination, charmer leur sens, & leur per-
suader des choses, pour ce qu'ils ont des raisons, qui nous sont inconnuës Les Theologiens aussi sont d'accord que les Anges plus
nobles esclairent leurs inferieurs & qu'ils
leur manifestent des choses cachées.

Troisiesmement il est certain que les anges, selon qu'il leur est permis de Dieu, peuuent mouuoir les corps d'vne vitesse incroyable. Ainsi les Philosophes mesmes Payens
ont creu que les Anges estoient les moteurs

de tous les corps celestes, & les Theologiens
fondez sur plusieurs Histoires de l'Escriture
sainte, enseignent que Dieu se sert de ces
esprits, comme d'officiers, & de ministres
de son estat, pour faire la plus part des effets
ordinaires, soit extraordinaires que nous
voyons dans la nature.

Quatriesmement, j'estime qu'vn Ange
peut produire en soy, & hors de soy, des qualitez spirituelles. Or si ils peuuent produire
des accidens & des substances corporelles
immediatement par eux mesmes, c'est vne
chose problematique. Il me semble plus probable auec S. Augustin, & S. Thomas que
les Anges, ne peuuent pas produire des choses corporelles, que par l'application des
corps, ce qui leur est fort facile, pour ce qu'ils
peuuent facilement mouuoir les corps & appliquer les agents naturels où ils sont propres. Aug. l. 3. de
trin. c. 8.
D. Th. q.
110.

OPPOSITION. Si les Anges peuuent
mouuoir les corps immediatement par eux
mesmes, ils peuuent aussi produire des qualitez corporelles, puis que le mouuement
est vne qualité, & que pour mouuoir les
corps, il est necessaire de leur imprimer, vne
impetuosité, qui est vne qualité corporelle.

Ie respons que le mouuement n'est point
vne qualité distincte, & qu'il n'est point besoin d'vne impetuosité distincte pour determiner vn corps au mouuement, comme ie
prouueray dans la Physique, & partant que
cette obiection n'a aucune force. D. Th. 1.
p. q. 110.

II. THESE. Les Anges peuuent bien faire naturellement des miracles apparens, mais non pas de vrais miracles. Pour ce que *miracle*, selon S. Thomas, est vn œuure qui est pardessus les forces de la nature crée, neantmoins vn Ange auec la permission de Dieu, se peut mettre dans vn corps mort, & faire croire qu'il est viuant. Il pourroit aussi appliquer les qualitez necessaires, pour faire que les Arbres portassent du fruit en Hyuer, chassant le froid contraire & contribuant le degré de chaleur, & d'humidité necessaire à cet effet. Et l'Histoire des Magiciens de Pharaon, & plusieurs autres, témoignent que les Demons peuuent faire des œuures miraculeuses en apparence, ou du moins qu'ils peuuent charmer les sens & tromper les hommes.

III. THESE, les Anges se parlent l'vn l'autre, pour ce que *parler*, n'est autre chose que manifester à quelqu'vn quelque obiect, & que cét objet est dans nostre pensée. Or les Anges se manifestent reciproquement leurs pensées, comme on peut recueillir des Escritures saintes : La raison est, qu'il faut mettre vne vie & societé ciuile parmy les Anges, puis que parmy eux il y a vne charité mutuelle, & vne bienueillance reciproque. De plus on ne peut nier aux Anges la vertu de se descouurir mutuellement leurs secrets. Ils s'efforcent à l'enuy à loüer Dieu, & à le seruir; donc ils se parlent, & il est à remarquer, que non seulement les Anges superieurs parlent aux inferieurs, mais aussi les inferieurs aux superieurs, comme dit S. Thomas: qui veut que

le

le parler des Anges superieurs aux inferieurs, soit vne illumination ; mais non pas la parole des inferieurs aux superieurs, en quoy il me semble, que c'est seulement question du nom, & qu'il n'est point hors de raison de dire, qu'vn Ange inferieur puisse illuminer vn superieur, en des affaires particulieres, qui luy sont inconnuës. Ainsi vn Ange inferieur enuoyé aux Antipodes pourroit esclaircir vn Ange superieur qui seroit demeuré à Paris, touchant l'estat de ce nouueau monde.

Toute la difficulté est d'expliquer sans Enigme la façon en laquelle vn ange parle à l'autre. Ce qui rend la chose difficile, est qu'il y doit aussi bien auoir des secrets parmy les Anges, que parmy les hommes. De plus vn Ange à parler naturellement, peut aussi bien mentir à vn autre Ange, & le tromper, comme font les hommes. En fin il semble que les Anges estans des purs esprits, doiuent connoistre intuitiuement toutes les choses spirituelles, & qu'ainsi vn Ange ne peut rien auoir de caché à vn autre.

C'est pourquoy les Autheurs expliquent diuersement le parler des Anges. Quelques vns ont dit, qu'ils se parloient par des signes corporels, & sensibles, que l'Ange fait dans les corps : par exemple dans l'air ou dans le Ciel. Les autres pensent que cette parole se fait par des signes spirituels, qu'vn Ange produit en soy mesme, & que parmy ces signes, quelques vns sont publics, & qu'il y en peut auoir de particuliers par lesquels vn Ange peut parler en secret à vn autre. Il se trouue

des Autheurs, qui ont dit, qu'vn Ange ne
peut parler à vn autre en secret, estant en
compagnie : mais qu'il tire à l'escart hors de
l'activité des autres, ce qui se peut faire en
fort peu d'espace; quoy que non pas dans vn
instant.

Quelques Docteurs croyent qu'il faut attribuer le nœud de cét affaire au concours de
Dieu, & qu'vn Ange parler à vn autre, c'est
qu'vn Ange ait quelque pensée, & qu'il veille que ce concept soit manifesté à vn autre.
Et pour *l'ouyr*, il est requis que cét Ange auquel Raphael veut, soit dans vne deuë distance pour aperceuoir intuitiuement la pensée.
De sorte que Raphael qui seroit à Paris, ne
pourroit pas parler à vn Ange qui seroit aux
Antipodes, si ce n'est que Dieu luy reuelast la
pensée, de Raphael.

Enfin quelques Autheurs enseignent, que
les Anges parlent par des especes intelligibles, capables de representer leur pensée, lesquelles especes vn Ange imprime dans celuy
auquel il veut parler, & que l'impression de
cette espece intelligible, est le parler des Anges : mais leur ouyr, consiste en ce que l'Ange auquel on parle, connoist intuitiuement
cette espece.

Pour vous declarer sur cecy ma pensée. Ie
dis pour

IV. THESE. Qu'il est plus probable, que
le parler des Anges, par exemple de Gabriel
à Raphaël, n'est autre chose, que la pensée
de Gabriel, est vn acte de volonté, par lequel
il veut, & consent que Raphaël connoisse la

penſée. Deſorte que lors qu'vn Ange conſent
que tous les Anges ſçachent ce qu'il penſe,
il parle à tous les Anges, & quand il veut que
ſa penſée ſoit connuë de Dieu ſeul, il ne parle
qu'à vn ſeul. Et ainſi la parole de l'Ange conſiſte proprement dans l'acte de volonté, qui
adreſſe à vn autre la penſée. Et pour ce que
les Anges bien heureux viuent dans vne ami-
tié incomparable; de-là vient qu'Ils ont fort
peu ſouuent beſoin de cacher leurs penſées;
mais ils le peuuent faire quand ils veulent. Et
au regard des Demons, ils leur cachent la
pluſpart de leurs penſées, pour ce qu'ils ne
veulent pas qu'elles leurs ſoient connuës.

La raiſon de cecy eſt, que cette Doctrine
explique clairement le parler des Anges, & la
façon en laquelle ils peuuét auoir des ſecrets
cachez l'vn à l'autre. De plus, comme les Anges ne voyent pas les penſées des hommes,
pour ce que Dieu ne veut pas concourir auec
eux à cette cónoiſſance; de meſme il eſt tres-
probable que les Anges ne voyent pas intuitiuement toutes les penſées des autres : mais
ſeulement celles-là, à la cónoiſſance deſquelles Dieu veut concourir, & que ce concours
eſt mis à la liberté de chaſque Ange. Deſorte
que Dieu né concourt d'ordinaire que ſelon
le conſentément de ces intelligences.

Enfin cette façon de penſée éuite la multi-
plication inutile des eſtres; car puis qu'vn
ſeul acte de volonté, ſuffit à cét effet, pour-
pourquoy mettre vn nombre infini de qualitez, de ſignes, & d'eſpeces ſpirituelles, par
deſſus l'acte de la volonté qui tout ſeul eſt

capable, d'expliquer la parole des Anges.

D'icy vous voyez, *Theandre*, que afin qu'vn Ange escoute ce que l'autre luy dit, il est necessaire qu'il soit dans vne certaine distance, plus grande, où plus petite à mesure que celuy qui parle ou celuy qui escorte ont moins de vertu, pour agir dans vn plus petit ou vn plus grand espace.

V. THESE. vn Ange peut parler à Dieu & Dieu à vn Ange, pour ce que Dieu peut illuminer vn Ange, & luy descouurir des choses qui luy sont inconnuës pareillement vn Ange peut parler à Dieu, pour ce qu'il luy peut manifester les pensees, non pas afin qu'il les sçache, puis qu'il les connoist indepedemment de sa volonté : mais afin de le lauer, de l'admirer, de l'exalter, de luy rendre graces, & de luy tesmoigner ses seruices, ce sont les Bien-heureux occupations dans lesquelles viuent ces pures intelligences, pendant que nous n'auos de cœur ny de pésée, que pour la terre. Esleuons nostre cœur au Ciel *Theandre*, que nostre conuersation soit au Ciel, puis que c'est le lieu de nostre patrie. Aimons, loüons, admirons, exaltons nostre Dieu, afin d'imiter les Anges.

DISCOVRS II.

De l'entendement & volonté des Anges, De leurs connoissances, & de leurs affections.

LA Republique des Anges, est si esloignée de nos sens, qu'à peine peut-elle tomber sous nos connoissaces. La plus part des choses que nous en disons sont obscures, & à ne nous point flater, nous parlons à l'aueugle de ces claires intelligences. C'est ce qui me console dans la briefueté que ie me suis proposée. Si neantmoins vous faites reflexion, sur tout le Discours precedent, vous verrez, *Theandre*, que i'ay desja declaré les douze principaux Attributs des Anges, & qu'il ne me reste plus rien touchant la nature de ces pures intelligences, que de declarer ce qui appartient à leur entendement & à leur volonté, auec les actes de ces deux puissances, à cet effet ie demande pour

QVESTION I.

*Si les Anges ont vn entendement,
s'il est distinct de leur nature, &
Quel est l'objet, & la façon
de leurs connoissances.*

I. THESE.

IL y a dans les Anges vn entendement, &
vne volonté, pour ce qu'ils ont des connoissances, & se portent sur le vray en l'approuuant, & sur le faux en le niant, sur le
bien en l'aymant, & sur le mal en le haïssant.
Or les puissances qui produisent ces actes,
sont l'entendement & la volonté : donc les
Anges ont vn entendement & vne volonté.

II. THESE. L'entendement & la volonté
des Anges, sont reellement leur essence, &
leur substance, pour ce que l'entendement &
la volonté, sont des puissances substantielles.
Or il n'y a point deux substances dans vn Ange, puis qu'il est indiuisible. Ioinct que si l'é-
tendement & la volonté d'vn Ange, estoient
distinctes reellement de sa substance, Dieu
les pourroit separer : pour ce que comme remarque Major au Chapitre de la Relation,
c'est vne maxime Generale, que quand deux
choses sont distinctes reellement, & qu'aucune d'elles n'est pas Dieu ou partie de cette
chose, Dieu les peut separer, & conseruer l'v-

ne sans conseruer l'autre : puis qu'il n'y a aucune contradiction. Si donc la volonté & l'entendement d'vn Ange, estoient distincts reellement de sa substance, Dieu pourroit les en
separer, & alors, vn Ange ne seroit pas vn
estre intellectif : mais il seroit plus stupide
que les brutes.

Troisiesnement ou ces puissances sont des
substances, ou des accidents ; ce ne sont pas
des substances, par ce que l'Ange est indiuisible, & n'est pas composé de deux substances.
Si elles sont des accidents, il s'ensuyuroit que
les accidents de l'Ange seroient plus nobles
que son essence.

En Quatriesme lieu, comme la volonté, &
l'entendement de Dieu, sont Dieu mesme.
Pareillement l'entendement & la volonté d'vn
Ange, c'est l'Ange mesme, entant qu'il se peut
porter sur le vray & sur le faux, ou sur le bien
& sur le mal. Souuenez vous, *Theandre*, des
autres Argumens, rapportez aux Discours
des Distinctions & des Modes.

III. THESE Quoy que l'entendement,
& la volonté de l'Ange, soient reellement son
essence, neantmoins ce n'est pas de l'essence
de l'Ange de vouloir ny de connoistre, pour
ce que ce n'est pas l'Ange consideré absolument : mais relatiuement, sous des termes &
des concepts connotatifs, & partant ce qui
est volonté & entendement, est l'essence de
l'Ange ; mais il n'est pas essentiel à l'Ange de
vouloir ny de connoistre, non plus qu'à Dieu
& aux hommes. La raison de cecy est, que
l'essence des choses est les choses mesmes ab-

ſolument conſiderées, comme i'ay prouué
au premier Liure de la Metaphyſique, & ainſi
ie dis pour

IV. Tʜᴇsᴇ, Que l'entendement & la
volonté de l'Ange, auſſi bien que de Dieu, &
de l'homme, ſont diſtincts l'vn de l'autre,
& auſſi de l'eſſence Angelique, par raiſon
definitiue, par ce qu'on donne des raiſons, c'eſt à dire, des definitions diuerſes: Car ſi on demande. Qu'eſt ce que l'Ange, on dit, c'eſt vné ſubſtance creée ſpirituelle accomplie & ſubſiſtente en ſoy meſme. Et ſi on demande qu'eſt-ce que la volonté de l'Ange. Ie reſpons que c'eſt l'Ange en
tant qu'il ſe porte ſur le bien en l'aymant, ou
ſur le mal en l'haïſſant. Et ſi on m'interroge
qu'eſt-ce que l'entendement de l'Ange; ie dis
que c'eſt l'Ange meſme, entant qu'il ſe peut
porter ſur le vray en l'approuuant, & ſur le
faux en le niant. Liſez ſur cecy le Diſcours
que i'ay fait des diſtinctions reelle virtuelle,
& par raiſon. Et remarquez que ces mots
entendement & volonté ſont connotatifs par
deſſus celuy de l'eſſence des Anges, & que ce
mot volonté eſt d'vne façon obſcure plus cônotatif que celuy d'entendement: car il faut
eſtre intellectif pour eſtre volitif, puis qu'on
ne peut rien vouloir, que ce dont on a la connoiſſance.

V. Tʜᴇsᴇ. Les Anges ſont des ſubſtances ſpirituellés tousjours intelligentes. De
ſorte qu'elles n'oublient iamais rien de ce
qu'elles ont ſçeu, ſi ce n'eſt que Dieu leur
denie ſon concours, neantmoins ils acquie-

rent des nouuelles lumieres, soit par vne nouuelle illumination de la part de Dieu : soit
qu'vn Ange descouure à vn autre des choses
qui luy sont cachées, & vn homme mesme
descouurant son cœur à vn Ange, luy manifeste des choses qu'il ne sçauoit pas. Et partant quoy que les Anges connoissent toute la
nature, dés le commencement de leur estre ;
neantmoins ils croissent en connoissances ; &
apprennent plusieurs choses par l'experience, aussi bien que les hommes, & partant ils
ont vn entendement tousjours agissant, &
neantmoins qui est possible, c'est à dire qui
peut apprendre, & sçauoir des choses qu'il
ignore.

VI. Thése. Les Anges connoissent les
choses par le moyen des especes. Or ces especes ne sont rien autre chose, que le dernier
determinatif à la connoissance, & ce determinatif, souuentefois n'est pas distinct de
l'objet bien appliqué & de la puissance. Et
ainsi ie ne pense pas, que les especes soit vi-
suelles, soit intelligibles, soient tousjours
des qualitez distinctes imprimées dans l'œil
ou dans l'entendement, mais il me semble
plus probable, que pour determiner l'œil à
voir, & l'entendement à connoistre. Il n'est
pas besoin de mettre vne quantité innombra-
ble de qualitez, que l'on appelle especes :
qualitez disje distinctes de la puissance bien
appliquée sur l'objet, & de l'objet deuëment
proposé à la connoissance, comme ie prouueray au traicté de l'ame, où ie déueloperay
cette matiere.

OPPOSITION, Dieu seul agit & cou
noist par sa substance, & plusieurs Ancie
ont enseigné qu'il estoit impossible qu'v
estre crée, entendist & agist par soy-mesm
mais qu'il falloit vn estre distinct pour ce
effet.

Ie responds que la pensée des Anciens
esté, que Dieu seul agit & entend par sa sub
stance, c'est à dire, que Dieu est tel, par soy
mesme, & par sa propre substance, que quâ
il n'y auroit aucune autre chose au monde,
connoistroit & entendroit toutes choses po
sibles & impossibles, pour ce que Dieu estar
vn estre intellectif infini, il trouue en soy
dernier determinatif, pour connoistre tout
choses presentes passées & aduenir.

Or cette prerogatiue ne se trouue en aucu
ne creature, pour ce qu'afin qu'vn Ange cor
noisse vn objet, ou il faut que Dieu luy en a
donné la connoissance, ou que l'obiet luy so
suffisamment proposé pour le connoistre
mais ie soustiés que supposé qu'vn Ange soit
& que les Estoilles luy soient proposées,
connoist leur nombre, & leur nature, & qu
presupposé cét acte, il s'en souuient, sar
qu'aucune autre espece soit necessaire, com
me ie diray au traicté de l'Ame.

VII. THESE. Les Anges se connoissen
eux-mesmes, ils connoissent encore les autre
Anges, & par leurs forces naturelles, ils con
noissent l'existence de Dieu & plusieurs &
ses Attributs.

La raison de cecy est, que les Anges cor
noissent tout ce dont ils peuuent rendre rai

son. Or ils peuuent rendre raison, si on leur demande ce qu'ils sont, & ce qu'est vn autre Ange : car ce seroit les faire tout à fait igno-rans de leur nier ses connoissances, ioint que la nature des Anges, est si parfaite, que le moindre Ange peut naturellement cónoistre ce que les hommes connoissent par les forces de leur nature, & comme dit Sainct Thomas, si les Payens mesme selon le dire de Sainct Paul, ont connu l'existence & la Majesté adorable de Dieu, à plus forte raison les An-ges en ont la connoissance, & de la beauté de ses œuures ils sont paruenus à connoistre ses perfections rauissantes.

Or ie ne dis pas, que les Anges par leurs forces naturelles, puissent connoistre Dieu intuitiuement : mais seulement par vne con-noissance abstractiue : car ils ont ces deux sortes de connoissances, aussi bien que nous : ainsi ils connoissent les choses passées ou ab-sentes seulement par des connoissances ab-stractiues, pour ce que elles ne se presentent pas à leur entendement pour le determiner à les connoistre.

VIII. These. Les Anges ont vne par-faite connoissance des choses materielles. Ils connoissent les choses singulieres, & les at-tributs qui leur sont particuliers.

La raison est, qu'il faut attribuer aux An-ges toutes les connoissances que les hommes peuuent acquerir par leurs forces naturelles : Outre que les Anges ayans soin des choses materielles, & des hommes en particulier. Ils en doiuent auoir vne parfaite science. Ainsi

ils sçauent le nombre des Cieux, & des estoi-
les. La nature des quatre Elemens, des animaux, des Plantes, & des choses inanimées
auec leurs vertus & proprietez particulieres,
& i'estime que ny Adam, ny Salomon, ny
tous les Docteurs n'ont iamais connu tant de
veritez que les Anges, & c'est en ce sens, que
le Sauueur du monde apres auoir dit que
Sainct Iean estoit le premier de tous ceux qui
estoient nez d'vne femme, adiouta tout aussi
tost que le moindre des Anges estoit plus
grand que luy : c'est a dire, plus parfait, touchant les qualitez & perfections naturelles.
Selon l'Axiome commun qui dit que le dernier d'vn Genre superieur, est le premier de
l'ordre inferieur, comme le dernier des lyons,
est plus noble que la plus excellente de toutes les formis. Ainsi le dernier des Anges, est
plus excellent en sa nature, que le plus excellent des hommes.

Nonobstant toutes ces propositions, i'estime que les Anges peuuent ignorer plusieurs
veritez naturelles. Ainsi peut estre qu'ils ne
sçauent pas combien de pensées, & de volontez entre les hommes depuis la creation du
monde, combien il y a de grains de sable au
monde, ou le nombre des feüilles des arbres,
ou des lettres qui sont dans tous les volumes,
& il ne faut pas croire, que les Anges, quelque parfaits qu'ils soiént, ont des connoissances infinies. Iointque les Anges comme
i'ay dit au liure precedent, ne comprenent
pas la moindre de toutes les creatures, par
vne connoissance comprehensiue.

IX. Thesz. Les Anges ne connoiſſent
point naturellement les myſteres de la Grace,
ſoit pour ce qu’ils n’ont aucun dernier determinatif pour cét effet, ſoit pour ce que Dieu
leur nie ſon concours pour ſes objets. La
Difficulté eſt plus grande, ſi les Anges connoiſſent les ſecrets des cœurs : car pour quoy
eſt-ce qu’vn Ange eſtant intimement preſent
au cœur & au cerueau d’Alexis, ne verra pas
intuitement tout ce qui s’y paſſe. Neantmoins tous les Theologiens ſont d’acord, que
les Anges ne connoiſſent point les ſecrets du
cœur, en eux meſmes : mais ſeulement dans
leurs effets, ou dans les phantoſmes qui ſont
dans l’imagination, & il me ſemble que la
meilleure raiſon de cette verité, eſt que Dieu
ne veut pas concourir auec les Anges à la
connoiſſance de ces obiets : pour ce qu’il eſt
neceſſaire, pour le bon gouuernement de
l’Vniuers, que les Anges & les hommes ayent
des ſecrets, & que le cœur de l’homme ne
ſoit naturellement connu qu’à celuy qui la
crée. Certainement il vaut mieux raporter
cét effet à la prouidence, que ou à la puiſſance des Anges, ou à cét objet en particulier,
car l’entendement Angelique connoiſt des
choſes auſſi eleuées que nos penſées, & elles
ne ſont pas ſi nobles que ſa propre nature.

X. These. Les Anges ne connoiſſent
point determinement les choſes aduenir librement, mais ils connoiſſent les choſes futures neceſſaires. Ainſi ils ne ſçauent pas le
iour du Iugement, ny ce que fera vn Enfant

qui doit naistre au siecle à venir : mais ils sçauent le nombre des Eclypses qui seront pendant la reuolution des Astres, pour ce qu'ils
ont vn dernier determinatif pour cette connoissance, à plus forte raison que les Astrologues : mais ils n'ont rien, qui les puisse determiner infailliblement à connoistre les choses futures auec liberté, par exemple si Pierre pechera demain, & ils en peuuent parler
seulement par coniecture. C'est pourquoy
toutes les nations ont tousiours tenu pour vn
signe manifeste de la Diuinité, de connoistre
certainement, & predire les choses futures.

XI. THESE. Les Anges bien-heureux
connoissent Dieu & ses attributs intuitiuement en eux mesmes. De plus ils connoissent les creatures en Dieu ; ce que quelques
Docteurs auec Sainct Augustin nomment
connoissance matutinale, & ils les connoissent encor en elles mesmes, ce qui se nomme
connoissance du soir. La raison de cecy est,
que Dieu se manifeste aux Anges ; & ainsi ils
ont vn suffisant motif pour connoistre Dieu
en luy mesme & en ses creatures, comme ils
peuuent connoistre les creatures en Dieu,
& en elles mesmes : Et certes quand mesme
Dieu cacheroit sa face à la veuë des Anges,
ils connoistroient plusieurs de ses attributs,
par les creatures, en telle façon que si on demandoit à vn Ange ; pourquoy Dieu est bon
ou puissant, il repondroit, pour ce que ie
vois dans ses creatures des Argumens eui-
dens de sa puissance.

XII. THESE. Les Anges connoissent

tout à la fois plufieurs chofes. Ainfi ils fça-
uent que Dieu à mille attributs, & au mefmo
temps, ils fe connoiffent eux mefmes, & le
nombre des Aftres, auec les proprietez des
chofes materielles.

De plus ils connoiffent par des actes affirmatifs & negatifs, pour ce que non feulement ils connoiffent Dieu Iufte, la vertu aimable, le vice qui n'eft pas honnefte : mais
auffi ils connoiffent d'vne façon complexe,
que Dieu eft Iufte, que la vertu eft aimable,
que nul vice eft honnefte : car cette façon de
conceuoir n'eft point indigne de Dieu, ny des
Anges. Pour ce qu'ils affirment ou nient
par des actes tres fimples, dans lefquels l'attribut & le fujet ont feulement vne diftinction virtuelle. En fin fi on demandoit à
Dieu ou à vn Ange, combien il y a d'Elemens.
Il repondroient qu'il y en a quatre, donc en
Dieu & dans les Anges il y a des actes complexes.

XIII. Thèse. Les Anges font capables
du difcours. Et quoy que pour l'ordinaire ils
difcourent feulement par vn difcours virtuel,
neantmoins ils ont fouuent des difcours formels, par des actes reellement diftincts.

I'ay prouué cette verité au troifiefme liure
de la Logique. Et certes, *Theandre*, quoy que
i'aduoüe que l'efprit des Anges, eft fort ef-
clairé, & que comme dit Sainct Denis, il eft
vn miroir tres pur. Neantmoins il eft certain
qu'il eft limité, & que les Anges ignorent
plufieurs chofes, & confequemment qu'ils
peuuent croiftre en connoiffance, & qu'ils

Dion. c. 4.
de diu.
nom.

peuuent connoiſtre maintenant vne verité,
& d'icy à quelque temps en deſcouurir vne
autre. Donc de cés deux veritez ils en pourront deduire vne troiſieſme, par des actes diſtincts, & ainſi ils diſcourent formellement.
Ainſi ils connoiſſent que Dieu eſt prouident
à cauſe du bel ordre qui eſt dans l'Vniuers.
Or cela eſt diſcourir & inferer vne verité de
l'autre.

XIV. Theſe. Vn Ange ſe peut tromper
dans quelques obiets, & dans la coniecture
des choſes ſoit preſentes, ſoit futures. Pareillement vn Ange peut quelquefois eſtre
trompé par vn homme. La raiſon de cecy
eſt, que les Anges coniecturent des choſes
ſeulement ſelon les apparences : ainſi ils peuuent iuger de l'aurore, quel ſera le reſte du
iour, & quoy qu'ils ſe trompent rarement
dans les coiectures des effets naturels : neantmoins ils ſe peuuent tromper touchant l'eue-
nement des effets libres : Ainſi le Demon peut
laiſſer Thaïs dans ſon peché, & s'en aller aux
Indes, pour deux heures, pendant leſquelles
il croira qu'elle eſt touſiours pechereſſe, &
neantmoins elle ſe peut conuertir pendant
cét eſpace.

De plus puis qu'vn Ange ne cōnoiſt point
les ſecrets du cœur des hommes, on peut dire à vn Ange vne choſe, & meſmes luy perſuader, & neantmoins auoir vn autre deſſein
dans le cœur, donc vn homme peut tromper
vn Ange. Ainſi nous liſons, que S. Dunſtan
voyant que le Diable le venoit tenter ſous
l'apparence d'vne ieune fille, il luy prit le nez
auec

auec ſes tenailles. Ainſi le Diable ayant monté ſur la table de Sainct Dominique, en forme de ſinge. Ce ſainct homme le trompa, luy commandant de prendre la chandelle en main iuſques à ce que il ſe bruſlaſt.

Certes ſi Lucifer pecha affectant la Diuinité, comme diſent pluſieurs Docteurs. Il eſt euident que ſon ambition le mit dans vn erreur manifeſte. Adiouſtez à cecy, que ſainct Hieroſme, S. Ignace d'Antioche & la plus part des Peres, diſent, que le Diable fut trompé dans le myſtere de l'Incarnation, & il eſt certain que ce fut vne illuſion manifeſte, de tenter IESVS dans le deſert, puis qu'il eſtoit impeccable.

D'icy vous voyez que les Anges auſſi bien que les hommes, ont des doutes, des ſoupçons, des actes d'opinion, de foy, & de ſcience.

OPPOSITION I. Que ſi vous m'obiectez que Sainct Thomas eſt d'vn aduis contraire, à pluſieurs de ces propoſitions: car il eſtime que les Anges n'ont point d'actes complexes, par compoſition ny diuiſion, qu'ils ne diſcourent point, qu'ils ne ſe trompent point qu'ils ſont tous de diuerſe eſpece.

Ie repons que ces concluſions eſtant dans vne matiere de Philoſophie, il eſt permis à vn chacun de ſuiure ſon ſentiment, puis que ce ſont des queſtions que l'on tient pour problematiques.

OPPOSITION II. Les Anges connoiſſent les eſſences des choſes. Par vn acte de

Liſez Pia
Hilaria An-
gelini Ga-
læi.

simple intelligence. Or la seule verité tombe
sous l'entendement selon Sainct Augustin.
Donc les Anges ne se peuuent tromper, &
ils n'ont point d'actes affirmatifs ou negatifs.

Ie repons, que les Anges connoissent les
essences des choses, complexement, & incomplexement, & que Sainct Augustin, sous
le mot de verité, entend verité ou fausseté
obiectiue, pour ce que l'vn & l'autre peut
estre connu. Et quand Aristote a dit, que
l'entendement estoit tousiours vray, il n'a
pas voulu dire que tout acte d'entendement
fut vray, puis qu'il y en a de faux : mais il
veut dire que tout acte, d'vne vertu intellectuelle, qui par excellence se nomme entendement, est tousiours veritable, car en ce
sens, l'entendement est la connoissance des
premiers principes. Or cette connoissance
est tousiours veritable.

D. Th. 1.p.
q. 58.
Aug. l. 83.
q9.

QVESTION II.

Si les Anges ont vne volonté, quelle est sa nature, son obiet, ses actes, s'ils ont des passions & des affections, si ils sont libres, & si ils sont inflexibles.

I. THESE.

LES Anges ont vne volonté: or cette volonté est l'Ange mesme, elle n'est donc pas distincte reellement de son essence, mais seulement par raison definitiue, & la mesme distinction se trouue entre l'entendement & la volonté, comme i'ay prouué dans la question precedente.

II. THESE. La volonté des Anges a des affections d'amour, de haine, de desir, de fuite, de ioye, de tristesse, d'esperance, de desespoir, de crainte, d'audace, & de cholere. Ie parle des Anges considerez selon leur nature. La raison est, qu'ils sont capables de se proposer tous les obiets de ses affections, & d'en estre esmeus. Ioint que toutes les Histoires qui font mention des Anges & des Demons, raportent des affections semblables. Ainsi lois que les Demons nous tentent, c'est auec espoir de nous faire tomber. Que si ses ruses

reüffiffent, il en a quelque ioye, fi elles font
inutiles, il s'attrifte, & quand il ne voit plus
d'apparence de reüffir, il a vn acte de defefpoir. Les Myftiques declarent tout cecy par
la comparaifon d'vn Capitaine, qui veut fur-
prendre vne place Ennemie, & attribuent les
mefmes affections au Demon ; qui fe voyent
dans la guerre.

III. Thèse. Les Anges n'ont pas neantmoins de paffions, n'y d'appetit irafcible, &
concupifcible, pour ce que toutes ces chofes
prefuppofent vn corps & vne partie fenfitiue.
Or les Anges font deftachez des corps & de
la matiere. Certes afin qu'vne affection fe
puiffe nommer paffion, il eft neceffaire qu'elle rejalliffe fur le corps, & qu'elle foit dans la
partie fenfitiue, & qu'elle la change où la face patir, comme ie diray dans la Morale, ou
ie prouueray pareillement que *L'appetit con-
cupifcable*, c'eft l'Ame, foit raifonnable, foit dé-
raifonnable, iointe au corps, entant qu'elle
exerce vn acte d'amour ou de haine, de defir
ou de fuite, de ioye, ou de triftefse. Et que
L'appetit irafcible, c'eft la mefme ame, entant
qu'elle peut auoir des affections de colere,
d'efperance, de defefpoir, de crainte, & d'audace. Cela n'empefche pas qu'vn Ange dans
vn corps emprunté, n'ait en apparence ces
deux fortes d'appetits & leurs exercices.

IV. Thèse. Les Anges font libres en
plufieurs chofes, auffi bien que les hommes :
la liberté eft vne grande perfection, elle eft
donc dans les Anges, fi elle fe treuue dans les

hommes. Ioint que les Anges font plufieurs
chofes, & ont plufieurs actes, qu'ils peuuent
ne point auoir, donc ils ont vne parfaite liberté, puis qu'ils font au regard de plufieurs actes
dans l'indiference. I'ay dit au regard de plufieurs actes : car les Anges ne font pas libres à
fe connoiftre & s'aymer eux-mefmes, & à
connoiftre la plus part des objets naturels,
quand ils leur font fuffifamment propofez.
Pareillement vn Ange n'eft pas libre à aymer
le fouuerain bien connu clairement, ou vn
bien pur & dégagé de tout mal, puis que nous
experimentons, que les hômes mefmes n'ont
point de liberté pour ces objets, & pour ces
actes, fi ce n'eft que l'on prenne la liberté
pour le volontaire, qui eft oppofé à la contrainte, & non pas à la neceffité, comme ie
diray dans la Morale. Il y a donc dans les Anges vne liberté de contradiction, & auffi de
contrarieté, pour ce qu'ils peuuent aymer, &
n'aymer pas. Et ils peuuent auffi fouuentefois aymer & haïr vn objet qu'ils ayment
lors qu'ils découuriront en luy des motifs de
haine.

Pareillement il y a dans les Anges des actes
de confeil, d'election, des moyens, d'inten- D. Th. 1. p.
tiô pour la fin, & la plus part des autres actes q. 59.
que nous voyons dans les hommes.

Le Docteur Angelique adioufte à toutes
ces queftions. Si les Anges ont vn amour naturel, & vn amour electif. Il refpôd que ouy,
puis qu'ils ont la connoiffance naturelle du
bien, & qu'ils peuuent choifir entre plufieurs
objets propofez. Il recherche encore, fi les

Anges s'ayment eux mesmes par vne dilectiõ
naturelle & eslection. Si vn Ange en ayme vn
autre naturellement autant que foy-mefme,
ſi il ayme Dieu naturellement plus que foy-
mefme. Et ce S. Docteur tient l'affirmatiue
fur toutes ces questions : il meut encore plufieurs autres difficultez ſur les Anges qui appartiennent plutoft à vn Theologien qu'à vn
Philofophe. Ie me contenteray d'en adioufter vne feule, qui est : *Si les Anges ſont inflexi-*
bles, c'eft à dire, Si aprés auoir pris vne refo-
lution ils la peuuent changer, ou ſi apres a-
uoir peché, ils ſe peuuent repentir de leur crime, fur cette question S. Thomas tient ſa negatiue, neantmoins i'ayme mieux dire auec
S. Bonauenture, Scot, & plufieurs autres,
pour

V. THESE. Que les Anges ſont de leur
nature flexibles, & qu'ils peuuent changer
d'aduis & de volonté fur vn objet.

La raifon eft, que les Anges ayants vn efprit
limité, peuuent croiftre en connoiffance, &
defcouurir de nouuelles raifons pour aymer
ou hair vn obiet : mais Dieu eft inflexible,
pour ce qu'on ne luy peut rien dire de nouueau, qu'il n'ait dés'a preueu, dautant qu'il
embraffe vn objet pour tous les Arguments
poffibles ; ce qui ne peut arriuer dans les intelligences creées & limitées. Deforte que les
Anges non feulement changent de penfée, &
par confequent de volonté, & d'élection, à
caufe que l'obiet ſe change. Ainfi pendant
que Pierre blafpheme, vn Ange penfe qu'il
eft pecheur. Et apres quand il fait penitence,

vn Ange ne croit plus qu'il soit pecheur: mais
de plus vn Ange change d'aduis & de volonté à cause que effectiuement, il découure de
nouuelles raisons, qui le peuuent porter à vn
aduis côtraire. Et au pis aller on ne peut nier,
que lors qu'vn Ange veut quelque obiet,
Dieu ne luy puisse apporter des raisons, qui
luy persuaderont le contraire ; D'où vient
donc, que les Anges bien-heureux ne peuuent pecher, & que les Demons ne peuuent
faire penitence? La raison de cecy, *mon Thean-*
dre, est que les Demons, ont merité par leur
rebellion que Dieu ne leur donnast iamais
vne grace efficace pour se conuertir. Et partant leur inflexibilité, est en quelque façon
vne peine de leur crime, & les Anges bien-
heureux, estants esclaircz par la lumiere de
Gloire, voyent intuitiuement le souuerain
bien, qui auec des attraits infinis, les fait ay-
mans, par vne necessité bien-heureuse : mais
ce sujet, *Theandre*, nous emporteroit trop loing
& nous ietteroit dans les difficultez, les plus
espineuses de la Theologie. Il vaut mieux finir icy le traicté de la nature des Anges, auec
esperãce de paruenir vn iour à la Gloire qu'ils
possedent. Et certes comme le traicté de la
Grace, & de la Gloire de ces esprits biẽ-heu-
reux, appartient tout à fait à la Theologie,
aussi ie ne pourrois donner vne fin plus illustre, aux veritez naturelles de toute la Philosophie, que i'ay recueillies en faueur des bons
esprits, que par les Discours de la nature des
pures intelligences.

Il me reste donc, *Theandre*, de supplier les

esprits polis de ce siecle, de considerer, que si
ie me suis seruy quelquefois de quelque façon de parler Barbare, ie l'ay fait assez rarement, & qu'à peine ie l'ay peu éuiter, dans vn
style dogmatique. On a si peu depaysé la
Philosophie iusques à present, qu'il ne m'a
pas esté facile de luy faire declarer toutes ses
pensées, dans vne langue, qui à bien dire, luy
a esté iusques à present inconnuë. Si quelqu'vn en veut faire l'essay, il verra, que ce
n'est pas vne entreprise d'vn iour, & il con-
noistra la difficulté de l'œuure par sa propre
experience. Et certes puis que les Philosophes Latins, apres tant de siecles, n'ont encore peu apprendre à traiter la Philosophie,
dans vn style raisonnable: on me doit pardon-
ner, si n'ayant quasi personne, qui m'ait de-
uancé dans le dessein de donner toute la Philosophie à la France, sous vne langue qui luy
est naturelle; ie n'ay peu paruenir à la perfection d'vn œuure si difficile.

Et pour ce qui touche la sincerité de mes
intentions, l'aduoüe que i'ay tousiours voulu Philosopher auec vne liberté toute entiere, sans m'assuietir beaucoup à la pensée des
autres. Ie desire neantmoins que le public
sçache, qu'apres auoir leu la plus part des
Autheurs, i'ay tousiours tasché de choisir,
dans chasque question, le parti qui est le plus
raisonnable, que si par malheur quelque pésée s'estoit glissée insensiblement, qui fut cō-
traire aux veritez orthodoxes, ie declare que
ç'a esté contre mon dessein, & que ie soumets
librement tous mes escrits, à la censure des

plus Doctes : & sur tout de ceux que l'Eglise a constituez pour Arbitres des Sciences.
Dieu m'est tesmoin qu'il n'est point de sup-
plices, que ie ne choisisse plutost, que d'a-
uancer vne proposition qui choquast les bó-
nes mœurs, ou la Doctrine Catholique, puis
que ie m'efforce tous les iours de l'establir
dans la predication de l'Euangile, dans ce res-
sentiment tres-sincere, ie me prosterne tres-
humblement deuant la Majesté de Dieu,
pour l'adorer & la remercier, de ce qu'il luy
a pleu de me donner les forces, d'acheuer vn
ouurage, dont ie desire que le commencement, le progrez, & la fin soient à sa Gloire.
Et d'autant que ie luy dois toutes les lumieres
qui sont dans cét œuure, Ie la supplie d'a-
gréer que ie luy offre le peu qu'elle m'a donné, auec vne parfaite reconnoissance.

Fin de la Metaphysique.

OFFRANDE

DE TOVTE LA ME-TAPHYSIQVE

Av Pere Eternel.

E ſerois-je pas ingrat ? O mon DIEV! ſi auant que de donner cét Oeuure au Public, ie ne vous offrois ce qui eſt voſtre. Et à qui peut appartenir de droit, la Science qui eſtablit les premiers Principes de toutes les veritez naturelles, qu'à celuy qui eſt principe & la ſource feconde de tous les principes. Comme i'ay conſacré ma Logique à voſtre Fils Adorable, pour ce qu'il n'eſt autre choſe que parole: auſſi ie vous ſupplie tres-humblement. O Eſtre Originaire, Eſtre des Eſtres, ſource de toutes les paternitez, & de toutes les naiſſances, Dieu innaſcible, inſigne bonté, verité premiere, ſouueraine vni-

té, de agréer la Science de l'Estre, de l'vnité,
de la verité, & de la bonté, comme vn rude
crayon de ce que vous estes.

Permettez moy, ô estre infiny, de vous dire
auec respect, que quoy que toutes nos sciences, soient des tenebres, estant comparées à
l'esclat de vos lumieres, neantmoins la Metaphysique a cét aduantage, par dessus toutes les sciences naturelles, de representer
moins imparfaitement, les tiltres glorieux &
les souueraines proprietez de vostre Diuine
personne. Et certes, si elle parle de l'estre,
de l'vnité, de la bonté, de la verité des Genres, des indiuidus, des especes, de la substance, de la subsistance, des relations, des modes, des causes & des principes, des estres
spirituels & des pures intelligences. O Pere
eternel, estre souuerain, Dieu adorable, n'e-
stes vous pas la source de tous les estres, la
premiere de toutes les vnitez, l'Occean d'où
sortent toutes les veritez, le recüeil de toutes
les bontez, la premiere de toutes les relations, & de toutes les subsistances? n'estes
vous pas le semeur des esprits, l'Autheur des
Genres, des indiuidus, & de toutes les especes? N'estes vous pas vne substance fondamentale, & la premiere de toutes les hypostases par vostre innascibilité ineffable: n'estes
vous pas l'origine de toutes les productions,
& vne action non iamais interrompuë, soit
produisant vostre verbe comme premier terme de vostre fecondité, soit respirant auec

luy vn esprit qui sanctifie tous les esprits par
l'onction de ses graces. N'estes vous pas au
dehors de vous mesmes cause de tout l'estre
creé, comme vous estes dans vous mesme
la source de deux personnes increées. N'estes
vous pas le principe fecond, d'où s'escou-
lent toutes les pures intelligences, puis que
vous produisez vostre fils & vostre Sainct
Esprit, par qui tous les esprits creés sont produits dans l'estat de la nature, & sanctifiez
dans l'ordre de la grace.

Ie vous adore donc, ô mon Dieu, principe
sans principe, innascibilité, incomprehensibilité, independance absolue, source de toutes les paternitez, origine de toutes les na-
sances, generateur & spirateur, sans estre
produit, Deité innascible, Majesté souueraine, vous supliant tres humblement, d'a-
greer la premiere de toutes les sciences humaines, que ie vous offre auec les vœux de
mon tres humble seruice.

Et puis que vous estes la source inespuisable de toutes les benedictions qui sont au
Ciel & en la terre. Ie vous suplie de les ver-
ser en abondance sur tous ceux qui liront
cét œuure, que ie consacre à vostre gloire.
Faites ô estre infiniment releué par dessus
tous les estres, que leur esprit s'esleue aux
choses surnaturelles, par les connoissances
naturelles que ie leur communique, & que
de la connoissance de l'estre & de ses passions, ils viennent à connoistre le premier de

tous les Estres, & à l'aimer auec toutes les passions de leur cœur. Ainsi ô mon Dieu ie seray paruenu au but de mes desseins, puis que par vostre grace, ie n'ay d'autre intention que de procurer vostre gloire.

FIN.